Alter(n) und Gesellschaft
Band 23

Herausgegeben von
G. M. Backes,
W. Clemens,
Berlin, Deutschland

Claudia Vogel
Andreas Motel-Klingebiel (Hrsg.)

Altern im sozialen Wandel: Die Rückkehr der Altersarmut?

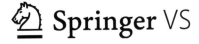

Herausgeber
Claudia Vogel,
Andreas Motel-Klingebiel,
Deutsches Zentrum für Altersfragen,
Berlin, Deutschland

ISBN 978-3-531-18713-6   ISBN 978-3-531-18714-3 (eBook)
DOI 10.1007/978-3-531-18714-3

Die Deutsche Nationalbibliothek verzeichnet diese Publikation in der Deutschen Nationalbibliografie; detaillierte bibliografische Daten sind im Internet über http://dnb.d-nb.de abrufbar.

Springer VS
© Springer Fachmedien Wiesbaden 2013
Das Werk einschließlich aller seiner Teile ist urheberrechtlich geschützt. Jede Verwertung, die nicht ausdrücklich vom Urheberrechtsgesetz zugelassen ist, bedarf der vorherigen Zustimmung des Verlags. Das gilt insbesondere für Vervielfältigungen, Bearbeitungen, Übersetzungen, Mikroverfilmungen und die Einspeicherung und Verarbeitung in elektronischen Systemen.

Die Wiedergabe von Gebrauchsnamen, Handelsnamen, Warenbezeichnungen usw. in diesem Werk berechtigt auch ohne besondere Kennzeichnung nicht zu der Annahme, dass solche Namen im Sinne der Warenzeichen- und Markenschutz-Gesetzgebung als frei zu betrachten wären und daher von jedermann benutzt werden dürften.

Springer VS ist eine Marke von Springer DE. Springer DE ist Teil der Fachverlagsgruppe Springer Science+Business Media
www.springer-vs.de

Vorwort

Mit großer Resonanz war kaum zu rechnen, als wir vor wenigen Jahren andachten, ein Symposium zum Thema Altersarmut auf dem Kongress der Deutschen Gesellschaft für Soziologie vorzubereiten. Armut im Alter war für die Forschung aufgrund niedriger Prävalenzen schon lange kein lohnendes Thema mehr. Politisch galt sie als ein unattraktives, ja, undankbares Thema und in den Medien wurde stattdessen der Generationenkonflikt beschworen, in dem die Älteren vornehmlich in der Figur des gut versorgten, schmarotzenden Nutznießers vorkommen, der auf Kosten der Jüngeren lebt. Jedoch hat sich in der Zwischenzeit manches getan und Altersarmut steht wieder wie selbstverständlich auf der sozialpolitischen wie der alter(n)swissenschaftlichen Agenda. Bereits heute sehen wir Lücken in der Alterssicherung, die künftig zunehmen werden. Gehen die Geburtskohorten der 1950er und 1960er Jahre in den Ruhestand, wird die gesetzliche Rente nicht mehr zur Sicherung ihres Lebensstandards ausreichen. Dies ist teils politisch so gewollt, teils ist es auf neue Lebensverläufe zurückzuführen, denen die soziale Sicherung in ihrer jetzigen Ausgestaltung kaum gerecht werden kann. GRV-Renten können oft auch nicht durch hinreichende private Vorsorge aufgestockt werden. In vielen Fällen bedeutet dies ein hohes Armutsrisiko, wie Abschätzungen künftiger Entwicklungen zeigen und gleichzeitig bestehen alte Risiken weiter. Der Band nimmt die Rückkehr der Altersarmut als Bild empirischer Realität auf und wir freuen uns, dass die aktuell breite Thematisierung der alten und neuen Armutsrisiken ihren Niederschlag in den vorliegenden Beiträgen gefunden hat. Bei allen Autorinnen und Autoren möchten wir uns herzlich bedanken. Unser ganz besonderer Dank geht auch an Stefanie Hartmann, ohne deren tatkräftige Unterstützung die Fertigstellung dieses Bandes kaum realisierbar gewesen wäre.

Claudia Vogel und Andreas Motel-Klingebiel
Berlin im September 2012

Inhalt

Vorwort 5

I Konzeptionelle Einführung

Claudia Vogel und Andreas Motel-Klingebiel
Die Rückkehr der Altersarmut? 13

Gerhard Bäcker und Jutta Schmitz
Altersarmut und Rentenversicherung: Diagnosen, Trends,
Reformoptionen und Wirkungen 25

II Alter und Lebenssituationen in Armut

Sylke Sallmon
Einkommensarmut im Alter – Tendenzen der sozialstrukturell
differenzierten und sozialräumlich segregierten Rückkehr
der Altersarmut in Berlin 57

Susanne Kümpers und Katrin Falk
Zur Bedeutung des Sozialraums für Gesundheitschancen
und autonome Lebensgestaltung sozial benachteiligter Älterer:
Befunde aus Berlin und Brandenburg 81

Michael Zander und Josefine Heusinger
Milieuspezifische Bewältigung prekärer Lebenslagen
bei Pflegebedarf im Alter: Ausgewählte Befunde
aus dem Projekt NEIGHBOURHOOD 99

Heinz-Herbert Noll und Stefan Weick
Materieller Lebensstandard und Armut im Alter 113

III Alterssicherung

Dina Frommert und Ralf K. Himmelreicher
Entwicklung und Zusammensetzung
von Alterseinkünften in Deutschland 141

Brigitte L. Loose und Reinhold Thiede
Trägt die Riester-Rente zur Vermeidung von Altersarmut bei? 161

Ingo Bode und Felix Wilke
Alterssicherung als Erfahrungssache: Private Vorsorge
und neue Verarmungsrisiken 175

*Harald Künemund, Uwe Fachinger, Winfried Schmähl,
Katharina Unger und Elma P. Laguna*
Rentenanpassung und Altersarmut 193

Patricia Frericks
Die Stärkung von Marktprinzipien in Rentensystemen:
Neue Altersarmut in Deutschland und den Niederlanden? 213

Michael Ziegelmeyer
Sind Selbstständige von Altersarmut bedroht?
Eine Analyse des Altersvorsorge-Verhalten von Selbstständigen 229

IV Erwerbsverlauf und Übergang in den Ruhestand

Susanne Strauß und Andreas Ebert
Einkommensungleichheiten in Westdeutschland
vor und nach dem Renteneintritt 253

Julia Simonson
Erwerbsverläufe im Wandel – Konsequenzen und Risiken
für die Alterssicherung der Babyboomer 273

Katja Möhring
Altersarmut in Deutschland und Großbritannien:
Die Auswirkungen der Rentenreformen seit Beginn der 1990er   291

*Karin Kurz, Sandra Buchholz, Annika Rinklake
und Hans-Peter Blossfeld*
Die späte Erwerbskarriere und der Übergang
in den Ruhestand im Zeichen von Globalisierung
und demografischer Alterung   313

Annika Rinklake und Sandra Buchholz
Die Arbeitsmarktsituation der über 50-Jährigen
in Deutschland und ihre Auswirkungen
auf Verrentungszeitpunkt sowie Renteneinkommen   335

Julia Schilling
Die Entwicklung der Arbeitsmarktsituation der über 50-Jährigen
in Dänemark und die Auswirkungen auf den Verrentungszeitpunkt
sowie das Renteneinkommen   357

V Forschungsmethodische und sozialpolitische Implikationen

Markus M. Grabka und Anika Rasner
Fortschreibung von Lebensläufen bei Alterssicherungsanalysen –
Herausforderungen und Probleme   387

Georg P. Müller
Vulnerabilitäts- und Frühwarnindikatoren zur Altersarmut
unter verschiedenen Wohlfahrtsregimes   407

Richard Hauser
Bekämpfung von Altersarmut: Das 30-30-Modell
im Vergleich zu anderen aktuellen Vorschlägen   425

VI Herausforderungen und Schlussfolgerungen

Gerhard Naegele, Elke Olbermann und Britta Bertermann
Altersarmut als Herausforderung für die Lebenslaufpolitik 447

Andreas Motel-Klingebiel und Claudia Vogel
Altersarmut und die Lebensphase Alter 463

Abkürzungsverzeichnis 481
Autorenverzeichnis 483

I Konzeptionelle Einführung

Die Rückkehr der Altersarmut?

Claudia Vogel und Andreas Motel-Klingebiel

1 Einleitung

In den vergangenen Jahrzehnten haben sich die Bedeutungen und die Bedingungen des Alter(n)s in Deutschland gewandelt. Nach einer Phase der stetigen Verbesserung materieller Lagen im Alter stehen spätestens seit dem Paradigmenwechsel in der Alterssicherung wachsende Armutsrisiken auf der sozialpolitischen Agenda. Er ist geprägt von der Stärkung kapitalgedeckter Elemente in der zweiten und dritten Säule der Alterssicherung und der Aufgabe der Lebensstandardsicherung als Ziel der gesetzlichen Rentenversicherung (GRV). Nichtsdestotrotz ist die *Rückkehr der Altersarmut* aus verschiedenen Gründen mit einem Fragezeichen zu versehen. *Erstens* impliziert die Rede von der Rückkehr, dass Altersarmut jüngst noch überwunden gewesen sei. Doch existiert das Phänomen der Altersarmut nach wie vor auch in Deutschland, wenn auch mit variierendem Ausmaß. Zwar liegt das Armutsrisiko Älterer zur Jahrtausendwende unterhalb des Risikos von Kindern und Jugendlichen, trotzdem bestimmt es weiterhin auch die Lebenssituation vieler älterer Menschen. Lange Zeit war sie jedoch ein gesellschaftliches Randphänomen oder wurde zumindest als solches verhandelt. Die *These der Rückkehr der Altersarmut* beschreibt somit zunächst einen neuerlichen Anstieg des Armutsrisikos für künftige Ältere und der gesellschaftlichen Befassung mit dem Thema als drohendem Massenphänomen.

Obwohl sich Expertinnen und Experten aus der Soziologie, der Gerontologie und der Ökonomie weitestgehend einig sind, dass Armutsrisiken auch im Alter tendenziell steigen werden, sind *zweitens* die Befunde zu ihrer möglichen künftigen Entwicklung keineswegs einheitlich. Hinsichtlich der materiellen Situation sowohl heutiger Älterer als auch künftiger Rentnerinnen- und Rentnergenerationen bestehen in den Schätzungen – je nach Datenbasis und gewählter Definition – deutliche Niveauunterschiede bezüglich des Ausmaßes des Problems. Aber auch hinsichtlich der Strategien zur erfolgreichen Bekämpfung herrscht Uneinigkeit. In der aktuellen Debatte ist vielmehr zu fragen, welche sozialen Gruppen – aktuell und künftig – diese Armutsrisiken tragen. Werden in der Lebensphase Alter mit ehemals alleinerziehenden Frauen, Langzeitarbeitslosen und Menschen mit Migrationshintergrund die gleichen Gruppen betroffen sein, die bereits ein höheres Armutsrisiko im Jugend- und Erwachsenenalter aufweisen oder gelten die neuen Risiken der Altersarmut tatsächlich auch für Gruppen, die im Lebensverlauf bisher selten von Armut betroffen waren?

Für die Beantwortung der zentralen Frage nach der Bedeutung des Anstiegs der Armutsrisiken im Alter für die Gesellschaft und seinen Konsequenzen für die Lebensführung in den späten Lebensphasen ist *drittens* entscheidend, wie groß die individuelle Armutslücke tatsächlich sein wird beziehungsweise ob sie zu kompensieren ist und wie viele Ältere auch künftig als wohlhabend zu bezeichnen sein werden. Die *These der Rückkehr der Altersarmut* impliziert somit die Annahme steigender sozialer Ungleichheit im Alter.

Viertens, und auch so lässt sich das Fragezeichen bezüglich der Rückkehr der Altersarmut interpretieren, ist es nicht zu spät, politische Weichenstellungen vorzunehmen, um den wachsenden Armutsrisiken im Alter begegnen zu können. Die gegenwärtige Bundesregierung wird sich jedenfalls an ihrem eigenen Koalitionsvertrag messen lassen müssen. Unter der Überschrift Kampf gegen Altersarmut steht dort:

> Wir verschließen die Augen nicht davor, dass durch veränderte wirtschaftliche und demographische Strukturen in Zukunft die Gefahr einer ansteigenden Altersarmut besteht. Deshalb wollen wir, dass sich die private und betriebliche Altersvorsorge auch für Geringverdiener lohnt und auch diejenigen, die ein Leben lang Vollzeit gearbeitet und vorgesorgt haben, ein Alterseinkommen oberhalb der Grundsicherung erhalten, das bedarfsabhängig und steuerfinanziert ist. Hierzu wird eine Regierungskommission einen Vorschlag für eine faire Anpassungsregel entwickeln. (CDU, CSU und FDP 2009)

Eine wirksame Bekämpfung von Armut im Alter ist hiervon allerdings nicht zu erwarten, da von der nunmehr geplanten ergänzenden Zuschussrente nur wenige profitieren würden.

Die Altersarmut mit ihren Implikationen für die Ausgestaltung der Lebensphase Alter und die mit ihr verbundenen Lebenschancen und -risiken werden so (wieder) zu zentralen Fragestellungen der soziologischen Alter(n)sforschung. Diese lassen sich allein auf Basis einer fundierten Kenntnis der aktuellen Lage diskutieren, zu der die Autorinnen und Autoren dieses Bandes anhand aktueller konzeptioneller wie empirischer Befunde wichtige Beiträge leisten. Die Beiträge thematisieren die Besonderheiten der Lebenschancen und Lebensführung im Alter unter der Bedingung mangelnder materieller Ressourcen, die Bedeutung der Alterssicherung zur Vermeidung von Armut im Alter sowie den Zusammenhang von Erwerbsverläufen und Alterssicherung aus der Lebenslaufperspektive und werden im Folgenden vorgestellt.

2   Lebenssituationen, Alterssicherung und Erwerbsverläufe

2.1   *Konzeptionelle Einführung*

In der alter(n)ssoziologischen und gerontologischen Forschung zeichnen sich verschiedene Perspektiven ab, unter denen das Phänomen der Altersarmut aktuell untersucht wird. *Bäcker* und *Schmitz* geben in ihrem Beitrag zum Stand der aktuellen Diskussion von *Altersarmut und Rentenversicherung: Diagnosen, Trends, Reformoptionen und Wirkungen* einen ausführlichen Überblick zur Definition und Entwicklung von (Alters-)Armut. Wie in der Armutsforschung üblich – und auch in den meisten Beiträgen des Bandes, die ebenfalls Einkommensarmut thematisieren, umgesetzt – dient auch ihnen zur Bestimmung von Einkommensarmut das verfügbare und nach Bedarf gewichtete Pro-Kopf-Haushaltseinkommen als Maßstab. Die Armutsschwelle wird in der Regel bei 60 Prozent des Median-Einkommens festgesetzt. Alternativ wird häufig das politisch-institutionell festgelegte Bedarfsniveau der Grundsicherung angesetzt. Obwohl die Armutsbetroffenheit der Älteren heute unter dem Gesamtdurchschnitt der Bevölkerung liegt, stellen *Bäcker* und *Schmitz* fest, dass die Einkommensarmut Älterer derzeit ein durchaus relevantes Problem darstellt.

Vor dem Hintergrund der Widersprüchlichkeit der aktuellen wissenschaftlichen wie politischen Debatten stellen die Autoren zudem den Zusammenhang von Altersarmut und Alterssicherung dar. Die Alterseinkommen sind aufgrund der Dominanz der ersten Säule (gesetzliche Rentenversicherung) wiederum abhängig von der Entwicklung der Erwerbsverläufe und des jeweiligen Rentenniveaus. Niedrige GRV-Renten signalisieren alleine, ohne weitere Einkommensarten im Haushalt zu berücksichtigen (wie Betriebsrenten, Beamtenpensionen, Renten aus Versorgungswerken der freien Berufe, Wohngeld, Kapitaleinkünfte und auch Hinterbliebenenrenten), noch keine Altersarmut. Gerade sehr niedrige Renten aus der Rentenversicherung werden häufig durch Leistungen aus der Beamtenversorgung (infolge des Wechsels von einem Angestellten- in ein Beamtenverhältnis oder – seltener – umgekehrt) oder durch

Leistungen aus der privaten Vorsorge beziehungsweise aus berufsständischen Versorgungswerken ergänzt.

Risiken für einen künftigen Anstieg der Altersarmut sehen die Autoren zum einen in den anhaltenden Umbrüchen auf dem Arbeitsmarkt und in den Lebensformen, zum anderen in dem Leistungsabbau in der Rentenversicherung. Anschließend diskutieren *Bäcker* und *Schmitz* systematisch Reformvorschläge zur Vermeidung von Armut im Alter: Je nachdem, ob etwa durch Reformen auf dem Arbeitsmarkt die Erwerbsstrukturen neu gestaltet werden sollen, um kontinuierliche Erwerbsverläufe und ausreichende Anwartschaften zu ermöglichen oder durch Reformen in der Sozialversicherung Sicherungslücken geschlossen werden sollen, werden verschiedene Geburtskohorten unterschiedlich betroffen sein. Abschließend weisen *Bäcker* und *Schmitz* zu Recht darauf hin, dass die Zielstellung der Alterssicherung nicht allein die Armutsvermeidung, sondern nach wie vor die Lebensstandardsicherung sein sollte.

2.2 Alter und Lebenssituationen in Armut

In den Beiträgen in diesem Teil wird die Bedeutung von Armut in der Lebensphase Alter explizit in den Blick genommen und ihre Auswirkungen auf Lebensführung und Lebensqualität im Alter analysiert. Die aktuelle Situation der Älteren in Berlin stellt *Sallmon* in ihrem Beitrag zu *Einkommensarmut im Alter* dar. Zwar liegt die Armutsrisikoquote der über 64-jährigen Berlinerinnen und Berliner mit neun Prozent deutlich unterhalb des Bevölkerungsdurchschnitts. Die Autorin sieht jedoch *Tendenzen der sozialstrukturell differenzierten und sozialräumlich segregierten Rückkehr der Altersarmut*. Anzeichen hierfür sind etwa die höhere Grundsicherungsquote der jungen Alten und der älteren Ausländerinnen und Ausländer. Die Autorin kann in ihrer Beschreibung sowohl auf regionale Daten des Mikrozensus als auch auf Sonderauswertungen amtlicher Daten für Berlin zurückgreifen, die der Senatsverwaltung für Gesundheit, Umwelt und Verbraucherschutz und der Senatsverwaltung für Integration, Arbeit und Soziales vorliegen.

Zwei Beiträge aus dem Projekt NEIGHBOURHOOD nehmen die autonome Lebensgestaltung sozial benachteiligter Älterer in Berlin und Brandenburg in den Blick. *Kümpers* und *Falk* beschreiben die in den ausgewählten Quartieren Marzahn, Wedding und Beeskow vorzufindenden Bedingungen für die Älteren, um die sozialräumlichen Einflussfaktoren und kommunalen Handlungsmöglichkeiten zur Förderung der Selbstbestimmungs- und Teilhabechancen pflegebedürftiger alter Menschen zu analysieren. Es zeigt sich, dass Ältere mit Pflegebedarf und einer vergleichbaren Ausstattung an Ressourcen in den drei untersuchten Quartieren unterschiedliche Chancen auf eine selbstbestimmte Alltagsgestaltung haben, weil ihnen dort unterschiedliche Angebote an Information und Beratung, Pflege, Alltags- und Teilhabeunterstützung sowie Mobilitätsförderung zur Verfügung stehen beziehungsweise zugänglich sind. *Zander* und *Heusinger* arbeiten in ihrem Beitrag *Milieuspezifischer Umgang mit prekären Lebenslagen bei Pflegebedarf im Alter* heraus, wie wichtig persönliche Beziehungen als Bewältigungsstrategie für Pflegebedürftigkeit insbesondere bei Personen aus ‚einfachen' Milieus sind, die in ihrem Leben vielfach Erfahrung mit Armut gemacht haben und nicht auf finanzielle Ressourcen und marktförmige Bewältigungsstrategien bei Hilfebedarf im Alter zurückgreifen können.

Weick und *Noll* gehen in ihrem Beitrag *Materieller Lebensstandard und Armut im Alter* unter anderem der Frage nach, in welchem Ausmaß die Lebensverhältnisse im Alter durch soziale und ökonomische Ungleichheit geprägt sind. Dabei nehmen sie nicht nur die Alterseinkommen, sondern auch Informationen zu den Ausgaben in den Blick, die in den im Abstand von je fünf Jahren erhobenen Wellen 1993 bis 2008 der Einkommens- und Verbrauchsstichprobe (EVS) enthalten sind. Die Konsumarmut liegt aufgrund des Bestands an Immobilien und Geldvermögen bei den Älteren deutlich unter der Einkommensarmut. Aufgrund des Rückgangs der relativen Einkommens- und Ausgabenpositionen 2003 gegenüber 2008 sehen die Autoren den ‚Wohlstandsgipfel' für die ältere Bevölkerung als überschritten an. Vor dem Hintergrund der Diskussion um die Alterssicherung in Deutschland erscheint es darüber hinaus bedeutsam, auf die von *Weick* und *Noll* diagnostizierte faktische Nichtexistenz von Armut im Alter bei Beamtenhaushalten hinzuweisen.

2.3 Alterssicherung

Im Mittelpunkt der Beiträge im dritten Teil des Buches steht der Zusammenhang zwischen Armut im Alter und verschiedenen Arten der Altersvorsorge vor dem Hintergrund der Verschiebung der Vorsorgeverantwortung für das Alter. Schließlich stützt sich die Sorge einer steigenden Altersarmut in weiten Teilen auf das Absinken des Leistungsniveaus der gesetzlichen Rentenversicherung und die unzureichende Kompensation der Rentenlücke durch Leistungen aus der zweiten und dritten Säule der Alterssicherung. *Frommert* und *Himmelreicher* legen in ihrem Beitrag *Entwicklung und Zusammensetzung von Alterseinkünften in Deutschland* auf Basis der beiden Erhebungen ‚Alterssicherung in Deutschland' (ASID) 2003 und 2007 eine umfassende Deskription – differenziert für Männer und Frauen in Ost- und Westdeutschland – der Zusammensetzung von Alterseinkünften aus allen Schichten der Altersvorsorge vor (gesetzlich, betrieblich und privat). Die Autoren zeigen zunächst das Ausmaß der sozialen Selektivität auf, da mit höheren GRV-Zahlbeträgen ein weiterer Verbreitungsgrad der zweiten und dritten Schicht der Altersvorsorge einhergeht und die daraus erzielten Zahlbeträge ebenfalls höher liegen. Darüber hinaus zeigt sich im Zeitvergleich 2003 zu 2007 entgegen der Annahme einer steigenden Verbreitung privater Altersvorsorge hier eine leichte Abnahme, die aus der dritten Schicht resultierenden Zahlbeträge steigen aber für alle betrachteten Gruppen an. Auch die Entwicklung der betrieblichen Altersvorsorge ist in demselben Zeitraum uneinheitlich, verweist allerdings ebenfalls auf eine Zunahme der Ungleichheit der Alterseinkommen von Männern und Frauen in Ost- und Westdeutschland und somit auf eine tendenzielle Gefahr steigender Armut im Alter.

Ob die zusätzliche, staatlich geförderte, private Vorsorge tatsächlich ausreichen würde, um Altersarmut zu vermeiden, ist letztlich eine noch offene empirische Frage, so *Loose* und *Thiede* in ihrem Beitrag *Trägt die Riester-Rente zur Vermeidung von Altersarmut bei?* Eine Analyse der institutionellen Regelungen, die im ersten Teil des Beitrags erfolgt, offenbart Evidenz für eine tendenzielle Begünstigung von Niedrigeinkommensbezieherinnen und -bezieher durch die Riester-Förderung, der theoretisch großes Umverteilungspotenzial innewohnt. Im zweiten Teil, in dem die wenigen bereits existenten empirischen Indikatoren zusammengestellt wurden, schließen die Autoren ebenfalls auf eine Begünstigung dieser Gruppe, sofern die Zulagenförderung der Riester-Rente kontinuierlich in voller Höhe in Anspruch genommen wird. Ob das allerdings ausreicht, um in diesen Fällen das höhere Risiko auszugleichen, im Alter von Armut betroffen zu sein, hängt wiederum in erster Linie von den zugrunde liegenden Erwerbsbiografien, aber auch von der Rentabilität der Riester-Produkte ab.

Ein weiterer wichtiger Aspekt der sozialen Differenziertheit des Alterssicherungsverhaltens wird in dem Beitrag *Alterssicherung als Erfahrungssache* aufgezeigt. *Bode* und *Wilke* argumentieren, dass die Verlagerung der Entscheidung über Altersvorsorgestrategien an die Bürgerinnen und Bürger zu neuen Verarmungsrisiken führt, da im Ergebnis vor allem einkommensschwache und bildungsferne Personen seltener ‚riestern'. In ihrer auf Daten der Studie ‚Sparen und Altersvorsorge in Deutschland' (SAVE) basierenden empirischen Analyse können sie zeigen, dass Gespräche sowohl mit Freunden als auch mit Beratern mit dem Abschluss einer Riester-Vorsorge korrelieren. Damit weisen sie darauf hin, dass privates Vorsorgeverhalten weniger durch rationale Entscheidungsprozesse als vielmehr durch soziale Interaktionen bestimmt ist. Folglich wird die Varianz der Alterseinkommen nicht nur zwischen den einzelnen Schichten, sondern auch innerhalb dieser zunehmen, weil selbst Haushalte aus der Mittelschicht, denen hinreichende Mittel zur privaten Altersvorsorge zur Verfügung stehen, aufgrund ihrer Netzwerk- und Beratererfahrungen teilweise keine ausreichende Vorsorge treffen.

In ihrem Beitrag *Rentenanpassung und Altersarmut* fragen *Künemund, Fachinger, Schmähl, Unger* und *Laguna*, ob und wie die an Bedeutung gewinnenden Alterseinkünfte aus betrieblicher und privater Vorsorge im Verlauf der Auszahlungsphase angepasst werden oder ob eine Nichtberücksichtigung der Anpassung zu Wohlfahrtsverlusten bei den Älteren und einem steigenden Armutsrisiko im Alter führen. Im Gegensatz dazu werden die GRV-Renten jährlich in Anlehnung an die Einkommensentwicklung angepasst. Die Autorinnen und Autoren zeigen, dass die Anpassung der Alterseinkommen in der zweiten und dritten Schicht nicht gesichert ist und besonders von der Entwicklung der Kapitalmärkte abhängt, sowie im Fall der betrieblichen Altersversorgung vom einzelwirtschaftlichen Erfolg des Unternehmens, bei dem die Versicherten beschäftigt waren. Obwohl dem Risiko mangelnder Anpassung bislang die oberen Einkommensgruppen häufiger ausgesetzt sind, da sie verstärkt auf die betriebliche und private Alterssicherung zurückgreifen, besteht aus Sicht der Autoren künftig die Gefahr, dass es aufgrund des Absinkens des Rentenniveaus in der gesetzlichen Rentenversicherung und der Nichtberücksichtigung der Dynamisierung von Leistungen aus der betrieblichen und privaten Altersvorsorge zu einem steigenden Armutsrisiko kommt.

Frericks legt in ihrem Beitrag *Die Stärkung von Marktprinzipien in Rentensystemen* eine Fallstudie zu den Niederlanden vor, die den Systemwechsel von gesetzlichen Alterssicherungssystemen zu öffentlich-privaten Mischsystemen dokumentiert. Vor dem Hintergrund des Vergleichs des deutschen und des niederländischen Alterssicherungssystems schätzt die Autorin die Folgen dieses Systemwechsels für das Risiko ab, in der Lebensphase Alter armutsgefährdet zu sein. Das deutsche System scheint tendenziell trotz der Umverteilungselemente – etwa in der Riester-Rente – mehr Hindernisse für ein ausreichendes Alterseinkommen bereitzuhalten als das niederländische, in dem insbesondere der zweiten Säule durch stark regulierte obligatorische Betriebsrenten eine größere Bedeutung für die Armutsvermeidung zukommt.

Die sozialen Unterschiede in der Alterssicherung, die für die abhängig Beschäftigten gezeigt werden, treffen auch auf die Gruppe der Selbstständigen zu. *Ziegelmeyer* stellt in seinem Beitrag daher die Frage *Sind Selbstständige von Altersarmut bedroht?* und analysiert deren Altersvorsorge-Verhalten auf Basis der Erhebungen ‚Sparen und Altersvorsorge in Deutschland' (SAVE) 2005 bis 2008. Er zeigt, dass elf Prozent der Haushalte mit selbstständigem Haupteinkommensbezieher beziehungsweise selbstständiger Haupteinkommensbezieherin nicht in der Lage sind, aus ihrem Nettoeinkommen ausreichend große Beträge zu sparen, um hieraus später ein Alterseinkommen auf dem Grundsicherungsniveau erzielen zu können. In der Altersgruppe über 55 Jahre weisen sogar 26 Prozent der Selbstständigen-Haushalte kein Vermögen auf, das zur Deckung des Grundsicherungsniveaus im Alter ausreicht. Darüber hinaus sorgen Selbstständige mit geringen Einkommen sogar weniger vor als abhängig Beschäftigte in vergleichbarer Situation, allerdings ist auch die Streuung der Einkommen bei den Selbstständigen deutlich größer. Deshalb ist laut *Ziegelmeyer* nicht ohne weitere Prüfung aller Vor- aber auch Nachteile darauf zu schließen, eine Versicherungspflicht für Selbstständige in der gesetzlichen Rentenversicherung zu empfehlen, wie sie zur Vermeidung von Altersarmut bei ehemals Selbstständigen mit guten Gründen gefordert wird.

2.4 Erwerbsverlauf und Übergang in den Ruhestand

Diese Beiträge thematisieren die Bedeutung von kontinuierlicher Arbeitsmarktpartizipation und Zeitpunkt des Renteneintritts für die Höhe der resultierenden Alterseinkommen und die Vermeidung von Armutsrisiken im Alter. *Strauß* und *Ebert* untersuchen auf Basis des Sozio-oekonomischen Panels (SOEP) die *Einkommensungleichheiten in Westdeutschland vor und nach dem Renteneintritt*. Demnach sind die Umverteilungsmechanismen der gesetzlichen Rentenversicherung nach wie vor wirksam und die Einkommensungleichheiten nehmen nach Renteneintritt ab. Allerdings zeigen sich Unterschiede zwischen Bildungsgruppen und beim Timing des Übergangs, wobei diejenigen ohne Ausbildung vergleichsweise höhere Einkommensverluste beim Eintritt in den Ruhestand hinnehmen müssen und insgesamt ein höheres Armutsrisiko im Alter aufweisen.

Simonson nimmt in ihrem auf Daten des Deutschen Alterssurveys (DEAS) beruhenden Beitrag *Erwerbsverläufe im Wandel* die Konsequenzen für die Alterssicherung der zwischen 1956 und 1965 geborenen Babyboomer in den Blick, deren Erwerbsverläufe sich deutlich von denen älterer Kohorten unterscheiden. Auf Grundlage des Deutschen Alterssurveys wird gezeigt, dass die Babyboomer ihre Erwerbstätigkeit wesentlich häufiger unterbrechen als frühere Kohorten. Auch bei Frauen in den neuen Bundesländern werden die vormals langen Erwerbszeiten zunehmend kürzer, während sie bei Frauen in den alten Bundesländern zwar tendenziell steigen, jedoch nach wie vor vergleichsweise kurz sind. Diese

Entwicklungen lassen für Männer, in den alten und noch deutlicher in den neuen Bundesländern, sowie für Frauen in den neuen Bundesländern eine Abnahme der zukünftigen Alterseinkünfte erwarten. Ein möglicher Anstieg der Alterseinkünfte für Frauen in den alten Bundesländern scheint hingegen durch die vermehrte Inanspruchnahme von Teilzeitbeschäftigung konterkariert zu werden.

Möhring analysiert in ihrem Beitrag *Altersarmut in Deutschland und Großbritannien* das individuelle Risiko der Altersarmut beim Übergang in den Ruhestand anhand von Längsschnittdaten des deutschen Sozio-oekonomischen Panels (SOEP) und des Britischen Haushalts-Panels (BHPS). Die empirischen Ergebnisse zeigen Unterschiede zwischen Deutschland und Großbritannien – dort ist das Armutsrisiko beim Renteneintritt deutlich höher – aber auch Gemeinsamkeiten, trotz der verschiedenen institutionellen Arrangements in den beiden Ländern. Die durch die bereits beschlossenen Reformen erfolgende Annäherung des deutschen Systems an das britische wird sich in den kommenden Jahren in steigenden Armutsquoten statistisch niederschlagen.

Das Projekt flexCAREER untersucht international vergleichend, ob soziale Ungleichheit zwischen niedrig- und hochqualifizierten beziehungsweise bei älteren Arbeitnehmerinnen und Arbeitnehmern im Zuge von Globalisierung und demografischem Wandel steigt. Die drei Beiträge aus diesem Projekt verweisen auf die Bedeutung der institutionellen Ausgestaltung des Arbeitsmarkts und der rentenrechtlichen Regelungen für die Streuung der Alterseinkommen und die Armutsrisiken beim Übergang in den Ruhestand. *Kurz, Buchholz, Rinklake* und *Blossfeld* fassen in *Die späte Erwerbskarriere und der Übergang in den Ruhestand im Zeichen von Globalisierung und demografischer Alterung* die Ergebnisse des Projektes entlang der Wohlfahrtsregimes zusammen. Für Deutschland mit seinem konservativen Wohlfahrtsregime lässt sich exemplarisch festhalten, dass Ungleichheiten tendenziell zunehmen werden, weil der Rentenübergang heute faktisch später stattfindet, gleichzeitig aber gering Qualifizierte nicht dieselben Chancen haben wie hoch Qualifizierte, länger zu arbeiten. *Rinklake* und *Buchholz* präsentieren in ihrem Beitrag *Die Arbeitsmarktsituation der über 50-Jährigen in Deutschland und ihre Auswirkungen auf den Verrentungszeitpunkt sowie das Renteneinkommen* die Projektbefunde für Deutschland auf Basis des SOEP und vergleichen Arbeitslosigkeitsrisiken, Renteneintritt und Alterseinkommen der 1934 bis 1939 Geborenen, der 1940 bis 1945 Geborenen und der 1946 bis 1951 Geborenen. Es zeigt sich, dass die jüngste Geburtskohorte vergleichsweise höhere Alterseinkommen und geringere Arbeitslosigkeitsrisiken aufweist, und zwar jeweils unter Kontrolle von Alter, Geschlecht und Bildung beziehungsweise Beruf. Allerdings, so argumentieren die Autorinnen, werden die bereits beschlossenen Rentenreformen insbesondere zu

Abschlägen bei den nachfolgenden Geburtskohorten führen, da die meisten älteren Arbeitnehmerinnen und Arbeitnehmer deutlich vor Erreichen des gesetzlichen Rentenalters aus dem Erwerbsleben ausscheiden. *Schilling* konzentriert sich dagegen auf die *Entwicklung der Arbeitsmarktsituation der über 50-Jährigen in Dänemark* und deren Auswirkungen. Sie untersucht Arbeitslosigkeit, Wiederbeschäftigung, Renteneintritt und Alterseinkommen in dieser Altersgruppe. Und sie zeigt, dass die 1934 bis 1943 in Dänemark Geborenen ein vergleichsweise höheres Arbeitslosigkeitsrisiko und einen vergleichsweise frühen Übergang in den Ruhestand erlebten. Gleichzeitig konnten ihre Renteneinkommen gegenüber früheren Kohorten ansteigen, sodass die Kombination aus staatlicher und betrieblicher Altersvorsorge die vergleichsweise schwierigeren Arbeitsmarktbedingungen in Dänemark offensichtlich kompensieren konnte. Als Problemgruppe des durch Flexicurity geprägten dänischen Arbeitsmarktes werden allerdings ebenfalls die Niedrigqualifizierten identifiziert.

2.5 Forschungsmethodische und sozialpolitische Implikationen

Die künftig voraussichtlich sozial differenziert steigende Altersarmut impliziert sozialwissenschaftlich fundierte Vorschläge zur methodischen Verbesserung der Berichterstattung und Analyse von Armutsentwicklungen sowie zur Reform der Alterssicherung, um Altersarmut zu bekämpfen. So beschäftigen sich *Grabka* und *Rasner* mit der *Fortschreibung von Lebensläufen bei Alterssicherungsanalysen*. Sie stellen verschiedene Verfahren der Prognose zukünftiger Altersarmutsrisiken vor, wobei die Fortschreibung von Lebensläufen mit dem Ziel, Aussagen über Alterseinkommen oder über das künftige Ausmaß von Altersarmut zu treffen, hohe Anforderungen an die Dateninfrastruktur stellt. Von den verschiedenen verfügbaren Studien werden diese aktuell lediglich bedingt erfüllt. *Müller* setzt bei der Prognose künftiger Altersarmut auf die Entwicklung von *Vulnerabilitäts- und Frühwarnindikatoren zur Altersarmut unter verschiedenen Wohlfahrtsregimes*. Als Risikogruppen für Altersarmut zeigen sich in der empirischen Anwendung wiederum insbesondere Frauen und Angehörige unterer sozialer Schichten, wobei das Ausmaß der Gefährdung in Abhängigkeit von den unterschiedlichen Wohlfahrtsregimes variiert.

Hauser diskutiert in seinem Beitrag aktuelle Vorschläge zur *Bekämpfung von Altersarmut*. Das von ihm entwickelte *30-30-Modell* sieht vor, langjährig Pflichtversicherten mit mindestens 30 Jahren Pflichtbeitragszahlung oder anderer rentenrechtlicher Zeiten die Rente aufzustocken, falls diese unter der Höhe einer

Rente der gesetzlichen Rentenversicherung auf der Basis von 30 Entgeltpunkten liegt. Dadurch könnte die Altersarmut künftig deutlich reduziert werden. Doch in Zeiten knapper Kassen könnte diese wie andere weitreichende Reformoptionen nicht nur an den politischen Koalitionen, sondern auch an gegebenen finanziellen Restriktionen scheitern, obwohl sie für eine Bekämpfung der Altersarmut unumgänglich erscheinen.

2.6   Herausforderungen und Schlussfolgerungen

Naegele, Olbermann und *Bertermann* sehen im kontinuierlichen Anstieg der Armutsrisikoquoten bei der älteren Bevölkerung eine *Herausforderung für die Lebenslaufpolitik*. Die Autoren argumentieren für eine soziale Lebenslaufpolitik: Da Unterversorgung im Alter auf Risikofaktoren und -konstellationen im gesamten Lebenslauf zurückgeht, sollte eine Sozialpolitik zur Vermeidung beziehungsweise Bekämpfung von Altersarmut auch nicht ausschließlich an der Lebensphase Alter, sondern am gesamten Lebenslauf orientiert sein, und Beschäftigungsrisiken und allgemeine Lebensrisiken gleichermaßen in den Blick nehmen.

Motel-Klingebiel und *Vogel* stellen in *Altersarmut und die Lebensphase Alter* die Befunde der aktuellen Studien zur Altersarmut in den Kontext der Armutsforschung einerseits und der Alter(n)sforschung andererseits. Während die Armutsforschung sich aufgrund überdurchschnittlicher Betroffenheit lange Zeit auf Kinder und Familien konzentrierte, geriet durch die Fokussierung auf Chancen und Potenziale des Alters die Gewährleistung der materiellen Sicherheit im Alter als Bedingung für ein aktives Alter zunehmend aus dem Blick der Alternsforschung und der Alterspolitiken. Die Autoren thematisieren, welche alter(n)swissenschaftlichen Desiderata und sozialpolitischen Implikationen die im Band gestellten Diagnosen insbesondere für die künftige Entwicklung der Lebensphase Alter mit sich bringen.

Altersarmut und Rentenversicherung: Diagnosen, Trends, Reformoptionen und Wirkungen

Gerhard Bäcker und Jutta Schmitz

1 Ein aktuelles Thema mit offenen Fragen

In der aktuellen politischen Diskussion ist das Thema Altersarmut hochgradig präsent: Ein wichtiges Indiz dafür ist der Auffassungswandel der Bundesregierung: Während diese in den zurückliegenden Jahren immer wieder darauf hingewiesen hatte – so zuletzt in der Antwort auf eine große Anfrage der Fraktion Bündnis 90/Die Grünen (Deutscher Bundestag 2011) –, dass Altersarmut kein verbreitetes Phänomen sei und durch den Ausbau der betrieblichen und privaten Vorsorge (Riester) sowie durch Grundsicherung im Alter vermieden werde, schlägt sie Ende 2011 im ‚Regierungsdialog Rente' vor, aufstockende ‚Zuschussrenten' einzuführen, um angesichts der zu erwartenden Ausweitung von niedrigen Versicherungsrenten die Gefahr einer wachsenden Altersarmut und die Angewiesenheit auf Leistungen der Grundsicherung zu vermeiden. Sozial- und Wohlfahrtsverbände, Gewerkschaften und andere politische Akteure, die schon frühzeitig auf das Risiko einer altersarmen Gesellschaft verwiesen haben, halten diesen Schritt für unzureichend und plädieren für weitreichende Reformen.

Auch im wissenschaftlichen Armutsdiskurs, der zuvor – in Parallelität zur politischen Debatte – durch die Auseinandersetzung mit Kinderarmut geprägt war, hat das Thema Altersarmut mittlerweile Hochkonjunktur. Hiervon zeugen eine ganze Reihe neuerer Veröffentlichungen, in denen die Alterseinkommen mit Blick auf die Entwicklung von Armutslagen analysiert (vgl. Goebel & Grabka 2011; Noll & Weick 2011), in den Kontext der Arbeitsmarktflexibilisierung und Rentenreformen gestellt (vgl. Bäcker 2011; 2008; Hinrichs 2012; Leiber 2009) oder internationale Vergleiche gezogen werden (vgl. Hauser 2009 und 2011; Schulze Buschoff 2011; Stöger 2011; Zaidi & Gasior 2011). Verbunden sind diese Analysen in aller Regel mit Reformvorschlägen. Mittlerweile liegt aus dem wissenschaftlichen wie politischen Raum eine kaum überschaubare Fülle von Reformmodellen vor, die sich sowohl auf Veränderungen in den Alterssicherungssystemen, und hierbei insbesondere der gesetzlichen Rentenversicherung, beziehen, um diese ‚armutsfest' zu machen, als auch Umorientierungen in den der Alterssicherung vorgelagerten Bereichen, vor allem auf dem Arbeitsmarkt, einfordern. Die Spannweite der Modelle und Vorschläge ist weit. Sie reicht von Detailmodifikationen der Rentenversicherung bis hin zu weitreichenden Umgestaltungen des Alterssicherungssystems insgesamt.

Aufgabe dieses Beitrages ist es nun nicht, ein weiteres Reformmodell zu präsentieren. Angesichts der Breite, Vielschichtigkeit und häufig auch Widersprüchlichkeit der aktuellen wissenschaftlichen wie politischen Debatte erscheint es vielmehr notwendig, die Analyse- und Argumentationsebenen des Diskurses über Altersarmut zu systematisieren, um auf dieser Grundlage die Ziele, Prinzipien und Wirkungen von Reformoptionen besser beurteilen zu können. Nachfolgend sollen sechs Fragen näher beleuchtet und geklärt werden:

- Was ist unter (Alters-)Armut zu verstehen?
- Welche quantitative Bedeutung hat derzeit Altersarmut?
- In welchem Zusammenhang stehen Altersarmut und Rentenversicherung?
- Lassen sich fundierte Aussagen über die zukünftige Entwicklung treffen?
- Wie lassen sich die vorliegenden Reformmodelle einordnen?
- Welche Auswirkungen der auf die Armutsvermeidung zielenden Reformmodelle lassen sich absehen?

2   Unklare Definition: Was ist (Alters-)Armut?

Angesichts der Konzentration der wissenschaftlichen wie politischen Armutsdebatte auf das Problem niedriger Renten und möglicher leistungsrechtlicher Reformen in der gesetzlichen Rentenversicherung erscheint der Hinweis erforderlich, dass niedrige Renten allein noch kein Indikator für Armutsbetroffenheit im Alter sind. In der Armutsforschung ist unstrittig, dass zur Bestimmung von Einkommensarmut das verfügbare und nach Bedarf gewichtete Pro-Kopf-Haushaltseinkommen als Maßstab dient. Zu berücksichtigen sind also sämtliche, um Abgaben verminderte Einkommenszuflüsse (Markteinkommen, Sozialtransfers, Rentenleistungen, private Übertragungen) auf der Ebene der Einkommens- und Bedarfsgemeinschaft des Haushaltes. Um zu überprüfen, ob niedrige Sozialversicherungsrenten tatsächlich ein niedriges Einkommensniveau im Alter signalisieren, müssen demnach die womöglich vorhandenen weiteren Einkommensarten, die in einem Haushalt zusammenfallen, wie Betriebsrenten, private Leibrenten,

Beamtenpensionen, Renten aus Versorgungswerken der freien Berufe, Wohngeld, Kapitaleinkünfte und auch Hinterbliebenenrenten addiert und um Steuer- und Beitragsabzüge bereinigt werden (vgl. u. a. Hauser 2009). Diese Zusammenschau ist grundlegend, da die Empirie zeigt, dass gerade sehr niedrige Renten aus der Rentenversicherung häufig durch Leistungen aus der Beamtenversorgung (infolge des Wechsels von einem Angestellten- in ein Beamtenverhältnis) oder durch Leistungen aus der privaten Vorsorge beziehungsweise aus berufsständischen Versorgungswerken (infolge des Wechsels von einem Arbeitnehmerverhältnis in die Selbstständigkeit) begleitet beziehungsweise ergänzt werden. Das trifft insbesondere bei Männern zu. Die verbreiteten Niedrigrenten von Frauen hingegen müssen, soweit es sich um Ehefrauen oder Witwen handelt, im Zusammenhang mit dem Einkommen des (Ehe-)Mannes beziehungsweise im Hinterbliebenenfall mit den Witwenrenten gesehen werden. Konsequenz dieser Methode und Sichtweise ist allerdings, dass bei der Bestimmung der Einkommenslage verheirateter Frauen die Abhängigkeit vom Einkommen des Ehemanns beziehungsweise von abgeleiteten Rentenansprüchen nicht weiter problematisiert wird.

Ob nun ein niedriges Haushaltseinkommen das Kriterium ‚Armut' erfüllt, hängt entscheidend von der Festlegung der Armutsschwelle ab. Es muss ein Grenzwert bestimmt werden, der ‚arm' von ‚nicht arm' unterscheidet. Zwei Vorgehensweisen haben sich hier in der Armutsforschung etabliert. Zum einen kann auf die empirisch gemessene Einkommensverteilung Bezug genommen werden, aus der ein Schwellenwert abgeleitet wird. Zum anderen lässt sich das politisch-institutionell festgelegte Bedarfsniveau der Grundsicherung (SGB XII und SGB II) als Maßstab verstehen.

Wird Einkommensarmut (auch im Alter) aus der Einkommensverteilung ermittelt, ist es in der Wissenschaft wie in der Politik gleichsam zur Konvention geworden, dann von Armut oder Armutsrisiko zu reden, wenn die bedarfsgewichteten verfügbaren Einkommen der Mitglieder eines Haushaltes 60 Prozent des Durchschnittseinkommens (gemessen am Median) unterschreiten. Die dabei betrachteten Nettoäquivalenzeinkommen werden unter Rückgriff auf die so genannte ‚neue OECD-Skala' bestimmt, wodurch sowohl Anzahl als auch Bedarfe der in einem Haushalt lebenden Personen im Verhältnis zum gemeinsamen Einkommen berücksichtigt werden sollen. Demnach geht die erste erwachsene Person voll in die Berechnung ein, während alle weiteren Haushaltsmitglieder ab 14 Jahren mit 0,5 berücksichtigt und Personen unter 14 Jahren mit 0,3 gewichtet werden.

Dieses Verfahren legt mindestens drei Diskussionspunkte nahe: Ein so gefasster Armutsbegriff ist erstens relational und immer durch das gegenwärtige Wohlstandsniveau einer Gesellschaft geprägt. Zweitens sind zwingend normative Urteile notwendig, um die Armutsgrenze zu benennen (warum nicht 55 Prozent des Medians?). Zum dritten beziehen sich die Wertentscheidungen auch auf die Äquivalenzgewichte. Gerade in Bezug auf die Altersarmut sollte nicht außer Acht gelassen werden, dass bei einer gegebenen Einkommensverteilung die relative Einkommenslage von älteren Menschen, die in der Regel in Zweipersonenhaushalten oder alleine leben, um so schlechter ausfällt, je niedriger die Bedarfsgewichte von Kindern angesetzt werden. Umgekehrt erhöht sich die Kinder- und mindert sich die Altersarmut, wenn – wie in der alten OECD-Skala – Kindern ein Bedarfsgewicht von 0,5 zugewiesen wird (vgl. Faik & Köhler-Rama 2011).

Nicht zuletzt hängt das Ausmaß der Betroffenheit von Einkommensarmut auch davon ab, ob in den unterschiedlichen Datenquellen alle Bevölkerungsgruppen sowie deren verfügbare Haushaltseinkommen repräsentativ erfasst werden und was unter ‚Einkommen' verstanden wird. Wird, um einen zentralen Punkt zu benennen, das selbst genutzte Wohneigentum als ‚Einkommen' beziehungsweise als ‚vermiedene Belastung durch Miete' (fiktive Miete) berechnet, so vermindert sich ceteris paribus das Armutsrisiko von älteren Menschen, da im Alter die Wohneigentumsquote hoch ist und die Zins- und Tilgungsverpflichtungen aus Hypothekenkrediten weitgehend erfüllt sind (vgl. Goebel & Grabka 2011).

Wird Einkommensarmut im Alter am Grundsicherungsstandard gemessen, bleibt strittig, ob die Angewiesenheit auf (in der Regel aufstockende) Grundsicherungsleistungen Ausdruck von Armut oder von erfolgreich ‚bekämpfter' Armut ist. Auch diese Frage ist nicht ohne die Setzung von Wertmaßstäben zu klären. Eine pauschale Gleichsetzung des Bezugs von Grundsicherung oder Sozialhilfe auf der einen und Armut auf der anderen Seite ist unangemessen, da jede Erhöhung des Leistungsniveaus zu einer Erhöhung der Armut und eine Absenkung des Niveaus zu einer Absenkung der Armut führen würde. Entscheidend kommt es deshalb darauf an, ob die Höhe der Grundsicherung als ausreichend angesehen wird, um das soziokulturelle Existenzminimum zu sichern. Die andauernde Debatte um die verfassungsrechtliche Angemessenheit einer aus dem so genannten Statistik-Modell ermittelten Höhe des Regelbedarfs (u. a. Lenze 2011) weist darauf hin, wie vage und ergebnisoffen die angewendeten Verfahren sind. Letztlich spielen hierbei auch immer Budgetüberlegungen der politischen Entscheidungsträger eine Rolle.

Im Unterschied zu der aus der Einkommensverteilung ermittelten Armutsschwelle kennt der Grundsicherungsstandard keinen exakten Grenzwert. Zwar sind die Regelbedarfe bundeseinheitlich festgelegt, aber die anerkannten Kosten der Unterkunft (Warmmiete) variieren erheblich zwischen den Bundesländern, zwischen Stadt und Land und auch zwischen den Stadtteilen und den Wohnungsstandards. Zusätzlich können Mehrbedarfe anfallen, sodass es sich beim Grundsicherungsstandard um ein vergleichsweise breites Band unterschiedlicher Grundsicherungsniveaus handelt. Diese Berücksichtigung unterschiedlicher, lebenslagespezifischer Gegebenheiten reflektiert, dass ein exakter, für die gesamte Bevölkerung geltender Grenzwert der Einkommensarmut kaum problemangemessen ist. Gerade bei älteren Menschen treten bei schlechter werdendem Gesundheitszustand häufig besondere Bedarfe und Kosten auf, die nicht einfach vernachlässigt werden können. Auch haben ältere Menschen kaum noch eine Chance, ihre Einkommenshöhe aktiv zu gestalten (wenn man von dem problematischen Weg absieht, Einkommensarmut durch die Weiterführung einer Beschäftigung auch über das Renteneintrittsalter hinaus zu vermeiden).

Diese wenigen Hinweise mögen genügen, um zu verdeutlichen, dass Altersarmut letztlich nur durch einen Lebenslagenansatz angemessen abgebildet werden kann, der sich nicht auf den Einkommenszufluss beschränkt, sondern zu messen versucht, wie die soziale Stellung der Personen und deren Teilhabe an zentralen Lebensbereichen tatsächlich aussieht. Der Lebenslagenansatz zielt deshalb darauf ab, der Komplexität des Phänomens in seiner vollen Breite gerecht zu werden. Dementsprechend wird Armut als Unterversorgung sowohl mit materiellen und kulturellen als auch sozialen Mitteln (wie Nahrung, Bekleidung, Wohnraum, Gesundheit, Bildung, soziale Teilhabe etc.) verstanden. Ein solch umfassender Ansatz steht in der quantitativen Erfassung von Altersarmut jedoch weiterhin aus, da sich nicht nur bei der Datenerhebung, sondern auch bei der Konzeption eine Fülle von Schwierigkeiten ergeben (vgl. Bieber & Stegmann 2011): Welche Lebensbereiche werden erfasst, wie werden sie gemessen (wie misst man zum Beispiel soziale Teilhabe), wie lassen sich Schwellenwerte festlegen und wie entwickeln sie sich über die Zeit, haben mögliche Unterversorgungslagen in allen Lebensbereichen das gleiche Gewicht?

3 Bestand: Welche quantitative Bedeutung hat Altersarmut aktuell?

Angesichts der skizzierten methodischen Probleme bei der Bestimmung und Erfassung von Einkommensarmut kann es nicht verwundern, dass selbst bei einem gleichen Armutskonzept – so bei der aus der Einkommensverteilung ermittelten Armut – die empirischen Befunde nicht unerheblich voneinander abweichen. Obwohl die Einkommensarmutsgrenze einheitlich bei 60 Prozent des Durchschnittseinkommens (gemessen am Median) angesetzt wird und die Äquivalenz-

Tabelle 1 Armutsquoten der Bevölkerung und der Altersgruppe ab 65 Jahren[1]

	2005	2006	2007	2008	2009	2010
Mikrozensus*						
Insgesamt	14,7	14,0	14,3	14,4	14,6	14,5
65 Jahre und älter	11,0	10,4	11,3	12,0	11,9	12,3
Sozio-oekonomisches Panel**						
Insgesamt	14,1	–	14,0	–	14,0	–
65 Jahre und älter	11,8	–	11,8	–	13,6	–
EU-SILC***						
Insgesamt	12,2	12,8	15,3	15,2	15,5	15,6
65 Jahre und älter	13,4	12,6	16,3	14,9	15,0	14,1

Quelle: * Statistische Ämter des Bundes und der Länder (2012); ** Deutscher Bundestag (2011);
*** EU-SILC (2012); [1] Armutsschwelle: 60 Prozent des nationalen verfügbaren Median-Äquivalenzeinkommens.

skalen identisch sind, kommt es in den statistischen Erhebungen je nach Datenquelle zu unterschiedlichen Ergebnissen. So schwankt die Armutsbetroffenheit der Gesamtbevölkerung im Jahr 2009 zwischen 14,0 (Sozio-oekonomisches Panel (SOEP)) und 15,5 (EU-SILC) Prozent. Insbesondere bei der Erfassung der Armut Älterer (ab 65 Jahren) im gleichen Zeitraum ergeben sich teilweise beträchtliche Differenzen. So indizieren die Befunde aus dem Mikrozensus eine Armutsbetroffenheit von 12,3 Prozent, das SOEP kommt (für 2009) auf 13,6 Prozent und die EU-SILC auf 14,1 Prozent (siehe Tabelle 1).

Übereinstimmend lässt sich jedoch feststellen, dass die so gemessene Einkommensarmut Älterer derzeit ein durchaus relevantes Problem darstellt. Dabei ist die Betroffenheit der Frauen stets größer als die der Männer, und Altersarmut in Westdeutschland verbreiteter als in den ostdeutschen Bundesländern. Bezieht man sich aufgrund der Aktualität auf die im Rahmen der Sozialberichterstattung der Statistischen Ämter des Bundes und der Länder veröffentlichten Daten, so ist für das Jahr 2010 eine Armutsquote der älteren Bevölkerung (ab 65 Jahren) von 12,3 Prozent zu verzeichnen (Männer 9,7 Prozent; Frauen 13,6 Prozent). Damit liegt die Armutsbetroffenheit der Älteren unter dem Gesamtdurchschnitt der Bevölkerung (14,5 Prozent). Die Quote liegt dabei – bezogen auf den

Abbildung 1   Armutsquoten in Prozent und Zeitverlauf nach Personengruppen

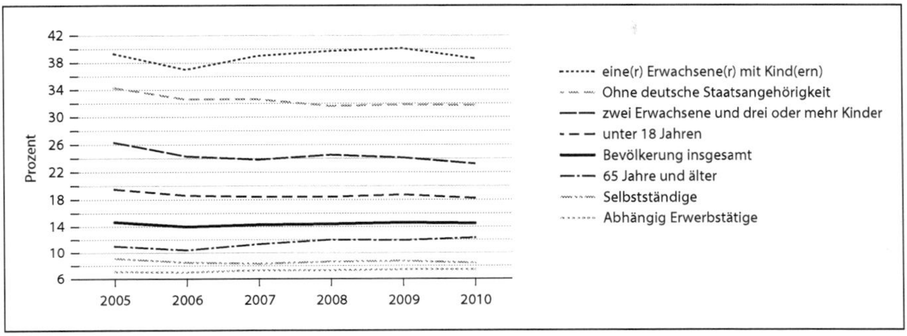

```
                                           ········  eine(r) Erwachsene(r) mit Kind(ern)
                                           — ·· —   Ohne deutsche Staatsangehörigkeit
                                           — — —    zwei Erwachsene und drei oder mehr Kinder
                                           — — —    unter 18 Jahren
                                           ———      Bevölkerung insgesamt
                                           —·—      65 Jahre und älter
                                           ······   Selbstständige
                                           ······   Abhängig Erwerbstätige
```

Quelle: Mikrozensus – Statistische Ämter des Bundes und der Länder (2012).

Bundesmedian – in Westdeutschland bei 12,8 Prozent, in den neuen Ländern bei 10,5 Prozent.

Wie Abbildung 1 zeigt, weisen andere Personengruppen ein deutlich höheres Armutsrisiko auf: Im Jahr 2010 waren Alleinerziehende (38,6 Prozent), Personen ohne deutsche Staatsangehörigkeit (31,7 Prozent) und Personen unter 18 Jahren (18,2 Prozent) überproportional häufig von Armut betroffen. Vor allem Erwerbslose tragen ein besonders hohes Armutsrisiko (vgl. Bieber & Stegmann 2011). Allerdings verstellt die Berücksichtigung allein der Quoten das Bild: Da die Älteren (60 Jahre und älter) nahezu 30 Prozent der Gesamtbevölkerung ausmachen, befinden sich unter der einkommensarmen Bevölkerung automatisch eine hohe Zahl älterer Menschen. Dies bedeutet zugleich, dass die allgemeine Armutsquote und die Armutsquote der Älteren schon rein mathematisch nicht gravierend voneinander abweichen können, da die Älteren stets auch den Gesamtdurchschnitt der Bevölkerung maßgeblich beeinflussen.

Zu grundlegend anderen Befunden kommt man, wenn die Inanspruchnahme der Grundsicherung im Alter als Kriterium der Einkommensarmut im Alter dient. Auf die im Jahr 2003 eingeführte Grundsicherung im Alter und bei Erwerbsminderung (4. Kapitel des SGB XII) hat Anspruch, wer aufgrund seines unzureichenden, unter dem Bedarfsniveau liegenden Alterseinkommens hilfebedürftig ist. Am Jahresende 2010 zählten in Deutschland rund 796 650 Personen zu den Bezieherinnen und Beziehern dieser steuerfinanzierten Leistung (vgl. zu den folgenden Daten: Statistisches Bundesamt 2012). Seit 2003 zeigt sich ein deutlicher und kontinuierlicher Anstieg um knapp 75 Prozent; vor allem in den ersten Jahren nach der Einführung der neuen Regelung ist es zu einer stark steigenden Inanspruchnahme gekommen. Dabei handelt es sich aber nur hälftig um Menschen, die 65 Jahre und älter sind (51,7 Prozent); 48,3 Prozent sind auf die Grundsicherung angewiesen, weil sie bereits in jungen Jahren einer dauerhaften und vollen Erwerbsminderung unterliegen. In beiden Fällen werden beim Grundsicherungsbezug andere Einkommen wie vor allem Renten und Wohngeld vorrangig angerechnet, sodass in aller Regel nicht der volle Bedarfssatz zur Auszahlung kommt, sondern die Grundsicherung eine Aufstockungsfunktion wahrnimmt. Fragt man bei den Leistungsempfangenden danach, ob Rentenansprüche vorhanden sind, die auf den Leistungsbezug angerechnet werden, zeigt sich folgendes Bild: Immerhin 22,5 Prozent aller älteren Grundsicherungsempfängerinnen und -empfänger verfügen über keinerlei anzurechnendes Einkommen. Hier dürfte es sich vor allem um Ausländerinnen und Ausländer sowie vormalige Selbstständige handeln, die keine Rentenanwartschaften erworben haben beziehungsweise erwerben konnten und auch ansonsten kein anderes Einkommen aufweisen. 61,1 Prozent verfügen über eine eigene, allerdings zu geringe Altersrente, 13,6 Prozent über eine Hinterbliebenenrente.

Setzt man nun die Zahlen der Grundsicherungsempfangenden ins Verhältnis zur Bevölkerung, errechnen sich lediglich geringe Empfängerquoten: Im Jahr 2010 greifen insgesamt nur 2,5 Prozent der Bevölkerung über 65 Jahre (Männer 2,0 Prozent; Frauen 2,8 Prozent) auf die Grundsicherung zurück. Demgegenüber stehen aus der Einkommensverteilung errechnete Armutsquoten zwischen 12,3 und 14,1 Prozent. Dieser massive Abstand ist erklärungsbedürftig. Ist Altersarmut aktuell ein relevantes Problem oder nicht? Drei Faktoren könnten für die Abweichungen verantwortlich sein: Die am durchschnittlichen Einkommen bemessene relative Armutsgrenze (60 Prozent vom Median) liegt über dem Bedarfsniveau der Grundsicherung. So beziffern die Statistischen Ämter des Bundes und der Länder (2012) den 60-Prozentwert vom Median für einen Einpersonenhaushalt für das Jahr 2010 auf 826 Euro. Im selben Jahr liegt der durchschnittliche Grundsicherungsbetrag (Regelbedarf und Kosten der Unterkunft) für eine Einzelperson bei 670 Euro (vgl. Statistisches Bundesamt 2012).[1] Zudem bleiben bei der an der Einkommensverteilung gemessenen Armutsbetroffenheit Vermögensbestände (nicht aber Vermögenserträge) unberücksichtigt (vgl. zum Zusammenhang von Einkommen und Vermögen bei Älteren: Goebel & Grabka 2011), während bei der

---

1 Es handelt sich um einen Durchschnittswert. Je nach Höhe der anerkannten Warmmiete und etwaiger Mehrbedarfe kann es auch dazu kommen, dass der Grundsicherungsbedarf deutlich höher oder auch niedriger liegt.

Grundsicherung verwertbares Vermögen der oder des Betroffenen (und des Partners beziehungsweise der Partnerin) vorrangig eingesetzt werden muss. Drittens erfasst die Grundsicherungsstatistik als Prozessstatistik naturgemäß nur jene, die tatsächlich einen Antrag stellen und diesen bewilligt erhalten. Aus der Armuts- und Sozialhilfeforschung ist aber bekannt, dass ein erheblicher Teil der Bezugsberechtigten von dem Recht auf aufstockende Grundsicherungsleistungen keinen Gebrauch macht. Zwar war es Ziel der 2003 neu eingeführten Grundsicherung im Alter und bei Erwerbsminderung, den Zustand einer verdeckten Altersarmut zu vermeiden – insbesondere durch den (weitgehenden) Verzicht auf den Rückgriff auf Einkommen und Vermögen der Kinder (vgl. Becker & Hauser 2005). Aber nach wie vor ist nicht davon auszugehen, dass die Dunkelziffer völlig abgebaut ist. Es bleiben Informationsdefizite[2] und Stigmatisierungsängste.

Diese drei Faktoren führen im Zusammenspiel dazu, dass vergleichsweise wenig Menschen die Grundsicherung in Anspruch nehmen und die so berechnete Altersarmutsquote entsprechend niedrig ausfällt. Dies müsste auch für die Armutsquote der Gesamtbevölkerung (0 bis 65 Jahre) gelten, die aus der Inanspruchnahme von Leistungen des SGB II (Arbeitslosengeld II und Sozialgeld einschließlich Kosten der Unterkunft) abgeleitet wird. Auch hier liegt der durchschnittliche Bedarfssatz unterhalb der 60-Prozent-Schwelle des Durchschnittseinkommens, muss Vermögen (außerhalb bestimmter Freigrenzen) vorrangig eingesetzt werden und existiert das Phänomen der Dunkelziffer. Tatsächlich jedoch liegt die SGB II-Grundsicherungsquote bei 10,4 Prozent (2010) (Bundesagentur für Arbeit 2012); sie fällt also merklich höher als die Altersgrundsicherungsquote aus und rückt stark an die aus der Einkommensverteilung berechnete Armutsquote heran. Es muss an dieser Stelle offen bleiben, wie sich diese Unterschiede der beiden Grundsicherungssysteme begründen lassen. Der Forschungsbedarf liegt auf der Hand (vgl. dazu schon Bäcker 2002).

4 Rentenversicherung und Altersarmut

Die aktuellen Daten über das gegenwärtige Ausmaß der Altersarmut sagen noch nichts über die zukünftigen Entwicklungen aus. Insofern darf der Vergleich zu

---

2 Die Informationsmängel sind bei jenen Älteren als besonders hoch einzuschätzen, deren Anspruch auf eine aufstockende Grundsicherung vergleichsweise niedrig ist. Liegt hingegen überhaupt kein anrechenbares Einkommen vor oder ist dieses sehr gering, muss Grundsicherung zwingend beantragt werden, um die Existenz zu sichern.

den anderen Betroffenengruppen nicht dazu verleiten, die Problemlage zu verharmlosen, denn womöglich verschleiert die (noch) niedrige Betroffenheit, dass längst ein Trend eingesetzt hat, der auf mittlere und längere Frist zu einem deutlichen Anstieg der Altersarmut führen wird. Will man der Frage nach der zukünftigen Entwicklung von Niveau und Struktur der Alterseinkommen nachgehen, müssen die Systeme der Alterssicherung, die maßgeblich die Einkommenslage nach Beendigung des Arbeitslebens bestimmen, in ihren Prinzipien und Wirkungen analysiert werden. Da die Alterssicherungssysteme in Deutschland durchweg erwerbs- und vorleistungsabhängig ausgestaltet sind und es keine pauschale, bedingungslose Grundrente gibt, ist es zugleich erforderlich, auch die Umbrüche auf dem Arbeitsmarkt und in den Lebensverhältnissen in ihren jeweiligen Folgewirkungen auf die spätere Alterssicherung mit ins Blickfeld zu nehmen.

In dem für Deutschland typischen ‚Drei-Säulen-System' der Alterssicherung nimmt die erste Säule, die gesetzliche Rentenversicherung, die nach wie vor beherrschende Stellung ein. Trotz ihrer durch die staatliche Förderung unterstützten Ausweitung haben die zweite wie die dritte Säule, nämlich die auf freiwilliger Basis beruhende betriebliche und private Altersvorsorge, nur eine – auch im internationalen Vergleich – geringe Bedeutung. Im Jahr 2007 stammten immerhin 65 Prozent aller den Rentnerhaushalten zufließenden Einkommen aus der gesetzlichen Rentenversicherung, während die Bezüge aus der privaten und betrieblichen Vorsorge einen Anteil von etwa 19 Prozent des Bruttoeinkommens ausmachten. Die weiteren Einkünfte – wie Einnahmen aus Vermietung und Verpachtung, Kapitaleinkommen, Zinsen und Dividenden oder der Mietwert des eigengenutzten Wohneigentums – schlugen mit 16 Prozent des Gesamtalterseinkommens zu Buche (Bundesministerium für Arbeit und Soziales 2011: 22). Da gerade im unteren Einkommensbereich die betriebliche und private Altersvorsorge eine besonders geringe Bedeutung haben, hängt die Frage, ob das Risiko von Altersarmut in den nächsten Jahren zunimmt, entscheidend von der Leistungsfähigkeit der Rentenversicherung ab.

Deren grundlegendes Leistungsprinzip ist das der Teilhabeäquivalenz. Die individuelle Höhe der Altersrente ist danach unmittelbar abhängig von der Dauer von versicherungspflichtiger Beschäftigung und Beitragszahlung sowie von der Höhe des individuellen (beitragspflichtigen) Verdienstes in Relation zum Durchschnittsverdienst in den einzelnen Versicherungsjahren. Diese lebensdurchschnittliche relative Entgeltposition spiegelt sich also – auf abgesenktem Niveau – im Alter wider. Die absolute Höhe der jeweiligen Renten wird dabei durch die Höhe des aktuellen Rentenwerts bestimmt (Multiplikation der persönlichen Entgeltpunkte mit dem aktuellen Rentenwert). Um das als ‚Rentenniveau' definierte Verhältnis zwischen Renten und Erwerbseinkommen und damit die Lohnersatzrate zu ermitteln, werden die durchschnittlichen Netto-Arbeitsentgelte mit den Netto-Renten, die sich mit 45 Entgeltpunkten errechnen, in Beziehung gesetzt.

Dieser Berechnungsmodus der Rente hat zur Folge, dass Erwerbsverläufe, die durch eine nur geringe beziehungsweise durchbrochene Beschäftigungs- und Versicherungsdauer geprägt sind oder in denen nur eine niedrige individuelle Einkommensposition erreicht werden konnte, auch nur zu niedrigen Renten führen. Da eine ‚schlechte' Einkommensposition – aufgrund von Niedrigentgelten und/oder einer geringen individuellen Arbeitszeit (Teilzeit) – und kurze Versicherungsdauern sehr häufig miteinander verknüpft sind, konzentrieren sich niedrige Renten auf Frauen. Zwar versteht sich die Rentenversicherung als Teil der Sozialversicherung, dessen Charakteristikum gerade die Verbindung des Versicherungs- und Äquivalenzprinzips mit dem Prinzip des sozialen Ausgleichs ist, aber dieser Solidarausgleich (so insbesondere Anerkennung von Zurechnungs-, Anrechnungs- und Berücksichtigungszeiten sowie Höherbewertung von erziehungsbedingter Teilzeitarbeit) ist im Ergebnis nur schwach ausgeprägt.

Dieser Lohn- und Beitragsbezug der Rentenberechnung zielt auf den Lohnersatz beziehungsweise die Lebensstandardsicherung nach einem langjährigen Arbeitsleben; es ist also nicht ausgeschlossen, dass Renten die Armutsschwelle unterschreiten. Als Maßgröße von Armut kann dabei sinnvollerweise nur das Grundsicherungsniveau dienen, da ja zwei politisch festgelegte Leistungen miteinander verglichen werden sollen. Dass es zu einer Rente unter dem Grundsicherungsniveau kommt, ist vor allem dann wahrscheinlich, wenn zuvor eine Beschäftigung im unteren Teilzeit- und Lohnsegment vorgelegen hat und/oder die Beschäftigungs- und Versicherungszeit nur kurz war. Wenn der Lohn kaum das individuelle Existenzminimum sichert oder wegen Teilzeitarbeit der Lebensunterhalt nur im Partnerkontext gewährleistet ist, kann keine Rente erwartet werden, die höher ist als die Grundsicherung. Denn solange geringe (Monats-)Einkommen von Ehefrauen zu großen Teilen ein Ergebnis von Teilzeitarbeit sind und akzeptiert wird, dass die Einkommenssicherung in der Erwerbsphase aus dem gemeinsamen, maßgeblich vom Verdienst des Mannes gespeisten Haushaltseinkommens erfolgt, dann wird dieses Modell der so genannten modifizierten Versorgerehe in der Altersphase umgedreht werden können.

Insofern ist eine niedrige Rente nicht per se als Problem einzustufen. Kriterium für die Leistungsfähigkeit der Rente ist jedoch ihre ‚strukturelle' Armutsfestigkeit: Das Rentenniveau soll so bemessen sein, dass nach einer langjährigen Vollzeitbeschäftigung und einer entsprechenden Beitragsleistung die Nettorenten auf jeden Fall oberhalb der vorleistungsunabhängigen Grundsicherung liegen.[3] Dies ist, wenn man die Grundsicherungsstatistik als Maßstab nimmt, in den zurückliegenden Jahren vergleichsweise erfolgreich gelungen (vgl. Dedring et al. 2008), da bei den Frauenrenten immer auch die Rente des Mannes beziehungsweise nach dessen Tod die Hinterbliebenenrente zu berücksichtigen ist.

In der zweiten und dritten Säule, in der über Finanz- und Versicherungsmärkte durchgeführten betrieblichen und privaten Altersvorsorge, ist das Entsprechungsverhältnis von eingezahlten Beiträgen und späteren Leistungen besonders stark ausgeprägt. Und wer nicht in der Lage ist, Vorsorge zu betreiben und entsprechende Beiträge beziehungsweise Sparsummen zu leisten, erhält auch keine oder entsprechend geringe Auszahlungen. Auch wenn die staatliche Förderung der betrieblichen und privaten Altersversorgung durch Zulagen finanzielle Unterstützung gewährt – gerade jene, die aufgrund ihrer Erwerbsbiografie nur geringe Rentenansprüche zu erwarten haben, weil sie im unteren Einkommenssegment, in atypischen Arbeitsverhältnissen und/oder diskontinuierlich beschäftigt sind, werden bei der zweiten und dritten Säule weitgehend leer ausgehen (vgl. Frommert & Thiede 2011). Beitragszahlungen des Bundes und der anderen Sozialversicherungsträger an die Rentenversicherung für Zeiten der Arbeitslosigkeit, Kindererziehung oder privaten Pflege gibt es im Bereich der betrieblichen und privaten Sicherungssysteme ebenso wenig wie die oben erwähnten Ausgleichselemente bei Rentenberechnung. Bislang unerfüllt geblieben ist die Erwartung, dass die steuerliche Begünstigung der privaten Altersvorsorge (Riester-Rente) zu einer flächendeckenden Verbreitung unter den Förderberechtigten führt. Zwar gab es im Jahr 2011 laut Berichterstattung des Bundesministeriums für Arbeit und Soziales bereits 14,8 Millionen Riester-Verträge, im Verhältnis zur gesamten Zielgruppe ‚riestern' damit jedoch immer noch weniger als die Hälfte der förderberechtigten Personen. Bezieht man die Zahl der abgeschlossenen Verträge auf die aktuell geschätzten 37 bis 42 Millionen Personen, die staatliche Förderung der privaten Altersvorsorge in Anspruch nehmen könnten, lag die Verbreitungsquote der Riester-Rente im Frühjahr 2011 zwischen 35 und 40 Prozent (vgl. Geyer 2011: 16). Insofern wirkt die ergänzende Altersvorsorge in einem hohen Maße sozial selektiv (im Überblick vgl. Blank 2011). Zur Aufstockung von Niedrigrenten und zur Vermeidung möglicher Armutslagen trägt sie nicht oder nur wenig bei.

---

3 Eine Nettorente erreicht beim gegenwärtigen Rentenniveau den oben genannten Grundsicherungsbetrag von 670 Euro bei etwa 27 Entgeltpunkten, ein Durchschnittsverdiener benötigt dafür also 27 Versicherungsjahre.

5 Wachsende Altersarmut in der Zukunft?

Da die Rentenhöhe immer ein Spiegelbild der vergangenen Erwerbsbiografie und des jeweiligen Rentenniveaus ist, interessiert vor allem, ob die in den nächsten Jahren ins Rentenalter nachrückenden Kohorten aufgrund ungünstigerer Bedingungen zunehmend mit Alterssicherungsansprüchen rechnen müssen, die nicht mehr die Armutsschwelle erreichen. Will man Aussagen über dieses Risiko treffen, sollte bewusst sein, dass Prognosen höchst unsicher sind. Denn das zukünftige Alterseinkommen wird in Niveau und Verteilung durch ein breites Bündel ökonomischer, sozialstruktureller und politischer Faktoren bestimmt, die sich insgesamt nicht verlässlich vorhersehen lassen (so auch Faik & Köhler-Rama 2011).

Zu unterscheiden ist hierbei zwischen exogenen und endogenen Faktoren:

1. Die internen Faktoren beziehen sich auf die absehbaren leistungsrechtlichen Veränderungen und Einschnitte in den Systemen der Alterssicherung, insbesondere in der Rentenversicherung.
2. Bei den externen Faktoren ist zu fragen, ob sich die Erwerbsbiografien und damit die individuellen Rentenanwartschaften der in den Rentenbezug nachrückenden Jahrgänge gegenüber dem Rentenbestand verschlechtern werden. Die zukünftigen Rentenhöhen hängen dabei entscheidend von der Struktur und Entwicklung des Arbeitsmarktes ab, konkret vom Ausmaß der Erwerbsbeteiligung und Arbeitslosigkeit sowie von den Strukturveränderungen bei Arbeitsverhältnissen und Einkommenslagen.

5.1 Externe Risiken: Anhaltende Umbrüche auf dem Arbeitsmarkt und in den Lebensformen

Ein Blick auf die Umbrüche, die den Arbeitsmarkt seit Jahren prägen, zeigt, dass sich hier ein Risiko- und Problempotenzial aufbaut und kumuliert. An dieser Stelle sollen einige Stichworte reichen: Die Arbeitslosigkeit und insbesondere die Langzeitarbeitslosigkeit werden auch unter günstigen ökonomischen Bedingungen ein anhaltendes Problem bleiben. Beschäftigungsverhältnisse, die nicht der Rentenversicherungspflicht unterliegen, wie Selbstständigkeit oder geringfügige Beschäftigung nehmen an Bedeutung zu. Die Erwerbsverläufe werden diskontinuierlicher, mehrfache Wechsellagen zwischen regulärer und prekärer Beschäftigung, zwischen abhängiger und selbstständiger Arbeit sowie zwischen Zeiten von Erwerbstätigkeit, Nicht-Erwerbstätigkeit und Arbeitslosigkeit werden üblich. Es spricht viel dafür, dass diese Trends in Zukunft gerade für Männer zu tendenziell sinkenden Versicherungsdauern führen werden. Zugleich schlagen sich die Ausweitung des Niedriglohnsektors und von Teilzeitarbeit in niedrigen Entgeltpositionen nieder (vgl. Steffen 2011a). Bei den nachrückenden Kohorten, vor allem in den neuen Bundesländern, ist deshalb insgesamt zu befürchten, dass die Rentenanwartschaften beziehungsweise konkret die Zahl der Entgeltpunkte rückläufig sind (vgl. Geyer & Steiner 2010; Himmelreicher & Frommert 2006; Kumpmann 2010; Trischler & Kistler 2011).

Allerdings gibt es auch Hinweise auf eine Problemschärfung: So lassen vor allem die steigende Frauenerwerbstätigkeit und die Verkürzung der erziehungsbedingten Unterbrechungszeiten erwarten, dass sich die Rentenanwartschaften von Frauen zukünftig erhöhen werden. Die Alterseinkommen von Ehepaaren könnten dadurch stabilisiert werden, wenn den rückläufigen Anwartschaften der Männer steigende Anwartschaften der Frauen gegenüberstehen. Dieser Kompensationseffekt wird allerdings begrenzt bleiben, solange die Frauenerwerbsbeteiligung zunehmend auf Teilzeitbasis erfolgt.

Auch die Eindämmung des beruflichen Frühausstiegs und die Abschaffung von vorgezogenen Altersrenten können höhere Entgeltpunkte zur Folge haben, wenn die Heraufsetzung der Altersgrenzen und des Renteneintrittsalters dazu führen, dass damit auch ein längerer Verbleib in einer rentenversicherungspflichtigen Beschäftigung – und nicht ein Abdrängen in Arbeitslosigkeit und/oder die Inkaufnahme von Rentenabschlägen bei den verbliebenen Möglichkeiten eines vorzeitigen Rentenbezugs – verbunden ist.

Widersprüchlich dürften sich die Veränderungen in den privaten Lebensformen auswirken: Der Zuwachs von Zahl und Anteil der Alleinlebenden – unter anderem als Folge des späteren Heiratsalters und der geringeren Heiratshäufigkeit sowie der anhaltend hohen Scheidungsziffern – verstärkt die Verletzlichkeit durch Einkommensrisiken, da die Risikokompensation durch ein Partnereinkommen im Haushaltszusammenhang und die Skaleneffekte des gemeinsamen Wirtschaftens nicht oder nur begrenzt greifen.[4] Der Trend zur Singularisierung führt auf der anderen Seite jedoch auch zu einer höheren Erwerbsbeteiligung.

---

4 Nach den Befunden von Goebel & Grabka (2011) hat sich in den letzten Jahren der Anteil der älteren Menschen, die in einer Partnerschaft leben, jedoch noch erhöht.

5.2 Interne Risiken: Leistungsabbau in der Rentenversicherung

Die internen Faktoren, die zu einer Zunahme der Altersarmut führen können, konzentrieren sich auf das Leistungsrecht der Rentenversicherung, das in den zurückliegenden Jahren durch mehrfache Einschnitte verschlechtert worden ist. Im Mittelpunkt stehen dabei die Folgewirkungen der neu gefassten Rentenberechnungs- beziehungsweise Rentenanpassungsformel: Um den zu erwartenden Beitragssatzanstieg zu begrenzen[5] werden Bestands- wie Zugangsrenten in ihrem Niveau der allgemeinen Entwicklung der Arbeitnehmereinkommen nur noch teilweise folgen. Ohne an dieser Stelle in die komplizierten Details zu gehen, lässt sich festhalten, dass der in die Rentenformel eingebaute Riester- und mehr noch der Nachhaltigkeitsfaktor zu einem kontinuierlichen Absinken des Rentenniveaus[6] führen. Dahinter steht ein grundsätzlicher Wechsel: Während bislang die Rentenversicherung durch ein Leistungsziel charakterisiert war, dominiert jetzt das Beitragsziel; die Ausgaben sollen den Einnahmen folgen – um den Preis einer sinkenden Leistungsfähigkeit der Rentenversicherung (vgl. Schmähl 2011).

Im Ergebnis kommt es geradezu zwingend dazu, dass im Zeitverlauf die Renten schwächer steigen werden als der Regelbedarf der Grundsicherung, da dieser seit 2011 nicht mehr dem aktuellen Rentenwert folgt, sondern auf der Basis eines Mischindexes, der sowohl die Preis- als auch die Entgeltentwicklung berücksichtigt, fortgeschrieben wird. Damit nimmt in den nächsten Jahren gleichsam automatisch der Kreis der älteren Menschen zu, deren Rente diesen Schwellenwert trotz langjähriger Versicherungspflicht und Beitragszahlung unterschreitet.

Sinkt – wie von der Bundesregierung angenommen – das Nettorentenniveau vor Steuern von 51,6 Prozent (2010) auf 46,2 Prozent (2025) müssen Durchschnittsverdienende schon 30,2 Beitragsjahre aufweisen, Beschäftigte mit einer Entgeltposition von 70 Prozent sogar 43,2 Jahre, um das Grundsicherungsniveau zu erreichen. Wird im Jahr 2030 das Rentenniveau bis auf die Höhe der Niveausicherungsklausel (43 Prozent) abgeschmolzen, erhöhen sich die erforderlichen Jahre weiter – auf 32,5 Prozent (Durchschnittsverdienst) beziehungsweise

---

5   Der Beitragssatz soll – trotz der demografischen Belastungen – bis 2020 den Wert von 20 Prozent und bis 2030 den Wert von 22 Prozent nicht überschreiten. Entlastet werden die Versicherten aber nicht, da von ihnen zugleich erwartet wird, bis zu vier Prozent ihres Einkommens – allerdings ohne Arbeitgeberbeteiligung – für die private Vorsorge einzusetzen.

6   Die Netto-Standardrente vor Steuern (eine aus 45 Entgeltpunkten berechnete Rente nach Abzug der Beiträge zur Kranken- und Pflegeversicherung) wird ins Verhältnis gesetzt zum durchschnittlichen Nettoentgelt der Arbeitnehmerinnen und Arbeitnehmer vor Steuern.

Abbildung 2 Überschneidung von Grundsicherungsbedarf und Rente bei sinkendem Rentenniveau nach Entgeltposition und Beitragsjahren (2010–2030)

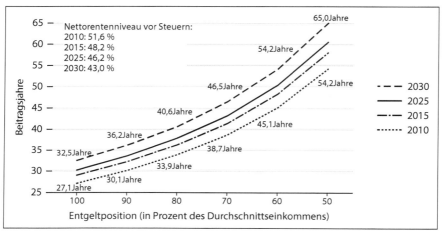

Quelle: Eigene Berechnungen.

Grundsicherung im Alter (SGB XII): Bedarf für einen Alleinstehenden (Regelleistung und Kosten der Unterkunft) im Jahr 2010: 670 Euro; Rente: Nettorente vor Steuern; Rentenniveau 2010, 2015, 2025 nach Rentenversicherungsbericht 2011, 2030: Untergrenze der Niveausicherungsklausel.

46,5 Prozent (70 Prozent). Selbst ein langes Arbeitsleben und die entsprechend lange Beitragszahlung reichen dann nicht mehr aus. Die strukturelle Armutsfestigkeit ist nicht mehr gewährleistet.

Um Fehlinterpretationen zu vermeiden: Dieses Phänomen einer wachsenden Überschneidung von niedrigen Renten und Grundsicherungsgrenze bedeutet nicht, dass tatsächlich auch Anspruch auf Grundsicherungsleistungen besteht beziehungsweise dass tatsächlich von einer Armutslage ausgegangen werden kann. Wie oben beschrieben, müssen sämtliche Alterseinkommen im Haushaltskontext berücksichtigt werden, um eine Aussage treffen zu können. Gleichwohl kommt es zu einem Legitimations- und Akzeptanzproblem der Rentenversicherung, wenn nach jahrzehntelanger Beitragspflicht die individuelle Rente nicht höher liegt als die vorleistungsunabhängige Grundsicherung im Alter und sich kein Unterschied mehr ergibt zu Personen, die keine Beiträge oder keine entsprechend hohen Beiträge geleistet haben (vgl. Hinrichs 2012).

Überlagert und verschärft werden die Folgewirkungen des sinkenden Rentenniveaus durch weitere Regelungen und Leistungsdefizite der Rentenversicherung. So ergeben sich spezifische Absicherungsrisiken durch die fehlende beziehungsweise nur in Ausnahmefällen vorhandene Absicherung von Selbstständigen in der Rentenversicherung. Da nicht davon ausgegangen werden kann, dass ‚kleine' Selbstständige und Solo-Selbstständige (jenseits der verkammerten freien Berufe mit ihren etablierten berufsständischen Versorgungseinrichtungen) freiwillig ausreichend Vorsorge treffen beziehungsweise treffen können, sind Sicherungslücken absehbar (vgl. Fachinger & Frankus 2011). Von Sicherungslücken im Alter sind gleichermaßen die ausschließlich geringfügig Beschäftigten betroffen. Wird die geringfügige Hauptbeschäftigung nämlich nicht nur zwischenzeitlich, sondern längerfristig ausgeübt, werden von den Beschäftigten, überwiegend Frauen, keine eigenständigen Rentenversicherungsansprüche erworben oder diese bleiben sehr gering (vgl. Bäcker & Neuffer 2012). Auch Mehrfach- und Langzeitarbeitslosigkeit werden zu einem zentralen Armutsrisiko, da die Rentenanwartschaften, die Arbeitslose während der Bezugszeit von Arbeitslosengeld erwerben, äußerst gering ausfallen. Für Langzeitarbeitslose, die auf die Leistung Arbeitslosengeld II nach dem SGB II angewiesen sind, wurden bislang vom Bund Mini-Beiträge gezahlt (denen 2010 nach zwölf Monaten Arbeitslosigkeit ein Anspruch auf 2,09 Euro Rente im Monat entsprach). Ab 2011 sind diese Beiträge im Rahmen der Sparmaßnahmen ersatzlos entfallen, die Zeiten werden seitdem als Anrechnungszeiten berücksichtigt.

Im besonderen Maße als problematisch für die Höhe der Rentenzahlbeträge erweisen sich schließlich die Rentenabschläge, die bei einem vorgezogenen Bezug von Altersrenten anfallen und je vorgezogenem Jahr mit einer Rentenminderung von 3,6 Prozent zu Buche schlagen. Vor allem jene älteren Beschäftigten werden und müssen die noch verbliebenen Möglichkeiten eines Renteneintritts vor der Regelaltersgrenze in Anspruch nehmen, die nach (langer) Arbeitslosigkeit im rentennahen Alter vergeblich nach einer Neuanstellung suchen und/oder aufgrund von physischen und/oder psychischen Einschränkungen nicht mehr in der Lage sind, in ihrem erlernten Beruf oder ihrer ausgeübten Erwerbstätigkeit bis zum Erreichen der abschlagsfreien Regelaltersgrenze weiterzuarbeiten (vgl. Brussig 2010; 2007). Im Ergebnis wird damit die soziale Polarisierung des Alters, die durch die Teilprivatisierung der Alterssicherung eingeleitet worden ist, vertieft. Während die qualifizierten Beschäftigten mit einem in der Regel besseren Gesundheitszustand und leichteren Arbeitsbedingungen länger arbeiten können und werden, auch weil die Unternehmen angesichts des Fachkräftebedarfs daran ein wachsendes Interesse haben, sind die Beschäftigten im unteren Qualifikationsbereich sowohl hinsichtlich ihres Gesundheitszustandes als auch der belastenden Arbeitsbedingungen dazu häufig nicht in der Lage. Da die erstgenannte Gruppe über ein höheres Einkommen verfügt und in der Rentenversicherung wie in der betrieblichen und privaten Altersvorsorge gut abgesichert ist, wären hier Abschläge finanziell noch am leichtesten verkraftbar. Tatsächlich müssen die Abschläge aber überwiegend von jenen in Kauf genommen werden, denen eine Weiterarbeit bis zum Alter von 65 oder gar 67 Jahren kaum möglich ist, die aber nur über niedrige Renten verfügen und auch nicht oder nur sehr begrenzt auf ergänzende Leistungen aus der betrieblichen und privaten Altersvorsorge zurückgreifen können (vgl. Bäcker et al. 2011a).

Obgleich die Beantragung einer Erwerbsminderungsrente kein Ergebnis einer freien Entscheidung ist, sondern durch den schlechten Gesundheitszustand erzwungen wird, werden auch diese Renten durch Abschläge gekürzt.[7] Nahezu alle Erwerbsminderungsrentenempfängerinnen und -empfänger sind davon betroffen. Da sich das Risiko der Erwerbsminderung auf die Beschäftigten im unteren Einkommens- und Qualifikationssegment des Arbeitsmarktes konzentriert, weist diese Gruppe im Schnitt nur wenige Entgeltpunkte auf, was auch durch die Zurechnungszeiten nur begrenzt ausgeglichen wird (vgl. Bäcker et al. 2011b). Bei Erwerbsminderungsrentnerinnen und -rentnern ist deswegen von einem besonders hohen Risiko von Altersarmut und Grundsicherungsbetroffenheit auszugehen. Dies zeigen auch die Daten der Rentenzugangsstatistik: Die durchschnittlichen Rentenzahlbeträge sinken beständig, so von 655 Euro im Jahr 2003 auf 603 Euro im Jahr 2010 (Deutsche Rentenversicherung 2011).

Externe und interne Risikofaktoren überlagern und verstärken sich: Die Anwartschaften/Entgeltpunkte werden in vielen Fällen zurückgehen und zugleich verringert sich deren ‚Wert' durch das absinkende Rentenniveau. Betroffen werden neben den Erwerbsminderungsrentnern in erster Linie Langzeitarbeitslose, Beschäftigte in Niedriglohnbranchen und -regionen, Versicherte mit unterbrochenen Versicherungsverläufen sowie ‚kleine' Selbstständige sein. Regional werden sich diese Risiken in den neuen Bundesländern konzentrieren. Die Gruppen sind dabei nicht isoliert zu sehen, sondern überschneiden sich gleich mehrfach.

---

7   Die Abschläge greifen, wenn die Erwerbsminderungsrente vor dem 60. Lebensjahr bezogen wird. Die Abschlagshöhe ist auf 10,8 Prozent begrenzt. Mit der Anhebung der Regelaltersgrenze erhöht sich die abschlagsfreie Altersgrenze schrittweise auf 65 Jahre.

6 Bekämpfung und Vermeidung von Altersarmut: Einordnung von Reformoptionen

Wenn auch offen bleibt, welche Größenordnung das Armutsrisiko der Älteren annehmen wird, so wird doch diesem Szenario eines wachsenden Problems weder in der wissenschaftlichen noch in der politischen Debatte ernsthaft widersprochen. An Reformforderungen besteht kein Mangel; die Vorschläge und Modelle, die Positionspapiere und Gutachten sind kaum noch überschaubar. Nicht alle sind neu; die Forderungen beispielsweise nach einer Sockel- oder einer Grundrente (vgl. Miegel & Wahl 1985) begleiten die Reformdebatte seit nunmehr Jahrzehnten (vgl. Bäcker 1995; Schmähl 1974).

Um bei der Vielzahl der Vorschläge noch einen Überblick zu behalten, ist deren Typisierung und Systematisierung erforderlich. Ein solches Vorgehen vereinfacht die Darstellung und Bewertung, hat allerdings auch den Nachteil, (nicht unwichtige) Details zu vernachlässigen und die vielfältigen Zwischenformen der Modelle auszublenden. Auch ist zu berücksichtigen, dass sich einzelne Ansätze nicht zwingend ausschließen, sondern sich ergänzen können (im Überblick: Leiber 2009; Loose 2008: 82 ff.; Riedmüller 2009; Steffen 2010; Steffen 2011b). Will man die deutsche Reformdebatte systematisieren, bietet es sich an, nach folgenden Fragestellungen zu unterscheiden:

Sollen *erstens* durch Reformen auf dem Arbeitsmarkt die Erwerbsstrukturen und -verläufe sowie die Einkommensverhältnisse so gestaltet werden, dass in Zukunft bereits während der Erwerbsphase die Voraussetzungen für den Erwerb ausreichend hoher Rentenanwartschaften gesichert sind beziehungsweise verbessert werden und der nachträgliche Korrekturbedarf von diskontinuierlichen und prekären Erwerbsverläufen sowie Einkommensdefiziten bei der Rentenberechnung begrenzt bleibt? Abgezielt wird hier auf die Beeinflussung und Veränderung der exogenen, der Rentenversicherung vorgeschalteten Rahmenbedingungen, die allerdings erst langfristig, nämlich beim Aufbau zukünftiger Anwartschaften wirksam werden. Das setzt sowohl eine ausreichende Zahl von Versicherungs- und Beitragsjahren voraus als auch Arbeitsentgelte, die ein Mindestniveau nicht unterschreiten.

Diese Gewährleistung einer kontinuierlichen Beschäftigung erfordert die Eindämmung von Arbeitslosigkeit sowie von versicherungsfreien Beschäftigungsverhältnissen. Erforderlich wäre aber auch, dass für Eltern die Möglichkeiten paralleler Vereinbarkeiten von Berufstätigkeit und Kindererziehung sowie privater Angehörigenpflege geschaffen werden. Entgelthöhe und Entgeltposition, die in die Rentenberechnung eingehen, lassen sich durch Festlegung von gesetzlichen

Mindestlöhnen beeinflussen. Mindestlöhne beziehen sich allerdings nur auf Stundenentgelte, während für die Rentenberechnung das tatsächliche Monats- beziehungsweise Jahreseinkommen, errechnet aus der Multiplikation von Stundenentgelten und geleisteter Arbeitszeit, maßgebend ist. Zudem: Ein Mindestlohn verhindert Altersarmut nicht automatisch, auch dann nicht, wenn er in der Höhe den gewerkschaftlichen Forderungen entspricht und wenn über viele Jahre Vollzeitbeschäftigung vorliegt. Soll dies erreicht werden, muss der Stundensatz (beim gegenwärtigen Rentenniveau) bei über 9,50 Euro liegen (vgl. Steffen 2011a).

Zweitens, geht es um Reformen im System der Rentenversicherung, die die Grundprinzipien der Teilhabeäquivalenz nicht verletzen, sondern die Versicherungspflicht ausweiten und Sicherungslücken schließen? Solche systemimmanenten Reformen sollen dafür sorgen, dass höhere Rentenanwartschaften erworben werden, etwa durch Beitragszahlungen bei Arbeitslosigkeit oder durch die Aufhebung der Versicherungsfreiheit bei geringfügiger Beschäftigung. Allerdings können aus niedrigen Einkommen, auch wenn sie sich zukünftig nicht mehr auf die willkürliche Grenze von 400 Euro im Monat konzentrieren würden, keine Rentenansprüche generiert werden, die als existenzsichernd zu verstehen sind. Weitreichender ist der Ansatz einer Ausweitung der Rentenversicherung zu einer Erwerbstätigenversicherung. Vor allem die Selbstständigen, die keinem obligatorischen Sicherungssystem angehören, würden damit in den Schutz der Rentenversicherung fallen und könnten Rentenansprüche erwerben (vgl. Fachinger 2011). Allerdings ist nur dann mit ausreichend hohen Renten zu rechnen, wenn auch die versicherten Einkommen und damit die Beiträge ausreichend hoch ausfallen. Auch muss hier – wie auch bei den Arbeitsmarktreformen – die langfristige Wirkung beachtet werden. Da es um den Aufbau von Anwartschaften geht, werden bereits laufende Renten nicht verbessert und die bereits entstandenen Lücken und unzureichenden Anwartschaften nicht gefüllt.

Der soziale Ausgleich in der Rentenversicherung könnte ausgebaut werden, indem definierte Zeiten mit niedrigen Beitragsleistungen beziehungsweise niedrige Entgeltpunkte – unter bestimmten Voraussetzungen – aufgewertet werden. Konkret werden die Entfristung der Rente nach Mindesteinkommen, die Höherbewertung von Zeiten der Arbeitslosigkeit (im Rechtskreis SGB II) oder Verlängerung von Zurechnungszeiten bei Erwerbsminderungsrenten gefordert (vgl. Steffen 2011a). Offen bleibt dabei immer, an welche Voraussetzungen diese Form einer Höherbewertung, die dann beim Beginn der Rentenzahlphase greift, also auch nachträglich geregelt werden kann und damit kurzfristig wirkt, gebunden wird. Um nicht jedes Niedrigeinkommen aufzuwerten, wird bei all diesen Vorschlägen davon ausgegangen, den Kreis der Begünstigten auf langjährig Versicherte zu beschränken (vgl. Loose 2008). Wie aber wird mit Teilzeitarbeit umgegangen, soll das niedrige Einkommen aus Teilzeitarbeit, das womöglich nur durch den geringeren Stundeneinsatz bedingt ist, dem geringen Vollzeiteinkommen gleichgestellt werden? Die individuellen Arbeitszeiten werden von der Rentenversicherung bislang nicht erfasst; diese Erfassung in der Zukunft wäre deshalb für zielgenaue Korrekturen erforderlich.

Ist *drittens* vorgesehen, dass im Sinne eines partiellen oder schleichenden Systemwechsels die individuelle Rentenberechnung durch Mindestsicherungselemente ergänzt und damit vom Prinzip der Teilhabeäquivalenz im Bereich niedriger Renten weitgehend abgewichen wird? In diesem Fall wäre von einem Wechsel zu sprechen, der unmittelbar zu einer Anhebung niedriger Renten auf ein die Grundsicherung übersteigendes Niveau führen soll und damit die für eine Versicherung typische Verbindung zwischen Erwerbsarbeit und -einkommen einerseits und Alterseinkommen andererseits entscheidend lockern würde. Durch die Einführung einer Mindest- oder Garantierente wäre das Äquivalenzprinzip – je nach Höhe und Ausgestaltung des Mindestanspruchs – in einem weiten Bereich der Rentenversicherung durchbrochen. Und im Unterschied zu den oben genannten systemimmanenten Modifikationen geht es nicht um die zusätzliche Anerkennung von Beitragszeiten oder Entgeltpunkten im Rahmen der Rentenberechnungsformel, sondern um die Festsetzung eines pauschalen Sockels oberhalb der Armutsschwelle.

Die in diese Richtung zielenden Vorschläge stehen aktuell im Mittelpunkt der rentenpolitischen Armutsdiskussion (vgl. Kumpmann 2011; Riedmüller & Willert 2009; Steffen 2011b; Strengmann-Kuhn 2008). Bekannt ist vor allem das 30:30-Modell von Hauser (vgl. 2010 sowie den Beitrag von Hauser in diesem Band): Versicherte haben Anspruch auf 30 Entgeltpunkte, wenn sie mindestens 30 Jahre Pflichtbeiträge aufweisen. Systematisiert man Modelle dieser Art, ist vor allem nach folgenden Punkten zu fragen: Welche Höhe (und Dynamik) soll der Mindest- beziehungsweise Garantiespruch aufweisen? Ist der Anspruch an die Voraussetzung einer Mindesthöhe von Wartezeiten (nur Beitragszeiten oder auch beitragsfreie Zeiten wie Anrechnungs-, Zurechnungs- und Berücksichtigungszeiten) geknüpft? Wie lässt sich erreichen, dass nur Versicherte begünstigt werden, die dem System über eine längere Zeit angehören und Beiträge gezahlt haben, sodass Personen, die zum Beispiel wie Selbstständige zu Beginn ihrer Erwerbstätigkeit abhängig beschäftigt und entsprechend kurzzeitig versichert waren und im Alter dann über andere Versorgungssysteme gut abgesichert sind, nicht noch eine Mindestrente erhalten? Wird die Arbeitszeit dabei berücksichtigt? Handelt es sich um eine bedingungslose Rente oder um einen einkommensgeprüften, steuerfinanzierten Transfer? Welche Einkommen werden in welcher Höhe bei einem Transfer auf die Mindestleistung angerechnet, betrifft dies nur das Individual- oder auch das Partnereinkommen? Werden nur Regelaltersrenten aufgestockt oder auch mit Abschlägen belegte vorgezogene Altersrenten oder auch Erwerbsminderungsrenten oder auch Hinterbliebenenrenten?

Die von der Bundesregierung vorgeschlagene (steuerfinanzierte) Zuschussrente lässt sich als eine Minimal-Variante dieser Modelle verstehen: Mit einem Nettobetrag von 850 Euro im Monat liegt sie deutlich über dem Grundsicherungsniveau, ist aber einkommensabhängig ausgestaltet und an enge Voraussetzungen gebunden (Wartezeit von 40 Jahren und Beteiligung an der privaten Altersvorsorge). In eine andere Richtung zielen Forderungen, bei der Grundsicherung im Alter Einkommensfreibeträge einzuführen: gesetzliche Renten, aber auch private und betriebliche Renten, würden nur noch teilweise angerechnet, sodass Rentnerinnen und Rentner faktisch Anspruch auf ein gesteigertes Existenzminimum haben, da sie sich besser stellen als jene, die kein eigenes Einkommen einbringen können. Anspruchsvoraussetzung bleibt jedoch der Tatbestand von Bedürftigkeit. Je nach Höhe der Anrechnungsfreiheit würde der Empfängerkreis der bedürftigkeitsgeprüfte Grundsicherung deutlich wachsen, die Grundsicherung würde zu einer expliziten ‚vierten Säule' der Alterssicherung (vgl. Steffen 2011b).

Viertens lässt sich von einem grundlegenden Systemwechsel ausgehen, wenn die öffentliche Alterssicherung in zwei getrennte Zweige aufgeteilt würde: In eine steuerfinanzierte allgemeine Sockelrente, die allen Bürgerinnen und Bürgern zusteht und das Existenzminimum sichert, und in eine lohn- und beitragsbezogene Rente für Arbeitnehmerinnen und Arbeitnehmer, die dann – mit einem niedrigen Niveau – den Sockel aufstockt. Das ist der Grundgedanke des Rentenmodells der katholischen Verbände (Katholische Verbände 2007). Allerdings führen die Umstellungen, die damit verbunden sind, zu so gravierenden Problemen in (verfassungs-)rechtlicher, administrativer und finanzieller Sicht (Werding et al. 2007), dass es in der politischen Diskussion kaum weiter verfolgt wird. Das gilt erst recht für die Grundrentenmodelle, die die öffentliche Alterssicherung auf eine steuerfinanzierte Grundrente reduzieren und die Lebensstandardsicherung im Alter ausschließlich durch private und betriebliche Vorsorgeeinrichtungen regeln wollen (vgl. Krupp & Weeber 1997).

7 (Unbeabsichtigte) Auswirkungen einer einseitigen Debatte

Die hier skizzierten Reformmodelle stellen das Thema Armutsvermeidung in den Mittelpunkt. Durch mehr oder minder weitreichende Neuregelungen soll die Rentenversicherung vermeiden, dass Versicherte im Alter auf den Bezug von Grundsicherung angewiesen sind. Diese Zielorientierung ist jedoch einseitig, da Gefahr besteht, dass weitere Ziele, die mit der sozialstaatlichen Funktion der Alterssicherung allgemein und der Rentenversicherung im Besonderen verbunden sind, minder gewichtet oder gar ganz aufgegeben werden. Diese Mindergewichtung betrifft vor allem das Ziel der Lebensstandardsicherung, das erst seit Einführung der ‚dynamischen Rente' im Jahr 1957 an Gewicht gewonnen und die Begrenzung der Bismarckschen Rentenversicherung auf eine ‚Zuschussrente' überwunden hat. Die Grundüberzeugung war, dass Alterssicherung auch die Aufgabe hat, im Sinne einer Lohnersatzfunktion dafür zu sorgen, dass der nach einem langen Arbeitsleben erreichte Lebensstandard auch in der Ruhestandsphase – wenn auch mit Abstrichen – weiter fortgeführt werden kann. Nur so lässt sich eine Kontinuität der Lebensführung über die Lebensphasen hinweg erreichen. Eine zwar armutsfeste, aber nur knapp oberhalb der Grundsicherung liegende Rente gefährdet diesen Anspruch von Planbarkeit und Kontinuität des Lebens im Alter und führt dazu, dass der Altersübergang mit einem sozialen Abstieg verbunden ist, der allenfalls begrenzt durch die betriebliche oder private Vorsorge abgefedert werden kann.

Die Frage ist, ob der Rentenversicherung auch in Zukunft noch dieses Ziel der Lebensstandardsicherung übertragen werden soll oder ob es – zugespitzt formuliert – reicht, wenn die Rente die Armutsschwelle überschreitet und sei es auch nur um einen Euro? Seit der Teilprivatisierung der Alterssicherung im Zuge der Riester-Reformen und der entsprechenden Absenkung des Rentenniveaus kann die gesetzliche Rente die Lebensstandardsicherungsfunktion ohnehin nicht mehr alleine erfüllen, da eine ergänzende betriebliche und/oder private Vorsorge notwendig ist, um ausreichend hohe Alterseinkommen zu erhalten. Die empirischen Befunde lassen jedoch erkennen, dass dazu nur ein Teil der Beschäftigten in der Lage und bereit ist, nämlich jene, die sich im oberen Arbeitsmarkt- und Einkommenssegment verorten lassen. Wird nun akzeptiert beziehungsweise in den Reformvorschlägen nicht aufgegriffen, dass das Rentenniveau kontinuierlich absinkt, verschärft sich diese soziale Selektivität des Absicherungsniveaus im Alter. Dann geht es nur noch um die Frage, wie durch Reformen in der Rentenversicherung oder – weiter reichend noch – durch eine Reform der Alterssicherung insgesamt erreicht werden kann, dass die ‚armutsfeste' Rente ausreichend hoch angesetzt wird und für möglichst viele erreichbar ist. Die Anhebung des Rentenniveaus wäre aber sowohl für die Zielsetzung der Armutsvermeidung als auch für die Zielsetzung der Lebensstandardsicherung von entscheidender Bedeutung. Denn die vorhandenen wie die geforderten sozialen Ausgleichsfaktoren in der Rentenversicherung (Verlängerung der Rente nach Mindesteinkommen, Absicherung bei Arbeitslosigkeit, erweiterte Anerkennung von Zurechnungszeiten oder zusätzlichen Entgeltpunkten) werden umso stärker wirksam, haben einen umso höheren Wert, je höher das Niveau ausfällt (Dedring et al. 2010; Deml et al. 2008).

Je höher nun bei gleichzeitig sinkendem Rentenniveau die Mindest- oder Garantierente angesetzt wird und je großzügiger die Bezugsvoraussetzungen ausfallen, umso größer wird auch der Kreis der Bestands- wie der Zugangsrentner sein, die davon begünstigt werden. Das mag so gewollt sein, muss aber in seinen Folgewirkungen bedacht werden. Denn wenn sich das Prinzip der Teilhabeäquivalenz auf einen immer kleiner werdenden Teil der Rentnerinnen und Rentner beschränkt, gerät die beitragsfinanzierte Rentenversicherung in eine Akzeptanzkrise: Versicherte, die im Verlauf ihres Arbeitslebens hohe Beiträge gezahlt haben, werden gleichgestellt mit jenen, die keine entsprechenden Vorleistungen erbracht haben.

Zugleich tritt bei dem Auseinanderdriften von sinkendem Rentenniveau und hohen Mindestrenten das Paradox ein, dass die oben beschriebenen Schritte zur Füllung von Lücken und zur Höherbewertung von niedrigen Anwartschaften ihre Bedeutung verlieren. Der Effekt wird wegen des sinkenden Wertes der Entgeltpunkte immer geringer, eine Rente oberhalb der Mindestsicherung ist unter diesen Bedingungen nicht erreichbar, sodass sich diese Forderung gleichsam erübrigt. Das gilt auch für die arbeitsmarktbezogenen Reformforderungen, die versuchen, an den Ursachen von prekären und durchbrochenen Erwerbsbiografien anzusetzen. Bei einer hohen Mindestrente haben Niedriglöhne, Zeiten von Arbeitslosigkeit, Mini-Jobs und Teilzeitarbeit keine entscheidenden negativen Folgen für die spätere Rente mehr. Auch dies mag so gewollt sein, aber die Frage bleibt, ob damit nicht die Deregulierung und Flexibilisierung des Arbeitsmarkts akzeptiert und die Rente in eine Rolle des Reparaturbetriebs gedrängt wird.

Dieser kritische Blick auf den Altersarmutsdiskurs und die Priorisierung nur eines Sicherungsziels macht deutlich, wie wichtig es ist, die für die Nichtkundige schnell sozialtechnisch anmutenden Reformvorschläge und -modelle in ihren Auswirkungen zu bewerten. Dabei steht eben nicht allein die Frage im Mittelpunkt, ob und in welchem Maße Altersarmut verhindert beziehungsweise bekämpft werden kann. Die Auswirkungen können sich auch – beabsichtigt oder unbeabsichtigt – auf das gesamte Sozialsystem und auf angrenzende Bereiche erstrecken, so auf den Arbeitsmarkt und die Arbeitsverhältnisse, und Anstoß zu einem grundsätzlichen Wechsel des wohlfahrtsstaatlichen Arrangements geben. Insofern trägt die Debatte einen im hohen Maße politischen Charakter. Sie ist durch unterschiedliche Wertvorstellungen und Leitbilder über die zukünftige Gestaltung des Sozialstaates geprägt.

Ob die Rente diese Rolle einer nachträglichen Ergebniskorrektur tatsächlich ausfüllen kann und die Mindestrente das Grundsicherungsniveau wirklich deutlich übersteigt, bleibt allerdings abzuwarten. Denn die Leistungen müssen gegenfinanziert werden. Dies bedeutet, dass am Ende von Reformen nicht nur ‚Gewinner' stehen. So müssen rentenversicherungsinterne Leistungsverbesserungen, wenn sie kostenneutral ausfallen sollen, durch Leistungseinschränkungen auf der anderen Seite finanziert werden. Für die belastete Gruppe der Versicherten im mittleren und höheren Einkommensbereich verschlechtern sich die Beitragsrenditen. Auch deswegen würde die Rentenversicherung, die in der Konkurrenz zur Privatversicherung steht, die überhaupt keine personelle Umverteilung kennt, an Legitimität verlieren.

Erfolgen die Reformen nicht kostenneutral, muss die Gegenfinanzierung entweder über höhere Beitragssätze zur Rentenversicherung oder über höhere Steuerzuschüsse bewältigt werden. Bei Steuererhöhungen wäre zu prüfen, an welche Steuer (Einkommensteuer, Verbrauchsteuer) mit welchen Verteilungseffekten, die wiederum auch ältere Menschen belasten können, gedacht ist. Schon jetzt liegt der Anteil steuerfinanzierten Bundeszuschusses an den Ausgaben der Rentenversicherung bei etwa 26 Prozent. Rechnet man die Beiträge des Bundes für Zeiten der Kindererziehung mit hinzu, dann machen Leistungen an die Rentenversicherung 27 Prozent des gesamten Bundeshaushaltes aus. Diese dürren Daten dürften die Erwartungen dämpfen, dass Leistungsverbesserungen, die zur Bekämpfung von Altersarmut geeignet sind, durch einen Ausgabenzuwachs zu erreichen sind. Vielmehr wird die Notwendigkeit darin bestehen, den Arbeitsmarkt so zu gestalten, dass die Voraussetzungen für den Erwerb ausreichend hoher Renten verbessert werden und im System die Reformmaßnahmen so zu justieren, dass eine akzeptable Balance zwischen den Zielen der Armutsvermeidung und der Lebensstandardsicherung erreicht wird.

Literatur

Bäcker, G. (1995). Altersarmut: Dimensionen eines sozialen Problems und sozialpolitische Reformoptionen. In W. Hanesch (Hrsg.), *Sozialpolitische Strategien gegen Armut* (S. 375–403). Opladen: Westdeutscher Verlag.

Bäcker, G. (2002). Armut trotz Sozialhilfe? Zum Verhältnis von Einkommensarmut und Sozialhilfebezug. In S. Sell (Hrsg.), *Armut als Herausforderung* (S. 287–308). Berlin: Duncker & Humblot.

Bäcker, G. (2008). Altersarmut als soziales Problem der Zukunft? *Deutsche Rentenversicherung, 63(4)*, 357–367.

Bäcker, G. (2011). Strategien gegen Armut im Alter in Deutschland. In L. Leisering (Hrsg.), *Die Alten der Welt. Neue Wege der Alterssicherung im globalen Norden und Süden* (S. 165–197). Frankfurt/Main: Campus Verlag.

Bäcker, G., Kistler, E., & Stapf-Finé, H. (2011a). *Erwerbsminderungsrente – Reformnotwendigkeit und Reformoptionen* [WISO Diskurs]. Bonn: Friedrich-Ebert-Stiftung.

Bäcker, G., Kistler, E., & Stapf-Finé, H. (2011b). *Rente mit 67? Argumente und Gegenargumente*. [WISO Diskurs]. Bonn: Friedrich-Ebert-Stiftung.

Bäcker, G., & Neuffer, S. (2012). Mini-Jobs als Sonderregelung in der Sozialversicherung: Auswirkungen auf das Arbeitsangebot und die soziale Absicherung einzelner Beschäftigtengruppen. *WSI-Mitteilungen, 65(1)*, 13–22.

Becker, I., & Hauser, R. (2005). *Dunkelziffer der Armut. Ausmaß und Ursachen der Nichtinanspruchnahme zustehender Sozialhilfeleistungen*. Berlin: edition sigma.

Bieber, U., & Stegmann, M. (2011). Aktuelle Daten zur Altersarmut in Deutschland. *Deutsche Rentenversicherung 66(1)*, 66–86.

Blank, F. (2011). Die Riester-Rente: Ihre Verbreitung, Förderung und Nutzung. *Soziale Sicherheit, 60(12)*, 414–420.

Brussig, M. (2007). *Vier von zehn Zugängen in Altersrente erfolgen mit Abschlägen. Massive Einbußen beim Rentenanspruch durch vorzeitigen Renteneintritt bei langzeitarbeitslosen Männern* [Altersübergangsreport Nr. 2007-01]. Düsseldorf: Hans-Böckler-Stiftung.

Brussig, M. (2010). *Fast die Hälfte aller neuen Altersrenten mit Abschlägen – Quote weiterhin steigend. Probleme mit dem Anstieg der Altersgrenzen vor allem bei Arbeitslosen, aber auch bei Erwerbstätigen* [Altersübergangsreport Nr. 2010-01]. Düsseldorf: Hans-Böckler-Stiftung.

Bundesagentur für Arbeit (2012). *Statistik der Grundsicherung für Arbeitsuchende nach dem SGB II*. Nürnberg: Bundesagentur für Arbeit.

Dedring, K.-H., Deml, J., Döring, D., Steffen, J., & Zwiener, R. (2010). *Rückkehr zur lebensstandardsichernden und armutsfesten Rente* [WISO Diskurs]. Bonn: Friedrich-Ebert-Stiftung.

Deml, J., Haupt, H., & Steffen, J. (2008). *Solidarität leben statt Altersarmut. Sichere Renten für die Zukunft!* Hamburg: VSA Verlag.

Deutscher Bundestag (Hrsg.) (2011). *Altersarmut in Deutschland. Antwort der Bundesregierung auf die Große Anfrage der Abgeordneten Katrin Göring-Eckardt, Dr. Wolfgang Strengmann-Kuhn, Fritz Kuhn, weiterer Abgeordneter und der Fraktion BÜNDNIS 90/DIE GRÜNEN (BT-Drucksache 17/3139)*.

Deutsche Rentenversicherung (2011). *Rentenversicherung in Zeitreihen* [DRV-Schriften 22]. Berlin: Deutsche Rentenversicherung Bund.

Fachinger, U., & Frankus, A. (2011). *Sozialpolitische Probleme bei der Eingliederung von Selbstständigen in die gesetzliche Rentenversicherung* [WISO-Diskurs]. Bonn: Friedrich-Ebert-Stiftung.

Faik, J. & Köhler-Rama, T. (2011). Offene Forschungsfragen zum Thema Altersarmut. *Deutsche Rentenversicherung, 66(1)*, 59–65.

Frommert, D., & Thiede, R. (2011). Alterssicherung vor dem Hintergrund unterschiedlicher Lebensverläufe. In U. Klammer & M. Motz (Hrsg.), *Neue Wege – gleiche Chancen. Expertisen zum Ersten Gleichstellungsbericht der Bundesregierung* (S. 431–467). Wiesbaden: VS Verlag für Wissenschaften.

Goebel, J., & Grabka, M. M. (2011). Zur Entwicklung der Altersarmut in Deutschland. *DIW Wochenbericht, 78(25)*, 3–16.

Geyer, J., & Steiner, V. (2010). Künftige Altersrenten in Deutschland: Relative Stabilität im Westen, starker Rückgang im Osten. *DIW Wochenbericht 77(11)*, 2–11.

Geyer, J. (2011). Riester-Rente: Rezept gegen Altersarmut? *DIW Wochenbericht 78(47)*, 16–21.

Hauser, R. (2009). Neue Armut im Alter. *Wirtschaftsdienst, 89(4)*, 248–256.

Hauser, R. (2011). Das Maß der Armut: Armutsgrenzen im sozialstaatlichen Kontext. In E.-U. Huster, J. Boeck & H. Mogge-Grotjahn (Hrsg.) (2008), *Handbuch Armut und Soziale Ausgrenzung* (94–117). Wiesbaden: VS Verlag für Sozialwissenschaften.

Hauser, R. (2010). Das 30-30-Modell zur Bekämpfung gegenwärtiger und künftiger Altersarmut. In Deutscher Bundestag (Hrsg.), *Ausschuss für Arbeit und Soziales, Zusammenstellung der schriftlichen Stellungnahmen* [Ausschussdrucksache 17(11)263 v. 22.09.2010] (S. 9ff.).

Himmelreicher, R. K., & Frommert, D. (2006). Gibt es Hinweise auf zunehmende Ungleichheit der Alterseinkünfte und zunehmende Altersarmut? *Vierteljahreshefte zur Wirtschaftsforschung, 75(1)*, 108–130.

Hinrichs, K. (2012). Germany: A Flexible Labour Market Plus Pension Reforms Means Poverty in Old Age. In K. Hinrichs & M. Jessoula, M. (Hrsg.), *Labour Market Flexibility and Pension Reforms* [Work and welfare in Europe] (S. 29–61). Basingstoke/Hampshire u. a.: Palgrave Macmillan.

Krupp, H.-J., & Weeber, J. (1997). Pro und Contra Grundrente – eine Analyse aus volkswirtschaftlicher Sicht. *Deutsche Rentenversicherung, 3-4*, 205–219.

Kumpmann, I. (2011). Politikoptionen gegen Altersarmut. *Gesetzliche Rentenversicherung, 66(4)*, 291–303.

Kumpmann, I., Gühne, M., & Buscher, H. S. (2010). *Armut im Alter – Ursachenanalyse und eine Projektion für das Jahr 2023* [IWH-Diskussionspapier Nr. 8]. Halle: Institut für Wirtschaftsforschung Halle.

Leiber, S. (2009). *Armutsvermeidung im Alter: Handlungsbedarf und Handlungsoptionen* [WSI-Diskussionspapier Nr. 166]. Düsseldorf: Hans-Böckler-Stiftung.

Lenze, A. (2011). Warum die Bundesregierung erneut verfassungsriskante Regelbedarfe vorlegt. *WSI-Mitteilungen, 64(10)*, 534–540.

Loose, B. (2008). Die Suche nach armutsvermeidenden Ansätzen in der Alterssicherung: Mehr Antworten als Fragen – Mehr Lösungen als Probleme? *RV-aktuell, 55(3),* 79–87.
Miegel, M., & Wahl, S. (1985). *Gesetzliche Grundsicherung – Private Vorsorge. Der Weg aus der Rentenkrise* [Schriften des Instituts für Wirtschafts- und Gesellschaftspolitik e. V.]. Stuttgart: Verlag Bonn Aktuell.
Noll, H.-H., & Weick, S. (2011). Wiederkehr der Altersarmut in Deutschland? Empirische Analysen zu Einkommen und Lebensstandard im Alter. In L. Leisering (Hrsg.), *Die Alten der Welt. Neue Wege der Alterssicherung im globalen Norden und Süden* (S. 45–77). Frankfurt/Main: Campus Verlag.
Riedmüller, B., & Willert, M. (2009). *Aktuelle Vorschläge für eine Mindestsicherung im Alter. Gutachten im Auftrag der Hans-Böckler-Stiftung.* Düsseldorf: Hans-Böckler-Stiftung.
Schulze Buschoff, K. (2011). *Atypisch beschäftigt = typisch arm im Alter? Die Flexibilisierung der Arbeitsmärkte und der staatliche Schutz vor Altersarmut – ein europäischer Vergleich.* Berlin: Friedrich-Ebert-Stiftung.
Schmähl, W. (1974). *Systemänderung in der Altersvorsorge. Von der einkommensabhängigen Altersrente zur Staatsbürger-Grundrente.* Opladen: Westdeutscher Verlag.
Schmähl, W. (2011). Warum ein Abschied von der „neuen deutschen Alterssicherungspolitik" notwendig ist [ZeS-Arbeitspapier Nr. 01/2011]. Bremen: Zentrum für Sozialpolitik.
Strengmann-Kuhn, W. (2008). Altersarmut in Deutschland – empirische Bestandsaufnahme und sozialpolitische Perspektiven. *Deutsche Rentenversicherung, 63(1),* 120–133.
Stöger, H. (2011). *Rentensysteme und Altersarmut im internationalen Vergleich.* Berlin: Friedrich-Ebert-Stiftung.
Werding, M., Hofmann, H., & Reinhard, H.-J. (2007). *Das Rentenmodell der katholischen Verbände. Studie im Auftrag des Ministeriums für Arbeit, Gesundheit und Soziales des Landes Nordrhein-Westfalen, der Katholischen Arbeitnehmer-Bewegung Deutschlands und des Familienbundes der Katholiken.* München : ifo Institut für Wirtschaftsforschung.
Zaidi, A., & Gasior, K. (2011). Armut und Deprivation älterer Menschen in Europa. Muster und Entwicklungstendenzen. In L. Leisering (Hrsg.), *Die Alten der Welt. Neue Wege der Alterssicherung im globalen Norden und Süden* (77–113), Frankfurt/Main: Campus Verlag.

Online-Quellen

Bundesministerium für Arbeit und Soziales (2011). *Bericht der Bundesregierung über die gesetzliche Rentenversicherung (insbesondere über die Entwicklung der Einnahmen und Ausgaben, der Nachhaltigkeitsrücklage sowie des jeweils erforderlichen Beitragssatzes in den künftigen Kalenderjahren gemäß § 154 Abs. 1 und 3 SGB VI).* Verfügbar unter http://www.bmas.de/SharedDocs/Downloads/DE/rentenversicherungsbericht-2011.pdf?__blob=publicationFile [12.06.2012]

EU-SILC (2012). *Armutsgefährdungsquote nach Sozialleistungen nach detaillierter Altersgruppe.* Verfügbar unter http://epp.eurostat.ec.europa.eu/portal/page/portal/income_social_inclusion_living_conditions/data/main_tables [01.02.2012]

Katholische Verbände (2007). *Solidarisch und gerecht. Das Rentenmodell der katholischen Verbände.* Verfügbar unter http://www.buendnis-sockelrente.de/Broschuere_Rentenmodell_12-2007. [01.05.2012]

Statistische Ämter des Bundes und der Länder (2012). *Sozialberichterstattung.* Verfügbar unter http://www.amtliche-sozialberichterstattung.de/ [01.02.2012]

Statistisches Bundesamt (2012). *Genesis Online Datenbank.* Verfügbar unter https://www-genesis.destatis.de/ [01.02.2012]

Steffen, J. (2011a). *Niedriglohn und Rente, Arbeitnehmerkammer Bremen.* Verfügbar unter http://www.ak-sozialpolitik.de/dukumente/2011/2011-07-01%20Niedriglohn%20und%20Rente.pdf [31.05.2012]

Steffen, J. (2011b). *Vor dem „Regierungsdialog Rente": Kampf um Altersarmut.* Verfügbar unter http://www.ak-sozialpolitik.de/dukumente/2011/2011-07-27%20Kampf%20um%20Altersarmut.pdf [31.05.2012]

Steffen, J. (2010). *Gebrochene Erwerbsbiografien, atypische Beschäftigung und drohende Altersarmut, Arbeitnehmerkammer Bremen.* Verfügbar unter http://www.ak-sozialpolitik.de/dukumente/2010/2010-12-02%20Perspektiven%20Rente.pdf [31.07.2012]

Trischler, F., & Kistler, E, (2011). *Gute Erwerbsbiographien: Wandel im Erwerbsverlauf und Rentenanspruch* [Arbeitspapier Nr. 4 des Projektes für die Hans-Böckler-Stiftung, Stadtbergen] Verfügbar unter http://inifes.de/images/data/Publikationen/4_Arbeitspapier.pdf [31.07.2012]

II Alter und Lebenssituationen in Armut

Einkommensarmut im Alter – Tendenzen der sozialstrukturell differenzierten und sozialräumlich segregierten Rückkehr der Altersarmut in Berlin

Sylke Sallmon

1 Einleitung

Befunde zum Vorhandensein und zur Entwicklung von Altersarmut beziehungsweise armutsgefährdeter Lebenslagen sind über die sozialwissenschaftliche und allgemein sozialpolitische Diskussion hinaus für Länder und Kommunen in vielfältiger Weise von praktischer Bedeutung. Nicht zuletzt gibt ihre Erfassung ein direktes Bild über das Ausmaß notwendiger staatlicher Unterstützung auf Ebene der so genannten staatlichen Mindestsicherung. Die Identifizierung sozialstruktureller und sozialräumlicher Schwerpunkte ist erforderlich, um vorhandenen beziehungsweise drohenden Armutsrisiken nicht nur auf bundesgesetzlicher Ebene begegnen zu können, sondern in Ländern und Kommunen auf der Ebene verschiedenster Akteure zielgruppenspezifisch und räumlich differenziert mit den Auswirkungen einkommensarmer Lebenslagen älterer und alter Menschen vorausschauend umgehen zu können.

Dabei geht es vorrangig um die Identifizierung von Schwerpunkten einkommensarmer Lebenslagen. Dies zu leisten, bietet sich die duale Betrachtung sowohl von Erkenntnissen zum definitorischen Armutsrisiko als auch zu Ausmaß und Struktur sozialer Mindestsicherung an. Die Ermittlung von Armuts-(risiko-)quoten über die bedarfsgewichteten Netto-Äquivalenzeinkommen der Bevölkerung bietet eine im jeweiligen inhaltlichen und regionalen Kontext akzeptierte Möglichkeit der relativen Einordnung und Bewertung der Armutsgefährdung bestimmter Bevölkerungsgruppen. Quoten von Transferleistungsempfangenden sind ein ebenso markantes Maß für das Ausmaß ökonomischer Deprivation. Die Leistungsberechtigten werden nicht von vornherein zu den ‚Armen' gezählt, zumal in der Armuts- und Reichtumsberichterstattung der Bundesregierung postuliert und berechnet wird, dass und in welchem Ausmaß Sozialtransfers das Armutsrisiko vermindern.

Die Gesamteinkommen derjenigen, welche Transferleistungen zur Sicherung ihres Lebensunterhaltes beziehen müssen, hängen neben den gesetzlichen Festlegungen über aktuelle Regelsatzhöhen von weiteren Bedarfsbestandteilen, wie möglichen Mehrbedarfszuschlägen oder Kosten für Unterkunft und Heizung mit örtlich geregelten Obergrenzen, ab. Effekte gemeinsamer Haushaltsführung gehen durch die Betrachtung der Leistungsberechtigten als Teil einer beziehungsweise als eigenständige Bedarfsgemeinschaft mit ein. Daher weisen die Einkommen in der Gesamtheit der Transferleistungsempfängerinnen und -empfänger eine gewisse Schwankungsbreite auf, wodurch sich die grundsätzliche Charakteristik deren Lebenslage nicht verändert. Gleichzeitig unterliegt die rechnerisch exakte Bestimmung der Armutsrisikogrenze in Zusammenhang mit methodischen Fragestellungen einer gewissen Varianz (Gerhardt et al. 2009). Allein schon aus diesen Gründen können Quoten sozialer Mindestsicherung beziehungsweise von Transferleistungsbeziehenden unabhängig von der Beantwortung der Frage, ob die einzelnen Transferleistungsempfängerinnen und -empfänger mit ihrem Einkommen jeweils knapp über oder unter der Armutsrisikogrenze liegen, als Beleg für armutsnahe oder durch relative Einkommensarmut gekennzeichnete Lebenslagen verstanden werden. Dementsprechend veröffentlicht die amtliche Sozialberichterstattung von Bund und Ländern sowohl Daten zu Armutsquoten als auch zur sozialen Mindestsicherung in Deutschland (Statistisches Bundesamt 2011).[1]

Vor dem Hintergrund der Fragestellung zunehmender Altersarmut wurden im Land Berlin durch die Senatsverwaltung für Gesundheit, Umwelt und Verbraucherschutz und die Senatsverwaltung für Integration, Arbeit und Soziales[2] wesentliche Dimensionen der sozialen Lage älterer Menschen ab 50 Jahren genauer untersucht. Auch hier wurde an die Frage der Einkommensarmut aus beiden Blickwinkeln – der Analyse von Daten aus den Erhebungen zum Mikrozen-

---

1 Die amtliche Sozialberichterstattung von Bund und Ländern orientiert sich an den von der Europäischen Union vereinbarten Indikatoren zur Messung von Armut und sozialer Ausgrenzung, den so genannten Laeken-Indikatoren. Als Datenquelle für die Berechnung von Armutsrisikoquoten wird der Mikrozensus verwendet. Armutsgefährdungsquoten werden als Anteil der Personen, die mit weniger als 60 Prozent des mittleren Einkommens (Medians) der Bevölkerung auskommen müssen, definiert (vgl. Statistisches Bundesamt 2011). Als Transferleistungen der sozialen Mindestsicherungssysteme werden finanzielle Hilfen des Staates, die zur Sicherung des grundlegenden Lebensunterhalts an leistungsberechtigte Personen ausgezahlt werden, bezeichnet (Mertel & Wolff 2010).

2 Seit der Neustrukturierung des Berliner Senates nach den Wahlen 2011 sind die Ressorts Gesundheit und Soziales organisatorisch in der Senatsverwaltung für Gesundheit und Soziales verortet.

sus zu den landesspezifischen Armutsrisikoquoten sowie der Erforschung von Ausmaß und Struktur der Abhängigkeit von staatlichen Leistungen der Mindestsicherung gemäß SGB XII (Sozialhilfe) beziehungsweise SGB II (Grundsicherung für Arbeitsuchende) herangegangen. Da im ‚Statistikreferat'[3] regelmäßig landesinterne ausführliche Statistiken u. a. zu Transferleistungen im Land Berlin erstellt und veröffentlicht werden (www.gsi-berlin.info), war es möglich, auf Basis einer Vollerhebung tiefergehende Sonderauswertungen des Transferleistungsbezuges älterer Menschen in Berlin zum Stand des Stichtages 31.12.2009 durchzuführen und zu bewerten (Sallmon et al. 2011).[4] Unter anderem konnten altersspezifische Grundsicherungsquoten auf regionalisierter Ebene von 447 Planungsräumen des Landes Berlin untersucht werden. Darauf aufbauend wurden zwischenzeitlich einige nachfolgend verwendete Auswertungen von Daten mit Stand des Jahresendes 2010 vorgenommen.

Im Folgenden wird schwerpunktmäßig analysiert, ob, in welchem Ausmaß und in welcher soziodemografischen und (sozial-)räumlichen Struktur Einkommensarmut in der Bevölkerung im Alter ab 65 Jahren im Land Berlin zu konstatieren ist. Dabei wird unter anderem die Rolle von Renten und Pensionen sowie von Erwerbstätigkeit im Alter als Indikator für vermiedene Armut oder als Anzeiger von einkommensarmen Lebenslagen in regionaler Spezifik diskutiert. Kohorteneffekte, die differenzierte Situation der Geschlechter, insbesondere bei Alleinlebenden und wenn Pflegebedürftigkeit im höheren Lebensalter eintritt, sowie die statistisch höhere, aber auch anders gelagerte Betroffenheit der nichtdeutschen älteren Bevölkerung von mit Einkommensarmut verbundenen Lebenslagen werden aufgezeigt. Darüber hinaus werden Erkenntnisse zur Nutzung der Transferleistungsquote Älterer als Anzeiger gesundheitlicher und sozialer Gefährdungslagen auf räumlicher Ebene dargelegt. Den Abschluss bilden handlungsrelevante Überlegungen und Schlußfolgerungen auf der Landesebene. Das Land Berlin kann dabei als Fallbeispiel, als einziges Bundesland, welches sich annähernd paritätisch aus Gebieten und Bevölkerung mit Merkmalen der neuen und der alten Bundesländer zusammensetzt, stehen. Gleichzeitig stellt sich das Land Berlin als dynamischer Brennpunkt zur Beobachtung sozialer Problemlagen dar, die sich hier – bei

---

3   Referat für Gesundheitsberichterstattung, Epidemiologie, Gemeinsames Krebsregister, Sozialstatistisches Berichtswesen, Gesundheits- und Sozialinformationssysteme
4   Darüber hinaus wurde der Zusammenhang zwischen gesundheitlicher und sozialer Lage und die Entwicklung von und Arbeit mit (präventiven) Gesundheitszielen in Berlin behandelt. Krankheit, Pflegebedürftigkeit und Behinderung wie auch Nichterwerbstätigkeit oder prekäre Beschäftigung wurden als mögliche Armutsrisiken mit darauf antwortenden (gesetzlichen) Leistungen für Betroffene im Land Berlin untersucht.

allen nicht zu vergessenden Spezifika – zum Teil schneller oder stärker als im Durchschnitt der anderen Bundesländer zeigen.

2 Einkommensarmut der Berliner Bevölkerung ab 65 Jahren im bundesdeutschen Vergleich

Unabhängig von der Betrachtungsweise – Armutsrisikoquoten oder Anteil der Bevölkerung mit Leistungen der Grundsicherung im Alter – zeigt sich für die vergangenen fünf Jahre, dass einkommensarme Lebenslagen in der Bevölkerung ab 65 Jahren in Deutschland allgemein wie auch im Land Berlin speziell im Vergleich zur Bevölkerung insgesamt nach wie vor ein deutlich geringeres Ausmaß einnehmen. Während das Armutsrisiko der gesamten Bevölkerung in Deutschland 2010 14,5 Prozent betrug, lag es für die Bevölkerung ab 65 Jahren bei 12,3 Prozent. In Berlin erreichte das Armutsrisiko der ‚Alten' ab 65 Jahren mit 9,1 Prozent nicht einmal die Hälfte des relativen Risikos aller Berlinerinnen und Berliner (19,2 Prozent).

Die Anteile der Personen ab 65 Jahren, welche Grundsicherung nach dem Vierten Kapitel des Zwölften Buches Sozialgesetzbuch (SGB XII) zur Sicherung des Lebensunterhaltes bezogen, lagen nochmals weit unter denen, welche als armutsgefährdet charakterisiert wurden. So ist – grob gesagt – mehr (Deutschland) beziehungsweise weniger (Berlin) als jede/r Zehnte der Bevölkerung ab 65 Jahren armutsgefährdet, aber lediglich jede/r Vierzigste (Deutschland) beziehungsweise weniger als jede/r Zwanzigste (Berlin) gleichen Alters benötigt Grundsicherung. Diese Verhältnisse sind grundsätzlich ähnlich seit 2005, obwohl sich ein leichter Trend zum Anstieg einkommensarmer Lebenslagen abzuzeichnen scheint (Abbildung 1).[5]

---

5 In den ersten Jahren der neuen Sozialgesetzgebung ab 2005 entsprach die Zahl der Empfängerinnen und Empfänger von Grundsicherung im Alter gemäß SGB XII noch nicht vollständig der nach Rechtslage Anspruchsberechtigten. Nicht wenige Anspruchsberechtigte waren im Vorfeld als Fälle mit laufender Hilfe zum Lebensunterhalt gemäß Bundessozialhilfegesetz (BSHG, bis 2004) behandelt worden, obwohl ab 1. Januar 2003 bereits ein Leistungsanspruch der Grundsicherung (Grundsicherungsgesetz, GSiG) bestand. Deren Überführung von einer Leistungsart in die andere erfolgte in der Praxis gleitend. Auch wurde die neue Leistung erst nach und nach von potenziellen Anspruchsberechtigten beantragt, wobei weiterhin mit einer Dunkelziffer von Nichtantragsstellern zu rechnen ist. Insofern muss davon ausgegangen werden, dass die in den ersten Jahren seit Einführung der Leistung der Grundsicherung im Alter aufgetretenen stärkeren Zuwachsraten nicht mit dem Maß der Veränderung der sozialen Lage gleichzusetzen sind.

Abbildung 1 Armutsrisikoquote und Anteil von Personen mit Grundsicherung in Berlin und Deutschland*

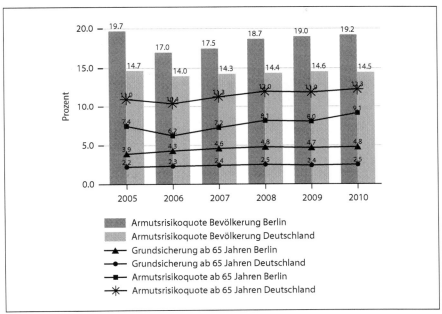

Quelle: Senatsverwaltung für Integration, Arbeit und Soziales Berlin/Amt für Statistik Berlin-Brandenburg/Statistisches Bundesamt/Berechnung und Darstellung: Senatsverwaltung für Gesundheit, Umwelt und Verbraucherschutz Berlin – IA.

* Personen im Alter ab 65 Jahren mit Grundsicherung gemäß SGB XII an der Bevölkerung am 31.12. des Jahres beziehungsweise Armutsrisikoquote (Median Deutschland) 2005 bis 2010 in Berlin und Deutschland.

Dieser Vergleich zwischen dem Durchschnitt für das gesamte Bundesgebiet und dem Durchschnitt für das Land Berlin fußt auf regional stark differierenden Situationen: Obwohl die neuen Bundesländer, Berlin und Bremen die höchsten Armutsrisikoquoten in der Bevölkerung aufweisen, liegen die Armutsrisikoquoten der hier ansässigen älteren Bevölkerung mit deutlich größerem Abstand als in den anderen alten Bundesländern unter der Armutsrisikoquote der Bevölkerung des jeweiligen Bundeslandes. Die niedrigste Armutsrisikoquote unter den Älteren ab 65 Jahren zeigt neben Berlin Hamburg (acht Prozent). Die vergleichsweise höchsten Armutsrisikoquoten unter der älteren Bevölkerung gibt es in Rheinland-Pfalz, im Saarland und in Bayern. Anders als in fast allen anderen Bundesländern liegt

Abbildung 2 Abweichung Armutsrisikoquoten der ab 65-Jährigen und der Bevölkerung insgesamt nach Bundesländern, 2010*

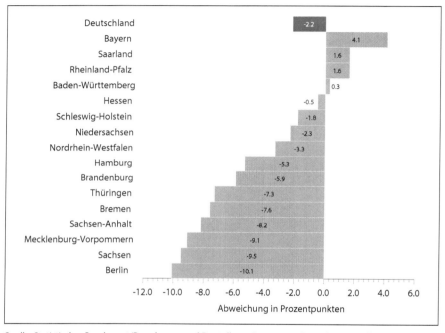

Quelle: Statistisches Bundesamt/Berechnung und Darstellung: Senatsverwaltung für Gesundheit, Umwelt und Verbraucherschutz Berlin – IA.

* Abweichung der Armutsrisikoquote der Bevölkerung ab 65 Jahren von der Armutsquote der Bevölkerung insgesamt im Jahr 2010 nach Bundesländern.

hier die Armutsquote der Bevölkerung insgesamt unter der Quote der Bevölkerung ab 65 Jahren (Abbildung 2).

Auch hinsichtlich des Anteils der Bevölkerung ab 65 Jahren mit Grundsicherung zur Sicherung des Lebensunterhaltes fallen deutliche Unterschiede zwischen neuen und alten Bundesländern auf. Bei einer durchschnittlichen Grundsicherungsquote der ab 65-Jährigen in Deutschland von 24,5 je 1 000 der gleichaltrigen Bevölkerung sind in den neuen Bundesländern nur 8,5 (Thüringen) bis 14,8 (Mecklenburg-Vorpommern) von 1 000 Personen betroffen. Unter den alten Bundesländern ist Baden-Württemberg mit 18,7 je 1 000 Personen das Land mit der niedrigsten Grundsicherungsquote. Die mit Abstand höchsten Anteile ab 65-Jähriger mit Grundsicherung treten in den Stadtstaaten Hamburg, Bremen und Berlin auf, wo rund eine von zwanzig Personen Grundsicherung bezieht. Auffällig ist, dass die im Vergleich der Bundesländer höchsten Grundsicherungsquoten keineswegs zwingend mit höheren Armutsrisikoquoten der Älteren einhergehen (Abbildung 3).[6]

Ebenso bemerkenswert ist, dass in den neuen Bundesländern, Berlin und Bremen im Unterschied zu den anderen (alten) Bundesländern auch das Armutsrisiko von älteren Menschen, für die als Haupteinkommensquelle Renten beziehungsweise Pensionen angegeben sind, signifikant über dem der Bevölkerung ab 65 Jahren insgesamt liegt (Abbildung 3). Dies scheint ein Widerspruch zu sein, zumal man für die heutige Rentnergeneration in den neuen Bundesländern noch annehmen könnte, dass unter anderem aufgrund höherer, durch eigene Erwerbstätigkeit erworbener, Rentenansprüche älterer Frauen und der in den älteren Alterskohorten weniger unterbrochenen Erwerbsbiografien ein verringertes Potenzial für Altersarmut unter Rentnern und Pensionären bestehen müsste.

Die Betrachtung der Situation in den Berliner Bezirken spiegelt diese Auffälligkeiten wider, auch wenn die Armutsrisikoquote für die Altersgruppe derer ab 65 Jahren nicht in bezirklicher Gliederung vorliegt: In allen Bezirken des ehemaligen Ostteils Berlins bestreiten überdurchschnittlich große Anteile der Bevölkerung ab 65 Jahre ihren überwiegenden Lebensunterhalt aus Renten- beziehungsweise Pensionsansprüchen. Die Grundsicherungsquote ist unterdurchschnittlich, das mittlere Äquivalenzeinkommen der Älteren in den Bezirken des ehemaligen Ost-Berlins, für welche Renten/Pensionen in besonders hohem Maße die Haupteinkommensquelle darstellen, allerdings auch.

In den Bezirken Mitte und Friedrichshain-Kreuzberg (im Rahmen der Bezirksfusion jeweils aus ehemaligen Ost- und Westbezirken zusammengesetzt) lebt die ältere Bevölkerung im Berliner Maßstab unterdurchschnittlich häufig hauptsächlich von Einkünften aus Renten und Pensionen. Das trifft auch auf die ehemaligen West-Berliner Bezirke Charlottenburg-Wilmersdorf und Steglitz-Zehlendorf zu, doch verfügt hier die ältere Bevölkerung über die höchsten durchschnittlichen Äquivalenzeinkommen in Berlin. Friedrichshain-Kreuzberg, Mitte und Neukölln als Berliner Bezirke mit bekannten Brennpunkten problematischer Sozialstruktur (Meinlschmidt 2009a) sind die Bezirke mit den höchsten Grundsicherungsquoten Älterer bei niedrigen durchschnittlichen Äquivalenzeinkommen.

---

6   Bezug: fortgeschriebene Bevölkerung ab 65 Jahren.

Abbildung 3 Zahl der ab 65-Jährigen mit Grundsicherung und Armutsrisiko nach Bundesländern, 2010*

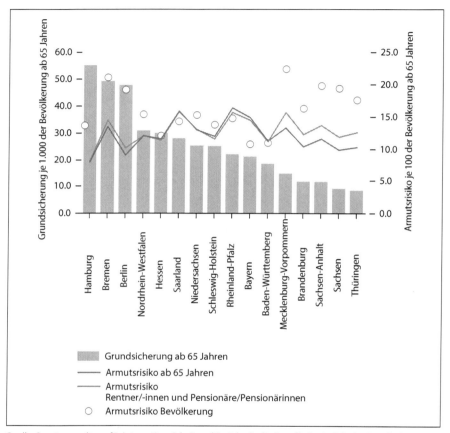

Quelle: Senatsverwaltung für Integration, Arbeit und Soziales Berlin/Amt für Statistik Berlin-Brandenburg/Statistisches Bundesamt/Berechnung und Darstellung: Senatsverwaltung für Gesundheit, Umwelt und Verbraucherschutz Berlin – IA.

* Anteil der Bevölkerung unter der Armutsrisikogrenze 2010 (Median Deutschland) beziehungsweise mit Grundsicherung nach SGB XII am 31.12. des Jahres nach Bundesländern.

Abbildung 4 Anteil ab 65-Jähriger mit Grundsicherung und Abweichung vom Durchschnitt nach Bezirken, 2009*

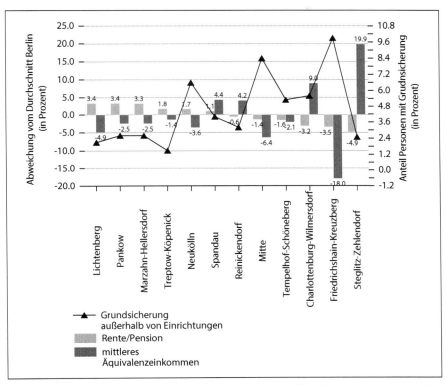

Quelle: Senatsverwaltung für Integration, Arbeit und Soziales Berlin/Amt für Statistik Berlin-Brandenburg/Berechnung und Darstellung: Senatsverwaltung für Gesundheit, Umwelt und Verbraucherschutz Berlin – IA.

* Bevölkerung ab 65 Jahren in Berlin im Jahr 2009 mit Rente beziehungsweise Pension als Quelle des überwiegenden Lebensunterhaltes, mit Grundsicherung gemäß SGB XII und nach mittlerem Äquivalenzeinkommen nach Bezirken.

Das deutet darauf hin, dass im Alter noch weitere Einkommensquellen, die nicht unbedingt gleichzeitig Quelle des überwiegenden Lebensunterhaltes sein müssen, eine mit entscheidende Rolle für die Positionierung über oder unter der Armutsrisikogrenze spielen. Zudem scheint ein gewisser Teil der Bevölkerung ab 65 Jahren, zum Beispiel in den Bezirken Steglitz-Zehlendorf und Charlottenburg-Wilmersdorf des ehemaligen West-Berlins wie tendenziell auch in alten Bundesländern, über so hohe Einkommen aus anderen Quellen (beispielsweise Vermögen) zu verfügen, dass diese auch ohne den Bezug einer Rente beziehungsweise Pension über der Armutsrisikoschwelle liegen (Abbildung 4).

3 Erwerbstätigkeit im Alter, Einkommensarmut und Grundsicherung

Knapp zwei Prozent der Berliner Bevölkerung im Alter ab 65 Jahren leben überwiegend von Einkünften aus Erwerbstätigkeit. Rund zwei Drittel der Erwerbstätigen ab 65 Jahren in Berlin sind im Grundstücks- und Wohnungswesen, im Bereich wirtschaftlicher oder öffentlicher und privater Dienstleistungen beschäftigt. Erwerbstätigkeit als überwiegende Einkommensquelle im Alter scheint nach den Berliner Daten wenig mit Einkommensarmut assoziiert zu sein, denn das mittlere Äquivalenzeinkommen dieser ‚alten' Erwerbstätigen liegt mit 2 679 Euro weit über dem auf alle ab 65-Jährigen bezogenen Wert von 1 348 Euro.[7]

Freilich ist die Lage der meisten dieser Erwerbstätigen nicht zu verwechseln mit der von Rentnerinnen und Rentnern, welche zur Aufbesserung ihrer Alterseinkünfte zusätzliche Einkünfte aus Erwerbstätigkeit erzielen. Rund 80 Prozent der Grundsicherungsempfangenden im Alter ab 65 Jahren in Berlin verfügen zwar über Einkünfte aus einer Altersrente, diese reichen allerdings nicht aus, um unabhängig von staatlichen Transferleistungen zu leben (Tabelle 1). Wie viele Rentnerinnen und Rentner in Berlin eventuell nur mit Hilfe zusätzlicher Erwerbstätigkeit unabhängig von Grundsicherung leben, ist nicht bekannt. In jedem Fall gehen solche Einkünfte, wenn sie nicht Quelle des überwiegenden Lebensunterhaltes darstellen, nicht in die Ermittlung des oben genannten mittleren Äquivalenzeinkommen derjenigen ab 65 Jahren ein, welche ihren überwiegenden Lebensunterhalt durch Erwerbstätigkeit erlangen.

---

7 Datenquelle: Mikrozensus 2009.

Tabelle 1   Anteil ab 65-Jähriger mit Grundsicherung in Berlin nach Art des angerechneten Einkommens, 2010*

Art des angerechneten Einkommens	Anteil in %**
kein Einkommen	17,2
Erwerbseinkommen	1,1
Einkünfte aus Vermietung und Verpachtung	0,5
Altersrente	78,6
Hinterbliebenenrente	8,6
Versorgungsbezüge	0,4
Renten aus privater Vorsorge	0,1
Renten aus betrieblicher Altersvorsorge	2,4
private Unterhaltsleistungen	0,5
andere Einkünfte	4,2

Quelle: Senatsverwaltung für Integration, Arbeit und Soziales Berlin/Amt für Statistik Berlin-Brandenburg/Berechnung und Darstellung: Senatsverwaltung für Gesundheit, Umwelt und Verbraucherschutz Berlin – IA.

* Personen mit Grundsicherung gemäß SGB XII ab 65 Jahren in Berlin am 31.12 2010 nach Art des angerechneten Einkommens, ** Aufgrund von möglichen Mehrfachnennungen ist die Summe der Anteile >100 %.

4   Die jüngsten Alten sind am häufigsten betroffen

Die Anzahl der Empfängerinnen und Empfänger von Grundsicherung im Alter nimmt mit zunehmendem Alter erwartungsgemäß ab. Gut zwei Drittel der Berlinerinnen und Berlinern ab 65 Jahren mit Leistungen der Grundsicherung sind derzeit zwischen 65 und 75 Jahren alt.[8]

Anders ist das Bild in Relation zur Anzahl der Einwohnerinnen und Einwohner.[9] Im Altersbereich zwischen 65 und 91 Jahren nimmt die Grundsicherungsquote mit dem Alter nicht etwa zu, sondern stark ab. Erst unter den Hochbetagten schwillt die Grundsicherungsquote ab dem Alter von 91 Jahren wieder an, was insbesondere mit der vermehrt auftretenden höheren Kostenbelastung durch

---

8   Stand 31.12.2010.
9   Hier und im Folgenden: Bezug der Zahl der Grundsicherungsempfänger auf die Anzahl der melderechtlich registrierten Einwohner in Berlin.

Abbildung 5 Anteil und Anzahl von Personen mit Grundsicherung in bzw. außerhalb von Einrichtungen, 2010*

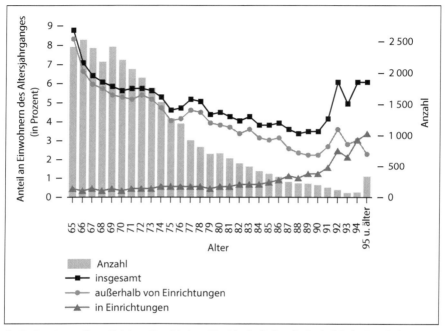

Quelle: Senatsverwaltung für Integration, Arbeit und Soziales Berlin/Amt für Statistik Berlin-Brandenburg/Berechnung und Darstellung: Senatsverwaltung für Gesundheit, Umwelt und Verbraucherschutz Berlin – IA.

* Personen mit Grundsicherung gemäß SGB XII ab 65 Jahren in Berlin am 31.12.2010 nach Altersjahrgang und Ort der Leistungsgewährung.

stationäre Betreuung und Pflege zu erklären ist (Meinlschmidt 2009b). Den geringsten Bedarf an Grundsicherung machen gegenwärtig die 79- bis 91-Jährigen geltend – die Grundsicherungsquote dieser zwischen 1919 und 1931 Geborenen liegt nur zwischen drei und vier Prozent. Ab dem Jahrgang der am 31.12.2010 75-Jährigen (Geburtsjahrgang 1935) nimmt die Grundsicherungsquote mit jedem Geburtsjahrgang zu bis zum höchsten Wert von 7,8 Prozent für die 65-Jährigen (Geburtsjahrgang 1945), welche gerade in das Rentenalter eingetreten sind und älter werdend aller Wahrscheinlichkeit nach mit diesen höheren Empfängerquoten in die höheren Altersgruppen nachrücken werden (Abbildung 5).

Gleichermaßen ergeben Berechnungen aus dem Mikrozensus 2009 für Berlin, dass diejenigen unter der Bevölkerung im Rentenalter, welche die Jüngsten sind (Altersgruppe 65 bis 69 Jahre), mit 1 100 Euro das niedrigste mittlere Pro-Kopf-Einkommen aufzuweisen haben. Die Altersgruppe der 70- bis 74-Jährigen verfügt demnach pro Kopf über 1 125 Euro. Mit dem höchsten mittleren Pro-Kopf-Einkommen der Altersgruppen ab 50 Jahren kann die älteste Gruppe ab 75 Jahren disponieren.[10]

Offensichtlich nehmen bereits zum derzeitigen Zeitpunkt einkommensarme Lebenslagen mit den jüngeren Geburtsjahrgängen zu. Für ein Anhalten dieses Trends sprechen auch Berechnungen für Deutschland insgesamt, wonach jüngere Alterskohorten (bspw. Geburtsjahr 1957–1961) im Vergleich zu älteren (bspw. Geburtsjahr 1942–1946) – mit Ausnahme westdeutscher Frauen – im Rentenalter über geringere Nettoalterseinkommen insgesamt beziehungsweise über geringere Einkünfte aus Altersrenten verfügen werden (Frommert et al. 2007; Geyer & Steiner 2010). Bereits für den Rentenzugang 2007 wurden höhere Anteile der Altersrenten unterhalb des Existenzminimums als im Rentenbestand festgestellt (vgl. Deml et al. 2008). Zudem ist die Differenz der Rentenhöhe von Neurentnerinnen und -rentnern zu Bestandsrentnerinnen und -rentnern nach Goebel & Grabka (2011) im Jahr 2009 im Vergleich zu 1999 stark angewachsen. Ferner lassen prospektive Berechnungen auf ein insgesamt sinkendes Rentenniveau schließen (Geyer & Steiner 2010).

Hinzu kommt, dass beispielsweise in Berlin schon knapp 16 Prozent der sich noch im erwerbsfähigen Alter befindlichen Altersgruppe der 50- bis 64-Jährigen Leistungen der Grundsicherung nach SGB II und weitere knapp zwei Prozent aufgrund dauerhafter Erwerbsminderung Grundsicherung gemäß SGB XII benötigen.[11] Man muss davon ausgehen, dass etliche dieser Personen auch mit Eintritt in das Rentenalter auf Dauer abhängig von staatlichen Sozialleistungen bleiben werden. Überdies erzielen in Berlin unter anderem auf Grund des Anstiegs der nicht armutsfesten Beschäftigungsformen rund 365 000 Berlinerinnen und Berliner Nettoeinkommen von weniger als 900 Euro monatlich. An den Aufbau einer privaten Altersvorsorge ist bei diesem Personenkreis kaum zu denken.

Stellt man in Rechnung, dass wesentliche ökonomische Bedingungen, die darüber entscheiden, ob ein Mensch ab dem 65. Lebensjahr ein auskömmliches, über dem Sozialhilfeanspruch beziehungsweise der Armutsrisikogrenze liegendes Al-

---

10 Für die Bevölkerung ab 75 Jahren liegen Angaben zum mittleren monatlichen Pro-Kopf-Einkommen ohne weitere Differenzierung nach Altersgruppen vor.
11 Stichtag 31.12.2009.

terseinkommen erzielen wird, im erwerbsfähigen Alter gelegt werden, ist die sozioökonomische Lage der Altersgruppe der 50- bis 64-Jährigen gewissermaßen ein Prädiktor für deren einkommensbezogene Lebenslage mit Überschreiten der gesetzlichen Altersgrenze für den Bezug einer Regelaltersrente. So ist der Erhalt von Leistungen der Mindestsicherung gemäß SGB XII in diesem Lebensalter zumeist mit dauerhaft voller Erwerbsminderung verbunden. Außerdem setzt der Bezug von Sozialhilfe oder von Grundsicherung gemäß SGB II für den Lebensunterhalt voraus, kaum über eigene Rücklagen oder Vermögen für das Alter zu verfügen, sodass in der Mehrzahl der Fälle nicht von einer perspektivisch grundsätzlich verbesserten Einkommenslage ausgegangen werden kann. Obendrein ist die Hoffnung älterer Arbeitsloser auf ihre dauerhafte und finanziell ertragreiche Rückkehr auf den Arbeitsmarkt im Vergleich zu den jüngeren Altersgruppen mit deutlich geringeren Erfolgsaussichten verknüpft. In Zusammenhang mit demografischen, arbeitsmarkt- und rentenpolitischen Entwicklungen sowie der Wirtschaftslage der vergangenen Jahre ist in der Konsequenz mit einer Zunahme der Zahl und Quote armutsgefährdeter Menschen im gesetzlichen Rentenalter in Berlin zu rechnen.

5 Frauen sind im Alter häufiger armutsgefährdet und beziehen häufiger Grundsicherung

In den Analysen zum Armutsrisiko der Geschlechter im Alter ab 65 Jahren in Berlin konnte für das Jahr 2009 festgestellt werden, dass sich das Armutsrisiko älterer Männer und Frauen, gemessen am Landesmedian, kaum unterscheidet (Sallmon et al. 2011). Für die Vorjahre 2005 bis 2008 ist noch ein signifikant höheres Armutsrisiko der Berliner Frauen ab 65 Jahren im Vergleich zu den Männern gleichen Alters zu konstatieren. Die aktuellen Berechnungen aus dem Mikrozensus 2010 hingegen ergeben für Berlin einen beachtlichen Anstieg des Armutsrisikos der Frauen ab 65 Jahren.

Gemessen am Bundesmedian liegt das Armutsrisiko sowohl der Berlinerinnen als auch der Berliner ab 65 Jahren spürbar unter dem Bundesdurchschnitt. Im Deutschlandschnitt stieg das Armutsrisiko beider Geschlechter in den letzten Jahren tendenziell an (Tabelle 2). Es bleibt abzuwarten, wie sich diese Entwicklung in den kommenden Jahren fortsetzt.

Korrespondierend zur höheren Armutsrisikoquote übertrifft auch die Grundsicherungsquote der Berliner Frauen ab 65 Jahren mit Stand vom 31.12.2010 (5,0 Prozent) die der Männer (4,7 Prozent). Im Durchschnitt für Deutschland

Tabelle 2 Armutsrisikoquoten ab 65-Jähriger in Berlin und Deutschland

	Deutschland (Bundesmedian)		Berlin (Bundesmedian)		Berlin (Landesmedian)	
	Männer	Frauen	Männer	Frauen	Männer	Frauen
2005	8,7	12,7	6,2	8,3	4,7	6,1
2006	8,5	11,8	5,1	6,9	(3,6)	4,5
2007	9,2	12,9	6,2	7,9	4,6	5,5
2008	9,9	13,6	7,6	8,5	5,1	5,8
2009	9,7	13,6	7,6	8,3	5,1	5,3
2010	10,3	13,8	7,9	9,9	5,2	6,3

Quelle: Statistisches Bundesamt/Amt für Statistik Berlin-Brandenburg.

stellt sich die unterschiedliche Betroffenheit der Geschlechter stärker dar. Die Grundsicherungsquote der Frauen ab 65 Jahren ist bundesweit mit 2,8 Prozent um 0,8 Prozentpunkte höher als die der Männer (2,0 Prozent).

Deutschlandweit wird retrospektiv festgestellt, dass sich das Armutsrisiko der Männer ab 65 Jahren bei alleinlebenden Männern deutlich erhöht und bei alleinlebenden Frauen der Altersgruppe leicht abgenommen hat, wofür gestiegene eigene Rentenanwartschaften der Frauen verantwortlich gemacht werden (Grabka & Frick 2010). Zunehmende eigene Erwerbstätigkeit unter Frauen verbessert nach Kumpmann et al. (2010) perspektivisch jedoch eher die Einkommensposition von Frauen im Alter ab 65 Jahren in den alten Bundesländern, die von Frauen in den neuen Bundesländern dürfte sich signifikant verschlechtern. Berlin als ‚gemischtes' Bundesland mit ohnehin eigenen Spezifika lässt eine lineare Anwendung dieser Projektionsergebnisse kaum zu. Hinzu kommt, dass bei Zunahme der Erwerbsquote unter Frauen gleichzeitig die Teilzeitquote steigt. Daher müssen immer mehr Beitragsjahre erworben werden, um die Sozialhilfeschwelle mit eigenen Rentenansprüchen zu erreichen (Wübbeke 2007). Die so genannte ‚Arbeitszeitlücke' (Differenz zwischen der Anzahl der Beschäftigten und dem Arbeitsvolumen) von Frauen wirkt sich demnach auch zukünftig auf deren Rentenansprüche aus (Allmendinger et al. 2008).

Mit der detaillierten Aufbereitung der Berliner Daten zu den Grundsicherungsempfängerinnen und -empfängern kann belegt werden, dass und in welchem Maße einkommensarme Lebenslagen im Alter, festgemacht an der Abhängigkeit von Grundsicherung gemäß SGB XII, vorwiegend alleinlebende Frauen betrifft, was nicht allein an der zahlenmäßigen Überlegenheit der Frauen in der älteren Bevölkerung liegt: Der weit überwiegende Anteil der Berliner Grundsicherungsbeziehenden ab 65 Jahren lebt zu Hause, rund jede beziehungsweise jeder zehnte ist in einer Einrichtung untergebracht. Der mit 11,3 Prozent etwas höhere Anteil unter den weiblichen Grundsicherungsempfängern (männlich: 9,5 Prozent), welche Ende des Jahres 2010 in einer Einrichtung lebten, könnte sich aus der höheren Lebenswartung von Frauen und höherem Pflegebedarf im höheren Lebensalter erklären (vgl. Meinlschmidt 2009b).

Der Anteil der erst kürzlich in das gesetzliche Rentenalter eingetretenen Männer (Altersgruppe von 65 bis unter 70 Jahren), welche in ihrem häuslichen Umfeld leben und Grundsicherung benötigen, liegt nach den Berliner Daten leicht über dem entsprechenden Anteil unter den Frauen. Ab der Altersgruppe von 70 bis 74 Jahren sehen sich Frauen gegenüber den Männern jedoch stärker von der Notwendigkeit, den Lebensunterhalt mit Hilfe von Grundsicherung der Sozialhilfe zu bestreiten, konfrontiert. Die Hochbetagten ab 90 Jahren und die Langlebigen (95 Jahre und älter) unter ihnen weisen gegenüber den gleich alten Männern doppelte Raten und mehr aus.

Nicht mehr als jede zwanzigste Frau oder jeder zwanzigste Mann im Alter von 65 bis 79 Jahren ist derzeit in Berlin in einer Einrichtung untergebracht und benötigt Leistungen der Grundsicherung. Die diesbezüglichen Unterschiede zwischen Männern und Frauen sind eher marginal, entwickeln sich dagegen ab dem Alter von circa 80 Jahren insbesondere bei den Hochbetagten und Langlebigen plastisch als ‚Frauen-Problem'. Bis ins hohe Alter hinein sind Männer nur in sehr geringem Maße darauf angewiesen, in Einrichtungen untergebracht mit Transferleistungen ihren Lebensunterhalt zu bestreiten, Frauen dann aber umso mehr (Abbildung 6).

Das ist nicht zuletzt in der im Alter oftmals differierenden Lebenssituation von Frauen und Männern begründet. Alleinleben ist insbesondere eine Lebenswirklichkeit von (älteren) Frauen. Unter allen zu Hause lebenden Grundsicherungsempfängerinnen und -empfängern ab 65 Jahren lebten am Ende des Jahres 2009 70,4 Prozent allein, das heißt in einer Einpersonen-Haushaltsgemeinschaft. Zu einer Einpersonen-Bedarfsgemeinschaft gehörten insgesamt 77,9 Prozent.[12] Von

---

12 Nicht in jedem Fall gehören alle Haushaltsangehörigen auch zu einer beziehungsweise ein und derselben Bedarfsgemeinschaft. Mitglieder einer Bedarfsgemeinschaft werden in die gemeinsame Berechnung des Leistungsanspruchs einbezogen. Zu einer Bedarfsgemeinschaft gehören nicht getrennt lebende Ehegatten oder Lebenspartner und die im Haushalt lebenden minderjährigen, unverheirateten Kinder sowie Personen, die in eheähnlicher Gemeinschaft leben und ihre

Abbildung 6 Anteil ab 65-Jähriger mit Grundsicherung in und außerhalb von Einrichtungen nach Geschlecht, 2010*

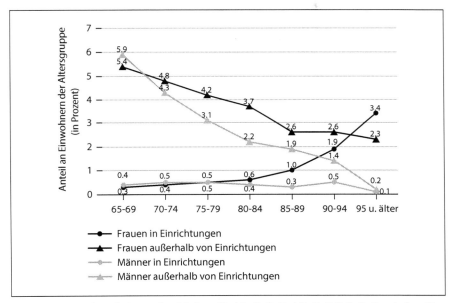

Quelle: Senatsverwaltung für Integration, Arbeit und Soziales Berlin/Amt für Statistik Berlin-Brandenburg/Berechnung und Darstellung: Senatsverwaltung für Gesundheit, Umwelt und Verbraucherschutz Berlin – IA.

* Personen mit Grundsicherung gemäß SGB XII ab 65 Jahren in Berlin am 31.12.2010 nach Ort der Unterbringung, Altersgruppe und Geschlecht.

den Männern ab 65 Jahren mit Grundsicherung bildeten 73,4 Prozent eine Einpersonen-Bedarfsgemeinschaft beziehungsweise lebten 63,4 Prozent in einem Einpersonenhaushalt. Frauen bildeten zu 80,9 Prozent eine Einpersonen-Bedarfsgemeinschaft beziehungsweise wohnten zu 75,0 Prozent in einem Einpersonenhaushalt. Zudem steigt der Anteil der allein lebenden Frauen ab 65 Jahren von Altersgruppe zu Altersgruppe an (vgl. Sallmon et al. 2011). Mit dem Alleinle-

---

im Haushalt lebenden minderjährigen unverheirateten Kinder. Darüber hinaus können weitere Personen zu einer Haushaltsgemeinschaft gehören beziehungsweise kann sich eine solche anders strukturieren. Beispielsweise bilden zwei erwachsene Schwestern, die in einem gemeinsamen Haushalt leben, bei Leistungsanspruch keine gemeinsame Bedarfsgemeinschaft.

ben sind relative Mehrkosten in der persönlichen Lebensführung begründet, aber auch beim eventuellen Eintreten von Pflegebedürftigkeit ein höherer Fremdbetreuungsaufwand zum Beispiel in stationären Pflegeeinrichtungen (vgl. Sallmon 2008). Ältere Frauen sind in einer Partnerschaft häufiger die ‚Überlebenden' mit Witwen- beziehungsweise Versorgungsansprüchen, die ihnen, zumindest solange sie zu Hause leben können, die Abhängigkeit von Grundsicherung zum Teil ersparen, für die Kosten in einer Einrichtung jedoch seltener genügen.

6 Menschen nichtdeutscher Staatsangehörigkeit sind im Alter häufiger arm

Über 65-jährige in Berlin lebende Menschen nichtdeutscher Staatsangehörigkeit tragen ein um mehr als das Siebenfache höheres Armutsrisiko als Deutsche gleichen Alters. Die am Landesmedian gemessene Armutsrisikoquote der ausländischen Älteren betrug 29,0 Prozent im Jahr 2009, die der Deutschen lediglich 3,9 Prozent.

Auch das Risiko, aufgrund mangelnder Einkünfte im Alter Grundsicherung beziehen zu müssen, ist unter den nichtdeutschen Berlinerinnen und Berlinern ab 65 Jahren im Vergleich zu den Deutschen fünfmal höher. 19,9 Prozent der nichtdeutschen Berlinerinnen und Berliner ab 65 Jahren sind mit Stand vom 31. 12. 2010 von Grundsicherung im Alter abhängig, unter den Deutschen lediglich 4,0 Prozent. Erst ein Jahr zuvor waren es unter den Nichtdeutschen noch 17,4 Prozent. Das bedeutet, dass sich das ohnehin einschneidend höhere Risiko einkommensarmer Lebenslagen unter den ausländischen älteren Berlinerinnen und Berlinern innerhalb eines Jahres um ganze 2,5 Prozentpunkte erhöht hat. Gleichzeitig blieb die Grundsicherungsquote der älteren Deutschen gleich. Deutschlandweit erhalten unter den Deutschen ab 65 Jahren 1,9 Prozent und unter den Ausländern 12,7 Prozent Leistungen der Grundsicherung.[13]

Am stärksten sind in Berlin nichtdeutsche Frauen betroffen. Der Anteil der Grundsicherungsempfängerinnen und -empfänger an der jeweiligen Bevölkerungsgruppe übersteigt bei den nichtdeutschen Frauen den der nichtdeutschen Männer um sieben Prozentpunkte (nichtdeutsche Frauen: 22,7 Prozent; nichtdeutsche Männer: 15,5 Prozent). Nur in den Altersgruppen ab 85 Jahren liegen die Grundsicherungsquoten nichtdeutscher Männer und Frauen näher beieinander (Abbildung 7).

---

13 Deutschland: Stichtag 31. 12. 2009.

Abbildung 7   Anteil ab 65-Jähriger mit Grundsicherung nach Geschlecht und Staatsangehörigkeit, 2010*

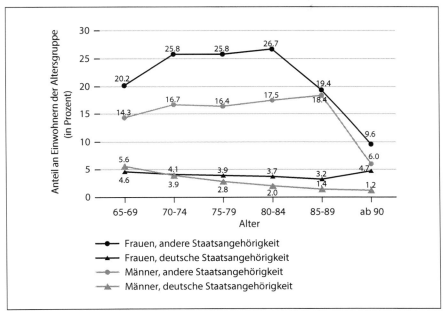

Quelle: Senatsverwaltung für Integration, Arbeit und Soziales Berlin/Amt für Statistik Berlin-Brandenburg/Berechnung und Darstellung: Senatsverwaltung für Gesundheit, Umwelt und Verbraucherschutz Berlin – IA.

* Personen mit Grundsicherung gemäß SGB XII ab 65 Jahren in Berlin am 31.12.2010 nach Altersgruppen, Staatsangehörigkeit und Geschlecht.

Fast alle nichtdeutschen Grundsicherungsempfangenden in Berlin wohnen im Alter zu Hause (99 Prozent), die Unterbringung in Einrichtungen spielt kaum eine Rolle. Lediglich 85 Personen nichtdeutscher Staatsangehörigkeit mit Grundsicherung im Alter ab 65 Jahren leben in stationärer Unterbringung. Demgegenüber sind von den deutschen Grundsicherungsempfangenden ab 65 Jahren 13 Prozent (3 267 Personen) in einer Einrichtung untergebracht.

Unter den nichtdeutschen Grundsicherungsempfängerinnen und -empfängern im Alter wohnt mehr als die Hälfte mit anderen Personen in einer Haushaltsgemeinschaft, 45,8 Prozent leben allein. Unter den deutschen Grundsicherungsempfangenden gehören mit gut drei Vierteln deutlich mehr Personen zu einer

Einpersonenhaushaltsgemeinschaft. In Verbindung mit der signifikant niedrigeren Unterbringungsrate in Einrichtungen deuten diese Tatsachen auf ein möglicherweise stärkeres familiäres Hilfspotenzial im häuslichen Umfeld der nichtdeutschen Grundsicherungsempfängerinnen und -empfänger hin.

7 Sozialräumliche Konzentration von Einkommensarmut im Alter

Der Bezug von Grundsicherung zur Sicherung des Lebensunterhaltes ist Ausdruck einer Lebenslage, die durch Einkommensarmut beziehungsweise Einkommen am unteren Verteilungsrand der Gesellschaft mitbestimmt wird. Einkommensarmut als ein Ausdruck sozialer Benachteiligung älterer Menschen hat vielfältige Wechselwirkungen mit anderen Dimensionen ihrer Lebenslage.

Am Beispiel des Landes Berlin[14] konnte in früheren Untersuchungen nachgewiesen werden, dass die Betroffenheit der Bevölkerung ab 65 Jahren von der Notwendigkeit, staatliche Leistungen zur Sicherung ihres notwendigen Lebensunterhaltes beziehen zu müssen, auf sozialräumlicher Ebene mit anderen Indikatoren der sozialen und gesundheitlichen Lage in Zusammenhang steht und sich sozialräumlich segregiert verteilt.[15] Darüber hinaus stellte sich heraus, dass der Anteil von zu Hause lebenden Grundsicherungsempfängerinnen und -empfängern ab 65 Jahren an der Bevölkerung ab 65 Jahren auf Ebene der Berliner Bezirke sowie der Planungsräume einer der bestimmenden Indikatoren zur Kennzeichnung des Sozialindex ist (Meinlschmidt 2009a).

In den einzelnen Planungsräumen des Landes Berlin streuen die Werte für die Grundsicherungsquote der im häuslichen Bereich lebenden Bevölkerung ab 65 Jahren von Null bis zu einem Höchstwert von 29,2 Prozent. Andererseits liegen die Grundsicherungsquoten allein in 227 der 419 in die Untersuchung einbezogenen Planungsräume niedriger als vier Prozent. Die Planungsräume mit den höchsten Grundsicherungsquoten der Älteren ballen sich vornehmlich in der (südlichen) Mitte der Stadt.

---

14 Als räumliche Untersuchungseinheiten wurden die Berliner Bezirke und – abhängig von der Datenlage – die 447 Planungsräume als kleinste Raumgliederung der ressortübergreifend abgestimmten Lebensweltlich Orientierten Räume (LOR) im Land Berlin gewählt (zur Definition und Gliederung der LOR vgl. Jahn et al. 2006).

15 Da die räumliche Verteilung der in Einrichtungen untergebrachten Grundsicherungsempfängerinnen und -empfänger eher mit der Standortstruktur als mit der (klein-)räumigen Sozialstruktur zusammenhängt, wurden für die Untersuchung in räumlicher Strukturierung nur die außerhalb von Einrichtungen lebenden Grundsicherungsempfangenden herangezogen.

Abbildung 8   Personen mit Grundsicherung gemäß SGB XII ab 65 Jahren in Berlin am 31.12.2010 außerhalb von Einrichtungen nach Planungsräumen (LOR)

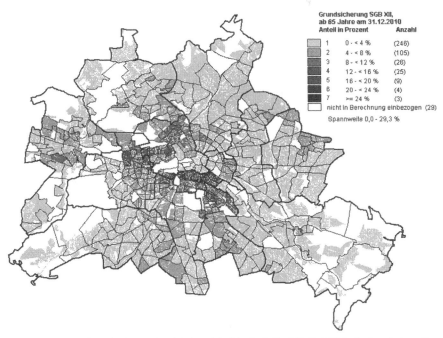

Quelle: Senatsverwaltung für Integration, Arbeit und Soziales Berlin/Amt für Statistik Berlin-Brandenburg/Berechnung und Darstellung: Senatsverwaltung für Gesundheit, Umwelt und Verbraucherschutz Berlin – I A.

Zu den nicht in die Berechnung einbezogenen Gebieten zählen auch Grüngebiete, Wassergebiete und Verkehrsflächen.

Es konnte bereits belegt werden, dass in den Planungsräumen, wo vergleichsweise hohe Anteile der Bevölkerung ab 65 Jahren Grundsicherung im Alter nach SGB XII benötigen, anteilmäßig auch besonders viele dauerhaft Erwerbsgeminderte im Alter von 50 bis unter 65 Jahren, die auf Sozialhilfe zur Sicherung ihres Lebensunterhaltes nach SGB XII zurückgreifen müssen und tendenziell besonders viele Menschen gleichen Alters, welche ihren Lebensunterhalt nur mit Hilfe von Leistungen nach SGB II bestreiten können, leben (Sallmon et al. 2011). Das heißt, schon im (älteren) erwerbsfähigen Alter verteilen sich einkommensarme soziale Gruppen sozialräumlich segregiert über das Stadtgebiet beziehungsweise ballen sich einkommensarme Lagen tendenziell, was sich mit dem Übergang in das gesetzliche Rentenalter in aller Regel nicht mehr verändert.

Vor diesem Hintergrund zeigt sich die Bedeutung der Information darüber, wie hoch der Anteil an Einwohnerinnen und Einwohnern mit Grundsicherung im Alter im Bezirk oder Planungsraum ist beziehungsweise in welchen Gebieten der Stadt sich Räume mit vergleichsweise hohen oder niedrigen Grundsicherungsquoten konzentrieren oder entwickeln.

8 Fazit

Zusammenfassend kann festgestellt werden, dass Altersarmut derzeit kein vordringliches Problem ist, was sich gruppen- und lebenslagenspezifisch beziehungsweise kleinräumig differenziert dennoch sehr unterschiedlich darstellt. Frauen sind stärker als Männer im Alter von einkommensarmen Lebenslagen bedroht, insbesondere wenn sie allein leben, pflegebedürftig werden oder nichtdeutscher Staatsangehörigkeit sind. Nichtdeutsche Staatsangehörige unterliegen im Alter einem höheren Risiko der Einkommensarmut, leben allerdings nur in den seltensten Fällen mit Transferleistungsbezug in einer Einrichtung und auch deutlich seltener als Deutsche allein.

Enge Zusammenhänge zwischen gesundheitlichen und sozialen Lebenslagen spielen im Alter eine besondere Rolle. Die sozialräumliche Verteilung an Transferleistungsquoten gemessener einkommensarmer Lebenslagen im Rentenalter widerspiegelt das räumliche Segregationsmuster gesundheitlicher und sozialer Problemlagen der Berliner Bevölkerung. Die Transferleistungsquote der Berliner Bevölkerung im gesetzlichen Rentenalter kann als ein Anzeiger für soziale und gesundheitliche Gefährdungslagen auf räumlicher Ebene verstanden werden.

Soziale und gesundheitliche Ungleichheit hat ihren Ursprung weit vor dem Rentenalter. Derzeit nehmen mit jedem ins gesetzliche Rentenalter nachrückenden Geburtsjahrgang einkommensarme Lebenslagen zu, was in Berlin anhand der Transferleistungsquoten ersichtlich wird. Für die kommenden Jahre muss von einem Anhalten des Trends ausgegangen werden.

Aus den vorliegenden Befunden zur sozialen Lage Älterer in Berlin sind für die verschiedenen Akteure auf politischer und fachlicher Ebene handlungsleitende Schlussfolgerungen zur Planung und Umsetzung von Maßnahmen, zur Anpassung einer unter sozialen und gesundheitlichen Aspekten bedarfsgerechten Infrastruktur möglich. Dabei sollten die Bedarfe besonders benachteiligter Gruppen unter den älteren Mitbürgerinnen und Mitbürgern – insbesondere die der Empfängerinnen und Empfänger von Transferleistungen der Sozialhilfe – in den Mittelpunkt gestellt werden. Eine ressortübergreifende Altenhilfeplanung, vernetzt mit anderen kommunalpolitisch ausgerichteten Fachplanungen und -ebenen kann hier eine Schlüsselrolle spielen und dafür sorgen, dass ein besonderer Fokus auf sozial benachteiligte ältere Menschen beziehungsweise sozial schlechter gestellte Sozialräume gerichtet wird. Dabei müssen sowohl die Lebenslagen von Männern und Frauen im Alter als auch spezielle Bedarfe der Älteren mit Migrationshintergrund differenziert betrachtet und berücksichtigt werden. Zur Unterstützung eines solchen Prozesses kann ein regelmäßiges Kurzmonitoring zur Entwicklung der sozialen und gesundheitlichen Lage Älterer hilfreiche Erkenntnisse liefern.

Literatur

Allmendinger, J., Leuze, K., & Blanck, J. M. (2008). 50 Jahre Geschlechtergerechtigkeit und Arbeitsmarkt. *Aus Politik und Zeitgeschichte. 24-25*, 18–25.

Deml, J., Haupt, H., Steffen, J. (2008). *Solidarität leben statt Altersarmut! Sichere Renten für die Zukunft.* Hamburg: VSA-Verlag.

Frommert, D., Ohsmann, S., & Rehfeld, U. G. (2007): Altervorsorge in Deutschland 2005 (AVID 2005) – Die neue Studie im Überblick. *Deutsche Rentenversicherung, 1(63)*, 1–19.

Jahn, Mack & Partner (2006). *Vereinheitlichung von Planungsräumen. Gutachten im Auftrag der Senatsverwaltung für Stadtentwicklung Berlin und des Statistischen Landesamtes Berlin.* Berlin: Senatsverwaltung für Stadtentwicklung Berlin und des Statistischen Landesamtes Berlin.

Gerhardt, A., Habenicht, K., & Munz, E. (2009). *Analysen zur Einkommensarmut mit Datenquellen der amtlichen Statistik* [Statistische Analysen und Studien 58]. Düsseldorf: Information und Technik Nordrhein-Westfalen.

Goebel, J.; & Grabka, M. (2011). Zur Entwicklung der Altersarmut in Deutschland. *DIW Wochenbericht,t 25(78)*, 3–16.

Geyer, J., & Steiner, V. (2010). Künftige Altersrenten in Deutschland. Relative Stabilität im Westen, starker Rückgang im Osten. *DIW Wochenbericht, 11(77)*, 2–11.

Grabka, M., & Frick, J. R. (2010). Weiterhin hohes Armutsrisiko in Deutschland: Kinder und junge Erwachsene sind besonders betroffen. *DIW Wochenbericht, 7(77)*, 2–11.

Kumpmann, I., Gühne, M., & Buscher, H. S. (2010). *Armut im Alter – Ursachenanalyse und eine Projektion für das Jahr 2023* [IWH Diskussionspapiere 8]. Halle: Institut für Wirtschaftsforschung Halle.

Meinlschmidt, G. (Hrsg.) (2009a). *Sozialstrukturatlas 2008. Ein Instrument der quantitativen, interregionalen und intertemporalen Sozialraumanalyse und -planung.* Berlin: Senatsverwaltung für Gesundheit, Umwelt und Verbraucherschutz Berlin.

Meinlschmidt, G. (Hrsg.) (2009b). *Zur demografischen Entwicklung und ihren Auswirkungen auf Morbidität, Mortalität, Pflegebedürftigkeit und Lebenserwartung. Erste Ansätze der Ableitung von Gesundheitszielen für die ältere Bevölkerung in Berlin. Gesundheitsberichterstattung. Diskussionspapiere zur Gesundheits- und Sozialforschung.* Berlin: Senatsverwaltung für Gesundheit, Umwelt und Verbraucherschutz Berlin.

Mertel, B., Wolff, A. (2010). *Soziale Mindestsicherung in Deutschland 2008.* Berlin Statistische Ämter des Bundes und der Länder.

Sallmon, S., Mittelstaedt, K., & Schenk, U. (2011). *Zur sozialen Lage älterer Menschen in Berlin. Armutsrisiken und Sozialleistungsbezug. Spezialbericht.* Berlin: Senatsverwaltung für Gesundheit, Umwelt und Verbraucherschutz Berlin.

Sallmon, S. (2008). *Pflegebedürftigkeit, Pflegeleistungen der Sozialhilfe und demographische Entwicklung in Berlin. Statistische Kurzinformation 2008 – 1.* Berlin: Senatsverwaltung für Gesundheit, Umwelt und Verbraucherschutz Berlin.

Wübbeke, C. (2007). *Ältere Bezieher von Arbeitslosengeld II. Einmal arm, immer arm?* [IAB Kurzbericht Nr. 14/20.08.2007] Nürnberg: Institut für Arbeitsmarkt- und Berufsforschung.

Online-Quellen

Senatsverwaltung für Gesundheit und Soziales (Hrsg.), *Gesundheits- und Sozialinformationssystem (GSI).* Verfügbar unter www.gsi-berlin.info [22.08.2012]

Statistisches Bundesamt Deutschland (2011). *Sozialberichterstattung der amtlichen Statistik.* Verfügbar unter http://www.destatis.de/jetspeed/portal/cms/Sites/destatis/Internet/DE/Navigation/Statistiken/Sozialleistungen/Sozialberichterstattung/Sozialberichterstattung.psml [07.11.2011]

Zur Bedeutung des Sozialraums für Gesundheitschancen und autonome Lebensgestaltung sozial benachteiligter Älterer: Befunde aus Berlin und Brandenburg

Susanne Kümpers und Katrin Falk

1 Einführung

Selbstbestimmungs- und Teilhabechancen pflegebedürftiger alter Menschen in sozial benachteiligten Quartieren und Regionen hängen unter anderem davon ab, wie kommunale Handlungsspielräume zur Gestaltung der Hilfe- und Unterstützungsstrukturen vor Ort genutzt werden. Sozial benachteiligte alte Menschen sind gesundheitlich stärker gefährdet als besser gestellte Ältere: Zusammenhänge zwischen ungünstigen sozioökonomischen Bedingungen und schlechterer Gesundheit sind in vielen nationalen und internationalen Studien bis ins höhere Alter belegt (vgl. zusammenfassend Kümpers 2008; Lampert 2009). Sozial benachteiligte Ältere sind von Mehrfacherkrankungen früher betroffen (Robert & House 1996) und selbst bei gleicher Anzahl chronischer Krankheiten und gleichem gesundheitsrelevanten Verhalten stärker in ihren Funktionen eingeschränkt (Rautio, Heikkinen & Ebrahim 2005). Damit sind sie aufgrund ihrer geringeren Ressourcenausstattung und wegen ihrer größeren Gesundheitsgefährdung in ihrer Autonomie stärker bedroht als Menschen aus besser gestellten Gruppen.

Armut und gesundheitliche Benachteiligung bilden sich auch regional und stadtteilbezogen ab: Stadtteil und Nachbarschaft haben einen eigenständigen Effekt auf Gesundheit (Richter & Wächter 2009), wie auch Daten zur Lebenserwartung in den Berliner Bezirken belegen (Meinlschmidt et al. 2009). Die Untersuchungen für NEIGHBOURHOOD wurden deshalb in als benachteiligt geltenden Quartieren und Regionen und dort mit einem besonderen Schwerpunkt auf sozial benachteiligte Menschen durchgeführt. Im Projekt NEIGHBOURHOOD[1] wurden von 2008 bis 2011 die Autonomiechancen hilfe- und pflegebedürftiger Älterer in benachteiligten Wohnquartieren in Berlin und Brandenburg untersucht. Dabei wurden sowohl die Perspektiven der Älteren wie auch die relevanter Akteure der gesundheitlichen und pflegerischen Versorgung, der offenen Altenhilfe und der Zivilgesellschaft erhoben (vgl. auch Falk et al. 2011; Kümpers & Heusinger 2012).

Der vorliegende Beitrag beschäftigt sich mit sozialräumlichen Einflussfaktoren und kommunalen Handlungsmöglichkeiten zur Förderung der Selbstbestimmungs- und Teilhabechancen solcher pflegebedürftigen alten Menschen, die selbst nur über bescheidene individuelle Ressourcen verfügen und in sozial benachteiligten Quartieren und Regionen leben. Handlungsmöglichkeiten auf lokaler Ebene werden insbesondere in der Gestaltung der allgemeinen Infrastruktur, der Quartiers-/Stadt-/Regionalplanung und -entwicklung sowie in der Engagement- und Teilhabeförderung gesehen (vgl. Klie & McGovern 2010).

2 Autonomie

Der Begriff der Autonomie wird im Folgenden synonym mit dem Begriff Selbstbestimmung verwendet und vom Begriff der Selbstständigkeit abgegrenzt: Die krankheitsbedingte Unmöglichkeit, bestimmte Dinge selbst zu tun, schließt nicht aus, selbst darüber zu entscheiden, ob, wann, wie und von wem sie stellvertretend oder unterstützend erledigt werden sollen (Heusinger & Klünder 2005; Kümpers & Zander 2012). So verstandene Selbstbestimmung setzt voraus, dass überhaupt subjektiv sinnvolle Alternativen zur Wahl stehen. Es kann beispielsweise nicht als selbstbestimmte Entscheidung gelten, wenn ein gehbeeinträchtigter Mensch seine Wohnung im dritten Stock nicht mehr verlässt, weil weder Fahrstuhl noch Hilfen zur Überwindung der Treppen verfügbar sind.

Für ihre Autonomie sind pflegebedürftige Menschen in besonderer Weise darauf angewiesen, welche Unterstützung ihnen die soziale und sächliche Umwelt bietet: Autonomie wird in Interaktion realisiert. Einschränkungen resultieren nicht aus den Krankheiten und körperlichen Gebrechen an sich, sondern aus Mängeln

---

1 NEIGHBOURHOOD wurde als Teil des Forschungsverbunds ‚Autonomie trotz Multimorbidität im Alter' (AMA) (www.ama-consortium.de) vom Bundesministerium für Bildung und Forschung im Rahmen der Gesundheitsforschung 2008–2011 unter den Förderkennzeichen 01ET0705 und 01ET0706 gefördert. Im Team kooperierten Wissenschaftlerinnen und Wissenschaftler der Forschungsgruppe Public Health des Wissenschaftszentrums Berlin für Sozialforschung (WZB) und des Instituts für Gerontologische Forschung (IGF).

in der räumlichen und sozialen Umwelt, die nicht die erforderlichen Kompensationsmöglichkeiten bereitstellt. Dieses Verständnis von Behinderung hat als ‚social model of disability' (Putnam 2002; Zander 2009) breite Zustimmung gefunden. Ob pflegebedürftige Ältere in ihrem Alltag Autonomie realisieren können, untersuchen wir deshalb anhand ihrer Wahl- und Entscheidungsmöglichkeiten hinsichtlich der Alltagsgestaltung, der hauswirtschaftlichen und medizinisch-pflegerischen Versorgung sowie der Möglichkeiten zu sozialer Teilhabe.

Ob die einzelnen pflegebedürftigen Menschen über Kompensationsmöglichkeiten für funktionale Einschränkungen verfügen, hängt, so die zentrale These, einerseits von den Bedingungen ab, die im umgebenden Sozialraum vorhanden sind, und andererseits von ihren individuellen Ressourcen (zu letzteren vgl. Zander und Heusinger in diesem Band). Aus ihrer Passung und ihrem Zusammenwirken entstehen Chancen und Restriktionen für Autonomie.

Menschen sind in unterschiedlichem Ausmaß und in unterschiedlicher Weise abhängig von der Unterstützung durch andere. In dieser relationalen Perspektive erscheint Autonomie als eine Kompetenz, deren Entwicklung durch soziale Bedingungen im Laufe eines Lebens befördert oder beschränkt werden kann (Sherwin 1998). Ein Leben in vollständiger Autarkie ist dem Menschen nicht möglich. Angesichts dessen stellt sich die Frage, unter welchen Voraussetzungen und in welcher Weise Individuen überhaupt selbstbestimmt Entscheidungen über das eigene Leben und über die Gestaltung der Abhängigkeitsbeziehungen mit anderen treffen können (vgl. Graefe 2012; Kümpers & Zander 2012). Kardorff und Meschnig (2009: 36) identifizieren als hierfür notwendige Bedingungen das Gegebensein von Stimme (‚voice') und Wahlmöglichkeiten (‚choice'). Dies bedeutet einerseits, Menschen mit Pflegebedarf als Subjekte ernst zu nehmen, ihnen eine Stimme zu geben, und andererseits, dass für die Betroffenen tatsächlich Möglichkeiten bestehen, Entscheidungen über das eigene Leben zu treffen. Voraussetzung dafür ist nach Kardorff und Meschnig wiederum die Existenz subjektiv bedeutsamer Wahlmöglichkeiten und gegebenenfalls die Unterstützung bei der Realisierung der getroffenen Entscheidung (Kardorff & Menschnig 2009: 36).

3 Selbstbestimmung im Sozialraum

Selbstbestimmungs- und Teilhabechancen werden stets in konkreten sozialen, räumlichen und zeitlichen Lebenszusammenhängen verwirklicht. Ihre Voraussetzungen müssen von den jeweiligen Subjekten und ihren Lebenswelten aus gedacht und erschlossen werden. Das Leben älterer Menschen mit Unterstützungs- und/

oder Pflegebedarf, zumal wenn sie aufgrund funktionaler Einschränkungen in ihrer Mobilität eingeschränkt sind, konzentriert sich häufig auf die Wohnung und den umliegenden Stadtteil, wo Alltagswege beschritten, Besorgungen gemacht und soziale Kontakte geknüpft und gepflegt werden (Frerichs 2000; Marbach 2008). Durch geringe finanzielle Spielräume wird diese Beschränkung nahezu zwingend. Insofern stellen die eigene Wohnung und das unmittelbare Wohn- und Lebensumfeld – das Quartier, die Nachbarschaft, das Dorf – entscheidende lebensweltliche Bezüge beziehungsweise Ressourcen dar (Friedrich 2001; Friedrichs 1990). Es scheint plausibel, dass dies insbesondere dann folgenreich für die Selbstbestimmungs- und Teilhabechancen der Betroffenen ist, wenn diese aufgrund von sozialer Benachteiligung

- über nur wenige individuelle Ressourcen verfügen und zudem
- in Quartieren leben, die einerseits aufgrund verschiedener kumulierender Problemlagen wie mangelhafter städtebaulicher Substanz, Infrastruktur und anderes mehr benachteiligt sind[2] (Franke 2008), und die ihrerseits – „aufgrund der Überlagerung von sozialer Ungleichheit, ethnischer Differenz und räumlicher Verinselung" (Häußermann & Siebel 2001: 71) – benachteiligende Wirkungen entfalten (ebd.).

Auf welchem Wege Quartiere solche benachteiligenden Wirkungen entfalten, ist Gegenstand der ‚neighbourhood studies', in denen eine Vielzahl möglicher Wirkmechanismen untersucht wird. Galster (2010: 2–3) unterscheidet vier Formen solcher Mechanismen: in der Umwelt liegende, geografische, institutionelle und sozial-interaktive.

Im sozialraumbezogenen Teil der NEIGHBOURHOOD-Studie lautet die Frage: Welche Merkmale von Quartieren beeinflussen in welcher Weise die Selbstbestimmungs- und Teilhabechancen ihrer sozial benachteiligten, pflegebedürftigen, älteren Bewohnerinnen und Bewohner? Dazu wurden folgende Quartierseigenschaften in die Untersuchung einbezogen:

---

2 Auch Quartiere, nicht nur Menschen, können benachteiligt sein. Relevante Aspekte sind beispielsweise die Ausstattung mit Infrastruktur (z. B. Alltagsversorgung, Grünflächen, Öffentlicher Personennahverkehr, soziale Einrichtungen), Bausubstanz, Lage beziehungsweise Anschluss an die Stadt, Exponiertheit gegenüber Emissionen (Lärm, Luft-/Umweltverschmutzung), Aufenthaltsqualität im öffentlichen Raum, der Ruf eines Quartiers. Diese Aspekte können sich benachteiligend auf die Bewohnerinnen und Bewohner auswirken (vgl. Galster 2010), welche wiederum über unterschiedliche Ressourcen zur Bewältigung verfügen.

1. Physische Wohnumgebung (Barrieren, Entfernungen)
2. Infrastruktur für Mobilität (ÖPNV, Mobilitätshilfedienste)
3. Infrastruktur für Alltagsversorgung (Einkauf, Mittagstische, Gaststätten, Essen auf Rädern etc.)
4. Infrastruktur für Beratung (Zugang zu Information)
5. Infrastruktur für Medizin und Pflege
6. Soziokulturelle Infrastruktur (Freizeit-, Bildungsangebote)
7. Nachbarschaft (soziale Netzwerke, Sicherheit)

4 Infrastruktur und Vernetzung

Die im Quartier verfügbaren Angebote zur Beratung, zur medizinischen und pflegerischen Versorgung und zur Förderung von Mobilität und gesellschaftlicher Teilhabe Älterer bilden auf lokaler Ebene den Kontext für Selbstbestimmung in der Alltagsgestaltung. Zum Beispiel kann der Zugang zu Information und Beratung weitere Ressourcen, etwa pflegerische oder auch finanzielle Hilfen, Unterstützung bei Wohnraumanpassungen oder Hilfsmittelbeschaffung erschließen.

Die von den sozialräumlichen Akteuren in ihrer Gesamtheit zu leistende umfassende Unterstützung pflegebedürftiger, zuhause lebender Älterer kann als ein Beispiel für solche komplexen Aufgaben gesehen werden, die sich nicht durch punktuelle Interventionen einzelner Akteure lösen lassen: Langzeitpflege und -unterstützung erfordern vielmehr eine flexible Kooperation unterschiedlicher lokaler Akteure, die auf verschiedenen Ebenen und in verschiedenen professionellen Domänen operieren und deren Organisations- und Finanzierungsformen unterschiedlichen Logiken folgen (öffentlich, gemeinnützig, marktwirtschaftlich, zivilgesellschaftlich). Ihre Kooperation, Vernetzung oder sogar verbindliche Netzwerkarbeit findet sowohl innerhalb der lokalen institutionellen Konfigurationen[3], also auf der Meso-Ebene, als auch in Interaktion mit politischen Prozessen (z. B. Pflegepolitik) auf der Makro-Ebene statt. Nutzerbezogene Koordinationserfordernisse stehen dabei nicht selten im Widerspruch zu Anreizen marktwirtschaftlicher Konkurrenz. In verschiedenen Quartieren und Regionen unterscheiden sich aufgrund der unterschiedlichen Konstellationen, Entwicklungspfade und Wirkfaktoren die ‚lokalen Akteurskonfigurationen' (Kümpers et al. 2006). Für die Chancen auf den Erhalt von Autonomie und Lebensqualität im gebrechlichen Alter kommt

---

3 Dabei wird eine breite Definition von Institutionen – „legal arrangements, routines; procedures, conventions, norms, and organizational forms" (Nørgaard 1996: 36) – angewandt.

es – so die These – nicht nur auf das physische Vorhandensein von Angeboten an, sondern auch auf deren Zusammenarbeit und auf ihre tatsächliche Offenheit und Zugänglichkeit für die verschiedenen pflegebedürftigen Menschen (vgl. ausführlicher Falk 2012).

5 Methoden

Die sozialräumlichen Ressourcen wurden in drei Quartieren untersucht, die sozialstatistischen Angaben zufolge unter anderem durch hohe Erwerbslosenquoten und überdurchschnittlichen Transferleistungsbezug gekennzeichnet sind, und gleichzeitig hinsichtlich ihrer städtebaulichen Geschichte und Infrastruktur kontrastieren. Ausgewählt wurden das (West-)Berliner Altbauquartier Moabit, ein ehemaliges Arbeiterviertel, dessen Wohn- und Industriegebäude überwiegend vor dem Ersten Weltkrieg errichtet wurden, die (Ost-)Berliner Großwohnsiedlung Marzahn aus den 1970er/1980er Jahren und der ländlich geprägte Landkreis Oder-Spree in Brandenburg.

Neben Interviews mit sozial benachteiligten und hilfe- und pflegebedürftigen alten Menschen (vgl. Zander und Heusinger in diesem Band) wurden in den Untersuchungsgebieten je circa 20 Vertreterinnen und Vertreter – über ein Mapping-Verfahren im Schneeballsystem und recherchegestützt ausgewählt – aus den Bereichen Pflege, Beratung, Seniorenarbeit, Politik und Verwaltung, Stadtteilarbeit und weitere Multiplikatorinnen und Multiplikatoren interviewt.[4]

Die leitfadengestützten Interviews mit den Akteuren fanden in der Regel an deren jeweiligem Wirkungsort statt; etwaige räumliche Zugangsbarrieren wurden dokumentiert. Themen waren Angebot, Zielgruppen, Bedarf/Versorgungssituation, Zugang, Einzugsgebiet, lokale Vernetzung, kommunale Alternspolitik sowie Ressourcen, Barrieren und Autonomie. Die Interviews wurden regelgeleitet transkribiert und in Anlehnung an Meuser & Nagel (2004) und Mayring (2008) inhaltsanalytisch ausgewertet.

Die Ergebnisse der individuellen und der Akteurs-Perspektive wurden jeweils bezogen auf die drei Untersuchungsgebiete zu Fallstudien zusammengeführt (für Moabit vgl. Falk et al. 2011) und dann fallübergreifend verglichen. Zentrale Ergebnisse zu den sozialräumlichen Aspekten sind in Tabelle 1 (positive beziehungs-

---

4 Die Interviews wurden durch die Teilnahme an in Memos dokumentierten Gremiensitzungen und Besprechungen sozialräumlicher Akteure ergänzt.

weise negative Faktoren für die Autonomie sind mit + oder – gekennzeichnet) zusammengefasst.

5.1 Berlin-Moabit

Der Ortsteil Moabit mit seinen knapp 70 000 Einwohnern bildet mit den Ortsteilen Tiergarten, Hansaviertel, Wedding, Gesundbrunnen und dem alten Ostberliner Zentrum den Bezirk Mitte (rund 320 000 Einwohner) (Bezirksamt Mitte 2011). Der Anteil älterer Menschen liegt unter dem Berliner Durchschnitt, der Anteil der Migrantinnen und Migranten unter den Älteren ist überdurchschnittlich hoch (Amt für Statistik Berlin-Brandenburg 2011; Bezirksamt Mitte von Berlin 2009). Moabit ist ein kleinteiliges Altbaugebiet und früheres Arbeiterviertel mit vielfältigen Einkaufsmöglichkeiten (Discounter, kleinere preiswerte Geschäfte, viele mit ethnischer Ökonomie) und preiswerten Mittagstischen. Es gibt Kirchengemeinden und eine Moschee, aber kaum Geselligkeits- und Freizeitangebote für ältere Menschen, schon gar nicht für ältere deutsche Männer oder ältere Männer und Frauen mit Migrationshintergrund. Die Attraktivität vorhandener Grünflächen wird unterschiedlich wahrgenommen; nicht alle werden als sicher erlebt.

Mobilität ist in Moabit durch physische Barrieren im öffentlichen Raum und Schwellen innerhalb der Häuser – überwiegend ohne Fahrstuhl – geprägt. Das Abstellen von Rollatoren oder Rollstühlen in den Hausfluren ist aus Brandschutzgründen oft nicht gestattet. Auch sind die in Moabit verkehrenden Busse wenig rollator- oder rollstuhlfreundlich und U- und S-Bahnhöfe nicht mit Fahrstühlen ausgerüstet.

Im Stadtteil gibt es keinen Pflegestützpunkt; für benachteiligte Gruppen gibt es pflegeunspezifische Beratungs- und Unterstützungsangebote, etwa eine Mietschuldnerberatung, eine alteingesessene Beratungsstelle für türkische Frauen und ein Lotsenprojekt, das Migrantinnen und Migranten zu Behörden begleitet. Ein freigemeinnütziger Pflegeanbieter vor Ort finanziert eine Sozialarbeiterin zur Beratung der eigenen Klientel. Zugänge zu altersspezifischer Beratung und Information sind, vor dem Hintergrund einer kaum integrierten Angebotslandschaft, problematisch und eher zufällig.

Kommunale Angebote für Ältere wie etwa Seniorenwohnhäuser mit Gemeinschaftsraum und eigener Altenpflegefachkraft wurden in den letzten Jahren zurückgefahren. Altenhilfeplanung ist als Element der Sozialplanung dem Bezirksbürgermeister zugeordnet. Altenhilfe als Querschnittsaufgabe hat aber kein Gremium, in dem Vertreterinnen und Vertreter der verschiedenen Verwaltun-

Tabelle 1 Sozialräumliche Ressourcen der drei Untersuchungsregionen

	Berlin-Moabit	Landkreis Oder-Spree	Berlin-Marzahn
Materielle Umwelt und Infrastruktur Mobilität	− fehlende Aufzüge und Rollator-Stellplätze − als unsicher empfundene Orte − Busse, kein Fahrstuhl an U-/S-Bahn + Infrastruktur im Nahbereich + belebter öffentlicher Raum	− weite Wege, Transportprobleme − ÖPNV sehr selten, Busse + grüne Umgebung, Gärten (Gestaltbarkeit)	− Barrieren im Plattenbau − als unsicher empfundene Orte + Infrastruktur im Nahbereich + Niederflurtram, S-Bahn mit Fahrstuhl + Grünflächen im Nahbereich
Pflegedienste (PD)	+ mehrere PD zur Auswahl + auf türkisch-arabische Klientel spezialisierter PD	+ mehrere PD zur Auswahl − durch lange Wege wenig Wahl bei Einsatzzeiten	+ mehrere PD zur Auswahl + auf russischsprachige Klientel spezialisierter PD
Angebote zur Teilhabe und zur Mobilitätsförderung	− eher vereinzelte Angebote + mehrere preiswerte Mittagstische + Mobilitätshilfedienst	− lokale Angebote überwiegend abhängig vom Engagement Einzelner − fehlende Mobilitätshilfen	+ zielgruppenangepasste Freizeit-Angebote + Aufgeschlossenheit der Seniorinnen und Senioren für kollektive Angebote + Mobilitätshilfedienst
Besondere Ressourcen	+ Einrichtungen der soziokulturellen und Stadtteilarbeit	+ familiäre und nachbarschaftliche Netzwerke	+ Engagement der Wohnungsgesellschaften (Clubs, Hausmeisterdienste)
Ressourcen zur Kompensation sozialer Benachteiligung	+ preisgünstige Treffpunkte (Cafés; Mittagstische) + Toleranz im öffentlichen Raum + niedrigschwellig zugängliche, tw. auch mehrsprachige Angebote (z.B. Lotsen)	+ Wohneigentum und Gärten als materielle Ressource + Kontinuität und Überschaubarkeit sozialer Zusammenhänge	+ Verflechtung von verschiedenen Angeboten
Steuerung und Vernetzung der Altenhilfe	− nachrangige Priorität von Altenhilfeplanung − punktuelle Kooperationen statt systematischer Vernetzung zwischen Pflege, Mobilitätsdiensten, Freizeit − geringer Quartiersbezug von Vernetzungsaktivitäten	+ hoher Stellenwert der Altenhilfeplanung + starke und integrierte Seniorenbeiräte − geringer Quartiersbezug von formalen Vernetzungsaktivitäten	+ hoher Stellenwert der Altenhilfeplanung + sehr aktive Koordinierungsstelle − geringer Quartiersbezug von formalen Vernetzungsaktivitäten

Tabelle 1 (Fortsetzung)

	Berlin-Moabit	Landkreis Oder-Spree	Berlin-Marzahn
Auswirkungen auf Autonomieerhalt	− problematischer Zugang zu Pflege und Unterstützung − soziale Teilhabe erschwert	+ Teilhabe durch informelle Netzwerke − Spannungsfeld Abhängigkeit vom sozialen Netzwerk	+ Teilhabe und Zugang zu Hilfe durch Vielfalt niedrigschwelliger Angebote erleichtert

Quelle: Heusinger et al. (im Erscheinen).

gen diese gemeinsam und kontinuierlich bearbeiten. Der geriatrisch-gerontopsychiatrische Verbund Mitte umfasst knapp 50 Anbieter, überwiegend aus dem Pflegebereich, und versucht mäßig erfolgreich, die Vernetzung voran zu treiben, bezieht sich dabei jedoch auf den Gesamtbezirk; auf den Stadtteil Moabit bezogene, sozialräumlich und Sektoren übergreifende Vernetzungsansätze existieren zum Untersuchungszeitpunkt nicht. Kooperationen gelingen eher informell und bilateral. Insgesamt werden in Moabit Mobilität und soziale Teilhabe sowie Zugang zu Pflege und Unterstützung für benachteiligte ältere Menschen nur unzureichend ermöglicht.

5.2 Landkreis Oder-Spree

Die Versorgungsregion Beeskow im Brandenburger Landkreis Oder-Spree (2 243 km^2) umfasst mehr als ein Viertel der Fläche des Landkreises und liegt außerhalb des engeren Verflechtungsraums um das Land Berlin (Landkreis Oder-Spree 2008). Der aktuelle und der für 2030 prognostizierte Altersquotient liegt im Landkreis Oder-Spree über dem für das Land Brandenburg prognostizierten (Landkreis Oder-Spree 2008: 25–26).

Die Infrastruktur konzentriert sich in drei Kleinstädten; in dem sie umgebenden dünn besiedelten ländlichen Raum aus Ämtern und Gemeinden mit kleinen und kleinsten Dörfern gibt es oft weder Läden noch Gaststätten. Ein Konvoi fahrender Geschäfte – Bäcker, Fleischer, Gemischtwarenladen – versorgt ein- bis zweimal wöchentlich einige der Dörfer. Für weitere Besorgungen und Arztbesuche sind die Menschen auf eigene Autos beziehungsweise Fahrdienste von Freunden oder Familie angewiesen; Busse sind auf den Dörfern vorwiegend auf den Schülerverkehr ausgelegt. Viele Menschen leben in eigenen älteren Häusern und können so die eine oder andere bauliche Veränderung vornehmen. Eigene Gärten regen zum Aufenthalt und zur Aktivität an, müssen jedoch ebenso wie die Häuser gepflegt werden.

In Familien und Nachbarschaften scheint die Bereitschaft zu Hilfen aller Art und zur Mitnahme im Auto – letzteres häufig gegen Benzingeld – groß. Gerade Alteingesessene kennen einander gut. Angesichts der vergleichsweise schwierigen Lebensbedingungen sind diese sozialen Netzwerke existenziell für die Alltagsbewältigung und wichtigster Garant für soziale Teilhabe. Auch für die Älteren attraktive Geselligkeitsangebote gibt es vorwiegend in den Kleinstädten. Auf den Dörfern hängen sie vom (meist ehrenamtlichen) Engagement Einzelner sowie von gemeinschaftlich nutzbaren und mietfrei zur Verfügung gestellten Räumen ab. Angebote speziell für ältere Menschen gibt es kaum, was einige sehr beklagen. Mancherorts bieten die Freiwillige Feuerwehr oder ein Handarbeitskreis generationsübergreifende Geselligkeit und berücksichtigen dabei, etwa durch Fahrdienste, auch die Bedürfnisse mobilitätseingeschränkter, pflegebedürftiger älterer Menschen.

In der Region Beeskow sind sieben ambulante Pflegedienste tätig, jedoch nicht alle überall; fast immer aber steht mehr als einer zur Wahl. Wegen der weiten Wege zwischen den verschiedenen Pflegebedürftigen haben diese wenig Auswahl hinsichtlich der nach Effizienz der Routen festgelegten Einsatzzeiten. Fachärztliche Versorgung ist ohne private Fahrdienste von etlichen Dörfern aus unerreichbar (Hin- und Rückfahrt mit öffentlichen Verkehrsmitteln innerhalb eines Tages unmöglich).

Die Alternspolitik scheint für Politik und Sozialverwaltung wichtig. Für Vernetzung und Informationsaustausch zwischen Politik und Lebenswelt spielen bis in die kleinen Dörfer Seniorenbeiräte eine wesentliche Rolle. Sie sind als Partnerinnen und Partner der Politik anerkannt und bilden sich regelmäßig fort. Sie tragen Bedarfe wie auch Rückmeldungen zur Qualität von Angeboten an die Kreisverwaltung heran und geben umgekehrt alternsbezogene Informationen in ihren jeweiligen sozialen Netzen weiter; mitunter stellen sich jedoch Flüsterposteffekte ein. Qualifizierte und zugehende Informations- und Beratungsangebote können sie nicht ersetzen. Die Beratungsstelle in der Kreisstadt Beeskow bietet zwar Hausbesuche im ländlichen Raum an, ist aber kaum bekannt (Landkreis Oder-Spree 2008: 87). Auf Ebene des Landkreises tagt vierteljährlich das vom Landkreis mitinitiierte Netzwerk Pflege als ‚Arbeitsgemeinschaft Integrierte Versorgung' (Landkreis Oder-Spree 2008: 110), an der sich die meisten Pflegeanbieter sowie der Kreisseniorenrat und die Sozialdezernentin beteiligen. Die Probleme der Alten in den ländlichen Gebieten des Landkreises sind dort bekannt, stehen jedoch nur gelegentlich im Mittelpunkt der Aktivitäten.

Die Chancen, ihren Alltag selbst zu bestimmen, sind für Ältere mit geringem eigenem finanziellen Spielraum in der Versorgungsregion Beeskow also erheblich von den Potenzialen der ihnen jeweils zugänglichen sozialen Netzwerke abhängig, zu denen teilweise auch die Seniorenbeiräte zählen. Damit scheinen einige über relativ gute und andere eher über prekäre Gestaltungschancen zu verfügen; private Abhängigkeiten sind jedenfalls hoch.

5.3 Berlin-Marzahn

Der Berliner Stadtteil Marzahn ist in den letzten Jahrzehnten der DDR errichtet worden. In seinen mittleren und nördlichen Quartieren mit ihren circa 68 000 Einwohnern (Bezirksamt Marzahn-Hellersdorf 2010) wurde die dritte Fallstudie erstellt. Neubauwohnungen in Plattenbauten waren damals begehrt; einige sind bis heute von den Erstbeziehern bewohnt. Stufen in den Eingangsbereichen, das Fehlen von Fahrstühlen in manchen Bautypen sowie Bautypen, in denen die Fahrstühle zwischen den Geschossen halten, stellen Barrieren für mobilitätseingeschränkte Menschen dar. Immerhin bieten einige der 14 Wohnungsbaugesellschaften, denen die Häuser heute gehören, auf Antrag den Aufbau von abschließbaren Boxen für das Abstellen von Rollatoren und Rollstühlen im Außenbereich neben den Hauseingängen an; teilweise unterstützen sie auch bei Anpassungen innerhalb der Wohnung. Viele Gehwege und Übergänge im Quartier sind barrierearm. Neben den S-Bahnhöfen, die mit Fahrstuhl oder Rampe ausgestattet sind, verkehren Niederflurbahnen auf mehreren Straßenbahnlinien, deren Haltestellen stufenloses Einsteigen erlauben. Rund um die S-Bahnhöfe sowie in den größeren Häuserblocks gibt es Geschäfte für den täglichen Bedarf, sodass die Wege für das Nötigste für die meisten Menschen kurz sind.

In Marzahn und Moabit gibt es wie in ganz Berlin (noch) Mobilitätshilfedienste[5], die mobilitätseingeschränkten Menschen für geringes Entgelt Begleitung zu Zielen ihrer Wahl anbieten. Zudem existiert ein vergleichsweise vielfältiges wohnortnahes Freizeitangebot für ältere Menschen. Der Bezirk Marzahn-Hellersdorf, zu dem das Gebiet gehört, unterstützt einige der Angebote finanziell, etwa über bezirklich getragene Stadtteilzentren. Andere Angebote werden von

---

5 Ihr Fortbestand ist immer wieder Gegenstand politischer Verhandlungen.

Wohnungsbaugesellschaften getragen, die in den vergangenen Jahren mit Mieterschwund und Rückbau zu kämpfen hatten. In Gemeinschaftsräumen bieten sie – meist über Ehrenamtliche oder Arbeitsförderungsmaßnahmen in Zusammenarbeit mit freien Trägern, vereinzelt auch über Honorarkräfte – unterschiedliche Aktivitäten von gemeinsamem Kaffeetrinken über Computerkurse bis hin zu Skatrunden an. Auch pflegebedürftige alte Menschen nutzen einige dieser Angebote gern; wichtig ist, dass sie wenig kosten. Sie sind ein guter Grund, vor die Tür zu gehen, und Quelle für Spaß und soziale Kontakte; auch bieten sie Zugang zu wichtigen Informationen: Wo bekomme ich einen Rollatorstellplatz? Welcher Arzt macht noch Hausbesuche? Wo gibt es Beratung? Verbreitet sind auch ehrenamtlich, gegen Entgelt über Wohnungsbaugesellschaften oder private Anbieter erbrachte Angebote kleiner Hilfen rund um den Haushalt, die für viele Ältere schon vor Eintritt einer schweren Pflegebedürftigkeit unentbehrlich sind.

Viele Angebote basieren auf Arbeitsförderungsmaßnahmen – mit der Folge, dass personelle Kontinuität, Qualifikation und Bezahlung der Mitarbeiterinnen und Mitarbeiter sowie der grundsätzliche Fortbestand der Projekte unbefriedigend beziehungsweise unsicher sind. Dies gilt auch für die wenigen Geselligkeits- und Beratungsangebote für die zahlreichen älteren Spätaussiedlerinnen und -aussiedler.

Der lokale Pflegestützpunkt bietet nicht nur Beratung, er ist auch seit vielen Jahren zusammen mit dem Bezirksamt Motor für Kooperation und Vernetzung aller Akteure rund ums Alter. Unter dem Dach eines ‚Netzwerks im Alter' wird in Interessenverbünden zu Gesundheit, Wohnen und Aktivität im Alter unter Mitwirkung und Steuerung der bezirklichen Verwaltung an der Weiterentwicklung der Strukturen gearbeitet. Die Bürgermeisterin sitzt dem diese Prozesse begleitenden Beirat zur Umsetzung der Altenplanung vor, dem formal alle Stadträte sowie die Seniorenvertretung und andere wichtige Akteure angehören.

Im Vergleich erscheint Marzahn als Gebiet, in dem vorhandene Angebote von wichtigen Akteuren wertgeschätzt und unterstützt wurden; zudem war hier die beobachtete Vernetzung innerhalb und – mit Abstrichen – auch zwischen Akteuren verschiedener relevanter Handlungsfelder am größten. Die Zugangschancen für Ältere zu Information, sozialer Teilhabe und Unterstützung und damit auch ihre Chancen auf Selbstbestimmung scheinen hier tendenziell am höchsten zu sein.

6   Diskussion und Schlussfolgerungen

Der Vergleich über die drei Fallstudien hinweg zeigt: Alte Menschen mit Pflegebedarf und einer vergleichbaren Ausstattung an Ressourcen haben in den drei untersuchten Quartieren unterschiedliche Chancen auf eine selbstbestimmte Alltagsgestaltung, weil ihnen dort unterschiedliche Angebote an Information und Beratung, Pflege, Alltags- und Teilhabeunterstützung sowie Mobilitätsförderung zur Verfügung stehen beziehungsweise zugänglich sind. Die quartiersspezifischen Konstellationen unterscheiden sich darin, inwieweit die vorhandenen Angebote für die Bedarfe der dort lebenden Gruppen Älterer angemessen und in welcher Qualität sie vorhanden sind; und inwieweit sie – physisch, finanziell und soziokulturell – zugänglich sind. Bedarfsgerechte und zielgruppenspezifische Angebote in den Quartieren können viel dazu beitragen, individuelle Ressourcendefizite zu kompensieren. Die Fallstudien zeigen, dass die Einbindung von Multiplikatorinnen und Multiplikatoren, Sichtbarkeit und Erreichbarkeit im unmittelbaren Wohnumfeld sowie personelle, zeitliche und räumliche Kontinuität einen wesentlichen Beitrag zur Zugänglichkeit der Angebote für sozial benachteiligte Ältere mit Pflegebedarf leisten. Qualität und Zugänglichkeit der Angebote werden zudem durch funktionierende Vernetzung, mittels derer Information und Wissen in den einzelnen Einrichtungen und den informellen Netzwerken verbreitet werden, unterstützt. Ob die potenziellen Nutzerinnen und Nutzer sozialräumlicher Angebote, insbesondere solche mit geringen individuellen Ressourcen, in ihrem Alltag tatsächlich von diesen profitieren, hängt davon ab, wie bekannt (Öffentlichkeitsarbeit), physisch zugänglich und niedrigschwellig sie sind. Kompetenzen der einzelnen Einrichtungen und Initiativen, auf professionellen oder lebensweltlichen Fähigkeiten basierend, können umso größere Wirkungen entfalten, je mehr sie in relevante lokale Netzwerke eingespeist werden (können). Koordination und Vernetzung tragen also zur Erschließung vorhandener sozialräumlicher Ressourcen und damit zur Kompensation individueller Benachteiligungen bei.

Koordination und Vernetzung bedürfen aber, gerade unter oft widrigen Bedingungen des Wettbewerbs der Dienstleister untereinander[6], einer dezidierten Förderung, bestenfalls durch pro-aktive Kooperation kommunalpolitischer und weiterer Akteure mit formellen und informellen Multiplikatoren. Ob dieses stattfindet, kann unter anderem von Interessenlagen und Bedingungen wichtiger lokaler Akteure abhängen: ob etwa die jeweils regierenden Parteien die Älteren als

---

6   Pflegeanbieter stehen in direktem Wettbewerb um Klientinnen und Klienten; Einrichtungen der offenen Altenhilfe konkurrieren häufig um Projektmittel.

wichtige Wählerinnen und Wähler ansehen oder Demografie aus anderen Gründen auf ihrer Agenda haben, ob sich koordinierende Stellen (wie Pflegestützpunkte oder die früheren Koordinierungsstellen Rund ums Alter in Berlin) im jeweiligen ‚Kiez' befinden oder sich darauf beziehen; ob es vor Ort Schlüsselpersonen mit integrativen Fähigkeiten gibt und anderes mehr. Die Förderung zielgerichteter Vernetzung kann jedenfalls vor Ort die Selbstbestimmungschancen benachteiligter Älterer relevant beeinflussen.

Insgesamt bestehen trotz gegebener schwieriger Rahmenbedingungen Handlungsspielräume auf kommunaler Ebene. Allerdings stimmen wir mit Klie und McGovern (2010: 53) überein, dass kommunale Steuerungskapazitäten in der Alterns- und Pflegepolitik verbessert werden müssen. Benachteiligte Quartiere brauchen dabei aufgrund ihrer oftmals problematischen Ausstattung mit Infrastruktur besondere Aufmerksamkeit – gerade hinsichtlich der Möglichkeiten, die sie sozial benachteiligten älteren Menschen für einen selbstbestimmt zu gestaltenden Alltag bieten. Auch die Beteiligung insbesondere sozial benachteiligter Gruppen Älterer an der Weiterentwicklung von Angeboten kann gefördert werden. Hier sind noch Partizipationspotenziale zu erschließen, wenn (auch benachteiligte) Stadtteile nachhaltig für selbstbestimmtes Altern – auch bei Pflegebedürftigkeit und in Armutssituationen – weiter entwickelt werden sollen. Gleichzeitig muss dem drohenden Anstieg der Altersarmut entgegen gewirkt werden. Andernfalls werden die kompensatorischen Möglichkeiten kommunaler wie auch privater Haushalte und sozialer Netzwerke tendenziell überfordert. Die ungleiche Verteilung von Teilhabe- und Selbstbestimmungschancen wird sich auch in der älteren Bevölkerung weiter verschärfen.

Literatur

Bezirksamt Marzahn-Hellersdorf (Hrsg.) (2010). *Demografische Situation in Marzahn-Hellersdorf 2009. Basisbericht.* Berlin: Bezirksamt Marzahn-Hellersdorf.
Bezirksamt Mitte von Berlin (2009). *Bevölkerungsdaten Berlin-Mitte Stand 12/2008* (unveröffentlicht). Berlin: Amt für Statistik Berlin-Brandenburg.
Falk, K. (2012). Selbstbestimmung bei Pflegebedarf im Alter – wie geht das? Kommunale Handlungsspielräume zur Versorgungsgestaltung. In S. Kümpers & J. Heusinger (Hrsg.), *Autonomie trotz Armut und Pflegebedarf? Altern unter Bedingungen von Marginalisierung* (S. 39–75). Bern: Verlag Hans Huber.
Falk, K., Heusinger, J., Kammerer, K., Khan-Zvornicanin, M., Kümpers, S., & Zander, M. (2011). *Arm, alt, pflegebedürftig. Selbstbestimmungs- und Teilhabechancen im benachteiligten Quartier.* Berlin: edition sigma.

Franke, T. (2008). Wo kann sich die „Soziale Stadt" verorten? In O. Schnur (Hrsg.), *Quartiersforschung. Zwischen Theorie und Praxis* (S. 127–144). Wiesbaden: VS Verlag für Sozialwissenschaften.

Friedrich, K. (2001). Altengerechte Wohnungsumgebungen. In A. Flade, M. Limbourg & B. Schlag (Hrsg.), *Mobilität älterer Menschen* (S. 155–166). Opladen: Leske & Budrich Verlag.

Frerichs, F. (2000). Politische Partizipation älterer Menschen am Beispiel kommunaler Seniorenbeiräte. In Evangelische Akademie (Hrsg.), *Bürgerschaftliches Engagement im Alter* (S. 54–69). Mühlheim an der Ruhr: Evangelische Akademie.

Friedrichs, J. (1990). Aktionsräume von Stadtbewohnern verschiedener Lebensphasen. In L. Bertels & U. Herlyn (Hrsg.), *Lebenslauf und Raumerfahrung* (S. 161–178). Opladen: Leske & Budrich Verlag.

Graefe, S. (2012). Autonomie und Teilhabe. Eckpunkte emanzipatorischer Altersforschung. In S. Kümpers & J. Heusinger (Hrsg.), *Autonomie trotz Armut und Pflegebedarf? Altern unter Bedingungen von Marginalisierung* (S. 249–261). Bern: Verlag Hans Huber.

Häußermann, H., & Siebel, W. (2001). Integration und Segregation – Überlegungen zu einer alten Debatte. *Deutsche Zeitschrift für Kommunalwissenschaften, 40(1)*, 68–79.

Heusinger, J., Falk, K., Kammerer, K, Khan-Zvorničanin, M., Kümpers, S., & Zander, M. (im Erscheinen). Chancen und Barrieren für Autonomie trotz Pflegebedarf in sozial benachteiligten Quartieren und Nachbarschaften. In A. Kuhlmey & C. Tesch-Römer (Hrsg.), *Autonomie trotz Multimorbidität. Ressourcen für Selbstständigkeit und Selbstbestimmung im Alter*. Göttingen: Hogrefe Verlag.

Heusinger, J., & Klünder, M. (2005). „Ich lass' mir nicht die Butter vom Brot nehmen!" Aushandlungsprozesse in häuslichen Pflegearrangements. Frankfurt/Main: Mabuse-Verlag.

Kardorff, E. v., & Meschnig, A. (2009). Pflege und Pflegepolitik im gesellschaftlichen Wandel. In V. Garms-Homolová, E. v. Kardorff, K. Theiss, A. Meschnig & H. Fuchs (Hrsg.), *Teilhabe und Selbstbestimmung von Menschen mit Pflegebedarf. Konzepte und Methoden* (S. 35–59). Frankfurt/Main: Mabuse-Verlag.

Klie, T., & McGovern, K. (2010). Planung, Steuerung und Finanzierung kommunaler Politik für das Leben im Alter. In C. Bischof & B. Weigl (Hrsg.), *Handbuch innovative Kommunalpolitik für ältere Menschen* (S. 37–55). Berlin: Deutscher Verein für öffentliche und private Fürsorge e. V.

Kümpers, S. (2008). Der Stadtteil als Setting für Primärprävention mit sozioökonomisch benachteiligten Menschen – Erkenntnisstand und Forschungsbedarf. In A. Richter, I. Bunzendahl & T. Altgeld (Hrsg.), *Dünne Rente – Dicke Probleme. Alter, Armut und Gesundheit – Neue Herausforderungen für Armutsprävention und Gesundheitsförderung* (S. 133–148). Frankfurt a. M.: Mabuse-Verlag.

Kümpers, S., & Heusinger, J. (Hrsg.) (2012). Autonomie trotz Armut und Pflegebedarf? Altern unter Bedingungen von Marginalisierung. Bern: Verlag Hans Huber.

Kümpers, S., Mur, I., Hardy, B., van Raak, A. J. A., & Maarse, H. (2006). Integrating Dementia Care in England and The Netherlands. Four Comparative Local Case Studies. *Health and Place, 12(4)*, 404–420.

Kümpers, S., & Zander, M. (2012). Autonomie angesichts von Hilfe- und Pflegebedürftigkeit und sozialer Benachteiligung. In S. Kümpers & J. Heusinger (Hrsg.), *Autonomie trotz Armut und Pflegebedarf? Altern unter Bedingungen von Marginalisierung* (S. 21–38). Bern: Verlag Hans Huber.

Lampert, T. (2009). Soziale Ungleichheit und Gesundheit im höheren Lebensalter. In K. Böhm, C. Tesch-Römer & T. Ziese (Hrsg.), *Gesundheit und Krankheit im Alter* (S. 121–133). Berlin: Robert Koch-Institut.

Landkreis Oder-Spree (2008). *Altenhilfeplan 2008 Landkreis Oder-Spree*. Beeskow: Landkreis Oder-Spree.

Marbach, J. H. (2008). Aktionsraum und Netzwerk im höheren Lebensalter: Empirische Befunde und Schlussfolgerungen für die Praxis. *Forum Gemeindepsychologie, 13(1)*, 1–24.

Mayring, P. (2008). *Qualitative Inhaltsanalyse. Grundlagen und Techniken*. Weinheim: Verlagsgruppe Beltz.

Meinlschmidt, G., Bettge, S., Oberwährmann, S., Sallmon, S., & Schulz, M. (2009). *Zur demografischen Entwicklung und ihren Auswirkungen auf Morbidität, Mortalität, Pflegebedürftigkeit und Lebenserwartung. Erste Ansätze zur Ableitung von Gesundheitszielen für die ältere Bevölkerung in Berlin*. Berlin: Senatsverwaltung für Gesundheit, Umwelt und Verbraucherschutz.

Meuser, M., & Nagel, U. (2004). ExpertInneninterview: Zur Rekonstruktion spezialisierten Sonderwissens. In R. Becker & B. Kortendiek (Hrsg.), *Handbuch Frauen- und Geschlechterforschung: Theorie, Methoden, Empirie* (S. 326–329). Wiesbaden: VS Verlag für Sozialwissenschaften.

Nørgaard, A. S. (1996). Rediscovering reasonable rationality in institutional analysis. *European Journal of Political Research, 29(1)*, 31–57.

Putnam, M. (2002). Linking Aging Theory and Disability Models: Increasing the Potential to Explore Aging With Physical Impairment. *The Gerontologist, 42(6)*, 799–806.

Rautio, N., Heikkinen, E., & Ebrahim, S. (2005). Socio-economic Position and its Relationship to Physical Capacity among Elderly People Living in Jyväskylä, Finland: Five- and Ten-Year Follow-up Studies. *Social Science & Medicine, 60(11)*, 2405–2416.

Richter, A., & Wächter, M. (2009). *Zum Zusammenhang von Nachbarschaft und Gesundheit*: Köln: Bundeszentrale für gesundheitliche Aufklärung (BZgA).

Robert, S., & House, J. S. (1996). SES Differentials in Health by Age and Alternative Indicators of SES. *Journal of Aging and Health, 8(3)*, 259–388.

Sherwin, S. (1998). A Relational Approach to Autonomy in Health Care. In S. Sherwan (Hrsg.), *The Politics of Women's Health: Exploring Agency and Autonomy* (S. 19–47). Philadelphia: Temple University Press.

Online-Quellen

Amt für Statistik Berlin-Brandenburg (2011). *Lange Reihen in Berlin und Brandenburg. Lebensverhältnisse. Bevölkerungsentwicklung.xls.* Potsdam: Amt für Statistik Berlin-Brandenburg Verfügbar unter http://www.berlin.de/ba-mitte/bezirk/daten/bevoelkerung.html [27. 4. 2011]

Bezirksamt Mitte von Berlin (2011). *Bevölkerung.* Verfügbar unter http://www.berlin.de/ba-mitte/bezirk/daten/bevoelkerung.html [27. 4. 2011]

Galster, G. C. (2010). *The Mechanism(s) of Neighbourhood Effects. Theory, Evidence, and Policy Implications.* Paper presented at the ESRC Seminar: „Neighbourhood Effects: Theory & Evidence". Verfügbar unter http://www.clas.wayne.edu/multimedia/usercontent/File/Geography%20and%20Urban%20Planning/G.Galster/St_AndrewsSeminar-Mechanisms_of_neigh_effects-Galster_2-23-10.pdf [12. 06. 2012]

Zander, M. (2009). Soziales Modell und Persönliche Assistenz: Können diese Konzepte der Disability Studies auf den Bereich der Pflegeleistungen für Seniorinnen und Senioren übertragen werden? *Hallesche Beiträge zu den Gesundheits- und Pflegewissenschaften, 8(49).* Verfügbar unter http://digital.bibliothek.uni-halle.de/pe/content/structure/487509 [12. 06. 2012]

Milieuspezifische Bewältigung prekärer Lebenslagen bei Pflegebedarf im Alter: Ausgewählte Befunde aus dem Projekt NEIGHBOURHOOD

Michael Zander und Josefine Heusinger

1   Hintergrund und Fragestellung: Die ‚Tugenden des Überlebens'

Die Diskussionen um Armut und Vorstellungen von Armut werden in der bundesrepublikanischen Öffentlichkeit derzeit stark mit Klischees aufgeladen. Während vor einigen Jahren der damalige Vizekanzler Franz Müntefering (SPD) postulierte, es gebe keine Schichten in Deutschland, sondern nur „Menschen, die es schwerer haben" (zitiert nach Kohler 2006), stellen heute insbesondere Vertreter des ‚Rechtspopulismus' herabsetzende Behauptungen über das Gesundheits- und Konsumverhalten Erwerbsloser ins Zentrum der Klischees über die so genannten ‚Unterschichten'. So meinte etwa der damalige Grüne Oswald Metzger (heute CDU), „Menschen, die von Transfereinkommen leben", würden „nicht aktiviert". „Viele" sähen „ihren Lebenssinn darin, Kohlenhydrate oder Alkohol in sich hinein zu stopfen, vor dem Fernseher zu sitzen und das Gleiche den eigenen Kindern angedeihen zu lassen. Die wachsen dann verdickt und verdummt auf" (zitiert nach Schütz 2007). Ähnliche Injurien veröffentlichte Thilo Sarrazin (SPD): Gesundheitliche Probleme und geringere Lebenserwartung von Menschen mit geringem Einkommen, so sein Verdikt, seien „ausschließlich verhaltensabhängig" (Sarrazin 2010: 123). Ihre politische Umsetzung fanden derartige Vorstellungen in einer eigentümlichen Neuberechnung der Hartz-IV-Regelsätze durch das Bundesarbeitsministerium Ende 2010: Anteile für Alkohol und Tabak wurden aus dem Budget gestrichen; nicht zum Existenzminimum gezählt werden außerdem Kosten für Autokraftstoff, ein Haustier, Zimmerpflanzen oder einen Garten (Martens 2011).

Die Klage über die angebliche Lasterhaftigkeit der Armen wird nicht erst in unseren Tagen geführt. Bereits eine der ersten sozialwissenschaftlichen Studien überhaupt, Friedrich Engels' Lage der arbeitenden Klasse in England von 1845 spielt kritisch auf diese Sichtweise an:

> Die Fehler der Arbeiter lassen sich überhaupt alle auf Zügellosigkeit der Genusssucht, Mangel an Vorhersicht und an Fügsamkeit in die soziale Ordnung, überhaupt auf die Unfähigkeit, den augenblicklichen Genuss dem ferneren Vorteil zu opfern, zurückführen. (Engels 1957: 355)

Dies sei jedoch kein Wunder.

> Eine Klasse [...], die allen möglichen Zufällen unterworfen ist, die gar keine Sicherheit der Lebenslage kennt, was für Gründe, was für ein Interesse hat die, Vorhersicht zu üben, ein ‚solides' Leben zu führen und, statt von der Gunst des Augenblicks zu profitieren, auf einen entfernteren Genuss zu denken, der gerade für sie und ihre ewig schwankende, sich überschlagende Stellung noch sehr ungewiss ist? (Engels 1957: 355f.)

In der Bundesrepublik stößt man auf ähnliche Bewältigungsweisen von Armut, wie sie bereits von Engels im 19. Jahrhundert beschrieben wurden (siehe unten). Wer sich heute wissenschaftlich mit ungleich verteilten Lebenschancen beschäftigt, muss sich allerdings wiederum gegen aktuell verbreitete und widersprüchliche Diskurse wenden: Zurückzuweisen ist einerseits die Leugnung und Verdrängung sozialer Ungleichheit, andererseits gilt es, diese Ungleichheit im gesellschaftlichen Kontext darzustellen und sie nicht in stigmatisierender und verdinglichender Weise vermeintlichen sozialisatorischen oder gar biologischen Defiziten zuzuschreiben.

Kontinuitäten und Veränderungen mit Blick auf die Lohnabhängigen im Vergleich zu den von Engels beschriebenen Bewältigungsweisen macht die Untersuchung von Vester et al. (2001) deutlich: Unsicherheit der Lebenslage ist nicht mehr charakteristisch für eine gesamte Arbeiterklasse. Vielmehr haben sich verschiedene Segmente oder Milieus herausgebildet. Die Milieus „einer ‚respektablen' Mitte der Arbeitnehmer [...] grenzten sich von den Unterprivilegierten seit je dadurch ab, dass sie ihr Leben auf beständige und rechtschaffene Arbeit und Lebensführung gründen" (Vester et al. 2001: 94). Lebenslagen und Bewältigungsweisen der ‚unterprivilegierten Milieus' ähneln hingegen stärker der Schilderung von Engels aus dem 19. Jahrhundert. Der ‚Habitus' dieser Milieus sei „darauf abgestimmt, wechselnde Gelegenheiten zu nutzen, sich an Mächtigere anzulehnen, die eigenen Gruppenzusammenhänge zu mobilisieren und Schicksalsschläge [...] oft ohne Demoralisierung zu verarbeiten" (Vester et al. 2001: 92). In anderen Milieutheorien wurde Jürgen Ritsert zufolge die Frage nach sozialer Ungleichheit und Herrschaftsverhältnissen eher an den Rand gedrängt.

Bei einer Reihe von Autoren findet nicht nur eine Verschmelzung der Kategorien ‚Milieu' und ‚Lebensstil' statt, das Amalgam wird auch gern in Richtung auf den Kulturismus verschoben. Das heißt: ‚Milieus' erscheinen nun als ausschließlich kulturell bestimmte Muster der Lebensführung. [...] Die [...] ‚objektiven' Bestimmungen [des Milieubegriffs – M. Z., J. H.] [...] sind damit fast völlig im Hintergrund verschwunden (Ritsert 2009: 239).

Demgegenüber stelle die von Pierre Bourdieu (1987) beeinflusste Studie von Vester et al. insofern eine Besonderheit dar, als sie „sich ausdrücklich und ausführlich mit dem Verhältnis von Milieus und sozialen Diskrepanzen in der Form von ‚Klassen, Ständen und Schichten' befasst. [...] Auch Macht und Herrschaft werden [...] ausdrücklich einbezogen" (Ritsert 2009: 240).

Gestützt auf diese Milieuauffassung gingen wir im Rahmen des Projekts NEIGHBOURHOOD[1] unter anderem der Frage nach, wie Menschen aus ‚einfachen' Milieus (siehe unten) im Alter mit prekären Lebenssituationen und insbesondere mit Pflegebedürftigkeit umgehen. Dies geschieht vor dem Hintergrund einer *Altersarmut*, die heute eher außerhalb der öffentlichen Aufmerksamkeit steht. Sie wird, wenn überhaupt, nur im Zusammenhang mit der umstrittenen Anhebung des Renteneintrittsalters auf 67 Jahre und mit Blick auf die so genannte ‚demografische Entwicklung' und deren sozialpolitische Interpretationen (kritisch hierzu Ebert & Kistler 2007) diskutiert. Bei der Abschätzung der Folgen von politisch beschlossenen Veränderungen der gesetzlichen Rentenversicherung kommt der vom Bundesministerium für Familie, Senioren, Frauen und Jugend (BMFSFJ) herausgegebene Fünfte Bericht zur Lage der älteren Generation in Deutschland (2005) zu folgendem Ergebnis:

Insgesamt steigt durch die ergriffenen Reformmaßnahmen die Belastung der Bevölkerung mit Vorsorgeaufwendungen. [...] Insbesondere im unteren Einkommensbereich – man denke dabei auch an Auswirkungen sich ändernder Erwerbsbiografien in Zeiten lang anhaltender hoher Arbeitslosigkeit – ist mit niedrigen gesetzlichen Ren-

---

1 Gefördert vom Bundesministerium für Bildung und Forschung im Rahmen der Gesundheitsforschung von 2008–2011 als Teilprojekt des Berliner Forschungsverbundes Autonomie trotz Multimorbidität im Alter (AMA), vgl. www.ama-consortium.de.

tenansprüchen, aber angesichts geringer Vorsorgefähigkeit auch mit geringen oder fehlenden privaten Vorsorgeansprüchen zu rechnen. (BMFSFJ 2005: 213 f.).

Altersarmut wird in nicht allzu ferner Zukunft ein Problem werden, das viele Menschen betrifft, was nicht heißt, dass es sie – in geringerem Ausmaß – nicht jetzt schon gäbe. Vordergründig hat auch die Armut im Alter immer etwas mit ‚Verhalten' zu tun, was der eingangs angeführten ‚rechtspopulistischen' Lesart von problematischen Soziallagen entgegenzukommen scheint. Lebensbedingungen wie ein geringes Einkommen und Vermögen, beengte Wohnverhältnisse, Fakten der Berufsbiografie und so weiter wirken sich nicht nur unmittelbar aus, sondern langfristig außerdem vermittelt durch bestimmte Bewältigungsweisen. Das zentrale Vorurteil des ‚Rechtspopulismus' besteht darin, ‚Verhalten' als allein oder in der Hauptsache ursächlich für Armut und schlechte Lebensbedingungen anzusehen. Ignoriert wird dabei, dass zum einen der ‚soziale Gradient' in Bezug auf Krankheit nachweislich auch auf andere Faktoren zurückgeht und dass ‚Verhalten' selbst erklärungsbedürftig ist und als Antwort auf Bedingungen immer auch Bewältigung und Problemlösung bedeutet (Marmot 2005).

Im Rahmen der deutschsprachigen Public-Health-Debatten, in die die Milieutypologie der Hannoveraner Forschungsgruppe ebenfalls Eingang gefunden hat, ist das wiederkehrende Interesse an sozialer Ungleichheit relativ jung: Eine wichtige Erkenntnis neuerer Forschungen besteht offenbar darin, dass „der Reproduktionsmechanismus gesundheitlicher Ungleichheit eng an die Nutzung und Inanspruchnahme des Versorgungssystems gekoppelt ist" (Bauer & Büscher 2008: 21). Inwieweit dies auch für das Alter gilt, ist dabei umstritten (Bauer & Büscher 2008: 21). Dem Thema Pflege kommt in diesem Zusammenhang eine besondere Bedeutung zu. Der Eintritt von Pflegebedürftigkeit wird in der Regel als tiefgreifende Veränderung der bisherigen Lebensweise und Alltagsroutine erfahren. Persönliche Autonomie steht dabei ebenso auf dem Spiel wie die Beziehungen zum sozialen Umfeld. Darüber hinaus ist Pflegebedürftigkeit nicht nur eine gesundheitliche Frage. Ob und in welcher Form Pflegeleistungen genutzt werden können, hat entscheidende Bedeutung für persönliche Handlungsmöglichkeiten, gesellschaftliche Teilhabe und Lebensqualität. Vor diesem Hintergrund der theoretischen Überlegungen und empirischen Befunde aus dem Projekt NEIGHBOURHOOD gehen wir im Folgenden der Frage nach, ob die von Vester et al. identifizierten und auf spezifische Lebenslagen antwortenden „Tugenden und Ressourcen des Überlebens" (Vester et al.: 93) auch bei der Bewältigung von Pflegebedürftigkeit im Alter eine Rolle spielen.

2 Methode und Design: Qualitative Fallstudien

Im Forschungsprojekt NEIGHBOURHOOD wurden Fallstudien in drei Gebieten durchgeführt: Erstens im ehemaligen Westberliner Arbeiterkiez Moabit, zweitens in einem Ostberliner Plattenbauviertel im Bezirk Marzahn und drittens im Landkreis Oder-Spree (LOS) im Land Brandenburg.[2] Die hier vorgestellten ausgewählten Ergebnisse entstammen vor allem der ersten Studie aus Moabit.[3] NEIGHBOURHOOD wurde von zwei kooperierenden Einrichtungen durchgeführt. Das Institut für Gerontologische Forschung e.V. (IGF) interviewte in Moabit im Erhebungszeitraum – Herbst/Winter 2008/2009 – 24 Personen mit ambulantem Pflegebedarf im Alter von 62 bis 94 Jahren. Parallel befragten Forscherinnen des Wissenschaftszentrums Berlin (WZB) Mitarbeitende der professionellen und ehrenamtlichen Altenhilfe zu spezifischen Angeboten im Untersuchungsgebiet; die so repräsentierten Institutionen reichten von Mobilitätshilfediensten und Freizeitanbietern über Pflegedienste und Hausärzte bis hin zur öffentlichen Verwaltung des Bezirks.

Die Interviews mit den pflegebedürftigen alten Menschen waren leitfadengestützt, wurden in den Wohnungen der Befragten durchgeführt und nach der Methode des Thematischen Codierens in Anlehnung an Flick (2005: 271f.) ausgewertet. Die qualitative Methode bot uns die Möglichkeit, die Sichtweisen und Stellungnahmen der Pflegebedürftigen und der in der Seniorenhilfe beruflich Tätigen ‚in der ersten Person' zu erheben und abzubilden; auf Aussagen zur quantitativen Verbreitung der von uns untersuchten Phänomene mussten wir bei diesem Ansatz verzichten, wenngleich die Kenntnis lokaler Strukturen, Einschätzungen von Befragten aus der professionellen Altenhilfe und der Rückgriff auf einschlägige Literatur hier gewisse Anhaltspunkte bieten. Inhaltlich haben wir nach den Entscheidungsspielräumen – das heißt der ‚Autonomie' – der Betroffenen in verschiedenen Lebensbereichen gefragt: Pflege, Einkaufen und Hauswirtschaft, medizinische Versorgung, Freizeitgestaltung.

Ein Erkenntnisinteresse zielte auf die Unterschiede in den Erfahrungen und Sichtweisen von Menschen aus diversen Milieus. Die Milieus definieren wir in Anlehnung an Vester et al. (2001) anhand folgender Kriterien:

- Höhe des Einkommens und Vermögens,

---

2 Ausführliche Darstellungen des Projektes und seiner Ergebnisse mit Beiträgen aller Teammitglieder in Heusinger et al. (2012) und Kümpers & Heusinger (2012).
3 Die Fallstudie Moabit ist veröffentlicht (vgl. Falk et al. 2011).

- Schul- und Bildungstitel,
- Bildungs- und Erwerbsbiografie,
- grundlegende Einstellungsmuster, die sich zum Beispiel an der Distinktion beziehungsweise Abgrenzungsurteilen sowie den Dimensionen egalitär vs. hierarchisch im Hinblick auf das Verhältnis zwischen den Geschlechtern und zu Institutionen festmachen lassen,
- Auskünfte zum Beruf der Eltern, die anzeigen, ob die Befragten einen gesellschaftlichen Auf- beziehungsweise Abstieg hinter sich haben,
- zusätzliche Informationen, die die Milieuzuordnung abstützen, wurden in Beobachtungsprotokollen festgehalten (Wohnungseinrichtung, Auftreten der befragten Personen etc.).

Hinsichtlich der ‚grundlegenden Einstellungsmuster' stützen wir uns auf die Habitustheorie Pierre Bourdieus, wie sie von Vester et al. (2001) rezipiert wird. Die Autorinnen und Autoren interpretieren den Habitus als „gesamte äußere und innere Haltung eines Menschen" (Vester et al. 2001: 169), die Vielfältiges umfasse: „den Geschmack und den Lebensstil, das Verhältnis zum Körper und zu den Gefühlen, die Handlungs- und Beziehungsmuster, die Mentalitäten und Weltdeutungen" (Vester et al. 2001: 169). Sie charakterisieren den Habitus entlang verschiedener Dimensionen: Askese vs. Hedonismus; Herrschaft vs. Partnerschaft; Aufstiegs- vs. Sicherheitsorientierung; Individualisierung vs. Geselligkeit; Fein- vs. Grobgeschmack (Vester et al. 2001: 217). Der Habitus ist demnach ein verinnerlichtes System von Präferenzen, das sich in Auseinandersetzung mit bestimmten Lebensbedingungen herausbildet und auf das Menschen bei ihren Wahrnehmungen, Einschätzungen und Entscheidungen zurückgreifen. Unseren Milieuzuordnungen zufolge gehörten neun der von uns befragten alten Menschen in Moabit ‚einfachen', elf ‚mittleren' und vier ‚gehobenen' Milieus an.[4] Den ‚einfachen' Milieus entsprechen die „Traditionslosen Arbeitermilieus" bei Vester et al. (2001: 217) und das „Traditionelle Gastarbeitermilieu" der mit der Hannoveraner Typologie eng verwandten Sinus-Marktforschung (vgl. Falk et al. 2011: 40 f.). Die ‚einfachen' Milieus können vor allem aufgrund geringen Einkommens und niedriger Bildungsabschlüsse als arm bezeichnet werden. Prekär sind ihre Lebenslagen aufgrund der armutsbedingten Unsicherheit, die auch den beruflichen Lebenslauf prägt und sich teilweise auf die Pflegesituation erstreckt. Im Folgenden portraitieren wir unsere Befragten aus den ‚einfachen' Milieus und arbeiten dabei den Zu-

---

4 Zur Beschreibung des Samples in allen drei Untersuchungsgebieten siehe Heusinger (2012).

sammenhang zwischen Lebensbedingungen, Bewältigungsweisen und Pflegebedürftigkeit beziehungsweise Hilfebedarf heraus.

3 Ergebnisse: Die Bedeutung persönlicher Beziehungen

Materieller Mangel kennzeichnet nicht nur die aktuelle Situation dieser Interviewten, sondern auch deren biografische Erfahrung. Die Befragten stammen aus Familien ungelernter Arbeiter und in manchen Interviews werden frühe familiäre Konflikte angedeutet. Besonders drastisch äußert sich der Bauarbeiter Herr Berger (27M081) über seine Mutter:

> Die hat auch nie wat gehabt. Da musst ich immer um gleich um Arbeit kümmern. [...] Kostgeld wollt die auch noch haben von mir. Kostgeld, da wusst ick gar nicht, wat det (Luder) Kindergeld kriegt. (27M081: 1465–71)

Die Lebensläufe sind nicht geradlinig und weichen von den bürgerlichen Normen ab. Dies betrifft zum einen die Berufsbiografien der Männer. Sie arbeiten in wechselnden Jobs als Bauarbeiter, Kraftfahrer, Gärtner, Erntehelfer usw. Zum anderen haben einige schwere Krisen durchgemacht und sind dabei teilweise mit dem Gesetz in Konflikt gekommen. Herr Berger war nach eigener Aussage in seiner Jugend in eine Schlägerei mit der Polizei verwickelt. Herr Teichmann (6M081) war mehrmals wohnungslos und für einige Jahre inhaftiert. Den Kontakt mit den Behörden schildert er als Konfrontation:

> Ja und denn, denn, ja, dann standen die da, Jugendamt auf einmal bei mir, ja sie müssen (hier rein), ja is ja beknackt, ich bin ja noch erziehungsberechtigt. Sag ich, wenn ihr nicht geht, dann schmeiß ich euch die Treppe runter. [...] Also, die haben mir vorher schon beim Sozialamt haben sie mir ja schon die Kohle gestrichen. Ja, konnte ja dann gar nicht mehr bezahlen. Miete und so weiter. (6M081, 402)

Eine ganz ähnliche Szene schildert Herr Berger. Der Kraftfahrer Herr Treber (30M081) übte, obwohl er seinen Führerschein wegen Alkohol am Steuer hatte abgeben müssen, noch zwei Jahre lang seinen Beruf aus, bis es ihm in einem Winter bei Glatteis „so'n bisschen zu brenzlig" wurde (30M081: 229).

Ein sozialer Aufstieg, den Herr Berger durch kleinunternehmerische Selbstständigkeit errungen hatte, war nicht von Dauer. Zum Zeitpunkt unseres Interviews war er auf Grundsicherung angewiesen, da sein Geschäft – nach seinen Angaben wegen fehlender Zahlungsmoral von Kunden – durch Schulden belastet gescheitert war.

Vom konfrontativen Konfliktverhalten der Männer war bereits die Rede, wobei uns zweitrangig scheint, ob sich die Szenen tatsächlich so zugetragen haben oder ob sich die Befragten im Interview als Menschen präsentieren möchten, die sich tatkräftig und körperlich zu behaupten verstehen. Wenngleich derartige Episoden eher von Männern erzählt werden, kommen sie doch auch bei Frauen vor. So gibt die ungelernte Arbeiterin Frau Gürthler (9Mar102) an, im Zuge eines Familienstreits ein nicht unerhebliches Delikt begangen zu haben, für das sie auch verurteilt worden sei. Mit dem ‚Kopf durch die Wand zu gehen', muss allerdings nicht immer nachteilig sein beziehungsweise in Gesetzesverstöße münden, wie das außergewöhnliche Beispiel von Herrn Treber zeigt: Nach einem Schlaganfall war er genötigt, in ein Pflegeheim umzuziehen. Durch Beharrlichkeit gelang es ihm nach seiner Rehabilitation, eine Rückkehr in die eigene Wohnung zu erzwingen.

> Mann, ick hab ein Theater gemacht, ich sag: So – sag ich – jetzt is aber Feierabend, jetzt will ich aber nach Hause! [...] Und jetzt hab ich auch sone komische Betreuerin gehabt [...]. Nee, sagt se, ich kann Sie erst nach Hause lassen, wenn Se richtig lofen können. Ich sag, denn muss ich ja über'n halbes Jahr warten, sag ich, eh ich richtig lofen kann, sag ich, wa? Und so lange wart ich nich. [...] Mussten se mir nach Hause lassen, wa? Weil ich (für) gedroht habe. Ick sage, wenn die ma nich nach Hause lassen, das, dann ess ich hier nischt mehr. (30M081, 411–36)

Dabei verstand es Herr Treber durchaus zu verhandeln und die Anschaffung eines Pflegebetts als Bedingung für seine Entlassung zu akzeptieren.

Durch die Interviews mit Angehörigen der ‚einfachen' Milieus zieht sich eine Ambivalenz gegenüber gesellschaftlichen Institutionen. Einerseits wird angesichts von Konflikterfahrungen eher Distanz gegenüber Institutionen gehalten. Herr Teichmann erhält trotz offensichtlichen Bedarfs keine professionelle Hilfe. In Bezug auf eine mögliche Einkaufshilfe und mit Blick auf finanzielle Gesichtspunkte betont er:

> Ja det wär schon ganz positiv, wenn ich da was kriegen würde [...], aber ich will det auch nicht hier [...] über so nen Verein oder so was machen, weil ich such mir dann lieber privat jemanden. Denn die Leute können die Kohle genauso gebrauchen. (6M081, 290)

Frau Yilmaz (19M082) äußert sich ebenfalls skeptisch gegenüber Pflegeorganisationen. Nach einem gescheiterten Versuch, einen Behindertenausweis zu erhalten, hat sie bisher darauf verzichtet, eine Pflegestufe zu beantragen, obwohl sie große Schmerzen hat und selbst der Ansicht ist, sie benötige eine Helferin. Andererseits verstehen es die befragten Personen durchaus, sich institutionelle Hilfen zu verschaffen. Eine Bedingung dafür scheint zu sein, dass sie entweder über einen persönlichen Kontakt verfügen oder einer eigentlich professionellen Hilfebeziehung einen stark persönlichen Akzent geben. Hierin kann man vielleicht die schon durch Vester et al. registrierte Strategie der „Anlehnung an stabile Partner" (Vester et al. 2001: 93) wiedererkennen. So nimmt Frau Yilmaz die Angebote einer interkulturellen Beratungsstelle vor allem deshalb wahr, weil sie dort eine persönliche Freundin hat, der sie vertraut. Herr Teichmann holt sich regelmäßig Hilfe bei einer Schuldnerberatung, deren Klientinnen und Klienten aus demselben Milieu wie er selbst kommen. Seine Beziehung zu den Mitarbeiterinnen und Mitarbeitern dort gestaltet er durch persönliche Gesten, etwa, indem er einen Kuchen für sie bäckt. Herr Berger, der sich über die meisten Menschen, von denen er im Interview erzählt, geringschätzig äußert, hat offensichtlich Vertrauen zu der Sozialarbeiterin seines Pflegedienstes gefasst: „Die, die kennt die Tricks alle. Sagt schon immer, ich soll nicht so schimpfen, sie kriegt das schon hin" (27M081: 746 f.). „Na een Glück. Wenn et die nicht geben würde, na denn wär ick wohl hier schon irgendwo auf de Parkbank gelandet [lacht]" (951ff.). Die Mitarbeiterin eines Pflegedienstes, die meistens bei Frau Gürthler arbeitet, ist gleichzeitig Freundin und Nachbarin, die auch unentgeltliche Überstunden zu machen scheint; der Umgangston zwischen beiden ist teils freundschaftlich, teils frotzelnd. Frau Thiel (4LOS092) ist mit allen Pflegekräften, die zu ihr kommen, per du und wie Frau Gürthler darum bemüht, den offiziellen Charakter der Beziehung zwischen ihr und der Pflegekraft abzumildern.

Für unsere Interviewten aus den ‚einfachen' Milieus sind Beziehungen der ‚Anlehnung' möglicherweise aus zwei Gründen naheliegend: Zum einen können auf diese Weise Defizite ausgeglichen werden, sei es in materieller Hinsicht oder auch in Bezug auf Informations- und Wissenslücken; zum anderen kann der persönliche Akzent in den Beziehungen helfen, Vertrauen zu schaffen gegenüber schwer einzuschätzenden und negativ konnotierten Institutionen sowie Hierarchien zu unterlaufen, die üblicherweise das Verhältnis zwischen professionellen Helfenden und Klienten strukturieren. Während die Frauen eher dadurch erfolgreich in der Wahrung ihrer Interessen sind, dass sie an einem besonderen Vertrauensverhältnis zu helfenden Personen arbeiten, rufen jene Männer, die sich

‚konfrontativ' und ‚stur' verhalten, hilfreiche ‚Spezialisten' auf den Plan und verbessern dadurch ihre Durchsetzungschancen.

Die Bewältigungsweise, die darin besteht, eigene ‚Gruppenzusammenhänge zu mobilisieren', findet sich besonders ausgeprägt dargestellt im Interview mit Herrn Teichmann. Bekannte und Freunde helfen ihm bei Transporten und Einkäufen sowie mit Geschenken (z. B. einem gebrauchten PC). Reziprozität ist ihm wichtig, er revanchiert sich etwa, indem er Bekannten beim Schreiben von Widersprüchen gegen behördliche Bescheide hilft. Auch wenn seine Aussagen hierzu nicht immer überzeugend klingen – so schätzt er seinen Bekanntenkreis, von dem er Unterstützung erfährt „auf über hundert Leute" (6Mo81, 69) – so spiegeln sie doch die große emotionale Bedeutung dieses ‚sozialen Kapitals'. Mit 61 Jahren ist Herr Teichmann noch relativ jung; Herr Treber (76) beklagt die Auflösung früherer nachbarschaftlicher Beziehungen, auch Frau Yilmaz (77) und Herr Berger (67) leben eher zurückgezogen. Allerdings betont auch Herr Treber den funktionalen Aspekt sozialer Beziehungen, der von Befragten anderer Milieus nicht so direkt ausgedrückt wird:

> Sie wissen ja wie es is, wa? Wenn, wenn man wat hat, dann hat man auch Freunde. Und hat man auch nischt, dann hat man auch keine Freunde mehr. (30Mo81: 298).

Das Muster der ‚Gelegenheitsorientierung' zieht sich durch die Berichte der genannten männlichen Befragten. Es zeigt sich nicht nur in den wechselhaften Berufsbiografien, sondern auch in anderen Lebens- und Alltagsentscheidungen. So verließ Herr Treber nach einem Sturz vorzeitig das Krankenhaus, um nach seiner Wohnung zu sehen, nachdem es in der Nachbarwohnung gebrannt hat; rückblickend meint er, er habe „damals da'n Fehler gemacht" (30Mo81: 293). Der mehrfach erkrankte Herr Teichmann geht erst nach langer Zeit wieder in medizinische Behandlung, nachdem er auf der Straße zufällig dem einstigen Hausarzt seiner Mutter begegnet ist; hier zeigt sich wiederum die besondere Bedeutung persönlicher Bekanntschaft. Seine Konsum- und Freizeitgewohnheiten sind nicht auf Langfristigkeit angelegt; sein Umgang mit Geld ist nicht auf Sicherheit und Sparsamkeit ausgerichtet. Das unterscheidet ihn von Frau Yilmaz, die sich ihr Geld streng einteilt und deshalb auch nicht zwei Euro für das regelmäßig stattfindende Frühstück des von ihr frequentierten Beratungsangebots ausgibt.

Die Wohngegenden und Nachbarschaften, in denen die Befragten leben und die unserem Forschungsprojekt den Namen gaben, stellen Gelegenheitsstrukturen dar, die unterschiedlich genutzt werden können und die durch ihre Charakteristika objektiv Handlungsmöglichkeiten begrenzen. Die nachfolgende Tabelle 1

Tabelle 1 Strukturelle Merkmale der Untersuchungsgebiete

Strukturen	Berlin-Moabit	Berlin-Marzahn	Landkreis Oder-Spree
Beratung	Pflegestützpunkt häufig unbekannt und nur im Nachbarstadtteil Wedding vorhanden	Pflegestützpunkt bekannt, zentral gelegen und ‚sichtbar'	Pflegestützpunkt in der nächsten Kleinstadt Beeskow
Bausubstanz	Vorwiegend Altbau	Neubau, teilweise barrierefrei	Altbau
Mobilität	ÖPNV teilweise barrierefrei	ÖPNV teilweise barrierefrei	Auto notwendig
Einkauf	Viele kleine Geschäfte, kurze Wege	Überwiegend Discounter	Fahrende Verkaufswagen auf dem Dorf
Nachbarschaftshilfe	Gelegentlich; Hausgemeinschaften lösen sich auf	Gelegentlich	Selbstverständlich
Pflege	Pflegedienste vorhanden	Pflegedienste vorhanden	Pflegedienste vorhanden, aber aufgrund langer Wege nur bedingt lukrativ; zentralisierte stationäre Pflegeeinrichtungen in größerer Entfernung
Geselligkeit	Kaum institutionelle Angebote im Quartier	Vielfältige Angebote im Quartier	Enge Nachbarschaft, selten wohnortnahe Angebote im Dorf

Quelle: Falk (2012) und Heusinger (2012).

stellt relevante Unterschiede zwischen Moabit, Marzahn und dem Landkreis Oder-Spree schematisch dar.

Die spezifischen Gelegenheitsstrukturen legen bestimmte Handlungsweisen nahe und modifizieren oder ergänzen so die milieuspezifischen Lebensbedingungen. Wir greifen zwei Beispiele heraus: Wenn Angehörige ‚einfacher' Milieus aus den oben genannten Gründen eher Distanz zu Institutionen halten, dann ist es nicht verwunderlich, dass sie in Moabit, wo es vor Ort kein öffentliches Beratungsangebot gibt, vor allem durch Notfallsituationen in Kontakt mit dem Hilfesystem kommen, wie die in der Altenhilfe Tätigen berichten. Von der engen Nachbarschaft und der – bis zu einem gewissen Maß – selbstverständlichen Hilfe in den Dörfern des Landkreises Oder-Spree profitieren alle Pflegebedürftigen, unabhängig vom Milieu. Zwänge zur Reziprozität der Hilfe scheinen hier abgemildert zu sein, während man sich in städtischen Nachbarschaften eher unmittelbar erkenntlich zeigen muss. Ob sich derartige Zusammenhänge auch quantitativ abbilden lassen, müssen weitere Untersuchungen zeigen.

4 Fazit

Wir haben schlaglichtartig einige Interviews mit Pflegebedürftigen aus ‚einfachen' Milieus vorgestellt. Sie zeigen besonders deutlich einige typische Bewältigungsweisen im Umgang mit Armut, gesundheitlichen Problemen und Hilfeabhängigkeit. Dabei darf ‚Milieuzugehörigkeit' nicht als essentialistisches Merkmal verstanden werden. Elemente von ‚Anlehnung', ‚Gelegenheitsorientierung' und Nutzung ‚sozialen Kapitals' zur Durchsetzung eigener Interessen kann es mitunter auch in anderen Milieus geben; auch spielen weitere Faktoren wie Geschlecht und Alter eine Rolle, aus denen sich Unterschiede zwischen den Befragten ergeben. Aber die genannten Bewältigungsweisen sind in einer durch Armut gekennzeichneten Lebenslage besonders naheliegend und geeignet, Mängel an Einkommen, Informationsquellen, Aufstiegsperspektiven oder Anerkennung zu kompensieren. Was einerseits als Defizit erscheint, wie etwa bestimmte Mittel der Konfliktaustragung, ist andererseits die Fähigkeit, Schwierigkeiten zu meistern, zu deren Überwindung den Angehörigen anderer Milieus umfangreichere und andere Ressourcen zu Gebote stehen.

In den Interviews hat sich gezeigt, dass für den Zugang zu pflegerischen, medizinischen beziehungsweise gesundheitlichen und sonstigen Hilfen vor allem ‚Niedrigschwelligkeit' wichtig ist. Diese kann durch Institutionen erreicht werden, die dauerhaft in räumlicher Nähe und sozial in der Lebenswelt der Befragten verankert sind (interkulturelle Beratung, Schuldnerberatung); ferner sind Personen zentral, zu denen Menschen, die mit Institutionen schlechte Erfahrungen gemacht haben, eine vertrauensvolle und quasi ‚persönliche' Beziehung aufbauen können, wie etwa der erwähnte Hausarzt oder die Sozialarbeiterin, die im einstigen Arbeiterbezirk Moabit über langjährige Berufserfahrung verfügt. Dieses Resultat dürfte ein weiteres Indiz dafür sein, dass Einrichtungen der gesundheitlichen und pflegerischen Versorgung nur formal allen gleichermaßen offen stehen; faktisch reproduzieren die bestehenden Zugangs- und Nutzungsmöglichkeiten soziale Ungleichheit.

Literatur

Bauer, U., & Büscher, A. (2008). Soziale Ungleichheit in der pflegerischen Versorgung – ein Bezugsrahmen. In U. Bauer & A. Büscher (Hrsg.), *Soziale Ungleichheit und Pflege. Beiträge sozialwissenschaftlich orientierter Pflegeforschung* (S. 7–45). Wiesbaden: VS Verlag für Sozialwissenschaften.

Bourdieu, P. (1987). *Die feinen Unterschiede. Kritik der gesellschaftlichen Urteilskraft*. Frankfurt/Main: Suhrkamp Verlag.

Bundesministerium für Familie, Senioren, Frauen und Jugend (BMFSFJ) (2006). *Fünfter Bericht zur Lage der älteren Generation in der Bundesrepublik Deutschland: Potenziale des Alters in Wirtschaft und Gesellschaft – Der Beitrag älterer Menschen zum Zusammenhalt der Generationen*. Berlin: Bundesministerium für Familie, Senioren, Frauen und Jugend.

Ebert, A., & Kistler, E. (2007). Demographie und Demagogie. Mythen und Fakten zur „demographischen Katastrophe". *Prokla – Zeitschrift für kritische Sozialwissenschaft, 37(1)*, 39–60.

Engels, F. (1845/1957). *Die Lage der arbeitenden Klasse in England. Nach eigener Anschauung und authentischen Quellen Marx-Engels-Werke* (Bd. 2, S. 225–506). Berlin: Dietz Verlag.

Falk, K. (2012). Selbstbestimmung bei Pflegebedarf im Alter – wie geht das? Kommunale Handlungsspielräume zur Versorgungsgestaltung. In S. Kümpers & J. Heusinger (Hrsg.), *Autonomie trotz Armut und Pflegebedarf? Altern unter Bedingungen von Marginalisierung* (S. 39–75). Bern: Verlag Hans Huber.

Falk, K., Heusinger, J., Kammerer, K., Khan-Zvornicanin, M., Kümpers, S., & Zander, M. (2011). *Arm, alt, pflegebedürftig. Selbstbestimmungs- und Teilhabechancen im benachteiligten Quartier*. Berlin: edition sigma.

Flick, U. (2005). *Qualitative Sozialforschung. Eine Einführung*. Reinbek: Rowohlt Verlag.

Heusinger, J. (2012). „Wenn ick wat nich' will, will ick nich'!" Milieuspezifische Ressourcen und Restriktionen für einen selbstbestimmten Alltag trotz Pflegebedarf. In S. Kümpers & J. Heusinger (Hrsg.), *Autonomie trotz Armut und Pflegebedarf? Altern unter Bedingungen von Marginalisierung* (S. 77–105). Bern: Verlag Hans Huber.

Heusinger, J., Falk, K., Kammerer, K, Khan-Zvorničanin, M., Kümpers, S., & Zander, M. (im Erscheinen). Chancen und Barrieren für Autonomie trotz Pflegebedarf in sozial benachteiligten Quartieren und Nachbarschaften. In A. Kuhlmey & C. Tesch-Römer (Hrsg.), *Autonomie trotz Multimorbidität. Ressourcen für Selbstständigkeit und Selbstbestimmung im Alter*. Göttingen: Hogrefe Verlag.

Kohler, B. (2006). Klassenpanik. *Frankfurter Allgemeine Zeitung*, 18.10.2006.

Kümpers, S., & Heusinger, J. (Hrsg.) (2012). *Autonomie trotz Armut und Pflegebedarf? Altern unter Bedingungen von Marginalisierung*. Bern: Verlag Hans Huber.

Marmot, M. (2005). *Status Syndrome. How Your Social Standing Directly Affects Your Health*. London: Bloomsbury.

Ritsert, J. (2009). *Schlüsselprobleme der Gesellschaftstheorie. Individuum und Gesellschaft – Soziale Ungleichheit – Modernisierung*. Wiesbaden: VS Verlag für Sozialwissenschaften.

Sarrazin, T. (2010). *Deutschland schafft sich ab*. München: Deutsche Verlags-Anstalt.

Schütz, H.-P. (2007). „Ich bin auf dem Sprung" (Interview mit Oswald Metzger). *Der Stern*, 20.11.2007.

Vester, M., v. Oertzen, P., Geiling, H., & Müller, D. (2001). *Soziale Milieus im gesellschaftlichen Strukturwandel*. Frankfurt/Main.: Suhrkamp Verlag.

Online-Quellen

Martens, R. (2011). *Die Regelsatzleistungen der Bundesregierung nach der Einigung im Vermittlungsausschuss sowie der Vorschlag des Paritätischen Gesamtverbandes für bedarfsdeckende Regelsätze*. Verfügbar unter http://www.der-paritaetische.de/uploads/tx_pdforder/Expertise_Regelsatz_10_2010aktual.pdf [27.6.2012]

Materieller Lebensstandard und Armut im Alter[1]

Heinz-Herbert Noll und Stefan Weick

1 Problemstellung und methodische Grundlagen

Nachdem Armut auch in Deutschland über viele Jahrzehnte primär mit Alter und Ruhestand assoziiert wurde, galt sie in dieser Form – vor allem infolge der wohlfahrtsstaatlichen Entwicklung und einer langen Periode wirtschaftlicher Prosperität – zuletzt als weitgehend überwunden und hatte sich zunehmend auf andere gesellschaftliche Gruppen verlagert. Inzwischen wird allerdings in der öffentlichen und wissenschaftlichen Diskussion vor einer neuen Altersarmut gewarnt, die damit auch wieder auf der politischen Agenda steht. Gründe für eine Wiederkehr der Altersarmut werden unter anderem in der großen Zahl von gebrochenen Erwerbsbiografien und einer enormen Expansion des Niedriglohnsektors in Deutschland gesehen (Hauser 2009; Noll & Weick 2011). Zudem haben aber wohl auch die Reformen der gesetzlichen Alterssicherung das Risiko der Altersarmut erhöht (Hauser 2009), denn „selbst für Durchschnittsverdiener besteht die Gefahr, dass ihre spätere Rente bei Erwerbsunterbrechungen nicht einmal die Grundsicherung erreicht" (Schmähl 2011: 12).

Vor dem Hintergrund eines gegenwärtig von vielen Beobachtern für möglich gehaltenen oder gar erwarteten Wiederanstiegs der Altersarmut beschäftigt sich der vorliegende Beitrag mit den materiellen Lebensverhältnissen im Alter und zielt darauf ab, empirische Antworten auf die folgenden Fragen zu geben: *Erstens,* wie stellt sich die materielle Lage der Bevölkerung im Ruhestand im Vergleich zu anderen Altersgruppen und dem Durchschnitt der Bevölkerung dar und wie hat sie sich im Zeitverlauf verändert? *Zweitens,* in welchem Ausmaß sind die Lebensverhältnisse im Alter durch soziale und ökonomische Ungleichheit geprägt? *Drittens,* wie groß ist das Ausmaß der Altersarmut – gemessen an Einkommen und

---

1 Bei dem vorliegenden Beitrag handelt es sich um eine revidierte und erweiterte Fassung eines früheren Artikels der beiden Autoren (Noll & Weick 2012).

Ausgaben – in Deutschland, wie hat sich das Risiko der Altersarmut entwickelt und welche Bevölkerungsgruppen sind davon vor allem betroffen?

Die empirischen Analysen stützen sich auf die der Wissenschaft zur Verfügung stehenden Mikrodatensätze der Einkommens- und Verbrauchsstichprobe (EVS) der amtlichen Statistik[2], insbesondere auf die Daten der jüngsten der in fünfjährigem Abstand durchgeführten Erhebungen aus dem Jahr 2008. Für Zeitvergleiche werden darüber hinaus auch die EVS-Datensätze der Jahre 1993, 1998 und 2003 herangezogen. Die Vorteile dieser Datenbasis für die hier verfolgte Fragestellung bestehen insbesondere in der Größe der Stichprobe und dem Angebot von differenzierten – mit einem Haushaltsbuch über drei Monate ermittelten – Informationen zu Einkommen und Ausgaben sowie zum Vermögen der privaten Haushalte.

In den nachfolgenden Analysen werden zunächst drei *Altersgruppen* unterschieden: Personen im Alter ab 65 Jahren – die Alten- beziehungsweise Ruhestandsbevölkerung; Personen im Alter von 55 bis 64 Jahren, eine in mehrfacher Hinsicht heterogene Altersgruppe, die sich teilweise bereits im Ruhestand befindet, sowie die 20- bis 54-Jährigen als Kerngruppe der Erwerbsbevölkerung zum Vergleich. Darüber hinaus wird innerhalb der Ruhestandsbevölkerung in verschiedenen Zusammenhängen noch zwischen den ‚jungen Alten' – den 65- bis 69-Jährigen – sowie den ‚alten Alten' – Personen im Alter von 70 Jahren und älter – differenziert. Angesichts der nach wie vor bestehenden erheblichen *Ost-West-Differenzen* in den materiellen Lebensverhältnissen wird zudem durchgängig zwischen den west- und ostdeutschen Bundesländern unterschieden. Die einkommensbezogenen Analysen beruhen in der Regel auf *Äquivalenzeinkommen*, um den Vergleich von Haushalten unterschiedlicher Größe und Struktur zu ermöglichen. Für die Äquivalenzgewichtung wird die modifizierte OECD-Skala verwendet.[3] Die Äquivalenzeinkommen werden auf der Grundlage der ermittel-

---

2   Bei der EVS (vgl. auch http://www.gesis.org/unser-angebot/daten-analysieren/amtliche-mikrodaten/einkommens-und-verbrauchsstichprobe/ sowie www.destatis.de/jetspeed/portal/cms/Sites/destatis/Internet/DE/Presse/abisz/Einkommens__Verbrauchsstichprobe) handelt es sich um eine Quotenstichprobe von circa 0,2 Prozent der privaten Haushalte; den hier vorgestellten Analysen liegen die Scientific Use Files, das heißt Substichproben zugrunde, deren Umfang im Zeitverlauf variiert (2008: 80 % bzw. 44 088 Haushalte). Seit 1993 sind auch Haushalte mit ausländischen Bezugspersonen in die Erhebung einbezogen. Zu beachten ist dabei, dass die Stichprobe auf Haushalte mit einem monatlichen Einkommen von maximal 18 000 EUR (2003; 2008) beschränkt ist, also Bezieherinnen und Bezieher extrem hoher Einkommen nicht erfasst werden.

3   Diese Äquivalenzskala ordnet den verschiedenen Haushaltsmitgliedern folgende Gewichte zu: erste erwachsene Person im Haushalt ein Gewicht von 1, weitere Personen unter 14 Jahre je ein Gewicht von 0,3, weitere Personen ab 14 Jahre ein Gewicht von 0,5.

ten Haushaltsnettoeinkommen berechnet. Bei der Berechnung von Äquivalenzausgaben wird entsprechend verfahren.

Das diesem Beitrag zugrunde liegende Einkommenskonzept schließt eine fiktive Miete für selbstgenutztes Immobilieneigentum bewusst nicht ein. Obwohl argumentiert werden kann, dass damit der materielle Lebensstandard von Haushalten unterschätzt wird, die in einem schuldenfreien Eigenheim oder einer Eigentumswohnung leben[4], was für die ältere Bevölkerung überdurchschnittlich häufig zutrifft, gibt es unseres Erachtens auch gute Gründe auf die Einbeziehung einer fiktiven Miete zu verzichten. Gegen die Einbeziehung dieser fiktiven Miete in das Haushaltseinkommen spricht unter anderem, dass es sich dabei nur bedingt um Einkommen handelt, die auch für andere Zwecke ausgegeben werden können: „...the rent imputed to the household is not in fact equivalent to cash income actually received, in that it cannot be used to meet other expenditure needs" (Marlier et al. 2007: 149). Die Tatsache, dass ältere Personen nicht nur häufiger über Wohneigentum verfügen, sondern auch in überdurchschnittlich großen Wohnungen leben[5], dürfte dazu führen, dass eine unterstellte und dem Einkommen zugerechnete fiktive Miete den aus dem Wohneigentum resultierenden tatsächlichen Nutzen und angenommenen Einkommensgewinn signifikant überschätzt. Es kommt hinzu, dass für die ältere Bevölkerung auch die Wohnkosten überdurchschnittlich hoch sind, was in der Berechnung der fiktiven Miete ebenfalls keine Berücksichtigung findet.[6] Darüber hinaus sind es jedoch auch praktische Gründe, wie zum Beispiel die Tatsache, dass entsprechende Angaben in bestimmten Datensätzen nicht vorliegen oder aber in uneinheitlicher sowie methodisch unbefriedigender Weise geschätzt werden, die zu der Entscheidung ge-

---

4 Nach unseren eigenen Berechnungen auf Basis der EVS beträgt der Anteil der fiktiven Miete am Haushaltsnettoeinkommen in Deutschland 2008 im Durchschnitt zehn Prozent. Der Anteil steigt bei den hier betrachteten Altersgruppen von neun Prozent bei den 20- bis 54-Jährigen über elf Prozent bei den 55- bis 64-Jährigen auf 13 Prozent bei den über 64-Jährigen und ist in Westdeutschland (11 %) höher als in Ostdeutschland (8 %).
5 So beträgt die durchschnittliche Wohnfläche pro Kopf in der Bevölkerung ab 65 Jahren in Westdeutschland 62 qm gegenüber 46 qm im Bevölkerungsdurchschnitt. In Ostdeutschland betragen die entsprechenden Werte 47 qm gegenüber 41 qm (eigene Berechnungen auf der Basis der EVS 2008).
6 Der Anteil der Ausgaben für die Wohnung an den gesamten Haushaltsausgaben beträgt für die über 64-Jährigen 27 Prozent in Westdeutschland (Gesamtbevölkerung 24 %) und 28 Prozent in Ostdeutschland (Gesamtbevölkerung 26 %). Die absoluten äquivalenzgewichteten monatlichen Wohnkosten betragen für die über 64-jährige Bevölkerung im Durchschnitt 333 Euro gegenüber 291 Euro in der Gesamtbevölkerung (eigene Berechnungen auf der Grundlage der EVS 2008, jeweils ohne fiktive Miete).

führt haben, auf die Einbeziehung einer fiktiven Miete in die Haushaltseinkommen im Rahmen dieses Beitrags zu verzichten.

Bei der in diesem Beitrag im Mittelpunkt der Betrachtung stehenden Bevölkerungsgruppe erscheint zudem der Hinweis angebracht, dass sich die verwendeten statistischen Daten ausschließlich auf die Bevölkerung in Privathaushalten beziehen und die in Gemeinschaftsunterkünften – dazu zählen unter anderem auch Alten- und Pflegeheime – lebende Bevölkerung unberücksichtigt bleiben muss.[7]

2   Haushaltseinkommen

Der materielle Lebensstandard kann an verschiedenen Indikatoren gemessen werden. Neben dem Einkommen der Haushalte kommen dafür vor allem die Ausgaben für den privaten Konsum sowie ihr privates Vermögen in Betracht. Für eine Analyse der Einkommensverhältnisse der älteren Bevölkerung im Vergleich zu anderen Bevölkerungsgruppen stellen relative Einkommenspositionen, die in Prozent des – am Median gemessenen – mittleren äquivalenzgewichteten Haushaltsnettoeinkommens ausgedrückt werden, ebenso anschauliche wie geeignete Maßzahlen dar (Tabelle 1). Bezogen auf das mittlere Haushaltsäquivalenzeinkommen der Bevölkerung in Deutschland insgesamt (Median 1 558 € = 100) ergibt sich im Jahr 2008 für die Bevölkerung im Rentenalter (65 Jahre und älter) eine relative Einkommensposition von 95 Prozent in Westdeutschland und 87 Prozent in Ostdeutschland. Die 55- bis 64-Jährigen erreichen in den westdeutschen Bundesländern mit 108 Prozent eine ebenso hohe Einkommensposition wie die 20- bis 54-Jährigen, schneiden dagegen in den ostdeutschen Bundesländern mit 79 Prozent am schlechtesten ab. Während die Einkommensposition der Ruhestandsbevölkerung den westdeutschen Durchschnitt um acht Prozentpunkte unterschreitet, liegt sie in Ostdeutschland nur knapp unter dem ostdeutschen Durchschnittswert, das heißt die Ruhestandsbevölkerung schneidet dort im Vergleich der Altersgruppen relativ besser ab als in Westdeutschland.

In der zeitlichen Entwicklung zeichnet sich im Beobachtungszeitraum bereits eine Verschlechterung der relativen Einkommensposition der Ruhestandsbevölkerung ab, die in Ostdeutschland, wo der Wert zwischen 2003 und 2008 von

---

7   Nach den im Mikrozensus 2009 enthaltenen Angaben steigt der Anteil der in Gemeinschaftsunterkünften lebenden Bevölkerung ab 65 Jahren von einem Prozent in der Gruppe der 65- bis 69-Jährigen progressiv auf 16 Prozent bei den über 84-Jährigen (eigene Berechnungen). Es ist jedoch davon auszugehen, dass der Anteil der Bevölkerung, der in Gemeinschaftsunterkünften lebt, auf der Datengrundlage des Mikrozensus deutlich unterschätzt wird.

Tabelle 1   Haushaltseinkommen nach Alter*

	Haushaltsnetto-einkommen (€)	Äquivalenz-einkommen (€)	Relative Einkommensposition**
	Median		
Westdeutschland			
20–54 Jahre	2 999	1 689	108
55–64 Jahre	2 566	1 684	108
65 Jahre und älter	2 029	1 485	95
65–69 Jahre	2 159	1 517	97
70 Jahre und älter	1 963	1 463	94
Insgesamt***	2 831	1 606	103
Ostdeutschland			
20–54 Jahre	2 406	1 434	92
55–64 Jahre	1 720	1 235	79
65 Jahre und älter	1 864	1 353	87
65–69 Jahre	1 796	1 274	82
70 Jahre und älter	1 890	1 392	89
Insgesamt***	2 191	1 368	88
Deutschland Gesamt***	2 703	1 558	100

Quelle: Einkommens- und Verbrauchsstichprobe (EVS) 2008, eigene Berechnungen.

* Sämtliche Berechnungen ohne fiktive Miete, ** Median für Gesamtdeutschland = 100, *** Einschließlich Personen unter 20 Jahren.

95 auf 87 Prozent gesunken ist, stärker ausgeprägt ist als in Westdeutschland, wo sich der Rückgang auf lediglich drei Prozentpunkte beläuft.

Die Einkommen, die ältere Menschen beziehen, sind vielfach nicht auf Altersbezüge in Form von Renten und Pensionen beschränkt, sondern können sich auch aus anderen Quellen speisen. Stützt man sich zunächst auf die individuellen Angaben zur hauptsächlichen Einkommensquelle, so zeigt sich, dass Renteneinkünfte für eine große Mehrheit der Altenbevölkerung in Ostdeutschland – 96 Prozent der Männer und Frauen – die überwiegende Quelle des Lebensunterhalts darstellen. In Westdeutschland spielen dagegen neben Renten (Männer 69 Prozent; Frauen 62 Prozent) auch Pensionen und sonstige Einkünfte, wie zum Beispiel Kapitaleinkommen sowie für Frauen auch der Unterhalt durch den Partner (29 Prozent) für beachtliche Anteile der Bevölkerung im Ruhestand als überwiegende Quelle des Lebensunterhalts eine maßgebliche Rolle. In der heterogenen Altersgruppe der 55- bis 64-Jährigen geben in Westdeutschland 16 Prozent der Männer (Ostdeutschland 17 Prozent) und 19 Prozent der Frauen (Ostdeutschland 29 Prozent) den Bezug einer Rente oder Pension als überwiegende Quelle des Lebensunterhalts an.

Von Interesse ist darüber hinaus, welchen Beitrag die einzelnen Einkommensarten zum gesamten Haushaltseinkommen leisten. Betrachtet man die Zusammensetzung der Haushaltsbruttoeinkommen in der Altenbevölkerung (Tabelle 2), so entfielen 2008 in Westdeutschland im Durchschnitt 54 Prozent auf gesetzliche Renten, elf Prozent auf Pensionen, vier Prozent auf Werks- und Betriebsrenten, sechs Prozent auf Kapitaleinkünfte und 15 Prozent auf sonstige öffentliche Transfers, darunter auch Grundsicherungsleistungen. In Ostdeutschland machen Bezüge aus der gesetzlichen Rentenversicherung dagegen durchschnittlich 83 Prozent der gesamten Haushaltsbruttoeinkommen aus, das heißt alle anderen Einkommensarten – außer Einkünften aus sonstigen öffentlichen Transfers (9 Prozent) – spielen hier nur eine marginale Rolle.

3 Konsumausgaben, Vermögen und Wohnverhältnisse

Da der Lebensunterhalt und der erreichte Lebensstandard auch aus anderen Mitteln als dem aktuellen Einkommen bestritten und finanziert werden können, müssen neben dem Einkommen auch Ausgaben und Vermögen in die Analyse einbezogen werden, um die materielle Lage angemessen beurteilen zu können. Der Befund einer im Mittel derzeit noch vergleichsweise günstigen materiellen Situation der älteren Bevölkerung, der sich aus der Untersuchung der Einkommensverhältnisse ergeben hat, bestätigt sich auch bei der Betrachtung der Konsumausgaben (Tabelle 3): Das von der Bevölkerung der über 64-Jährigen in Westdeutschland erreichte Ausgabenniveau entspricht mit einer relativen Konsumposition von 105 Prozent in etwa dem Niveau der 20- bis 54-Jährigen (104 Prozent). Die höchsten Ausgabenniveaus erreichen in Westdeutschland die 55- bis 64-Jährigen, das heißt Personen, die das Ende des aktiven Erwerbslebens bereits vor Augen haben oder sich in einer frühen Phase des Ruhestands befinden. Diese

Tabelle 2 Anteil verschiedener Einkommensarten am Haushaltsbruttoeinkommen*

	Erwerbs-tätigkeit	Vermögen	Öffentliche Transfers	Darunter: Renten	Darunter: Pensionen	Nicht öffent-liche Transfers	Darunter: Werks-/Be-triebsrenten	Darunter: Private Ver-sicherungen
%								
Westdeutschland								
20–54 Jahre	77	2	17	2	1	4	0	1
55–64 Jahre	55	8	32	14	2	5	1	1
65 Jahre und älter	6	6	80	54	11	7	4	1
65–69 Jahre	10	8	75	51	11	7	4	1
70 Jahre und älter	4	6	83	56	11	7	4	1
Insgesamt	57	4	34	16	3	5	1	1
Ostdeutschland								
20–54 Jahre	73	1	21	2	0	4	0	0
55–64 Jahre	50	5	42	21	0	3	0	0
65 Jahre und älter	4	3	92	83	0	2	0	0
65–69 Jahre	8	2	88	81	0	2	0	0
70 Jahre und älter	2	3	93	84	1	2	0	0
Insgesamt	52	2	42	26	0	3	0	0
Deutschland Gesamt	56	4	36	18	3	5	1	1

Quelle: EVS 2008, eigene Berechnungen.

* Sämtliche Berechnungen ohne fiktive Miete; arithmetisches Mittel der Anteile auf Personenebene, eigene Berechnungen.

Tabelle 3 Konsumausgaben und Vermögen nach Alter*

	Konsumausgaben (€)	Äquivalenzausgaben (€)	Relative Konsumposition**	Konsumquote	Vermögen (€)
	Median				
Westdeutschland					
20–54 Jahre	2 045	1 177	104	72	9 432
55–64 Jahre	1 870	1 248	110	77	15 321
65 Jahre und älter	1 615	1 189	105	82	21 000
65–69 Jahre	1 723	1 238	109	82	22 000
70 Jahre und älter	1 569	1 163	102	82	20 842
Insgesamt***	2 010	1 157	102	75	12 010
Ostdeutschland					
20–54 Jahre	1 730	1 039	92	77	5 386
55–64 Jahre	1 419	1 014	89	85	8 551
65 Jahre und älter	1 490	1 097	97	84	19 002
65–69 Jahre	1 484	1 070	94	86	17 999
70 Jahre und älter	1 494	1 109	98	83	19 411
Insgesamt***	1 679	1 040	92	80	8 011
Deutschland Gesamt***	1 947	1 135	100	75	11 145

Quelle: EVS 2008, eigene Berechnungen.

* Sämtliche Berechnungen ohne fiktive Miete, ** Median für Gesamtdeutschland = 100, *** Einschließlich Personen unter 20 Jahren.

Befunde deuten darauf hin, dass ältere Menschen heute anders als in der Vergangenheit nicht nur in der Lage, sondern auch darauf bedacht sind, ihr gewohntes Lebensniveau zunächst auch nach dem Übergang in den Ruhestand und damit vielfach verbundenen Einkommenseinbußen aufrechtzuerhalten. In Ostdeutschland übersteigt das Ausgabenniveau der über 64-Jährigen sogar das Niveau der jüngeren Bevölkerungsgruppen. Anders als in Westdeutschland erreicht die relative Konsumposition ihr Maximum hier bei den über 69-Jährigen (98 Prozent) und ist in der Gruppe der 55- bis 64-Jährigen am niedrigsten (89 Prozent). Hier

Tabelle 4   Wohnsituation nach Alter

	Eigentümer	Mieter	Mietfrei im Familienbesitz
	%		
Westdeutschland			
20–54 Jahre	51	47	2
55–64 Jahre	63	36	1
65 Jahre und älter	59	36	5
65–69 Jahre	64	33	3
70 Jahre und älter	56	37	7
Insgesamt*	56	41	3
Ostdeutschland			
20–54 Jahre	43	55	2
55–64 Jahre	45	54	2
65 Jahre und älter	31	65	3
65–69 Jahre	37	61	3
70 Jahre und älter	28	69	3
Insgesamt*	42	56	2
Deutschland Gesamt*	54	43	3

Quelle: EVS 2008, eigene Berechnungen.
* Einschließlich Personen unter 20 Jahren.

zeichnet sich offensichtlich bereits eine erkennbare Verschlechterung des erreichten Konsumniveaus bei den nachwachsenden Rentnerjahrgängen ab.

Neben den Einkommen und Konsumausgaben ist für die Beurteilung der materiellen Lebensverhältnisse auch das vorhandene Vermögen von Bedeutung, wobei an dieser Stelle nur liquide Vermögensbestandteile (Geldvermögen, Wertpapiere) berücksichtigt werden, die bei Bedarf für die Finanzierung von Haushaltsausgaben und die Aufrechterhaltung des Lebensstandards herangezogen werden können. Wie aus Tabelle 3 hervorgeht, nimmt das am Median gemes-

Tabelle 5 Wohnsituation nach Alter und Eigentümerstatus

	Eigentümer				Mieter			
	Ausgaben für Wohnen als Anteil an allen Konsumausgaben (inkl. fiktive Miete)	Ausgaben für Wohnen als Anteil an allen Konsumausgaben (ohne fiktive Miete)	Wohnfläche pro Person	Anzahl der Personen im Haushalt	Ausgaben für Wohnen als Anteil an allen Konsumausgaben (inkl. fiktive Miete)	Ausgaben für Wohnen als Anteil an allen Konsumausgaben (ohne fiktive Miete)	Wohnfläche pro Person	Anzahl der Personen im Haushalt
	Ø				Ø			
Westdeutschland								
20–54 Jahre	34	16	46	3,3	34	34	40	2,2
55–64 Jahre	36	18	62	2,3	38	38	47	1,7
65 Jahre und älter	40	20	69	1,9	39	39	52	1,5
65–69 Jahre	38	19	67	2,0	38	38	51	1,6
70 Jahre und älter	41	21	70	1,9	39	39	52	1,5
Insgesamt*	35	17	50	3,1	35	35	41	2,3

Tabelle 5 Fortsetzung

	Eigentümer				Mieter			
	Ausgaben für Wohnen als Anteil an allen Konsumausgaben (inkl. fiktive Miete)	Ausgaben für Wohnen als Anteil an allen Konsumausgaben (ohne fiktive Miete)	Wohnfläche pro Person	Anzahl der Personen im Haushalt	Ausgaben für Wohnen als Anteil an allen Konsumausgaben (inkl. fiktive Miete)	Ausgaben für Wohnen als Anteil an allen Konsumausgaben (ohne fiktive Miete)	Wohnfläche pro Person	Anzahl der Personen im Haushalt
	Ø				Ø			
Ostdeutschland								
20–54 Jahre	33	17	43	3,0	33	33	37	2,1
55–64 Jahre	38	21	55	2,1	36	36	42	1,7
65 Jahre und älter	37	19	57	1,9	33	33	43	1,6
65–69 Jahre	37	19	55	2,0	33	33	43	1,6
70 Jahre und älter	37	19	58	1,9	32	33	42	1,6
Insgesamt*	34	18	45	2,9	33	33	37	2,1
Deutschland Gesamt*	35	17	49	3,1	35	35	40	2,2

Quelle: EVS 2008, eigene Berechnungen.

* Einschließlich Personen unter 20 Jahren.

sene mittlere liquide Haushaltsvermögen erwartungsgemäß über die betrachteten drei Altersgruppen zu und beläuft sich 2008 in der Bevölkerung ab 65 Jahren auf 21 000 Euro in Westdeutschland und 19 000 Euro in Ostdeutschland.

Der allgemeine materielle Lebensstandard wird nicht zuletzt auch maßgeblich durch die Wohnverhältnisse und -bedingungen geprägt. Betrachtet man zunächst den Anteil derjenigen, die in ihren eigenen vier Wänden leben, so zeigt sich, dass der Anteil der Eigentümer in Westdeutschland mit dem Alter steigt und bei den 65- bis 69-Jährigen mit 64 Prozent seinen Maximalwert erreicht (Tabelle 4).

Für Personen ab 70 Jahren sinkt der Anteil wieder auf 56 Prozent, teilweise zugunsten eines etwas höheren Mieteranteils, teilweise aber auch zugunsten einer Steigerung des Anteils derjenigen, die mietfrei im Familienbesitz leben. Für Ostdeutschland ergibt sich ein ganz anderes Bild: Hier ist der Eigentümeranteil in der älteren Bevölkerung niedriger als in der jüngeren und erreicht in der höchsten Altersgruppe ab 70 Jahren gerade einmal 28 Prozent, also nur die Hälfte des westdeutschen Wertes, was im Wesentlichen darauf zurückzuführen sein dürfte, dass es in der früheren DDR so gut wie keine Möglichkeiten gab, privates Wohneigentum zu erwerben.

Bei der Betrachtung der Wohnausgaben und der Wohnfläche zeigen sich einige signifikante Unterschiede zwischen Eigentümerinnen/Eigentümern und Mieterinnen/Mietern (Tabelle 5): Zunächst ist festzustellen, dass der Anteil der Wohnausgaben am gesamten Haushaltsbudget bei beiden Gruppen nahezu identisch ist, wenn man bei Personen mit Wohneigentum einen fiktiven Mietwert einkalkuliert. Ohne die Einbeziehung der fiktiven Miete beträgt der Wohnausgabenanteil bei Eigentümerinnen und Eigentümern nur etwa die Hälfte des Ausgabenanteils bei Personen, die zur Miete wohnen. Festzustellen ist zudem, dass der Anteil der Wohnausgaben bei Personen mit Wohneigentum anders als bei solchen in Mietwohnungen mit dem Alter steigt – bis auf 21 Prozent (ohne fiktive Miete) bei den 70-Jährigen und älteren. Ebenfalls mit dem Alter steigt bei den Eigentümerinnen und Eigentümern die pro Person verfügbare Wohnfläche bis auf einen Wert von 68 qm in der höchsten Altersgruppe, das sind fast 20 qm mehr als bei Mieterinnen und Mietern entsprechenden Alters. Die Zunahme der pro Kopf verfügbaren Wohnfläche ist unter anderem auch auf die im Alter abnehmende Zahl der Haushaltsmitglieder zurückzuführen.

4 Ungleichheit und Armut

Obwohl in der öffentlichen Diskussion wenig beachtet, sind die materiellen Lebensverhältnisse auch im Alter durch ein erhebliches Maß an Heterogenität gekennzeichnet. Neben geschlechtsspezifischen Ungleichheiten und Unterschieden zwischen den jüngeren und älteren Alten gibt es innerhalb der Altenbevölkerung auch eine ausgeprägte sozioökonomische Ungleichheit, die einerseits die differenziellen Opportunitäten und Erfolge im Erwerbsleben widerspiegelt, aber andererseits auch aus historisch gewachsenen und politisch beabsichtigten Differenzierungen innerhalb des Systems der Alterssicherung resultiert.

4.1 Ungleichheit von Einkommen und Konsumausgaben

Zieht man den Gini-Index als ein zusammenfassendes Maß für die Ungleichheit in der Verteilung von Einkommen und Ausgaben heran (Tabelle 6), so zeigt sich, dass die Haushaltseinkommen der Ruhestandsbevölkerung in Westdeutschland mit einem Gini-Index von 0,30 sogar ungleicher verteilt sind als in der Kerngruppe der Erwerbsbevölkerung (20- bis 54-Jährige) mit einem Gini-Index von 0,28. Anders stellt sich die Situation in Ostdeutschland dar, wo die Einkommen der über 64-Jährigen nicht nur deutlich homogener verteilt sind als in den jün-

Tabelle 6 Gini-Index der Haushaltsnettoeinkommen* und Konsumausgaben* nach Alter

	Haushaltsnettoeinkommen			Konsumausgaben		
	Gesamt	West	Ost	Gesamt	West	Ost
20–54 Jahre	0,28	0,28	0,26	0,27	0,27	0,25
55–64 Jahre	0,33	0,33	0,29	0,30	0,30	0,27
65 Jahre und älter	0,29	0,30	0,18	0,28	0,29	0,22
65–69 Jahre	0,30	0,31	0,20	0,29	0,29	0,24
70 Jahre und älter	0,28	0,30	0,17	0,28	0,29	0,22
Gesamt**	0,29	0,29	0,25	0,27	0,27	0,25

Quelle: EVS 2008, eigene Berechnungen.

* Äquivalenzgewichtet mit modifizierter OECD-Skala, ** Einschließlich Personen unter 20 Jahren.

geren Altersgruppen, sondern auch gleichmäßiger als in Westdeutschland. Die Ursachen dafür dürften vor allem darin liegen, dass sich die Einkommen der Ruhestandsbevölkerung in den ostdeutschen Bundesländern viel stärker als in Westdeutschland auf Rentenbezüge konzentrieren und zudem auch die Renten aufgrund der homogeneren Erwerbsbeteiligung und einer nur schwach ausgeprägten Verdienstspreizung in der früheren DDR eine geringere Streuung aufweisen als in Westdeutschland.

Im zeitlichen Verlauf hat die Ungleichheit der Einkommensverteilung innerhalb der Altenbevölkerung zwischen 1993 und 2008 sowohl in Westdeutschland als auch in Ostdeutschland zugenommen. In Westdeutschland ist der Gini-Index in diesem Zeitraum von 0,27 auf 0,30 gestiegen, in Ostdeutschland auf einem deutlich niedrigeren Niveau von 0,16 auf 0,18. Dass die Ungleichverteilung der Haushaltseinkommen in West und Ost in der Gruppe der 55- bis 64-Jährigen am stärksten ausgeprägt ist, erscheint angesichts der besonderen Heterogenität dieser Altersgruppe, die neben den Noch-Erwerbstätigen auch erhebliche Anteile von Personen umfasst, die bereits aus dem Erwerbsleben ausgeschieden sind, wenig überraschend. Die Konsumausgaben sind in der Regel etwas gleichmäßiger verteilt als die Haushaltseinkommen, wobei sich die gefundenen Muster kaum unterscheiden. Für die Ruhestandsbevölkerung zeigt sich allerdings, dass die Haushaltsausgaben in Ostdeutschland – anders als in Westdeutschland – ungleicher verteilt sind als die in diesem Landesteil sehr homogenen Haushaltseinkommen.

Eine Ungleichheitslinie, über die in der öffentlichen Diskussion zwar gelegentlich, aber insgesamt doch erstaunlich wenig diskutiert wird, mit der aber nach unseren Befunden sehr markante Unterschiede in den materiellen Lebensverhältnissen im Alter verbunden sind, ist die zwischen den Beziehenden von Renten und Pensionen. Damit korrespondieren zum Beispiel drastische Differenzen in den Einkommen von Rentnerinnen und Rentnern auf der einen und Pensionärinnen und Pensionären auf der anderen Seite.[8] Während sich 2008 für die Altenbevölkerung ab 65 Jahren in Westdeutschland insgesamt eine Einkommensposition von 95 Prozent des gesamtdeutschen Medians der bedarfsgewichteten Haushaltsnettoeinkommen ergibt, erreichen die Beziehenden gesetzlicher Renten lediglich 89 Prozent, die Beziehenden von Pensionen dagegen 167 Prozent des mitt-

---

8 Die Differenzierung zwischen Rentnerinnen/Rentnern und Pensionärinnen/Pensionären beschränkt sich hier aufgrund des nach wie vor geringen Anteils von Pensionärinnen/Pensionären in den ostdeutschen Bundesländern auf Westdeutschland. Die Klassifizierung erfolgt auf der Grundlage der Angaben zu einer EVS-Frage nach der sozialen Stellung der Haushaltsmitglieder und die diesbezüglichen Antwortvorgaben ‚Altersrentner' und ‚Pensionär'.

leren Einkommens.[9] Das bedeutet in absoluten Größen, dass Rentnerinnen und Rentner 2008 ein mittleres monatliches Haushaltsnettoeinkommen in Höhe von 1 890 Euro (bedarfsgewichtet = 1 393 €) beziehen, während Pensionärinnen/Pensionäre über mittlere monatliche Haushaltsnettoeinkünfte in Höhe von 3 630 Euro (bedarfsgewichtet = 2 596 €) verfügen. Mit anderen Worten: Die mittleren Haushaltseinkommen von Personen mit Pension sind – folgt man den Daten der EVS – fast doppelt so hoch wie die der Rentnerinnen und Rentner.

Im Hinblick auf die Konsumausgaben sind die Differenzen zwischen beiden Gruppen etwas schwächer ausgeprägt als bei den Einkommen, aber kaum weniger bemerkenswert: Die monatlichen bedarfsgewichteten Ausgaben der Pensionärinnen und Pensionäre betrugen 2008 immerhin das 1,5-fache der Konsumausgaben von Rentnerinnen und Rentnern.

4.2 Armut im Alter

Mit der Betrachtung der relativen Einkommens- und Ausgabenarmut richtet sich der Blick auf die Lebensverhältnisse im unteren Bereich der Verteilung. Letztlich geht es darum Bevölkerungsgruppen zu identifizieren, die das in einer Gesellschaft allgemein übliche Niveau der materiellen Lebensverhältnisse nicht erreichen und damit teilweise auch von bestimmten Aspekten des gesellschaftlichen Lebens ausgeschlossen sind. Ob das für die ältere Bevölkerung mehr oder weniger zutrifft als für jüngere Altersgruppen, ob sich tatsächlich eine Wiederkehr der Altersarmut abzeichnet und welche Gruppen innerhalb der älteren Bevölkerung besonders armutsgefährdet sind, soll nachfolgend näher beleuchtet werden. Dabei wird die relative Einkommensarmut in Anlehnung an einen weit verbreiteten Standard definiert, nach dem als ‚armutsgefährdet' gilt, wer ein Einkommen bezieht, das unter einer Schwelle von 60 Prozent des am Median gemessenen mittleren bedarfsgewichteten Haushaltsnettoeinkommens der Bevölkerung liegt. Im Hinblick auf die Ausgaben gelten dementsprechend Personen als armutsgefähr-

---

9   Eine differenziertere Analyse der Einkommensunterschiede zwischen Rentnerinnen/Rentnern und Pensionärinnen/Pensionären auf der Datengrundlage des Mikrozensus 2006 hat ergeben, dass die drastischen Differenzen nicht mit Qualifikationsunterschieden zwischen Beamten und anderen Erwerbstätigen erklärt werden können (Noll & Weick 2011: 55–59).

det, wenn ihre monatlichen Konsumausgaben 60 Prozent der mittleren bedarfsgewichteten Ausgaben unterschreiten.[10]

4.2.1 Einkommensarmut

Folgt man diesem Konzept, waren 2008 15,4 Prozent der Bevölkerung ab 65 Jahren einkommensarm gegenüber 14,6 Prozent der Gesamtbevölkerung in Deutschland, das heißt die Ruhestandsbevölkerung ist leicht überdurchschnittlich von Einkommensarmut betroffen.[11] Die Armutsgefährdung der über 64-Jährigen ist höher als die der 20- bis 54-Jährigen, aber niedriger als die von Personen im Alter von 55 bis 64 Jahren, die im Vergleich der hier betrachteten Altersgruppen das höchste Armutsrisiko aufweisen (Tabelle 7).

Im Vergleich von West- und Ostdeutschland ist die Altersarmut in Westdeutschland (15,8 Prozent) derzeit stärker ausgeprägt als in Ostdeutschland (13,6 Prozent)[12] und Frauen (17,5 Prozent) sind deutlich stärker von Altersarmut betroffen als Männer (12,8 Prozent), wobei die Differenz in Ostdeutschland markanter ist als in Westdeutschland. Innerhalb der Ruhestandsbevölkerung nimmt die Armutsgefährdung in Westdeutschland mit dem Alter zu, in Ostdeutschland dagegen ab. Das höchste – am Einkommen gemessene – Armutsrisiko ist für Frauen im Alter ab 70 Jahren in Westdeutschland zu beobachten, für die sich 2008 eine Armutsquote von 18,5 Prozent ergibt.

Eine separate Analyse der Armutsgefährdung für Rentnerinnen/Rentner und Pensionärinnen/Pensionäre zeigt, dass die Altersarmutsquote von 15,4 auf 16,1 Prozent in Deutschland insgesamt beziehungsweise in Westdeutschland von

---

10 Aus Gründen der sprachlichen Vereinfachung werden die Begriffe Armut und Armutsgefährdung sowie Armutsquote und Armutsrisiko- beziehungsweise Armutsgefährdungsquote nachfolgend in gleicher Bedeutung verwendet.
11 Vergleichende Analysen mit dem Mikrozensus und dem SOEP deuten darauf hin, dass das Niveau der Altersarmut auf der Grundlage der EVS-Daten tendenziell unterschätzt wird. Auf der Grundlage des Mikrozensus ergibt sich für 2008 eine Armutsquote von 16,3 % für die Bevölkerung ab 65 Jahren, basierend auf den Daten des SOEP von 2009 (Einkommensangaben für 2008) eine Armutsquote von 16,4 %. Auf der Grundlage der neuesten verfügbaren Welle des SOEP von 2010 nimmt die Altersarmutsquote weiter auf 16,9 % zu (jeweils ohne fiktive Miete, eigene Berechnungen).
12 Vergleichende Analysen haben ergeben, dass die Altersarmutsquote unter Berücksichtigung einer fiktiven Miete für Gesamtdeutschland von 15,4 Prozent auf 14,6 Prozent sinkt und in Westdeutschland von 15,8 Prozent auf 14,1 Prozent. Dagegen steigt die Altersarmutsquote in Ostdeutschland unter Einschluss einer fiktiven Miete von 13,6 Prozent auf 16,8 Prozent (EVS 2008, eigene Berechnungen).

Tabelle 7   Einkommensarmut* nach Geschlecht und Alter

	Einkommensarmut		
	Gesamt	West	Ost
	%		
Männer			
20–54 Jahre	12,4	11,4	16,9
55–64 Jahre	18,9	16,5	30,0
65 Jahre und älter	12,8	13,7	8,6
65–69 Jahre	13,4	13,3	13,8
70 Jahre und älter	12,6	13,9	6,5
Gesamt**	13,5	12,7	17,5
Frauen			
20–54 Jahre	14,5	13,0	21,3
55–64 Jahre	19,2	15,9	33,1
65 Jahre und älter	17,5	17,6	17,1
65–69 Jahre	16,2	15,8	17,8
70 Jahre und älter	18,1	18,5	16,7
Gesamt**	15,5	14,1	21,9
Gesamt			
20–54 Jahre	13,5	12,3	19,4
55–64 Jahre	19,1	16,2	31,8
65 Jahre und älter	15,4	15,8	13,6
65–69 Jahre	15	14,7	16,3
70 Jahre und älter	15,5	16,3	12,2
Gesamt**	14,6	13,4	19,9

Quelle: EVS 2008, eigene Berechnungen.

* Äquivalenzgewichtetes Haushaltsnettoeinkommen (ohne fiktive Miete); gesamtdeutsche Armutsschwelle: 60 % des Medians, ** Einschließlich Personen unter 20 Jahren.

Tabelle 8 Einkommensarmut* – Rentnerinnen/Rentner und Pensionärinnen/Pensionäre ab 65 Jahren im Vergleich

	Gesamt	West	Ost
	%		
Rentnerinnen/Rentner	16,1	16,8	13,5
Pensionärinnen/Pensionäre	1,3	1,3	–
Gesamt	15,4	15,8	13,6

Quelle: EVS 2008, eigene Berechnungen.

* Äquivalenzgewichtetes Haushaltsnettoeinkommen; gesamtdeutsche Armutsschwelle: 60 % des Medians.

15,8 auf 16,8 Prozent steigt, wenn ausschließlich Rentnerinnen und Rentner in die Betrachtung einbezogen werden (Tabelle 8). Für Personen mit Pensionsbezug ergibt sich demgegenüber eine Armutsgefährdungsquote von lediglich 1,3 Prozent, das heißt ihr Armutsrisiko erweist sich als verschwindend gering. Das Problem der Altersarmut ist daher in Deutschland eindeutig auf die Bezieherinnen und Bezieher gesetzlicher Renten beschränkt.

4.2.2 Konsumausgabenarmut

Die Einkommens- und Verbrauchsstichprobe ist die einzige Datengrundlage in Deutschland, die es erlaubt, Einkommensarmut und Ausgabenarmut zu unterscheiden und vergleichend zu betrachten. Frühere Untersuchungen haben nicht nur gezeigt, dass eine sich ausschließlich auf das Einkommen stützende Betrachtungsweise ein unvollständiges Bild der materiellen Lebensverhältnisse und Armutsrisiken vermittelt, sondern dass einkommens- und ausgabenbasierte Analysen zu unterschiedlichen Diagnosen im Hinblick auf Ausmaß und Niveau, aber auch Strukturen und Entwicklungstrends der Armut führen können (Noll & Weick 2007). Das gilt umso mehr, wenn es um die Beurteilung von gruppenspezifischen Armutsrisiken – wie z. B. Altersarmut – geht.

Wie aus Tabelle 9 hervorgeht, ist Ausgabenarmut wesentlich weniger verbreitet als Einkommensarmut. Die Altersarmutsquote für 2008 sinkt in Gesamtdeutschland von 15,4 auf 8,9 Prozent (in Westdeutschland von 15,8 auf 9,3 Prozent; in Ostdeutschland von 13,6 auf 7,5 Prozent), wenn sich die Berechnung auf Haus-

Tabelle 9   Konsumausgabenarmut* nach Geschlecht und Alter

	Konsumausgabenarmut		
	Gesamt	West	Ost
	%		
Männer			
20–54 Jahre	9,4	8,8	12,5
55–64 Jahre	11,7	10,3	18,1
65 Jahre und älter	8,4	8,8	6,6
65–69 Jahre	7,3	7,2	7,6
70 Jahre und älter	8,9	9,4	6,2
Gesamt**	9,8	9,3	12,4
Frauen			
20–54 Jahre	8,9	8,0	12,9
55–64 Jahre	9,9	8,6	15,2
65 Jahre und älter	9,4	9,7	8,1
65–69 Jahre	6,9	7,0	6,6
70 Jahre und älter	10,7	11,1	9,0
Gesamt**	9,4	8,8	12,1
Gesamt			
20–54 Jahre	9,1	8,3	12,7
55–64 Jahre	10,7	9,3	16,4
65 Jahre und älter	8,9	9,3	7,5
65–69 Jahre	7,1	7,1	7,0
70 Jahre und älter	9,8	10,3	7,8
Gesamt**	9,6	9,0	12,2

Quelle: EVS 2008, eigene Berechnungen.

* Äquivalenzgewichtetes Haushaltsnettoeinkommen (ohne fiktive Miete); gesamtdeutsche Armutsschwelle: 60 % des Medians, ** Einschließlich Personen unter 20 Jahren.

haltsausgaben statt -einkommen stützt. Eine Erklärung für diesen auch aus anderen Studien bekannten Befund eines im Vergleich zur Einkommensarmut in der Regel niedrigeren Niveaus der Ausgabenarmut besteht darin, dass die Haushalte – und wie sich gezeigt hat gerade im höheren Lebensalter – vielfach über Reserven, wie zum Beispiel Ersparnisse und andere Vermögenswerte, verfügen, aus denen laufende Ausgaben bestritten und Einkommensdefizite mindestens teilweise kompensiert werden können (Noll & Weick 2007). Das Ausmaß der Differenzen zwischen einkommens- und ausgabenbasierten Armutsquoten variiert zwischen den Altersgruppen, ist aber teilweise erheblich. Auch die für die Einkommensarmut gefundenen Muster von altersspezifischen Armutsrisiken werden durch die Befunde der ausgabenbasierten Analysen nur teilweise bestätigt. Wird die Armut an den Konsumausgaben gemessen, ergeben sich für die Bevölkerung im Rentenalter – anders als bei der Einkommensarmut – fast durchgängig unterdurchschnittliche Armutsrisiken, mit der Ausnahme westdeutscher Frauen.

4.2.3 Entwicklung und Determinanten der Einkommens- und Konsumausgabenarmut

Neben dem Niveau und den unterschiedlichen Risiken einzelner Bevölkerungsgruppen ist nicht zuletzt auch von Interesse, wie sich die Einkommens- und Ausgabenarmut im Alter entwickelt haben. Im Zeitverlauf ist gegenüber dem Jahr 2003 (13,0 Prozent) eine Zunahme der Einkommensarmut im Alter um immerhin 2,4 Prozentpunkte zu beobachten, wobei der Anstieg in den ostdeutschen Bundesländern mit 3,4 Prozentpunkten stärker ausfällt als in Westdeutschland (2,1 Prozentpunkte). Auf der Grundlage der EVS-Daten ergibt sich damit für den Zeitraum zwischen 2003 und 2008 ein Anstieg der Altersarmut, der geringfügig schwächer ausfällt als die Zunahme der Armutsquote für die Gesamtbevölkerung.[13]

Vor 2003 war insbesondere für Ostdeutschland ein deutlicher Rückgang der Einkommensarmut im Alter zu beobachten (Abbildung 1). Seit 1998 hat sich in West- und Ostdeutschland die Differenz zwischen der Konsumausgabenarmut und der Einkommensarmut vergrößert: Während die Einkommensarmut gestiegen ist, hat sich die Konsumausgabenarmut verringert. Die gegensätzliche Entwicklung von Einkommens- und Ausgabenarmut dürfte insbesondere auf das

---

13 Für eine detailliertere Analyse der zeitlichen Entwicklung der Altersarmut über den Zeitraum von 1992 bis 2009 auf der Grundlage des Sozioökonomischen Panels siehe Noll und Weick (2011).

Abbildung 1 Entwicklung von Einkommens- und Konsumausgabenarmut 1993 bis 2008

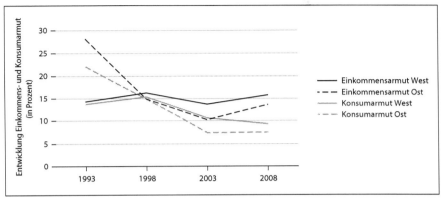

Quelle: EVS 1993–2008, eigene Berechnungen.

vermehrt vorhandene Potenzial zurückzuführen sein, Konsumausgaben aus den in Altenhaushalten überdurchschnittlich hohen Geldvermögensbeständen zu bestreiten. Wie die Verteilung nach Vermögensquintilen zeigt (Tabelle 10), verfügen 30 Prozent der Bevölkerung ab 65 Jahren über ein liquides Vermögen von mindes-

Tabelle 10 Einkommensarmut und Verteilung der älteren Bevölkerung (ab 65 Jahren) auf Vermögensquintile

Quintile	Quintilsgrenzen*	Gesamt	Einkommensarme
	€	%	%
1	0–648	14,0	35,5
2	> 648–6 270	14,7	22,6
3	> 6 270–18 420	18,7	15,7
4	> 18 420–46 000	22,9	13,5
5	> 46 000	29,6	12,8

Quelle: EVS 2008, eigene Berechnungen.

* Ermittelt über die Gesamtbevölkerung; nur liquides Vermögen (Geldvermögen, Wertpapiere).

tens 46 000 Euro und unter den Einkommensarmen beträgt der entsprechende Anteil immerhin noch 13 Prozent.

Vor diesem Hintergrund wird deutlich, dass eine auf die Einkommensseite beschränkte Armutsanalyse gerade im höheren Lebensalter zu kurz greift und durch eine Betrachtung der Konsumausgaben ergänzt werden sollte. Während Einkommensarmut in der Ruhestandsbevölkerung derzeit sogar etwas weiter verbreitet ist als in der Gesamtbevölkerung, ist Konsumausgabenarmut in dieser Population dagegen seltener zu beobachten. Die beachtlichen Niveauunterschiede zwischen einer auf dem Einkommen und einer auf Konsumausgaben basierenden Altersarmut lassen vermuten, dass die Auflösung von Vermögensbestandteilen in dieser Phase des Lebenszyklus als ein probates Mittel eingesetzt wird, um Einkommensdefizite, wie sie zum Beispiel aus niedrigen Rentenansprüchen resultieren, zu kompensieren und ein Absinken des Konsumniveaus unter die Armutsgrenze zu vermeiden (Noll & Weick 2007). Für die USA liegen empirische Ergebnisse vor, die einen derartigen Mechanismus, das heißt die Verringerung des Risikos der Konsumausgabenarmut durch die Auflösung liquiden Vermögens für ältere Menschen nachgewiesen haben (Hurd & Rohwedder 2006). Ob sich ein entsprechender Zusammenhang auch in Deutschland, wo das private Vermögen für die Alterssicherung eine weitaus geringere Rolle spielt als in den USA, nachweisen lässt, soll im Folgenden näher untersucht werden.

Dazu wurden verschiedene logistische Regressionsanalysen durchgeführt. In einem ersten Schritt werden Modelle betrachtet, in denen die einkommensarme und nicht-einkommensarme ältere Bevölkerung gegenübergestellt wird. In den weiteren Modellen werden Unterschiede zwischen ‚Nur-Einkommensarmen' und älteren Personen, die zudem konsumausgabenarm sind, analysiert. Da eine eventuelle Konsumarmut von Personen, die nicht einkommensarm sind, vor allem auf individuelle Präferenzen und nicht auf materielle Restriktionen zurückzuführen sein dürften, wird dieser Fall nicht näher betrachtet. Als unabhängige Variablen werden der schulische und berufliche Ausbildungsabschluss (Casmin-Klassifikation), Erwerbstätigkeit im Haushalt, Pensionsbezug im Haushalt, die Haushaltsgröße, die Wohnortsgröße, der Wohnsitz in den neuen Bundesländern sowie die Höhe des liquiden Vermögen (Quintile) und der Wohneigentumsstatus in die Regressionsanalysen einbezogen.

Als Maß für die Effektstärke der unabhängigen Variablen werden die Odds Ratios ausgewiesen (Tabelle 11). Betrachtet man zunächst die Effekte der in die Analyse einbezogenen sozio-demografischen Variablen (Modell 1), so zeigt sich, dass das Risiko von älteren Menschen unter die Einkommensarmutsgrenze zu fallen, am stärksten dadurch gemindert wird, dass es in ihrem Haushalt Erwerbstätige

Tabelle 11   Einkommens- und Konsumarmut älterer Menschen (Logistische Regression)

	Modell 1 Einkommens- armut	Modell 2 Einkommens- armut	Modell 3 Konsumarmut, nur Einkommensarme
Bildung			
Mittel (casmin 2)	0,62***	0,70***	0,74*
Hoch (casmin 3)	0,31***	0,38***	0,92
Erwerbsperson im HH	0,12***	0,12***	0,61
Pensionsbezug im HH	0,08***	0,10***	
Alleinlebend	2,18***	1,42***	0,71*
Gemeindegröße			
5 000–100 000	0,77*	0,69***	0,67*
> 100 000	0,59***	0,44***	0,36***
Ostdeutschland	0,78**	0,73***	1,17
Vermögensquintile****			
2		0,58***	0,94
3		0,30***	0,84
4		0,22***	0,74
5		0,19***	0,40**
Wohneigentümer		0,61***	1,02
Einkommensquintile (nur Einkommensarme)			
2			0,57*
3			0,35***
4			0,34***
5			0,22***
$n_{Haushalte}$	15 211	15 211	1 524
$n_{Beobachtungen}$	10 242	10 242	1 153
Log likelihood	−5668925	−5259161	−1358883
χ^2	387.58	673.13	89.97
Pseudo R^2 (Mc Fadden)	0.09	0.16	0.09

Quelle: EVS 2008, eigene Berechnungen.

Odds ratios; * $p < .05$, ** $p < .01$, *** $p < .001$.

**** Ermittelt über die Gesamtbevölkerung; nur liquides Vermögen (Geldvermögen, Wertpapiere). Referenzkategorien: niedrige Bildung (casmin 1); < 5 000 Einwohner; 1. Quintile.

oder Personen, die Pensionszahlungen erhalten, gibt. Unter diesen Umständen reduziert sich das Risiko – bei gleichzeitiger Kontrolle der übrigen Variablen – drastisch um jeweils etwa 90 Prozent. Das Einkommensarmutsrisiko im Alter sinkt zudem mit steigendem Bildungsniveau und mit der Wohnortgröße. Für die Personengruppe mit dem höchsten Bildungsniveau reduziert sich das Risiko um fast 70 Prozent gegenüber der niedrigsten Bildungsgruppe, und ältere Menschen die in größeren Gemeinden und Städten leben, weisen ein geringeres Einkommensarmutsrisiko auf als Bewohner von Orten unter 5000 Einwohnern. Anders als in der Gesamtbevölkerung wirkt sich ein Wohnsitz in Ostdeutschland risikomindernd auf die Alterseinkommensarmut aus. Darüber hinaus beeinflusst auch die Lebensform die Wahrscheinlichkeit im Alter einkommensarm zu sein nicht unerheblich: Für alleinlebende ältere Menschen ergibt sich ein deutlich erhöhtes Armutsrisiko gegenüber Personen, die in Partnerschaften leben.

Wie zu erwarten, bestätigt Modell 2, dass die Verfügung über liquides Vermögen oder Wohneigentum das Risiko unter die Einkommensarmutsschwelle zu fallen, erheblich reduziert: Gegenüber dem untersten Vermögensquintil ist das Risiko in den beiden höchsten Quintilen um etwa 80 Prozent verringert. Wohnungseigentum verringert das Einkommensarmutsrisiko um fast 40 Prozent. Die Relevanz des Vermögens als Determinante des Armutsrisikos dokumentiert sich auch in der Erklärungskraft der logistischen Regressionsmodelle. Die zusätzliche Berücksichtigung des Vermögens in Modell 2 verbessert die Modellanpassung gegenüber dem ersten Modell deutlich, wie der Anstieg des Pseudo-R^2 (McFadden) von 0,09 auf 0,16 zeigt.

In einem weiteren Untersuchungsschritt wird die Analyse auf einkommensarme Personen im Ruhestandsalter beschränkt und der Frage nachgegangen, von welchen Merkmalen es vor allem abhängt, ob einkommensarme Personen im Ruhestand gleichzeitig auch ausgabenarm sind, das heißt die Armutsgrenze von 60 Prozent der mittleren Konsumausgaben unterschreiten. Modell 3 verdeutlicht, dass die Höhe des Risikos nicht nur einkommens- sondern gleichzeitig auch ausgabenarm zu sein, für Personen im Ruhestand vor allem von der Schwere der Einkommensarmut abhängt: Je weiter das eigene Einkommen die Einkommensarmutsgrenze unterschreitet, desto höher ist die Wahrscheinlichkeit auch unter die Ausgabenarmutsschwelle zu fallen. Gemindert wird das Risiko von einkommensarmen älteren Menschen gleichzeitig auch ausgabenarm zu sein, durch Bildung und mit zunehmender Wohnortgröße.

Von besonderem Interesse ist in diesem Zusammenhang, welche Rolle eventuell vorhandenes Vermögen bei der Vermeidung von Ausgabenarmut spielt. Die Ergebnisse der Regressionsanalysen zeigen, dass das Vorhandensein von höheren

Geldvermögen das Risiko im Alter nicht nur einkommens- sondern auch ausgabenarm zu sein, drastisch reduziert. Unter den 20 Prozent der einkommensarmen Älteren mit den höchsten Geldvermögen (> 46 000 €) ist das Risiko gleichzeitig auch konsumarm zu sein, nur halb so hoch wie unter den 20 Prozent der einkommensarmen Älteren mit den niedrigsten Geldvermögen (< 649 €). Offensichtlich werden hohe liquide Vermögen genutzt, um ein Absinken in die Ausgabenarmut zu vermeiden. Das scheint bei mittleren Vermögen dagegen nicht oder kaum der Fall zu sein. Hier unterscheidet sich das Risiko von Einkommensarmen auch unter die Ausgabenarmutsgrenze zu fallen nicht von Personen im untersten Vermögensquintil. Allem Anschein nach tendieren ältere Menschen, die über eher bescheidene Vermögen verfügen, dazu, ihre Reserven möglichst lange zu schonen oder für Notfälle zu bewahren, auch wenn dies mit einem deutlich reduzierten Lebensstandard einhergeht.

5   Resümee

Blickt man auf die eingangs aufgeworfenen Fragen zurück, ist zunächst festzuhalten, dass die heutige Ruhestandsbevölkerung noch über einen vergleichsweise hohen und nur wenig hinter den gesamtgesellschaftlichen Durchschnitt zurückfallenden Lebensstandard verfügt. Der Rückgang der relativen Einkommens- und Ausgabenpositionen gegenüber 2003 deutet allerdings darauf hin, dass der ‚Wohlstandsgipfel' für die ältere Bevölkerung bereits überschritten ist. Zudem hat die Analyse gezeigt, dass sich die materiellen Lebensverhältnisse auch und gerade im Alter sehr unterschiedlich darstellen und von erheblicher Ungleichheit geprägt sind. Das gilt ganz besonders im Hinblick auf die drastischen Lebensstandarddifferenzen zwischen Rentnerinnen/Rentnern und Pensionärinnen/Pensionären, die in der öffentlichen Diskussion über die Einkommensverhältnisse und Lebensbedingungen der älteren Bevölkerung bisher nicht angemessen berücksichtigt worden sind und schon aus Gründen der Verteilungsgerechtigkeit größere Aufmerksamkeit verdienen.

Die am Einkommen gemessene Altersarmut hat mit einer Armutsrisikoquote von im Durchschnitt 15,4 Prozent bereits ein beachtliches Niveau erreicht und weist eine steigende Tendenz auf. Dabei ist heute schon abzusehen, dass zukünftig erhöhte Armutsrisiken nicht nur, aber besonders in den ostdeutschen Bundesländern zu erwarten sind, wo die gesetzliche Altersrente eine dominierende Stellung einnimmt und für die weit überwiegende Zahl der Altenhaushalte die einzige Einkommensquelle darstellt.

Der Befund, dass auch einkommensarme Ältere vielfach über finanzielle Reserven in Form von Immobilienbesitz und Geldvermögen verfügen, unterstreicht die Notwendigkeit, die materielle Lage der Altenbevölkerung nicht allein am Einkommen der Haushalte zu messen, sondern auch die Konsumausgaben ergänzend zu berücksichtigen. Es zeigt sich, dass das Niveau der Konsumausgabenarmut das der Einkommensarmut gerade in dieser Bevölkerungsgruppe deutlich unterschreitet. Ob einkommensarme Personen im Alter vermeiden können auch bei ihren Konsumausgaben unter die Armutsgrenze zu fallen, hängt nicht nur von der Schwere der Einkommensarmut, sondern auch von der Höhe und der Heranziehung vorhandener finanzieller Reserven für die Bestreitung des Lebensunterhalts ab.

Literatur

Hauser, R. (2009). Neue Armut im Alter. *Wirtschaftsdienst, 4*, 248–256.
Hurd, M., Rohwedder, S. (2006). *Consumption and Economic Well-Being at Older Ages: Income- and Consumption-based Poverty Measures in the HRS*. WP 2006-110. Ann Arbor: University of Michigan.
Marlier, E., Atkinson, A. B., Cantillon, B., & Nolan, B. (Hrsg.). (2007). *The EU and Social Inclusion. Facing the Challenges*. Bristol: Policy Press.
Noll, H.-H., Weick, S. (2007). Einkommensarmut und Konsumarmut – unterschiedliche Perspektiven und Diagnosen. Analysen zum Vergleich der Ungleichheit von Einkommen und Konsumausgaben. *Informationsdienst Soziale Indikatoren (ISI), 37*, 1–6.
Noll, H.-H., & Weick, S. (2011). Wiederkehr der Altersarmut in Deutschland? Empirische Analysen zu Einkommen und Lebensstandard im Rentenalter. In: L. Leisering (Hrsg.), *Die Alten der Welt. Neue Wege der Alterssicherung im globalen Norden und Süden* (S. 45–76). Frankfurt u. a.: Campus Verlag.
Noll, H.-H., & Weick, S. (2012). Altersarmut: Tendenz steigend. Analysen zu Lebensstandard und Armut im Alter. *Informationsdienst Soziale Indikatoren (ISI), 47*, 1–7.
OECD (2007). *Pensions at a Glance. Public Policies across OECD Countries*. Paris: OECD.
Schmähl, W. (2011). Die verengte Debatte über Altersarmut. *Frankfurter Allgemeine Zeitung, 05.10.2011*, 12.

Online-Quellen

GESIS (2012). *Einkommens- und Verbrauchsstichprobe (EVS)*. Verfügbar unter http://www.gesis.org/unser-angebot/daten-analysieren/amtliche-mikrodaten/einkommens-und-verbrauchsstichprobe/ bzw. unter https://www.destatis.de/DE/ZahlenFakten/GesellschaftStaat/EinkommenKonsumLebensbedingungen/EinkommenKonsumLebensbedingungen.html [21.08.2012]

III Alterssicherung

Entwicklung und Zusammensetzung von Alterseinkünften in Deutschland[1]

Dina Frommert und Ralf K. Himmelreicher

1 Einleitung

Das Jahr 2012 ist für die Länder der Europäischen Union und insbesondere für Deutschland ein besonderes Jahr: Damit in Verbindung stehen das ‚European Year for Active Ageing and Solidarity between Generations 2012' (European Union 2012) und mehr als zwanzig Jahre sind seit der Deutschen Einheit vergangen; zudem liegt die Einführung einer stärkeren Betonung der betrieblichen und privaten Altersvorsorge mehr als zehn Jahre zurück. Sie fand ihren Anfang mit der Einführung der Riester-Rente, die zu einem Paradigmenwechsel in der Altersvorsorge in Deutschland führte (Blank 2011; Hagen & Kleinlein 2012). Im Bereich der gesetzlichen Rentenversicherung (GRV) sind im Rahmen des Paradigmenwechsels vorgesehene Reformmaßnahmen, wie beispielsweise die Einführung eines demografischen Faktors, der faktisch zu einer hinter den Löhnen zurückbleibenden Rentenentwicklung führt, im Wesentlichen umgesetzt worden (Organisation for Economic Co-operation and Development (OECD) 2009). Die OECD (2009) warnt jedoch auch vor zu niedrigen Lohnersatzquoten und einem damit einhergehenden Risiko von zunehmender Altersarmut in Deutschland.[2]

Vor dem Hintergrund der skizzierten veränderten Rahmenbedingungen geht der vorliegende Beitrag folgender Kernfrage nach: Werden geringere Anwart-

---

1 Bei diesem Aufsatz handelt es sich um eine erweiterte und aktualisierte Fassung eines Artikels, der mit dem Titel ‚Alterseinkünfte in Deutschland: Status Quo und Entwicklung' (Frommert & Himmelreicher 2012) im Kongressband zum 35. Kongress der Deutschen Gesellschaft für Soziologie erschienen ist.

2 Sollten GRV-Renten zum Beispiel wegen des demografischen Faktors hinter der Lohnentwicklung zurückbleiben, kann das sozialpolitische Ziel der ‚Lebensstandardsicherung im Alter' nicht erreicht werden. Und sollten Arbeitseinkünfte langjährig im Niedriglohnbereich liegen, dann fallen GRV-Renten wegen niedriger Lohnersatzquoten noch geringer aus und erhöhen die Risiken von Altersarmut (Fachinger & Künemund 2009).

schaften in der GRV, verursacht durch unter anderem Reduktionen des Leistungsniveaus, Ausbau des Niedriglohnsektors oder perforierte Erwerbsbiografien, durch teilweise staatlich geförderte ergänzende oder zusätzliche Formen der kapitalgedeckten betrieblichen und/oder der privaten Altersvorsorge kompensiert?

Zur Untersuchung dieser Fragestellung werden im zweiten Abschnitt zugrunde liegende Datenquellen und Analysemethoden benannt. Der dritte und zentrale Abschnitt stellt empirische Befunde zur Höhe, Entwicklung und Zusammensetzung der Alterseinkünfte in Deutschland dar. Ein Fazit fasst die wesentlichen Befunde zusammen und benennt einige Aspekte, die die Höhe der Alterseinkünfte maßgeblich bestimmen und auch in Zukunft beeinflussen werden.

2 Datenbasis und Methode

2.1 Datenbasis

Die im Folgenden dargestellten Befunde basieren auf den beiden Erhebungen ‚Alterssicherung in Deutschland' der Jahre 2003 und 2007 (ASID).[3] Auf Datenbasis der ASID ist es möglich zu beschreiben, wie sich die Alterseinkünfte zusammensetzen und künftig entwickeln werden.

Nicht alle in Deutschland lebenden Personen beziehen im Alter eine GRV-Rente, jedoch die überwiegende Mehrheit: Laut ASID 2007 liegt der Anteil der Personen über 65 Jahren mit eigener GRV-Rente in den neuen Bundesländern bei 99 Prozent, in den alten sind es 89 Prozent der Männer und 84 Prozent der Frauen (TNS Infratest Sozialforschung 2008: 29).[4] Insgesamt ist damit in den neuen Bundesländern ein sehr hoher Anteil von Personen mit GRV-Anwartschaften zu konstatieren. In den alten Bundesländern erwirbt ein zunehmend höherer Anteil der Personen, insbesondere Frauen, eigene GRV-Anwartschaften. Die Übernahme ins Beamtenverhältnis kam in den neuen Bundesländern im Vergleich zu den alten eher selten vor. Derzeit sind Verbeamtungen in beiden Regionen seltener als in

---

3   Zur Methodik der ASID-Erhebungen siehe TNS Infratest Sozialforschung (2009), Kortmann (2010) sowie www.alterssicherung-in-deutschland.de. Die Datensätze der ASID-Studien bis einschließlich ASID 2003 sind beim Zentralarchiv (www.gesis.org/ZA/) erhältlich.
4   Während der Anteil der Bezieherinnen und Bezieher eigener GRV-Renten bei Männern in den alten Bundesländern seit der ersten ASID-Erhebung im Jahr 1986 nur geringfügig schwankt, betrug der Anteil der Frauen mit eigenen GRV-Renten im Jahr 1986 lediglich 59 Prozent, im Jahr 1992 immerhin 70 Prozent. In den neuen Ländern wird im Jahr 1992 für Männer wie Frauen ein Anteil von 97 Prozent ausgewiesen (TNS Infratest Sozialforschung 2008: 94 f.).

den Jahren zuvor; dieser Aspekt führt tendenziell zu einer Zunahme von Personen mit GRV-Anwartschaften. Gegenläufig hierzu wirkt eine zunehmende Ausdehnung der versicherungsfreien (Solo-)Selbstständigkeit. Zudem geht der Paradigmenwechsel in der Altersvorsorge mit einer stärkeren Betonung der zum Teil staatlich geförderten betrieblichen und privaten Vorsorge und mit einer Reduktion der Höhe der GRV-Anwartschaften einher. Trotz der genannten Aspekte ist die GRV die bedeutendste Schicht der Altersvorsorge, die für das Gros der Bevölkerung in beiden Landesteilen die zentrale Quelle der Alterseinkünfte darstellt.

Neben Leistungen der GRV werden in den ASID-Studien Einkünfte aus betrieblicher und privater Alterssicherung erhoben. Im Rahmen der privaten Vorsorge werden dabei private Rentenversicherungen (einschließlich Riester-Renten) sowie weitere private Einkünfte aus Vermögenserträgen oder Vermietung und Verpachtung erfragt. Ferner werden Einkünfte aus Erwerbstätigkeit, Transferzahlungen wie Wohngeld oder Leistungen nach dem Grundsicherungsgesetz sowie Einkünfte aus abgeleiteten Rentenansprüchen erhoben. Schließlich werden sonstige Einkünfte wie Unfallrenten oder Sozialplanleistungen eines Arbeitgebers erfragt. Durch diese Zusammenschau aller Alterseinkünfte bekommt man einen im Vergleich zu anderen Erhebungen adäquaten Überblick über die materielle Lage von Rentnerinnen und Rentnern (Kröger et al. 2011). Zu beachten ist, dass insbesondere Vermögenswerte nur insoweit berücksichtigt werden, als sie von den Befragten tatsächlich angegeben werden (Kortmann 2010).

Die Untersuchungseinheit bilden in Deutschland lebende Bezieherinnen und Bezieher einer GRV-Rente im Alter von 60 bis einschließlich 69 Jahren mit deutscher Nationalität.[5] Ausgeschlossen wurden neben Heimbewohnerinnen und -bewohnern in der vorliegenden Analyse zudem Beziehende einer Beamtenpension, einer Altersrente für Landwirte sowie einer Leistung eines berufsständischen Versorgungswerks. Beamtinnen und Beamte, benannte Landwirte sowie Personen mit Alterseinkünften aus einer Altersversorgung für kammerfähige freie Berufe (Ärzte, Apotheker, Architekten, Notare, Patentanwälte, Rechtsanwälte, Steuerberater etc.) wurden nicht in die Analyse integriert, weil ihre Alterseinkünfte entweder nicht oder nicht überwiegend aus GRV-Renten bestehen (siehe Abbildung 1). Im Zentrum dieser Untersuchung stehen die Höhe, Verbreitung und Zusammensetzung individueller Alterseinkünfte aus der gesetzlichen Rentenversi-

---

5 Durch die Einschränkung der Untersuchungseinheit auf in Deutschland lebende Bezieherinnen und Bezieher einer GRV-Rente mit deutscher Nationalität wird auf einen Personenkreis abgestellt, der im Vergleich zu Personen mit ausländischen Staatsbürgerschaften und/oder einem Wohnsitz im Ausland vergleichsweise hohe GRV-Rentenzahlbeträge aufweist (Himmelreicher & Scheffelmeier 2012: 19 f.).

cherung sowie betrieblicher und privater Vorsorge von abhängig beschäftigten Personen.[6] Damit repräsentiert die Untersuchungseinheit einen Personenkreis, der im Sinne der Riester-Rente – abgesehen von Beamtinnen und Beamten – näherungsweise zu den unmittelbar förderfähigen Pflichtversicherten gehört, also jenen Personen, die durch die Reformen in der GRV besonders belastet werden (Viebrok et al. 2004: 122).

2.2 Methode

Als zentrales Einkommenskonzept der vorliegenden Untersuchung dient das Modell ‚Schichten der Alterseinkünfte' (Abbildung 1). Wesentliches Element dieses Modells ist der Übergang des statisch anmutenden Säulenkonzepts in dynamische Schichten in der Auszahlungsphase. Das bedeutet, dass sich nach der Verrentung, verursacht durch unterschiedliche Ausgestaltung der Vorsorgeformen in den jeweiligen Schichten, die Zusammensetzung der Alterseinkünfte verschieben kann. Solche Verschiebungen stehen in Zusammenhang mit der Entwicklung von Preisen, jeweiligen Zinsen, Löhnen und Kosten, also letztlich der Dynamisierung verschiedener Formen und Durchführungswege von Altersvorsorge sowie der Höhe und Bewilligungspraxis von staatlichen Transfers. Insbesondere bei hoher Lebenserwartung kann die Auszahlungsphase ein Viertel Jahrhundert und mehr umschließen, weshalb in einer langen Auszahlungsphase mit vielfältigen und kaum antizipierbaren Veränderungen zu rechnen ist (Künemund et al. 2010).

In unserer Analyse werden eigene, auf individuellen Anwartschaften beruhende Alterseinkünfte aus der ersten, zweiten und dritten Schicht untersucht (in Abbildung 1 kursiv hervorgehoben). Aus der ersten Schicht werden ausschließlich eigene Anwartschaften aus der GRV betrachtet. Aus der zweiten Schicht gehen unabhängig von deren Finanzierung, Durchführungsweg und gegebenenfalls staatlicher Förderung sämtliche Alterseinkünfte aus betrieblicher Altersvorsorge ein. Die dritte Schicht repräsentieren Einkünfte aus privater Altersvorsorge – inklu-

---

6 Aussagen über die Höhe und Zusammensetzung der Alterseinkünfte von Beamtinnen/Beamten oder auch Selbstständigen können auf Basis dieses Ansatzes nicht formuliert werden. Jedoch ist aus anderen Untersuchungen bekannt, dass Armutsrisiken, gemessen als 60 Prozent des Medianeinkommens der Bevölkerung ab 18 Jahren (2007–2009) von Selbstständigen mehr als zehn Mal so hoch sind wie jene von Beamtinnen/Beamten, wobei die Armutsrisiken von Selbstständigen mit neun Prozent in etwa auf dem Niveau von einfachen Angestellten liegen (Goebel et al. 2011: 168).

Abbildung 1 Schichten der Alterseinkünfte

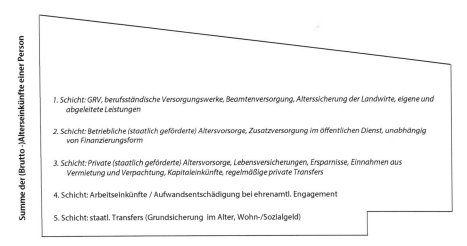

Quelle: Eigene Darstellung.

Anmerkung: Schräge und Winkel deuten mögliche sukzessive oder unvermittelte Veränderungen in einzelnen Schichten und somit insgesamt in der Höhe der Summe der (Brutto-)Alterseinkünfte an; verursacht werden diese etwa durch unterschiedliche Kostenverläufe oder Dynamiken bei der Preisanpassung in der Auszahlungsphase in den einzelnen Schichten.

sive staatlich geförderter privater Altersvorsorge, wie zum Beispiel der so genannten Riester-Rente – und Vermögensbildung sowie regelmäßige private Transfers, ohne Berücksichtigung von Einkünften aus Vermögensauflösung sowie selbstgenutztem Wohneigentum. Alterseinkünfte aus der vierten und fünften Schicht werden im Folgenden nicht gesondert ausgewiesen, da ihnen eine vergleichsweise geringe Bedeutung zukommt. Sie werden aber bei der Betrachtung der Alterseinkommen insgesamt ebenso wie Hinterbliebenenrenten berücksichtigt.

Der Fokus der folgenden Analysen liegt auf der Höhe der Alterseinkünfte aus der ersten Schicht, also hier der Höhe des Rentenzahlbetrags aus der GRV. Als Zahlbeträge werden im Folgenden die nominalen Bruttobeträge pro Monat bezeichnet. Beziehende einer GRV-Rente werden nach der Höhe ihrer Rente in Quintile sortiert. Darauf basierend wird differenziert für Männer und Frauen in den alten und neuen Bundesländern kontrolliert, wie hoch der Anteil der jeweiligen Rentnerinnen und Rentner im Alter von 60 bis 69 Jahren ist, die im Rahmen der zweiten und dritten Schicht Alterseinkünfte beziehen, beziehungsweise wie hoch der Median (Brutto-Intraquintilsmedian) dieser Alterseinkünfte ist. Zudem weisen wir den Median der Alterseinkünfte insgesamt aus und stellen die Höhe des GRV-Anteils an den gesamten Alterseinkünften im Durchschnitt dar. Diese Vorgehensweise ermöglicht es zu kontrollieren, ob zum Beispiel jener Personenkreis, der eher niedrige GRV-Renten und keine weiteren Alterseinkünfte aus der ersten Schicht, wie aus berufsständischen Versorgungswerken, bezieht, ergänzend beziehungsweise zusätzlich im Rahmen der zweiten und dritten Schicht vorgesorgt hat.

3 Empirische Befunde

Erwerbsbiografien und Löhne, das Vorsorgeverhalten, Übergänge in den Ruhestand, Größen und Branchen der Betriebe sowie unter anderem die Länge der Akkumulationsphase für insbesondere betriebliche und private Altersvorsorge unterscheiden sich erheblich zwischen den alten und den neuen Bundesländern sowie zwischen Männern und Frauen. Vor diesem Hintergrund sind die Analysen zur Verbreitung und Höhe individueller Alterseinkünfte nach Schichten in zwei Periodenvergleichen differenziert nach Geschlecht und Region durchgeführt worden.

Tabelle 1 weist geordnet nach der Höhe der GRV-Renten in Quintilen (Zeilen 1 bis 5) aus, welche Verbreitung und welche Höhe die aus den jeweiligen Schichten stammenden Alterseinkünfte haben, und wie sich diese im Zeitverlauf darstellen. Definitionsgemäß beträgt die Verbreitung von GRV-Renten über alle Quintile hinweg 100 Prozent, weil GRV-Rentenbeziehende die Untersuchungseinheit bilden. Tendenziell nimmt der Verbreitungsgrad von betrieblicher und privater Altersvorsorge bei westdeutschen Männern mit zunehmender Höhe der GRV-Rentenzahlbeträge zu. Hervorzuheben ist, dass eine zwischen 2003 und 2007 zunehmende Verbreitung der betrieblichen Altersvorsorge lediglich im vierten und fünften Quintil der wohlhabendsten westdeutschen Rentenbeziehenden im Alter von 60 bis 69 Jahren zu verzeichnen ist. In etwa gleichbleibende Verbreitungsniveaus der betrieblichen Altersvorsorge sind bei GRV-Beziehenden des zweiten und dritten Quintils festzuhalten. Die Verbreitung einer betrieblichen Altersvorsorge im ersten Quintil geht um rund sieben Prozentpunkte erheblich zurück. Zudem sinken in diesem Quintil die Mediane der Rentenzahlbeträge wie die der

Tabelle 1 Verbreitung und Höhe individueller Alterseinkünfte nach Schichten von westdeutschen Männern (2003/2007)

GRV-Quintile	Zusammensetzung der Alterseinkünfte	1. Schicht GRV		2. Schicht BAV		3. Schicht PAV		Anteil GRV an Insgesamt**	
Periode		2003	2007	2003	2007	2003	2007	2003	2007
5	Anteil (%)	100	100	64,8	69,4	51,2	50,7	80,2	77,3
	Zahlbetrag* (€)	1 737	1 730	473	485	75	150	2 167	2 238
4	Anteil (%)	100	100	62,5	65,7	47,1	41,6	86,6	81,8
	Zahlbetrag* (€)	1 466	1 442	313	350	60	125	1 692	1 767
3	Anteil (%)	100	100	55,7	55,5	41,0	38,7	88,2	88,6
	Zahlbetrag* (€)	1 279	1 275	273	250	83	90	1 450	1 439
2	Anteil (%)	100	100	44,3	45,9	29,9	25,8	90,9	91,5
	Zahlbetrag* (€)	1 088	1 079	190	165	80	104	1 197	1 197
1	Anteil (%)	100	100	22,9	15,6	32,1	24,0	81,8	80,6
	Zahlbetrag* (€)	762	715	173	147	205	250	931	887
	n ungewichtet	3 213	1 752						

Quelle: ASID 2003, 2007.

* Zahlbetrag in Euro ist nominaler Brutto-Intraquintilsmedian, ** Insgesamt bezieht sich auf nominale Brutto-Intraquintilsmediane aus der Summe aller Alterseinkünfte vor Steuern. GRV – Alterseinkünfte aus der gesetzlichen Rentenversicherung; BAV – Alterseinkünfte aus betrieblicher Altersvorsorge; PAV – Alterseinkünfte aus privater Altersvorsorge, Vermögen und privaten Transfers.

Alterseinkünfte aus der betrieblichen Altersvorsorge. Auch hinsichtlich der privaten Altersvorsorge ist im ersten Quintil eine sinkende Verbreitung zu konstatieren, jedoch ein um 18 Prozent auf 250 Euro steigender Zahlbetrag festzustellen. Ähnlich wie bei der betrieblichen sind auch bei der privaten Altersvorsorge mit zunehmenden GRV-Zahlbeträgen zunehmende Alterseinkünfte aus der privaten Altersvorsorge festzuhalten, allerdings einerseits auf niedrigerem Niveau und andererseits mit einer Verdoppelung der Zahlbeträge von 2003 auf 2007 in den wohlhabendsten Quintilen. Bemerkenswert ist, dass die Zahlbeträge der privaten Altersvorsorge im Interquintilsvergleich im ersten Quintil die höchsten sind. Dies dürfte teilweise darauf zurückzuführen sein, dass sich Personen mit GRV-Anwartschaften außerhalb der verkammerten Berufe selbstständig gemacht haben und im Rahmen der privaten Altersvorsorge für ihr Alter vorgesorgt haben. Hinsichtlich der Entwicklung der gesamten Alterseinkünfte ist im Zeitverlauf eine zunehmende Spreizung derselben festzustellen: In etwa gleichbleibende nominale Alterseinkünfte im mittleren (dritten) Quintil und steigende beziehungsweise sinkende Alterseinkünfte im fünften beziehungsweise ersten Quintil. Bei den wohlhabendsten westdeutschen Rentnerinnen und Rentnern im Alter von 60 bis 69 Jahren nimmt die Dominanz der GRV im Zeitverlauf ab, weil dieser Personenkreis verstärkt im Rahmen der zweiten und dritten Säule vorgesorgt hat. Bei den im mittleren bis unteren Bereich situierten westdeutschen Rentnerinnen und Rentnern sind lediglich marginale Verschiebungen hinsichtlich der Bedeutung der Schichten zu verzeichnen; jedoch sind sie mit nominal sinkenden Alterseinkünften konfrontiert.[7]

Wie bei westdeutschen Männern nimmt auch bei westdeutschen Frauen der Verbreitungsgrad von betrieblicher und privater Altersvorsorge mit zunehmender Höhe der GRV-Rentenzahlbeträge tendenziell zu (Tabelle 2). Allerdings ist hervorzuheben, dass die Bedeutung der betrieblichen Altersvorsorge bei den Frauen sowohl hinsichtlich Verbreitung als auch in Bezug auf die Höhe der daraus stammenden Alterseinkünfte im Vergleich zu den westdeutschen Männern gering ist. Dies ist ein Indiz dafür, dass Frauen häufiger in kleineren Betrieben des Dienstleistungssektors beschäftigt sind, in denen eine andere Vorsorgekultur herrscht als in Großbetrieben des verarbeitenden Gewerbes. Bemerkenswert ist ferner, dass die private Vorsorge der westdeutschen Frauen kaum mit ihren

---

7   Die Inflationsrate – gemessen am Verbraucherpreisindex – lag 2007 sieben Prozentpunkte über der von 2003 (eigene Berechnungen nach Angaben des Statistischen Bundesamtes: Verbraucherpreisindex für Deutschland 2011). Unter Berücksichtigung der Preisentwicklung liegen sämtliche Medianwerte der Alterseinkünfte insgesamt von 2007 unter denen von 2003, mit einer Ausnahme: Diese betrifft das erste GRV-Quintil bei westdeutschen Frauen in Tabelle 2.

Tabelle 2 Verbreitung und Höhe individueller Alterseinkünfte nach Schichten von westdeutschen Frauen (2003/2007)

GRV-Quintile	Zusammensetzung der Alterseinkünfte	1. Schicht GRV		2. Schicht BAV		3. Schicht PAV		Anteil GRV an Insgesamt**	
Periode		2003	2007	2003	2007	2003	2007	2003	2007
5	Anteil (%)	100	100	58,2	59,0	49,8	40,4	75,1	75,3
	Zahlbetrag* (€)	1 088	1 098	326	292	91	150	1 448	1 459
4	Anteil (%)	100	100	37,3	36,9	43,6	36,8	80,8	79,6
	Zahlbetrag* (€)	788	773	193	140	80	125	975	971
3	Anteil (%)	100	100	29,4	25,6	38,9	33,4	82,2	78,7
	Zahlbetrag* (€)	592	555	109	105	65	125	715	705
2	Anteil (%)	100	100	14,2	14,0	43,7	41,2	69,4	68,7
	Zahlbetrag* (€)	351	366	76	117	85	125	506	533
1	Anteil (%)	100	100	(3,0)	(3,4)	36,9	35,2	61,4	66,1
	Zahlbetrag* (€)	151	183	(100)	(72)	82	125	246	277
	n ungewichtet	3 156	1 939						

Quelle: ASID 2003, 2007.

* Zahlbetrag in Euro ist nominaler Brutto-Intraquintilsmedian, ** Insgesamt bezieht sich auf nominale Brutto-Intraquintilsmediane aus der Summe aller Alterseinkünfte vor Steuern. GRV – Alterseinkünfte aus der gesetzlichen Rentenversicherung; BAV – Alterseinkünfte aus betrieblicher Altersvorsorge; PAV – Alterseinkünfte aus privater Altersvorsorge, Vermögen und privaten Transfers.

Angaben in Klammern: n = 9 < n < 30.

GRV-Zahlbeträgen assoziiert ist. Dies könnte darauf zurückzuführen sein, dass Beiträge für private Vorsorge entweder staatlich gefördert wurden und/oder nicht aus Arbeitsentgelten, das heißt eventuell aus dem Haushaltsbudget entnommen wurden. Zudem verweisen die geringen GRV-Anwartschaften der westdeutschen Frauen, die erst ab dem vierten Quintil jenseits des Grundsicherungsniveaus liegen darauf, dass langjährige Erwerbsbiografien mit einer durchschnittlichen Entlohnung bei westdeutschen Frauen nach wie vor selten vorkommen (Himmelreicher 2011). Hinsichtlich der Entwicklung der gesamten Alterseinkünfte ist bei den westdeutschen Frauen keine größere Veränderung festzustellen: Ihre gesamten individuellen Alterseinkünfte waren und sind niedrig. Ohne abgeleitete Ansprüche an Hinterbliebenenrenten oder ohne Haushaltskontext würden mehr als zwei Fünftel der westdeutschen Rentnerinnen im Alter zwischen 60 und 69 Jahren von Altersarmut bedroht sein. Bemerkenswert ist, dass die ärmsten Quintile der westdeutschen Rentnerinnen die geringsten GRV-Anteile am Gesamteinkommen aufweisen, was durch besonders niedrige GRV-Zahlbeträge und gering verbreitete, jedoch im Vergleich zu den GRV-Renten relativ hohe Zahlbeträge aus anderen Schichten zu erklären ist.

Ostdeutsche Männer unterscheiden sich hinsichtlich ihrer Alterseinkünfte von westdeutschen Männern insbesondere dadurch, dass ihre GRV-Zahlbeträge wesentlich geringer streuen und deutlich niedriger sind (Tabelle 3). In Bezug auf die Entwicklung der GRV-Renten zwischen 2003 und 2007 ist festzuhalten, dass diese nominal gesunken sind, in den unteren beiden Quintilen um bis zu zehn Prozent. In Bezug auf Verbreitungsgrad und Höhe der Alterseinkünfte aus der zweiten und dritten Schicht zeigen sich die Folgen von geringer Sparfähigkeit und kurzem Akkumulationszeitraum seit der Deutschen Einheit. Gleichbleibende, zum Teil sogar sinkende Verbreitungsgrade und vergleichsweise kurze Ansparphasen begleitet von verhaltener Sparfähigkeit bezüglich zusätzlicher und ergänzender Altersvorsorge erhöhen die gesamten Alterseinkünfte lediglich um wenige Prozentpunkte über die Höhe der GRV-Rentenzahlbeträge: Die Medianzahlbeträge aus der zweiten und dritten Schicht liegen auch beim wohlhabendsten und fünften GRV-Quintil unter 100 Euro. Beim Ost-West-Vergleich der betrieblichen Altersvorsorge von Männern fällt deren schwache Verbreitung in Kombination mit niedrigen Beiträgen und kurzen Laufzeiten in den neuen Bundesländern besonders auf. Bei wohlhabenden Rentnern in den neuen Bundesländern steigt die Verbreitung stark an und beträgt 2007 knapp 30 Prozent (Zahlbetrag 99 Euro), liegt damit jedoch um mehr als die Hälfte niedriger als die vergleichbarer Männer in den alten Bundesländern mit knapp 70 Prozent (Zahlbetrag 485 Euro). Umgekehrt zur steigenden Verbreitung der betriebliche Alters-

Entwicklung und Zusammensetzung von Alterseinkünften in Deutschland

Tabelle 3   Verbreitung und Höhe individueller Alterseinkünfte nach Schichten von ostdeutschen Männern (2003/2007)

GRV-Quintile	Zusammensetzung der Alterseinkünfte	1. Schicht GRV		2. Schicht BAV		3. Schicht PAV		Anteil GRV an Insgesamt**	
Periode		2003	2007	2003	2007	2003	2007	2003	2007
5	Anteil (%)	100	100	13,7	29,7	58,9	47,7	93,7	93,7
	Zahlbetrag* (€)	1454	1429	92	99	41	62	1552	1525
4	Anteil (%)	100	100	(6,6)	16,3	48,0	41,9	95,7	95,5
	Zahlbetrag* (€)	1194	1165	(55)	80	26	41	1248	1220
3	Anteil (%)	100	100	(4,2)	(8,8)	37,8	27,6	99,2	96,1
	Zahlbetrag* (€)	1085	1009	(63)	(57)	25	41	1094	1050
2	Anteil (%)	100	100	(4,0)	(6,8)	30,9	30,9	98,9	96,3
	Zahlbetrag* (€)	966	887	(54)	(51)	25	42	977	921
1	Anteil (%)	100	100	–	(5,1)	29,6	26,7	95,1	93,7
	Zahlbetrag* (€)	814	727	–	(51)	29	50	856	776
	n ungewichtet	1971	1205						

Quelle: ASID 2003, 2007.

* Zahlbetrag in Euro ist nominaler Brutto-Intraquintilsmedian, ** Insgesamt bezieht sich auf nominale Brutto-Intraquintilsmediane aus der Summe aller Alterseinkünfte vor Steuern. GRV – Alterseinkünfte aus der gesetzlichen Rentenversicherung; BAV – Alterseinkünfte aus betrieblicher Altersvorsorge; PAV – Alterseinkünfte aus privater Altersvorsorge, Vermögen und privaten Transfers.

Angaben in Klammern: n = 9 < n < 30, – n < 10.

Tabelle 4 Verbreitung und Höhe individueller Alterseinkünfte nach Schichten von ostdeutschen Frauen (2003/2007)

GRV-Quintile	Zusammensetzung der Alterseinkünfte	1. Schicht GRV 2003	1. Schicht GRV 2007	2. Schicht BAV 2003	2. Schicht BAV 2007	3. Schicht PAV 2003	3. Schicht PAV 2007	Anteil GRV an Insgesamt** 2003	Anteil GRV an Insgesamt** 2007
5	Anteil (%)	100	100	14,5	34,1	50,3	37,2	90,2	88,8
	Zahlbetrag* (€)	1 085	1 110	54	67	45	59	1 203	1 252
4	Anteil (%)	100	100	6,8	13,9	41,0	31,3	96,3	94,1
	Zahlbetrag* (€)	850	887	46	64	25	42	883	943
3	Anteil (%)	100	100	(4,6)	(7,2)	41,0	32,8	96,8	95,7
	Zahlbetrag* (€)	753	765	(46)	(52)	25	50	778	799
2	Anteil (%)	100	100	(2,8)	(6,3)	35,7	34,8	94,7	94,5
	Zahlbetrag* (€)	657	666	(49)	(40)	25	42	694	705
1	Anteil (%)	100	100	(1,9)	(4,7)	35,7	30,6	91,2	91,0
	Zahlbetrag* (€)	515	534	(55)	(55)	25	42	565	587
	n ungewichtet	2 626	1 637						

Quelle: ASID 2003, 2007.

* Zahlbetrag in Euro ist nominaler Brutto-Intraquintilsmedian, ** Insgesamt bezieht sich auf nominale Brutto-Intraquintilsmediane aus der Summe aller Alterseinkünfte vor Steuern. GRV – Alterseinkünfte aus der gesetzlichen Rentenversicherung; BAV – Alterseinkünfte aus betrieblicher Altersvorsorge; PAV – Alterseinkünfte aus privater Altersvorsorge, Vermögen und privaten Transfers.

Angaben in Klammern: n = 9 < n < 30.

vorsorge bei Männern in den neuen Ländern geht ihre Beteiligung an der privaten Altersvorsorge tendenziell zurück, jedoch sind steigende Zahlbeträge zu verzeichnen.

Wie in den alten Bundesländern, so liegen auch in den neuen Ländern die Zahlbeträge der Frauen unter denen der Männer, jedoch ist die geschlechtsspezifische Rentenlücke (Rasner 2007) wie die geschlechtsspezifische Alterseinkünftelücke in den neuen Bundesländern wesentlich geringer als in den alten (Tabelle 4). Während die Zahlbeträge sowohl in der betrieblichen als auch in der privaten Altersvorsorge zu beiden betrachteten Zeitpunkten eher gering ausfallen, lässt sich bezüglich der Verbreitung ein ähnlicher Trend wie bei den ostdeutschen Männern feststellen: In den oberen Quintilen steigt die Verbreitung der betrieblichen Altersvorsorge, wenn auch auf ein weiterhin nur geringes Niveau, während die Beteiligung an der privaten Altersvorsorge in allen Quintilen rückläufig ist. Besonders auffällig und überraschend ist die sinkende Verbreitung von privater Altersvorsorge bei den oberen GRV-Quintilen, das heißt bei den wohlhabenderen Rentnerinnen und Rentnern in den neuen Bundesländern.

4 Fazit

Zusammenfassend ist bei Frauen wie bei Männern sowohl in den alten als auch in den neuen Bundesländern hinsichtlich ihres Alterseinkünftemix Folgendes festzustellen: Mit steigenden GRV-Zahlbeträgen nimmt zum einen der Verbreitungsgrad der zweiten und dritten Schicht zu und zum anderen steigen tendenziell die daraus erzielten Zahlbeträge im Rentenalter an.[8] Dieser Effekt ist bei der betrieblichen Altersvorsorge in den alten Bundesländern bei Männern besonders stark ausgeprägt und dürfte in Zusammenhang stehen mit der vergangenen Praxis betrieblicher Altersversorgung. Diese wurde gerade für qualifizierte Angestellte als Instrument der Personalpolitik eingesetzt (Blank 2012). Schließlich sind hohe GRV-Alterseinkünfte Indizien für langjährige Beschäftigung und/oder hinsichtlich der Arbeitsentgelte häufig über der Beitragsbemessungsgrenze zu verortende Vergütungsgruppen. Diese qualifizierten Männer konnten vermutlich ohne längere Phasen von Arbeitslosigkeit und möglichst Abschläge vermeidend oder ausgleichen in Altersrente gehen. Ihre hohe Sparfähigkeit und -willigkeit zeigt sich

---

8 Zu vergleichbaren Befunden auf Basis des Sozio-oekonomischen Panels siehe Frick & Grabka (2010).

in einer hohen Verbreitung betrieblicher und privater Altersvorsorge und in vergleichsweise hohen aus diesen Schichten stammenden Alterseinkünften.

Die Entwicklungen in der privaten und betrieblichen Altersvorsorge sind vor folgendem Hintergrund zu sehen: Die GRV-Entgeltpunkte sinken im unteren Bereich und vor allem in den neuen Bundesländern aufgrund von perforierten Erwerbsverläufen, Arbeitslosigkeit, Niedriglohn und Abschlägen (Frommert & Himmelreicher 2010). Zusätzlich führt die Niveausenkung dazu, dass der Rentenzahlbetrag vergleichsweise gering steigt und der Bedarf an ausgleichenden Leistungen aus anderen Schichten im Rentenverlauf höher wird. Ein wichtiger weiterer Aspekt für alle Schichten der Alterseinkünfte ist deren Dynamisierung, vor allem bei langen Auszahlungsphasen sowie inflationären Tendenzen, wie sie derzeit vor dem Hintergrund hoher Staatsverschuldung gegeben sind.

Vor allem im Westen hat sich ein weiterhin großer ‚gender pension gap' bei allen Alterseinkünften gezeigt. Im Gleichstellungsbericht wird die geplante Gewichtsverlagerung auf die zweite und dritte Schicht kritisch bewertet, da ein sozialer Ausgleich vor allem in der Sozialversicherung möglich sei und ein höheres Gewicht zusätzlicher Vorsorge die geschlechtsspezifische Alterseinkommenslücke insbesondere in den alten Bundesländern weiter vergrößert (Sachverständigenkommission Gleichstellungsbericht 2011: 202; speziell zum angesparten Altersvorsorgevermögen in Riester-Verträgen siehe Haak 2011).

Im Einzelnen zeigen sich bei der zweiten und dritten Schicht folgende Entwicklungen: In allen Gruppen, also für Männer wie Frauen in Ost- und Westdeutschland und über alle GRV-Quintile hinweg sinkt die Verbreitung der privaten Altersvorsorge, obwohl aufgrund des Paradigmenwechsels in der Alterssicherung eher eine Zunahme der Verbreitung zu erwarten war. Die Zahlbeträge zeigen dagegen eine umgekehrte Entwicklung und steigen in allen Gruppen über den betrachteten Zeitraum an. Die Entwicklung der betrieblichen Altersvorsorge ist in demselben Zeitraum eher uneinheitlich. Für ostdeutsche Männer und Frauen zeigen sich vor allem in den oberen Quintilen eine stärkere Verbreitung und höhere Zahlbeträge. Bei westdeutschen Männern ergibt sich am oberen Ende der Verteilung eine gleichbleibende Verbreitung mit relativ konstanten Zahlbeträgen und am unteren Rand eine sinkende Verbreitung mit ebenfalls sinkenden Zahlbeträgen. Bei westdeutschen Frauen zeigen sich im Zeitverlauf nur geringe Unterschiede in der Verbreitung, die Zahlbeträge sind im oberen Bereich rückläufig.

In preisbereinigter, realer Betrachtung sind die individuellen Alterseinkünfte der Rentnerinnen und Rentner zwischen 2003 und 2007 tendenziell gesunken. Ursache dieser Kaufkraftverluste sind vor allem zurückgehende GRV-Renten, die in den neuen Bundesländern meist über 90 Prozent, in den alten Ländern bei

Männern mehr als 80 Prozent und bei Frauen über 60 Prozent der Alterseinkünfte ausmachen. Offensichtlich konnten diese Rückgänge nicht durch private und betriebliche Altersvorsorge kompensiert werden, weshalb die Anteile der GRV an den gesamten Alterseinkünften zwischen 2003 und 2007 ungefähr stabil geblieben sind.

Während mit dem Altersvermögensgesetz, das zum 1. Januar 2002 in Kraft trat und dem Alterseinkünftegesetz, in Kraft getreten am 1. Januar 2005, ein Paradigmenwechsel in der Alterssicherung eingeleitet wurde, der vor allem der zweiten und dritten Schicht größere Bedeutung zukommen lassen sollte, scheint diese intendierte Wirkung bei den betrachteten Jahrgängen bisher nicht erreicht worden zu sein. Dies kann unter anderem daran liegen, dass ältere rentennahe Personen weniger Vorsorge in Form von Riester-Renten betrieben haben. Untersuchungen zur Altersstruktur der Verbreitung von Riester-Renten verweisen auf höhere Verbreitungsquoten bei Personen unter 45 Jahren, allerdings liegen diese im Jahr 2007 in Deutschland unter 26 Prozent (Geyer & Steiner 2009). Aus anderen Untersuchungen geht hervor, dass die höchsten Verbreitungsgrade der Riester-Rente bei förderberechtigten Haushalten mit drei und mehr Kindern sowie solchen aus dem höchsten Haushaltseinkommensquintil im Jahr 2008 zwischen 40 und 60 Prozent betragen (Coppola & Reil-Held 2009). Somit kann man festhalten, dass die Verbreitung der Riester-Rente auch mehr als zehn Jahre nach ihrer Einführung bei weitem nicht alle förderberechtigten Personen erreicht hat, während die GRV-Renten bereits im Sinken sind, insbesondere bei inflationsbereinigter Betrachtung.

Die Befunde dieses Beitrags legen nahe, dass gerade im Bereich des Aufbaus betrieblicher und privater Altersvorsorge weiterer Forschungsbedarf vorhanden ist und eine umfassende Evaluation der staatlichen Förderung der kapitalgedeckten Altersvorsorge – unter anderem wegen zu vermutender Mitnahmeeffekte – sinnvoll ist (Blank 2011; Rieckhoff 2011: 102 ff.; Sachverständigenrat 2011: 82; Corneo et al. 2009). Mitnahmeeffekte verweisen darauf, dass einkommensstarke Personen und Haushalte von der staatlichen Förderung sowie von entsprechenden steuerlichen Entlastungen profitieren – im Sinne des Matthäusprinzips: ‚wer hat, dem wird gegeben', während die Vermögensbildung bei Einkommensschwachen kaum stimuliert wird. Allerdings erfordern Untersuchungen im Bereich der Altersvorsorge eine hinreichende Datengrundlage, um sämtliche Schichten der Alterseinkünfte berücksichtigen zu können, sowohl im Prozess der Vermögensbildung als auch in der Auszahlungsphase. Diesen Anforderungen entsprechen die zur Verfügung stehenden Daten jedoch nicht (Kröger et al. 2011). Insofern wäre es sinnvoll,

[…] wenn sich Politik und Wissenschaft vor großen Reformen überlegen würden, wie eine geeignete Datengrundlage für eine Evaluation aussehen müsste, und dann die entsprechenden Institutionen dazu verpflichten würden, für deren Erhebung und Verfügbarkeit für unabhängige wissenschaftliche Auswertung zu sorgen. (Schröder 2011: 26)

Eine Anmerkung zum Schluss: Die Beteiligung an zusätzlicher Vorsorge hängt nicht nur von Sparfähigkeit, Sparwilligkeit und dem Wissen um geeignete Produkte (‚financial literacy') ab. Eine große Bedeutung kommt auch dem Vertrauen in Kapitalmärkte und in die Finanzdienstleister zu. Es kann davon ausgegangen werden, dass die Finanzkrise zu einer Vertrauenskrise gegenüber dem Kapitalmarkt geführt hat, die sich negativ auf das Vorsorgeverhalten auswirken wird (Beckert 2010). Zudem haben die Veränderungen der Rahmenbedingungen bei den Riester-Renten, wie die Einführung des Unisex-Tarifs und damit einhergehend der Verzicht auf eine je nach Geschlecht differenzierte Kalkulation, die Minderung des Garantiezinses sowie die Verwendung einer Sterbetafel mit erheblich höherer Lebenserwartung selbst bei informierten Verbraucherinnen und Verbrauchern die Skepsis gegenüber Finanzdienstleistern eher erhöht, was wiederum zu negativen Effekten hinsichtlich des Vorsorgeverhaltens führen dürfte (Sternberger-Frey 2011). Angesichts dieser akuten Vertrauenskrise wird klar, dass einfache, transparente, renditestarke und möglichst dynamische Riester-Verträge zwar wünschenswert aber nicht in Sicht sind. Die Interessenlagen der Riester-Sparenden und der Finanzdienstleister sind kaum zu vereinbaren, sodass über eine stärkere Betonung des Umlageverfahrens nachgedacht werden sollte (Ganßmann & Himmelreicher 2009: 656).

Solche Überlegungen werden aktuell im seit Herbst 2011 laufenden ‚Rentendialog' diskutiert, unter dem Stichwort ‚freiwillige Zusatzbeiträge' (Bundesministerium für Arbeit und Soziales 2012). Nach der aktuellen Fassung sollen ausschließlich Arbeitgeber die Möglichkeit erhalten, mit ihren Beschäftigten Vereinbarungen über die Pflichtbeiträge übersteigende freiwillige Zusatzbeiträge an die GRV zu schließen. Freiwillige Zusatzbeiträge für Arbeitnehmerinnen und -nehmer sieht das Reformpaket nicht vor. Sie dürften als Konkurrenzprodukt zur staatlich geförderten privaten und betrieblichen Altersvorsorge wahrgenommen werden und könnten am Einfluss der Finanzdienstleister scheitern (Wehlau 2009).

Literatur

Beckert, J. (2010). Die Finanzkrise ist auch eine Vertrauenskrise. *Gesellschaftsforschung, 1*, 9–13.

Blank, F. (2011). Die Riester-Rente – Überblick zum Stand der Forschung und sozialpolitischen Bewertung nach zehn Jahren. *Sozialer Fortschritt, 60(6)*, 109–115.

Blank, F. (2012). Die neue betriebliche Altersversorgung und ihre Nutzer. *WSI-Mitteilungen , 65(3)*, 179–188.

Coppola, M., & Reil-Held, A, (2009). *Dynamik der Riester-Rente: Ergebnisse aus SAVE 2003 bis 2008* [MEA Discussion Paper 195]. Mannheim: Mannheim Research Institute for the Economics of Aging.

Corneo, G., Keese, M., & Schröder, C. (2009). The Riester Scheme and Private Savings: An Empirical Analysis based on the German SOEP. *Schmollers Jahrbuch, 129(2)*, 321–332.

Fachinger, U., & Künemund , H. (2009). Die Auswirkungen alternativer Berechnungsmethoden auf die Höhe der Lohnersatzquote. *Deutsche Rentenversicherung, 64(5)*, 414–431.

Frick, J. R., & Grabka, M. M. (2010). Die personelle Vermögensverteilung in Ost- und Westdeutschland nach dem Mauerfall. In P. Krause & I. Ostner (Hrsg.), *Leben in Ost- und Westdeutschland. Eine sozialwissenschaftliche Bilanz der deutschen Einheit 1990–2010* (S. 493–511). Frankfurt/Main u. a.: Campus Verlag.

Frommert, D., & Himmelreicher, R. K. (2012). Alterseinkünfte in Deutschland: Status quo und Entwicklung. In H.-G. Soeffner (Hrsg.), *Transnationale Vergesellschaftungen. Verhandlungen des 35. Kongresses der Deutschen Gesellschaft für Soziologie in Frankfurt am Main 2010* (CD-ROM). Wiesbaden: Springer VS.

Frommert, D., & Himmelreicher, R. K. (2010). Angleichung oder zunehmende Ungleichheit? Alterseinkünfte in den alten und neuen Bundesländern. In P. Krause & I. Ostner (Hrsg.), *Leben in Ost- und Westdeutschland. Eine sozialwissenschaftliche Bilanz der deutschen Einheit 1990–2010* (S. 347–368). Frankfurt/Main u. a.: Campus Verlag.

Ganßmann, H., & Himmelreicher, R. K. (2009). Die Krise und die sozialen Sicherungssysteme. *WSI-Mitteilungen, 62(12)*, 651–658.

Geyer, J., & Steiner, V. (2009). Zahl der Riester-Renten steigt sprunghaft – aber Geringverdiener halten sich noch zurück. *DIW Wochenbericht, 76(32)*, 534–541.

Goebel, J., Habich, R., & Krause, P. (2011). Einkommen – Verteilung, Angleichung, Armut und Dynamik. In Statistisches Bundesamt & Wissenschaftszentrum Berlin für Sozialforschung (WZB) (Hrsg.), *Datenreport 2011, Ein Sozialbericht für die Bundesrepublik Deutschland* (Bd. 1, S. 162–172). Bonn: Bundeszentrale für politische Bildung.

Haak, C. (2011). Das angesparte Altersvorsorgekapital aus Riester-Verträgen: Eine empirische Auswertung auf Basis der Befragung „Individuelle Altersvorsorge 2009". *Deutsche Rentenversicherung, 66(1)*, 105–116.

Hagen, K., & Kleinlein, A. (2012). *Ten Years of the Riester Pension Scheme: No Reason to Celebrate.* [DIW Economic Bulletin 2.2012]. Berlin: Deutsches Institut für Wirtschaftsforschung.

Himmelreicher, R. K., & Scheffelmeier, T. (2012). *Transnationalisierung und Europäisierung der Altersrente? Entwicklung beim Zugang in Altersrente in Deutschland (1993–2009)*. [BSSE-Arbeitspapier Nr. 26]. Berlin: Freie Universität Berlin.

Kortmann, K. (2010). Alterssicherung im 21. Jahrhundert und deren Erforschung mit Mikrodaten – Der Beitrag der Untersuchungen zur Alterssicherung in Deutschland (ASID). *Deutsche Rentenversicherung, 65(2)*, 286–300.

Kröger, K., Fachinger, U., & Himmelreicher, R. K. (2011). *Empirische Forschungsvorhaben zur Alterssicherung: Einige kritische Anmerkungen zur aktuellen Datenlage*. [RatSWD Working Paper Nr. 170]. Berlin: Rat für Sozial- und Wirtschaftsdaten.

Künemund, H., Fachinger, U., Kröger, K., & Schmähl, W. (2010). Die Dynamisierung von Altersrenten. Forschungsfragen und Analyseperspektiven. *Deutsche Rentenversicherung, 65(2)*, 327–339.

OECD (2009). Pensions at a Glance. Retirement-Income Systems in OECD Countries. Paris: OECD.

Rasner, A. (2007). Das Konzept der geschlechtsspezifischen Rentenlücke. In Deutsche Rentenversicherung (Hrsg.), *Erfahrungen und Perspektiven. Bericht vom dritten Workshop des Forschungsdatenzentrums de Rentenversicherung (FDZ-RV) vom 26. bis 28. Juni 2006 in Bensheim* [DRV-Schriften 55] (S. 270–284). Berlin: Deutsche Rentenversicherung Bund.

Rieckhoff, C. (2011). Wohin steuert die Riester-Rente? Stand der Forschung, Kritik der Ergebnisse und zukünftiger Forschungsbedarf. *Deutsche Rentenversicherung, 66(1)*, 87–104.

Sachverständigenkommission Gleichstellungsbericht (2011). *Neue Wege – gleiche Chancen. Gleichstellung von Frauen und Männern im Lebensverlauf*. Gutachten der Sachverständigenkommission an das Bundesministerium für Familie, Senioren, Frauen und Jugend für den ersten Gleichstellungsbericht der Bundesregierung. Berlin: Bundesministerium für Familie, Senioren, Frauen und Jugend.

Sachverständigenrat zur Begutachtung der gesamtwirtschaftlichen Entwicklung (2011). *Herausforderungen des demografischen Wandels. Expertise im Auftrag der Bundesregierung*. Wiesbaden: Statistisches Bundesamt.

Schröder, C. (2011). *Riester-Rente: Verbreitung, Mobilisierungseffekte und Renditen* [WISO Diskurs]. Bonn: Friedrich-Ebert-Stiftung.

Sternberger-Frey, B. (2011). Geförderte Altersvorsorge – So wird abgezockt. *Öko-Test, 10*, 94–98.

TNS Infratest Sozialforschung (2009). *Alterssicherung in Deutschland 2007 (ASID 2007). Methodenbericht*. Berlin: Bundesministerium für Arbeit und Soziales.

TNS Infratest Sozialforschung (2008). *Alterssicherung in Deutschland 2007 (ASID 2007). Zusammenfassung wichtiger Untersuchungsergebnisse*. Berlin: Bundesministerium für Arbeit und Soziales.

Viebrok, H., Himmelreicher, R. K., & Schmähl, W. (2004). *Private Vorsorge statt gesetzlicher Rente: Wer gewinnt, wer verliert?* Münster: LIT Verlag.

Wehlau, D. (2009). *Lobbyismus und Rentenreform. Der Einfluss der Finanzdienstleistungsbranche auf die Teil-Privatisierung der Alterssicherung*. Wiesbaden: VS Verlag für Sozialwissenschaften.

Online-Quellen

Bundesministerium für Arbeit und Soziales (2012). *Das neue Rentenreformpaket. Alterssicherung stärken, Lebensleistung belohnen.* Pressemitteilung des BMAS vom 21.03.2012. Verfügbar unter http://www.bmas.de/DE/Service/Presse/Pressemitteilungen/rentenreform-maerz-2012.html [20.04.2012]

European Union (2012). *European Year for Active Ageing and Solidarity between Generations.* Verfügbar unter http://europa.eu/ey2012/ [20.04.2012]

Himmelreicher, R. K. (2011). Zur Entwicklung und Verteilung der Altersrenten in den alten und den neuen Bundesländern. In Statistisches Bundesamt & Wissenschaftszentrum Berlin für Sozialforschung (WZB) (Hrsg.), *Datenreport 2011, Ein Sozialbericht für die Bundesrepublik Deutschland* (Bd. 2, S. 280–285). Bonn: Bundeszentrale für politische Bildung. Verfügbar unter http://destatis.de/DE/Publikationen/Datenreport/DatenreportDownload.html [15.10.2012]

Statistisches Bundesamt [Destatis] (2011). *Verbraucherpreisindex für Deutschland, Verbraucherpreise, Jahresdurchschnitte.* Verfügbar unter http://www.destatis.de/jetspeed/portal/cms/Sites/destatis/Internet/DE/Content/Statistiken/Zeitreihen/WirtschaftAktuell/Basisdaten/Content100/vpi101a,templateId=renderPrint.psml [01.11.2011]

Trägt die Riester-Rente zur Vermeidung von Altersarmut bei?

Brigitte L. Loose und Reinhold Thiede

1 Einführung

Zu Beginn dieses Jahrhunderts wurde ein grundlegender Paradigmenwechsel der deutschen Alterssicherungspolitik eingeleitet. Während das deutsche Alterssicherungssystem seit der Rentenreform von 1957 vom Gedanken der ‚Lebensstandard sichernden gesetzlichen Rente' geprägt war[1], orientiert es sich seit der Rentenreform von 2001 – und verstärkt seit der Reform von 2004 – am Leitbild der ‚Lebensstandardsicherung aus mehreren Säulen' (Michaelis & Thiede 2000 oder aktuell Dedring et al. 2010).[2] Danach soll auch für langjährig in der gesetzlichen Rentenversicherung (GRV) versicherte Personen nicht mehr die gesetzliche Rente allein die Aufrechterhaltung des zuvor erreichten Lebensstandards im Alter gewährleisten; dies wird im Regelfall vielmehr nur noch dann realisierbar sein, wenn die Rente aus der gesetzlichen Rentenversicherung durch Leistungen aus privaten oder betrieblichen Alterssicherungseinrichtungen oder aber durch Einkünfte aus anderen Quellen ergänzt wird. Die GRV-Rente bleibt damit zwar immer noch die mit Abstand wichtigste Einkommensquelle im Alter; weil sie aber in der Regel allein zur Aufrechterhaltung des zuvor erreichten Lebensstandards nicht mehr ausreichend ist, wurden Anreize geschaffen, die freiwillige private und betriebliche Vorsorge für die Versicherten attraktiver oder überhaupt erst möglich zu machen.

Ziel der Rentenreform von 2001 war es grundsätzlich, den wegen des demografischen Wandels zu erwartenden Beitragssatzanstieg in der gesetzlichen Renten-

---

1 Vgl. exemplarisch die Empfehlungen der von der Bundesregierung eingesetzten so genannten Alterssicherungskommission aus den frühen 1980er Jahren des vergangenen Jahrhunderts. Danach soll „ein Regelsicherungssystem, wie es die Rentenversicherung der Arbeiter und Angestellten [...] darstellt, für sich allein einen altersgemäßen Lebensstandard sichern." (Sachverständigenkommission Alterssicherungssysteme 1983:, S. 141f.)
2 Zu den Konsequenzen für die gesetzliche Rentenversicherung vgl. Rische (2005).

versicherung so abzudämpfen, dass die Beitragsbelastung auch für künftige Versichertengenerationen vertretbar sein sollte (vgl. Deutscher Bundestag 2001). Dazu wurde die Formel zur jährlichen Anpassung der Renten aus der gesetzlichen Rentenversicherung um einen zusätzlichen Faktor ergänzt, mit dem die zunehmenden Aufwendungen der Arbeitnehmerinnen und Arbeitnehmer für den Aufbau der kapitalgedeckten Zusatzvorsorge in pauschalierter Form bei der Rentenanpassung anpassungsmindernd berücksichtigt wird; die Entwicklung der gesetzlichen Renten bleibt dadurch letztlich hinter der Lohnentwicklung zurück, das heißt das Rentenniveau sinkt (Köhler 2001). Die gleichzeitig beschlossene Einführung einer staatlichen Förderung der kapitalgedeckten Zusatzvorsorge (Heller 2001) – die nach dem für ihre Einführung verantwortlichen Bundesminister Walter Riester als ‚Riester-Rente' bekannt wurde – hatte dabei zum Ziel, alle Versicherten in die Lage zu versetzen, das Sinken des Rentenniveaus in der gesetzlichen Rentenversicherung durch den Aufbau einer ergänzenden privaten oder betrieblichen Altersvorsorge kompensieren zu können.[3]

Die im Einkommenssteuerrecht angesiedelten Regelungen der Riester-Rente sehen dabei zum einen die Möglichkeit eines erweiterten steuerlichen Sonderausgabenabzugs von Aufwendungen für Altersvorsorgeverträge vor, sofern diese Verträge speziellen Regulierungsvorschriften genügen und dies von der Bundesanstalt für Finanzdienstleistungsaufsicht (BaFin) beziehungsweise seit Mitte 2010 vom Bundeszentralamt für Steuern (BZST) zertifiziert wurde. Zum anderen umfasst die Förderung direkte staatliche Transfers (‚Zulagen') zu Gunsten der zertifizierten Altersvorsorgeverträge. Die Geförderten müssen bestimmte Voraussetzungen erfüllen, um Zulagen und Sonderausgabenabzug in Anspruch nehmen zu können.[4] Bei der Begründung der Riester-Rente standen insofern weder die Vermeidung von Sicherungsdefiziten, die über die mit der Reform beschlossene Niveausenkung in der GRV hinausgehen, noch etwaige Rendite-Vorteile oder gar die Schaffung eines Instruments zur Vermeidung von Altersarmut im Zentrum.

Auch wenn die Riester-Rente nicht daraufhin konzipiert wurde, künftig ansteigende Altersarmut zu verhindern, haben die seinerzeit eingeführten Regelun-

---

3   Unklar ist allerdings, ob durch die Riester-Förderung allein die Auswirkungen der Rentenniveausenkung im Rahmen des Altersvermögensgesetzes (AVmG) kompensiert werden sollen oder auch die erst 2004 im Rahmen des Gesetzes zur Sicherung der nachhaltigen Finanzierungsgrundlagen der gesetzlichen Rentenversicherung (RV-Nachhaltigkeitsgesetz) beschlossene weitere Niveausenkung.
4   Die Abwicklung der Zulagenförderung wurde der 2001 eigens dafür unter dem Dach der Bundesversicherungsanstalt für Angestellte – der heutigen Deutschen Rentenversicherung Bund – eingerichteten Zentralen Zulagenstelle für Altersvermögen (ZfA) übertragen.

gen aber Einfluss auf die Höhe der in Zukunft von den Versicherten zu erwartenden Alterseinkünfte und bleiben somit faktisch auch nicht ohne Auswirkungen auf die Entwicklung künftiger Altersarmut. So ist theoretisch davon auszugehen, dass das individuelle Armutsrisiko im Alter – unter sonst gleichen Bedingungen – zunimmt, wenn auf eine Kompensation des sinkenden Leistungsniveaus in der GRV durch zusätzliche Vorsorge verzichtet wird. Dies gilt für diejenigen Versicherten, die allein durch die Absenkung des Rentenniveaus unter die Armutsgrenze fallen würden. Auf der anderen Seite könnte bei Versicherten, die auch ohne Niveausenkung mit ihrer GRV-Rente nicht über die Armutsgrenze kämen, Altersarmut theoretisch dann vermieden werden, wenn die Betroffenen einen Riester-Vertrag abschließen und die daraus im Alter resultierende Riester-Rente größer ist als der durch die Niveausenkung in der GRV geminderte Betrag der gesetzlichen Rente.

Ob die Nutzung der mit der Reform eingeführten Riester-Rente die Minderung des Rentenniveaus der gesetzlichen Rentenversicherung (vollständig) kompensieren kann – oder wohlmöglich auch überkompensieren kann – hängt von einer Reihe von Faktoren ab, unter anderem von der Höhe der zu diesem Zweck vom Versicherten für die von ihm besparten Vorsorgeverträge aufgebrachten Mittel, vom Umfang und der Verteilung der staatlichen Förderung und vom Ausmaß der Verwaltungskosten sowie von der Anlagerendite des von dem Versicherten gewählten Vorsorgeproduktes.

Die hier vorgelegte Analyse konzentriert sich im Wesentlichen auf die Verteilungswirkungen der staatlichen Förderung und dabei insbesondere der Zulagenförderung im Rahmen der Riester-Rente. Sie klammert damit insbesondere die Auswirkungen des steuerlichen Sonderausgabenabzugs von Aufwendungen für die Riester-Rente aus. Dieses Vorgehen hat folgende Gründe: Zum einen erscheint zweifelhaft, ob man den Sonderausgabenabzug der Aufwendungen für die Riester-Rente überhaupt als ‚Förderung' ansehen kann.[5] Zwar wird hierdurch die steuerliche Belastung des Versicherten in der Ansparphase – also in der Erwerbsphase – verringert, auf der anderen Seite müssen die Leistungen der Riester-Rente im Alter aber voll versteuert werden. Es handelt sich also im Wesentlichen um eine Verlagerung der Steuerpflicht aus der Erwerbsphase in die Rentenphase, also um die konsequente Umsetzung des Grundsatzes der nachgelagerten Besteuerung. Vor allem aber erscheint die Betrachtung der Wirkung des Sonderausga-

---

5 Die Frage, welcher Teil der Zulageförderung als Subvention anzusehen ist, ist wissenschaftlich umstritten. Vgl. beispielsweise Finanzwissenschaftliches Forschungsinstitut an der Universität Köln/ZEW/Copenhagen Economics (2009).

benabzugs der Riester-Beiträge wenig relevant im Hinblick auf die Frage, ob die Riester-Rente zur Vermeidung von Altersarmut beitragen kann; Personen, bei denen der Sonderausgabenabzug eine über die Wirkung der Riester-Zulagen hinausgehende Wirkung entfaltet, dürften im Alter in aller Regel nicht in die Gefahr kommen, arm zu werden. Auf der anderen Seite dürfte auch die nachgelagerte Besteuerung von gesetzlicher Rente und Riester-Rente in der Regel kaum einen Einfluss auf das Ausmaß der Altersarmut haben, da Personen mit Renteneinkünften in der Nähe der Armutsgrenze aufgrund der steuerrechtlichen Freibeträge grundsätzlich nicht steuerlich belastet werden.

Die unter diesen Vorgaben vorgenommene Annäherung an die Frage, welche Wirkungen die Riester-Rente auf die Vermeidung künftiger Altersarmut haben kann, erfolgt im ersten Teil des Aufsatzes auf Basis theoretischer und methodischer Überlegungen zu den Verteilungswirkungen, die der Zulagenförderung der Riester-Rente implizit sind. Ergänzt werden sie im zweiten Teil durch verfügbare empirische Befunde zu Umfang und Strukturmerkmalen der Riester-Rente.

2 Theoretische und methodische Verteilungswirkungen der Zulagenförderung

Die Frage nach den Verteilungswirkungen der Riester-Rente steht derzeit grundsätzlich vor der Schwierigkeit, dass erstens die Förderung erst zum Jahresbeginn 2002 eingeführt wurde und deshalb bislang erst sehr wenige Personen mit einer Riester-Rente in den Ruhestand eingetreten sind, zweitens aufgrund der relativ kurzen Ansparphase bislang selbst bei voller Ausschöpfung der Riester-Förderung erst relativ wenig Vorsorgevermögen gebildet werden konnte und drittens für diesen Fall die Auszahlung des Vorsorgevermögens als Einmalabfindung bei Rentenbeginn möglich ist, sodass es zu keiner monatlichen Zusatzrente kommt. Vor allem aber gibt es bislang keinerlei verfügbare statistische Daten über die Höhe der Leistungen aus bereits zur Auszahlung gekommenen Riester-Verträgen.[6] Empirisch fundierte Aussagen zur tatsächlichen Höhe aktueller oder künftiger Monatsrenten aus Riester-Verträgen sind deshalb derzeit ebenso wenig möglich[7] wie eine empirisch belastbare Antwort auf die Frage, in welchem Umfang

---

6 Angesichts der erheblichen staatlichen Subventionierung der Riester-Rente erscheint es nicht nachvollziehbar, dass den Anbietern so geförderter Produkte keine Verpflichtung zur Veröffentlichung entsprechender Statistiken auferlegt wurde.

7 Seit Juni 2012 gibt es allerdings erstmals Pressemeldungen zur Höhe der derzeit bereits ausgezahlten Leistungen aus Riester-Renten; vgl. Fußnote 15.

Riester-Renten die Minderung des Rentenniveaus der GRV tatsächlich kompensieren oder zur Vermeidung von Altersarmut beitragen können.

Aus diesem Grund liegt es nahe, sich zunächst den Verteilungswirkungen der Zulagenförderung auf dem Wege modellhafter Betrachtungen zu nähern. Dabei lassen sich vor allem auf der Beitragsseite theoretische Verteilungswirkungen erkennen, die sich aus den gesetzlichen Regelungen der Zulagenförderung selbst ergeben. Insbesondere erscheint hier von Interesse, in welchem Verhältnis der von den Versicherten aufzubringende Beitrag für die Riester-Rente zu dem Betrag steht, der insgesamt auf den jeweiligen Vertrag eingezahlt wird – also der Summe aus dem Beitrag des Versicherten und der beziehungsweise den Zulage(n). Es wird sich zeigen, dass dieses Verhältnis sich umso günstiger darstellt, je geringer das maßgebliche Einkommen der Versicherten ist (vgl. Thiede 2011).

Diese an der rechtlichen Regelung orientierte Verteilungsanalyse soll mit Hilfe von zwei eigens dafür definierten Indikatoren erfolgen: Der ‚relative Eigenbeitragsanteil' beschreibt dabei den vom Riester-Sparer für die Sicherung der vollen Zulage selbst aufzubringenden Beitrag in Relation zum maßgeblichen Entgelt[8] des Betroffenen, das ‚relative Sparvolumen' stellt den in einem Jahr auf einen Vertrag eingezahlten Betrag – eigener Beitrag des Versicherten plus Zulage(n) – in Relation zum maßgeblichen Entgelt des Betroffenen dar.

2.1 Wirkungen der Riester-Förderung auf den Beitragsaufwand

Voraussetzung für den Erhalt der vollen Zulage im Rahmen der Riester-Förderung ist, dass der ‚Mindesteigenbeitrag' in Höhe von vier Prozent des maßgeblichen Einkommens – also im Regelfall des sozialversicherungspflichtigen Entgelts der Geförderten im Vorjahr – abzüglich der gewährten Zulage(n) – erbracht wird.[9] Die Förderberechtigten müssen den Mindesteigenbeitrag also nicht in vollem Umfang selbst tragen, sondern nur den nach Abzug der Zulage(n) noch verbleibenden Anteil. Dieser hier als ‚Eigenbeitragsanteil' bezeichnete Betrag ist natürlich einerseits von der Höhe des sozialversicherungspflichtigen Entgelts abhängig, das die Betroffenen im vorangehenden Jahr bezogen haben; entschei-

---

8 In einer Vielzahl von Fällen entspricht das maßgebliche Einkommen dem sozialversicherungspflichtigen Entgelt des Vorjahres, kann aber von diesem abweichen. Das gilt beispielsweise bei Bezieherinnen und Beziehern von Arbeitslosengeld, bei Landwirten und nicht-erwerbsmäßigen Pflegepersonen. Hier wird im Folgenden vereinfachend davon ausgegangen, dass das zugrundeliegende Einkommen dem sozialversicherungspflichtigen Entgelt entspricht.
9 Vgl. § 86 Abs. 1 Satz 2 EStG.

dend für die Höhe des Eigenbeitragsanteils ist daneben aber auch die Höhe der von ihnen bezogenen Zulage(n), die vor allem von der Anzahl der berücksichtigten Kinder – aber gegebenfalls auch von mittelbar förderberechtigten Ehegatten – abhängig ist. Darüber hinaus spielt bei der Ermittlung des Eigenbeitragsanteils auch die Tatsache eine Rolle, dass die Regelungen zur Riester-Förderung einen Sockelbetrag der Versicherten in Höhe von 60 Euro im Jahr – also fünf Euro im Monat – vorsehen; dieser Beitrag ist von den Versicherten auch dann zu entrichten, wenn die von ihnen zu beanspruchenden Zulagen insgesamt schon einen größeren Betrag ausmachen als vier Prozent ihres sozialversicherungspflichtigen Entgelts.[10]

Betrachtet man die Höhe des Eigenbeitragsanteils in Abhängigkeit vom maßgeblichen individuellen sozialversicherungspflichtigen Einkommen, zeigen sich deutliche Unterschiede je nach Familienstand, Kinderzahl und Geburtsjahr der Kinder sowie der Höhe des Einkommens. So macht der ‚relative Eigenbeitragsanteil' – also der prozentuale Anteil des von den Versicherten selbst zu entrichtenden Beitrags zur Erlangung der vollen staatlichen Förderung am maßgeblichen individuellen Einkommen – bei alleinstehenden Kinderlosen mit monatlichen Entgelten von unter 600 Euro weniger als zwei Prozent ihres maßgeblichen Bruttoentgelts aus. Bei Entgelten von rund 1 300 Euro je Monat liegt er bei etwa drei und nähert sich dann mit steigendem Monatseinkommen langfristig einem Wert von circa 3,6 Prozent an. Bei alleinstehenden Personen mit einem Kind ergeben sich – je nachdem, ob das Kind vor 2008 oder ab 2008 geboren worden ist – bei sozialversicherungspflichtigen Einkommen von unter 1 400 beziehungsweise unter 1 900 Euro im Monat relative Eigenbeitragsanteile von zwei Prozent oder weniger. Alleinstehende mit zwei Kindern – wobei hier unterstellt wurde, dass jeweils ein Kind vor und ein Kind ab 2008 geboren wurde – zahlen für den vollen Erhalt ihrer Riester-Förderung bis zu einem sozialversicherungspflichtigen Entgelt von etwa 1 800 Euro pro Monat weniger als ein Prozent ihres sozialversicherungspflichtigen Entgelts als Eigenbeitragsanteil. Bis zu einem sozialversicherungspflichtigen Entgelt von monatlich rund 2 600 Euro müssen sie weniger als zwei Prozent zahlen. Betrachtet man Ehepaare mit nur einem/einer unmittelbar förderberechtigten Ehepartnerin/Ehepartner[11], verschiebt sich – abhängig von der Zahl und dem Geburtsjahr der Kinder – der selbst zu tragende Anteil am Beitrag zur Riester-Rente deutlich nach unten. Bei entsprechenden Ehepaaren mit

---

10 Vgl. § 86 Abs. 1 Satz 4 EStG.
11 Also zum Beispiel Ehepaare, in denen eine Partnerin oder ein Partner nicht erwerbstätig, nur geringfügig beschäftigt oder selbstständig ist.

zwei Kindern ist die Beitragsbelastung selbst bei Einkünften oberhalb des Durchschnittsentgelts eines Versicherten noch deutlich geringer als zwei Prozent. Im Ergebnis zeigt sich, dass gerade bei Alleinstehenden mit Kindern, aber auch bei Ehepaaren mit Kindern, der von den Betroffenen selbst zu tragende Beitrag für die Riester-Rente im Verhältnis zu ihrem sozialversicherungspflichtigen Einkommen einen sehr geringen Prozentsatz ausmacht. Der von den Betroffenen zu tragende Beitragsanteil ist bei niedrigem sozialversicherungspflichtigen Entgelt sogar noch deutlich geringer als in der paritätisch finanzierten gesetzlichen Rentenversicherung, wo der Arbeitgeber eine Hälfte und die betroffene Arbeitnehmerin oder der betroffene Arbeitnehmer die andere Hälfte des Beitrages zu tragen haben.

Aus dieser theoretisch angelegten Analyse lässt sich ableiten, dass von den rechtlichen Regelungen zur Höhe des von den Versicherten selbst zu tragenden Beitrags für die Riester-Rente eine deutlich umverteilende Wirkung ausgeht: Einerseits ist der Eigenbeitragsanteil, bezogen auf das sozialversicherungspflichtige Entgelt der Betroffenen, im Bereich niedriger Einkommen deutlich geringer als bei durchschnittlichen oder höheren Einkommen. Andererseits verringert sich der von den Versicherten zu tragende Eigenbeitragsanteil noch deutlich mit der Anzahl der Kinder. Insofern implizieren die bestehenden Regelungen auf der Beitragsseite eine deutliche Umverteilung zugunsten der Bezieherinnen und Bezieher niedriger sozialversicherungspflichtiger Entgelte und von Kindererziehenden.

2.2 Wirkungen der Riester-Förderung auf das eingesetzte Kapital

Um die Verteilungswirkungen der Riester-Zulagen umfassend einschätzen zu können sollten auch die Effekte berücksichtigt werden, die die Zulagenregelungen auf die Höhe des angesparten Vermögens haben und die damit tendenziell auf die Leistungsseite verweisen. Wie bereits ausgeführt, liegen derzeit noch keine belastbaren empirischen Informationen über die Höhe der Leistungen vor, die aus Riester-Verträgen erwachsen.[12] Man kann deshalb bisher auch hier lediglich vorsichtige, modellhaft entwickelte Schlussfolgerungen bezüglich der theoretischen Verteilungswirkungen der Förderregelungen selbst ziehen.

Diese Regelungen sehen bekanntlich vor, dass Riester-Sparern eine Grundzulage von 154 Euro sowie für jedes Kind eine Kinderzulage von 185 Euro (beziehungsweise 300 Euro für Kinder, die ab 2008 geboren sind) gutgeschrieben

---

12 Erste Angaben zu den ausgezahlten Renten liefert eine Publikation von Finanztest (vgl. Finanztest 2012).

wird, sofern der Versicherte den Mindesteigenbeitrag erbringt.[13] Dieser beläuft sich im Regelfall – wie bereits im Voranstehenden erläutert – auf vier Prozent des sozialversicherungspflichtigen Entgelts des Vorjahres abzüglich der Zulagen, die der Versicherte gutgeschrieben bekommt; unabhängig davon ist aber in jedem Fall ein Sockelbetrag von 60 Euro pro Jahr zu entrichten. In Fällen, in denen bereits die Summe der Zulagen eines Versicherten mehr als vier Prozent seines sozialversicherungspflichtigen Entgelts des Vorjahres ausmachen, wird die Summe der Zulagen zuzüglich der 60 Euro Sockelbetrag pro Jahr dem Förderkonto gutgeschrieben. Das Ansparvolumen des entsprechenden Jahres ist dann – bezogen auf das maßgebliche sozialversicherungspflichtige Entgelt des Versicherten – größer als vier Prozent. Bei gleichem Vorsorgeprodukt und gleichem Entgelt wird daraus – unter sonst gleichen Bedingungen – tendenziell eine höhere Leistung resultieren als für einen Versicherten, für den nur genau vier Prozent angelegt werden.

Im Falle eines kinderlosen alleinlebenden Riester-Sparers ist dies in der Praxis weitgehend bedeutungslos: Nur bei sozialversicherungspflichtigen Entgelten in der Größenordnung der geringfügigen Beschäftigung könnte es dazu kommen, dass die Zulage zuzüglich des Sockelbetrages einen Wert von vier Prozent eines sozialversicherungspflichtigen Entgelts überschreitet. Anders stellt sich die Situation dagegen bei Alleinstehenden mit Kindern dar. Für Alleinerziehende mit einem Kind werden immerhin bis zu einem sozialversicherungspflichtigen Entgelt von monatlich 900 Euro (Kind vor 2008 geboren) beziehungsweise 1100 Euro (Kind ab 2008 geboren) monatlich mehr als vier Prozent dieses Einkommens für die Riester-Rente angespart. Betrachtet man schließlich Alleinerziehende mit zwei Kindern, so ergibt sich sogar noch bei einem sozialversicherungspflichtigen Monatsentgelt von 1400 EUR ein Ansparvolumen, das größer ist als vier Prozent des sozialversicherungspflichtigen Entgelts. Ähnliches zeigt sich auch für Ehepaare (mit nur einem unmittelbar Förderberechtigten): Betrachten wir beispielsweise Paare mit zwei Kindern, von denen eines vor und eines ab 2008 geboren wurde, würden bis zu einem sozialversicherungspflichtigen Monatseinkommen von 1800 EUR mehr als vier Prozent dieses Monatseinkommens für den Riester-Vertrag angespart.

Letztlich ergibt sich daraus, dass auch auf der Leistungsseite die gesetzlichen Regelungen zur Zulagenförderung im Rahmen der Riester-Rente einen deutlichen Umverteilungseffekt zugunsten sehr niedriger Einkommen und vor allem zugunsten von Kindererziehenden implizieren. Da für die genannten Gruppen in den

---

13 Vgl. §§ 84 f. EStG.

entsprechenden Jahren ein größerer Prozentsatz des sozialversicherungspflichtigen Entgeltes im Rahmen der Riester-Rente angespart wird, ist – unter sonst gleichen Bedingungen – für diese Gruppen auch eine, relativ zum individuellen Entgelt, höhere Leistung zu erwarten als für Versicherte mit höherem Einkommen und/oder weniger Kindern.

Die Verteilungseffekte der Zulagenförderung zugunsten von Geringverdienenden und Versicherten mit Kindern werden noch deutlicher, wenn man die beiden hier dargestellten Effekte im Zusammenhang betrachtet. Niedrigeinkommensbezieherinnen und -bezieher zahlen im Vergleich zu Versicherten mit höherem Einkommen einen geringeren Anteil ihres Einkommens als Eigenbeitragsanteil, gleichzeitig wird für sie ein größerer Anteil ihres Einkommens als Vorsorgekapital angespart: Eine Alleinerziehende mit einem nach 2007 geborenen Kind, die ein Bruttoentgelt von 1 000 Euro pro Monat bezieht, müsste zum Erreichen der vollen Riester-Zulagen selbst nur 60 Euro (0,5 Prozent ihres Entgelts) im Jahr als Beitrag auf den Riestervertrag einzahlen, für sie würden dann insgesamt 514 Euro (4,12 Prozent ihres Entgelts) angelegt – es kommt also quasi zu einer ‚Aufwertung' ihres selbst gezahlten Beitrags um 757 Prozent. Die hier beschriebene ‚Aufwertung' ist stark degressiv angelegt: Bei Versicherten mit höheren sozialversicherungspflichtigen Entgelten ist sie deutlich geringer als bei Versicherten mit niedrigen Entgelten, bei gleichem Einkommen wird sie mit abnehmender Kinderzahl geringer.

Im Ergebnis kann also festgehalten werden, dass mit den Regelungen der Zulagenförderung im Rahmen der Riester-Rente theoretisch eine erhebliche Umverteilungswirkung verbunden ist. Sie wirkt tendenziell zu Gunsten von Versichertengruppen, die auch im Alter vermutlich überdurchschnittlich von Armutsrisiken betroffen sein dürften: Versicherte mit geringen Entgelten und/oder Kindern. Ob sich diese Wirkung in der Realität tatsächlich einstellt ist allerdings vor allem auch davon abhängig, dass die von den Umverteilungswirkungen potenziell begünstigten Gruppen die Förderung auch in vollem Umfang in Anspruch nehmen. Sofern dies der Fall ist, kann die Riester-Rente tatsächlich in gewissem Umfang zur Vermeidung eines künftigen Anstiegs der Altersarmut beitragen.

3 Empirische Befunde zu den Verteilungswirkungen der Zulagenförderung

Hinweise darauf, welches Gewicht die in der Riester-Förderung durch Zulagen angelegten Verteilungswirkungen nicht nur theoretisch, sondern auch praktisch entfalten, lassen sich nur auf Basis empirischer Befunde gewinnen. Leider ist das verfügbare Datenmaterial hierzu bislang nicht befriedigend; insbesondere liegen bislang noch keine veröffentlichten Daten der Anbieter zur Höhe der auf den ‚Riester-Konten' angesammelten Vermögen vor – obwohl die Anbieter ihre Kunden jährlich hierüber informieren und diese Angaben insofern bei den Anbietern bekannt sein müssen.

Über die Struktur der Förderung selbst geben dagegen zum Beispiel die statistischen Auswertungen der Zulagenförderung durch die Zentrale Zulagenstelle für Altersvermögen (ZfA) detailliert Auskunft (vgl. zu den Ergebnissen der Beitragsjahre 2002 bis 2006: Stolz & Rieckhoff 2005; 2006; 2007; 2008; 2009; 2010). Die aktuellsten Befunde zur Zulagenförderung im Rahmen der Riester-Rente liegen für das Beitragsjahr 2008 vor. Demnach entfallen rund drei Viertel aller Zulagen auf Personen mit Wohnsitz in den alten Bundesländern, das heißt die prozentuale Beteiligung an der Riester-Rente ist in den neuen Ländern etwas höher als in den alten. Mit rund 57 Prozent aller Zulagenempfänger zeigt sich eine überdurchschnittliche Beteiligung von Frauen. Neben der Grundzulage bezogen insgesamt rund 40 Prozent eine Kinderzulage für mindestens ein Kind, in 82 Prozent der Fälle kam diese Frauen zugute. Bei der Analyse der Zulagenempfängerinnen und -empfänger nach dem der Zulagenberechnung zugrunde liegenden Einkommen sind die unteren Einkommensgruppen klar bestimmend (vgl. Stolz & Rieckhoff 2011). Mehr als die Hälfte der Zulagenempfängerinnen und -empfänger verfügen über ein zugrundeliegendes Jahreseinkommen unter 20 000 Euro, über 70 Prozent liegen unter einem Jahreseinkommen von 30 000 Euro im Jahr.

Allerdings beziehen sich diese Angaben auf die individuellen Einkommen der Betroffenen ohne Berücksichtigung des Familien- oder Haushaltszusammenhangs. Empirische Untersuchungen zum Zusammenhang zwischen Riester-Förderung und der Höhe der Haushaltseinkommen der Geförderten weisen dagegen überwiegend darauf hin, dass Haushalte von Geringverdienenden die Förderung bislang tendenziell unterdurchschnittlich in Anspruch nehmen, sich allerdings in den letzten Jahren dort anscheinend eine besonders starke Dynamik zeigt (vgl. zum Beispiel Coppola & Reil-Held 2009 oder Coppola & Gasche 2011). Allerdings beziehen sich diese Untersuchungen ausschließlich auf den Tatbestand, ob in Haushalten Riester-Verträge abgeschlossen wurden oder nicht; sie weisen dagegen keine Informationen zur Höhe der auf den Riester-Konten der Sparerinnen und Sparer angesammelten Vermögen auf. Anders als die Statistiken der ZfA basieren diese Angaben zudem nicht auf den prozessproduzierten Daten aller Zulagenempfängerinnen und -empfänger, sondern auf Umfragedaten mit relativ geringen Fallzahlen.

Die einzige derzeit bekannte Befragungsstudie, die Angaben zur Höhe der bislang auf den Riester-Konten angesparten Vermögen ausweist, ist die Studie ‚Individuelle Altersvorsorge 2009' (IAV)[14] – eine Folgestudie zur Untersuchung ‚Altersvorsorge in Deutschland 2005' (AVID: vgl. dazu z. B. Frommert et al. 2008). Danach ergibt sich zumindest für die Geburtskohorten 1942 bis 1961 bei Riester-Verträgen von Versicherten mit niedrigeren sozialversicherungspflichtigen Entgelten ein überproportional hoher Vermögensbestand (vgl. Ehler & Haak 2011: 279).

Eine wichtige Rolle für die Ergebnisse des geförderten Riester-Sparens spielt sicher auch die Tatsache, ob die mögliche Förderung – durch die Zahlung der erforderlichen Mindesteigenbeiträge nach § 86 Abs. 1 EStG – in vollem Umfang ausgeschöpft wird und ob der geförderte Ansparprozess kontinuierlich, das heißt ohne Unterbrechung oder vorzeitige Kündigung des Vertrages erfolgt. Hierzu weisen erste Längsschnittsanalysen der ZfA-Daten interessante Ergebnisse aus (vgl. Wels & Rieckhoff 2011): So zeigt sich zum Beispiel, dass Zulagenempfängerinnen und -empfänger mit sehr geringem Einkommen (bis 10 000 Euro im Jahr) im Zeitverlauf eine nahezu konstante Ausschöpfungsquote aufweisen, während bei höheren Einkommen die Ausschöpfungsquote im Zeitverlauf abnimmt. Ebenfalls erkennbar ist eine ansteigende Ausschöpfungsquote mit zunehmender Anzahl von Kinderzulagen. Frauen nutzen ihren Zulagenanspruch über die Beitragsjahre hinweg besser aus als Männer. Zwischen den alten und neuen Ländern sind diesbezüglich kaum Unterschiede festzustellen (Wels & Rieckhoff 2011). Interessant ist auch der Befund, dass der Anteil der Zulagenempfängerinnen und -empfängern, die zumindest in den ersten drei Jahren nach Vertragsabschluss die Beitragszahlung nicht unter- oder abbrechen, im Laufe der Zeit deutlich angestiegen ist.

Derzeit ist auf Basis der vorliegenden empirischen Befunde letztlich noch keine umfassende Antwort auf die Frage möglich, ob und in welchem Umfang sich die aus den Förderregelungen ergebenen theoretischen Verteilungseffekte der Riester-Förderung auch tatsächlich empirisch realisieren. In Anbetracht der Tatsache, dass die Förderung zum 01.01.2002 eingeführt wurde und deshalb bislang erst sehr wenige Personen mit einer zusätzlichen Riester-Rente in den Ruhestand

---

14 Im Rahmen der IAV 2009 wurden für eine repräsentative Stichprobe der deutschen Bevölkerung der Geburtsjahrgänge 1942 bis 1961 Befragungsdaten zu den individuellen Anwartschaften in der betrieblichen sowie der privaten Altersvorsorge mit Informationen zu den Anwartschaften in der gesetzlichen Rentenversicherung zusammengeführt, wobei letztere mit Zustimmung der Befragten den Versicherungskonten der GRV entnommen wurden. Dadurch ergibt sich insgesamt ein umfassendes Bild der Altersversorgung der einbezogenen Geburtsjahrgänge (vgl. dazu Ehler & Haak 2011 sowie Haak 2011).

eingetreten sind[15], erscheint dies auch wenig überraschend. Eine fundierte Einschätzung darüber, in welchem Umfang Versicherte aus verschiedenen Einkommens- und Bevölkerungsgruppen von den potenziellen Umverteilungswirkungen der Riester-Rente profitieren werden, bedarf deutlich besserer Datengrundlagen, als sie bislang verfügbar sind. Immerhin weisen die Daten der ZfA aber darauf hin, dass auf individueller Ebene offenbar die Mehrzahl der Zulagenempfängerinnen und -empfänger Versicherte mit unterdurchschnittlichem Entgelt und/oder Kindererziehende sind.

4   Fazit

Im ersten Teil des vorliegenden Aufsatzes wurde theoretische Evidenz für eine tendenzielle Begünstigung von Armutsrisikogruppen – gemeint sind in diesem Fall vor allem Niedrigeinkommensbezieherinnen und -bezieher – durch die Riester-Förderung herausgearbeitet. Im zweiten Teil wurden empirische Hinweise zusammengetragen, die möglicherweise auf eine überdurchschnittliche Beteiligung dieser Gruppe an der Riester-Förderung weisen. Insgesamt lässt sich schlussfolgern, dass die Zulagenförderung der Riester-Rente vor allem Niedrigeinkommensbezieherinnen und -bezieher mit Kindern deutlich begünstigen kann, sofern sie kontinuierlich die volle Förderung in Anspruch nehmen. Ob das allerdings ausreicht, um in diesen Fällen das höhere Risiko auszugleichen, im Alter von Armut betroffen zu sein, hängt in erster Linie von der zugrunde liegenden Erwerbsbiografie ab.

Das theoretische Umverteilungspotenzial der Zulagenförderung ist – bezogen auf Niedrigverdienende mit Kindern – deutlich höher als das der Rentenversicherung. Sofern sich dieses theoretische Potenzial realisieren lässt, könnte die Riester-Rente auch einen gewissen Beitrag zur Vermeidung von Altersarmut liefern. Ob sich das der Zulagenförderung im Rahmen der Riester-Rente inne wohnende Umverteilungspotenzial allerdings tatsächlich realisiert, hängt einerseits von der weiteren Inanspruchnahme durch die Versicherten, aber natürlich auch von der mittel- und langfristigen Rentabilität der einzelnen Riester-Produkte ab.

---

15   Dagegen sind jetzt erstmals Angaben zur Höhe der bereits zur Auszahlung gekommenen Leistungen aus Riester-Verträgen publiziert worden – wenngleich nicht von den Anbietern selbst, sondern von der Zeitschrift Finanztest. Danach liegen zumindest bei einem großen Versicherer die monatlichen Riester-Renten bislang im Schnitt bei 38 Euro, was angesichts der vergleichsweise kurzen Anspardauer mit zunächst nur relativ niedrigen Sparbeiträgen erstaunlich hoch erscheint (vgl. in Finanztest 2012).

Literatur

Coppola, M., & Gasche, M. (2011). *Die Riester-Förderung – Das unbekannte Wesen* [MEA Discussion Paper 244]. München: Munich Center for The Economics of Aging.

Coppola, M., & Reil-Held, A, (2009). *Dynamik der Riester-Rente: Ergebnisse aus SAVE 2003 bis 2008* [MEA Discussion Paper 195]. Mannheim: Mannheim Research Institute for the Economics of Aging.

Dedring, K.-H., Deml, J., Döring, D., Steffen, J., & Zwiener, R. (2010). *Rückkehr zur lebensstandardsichernden und armutsfesten Rente* [WISO-direkt]. Bonn: Friedrich-Ebert-Stiftung.

Deutscher Bundestag (Hrsg.) (2001). *Entwurf eines Gesetzes zur Reform der gesetzlichen Rentenversicherung und zur Förderung eines kapitalgedeckten Altersvorsorgevermögens (Altersvermögensgesetz – AVmG) (BT-Drucksache 14/5068)*.

Ehler, J., & Haak, C. (2011). Riester-Sparen – eine Frage des Vertrauens? *Deutsche Rentenversicherung, 66(4),* 269–290.

Finanzwissenschaftliches Forschungsinstitut an der Universität Köln/ZEW/Copenhagen Economics (Hrsg.) (2009) *Evaluierung von Steuervergünstigungen, Bd. 3, Evaluierungsberichte.* Forschungsauftrag des BMF. Köln u. a.: Finanzwissenschaftliches Forschungsinstitut an der Universität zu Köln Copenhagen Economics ApS, ZEW – Zentrum für Europäische Wirtschaftsforschung.

Frommert, D., Ohsmann, S., & Rehfeld, U. (2008). Altersvorsorge in Deutschland 2005 (AVID 2005) – Die neue Studie im Überblick. *Deutsche Rentenversicherung, 63(1),* 1–19.

Haak, C. (2011). Das angesparte Altersvorsorgekapital aus Riester-Verträgen: Eine empirische Auswertung auf Basis der Befragung „Individuelle Altersvorsorge 2009". *Deutsche Rentenversicherung, 66(1),* 105–116.

Heller, B. (2001). Die Neuregelungen des Altersvermögensgesetzes. *Die Angestellten-Versicherung, 48(7),* 232–239.

Köhler, L. (2001). Die Neuregelungen des Altersvermögensergänzungsgesetzes. *Die Angestellten-Versicherung, 48(5-6),* 165–175.

Michaelis, K., & Thiede, R. (2000). Reform der gesetzlichen Rentenversicherung: Zwischen Kontinuität und Paradigmenwechsel. *Die Angestellten-Versicherung, 47(12),* 426–436.

o. V. (2012). Es ist soweit. *Finanztest, 6,* 34–37.

Rische, H. (2005). Neue Wege für die Deutsche Rentenversicherung. *Die Angestellten-Versicherung, 52(1),* 2–7.

Sachverständigenkommission Alterssicherungssysteme (1983). *Vergleich der Alterssicherungssysteme und Empfehlungen der Kommission* (Gutachten der Sachverständigenkommission v. 19.11.1983, Bd. I). Stuttgart: Kohlhammer Verlag.

Schmähl, W. (2011). Von der Ergänzung der gesetzlichen Rentenversicherung zu deren partiellen Ersatz: Ziele, Entscheidungen sowie sozial- und verteilungspolitische Wirkungen. In E. Eichenhofer, H. Rische, & W. Schmähl (Hrsg.), *Handbuch der gesetzlichen Rentenversicherung SGB VI* (S. 210–215). Neuwied: Luchterhand.

Stolz, U., & Rieckhoff, C. (2005). Aktuelle Ergebnisse der zulagengeförderten Altersvorsorge – Erste statistische Auswertungen der Zentralen Zulagenstelle für Altersvermögen. *Die Angestelltenversicherung*, 52(9), 409–416.

Stolz, U., & Rieckhoff, C. (2006). Zulagenzahlungen der Zentralen Zulagenstelle für Altersvermögen – Auswertungen für das Beitragsjahr 2003. *RVaktuell*, 53(8), 306–313.

Stolz, U., & Rieckhoff, C. (2007). Zulagenförderung für das Beitragsjahr 2004 durch die Zentrale Zulagenstelle für Altersvermögen (ZfA). *RVaktuell 2007*, 54(9), 306–313.

Stolz, U., & Rieckhoff, C. (2008). Förderung der zusätzlichen Altersversorgung für das Beitragsjahr 2005 durch die ZfA. *RVaktuell*, 55(9), 267–273.

Stolz, U., & Rieckhoff, C. (2009). Beitragsjahr 2006: Erstmals mehr als eine Milliarde Euro an Zulagenförderung durch die ZfA. *RVaktuell*, 56(11), 376–383.

Stolz, U., & Rieckhoff, C. (2010). Beitragsjahr 2007: Zulagenförderung nochmals um mehr als ein Viertel gestiegen. *RVaktuell*, 57(11), 355–362.

Stolz, U., & Rieckhoff, C. (2011). Förderung der Riester-Rente für das Beitragsjahr 2008 – Mehr als neun Millionen Personen mit Zulagen. *RVaktuell*, 58(12), 357–364.

Thiede, R. (2011). Riester-Rente – Verteilungswirkungen der Zulagenförderung. *RVaktuell*, 58(3), 71–78.

Wels, M., & Rieckhoff, C. (2011). Anstieg, Abstieg oder Ausstieg mit der „Riester-Treppe"? – Die Zulageförderung in der Längsschnittanalyse. *RVaktuell*, 58(5/6), 143–158.

Alterssicherung als Erfahrungssache: Private Vorsorge und neue Verarmungsrisiken

Ingo Bode und Felix Wilke

1 Einleitung

Seit den Rentenreformen der 2000er Jahre vollzieht sich (nun auch) in Deutschland die Absicherung gegen das Altersrisiko im Rahmen eines ‚welfare mix'. Damit fällt ein zunehmender Anteil der Alterssicherung aus dem Zuständigkeitsbereich der gesetzlichen Rentenkassen heraus und muss – soweit das Ziel der Lebensstandardsicherung verfolgt wird – vermehrt durch (sozialstaatlich gerahmtes) privates Sparen oder betriebliche Altersvorsorge ersetzt werden (Hinrichs 2008). Mit dem vorläufigen Ende des die industrielle Moderne begleitenden Prozesses der ‚Verstaatlichung des Alters' (Berner 2009; Prahl & Schroeter 1996: 54) wächst mithin die Bedeutung individueller Entscheidungsprozesse bei der Absicherung gegen das Altersrisiko. Der Staat scheint sich dabei auf ein neuartiges rentenpolitisches Engagement zu verpflichten: Er hält fest am Ziel der Lebensstandardsicherung (Bundesregierung 2001: 51), überlässt dessen Erreichung aber vermehrt Interaktionen zwischen Bürgerinnen und Bürgern und Anbietern von Finanzprodukten auf dem privaten Vorsorgemarkt.

Die Alterssicherung im ‚welfare mix' ist allerdings voraussetzungsvoll. Sie wird partiell in die Zuständigkeit der Bürgerinnen und Bürger gegeben, die – wie klassische Ansätze zur Ökonomie der Sozialpolitik wiederholt herausgestellt haben (vgl. etwa Lampert & Althammer 2004: 144 ff.) – nicht zwingend dazu neigen, sich eigeninitiativ ‚risikoadäquat' gegen Lebensrisiken abzusichern. In diesem Beitrag wird argumentiert, dass diejenigen, die sich mit der Absicherung ihres Altersrisikos befassen (müssen), den Weg rationaler Kalkulation gar nicht beschreiten können und vielfach auf soziale Naherfahrungen zurückgreifen, um sich auf dem Vorsorgemarkt zu orientieren. Dadurch ergeben sich – gemessen am Status quo ante – neuartige Risiken sozialer Deprivation. Diese können auch in Verarmungsprozesse münden, in jedem Fall aber in eine quer zu klassischen Stratifizierungen gelagerte, horizontale soziale Ungleichheit.

Wir beginnen mit einem kurzen Abriss über den aktuellen Stand der Diskussion zur privaten Altersvorsorge in Deutschland, vor allem im Hinblick auf Informations(-Verarbeitungs)- und Vertrauensprobleme, die auf Altersvorsorgemärkten auftreten. Darauf aufbauend entwickeln wir die Hypothese, dass bisher unbeachtete Netzwerk- und Beratungserfahrungen als zentrale Komponente von Entscheidungsprozessen in der privaten Vorsorge berücksichtigt werden müssen. Der zweite, empirische Teil zeigt anhand eigener Auswertungen der SAVE-Studie, dass bei den Bürgerinnen und Bürgern bezüglich der Vorsorgeplanung nicht nur Informationsdefizite vorliegen, sondern differierende Erfahrungshintergründe, die mit einem unterschiedlichen Vorsorgeverhalten korrespondieren. Im Schlusskapitel fragen wir nach den Implikationen dieser Befunde im Hinblick auf Altersarmut.

2 Private Vorsorge und ihre Voraussetzungen: der ‚state of the art'

In Deutschland folgt staatlich moderierte Altersvorsorge (mehr oder weniger implizit) dem Leitbild eines rationalen und kompetenten Verbrauchers.[1] Wie diverse Studien gezeigt haben, gibt es allerdings eine erhebliche Diskrepanz zwischen dem, was hier als ökonomisch rational gelten kann, und dem, was empirisch beobachtbar ist. Ein deutlicher Hinweis darauf ist der feststellbare Bias in den Altersvorsorgeanstrengungen zuungunsten der unteren Einkommensschichten vor dem Hintergrund, dass die (partiell) degressiv angelegte staatliche Förderung besondere Anreize für eben diese Einkommensgruppen bietet (vgl. im Überblick: Rieckhoff 2011). Einige Beobachter erklären diesen Umstand mit Vertrauensproblemen, die dem auf Märkten organisierten Weg zur privaten Vorsorge inhärent zu sein scheinen (Lamping & Tepe 2009; Taylor-Gooby 2005).[2] Wenig überraschend wird auch auf Informationsprobleme verwiesen, also auf die Tatsache, dass bei fehlendem Wissen erhebliche Probleme bei der Suche nach einem passenden Produkt auftreten (können). Unkenntnis der Funktionsweise eines Rentensystems (Börsch-Supan et al. 2004, Nüchter et al. 2008: 120–124) sowie der privaten Altersvorsorge, aber auch begrenzte finanzmathematische Fähigkeiten (Leinert 2003; Leinert &

---

[1] Dies jedenfalls suggerieren Stellungnahmen der Bundesregierung zur Organisation der neuen Alterssicherung: „[…]Leitbild ist dabei der gut informierte mündige Verbraucher und ein Markt, auf dem mit überschaubarem Aufwand ein Vergleich von Angeboten möglich ist." (Deutscher Bundestag 2010: 2).
[2] Ganz zu schweigen von der Vermischung verschiedener Interessenlagen bei der in Deutschland üblichen Beratungslandschaft.

Wagner 2004) kommen hinzu. Auch jene Forschungsarbeiten, die sich mit der Wirkung von (Vorsorge-)Beratung auseinandersetzen, zeigen, dass auf Vorsorgemärkten ökonomisch irrationale Entscheidungen vorprogrammiert sind (zum Beispiel Kohlert & Oehler 2009; im Überblick Blank 2011: 113).[3] Diese Märkte sind hochkomplex, auf ihnen konkurrieren zahlreiche Anbieter, die Angebote mit unterschiedlichem Zuschnitt und Kostenprofil bereitstellen.[4] Neben möglicher Desinformation gibt es hier eine Koinzidenz von zu viel Information und zu wenig Informationsverarbeitungskapazität. Marktunvollkommenheiten sind die Folge. Etwas anderes kommt hinzu: Wenn bei der so genannten ‚Riester-Rente' selbst unter Kontrolle sozialstruktureller Merkmale bislang die Inanspruchnahme sogar der großzügigsten Fördermöglichkeiten beachtlich schwankt, gibt es Variationen im Vorsorgeverhalten, die gleichsam jenseits der (alten) sozialen Frage auftreten und auf den ersten Blick schwer erklärbar scheinen. Offenbar zeigt der marktvermittelte Modus der sozialen Daseinsvorsorge Wirkungen, die über die klassische vertikale Differenzierung von Wohlfahrtschancen hinausgehen (vgl. Bode 2005).

Die (partiell) wohlfahrtsmarktliche Ausgestaltung der Alterssicherung generiert dabei sehr spezifische Entscheidungskonstellationen. Während etwa die Folgen der Wahl einer Krankenkasse (inklusive Wahltarife etc.) oder einer Arbeitsvermittlungsagentur im Hinblick auf den erwartbaren Leistungsumfang noch halbwegs abgeschätzt werden können, basieren Überlegungen zur Altersvorsorge auf einer Prognose, die Zeiträume bis über 40 Jahre umfasst, und insofern ausgesprochen vage ausfallen muss. Die Höhe der zur Sicherung des Lebensabends notwendigen Einzahlungen und damit die Schließung der durch den Abbau der staatlichen Versorgung entstehenden Versorgungslücke (als zentrales Ziel der Privatvorsorge) lassen sich über einen solchen Zeithorizont nur schwer kalkulieren. Auch die Portfolioentscheidung zwischen (vermeintlich) sicheren und risikoreichen, aber möglicherweise renditestärkeren, Anlageformen kann auf der Basis aktuellen Wissens kaum als richtig oder falsch evaluiert werden, wie nicht zuletzt die Bankenkrise vor Augen geführt hat. Gleiches gilt für staatliche Regulierungen, deren Einfluss zum Beispiel im Hinblick auf die Höhe von Steuerersparnissen durch die Wahl bestimmter Altersvorsorgeprodukte langfristig kaum vorausgesehen werden kann.

---

3   Dies gilt insbesondere für Personen mit geringen finanzwirtschaftlichen Vorkenntnissen, obwohl gerade sie besonders beratungsbedürftig sind (Kohlert & Oehler 2009: 88).
4   Auf dem Riester-Markt in Deutschland ‚tummeln' sich derzeit mehrere Tausend Produktprofile, und es gibt Belege dafür, dass sich viele gerade auch im Hinblick auf die Endrenditen deutlich unterscheiden.

Entscheidungen für oder gegen ein bestimmtes Produkt sind also im Wesentlichen durch Umstände geprägt, die den Akteuren mit dem verfügbaren Wissen noch nicht bekannt sein können. Das Vorsorgesubjekt sieht sich einer Situation gegenüber, in der Antworten auf einige pragmatische beziehungsweise technische Fragen die Entscheidung für oder gegen ein bestimmtes Altersvorsorgeprodukt beeinflussen können, die grundlegenden Sachverhalte jedoch aufgrund des langen Entscheidungshorizonts hoch spekulativ bleiben. Handlungssoziologisch lässt sich eine solche Situation als Entscheidung unter Ungewissheit charakterisieren (vgl. Beckert 1996).

Die Frage, wie sich Individuen in einer solchen Situation verhalten, beantwortet die neuere Wirtschaftssoziologie anders als die in der Rational-Choice-Tradition verankerte Werterwartungstheorie. Letztere unterstellt, dass statt Ungewissheit eine Entscheidung unter Risiko vorliegt und in diesem Rahmen dann (dennoch) rational gehandelt wird (Coddington 1982). In der neuen Wirtschaftssoziologie hingegen wird angenommen, dass die Entscheidung unter Ungewissheit sehr stark durch soziale Parameter beeinflusst wird (Beckert 1996) und damit nicht unbedingt einer auf Sachinformationen basierten rationalen Handlung entspricht. Daraus folgt, dass der Auseinandersetzung mit der – intersubjektiv stark variierenden – Umwelt eine zentrale Stellung für die Erklärung von Entscheidungen zukommt (Granovetter 1985).

Der soziale Prozesscharakter von Entscheidungen im Zusammenhang mit der privaten Altersvorsorge bleibt (zumindest) in der deutschsprachigen Forschung stark unterbelichtet (siehe aber Hurrelmann & Karch 2010). Dass dabei ein wichtiger Faktor ausgeblendet bleibt, deuten eine Reihe internationaler Forschungsarbeiten an, die nachweisen, dass Vorsorgeentscheidungen unter Kontrolle sozioökonomischer Parameter erheblich durch soziale Naherfahrungen in Familie, Freundeskreis oder Arbeitsplatzumfeld geprägt sind (zum Beispiel Duflo & Saez 2003; Hershey et al. 2010; Lusardi 2003; im Überblick: Bode & Wilke 2012). Da die Notwendigkeit zusätzlicher privater Vorsorge mittlerweile ‚geteiltes Wissen' ist und sich die Anzeichen dafür mehren, dass private Altersvorsorge Charakteristika einer sozialen Konvention annimmt (Krisch 2010: 194 ff.), ist davon auszugehen, dass Netzwerk- und Beratungserfahrungen eine wichtige Rolle spielen, wenn es um Vorsorgeanstrengungen der Haushalte geht. Insofern lohnt es, den Einfluss dieser Erfahrungen in vorliegenden Daten auszuwerten.

3 Empirische Einblicke in die soziale Prägung privater Altersvorsorge

Die vorhergehende Argumentation legt nahe, dass sich Altersvorsorgeentscheidungen in einer Situation struktureller Unsicherheit weniger als rationaler Prozess darstellen, sondern vielmehr im Rahmen einer sozial eingebetteten Orientierungssuche verlaufen. In zwei Schritten wollen wir diese Vermutung durch eine empirische Sekundäranalyse untermauern. Es soll gezeigt werden, dass Vorsorgeentscheidungen erstens nicht nach einem für rationale Akteure erwartbaren Muster verlaufen und zweitens maßgeblich durch soziale Variablen geprägt sind, die unabhängig von materiellen und kognitiven Bedingungen zur Wirkung gelangen.

Grundlage der Datenauswertung ist die SAVE Panel-Studie des Mannheim Research Institute for the Economics of Ageing. Die seit 2001 laufende Studie erhebt jährlich Daten zur Finanzlage von Haushalten in Deutschland. Dabei werden neben soziodemografischen Charakteristika umfassende Daten zur Einkommens- und Vermögenslage, qualitative Einstellungen zum Sparen sowie psychologische Variablen über Erwartungen hinsichtlich verschiedener finanziell relevanter Aspekte wie Gesundheit oder Erbschaften erhoben (Börsch-Supan et al. 2008: 29f.). Während Einstellungsdaten auf individueller Ebene erfasst werden (meist die des Haushaltsvorstandes), liegen die Daten zum Einkommen und Vermögen auf der Haushaltsebene vor. Die im Folgenden zugrunde liegende Welle von 2008 basiert auf einer Stichprobe von 2 608 repräsentativ ausgewählten Haushalten in Deutschland. Dort finden sich besonders differenzierte Fragen zu den Altersvorsorgeentscheidungen rund um die staatlich geförderte private Vorsorge (im Volks- und Pressemund: das ‚Riestern'), weshalb wir uns im Wesentlichen auf die Querschnittsanalyse dieses Datensatzes beschränken.[5] Wegen seiner besonderen sozialpolitischen Relevanz konzentriert sich die Analyse auf Vorsorgeformen staatlich geförderter Produkte (Riester-Rente). Das Zusammenspiel der abhängigen Variablen mit anderen und weniger verbreiteten Formen privater Altersvorsorge wird in den multivariaten Analysen dann explizit modelliert.

Die folgende Tabelle vermittelt einen ersten Eindruck über den Prozess der Altersvorsorgeplanung. Im Rahmen der Vorbereitung zur Altersvorsorgeentscheidung erscheint es zunächst erforderlich, den (zur Sicherung des Lebensstandards) notwendigen finanziellen Umfang abzuschätzen (Leinert 2005: 71 ff.). Daraus sollten sich konkrete Vorstellungen entwickeln, welche finanziellen Anstrengungen

---

5   Die Daten wurden vom Datensatzanbieter multipel imputiert. Für die deskriptiven Statistiken wird aus methodischen Gründen nur auf gültige Werte zurückgegriffen. Die multivariaten Analysen integrieren dagegen multiple Schätzwerte für die fehlenden Werte.

Tabelle 1   Kenntnisse des erwarteten Rentenniveaus und des Vorsorgebedarfs

Kenntnisse	Alle Haushalte			Haushalte mit Riester-Vertrag		
	Ja (n)	Ja (%)	Gesamt (n)	Ja (n)	Ja (%)	Gesamt (n)
Rentenniveau (GRV) von Befragten oder Partnern bekannt (2008)	969	44,29	2 188	333	63,31	526
Rentenniveau (GRV + Privat) von Befragten oder Partnern bekannt (2008)	609	27,83	2 188	244	46,39	526
Privaten Altersvorsorgebedarf ermittelt? (2009)	391	20,98	1 864	150	36,14	415

Quelle: SAVE 2008/2009.
Ohne Selbstständige und Rentnerinnen/Rentner, Daten ungewichtet.

zur Schließung der Versorgungslücke unternommen werden müssen. Wie der Tabelle 1 entnommen werden kann, ist dieses Wissen in der Bevölkerung (beziehungsweise bei den repräsentativ Befragten) nur sehr bruchstückhaft vorhanden. Trotz jährlicher Rentenbescheide vermögen es lediglich 44 Prozent der Befragten, entweder ihre erwartbare gesetzliche Rente oder die ihres Partners ungefähr abzuschätzen. Noch wichtiger für die Vorsorgeentscheidung ist die Zusammensetzung aus gesetzlicher und privater Vorsorge. Hier zeigt sich, dass weniger als 30 Prozent der Haushalte eine Schätzung darüber abgeben können, welcher Teil des momentanen Gehalts ihnen später durch die gesetzliche und private Vorsorge zustehen könnte. Bei Haushalten, die ‚riestern', liegt zwar ein höherer Kenntnisstand vor; aber immer noch der Hälfte der Haushalte fehlt abrufbares Wissen zum erwartbaren Alterseinkommen.

Nur wenige unternehmen Anstrengungen, den privaten Vorsorgebedarf zu ermitteln, obwohl der notwendige Umfang der Riester-Vorsorge nur dann festgelegt werden kann, wenn bekannt ist, welcher finanzielle Bedarf im Alter zu erwarten ist. Lediglich 21 Prozent der Haushalte haben diesen Wert schon einmal zu berechnen versucht.[6] Zwar ist diese Quote in Haushalten, in denen ein staatlich gefördertes Altersvorsorgeprodukt abgeschlossen wurde (im Folgenden: Riester-Haushalte), erheblich höher, doch sollte berücksichtigt werden, dass der indivi-

---

6   Der entsprechende Wert in Tabelle 1 (Antworten auf die Frage, ob schon mal der private Vorsorgebedarf ermittelt wurde) entstammt der SAVE-Erhebung 2009.

Tabelle 2 Häufigkeitsverteilung der Konsultation verschiedener Anbieter

	Anzahl konsultierter Anbieter	Fallzahl	Prozent	Kumulierte Prozent
allgemeine Informationen	0	81	15,28	15,28
	1	212	40,00	55,28
	2–3	151	28,49	83,77
	mehr als 3	35	6,60	90,38
	keine Angabe	51	9,62	100,00
	Gesamt	530	100,00	
schriftliche Angebote	0	141	31,40	31,40
	1	132	29,40	60,80
	2–3	109	24,28	85,08
	mehr als 3	16	3,56	88,64
	keine Angabe	51	11,36	100,00
	Gesamt	449	100,00	

Quelle: SAVE 2008.
Nur Riester-Haushalte, Daten ungewichtet.

duelle Bedarf in Beratungsgesprächen mittlerweile standardmäßig erhoben wird. Es ist daher anzunehmen, dass die Bedarfskalkulation teilweise erst in Beratungsgesprächen stattgefunden hat (vgl. Kohlert & Oehler 2009: 87) – mit entsprechenden Einflussmöglichkeiten durch den Beratenden.

Tabelle 2 zeigt, wie innerhalb der Gruppe der Riester-Haushalte Angebote ausgewählt werden. Entsprechend der obigen Vorüberlegungen verläuft die Suche nach dem passenden Produkt ‚ungeduldig' – in den meisten Fällen wird die gefällte Sparentscheidung auf das Angebot eines einzigen Anbieters gestützt. Lediglich ein Drittel aller Haushalte mit Riester-Vertrag hat bei mehr als einem Anbieter allgemeine Informationen eingeholt, zudem gab es nur in einem Viertel der Haushalte mehr als ein schriftliches Angebot.[7]

---

7 Auffällig ist hier die hohe Zahl fehlender Werte – es ist aber nicht davon auszugehen, dass diese Haushalte bei mehreren Anbietern Informationen eingeholt haben. Wahrscheinlich ist dagegen, dass bei dieser Gruppe der Prozess der Informationssuche sehr rudimentär ausgefallen ist.

Der Planungsprozess der Altersvorsorge scheint damit alles andere als nach einem rationalen Schema abzulaufen. Entsprechend ist nur sehr bedingt davon auszugehen, dass die Haushalte passgenau vorsorgen. Der ‚Vorsorgeerfolg' wird somit teilweise zu einem Zufallsprodukt.[8] Gleichzeitig ist davon auszugehen, dass die wenigen Anlaufstellen vor der Entscheidung für ein Produkt – Beraterinnen und Berater, aber auch private Kontaktpersonen – einen erheblichen Einfluss auf die Altersvorsorgeentscheidung ausüben. Bei Entscheidungen unter Bedingungen struktureller Unsicherheit bleibt oft wenig mehr als die Erkundigung im persönlichen Umfeld (DiMaggio & Louch 1998). Deshalb ist zu vermuten, dass die Analyse des Einflusses von Netzwerk- und Beratungserfahrungen interessante Aufschlüsse verspricht.

Die Prüfung dieser Vermutung anhand der oben genannten Datengrundlage ergibt wertvolle Hinweise in diese Richtung. Entgegen der weit verbreiteten Auffassung, dass ‚man über Geld nicht spricht', zeigen die Daten (siehe Tabelle 3), dass das soziale Umfeld in Finanzfragen durchaus zu Rate gezogen wird. Immerhin in 60 Prozent der relevanten Haushalte wird mit Freunden, Verwandten oder Beratern über finanzielle Angelegenheiten gesprochen. Entsprechend der Hypothese, dass die Notwendigkeit privater Altersvorsorge mittlerweile normalisiertes Verhalten im Sinne einer Konvention ist (Krisch 2010: 194 ff.), lässt sich bei jenen, die mit ihrem Umfeld über allgemeine Finanzangelegenheiten sprechen, eine höhere Altersvorsorgeneigung vermuten. Innerhalb der Gruppe der Riester-Haushalte beträgt der Anteil der Befragten, die mit Verwandten, Bekannten oder Beratern über allgemeine Finanzangelegenheiten sprechen, denn auch 70 Prozent – sofern diese Gespräche vor Vertragsabschluss stattfanden, kann dies bereits als erster Hinweis auf eine entscheidungsprägende Wirkung dieser Gespräche im Hinblick auf private Altersvorsorge gedeutet werden.[9]

Mit Hilfe der folgenden multivariaten Modelle soll geprüft werden, inwiefern Netzwerk- und Beratungserfahrungen auch nach Kontrolle der üblichen Parameter sozialstruktureller Schichtung einen Einfluss auf das Vorsorgeverhalten ausüben. Die Analyse erfolgt in zwei Schritten: Zunächst wird mittels eines logistischen Regressionsmodells die Chance geschätzt, zu den Riester-Haushalten zu

---

8 Mann (2006: 88) bringt es – mit Hinweis auf Erfahrungen in Großbritannien – auf den Punkt: „Good luck, rather than prudent planning, is what the individual needs."
9 Tatsächlich haben zusätzliche Analysen gezeigt, dass die Neigung, das Umfeld in Finanzfragen zu konsultieren, über die einzelnen Erhebungswellen hinweg relativ konstant ist. Daher ist es wenig wahrscheinlich, dass die Gespräche erst aus Vertragsabschlüssen resultieren.

Tabelle 3   Deskription Netzwerk- und Beratungserfahrungen

„Sprechen Sie über finanzielle Angelegenheiten mit ...":		Ja (n)	Ja (%)	Gesamt (n)
Gesamte Stichprobe	Verwandten	694	31,49	2 204
	Freunden	502	22,78	2 204
	Kollegen	126	5,72	2 204
	Nachbarn	41	1,86	2 204
	Banken/Versicherungen	695	31,53	2 204
	Freunden, Verwandten oder Banken/Versicherungen	1 349	61,21	2 204
Nur Riester-Haushalte	Freunden, Verwandten oder Banken/Versicherungen	374	71,10	526

Quelle: SAVE 2008.
Ohne Selbstständige und Rentnerinnen/Rentner; Daten ungewichtet.

gehören. Anschließend geht es darum, mit Hilfe eines linearen Regressionsmodells den Umfang der monatlichen Beiträge vorherzusagen.

Zwei logistische Regressionsmodelle werden berechnet: Das Erste enthält die üblichen sozialstrukturellen Parameter sowie Finanzwissen und die Motivation zur Altersvorsorge.[10] Wie erwartet, gibt es einen stark positiven Zusammenhang zwischen der materiellen Lage der Haushalte und der Inanspruchnahme privater Altersvorsorge. Vom Einkommen, dem Vermögen und bestehenden Vorsorgeansprüchen her gut ausgestattete Haushalte sind signifikant aktiver bei der privaten Vorsorge.[11] Bezüglich des Vermögens und bestehender Vorsorgeansprüche heißt das allerdings auch, dass tendenziell jene Haushalte eher ,riestern', die einen geringeren Bedarf an zusätzlicher privater Vorsorge haben. Einem im Mittel ratio-

---

10 Das Einkommen und Vermögen wurde jeweils logarithmiert, um der starken Streuung hoher Einkommen und Vermögenswerte gerecht zu werden.
11 Das Einkommen ist wenig überraschend kurvilinear, da bei sehr hohen Einkommen die Attraktivität staatlich geförderter Vorsorge durch relativ geringere Zuschüsse abnimmt. Es wird im Folgenden vereinfacht von Chancen zu Riester und der Riester-Höhe gesprochen. Der verwendete Indikator umfasst zwar alle Formen staatlich geförderter Altersvorsorge, also auch die so genannte Rürup-Rente, diese ist aufgrund der Nichtberücksichtigung von Selbstständigen jedoch vernachlässigbar.

Tabelle 4   Logistische Regression: Staatlich geförderte Altersvorsorge

	(1)		(2)	
	Odds Ratio	s.e.	Odds Ratio	s.e.
Einkommen (ln)	1,065	(0,155)	1,030	(0,152)
Einkommen^2 (ln)	0,654**	(0,088)	0,658**	(0,087)
anderes Altersvorsorgeprodukt (Dummy)	1,462*	(0,223)	1,439*	(0,220)
Geldvermögen (ln)	1,116***	(0,024)	1,107***	(0,025)
Hauptschulabschluss (Dummy)	1,141	(0,227)	1,138	(0,223)
Fachabitur (Dummy)	0,806	(0,173)	0,815	(0,178)
Abitur (Dummy)	1,002	(0,166)	0,960	(0,160)
Migrationshintergrund (Dummy)	0,833	(0,482)	0,914	(0,527)
Alter	0,883***	(0,014)	0,881***	(0,014)
Alter^2	0,997***	(0,001)	0,997***	(0,001)
Haushaltsgröße	1,170**	(0,071)	1,186**	(0,073)
Kind im Haushalt (Dummy)	1,638*	(0,337)	1,654*	(0,344)
Wichtigkeit Alterssparen	1,175***	(0,035)	1,166***	(0,035)
Finanzanalphabetismus (Dummy)	0,804	(0,153)	0,835	(0,160)
Gespräche mit Beratern (Dummy)			1,847***	(0,332)
Gespräche mit Freunden (Dummy)			1,527*	(0,311)
Gespräche mit Verwandten (Dummy)			1,056	(0,206)
Gespräche mit Freunden und Berater (Interaktionseffekt)			0,485*	(0,160)
Gespräche mit Verwandten und Berater (Interaktionseffekt)			1,132	(0,351)
kein Beratervertrauen (Dummy)			0,849	(0,275)
Eltern als Vorsorgevorbild			1,019	(0,022)

Tabelle 4 Fortsetzung

	(1)		(2)	
	Odds Ratio	s.e.	Odds Ratio	s.e.
n	1 548		1 548	
mittl. Pseudo R^2 (McFadden)	0,18		0,19	

Quelle: SAVE 2008, eigene Berechnungen.

Abhängige Variable: Besitz staatlich gefördertes Altersvorsorgeprodukt (ja/nein); unabhängige Variablen: Haushaltsnettoeinkommen logarithmiert, zum Median (2000) zentriert; Geldvermögen inklusive nicht staatlich geförderter Altersvorsorge (ohne Immobilienvermögen) logarithmiert; höchster Bildungsabschluss (Befragter/Partner) – Referenzkategorie: Realschulabschluss bzw. Polytechnische Oberstufe; Alter des Haushaltsvorstandes, zum Median (50) zentriert; Wichtigkeit des Sparens für die Altersvorsorge (1, …, 10); Finanzanalphabetismus = 1, wenn entweder der Einfluss von Zins oder Inflation auf den Geldwert nicht verstanden wurde; Gespräche = 1, wenn Nennung auf Frage: „Sprechen Sie über finanzielle Angelegenheiten mit Freunden; Verwandten, die nicht in Ihrer Wohnung wohnen; Kundenbetreuern von Banken, Versicherungen oder Finanzdienstleistern"; kein Beratervertrauen = 1, wenn Hinweisen von Beratern eher nicht gefolgt wird; Eltern als Vorsorgevorbild: „Mein Vater hat sehr genau die Zukunft geplant" (1, …, 10); s.e. in Klammern; Daten gewichtet; ohne Selbstständige; ohne Rentner; * $p < .05$, ** $p < .01$, *** $p < .001$.

nalen Vorsorgeprozess entspricht dies nicht. Der Bildungsabschluss[12] hat unabhängig vom Haushaltseinkommen keinen signifikanten Einfluss auf die Neigung zur Kontraktion staatlich geförderter Vorsorge. Das ist insofern überraschend, als in der Forschung zur Praxis der Altersvorsorge kognitive Kompetenzen oft als der zentrale Schlüssel für adäquate Vorsorge betrachtet werden. Das Alter wurde kurvilinear modelliert und zeigt den vermuteten Effekt: Zunächst steigt die Chance, staatlich geförderte Altersvorsorgeprodukte zu besitzen, bevor sie, mit zunehmender Nähe zum Rentenalter, wieder abnimmt (analog: Lamping & Tepe 2009).

Auch die Haushaltszusammensetzung spielt eine wichtige Rolle – größere Haushalte haben allein schon deshalb eine höhere Chance zu ‚riestern', weil auch die Partnerin oder der Partner eine staatlich geförderte Altersvorsorge besitzen kann. Gleiches gilt für das Vorhandensein von Kindern – für sie gibt es bei der staatlichen Förderung besonders hohe Zuschüsse. Zusätzlich wurden in Modell 1 noch die subjektiv empfundene Wichtigkeit des Alterssparens sowie finanzieller Analphabetismus kontrolliert. Beide Effekte verlaufen in die vermutete Richtung, wobei finanzieller Analphabetismus zwar negativ, aber nicht signifikant wirkt.

---

12 Da die Daten im Wesentlichen auf der Haushaltsebene angesiedelt sind, wurde der höchste Bildungsabschluss vom Befragten und Partner gewählt.

Modell 2 beinhaltet nun die im Zentrum des Interesses stehenden Netzwerk- und Beratungserfahrungen. Zunächst ist zu konstatieren, dass der Einfluss sozialstruktureller sowie motivationaler und kognitiver Variablen robust gegenüber den Vormodellen bleibt. Die Effekte sozialer Naherfahrungen können daher als horizontal begriffen werden, das heißt sie wirken weitestgehend unabhängig von den klassisch sozialstrukturellen, in der Literatur meist fokussierten Faktoren unterschiedlichen Vorsorgeverhaltens. Im Modell wurde neben den Variablen zu sozialen Naherfahrungen auch deren Zusammenwirken über Interaktionseffekte getestet. Besonders relevant sind hier die Auswirkungen auf das Vorsorgeverhalten beim Zusammenwirken von Netzwerk- und Beratungserfahrungen. In die Modelle wurden daher zwei Interaktionseffekte zusätzlich aufgenommen, um zu überprüfen, welches Vorsorgeverhalten die Subjekte an den Tag legen, wenn sowohl Netzwerk- als auch Beratungserfahrungen vorliegen.

Wie vermutet haben die Haupteffekte ‚finanzielle Gespräche mit Freunden', aber auch Beraterinnen und Beratern, einen signifikant positiven Einfluss auf die Chance zu ‚riestern'. Die Chance private Altersvorsorgeprodukte zu besitzen, ist im Fall allgemeiner Finanzgespräche mit Freunden nicht unerheblich um etwa 50 Prozent erhöht – bei Beraterkontakten sogar um über 80 Prozent. Anhand des signifikant negativen Interaktionseffekts wird allerdings deutlich, dass Personen, die sowohl über Netzwerk- als auch Beratungserfahrungen verfügen, keine zusätzlich erhöhte Vorsorgeneigung zeigen. Finden Gespräche sowohl im Netzwerk als auch mit Beraterinnen/Beratern statt, so verbleibt die Chance zu ‚riestern' etwa auf jenem Niveau, welches sich einstellt, wenn nur mit einer der beiden Parteien gesprochen wurde. Diese Beobachtung erscheint nicht unplausibel, stützt sie doch die Vermutung, dass Netzwerk- und Beratungserfahrungen einen Anstoß zur Auseinandersetzung mit Altersvorsorge geben (der bereits bei Kontakt mit einer Partei gegeben ist). Netzwerkerfahrungen mit Verwandten haben dagegen keine besondere Auswirkung auf das Vorsorgeverhalten. Für sie lässt sich die Hypothese nicht bestätigen. Aufgrund des fehlenden Einflusses des Verwandtenumfelds ist es auch wenig verwunderlich, dass jene, die sowohl Beratungserfahrungen haben als auch mit Verwandten über Finanzangelegenheiten sprechen, in ihrem Verhalten nicht von jenen abweichen, die lediglich über Beratungserfahrung verfügen.

Intergenerationale Lernerfahrungen im Familienumfeld operationalisiert durch den Vater als Vorsorgevorbild haben tendenziell einen positiven, allerdings nicht signifikanten Einfluss. Wie aus hier nicht abgebildeten zusätzlichen Modellen deutlich wurde, gibt es jedoch einen indirekten Effekt des Familienumfelds: Wenn der Vater als Vorsorgevorbild fungiert, rückt Altersvorsorge auf der Prioritätenliste nach oben.

Im nächsten Schritt wird mittels eines linearen Regressionsmodells versucht, die Höhe der jeweiligen monatlichen Riester-Beiträge in Abhängigkeit von sozialen Parametern zu schätzen. Das Modell orientiert sich dabei möglichst nah an dem logistischen Regressionsmodell, um die Wirkungen dieser Parameter auf den gesamten Prozess einheitlich bestimmen zu können.[13] Bestandteil der Stichprobe sind nun nur noch jene Haushalte, die im Besitz eines staatlich geförderten Vorsorgeplans sind. Analog zu den Befunden aus Tabelle 4 zeigt sich eine mit dem Einkommen und Vermögen steigende Aktivität bei der privaten Altersvorsorge. Das Alter hat dagegen im multivariaten Modell keinen signifikanten Einfluss auf die Riester-Höhe, die Haushaltsgröße sowie das Vorhandensein von Kindern beim Befragten beziehungsweise Partnerin/Partner hingegen durchaus. Dabei ändern sich die Vorzeichen gegenüber dem logistischen Regressionsmodell entsprechend den Erwartungen. Aufgrund der hohen Förderquoten ‚riestern' größere Haushalte und Haushalte mit Kindern zwar häufiger – die höheren Kosten bei der Haushaltsführung münden aber gleichzeitig in signifikant geringere Sparbeträge. Bildung hat einen eher nachrangigen Einfluss auf die Höhe der Riester-Beiträge. Die Wichtigkeit des Alterssparens im persönlichen Einstellungsprofil hat anders als im logistischen Modell keinen Einfluss auf die Sparbeträge. Finanzanalphabetismus wirkt überraschenderweise – nach Kontrolle sozialstruktureller Variablen – moderat positiv auf den Umfang des ‚Riesterns'.[14]

In Modell 2 wurden wieder die Netzwerk- und Beratungserfahrungen integriert, wobei die Indikatoren hier gegenüber dem logistischen Regressionsmodell leicht verändert sind. Da sich nur noch Haushalte in der Stichprobe befinden, die bereits Altersvorsorge betreiben, konnten Indikatoren genutzt werden, die sich spezifisch auf die Informationsquellen beziehen, welche der Altersvorsorgeentscheidung zu Grunde gelegen haben. Die Einflüsse ähneln denen im logistischen Regressionsmodell: Kontakte mit Freunden erhöhen die Riester-Beiträge signifikant (Irrtumswahrscheinlichkeit von zehn Prozent). Direkte Beraterkontakte wirken zwar tendenziell positiv auf die Höhe der Beiträge, sind aber nicht signifikant. Gespräche mit Verwandten haben dagegen in Modell 2 einen moderat negativen Einfluss, wenn es um die Sparhöhe geht. Die persönliche Auseinandersetzung mit der Altersvorsorge wurde in diesem Modell zusätzlich durch zwei Dummies ab-

---

13 In diesem Modell wurde auch die abhängige Variable logarithmiert. Die große Streuung und rechtsschiefe Verteilung machen dies notwendig. Zudem wurden die quadrierten Effekte nicht mehr überprüft, sie sind hier weder theoretisch noch empirisch gerechtfertigt. Aufgrund der nun verminderten Fallzahl konnten zudem die Interaktionseffekte nicht mehr berücksichtigt werden.

14 Die geringe Fallzahl erlaubt es leider nicht, der Wirkung von Finanzanalphabetismus genauer auf den Grund zu gehen.

Tabelle 5 Lineare Regression – logarithmierte Beiträge zur staatlich geförderten Altersvorsorge

ln (Riester-Beiträge)	(1) Koef.	s.e.	(2) Koef.	s.e.
Einkommen (ln)	0,919***	(0,126)	0,867***	(0,133)
Geldvermögen (ln)	0,043*	(0,019)	0,045*	(0,018)
anderes Altersvorsorgeprodukt (Dummy)	–0,148	(0,144)	–0,123	(0,146)
Hauptschulabschluss (Dummy)	0,259	(0,185)	0,217	(0,192)
Fachabitur (Dummy)	–0,445+	(0,251)	–0,466+	(0,251)
Abitur (Dummy)	–0,213	(0,152)	–0,199	(0,157)
Migrationshintergrund (Dummy)	1,215***	(0,302)	1,288***	(0,355)
Alter	0,008	(0,009)	0,007	(0,009)
Kind im Haushalt (Dummy)	–0,475*	(0,199)	–0,472*	(0,195)
Haushaltsgröße	–0,135*	(0,055)	–0,133*	(0,054)
Finanzanalphabetismus (Dummy)	0,447+	(0,251)	0,438+	(0,251)
Wichtigkeit Alterssparen	0,011	(0,030)	0,005	(0,030)
Informationssuche bei > 1 Anbieter			–0,169	(0,170)
Informationsquelle AV – eigene Recherche (Dummy)			0,199	(0,168)
Informationsquelle AV – Freunde (Dummy)			0,520+	(0,295)
Informationsquelle AV – Bankberater (Dummy)			0,101	(0,147)
Informationsquelle AV – unabhängiger Berater (Dummy)			0,163	(0,179)
Informationsquelle AV – Verwandte (Dummy)			–0,348+	(0,202)
Eltern als Vorsorgevorbild			–0,001	(0,023)

Tabelle 5 Fortsetzung

	(1)		(2)	
ln (Riester-Beiträge)	Koef.	s. e.	Koef.	s. e.
Konstante	4,285***	(0,334)	4,197***	(0,358)
n	313		313	
Mittleres R^2	0,21		0,24	

Quelle: SAVE 2008, eigene Berechnungen.

Abhängige Variable: monatliche Beiträge zur staatlich geförderten Altersvorsorge (logarithmiert); unabhängige Variablen: siehe Tabelle 4; Informationsquellen = 1 nach Nennung: „Wie haben Sie die Informationen zu den verschiedenen [Riester]Angeboten erhalten?" Verwandte, Freunde, Kundenbetreuer von Banken und/ oder Versicherungen, unabhängige Finanz- bzw. Vermögensberater; s. e. in Klammern; Daten gewichtet; ohne Selbstständige; ohne Rentner; + $p < .10$, * $p < .05$, ** $p < .01$, *** $p < .001$.

gebildet. Allerdings zeigt sich weder bei der Konsultation mehrerer Anbieter noch bei auf eigener Recherche basierender Informationssuche ein signifikanter Zusammenhang mit dem Volumen der Altersvorsorge.

Als Fazit gibt es deutliche Hinweise auf eine nennenswerte Rolle von Netzwerk- und Beratungserfahrungen in Entscheidungsprozessen, die private Altersvorsorge betreffen. Nicht nur werden Freunde/Verwandte und Beraterinnen/Berater häufig als Informationsquelle konsultiert, sondern es zeigt sich in den multivariaten Modellen auch ein signifikant anderes Altersvorsorgeverhalten, wenn soziale Naherfahrungen hinzukommen. Eine alternative Interpretation der Daten wäre natürlich, dass jene, die ‚riestern', gerade aus diesem Grund die Gespräche mit dem Umfeld intensivieren. Wir halten dies allerdings für weniger plausibel, da es sich bei dem Indikator allgemeiner Finanzgespräche um eine stabile Eigenschaft von Individuen handelt. Dementsprechend sind die intrapersonalen Angaben zu Finanzgesprächen über die Zeit recht konstant. Das heißt: Hat der oder die Befragte im Jahr 2008 angegeben, mit Freunden über allgemeine Finanzangelegenheiten zu sprechen, so hat diese/r Befragte mit hoher Wahrscheinlichkeit 2001 ähnlich geantwortet.[15]

15 Auch ein Test auf Granger-Kausalität legt die hier propagierte Kausalrichtung nahe. Die Korrelationen von Finanzgesprächen mit dem ‚Riester-Indikator' des Folgejahres sind höher als die Korrelationen in umgekehrter zeitlicher Richtung. Ein weiterer Einwand wäre, dass nicht die Gespräche an sich Auswirkungen auf das Vorsorgeverhalten haben, sondern, dass jene Personen, denen Vorsorgefragen wichtig sind, auch vermehrt mit ihrem Umfeld darüber sprechen. Diese

4 Schluss: Neue Formen der sozialen Deprivation im Bereich der Alterssicherung

Wie gesehen, zeitigt der Paradigmenwechsel bei der Gestaltung der Alterssicherung Konsequenzen, die über das hinausgehen, was die öffentliche Diskussion seit einiger Zeit bestimmt (Riedmüller & Willert 2005). Gewiss bestätigen auch unsere Befunde eine starke Koppelung zwischen der Inanspruchnahme der staatlich geförderten Altersvorsorge und der materiellen Lage derjenigen, die Vorsorge betreiben (sollen). Vor allem Haushalte, die aufgrund von Arbeitseinkommen – und damit auch abgeleiteten Ansprüchen in der gesetzlichen Rente sowie bereits verfügbaren Vermögensbeständen – private Vorsorge nur bedingt nötig haben, nehmen die staatlich geförderten privaten Vorsorgemöglichkeiten in Anspruch. Andere ‚riestern' dagegen eher seltener.

Gleichzeitig zeigt sich aber eine neue Variation der sozialen Frage dahingehend, dass unabhängig von der materiellen Lage soziale Nah- und Beratererfahrungen zu einer Differenzierung von Versorgungsniveaus führen. Aufgrund der strukturellen Unsicherheit im Bereich Altersvorsorge sowie angesichts der enormen Komplexität des Vorsorgemarktes wird die Art und Weise, wie das soziale Umfeld in Altersvorsorgeentscheidungen einbezogen wird, zu einem kritischen Moment. Soziale Netzwerke, aber auch Beraterinnen/Berater, werden so mitentscheidend in Fragen der Altersvorsorge. Ihr Einfluss verläuft indes nicht entlang der klassischen sozialstrukturellen Parameter. Das heißt: Die Variabilität der Alterseinkommen wird im Zuge der Umsetzung der letzten Rentenreformen nicht nur zwischen den einzelnen Schichten, sondern auch innerhalb dieser zunehmen. Soziale Deprivation im Hinblick auf die Alterssicherung wird mithin auch quer zum etablierten Wohlstandsgefälle erfolgen. Haushalte, denen aufgrund ihrer Einkommensbiografie hinreichende Möglichkeiten zu einer lebensstandardsichernden Vorsorge offen stehen, drohen aufgrund ungünstiger Netzwerk- und Beratererfahrungen erhebliche Probleme bei der Lebensstandardsicherung, in bestimmten Fällen auch massivere Verarmung. Die Verunsicherung über die Absicherung des Lebensabends, die mittlerweile auch weite Teile der Mittelschichten erfasst hat, lässt sich somit nicht nur durch die Erwartung sinkender Alterseinkommen begründen. Hinzu kommen auf dem (Vorsorge-)Markt der Möglichkeiten Orientierungsprobleme, welche bei dem Versuch, diese im sozialen Umfeld zu lösen, zu einer hohen Variation von Entscheidungen führen. Dies kann eigentlich nicht überraschen: Denn

---

Art der Scheinkorrelation haben wir allerdings über die statistische Berücksichtigung der Einstellung zur Altersvorsorge kontrolliert.

in einem (wohlfahrts-)marktlich organisierten Altersvorsorgesystem erhöht sich die Heterogenität der Vorsorgearrangements zwangsläufig – mit entsprechenden Risiken auch für bisher gut abgesicherte Bevölkerungsteile.

Literatur

Beckert, J. (1996). What is Sociological about Economic Sociology? Uncertainty and the embeddedness of economic action. *Theory and Society, 25(6)*, 803–840.

Berner, F. (2009). *Der hybride Sozialstaat: die Neuordnung von öffentlich und privat in der sozialen Sicherung.* Frankfurt/Main: Campus-Verlag.

Blank, F. (2011). Die Riester-Rente – Überblick zum Stand der Forschung und sozialpolitische Bewertung nach zehn Jahren. *Sozialer Fortschritt, 60(6)*, 109–115.

Bode, I. (2005). Einbettung und Kontingenz. Wohlfahrtsmärkte und ihre Effekte im Spiegel der neueren Wirtschaftssoziologie. *Zeitschrift für Soziologie, 34(4)*, 250–269.

Bode, I., & Wilke, F. (2012). Alterssicherung als Orientierungssuche, oder: Die kritische Rolle sozialer Erfahrungen beim Zugang zur privaten Rente. *Soziale Probleme, 23(1)*, 97–119.

Börsch-Supan, A., Coppola, M., Essig, L., Eymann, A., & Schunk, D. (2008). *The German SAVE study – Design and Results* [MEA Studies 06]. Mannheim: Mannheim Research Institute for the Economics of Ageing.

Börsch-Supan, A., Heiss, F., & Winter, J. (2004). *Akzeptanzprobleme bei Rentenreformen: wie die Bevölkerung überzeugt werden kann.* Köln: Deutsches Institut für Altersvorsorge.

Coddington, A. (1982). Deficient Foresight: A Troublesome Theme in Keynesian Economics. *American Economic Review, 72(3)*, 480–487.

Deutscher Bundestag (Hrsg.) (2001). *Sozialbericht 2001 (BT-Drucksache 14/8700).*

Deutscher Bundestag (Hrsg.) (2010). *Die Alterssicherungsstrategie der Bundesregierung nach der Bestandsaufnahme der Riester-Renten (BT-Drucksache 17/677).*

DiMaggio, P., & Louch, H. (1998). Socially Embedded Consumer Transactions: For what Kinds of Purchases Do People Most Often Use Networks? *American Sociological Review, 63(5)*, 619–637.

Duflo, E., & Saez, E. (2003). The Role of Information and Social Interactions in Retirement Plan Decisions: Evidence from a Randomized Experiment. *Quarterly Journal of Economics, 118(3)*, 815–842.

Granovetter, M. S. (1985). Economic Action and Social Structure: The Problem of Embeddedness. *American Journal of Sociology, 91(3)*, 481–510.

Hershey, D. A., Henkens, K., & van Dalen, H. P. (2010). Aging and Financial Planning for Retirement: Interdisciplinary Influences Viewed through a Cross-Cultural Lens. *The International Journal of Aging and Human Development, 70(1)*, 1–38.

Hinrichs, K. (2008). Rentenreform in Europa – Konvergenz der Systeme? In K. Busch (Hrsg.), *Wandel der Wohlfahrtsstaaten in Europa* (S. 155–178). Baden-Baden: Nomos Verlagsgesellschaft.

Hurrelmann, K., & Karch, H. (Hrsg.) (2010). *Jugend, Vorsorge, Finanzen. Herausforderung oder Überforderung?* Frankfurt/Main u. a.: Campus-Verlag.

Kohlert, D., & Oehler, A. (2009). Scheitern Finanzdienstleistungen am Verbraucher? Eine theoretische Analyse rationalen Verbraucherverhaltens im Rahmen des Anlageberatungsprozesses. *Vierteljahrshefte zur Wirtschaftsforschung, 78(3)*, 81–95.

Krisch, P. (2010). *Alltag, Geld und Medien: die kommunikative Konstruktion monetärer Identität.* Wiesbaden: VS Verlag für Sozialwissenschaften.

Lampert, H., & Althammer, J. (2004). *Lehrbuch der Sozialpolitik.* Berlin: Springer-Verlag.

Lamping, W., & Tepe, M. (2009). Vom Können und Wollen der privaten Altersvorsorge. Eine empirische Analyse zur Inanspruchnahme der Riester-Rente auf Basis des Sozio-oekonomischen Panels. *Zeitschrift für Sozialreform, 55(4)*, 409–430.

Leinert, J., & Wagner, G. G. (2004). Konsumentensouveränität auf Vorsorgemärkten eingeschränkt – Mangelnde ,Financial Literacy' in Deutschland. *DIW Wochenbericht, 30(4)*, 427–432.

Leinert, J. (2003). Altersvorsorge 2003: Wer hat sie, wer will sie? In Bertelsmann Stiftung (Hrsg.), *Bertelsmann Stiftung Vorsorgestudien.* Gütersloh: Bertelsmann Stiftung.

Leinert, J. (2005). *Altersvorsorge: Theorie und Empirie zur Förderung freiwilligen Vorsorgesparens.* Dissertation. Berlin: Technische Universität Berlin.

Lusardi, A. (2003). *Planning and Saving for Retirement* [Working paper]. Hanover/North Hampshire: Dartmouth College.

Mann, K. (2006). Three Steps to Heaven? Tensions in the Management of Welfare: Retirement Pensions and Active Consumers. *Journal of Social Policy, 35(1)*, 77–96.

Nüchter, O., Bieräugel, R., Schipperges, F., Glatzer, W., & Schmid, W. (2008). *Einstellungen zum Sozialstaat 2. Akzeptanz der sozialen Sicherung und der Reform der Renten- und Pflegeversicherung 2006.* Opladen u. a.: Barbara Budrich.

Prahl, H.-W., & Schroeter, K. R. (1996). *Soziologie des Alterns.* Paderborn: UTB.

Riedmüller, B., & Willert, M. (2005). *Die Zukunft der Rente. Schutz vor sozialer Ausgrenzung?* [Private Pensions and Social Inclusion in Europe]. Berlin: Freie Universität Berlin.

Rieckhoff, C. (2011). Wohin steuert die Riester-Rente? Stand der Forschung, Kritik der Ergebnisse und zukünftiger Forschungsbedarf. *Deutsche Rentenversicherung, 66(1)*, 87–104.

Taylor-Gooby, P. (2005). Uncertainty, Trust and Pensions: The Case of the Current UK Reforms. *Social Policy & Administration, 39(3)*, 217–232.

Rentenanpassung und Altersarmut

Harald Künemund, Uwe Fachinger, Winfried Schmähl, Katharina Unger und Elma P. Laguna[1]

1 Einleitung

In einem dynamischen Wirtschaftsprozess kann Stillstand relativen Rückschritt bedeuten. Bei im Zeitablauf variierenden, aber durchschnittlich insgesamt steigenden Erwerbseinkünften oder Preisen müssten sich beispielsweise auch die Alterseinkommen erhöhen, soll das Ziel der Lebensstandardsicherung oder der Vermeidung materieller Armut im Alter erreicht werden.[2] Bei nominal konstantem Alterseinkommen bedeutet Inflation einen Verlust der Kaufkraft und damit eine Reduzierung der Menge an Waren und Dienstleistungen, die potenziell erworben werden können – es erfolgt somit ein ‚Zurückfallen' in der realen Einkommensposition und damit ein Wohlfahrtsverlust. Besonders problematisch wäre dies aus sozial- und verteilungspolitischer Sicht bei geringen Alterseinkommen, droht doch hier ein Abrutschen unter die Armutsgrenze[3] und damit zum Beispiel die Notwendigkeit des Bezugs von Grundsicherung im Alter. Da in der Nacherwerbsphase ein Erwerb von Ansprüchen an Altersvorsorgesysteme und damit eine Erhöhung der Einkünfte durch Erwerbstätigkeit in der Regel nicht mehr möglich ist, bedeutet dies dann zumeist eine dauerhafte Abhängigkeit von Grundsicherung und somit von über Steuern zu finanzierenden Alterseinkünften für diese Personengruppe.

---

1 Der Beitrag basiert auf dem Forschungsprojekt ‚Die Dynamisierung von Alterseinkommen – Chancen und Risiken eines neuen Mischungsverhältnisses staatlicher, betrieblicher und privater Alterssicherung', das nach dem Status quo, den künftigen Wirkungen wie auch alternativen Möglichkeiten der konzeptionellen Ausgestaltung von Alterssicherungssystemen fragt. Zu den bisherigen Ergebnissen des Projektes siehe u. a. Künemund et al. (2010), Schmähl (2010a, 2010b) und Kröger (2011). Die Autorinnen und Autoren danken dem Forschungsnetzwerk Alterssicherung der Deutschen Rentenversicherung Bund für die finanzielle Förderung.
2 Siehe zu diesen Zielen insbesondere Schmähl (1980), Krupp (1981), Zacher (1991) sowie jüngst Fachinger (2011).
3 Sofern diese nicht auch nominal konstant bleibt.

Aus sozial- und verteilungspolitischer Sicht sind bei Inflation nominal unverändert bleibende Einkünfte in der Altersphase also aus zwei Gründen problematisch: Erstens wird das Ziel der Lebensstandardsicherung in der Altersphase nicht erreicht, und zweitens kommt es zu einem steigenden Armutsrisiko. Beide Probleme wurden in Deutschland seit 1957 durch eine Dynamisierung von Alterseinkünften im Prinzip vermieden. So wurden die Leistungen der gesetzlichen Rentenversicherung (GRV) bis auf wenige Ausnahmen jährlich an die Lohnentwicklung und damit implizit an die wirtschaftliche Gesamtentwicklung angepasst. Die Bezieherinnen und Bezieher von Leistungen dieses Systems waren daher vor negativen Veränderungen der relativen Einkommensposition[4] geschützt und, da die Lohnentwicklung langfristig über den Preissteigerungen lag, auch vor einem Kaufkraftverlust.

Vor dem Hintergrund des demografischen und erwerbsstrukturellen Wandels und den damit verbundenen Finanzierungsproblemen der gesetzlich verankerten Alterssicherungssysteme ist aber inzwischen ein Paradigmenwechsel vollzogen worden: Den ergänzenden Systemen der betrieblichen und insbesondere nun auch der privaten Altersvorsorge wurde eine stärkere Bedeutung zugewiesen (Schmähl 2011). In diesem Zusammenhang wurde auch die Koppelung der GRV-Renten an die Lohnentwicklung gelockert,[5] zeitweise gar ausgesetzt – das Prinzip hat aber zumindest bislang weiter Bestand (vgl. Faik & Köhler-Rama 2009a; Schmähl 2007). Somit scheint durch den Paradigmenwechsel auf den ersten Blick keine grundsätzlich neue Situation entstanden zu sein – die Alterseinkünfte in Deutschland setzten sich ja auch bisher für einen (wenn auch kleineren) Teil der ehemals Erwerbstätigen aus Leistungen der GRV sowie der betrieblichen und privaten Altersvorsorge zusammen. Allerdings müssten die Folgen dieser Veränderungen in der Gewichtung der Komponenten auch im Hinblick auf die gesamte Rentenbezugszeit betrachtet werden. Ein sukzessives Absinken der Wohlfahrt während der Rentenbezugsphase kann in Zukunft ja nur dann vermieden werden, wenn nicht nur die Leistungen der GRV dynamisch auf die generelle Einkommensentwicklung reagieren, sondern auch die Einkünfte aus betrieblicher und

---

4   Im Vergleich zur gesamtwirtschaftlichen Einkommensentwicklung.
5   Dies erfolgt erstens durch die Berücksichtigung der Veränderung des durchschnittlichen Beitragssatzes in der allgemeinen Rentenversicherung sowie des Altersvorsorgeanteils (§ 68 Abs. 5 SGB VI), zweitens durch den Bezug auf die Veränderung der Relation von (Äquivalenz-)Rentner und (Äquivalenz-)Beitragszahler sowie des Parameters α (§ 68 Abs. 4 SGB VI, Nachhaltigkeitsfaktor) sowie drittens durch die in § 68a SGB VI festgelegte sogenannte Schutzklausel, nach der der aktuelle Rentenwert nicht unter den Vorjahreswert sinken darf, die Reduzierung aber in den Folgejahren nachgeholt wird (Nachholfaktor).

privater Alterssicherung. Streng genommen müssten diese Alterseinkünfte sogar stärker steigen, sollen sie die Leistungskürzungen im Bereich der GRV ausgleichen. Eine Nichtberücksichtigung der Anpassung von diesen an Bedeutung gewinnenden Alterseinkünften während der Bezugsphase könnte zu zusätzlichen Wohlfahrtverlusten der Älteren und einem steigenden Armutsrisiko im Alter führen. Die Auswirkungen einer mangelhaften beziehungsweise fehlenden Anpassung beziehungsweise Dynamisierung in diesem Bereich wären umso größer, je länger die Bezugsdauer der Rente ist, je stärker die Löhne während dieser Bezugsphase steigen beziehungsweise sich die Kaufkraft verringert, und je höher der Anteil jener Komponenten im individuellen ‚Sicherungsmix' ausfällt, die nicht oder nicht adäquat dynamisiert sind.

Erstaunlicherweise ist genau diese Nichtberücksichtigung aktuell aber der Regelfall.[6] Der Schwerpunkt der Debatten liegt bislang auf der Erstberechnung der Leistungen bei Renteneintritt und gegebenenfalls dem Verhältnis zum vorhergehenden Erwerbseinkommen, der ‚Sicherungslücke' (vgl. ausführlicher zur Problematik der Lohnersatzquoten Fachinger & Künemund 2009). Die weitere Entwicklung der Alterseinkommen wird praktisch gar nicht problematisiert. Leistungen aus privater Alterssicherung (private Rentenversicherungen, Lebensversicherungen usw.) sind typischerweise aber nicht in einer solchen Weise dynamisiert, wie dies in der umlagefinanzierten GRV vorgesehen ist. Zwar gibt es auch hier so genannte dynamische Rentenmodelle, aber dabei handelt es sich in der Regel um lineare Anhebungen der Renten über die Bezugsdauer um den Preis geringerer Renten zu Beginn der Bezugsphase, also – dem Begriff zum Trotz – genau nicht um dynamisch auf die wirtschaftliche Gesamtentwicklung flexibel reagierende Modelle (vgl. Viebrok et al. 2004). Sofern Individuen private und gesetzliche Renteneinkünfte beziehen, würde daher – einmal Inflation beziehungsweise steigende Löhne als Normalfall unterstellt – das relative Gewicht der Einkünfte aus privater Alterssicherung über die Bezugsphase hinweg betrachtet sinken (vgl. hierzu auch Butrica 2007). Die zu Beginn des Ruhestands erreichte Wohlfahrtsposition kann dann im Falle von nicht dynamisierten Alterseinkünften umso weniger über die Altersphase hinweg gehalten werden, je höher deren Anteil am Gesamtalterseinkommen ist, je länger man lebt und je stärker die Löhne steigen. Im Aggregat kann darüber hinaus vermutet werden: Je höher der Anteil nicht adäquat dynami-

---

6 Beispielsweise wird das derzeitige Anpassungsverfahren und die dadurch bedingte Leistungsniveausenkung der GRV von Thiede (2010) bei der Auflistung der Armutsrisiken nicht berücksichtigt. Eine Ausnahme ist die Arbeit von Gasche & Kluth (2011), allerdings beziehen sich diese ausschließlich auf die GRV. Die durch die Umstrukturierung der Altersvorsorge verursachte Problematik bleibt auch hier unbeachtet.

sierter Sicherung in einer sozialen Gruppe, desto stärker kommt es über die Rentenbezugsphase zu einem relativen Abstieg dieser Gruppe in der Einkommensverteilung im Vergleich zu Versicherten mit höherem GRV-Anteil (bei alleiniger Berücksichtigung dieser Alterseinkunftsarten gemessen am Status quo zu Beginn der Rentenbezugsphase und unterstellt, der Grundsatz der Koppelung der GRV-Renten an die Lohnentwicklung hat auch zukünftig Bestand).

Es ist bislang nicht bekannt, inwieweit das Leistungsniveau veränderter ‚Mischungsverhältnisse' im Zeitablauf durch die unterschiedlichen Anpassungen der Teilleistungen aufrechterhalten werden kann.[7] Vorausberechnungen der Leistungen aus Alterssicherungssystemen sind daher zunehmend weniger aussagefähig für die Beurteilung der künftigen materiellen Lage von Haushalten älterer Menschen (vgl. Zaidi et al. 2005, Whitehouse 2009).[8] Um hier zu tragfähigen Aussagen zu kommen, ist erstens eine Erfassung und Analyse der institutionellen/gesetzlichen Regelungen erforderlich und zweitens eine Beschreibung und gegebenenfalls Erklärung der bisherigen Entwicklung. Erst auf Basis derartiger umfassender Analysen können Aussagen über die potenzielle Entwicklung getroffen sowie adäquate Handlungsoptionen abgeleitet werden.

Der vorliegende Beitrag hat zum Ziel, vor dem Hintergrund der in der letzten Zeit immer wieder aufflammenden Diskussion über eine Zunahme von Altersarmut[9] auf die Bedeutung der längsschnittlichen Betrachtung zu verweisen und die Berücksichtigung von Änderungen der Einkünfte in der Nacherwerbsphase bei der Analyse und Bewertung von Altersvorsorge- beziehungsweise Alterssicherungssystemen zu verdeutlichen. Zu diesem Zweck werden zunächst bestehende Regelungen (2. Abschnitt), anschließend erste empirische Analysen vorgestellt (3. Abschnitt).

---

7   Für eine Analyse der Einkommensmobilität in der Nacherwerbsphase siehe Zaidi et al. (2005).
8   Als Beispiel sei auf Analysen zur GRV verwiesen, die sich auf die Zugangsrenten konzentrieren und die Anpassung der Bestandsrenten außer Acht lassen, z. B. die Studie Altersvorsorge in Deutschland 2005 (Heien et al. 2007).
9   Siehe hierzu u. a. Bundesministerium für Familie, Senioren, Frauen und Jugend (2005), Schmähl (2006), Bäcker (2008), Eichenhofer (2008), Steffen (2008), Frick & Grabka (2009) und Sozialbeirat (2009). Ein Ausdruck dieses wachsenden Problembewusstseins war auch die Absicht der Bundesregierung, im Jahr 2011 eine ‚Regierungskommission für Konzepte gegen Altersarmut' einzusetzen (Bundesregierung 2010) und zeigt sich in der zurzeit vom Bundesministerium vorgeschlagenen und viel kritisierten ‚Zuschussrente' (Bundesministerium für Arbeit und Soziales 2012).

2 Status quo der Dynamisierung von Altersrenten

Im Folgenden wird ein kurzer Überblick zu den Regelungen der Dynamisierung von Altersrenten in den quantitativ bedeutsamsten Altersvorsorgesystemen der drei Schichten gegeben. Es wird gezeigt, wo durch ihre Ausgestaltung eine Anpassung der Leistungen während der Auszahlungsphase intendiert ist und nach welchen grundlegenden Konzepten diese erfolgt.

2.1 Erste Schicht

In der GRV ist eine jährliche Rentenanpassung zum 1. Juli durch Anwendung der Rentenformel unter Berücksichtigung des neu festgesetzten aktuellen Rentenwertes vorgesehen (§§ 65, 68 SGB VI). Dabei ist die Rentenanpassung grundsätzlich an die Entwicklung der Bruttolohn- und -gehaltssumme je durchschnittlich beschäftigter Arbeitnehmerinnen und Arbeitnehmer angelehnt (§ 68 SGB VI). In der Alterssicherung der Landwirte werden die Leistungen ebenfalls entsprechend dem aktuellen Rentenwert in der GRV dynamisiert (§ 25 ALG).[10] Die Anpassung der Ruhegehälter der Beamtenversorgung orientiert sich demgegenüber an der Entwicklung der aktuellen Bezüge der aktiven Beamten (§ 70 BeamtVG).[11] Etwas komplizierter ist es im Fall der berufsständischen Versorgungssysteme. Diese können die Leistungen durch zwei unterschiedliche kapitalbildende Verfahren finanzieren. Die Anpassung der Leistungen erfolgt durch die unmittelbare Verwendung von Beitrags- und Ertragsteilen sowie gegebenenfalls durch reduzierte Kapitalbildung oder -verzehr. Ein durch die Vermögensanlage am Kapitalmarkt erzielter Überschuss stellt somit das wichtigste Dynamisierungspotenzial dar: Wird mehr als der zugrunde gelegte Rechnungszins erwirtschaftet, können mit dem Überschuss Anwartschaften und Renten angepasst werden. An erster Stelle steht jedoch die Nominalwerterhaltung der zugesagten Anwartschaften und Renten. Ausschlaggebend für die Anpassungshöhe ist daher insbesondere auch der Anlageerfolg der Versorgungswerke und es ist möglich, dass eine Anpassung so-

---

10 Gesetz über die Alterssicherung der Landwirte (ALG) in der Fassung der Bekanntmachung vom 29. Juli 1994 (BGBl. I S. 1890, 1891), das zuletzt durch Artikel 9c des Gesetzes vom 15. Juli 2009 (BGBl. I S. 1939) geändert worden ist.

11 Gesetz über die Versorgung der Beamten und Richter in Bund und Ländern (Beamtenversorgungsgesetz – BeamtVG) in der Fassung der Bekanntmachung vom 16. März 1999 (BGBl. I S. 322, 847, 2033), das zuletzt durch Artikel 6 des Gesetzes vom 3. April 2009 (BGBl. I S. 700) geändert worden ist.

Abbildung 1 Die Renten-, Lohn- und Preissteigerungen in Westdeutschland, 1959 bis 2010 (in Prozent)

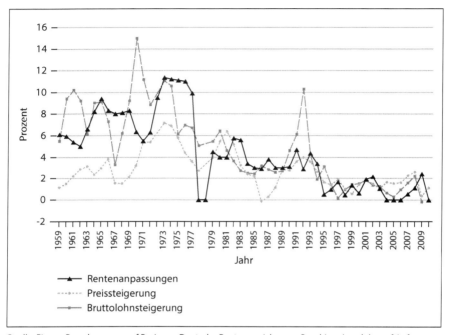

Quelle: Eigene Berechnungen auf Basis von Deutsche Rentenversicherung Bund (2011) und der auf Anfrage vom Statistischen Bundesamt zur Verfügung gestellten Daten zur Entwicklung der Bruttolöhne und -gehälter. Siehe auch Faik & Köhler-Rama (2009b: 17).

Rentenanpassung bis 1971 zum 1. Januar, im Jahr 1972 zum 1. Januar und 1. Juli, 1973–1977 zum 1. Juli, 1978 zum 1. Januar und 1. Juli, 1979–1982 zum 1. Januar, ab 1983 zum 1.Juli; Bruttolöhne und -gehälter monatlich je Arbeitnehmer: 1959–1990 früheres Bundesgebiet, ab 1991 Deutschland; Preisniveausteigerung: 1959–1961 Preisindex für die Lebenshaltung von Vierpersonenhaushalten von Arbeiterinnen/Arbeitern und Angestellten mit mittlerem Einkommen für die Bundesrepublik Deutschland nach dem jeweiligen Gebietsstand vor dem 3.10.1990 einschl. Berlin (West), 1962–1994 Preisindex für die Lebenshaltung aller privaten Haushalte für die Bundesrepublik Deutschland nach dem jeweiligen Gebietsstand vor dem 3.10.1990 einschl. Berlin (West), 1995–1999 Preisindex für die Lebenshaltung aller privaten Haushalte in Deutschland, ab 2000 Verbraucherpreisindex für Deutschland.

wohl über als auch unter dem Niveau der GRV erfolgt. Zu beachten ist ferner, dass die Anpassung der Leistungen je Versorgungswerk erfolgt und nicht für alle Versorgungswerke gleich ausfällt, da die jeweilige finanzielle Situation und potenzielle Entwicklung bei der Festlegung der Dynamisierung zu beachten ist.

Abbildung 1 verdeutlicht die Anpassung der Renten der GRV im Verhältnis zu den Lohn- und Preissteigerungen seit 1959. Sie zeigt die Veränderung der Bruttorenten, der Bruttolöhne- und -gehälter sowie der Preise. Die Anpassung der Renten aus der GRV lag in der Vergangenheit in der Regel oberhalb der Preisniveausteigerung des Vorjahres, zeitweise auch über der Bruttolohn- und -gehaltssteigerung. Es wurde somit nicht nur ein Verlust der Wohlfahrtsposition und der Kaufkraft vermieden, sondern es kam zumindest bis Mitte der 1970er Jahre zu Wohlfahrtsgewinnen, die Altersarmut wurde zurückgedrängt. Es gibt zwei Zeiträume, in denen die Steigerung der Leistungen geringer ausfiel als der Preisanstieg – 1978 bis 1981 und seit 2003. Allerdings bedeutet das nicht, dass nur in diesen Zeiträumen ein Kaufkraftverlust beziehungsweise eine Reduzierung des Leistungsniveaus eingetreten sein kann. Es bleibt zu berücksichtigen, dass von den Rentenzahlungen noch Beiträge an die Kranken- und Pflegeversicherung sowie gegebenenfalls Steuern zu zahlen sind. So reduzierte sich beispielsweise der Rentenzahlbetrag beziehungsweise der Auszahlungsbetrag[12] im Jahr 2004, als der Beitragszuschuss der Rentenversicherung zur gesetzlichen Pflegeversicherung entfiel. Seitdem müssen die Leistungsempfängerinnen und -empfänger der GRV den Beitrag vollständig selbst zahlen. Aus den Daten zur Anpassung der Renten der GRV kann daher nicht umstandslos auf die Wohlfahrtsposition der Rentenbezieherinnen und -bezieher geschlossen werden. Prinzipiell wird aber deutlich, dass durch die Dynamisierung der Alterseinkünfte aus der GRV eine Anpassung an die Dynamik des Wirtschaftsprozesses, wie sie in den Lohn- und Preisveränderungen zum Ausdruck kommt, möglich wird.

2.2 Zweite Schicht

Im Falle der betrieblichen Altersversorgung ist die Sachlage komplizierter.[13] In der Zusatzsicherung des Öffentlichen Dienstes beträgt die jährliche Anpassungsrate

---

12 Siehe zu den Begrifflichkeiten z. B. Deutsche Rentenversicherung Bund (2010: XI ff.).
13 Siehe für einen Überblick über die Formen der betrieblichen Altersvorsorge beispielsweise Leiber (2005).

ein Prozent.[14] In der betrieblichen Altersversorgung der Privatwirtschaft hat der Arbeitgeber gemäß § 16 Abs. 1 BetrAVG alle drei Jahre eine Anpassung zu prüfen. Laufende Renten sind mindestens in dem Maße anzupassen, wie auch die Nettolöhne vergleichbarer Arbeitnehmer im Betrieb steigen oder sich der Verbraucherpreisindex für Deutschland ändert. Bei der Festlegung, ob und in welcher Höhe eine Anpassung erfolgen soll, ist allerdings die wirtschaftliche Lage des Unternehmens zu berücksichtigen. Grundsätzlich sind die inhaltlichen und betriebswirtschaftlichen Kriterien der wirtschaftlichen Lage des Arbeitgebers gemäß Bundesarbeitsgericht weitgehend festgelegt und müssen im Einzelfall überprüft werden. So kann eine Anpassung aus wirtschaftlichen Gründen ganz oder teilweise entfallen, falls beispielsweise eine angemessene Eigenkapitalverzinsung des Unternehmens nicht vorliegt – insofern besteht keine Anpassungsverpflichtung. Für den Fall, dass eine zu Recht unterbliebene Anpassung vorliegt, ist der Arbeitgeber gemäß § 16 Abs. 4 BetrAVG nicht verpflichtet, die Anpassung zu einem späteren Zeitpunkt nachzuholen.

Die Anpassungsprüfungspflicht entfällt gemäß § 16 Abs. 3 BetrAVG, wenn

- der Arbeitgeber sich verpflichtet, Rentenzahlungen um mindestens ein Prozent pro Jahr anzupassen, oder
- die betriebliche Altersversorgung über eine Direktversicherung oder über eine Pensionskasse ausgeführt wird, dabei ab Rentenbeginn alle auf den Rentenbestand entfallenden Überschussanteile zur Steigerung der laufenden Leistungen benutzt werden und zur Kalkulation der garantierten Leistungen der nach § 65 Abs. 1 des Versicherungsaufsichtsgesetzes (VAG) verordnete Höchstzinssatz zur Berechnung der Deckungsrückstellung nicht überstiegen wird, oder
- aber eine ‚Beitragszusage mit Mindestleistung' vorliegt.

Der Arbeitgeber verpflichtet sich im letztgenannten Fall dazu, mindestens die Summe der zugesagten Beiträge zur Verfügung zu stellen, soweit diese nicht zur Finanzierung vorzeitiger Risiken wie beispielsweise Berufsunfähigkeit verbraucht wurden (§ 1 Abs. 2 S. 2 BetrAVG). Somit haftet er ausschließlich für die Summe der gezahlten Beiträge, die zur Finanzierung der Altersleistung verwendet wurden. Entspricht beispielsweise die Leistung eines Pensionsfonds zum Rentenbeginn aufgrund der schlechten Wertentwicklung des Fonds nicht den eingezahlten Beiträgen, haftet der Arbeitgeber für die Differenz.

---

14 Siehe § 39 der Satzung der Versorgungsanstalt des Bundes und der Länder (Versorgunganstalt des Bundes und der Länder 2012).

Falls eine betriebliche Altersversorgung durch Entgeltumwandlung finanziert wird, ist der Arbeitgeber gemäß § 16 Abs. 5 BetrAVG verpflichtet, die Leistungen mindestens in Höhe von einem Prozent jährlich anzupassen oder, wenn die Durchführung über eine Pensionskasse oder Direktversicherung erfolgt, sämtliche Überschussanteile für die Steigerung der laufenden Leistungen zu verwenden.

Da die dauerhafte Existenz eines Betriebes nicht gewährleistet ist, ist im Rahmen des BetrAVG eine Insolvenzsicherung vorgesehen. Der Pensions-Sicherungs-Verein (PSVaG) wird dann für die Ansprüche der Versorgungsberechtigten leistungspflichtig, wenn bei dem Arbeitgeber, der die betriebliche Altersversorgung bietet, einer der in § 7 Abs. 1 BetrAVG aufgeführten Sicherungsfälle entsteht. Geschützt sind Leistungen, die aufgrund von Direktzusagen, bestimmten Direktversicherungszusagen, Unterstützungskassenzusagen oder Pensionsfondszusagen erteilt wurden, bis zur Höhe des Dreifachen der monatlichen Bezugsgröße (§ 18 SGB IV) zum Zeitpunkt der ersten Fälligkeit der Leistung. Zudem übernimmt der PSVaG rückständige Versorgungsleistungen des Arbeitgebers bis zu maximal zwölf Monaten vor Entstehen der Leistungspflicht (§ 7 Abs. 1a BetrAVG). Vom PSVaG nicht erfasst sind Pensionskassen und die meisten Direktversicherungen, weil bei ihnen die Versicherungsaufsicht durch entsprechende Anlagevorschriften die Solvenz der Systeme garantieren soll.

Grundsätzlich gilt, dass die vom PSVaG ausgezahlten Betriebsrenten nominal unverändert bleiben. Eine Anpassung der übernommenen Rentenleistung ist nur möglich, wenn die Versorgungszusage des Arbeitgebers eine feste Anpassungsgröße beinhaltet, die über die Prüfungspflicht des § 16 BetrAVG hinausgeht. Dies ist beispielsweise der Fall, wenn der Arbeitgeber sich dazu verpflichtet hatte, auch dann eine zweiprozentige Erhöhung durchzuführen, wenn dies die wirtschaftliche Lage des Unternehmens eigentlich nicht zugelassen hätte.

2.3 Dritte Schicht

Nochmals unübersichtlicher wird die Sachlage im Bereich der individuellen ergänzenden Alterssicherung. Die private Vermögensbildung und -haltung erfolgt aus unterschiedlichen Motiven, sodass eine eindeutige Zuordnung der unterschiedlichen Anlageformen zu einzelnen Zwecken wie der Alterssicherung in der Regel nicht möglich ist. Werden daher allein die speziell für die Alterssicherung gedachten Produkte betrachtet, lassen sich staatlich zertifizierte und nicht-zertifizierte Formen der Vermögensbildung unterscheiden (vgl. Viebrok 2006). Der ersten Gruppe sind unter anderem die Arten der privaten Altersvorsorge zuzuordnen, für die gemäß § 1 Abs. 1 S. 2 Nr. 4 und Nr. 4a AltZertG gilt, dass erstens zu Beginn der Auszahlungsphase mindestens die eingezahlten Altersvorsorgebeiträge für die Auszahlungsphase zur Verfügung stehen[15] (Beitragserhaltungsgarantie) und zweitens die Leistungen ab Beginn der Auszahlungsphase in Form einer lebenslangen gleich bleibenden oder steigenden monatlichen Leibrente oder Ratenzahlung im Rahmen eines Auszahlungsplans mit einer anschließenden Teilkapitalverrentung ab spätestens dem 85. Lebensjahr erfolgen. Somit ist de jure zwar ein planmäßiges Sinken der nominalen Rentenhöhe nicht zulässig, aber es besteht keine Anpassungsverpflichtung.

Im Rahmen einer Zusatzvereinbarung kann für bestimmte Altersvorsorgeprodukte allerdings festgelegt werden, dass die Leistungen während der Auszahlungsphase steigen. Wenn eine solche Anpassung vorgesehen ist, dann ist der Anfangsbetrag der Zahlungen bei Rentenbeginn in der Regel niedriger verglichen mit dem Betrag einer nicht dynamisierten Leistung. Je höher die Rentensteigerung, desto niedriger das Ausgangsniveau des Rentenbetrags. Faktisch handelt es sich dabei also nicht um eine Dynamisierung, die auf Veränderungen zum Beispiel der Kaufkraft reagieren würde, sondern um eine lineare Veränderung der Rentenzahlungen, zumeist also der Entnahmen aus dem aufgebauten Kapitalstock. Derart dynamisierte Renten erhöhen für den Versicherer entsprechend das finanzielle Risiko einer sehr hohen Lebenserwartung, so dass mit einer zusätzlichen Risikoprämie zu rechnen ist.

Bezüglich der nicht-zertifizierten Formen der Vermögensbildung zur Altersvorsorge existiert keine allgemeine gesetzliche Grundlage zur Anpassung der Leistungen in der Altersphase. Die Festlegung, ob und in welcher Weise eine Anpassung erfolgt, obliegt den Vertragspartnern. Ob zusätzlich Einkünfte aus Vermögen bezogen werden oder der Vermögensbestand sukzessive aufgelöst wird, um ein entsprechendes Einkommensniveau zu erreichen beziehungsweise aufrechtzuerhalten, hängt aus ökonomischer Sicht grundsätzlich von den Präferenzen der Individuen ab. Im Einzelfall bestehen erhebliche Kapitalmarkt- und Insolvenzrisiken, wie zum Beispiel im Falle von Zertifikaten bei Lehman Brothers, insolvent in 2008, deutlich wurde.

---

15 Am Beginn der Auszahlungsphase können allerdings bis zu 30 Prozent des Kapitals ausgezahlt werden. Es sei hier nur darauf hingewiesen, dass diese Regelung im Hinblick auf das Ziel der Lebensstandardsicherung und der Armutsvermeidung in der Nacherwerbsphase problematisch ist, da hierdurch das zur Verrentung zur Verfügung stehende Kapital reduziert wird, wodurch zwangsläufig die monatlichen Rentenbeträge niedriger ausfallen.

Im Fall zum Beispiel der Lebensversicherungen wurde ein Sicherungsfonds eingerichtet, der bei einer Insolvenz den Schutz der Ansprüche der aus dem Lebensversicherungsvertrag begünstigten Personen gewährleisten soll. Sämtliche Leistungen, die vertraglich vereinbart wurden, wie etwa Anpassungen, bleiben erhalten und werden im Zweifelsfall durch den Sicherungsfonds erfüllt. Allerdings sieht das Gesetz gemäß § 125 Abs. 5 VAG[16] Ausnahmen vor, falls die finanziellen Mittel des Sicherungsfonds nicht ausreichen, um die Verpflichtungen aus den Versicherungsverträgen zu übernehmen. In diesem Fall können die Versicherungsverpflichtungen aus den Verträgen um bis zu fünf Prozent der garantierten Leistungen herabgesetzt werden. Somit besteht letztlich auch keine Nominalwertgarantie der vereinbarten Leistungen.

In Abbildung 2 sind die derzeit (Stand 2012) geltenden Varianten der Dynamisierung von Einkünften aus Alterssicherungssystemen zusammenfassend dargestellt.

3 Empirische Zugänge

Aus der Darstellung der gesetzlichen Regelungen zur Dynamisierung von Leistungen aus Alterssicherungssystemen geht hervor, dass nicht alle Komponenten so gestaltet sind, dass eine Anpassung an die wirtschaftlichen Veränderungen automatisch erfolgt. Und selbst wo dies so scheint, ist zwischen der de jure Ausgestaltung und der de facto Situation zu unterscheiden. So wurde beispielsweise die Anpassung der Leistungen aus der GRV in den Jahren 2004 bis 2006 ausgesetzt (siehe zur Rentenpassung in der Zeit von 1999 bis 2009 Faik & Köhler-Rama 2009a: 602). Sofern in solchen Jahren eine Lohn- oder Preissteigerung zu verzeichnen ist, müssten betriebliche und private Alterssicherungen streng genommen noch zusätzlich die so sich vergrößernde Lücke kompensieren.

Soll bei einer empirisch fundierten Analyse das komplexe Zusammenwirken der Einkünfte aus Alterssicherungssystemen in den Mischungsverhältnissen über den gesamten Zeitraum der Rentenbezugsphase in den Blick genommen werden, bieten sich zwei Wege an: Simulationsrechnungen für ‚typische' Fälle wahrscheinlicher Verläufe oder Rekonstruktionen beziehungsweise Beobachtungen von Fällen, also Analysen empirischer Daten. Ersteres setzt zum Beispiel die Explikation

---

16 Gesetz über die Beaufsichtigung der Versicherungsunternehmen (Versicherungsaufsichtsgesetz – VAG) in der Fassung der Bekanntmachung vom 17. Dezember 1992 (BGBl. 1993 I S. 2), das durch Artikel 4 Absatz 10 des Gesetzes vom 30. Juli 2009 (BGBl. I S. 2437) geändert worden ist.

Abbildung 2   Die Struktur des deutschen Alterssicherungssystems

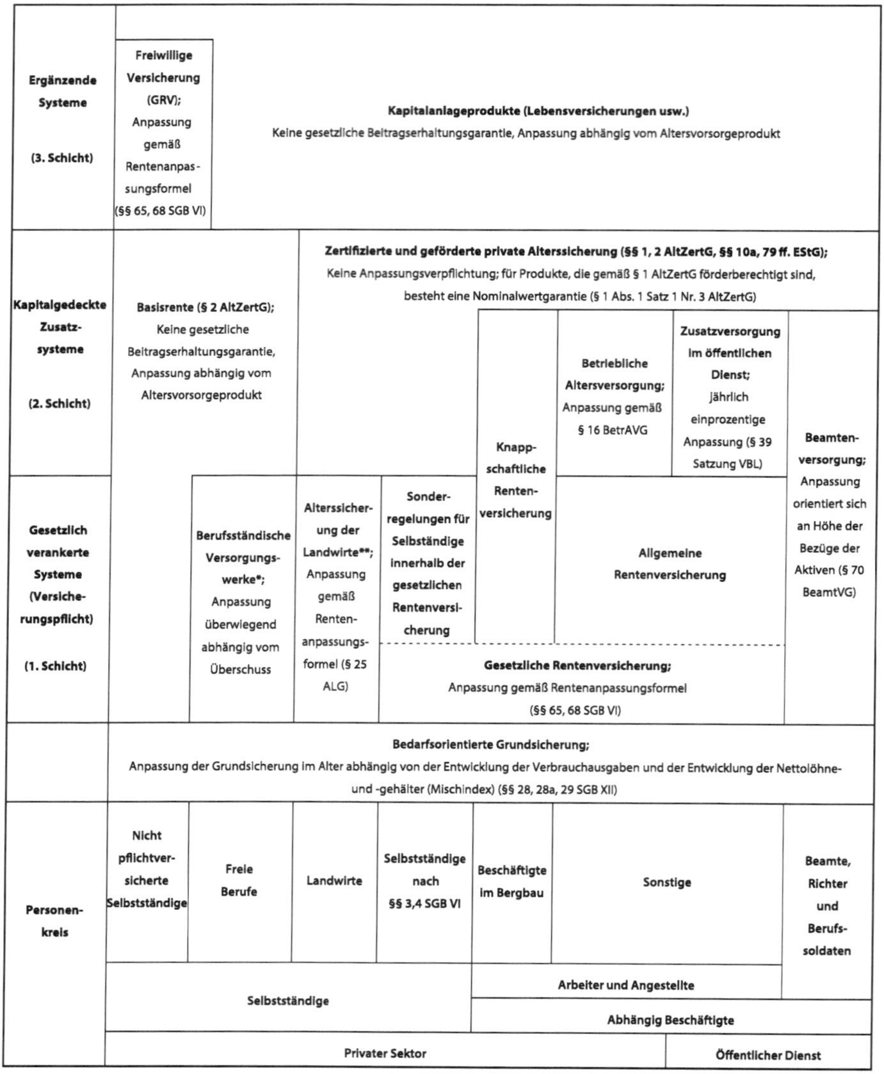

Ergänzende Systeme (3. Schicht)	Freiwillige Versicherung (GRV); Anpassung gemäß Rentenanpassungsformel (§§ 65, 68 SGB VI)	**Kapitalanlageprodukte (Lebensversicherungen usw.)** Keine gesetzliche Beitragserhaltungsgarantie, Anpassung abhängig vom Altersvorsorgeprodukt					
Kapitalgedeckte Zusatzsysteme (2. Schicht)	Basisrente (§ 2 AltZertG); Keine gesetzliche Beitragserhaltungsgarantie, Anpassung abhängig vom Altersvorsorgeprodukt	**Zertifizierte und geförderte private Alterssicherung** (§§ 1, 2 AltZertG, §§ 10a, 79 ff. EStG); Keine Anpassungsverpflichtung; für Produkte, die gemäß § 1 AltZertG förderberechtigt sind, besteht eine Nominalwertgarantie (§ 1 Abs. 1 Satz 1 Nr. 3 AltZertG)			Betriebliche Altersversorgung; Anpassung gemäß § 16 BetrAVG	Zusatzversorgung im öffentlichen Dienst; jährlich einprozentige Anpassung (§ 39 Satzung VBL)	Beamtenversorgung; Anpassung orientiert sich an Höhe der Bezüge der Aktiven (§ 70 BeamtVG)
Gesetzlich verankerte Systeme (Versicherungspflicht) (1. Schicht)	Berufsständische Versorgungswerke*; Anpassung überwiegend abhängig vom Überschuss	Alterssicherung der Landwirte**; Anpassung gemäß Rentenanpassungsformel (§ 25 ALG)	Sonderregelungen für Selbständige innerhalb der gesetzlichen Rentenversicherung	Knappschaftliche Rentenversicherung	Allgemeine Rentenversicherung		
			**Gesetzliche Rentenversicherung;** Anpassung gemäß Rentenanpassungsformel (§§ 65, 68 SGB VI)				
	**Bedarfsorientierte Grundsicherung;** Anpassung der Grundsicherung im Alter abhängig von der Entwicklung der Verbrauchausgaben und der Entwicklung der Nettolöhne- und -gehälter (Mischindex) (§§ 28, 28a, 29 SGB XII)						
Personenkreis	Nicht pflichtversicherte Selbstständige	Freie Berufe	Landwirte	Selbständige nach §§ 3,4 SGB VI	Beschäftigte im Bergbau	Sonstige	Beamte, Richter und Berufssoldaten
	Selbstständige			Arbeiter und Angestellte / Abhängig Beschäftigte			
	**Privater Sektor**						**Öffentlicher Dienst**

Quelle: Eigene Darstellung in Anlehnung an Schmähl (2004: 156).

* Teilweise auch für abhängig Beschäftigte in der jeweiligen Branche, ** Einschließlich mithelfender Familienangehöriger; als Teilversorgung, ergänzt durch betriebliche Maßnahmen.

der grundsätzlichen theoretischen Möglichkeiten einer Anpassung in den einzelnen Sicherungssystemen, die Analyse der gegenwärtigen Praxis der Dynamisierung sowie die Analyse der Wechselwirkungen voraus. Für den zweiten Weg bleibt zunächst zu untersuchen, ob die verfügbaren Datensätze Informationen bereitstellen, die schon jetzt oder in der näheren Zukunft Aussagen zu diesem Aspekt der Alterssicherung ermöglichen.

Im Forschungsprojekt ‚Dynamisierung von Alterseinkommen' wird daher geprüft, inwieweit Veränderungen der relativen Einkommensposition Älterer im Zeitablauf bei gleichzeitiger Differenzierung innerhalb der Gruppe der Älteren hinsichtlich des konkreten Mischungsverhältnisses der Alterssicherung sichtbar gemacht werden können. Einige mögliche Hypothesen wurden eingangs bereits ausgeführt: Sofern Individuen zum Beispiel private und gesetzliche Renteneinkünfte beziehen, müsste das relative Gewicht der Einkünfte aus nicht-dynamisierter privater Alterssicherung über die Bezugsphase hinweg abnehmen, und je höher der Anteil solcher Einkommen, desto stärker fallen diese Änderungen ins Gewicht. Ferner wird sich die relative Einkommensposition mit der Inflation verschlechtern, je höher der Anteil an Einkünften ist, die nicht dynamisiert werden – das Armutsrisiko erhöht sich für diese Population. An dieser Stelle soll über einige erste Ergebnisse zu diesen Fragen aus der laufenden Projektarbeit berichtet werden.

Informationen zur Dynamisierung von Alterssicherungsleistungen, aus denen sich allgemeingültige Aussagen ableiten lassen, sind prinzipiell aus zwei Quellen zugänglich: Erstens aus prozessproduzierten Daten, das heißt Informationen auf der Basis von Melde- und Berichtspflichten der Versicherungsträger wie Statistiken oder Geschäftsberichte (siehe hierzu grundsätzlich Schmähl & Fachinger 1994; Fachinger et al. 2010; Rehfeld 2011), zweitens aus repräsentativen Erhebungen der Einkommen auf Individual- und Haushaltsebene.

Die Zugänglichkeit der Informationen aus prozessproduzierten Daten unterscheidet sich allerdings selbst bei den gesetzlich verankerten Systemen erheblich. Durch die GRV erfolgt eine ausführliche und aktuelle Berichterstattung – so unter anderem in der DRV-Schriftenreihe ‚Rentenversicherung in Zeitreihen' (Deutsche Rentenversicherung Bund 2011). Dies gilt für die anderen Systeme jedoch nicht in vergleichbarem Umfang: Während die Informationen für die Beamtenversorgung noch aus den Gesetzen zur Anpassung von Besoldungs- und Versorgungsbezügen zusammengestellt werden können, erfolgt dies für die berufsständischen Versorgungswerke nicht. Hier sind die Informationen nicht allgemein zugänglich, sondern werden zum Teil nur den Mitgliedern zur Verfügung gestellt. Im Bereich der privaten Alterssicherung wird es komplett unübersichtlich, und mit der Zahl der Anbieter und Varianten steigt diese Unübersichtlichkeit schnell an, die Aussagekraft von Modellrechnungen auf der Basis prozessproduzierter Daten schwindet daher zusehends.

Geht man den Weg der Analyse repräsentativer Daten, so sind zur Beantwortung der Fragestellung Mikrodaten mit Angaben zu Alterseinkünften aus den drei Schichten (nach Möglichkeit aber auch zu allen anderen Einkunftsarten) erforderlich, und zwar streng genommen Längsschnittdaten über einen möglichst langen Rentenbezugszeitraum (idealiter auch für die Einzahlungsphase, zum Beispiel zur Berechnung individueller Lohnersatzquoten). Hier ist in Deutschland nur das Sozio-oekonomische Panel (SOEP) für Analysen zur Dynamisierung von Alterseinkünften geeignet (siehe ausführlich zum SOEP Wagner et al. 2007). In dieser Befragung werden Alterseinkünfte aus den drei Schichten auf Personenebene mit der Höhe der Bezüge jährlich erfasst, sodass deren Entwicklung im Zeitablauf abgebildet werden kann.

Seit 1986 wird nach Einkünften aus der GRV, aus betrieblicher Altersversorgung sowie der Zusatzversorgung des Öffentlichen Dienstes gefragt, seit 2003 auch nach einer Rente aus einer privaten Versicherung. Allerdings gab es auch Umformulierungen beziehungsweise Neuzuordnungen, welche den Vergleich über die Zeit erschweren, etwa bei der der Zuordnung der Leistungen der knappschaftlichen Rentenversicherung zur GRV oder dem Wegfall der Kategorie Alterssicherung der Landwirte. Differenziert wird dabei seit 2003 in die folgenden Kategorien:

- Gesetzliche Rentenversicherung
- Beamtenversorgung
- Kriegsopferversorgung
- Unfallversicherung (z. B. der Berufsgenossenschaft)
- Zusatzversorgung des Öffentlichen Dienstes (z. B. VBL – Versorgungsanstalt des Bundes und der Länder)
- Betriebliche Altersversorgung (z. B. Werkspension)
- Rente aus einer privaten Versicherung

Die Zahl der Fälle mit Angaben zu Einkünften aus privater Sicherung ist bislang recht gering, sodass die Aussagemöglichkeiten für die zurückliegenden Jahre nicht überschätzt werden dürfen. Dennoch hoffen wir, dass sich zumindest Indizien für den bisherigen Verlauf im Falle unterschiedlicher Sicherungsmixturen ablesen und somit vorsichtige Einschätzungen zur Belastbarkeit der aufgestellten Hypothesen geben lassen. Wir konzentrieren uns im Folgenden auf die Betrach-

Abbildung 3   Mediane der Renteneinkommen 2003–2010

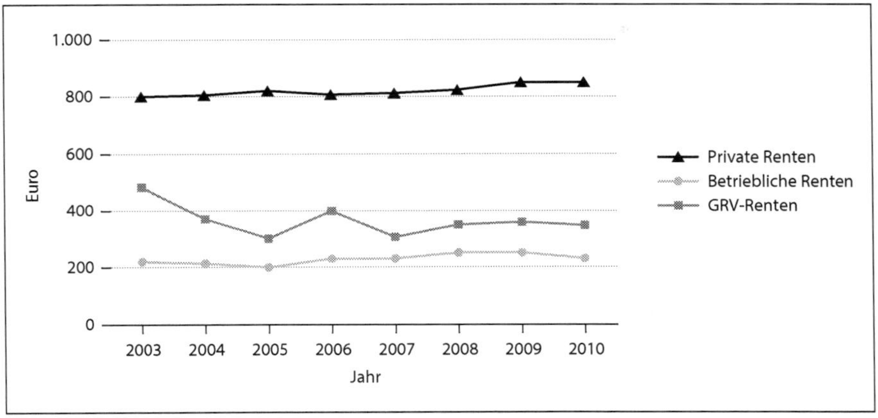

```
                                                    ▲ Private Renten
                                                    ◇ Betriebliche Renten
                                                    ■ GRV-Renten
```

Quelle: SOEP 2003–2010, eigene Berechnungen, gewichtet.

tung des Zeitraums 2003 bis 2010, da nur hier Daten für die private Alterssicherung erhoben wurden.

Abbildung 3 zeigt die mittleren Rentenbezüge (Mediane) differenziert nach den drei Einkommensquellen GRV, betriebliche Renten und private Alterssicherung, wie sie sich dem SOEP entnehmen lassen. Der Median der Gesamteinkünfte aus diesen Quellen ist zwischen 2003 und 2010 leicht angestiegen, nämlich von 830 auf 900 Euro. Daran hat – bezogen auf die Gesamtpopulation – die GRV den größten Anteil: Die mittlere GRV-Rente stieg in dieser Stichprobe von 800 auf 850 Euro, also um rund sechs Prozent. Der mittlere Wert der Einkünfte aus betrieblicher Alterssicherung zeigt einen Anstieg um fünf Prozent (von 220 auf 230 Euro), der Median privater Renten verringerte sich von 485 auf 348 Euro. Da beide vergleichsweise selten sind, wirken diese sich bei Betrachtung der Gesamtpopulation kaum aus. Bei der privaten Alterssicherung verweisen die starken Schwankungen im Beobachtungszeitraum zudem auf die geringe Zahl an Beobachtungen, so dass wir die Unterschiede nicht als generellen Trend interpretieren. Zumindest deutet sich aber an, dass hier keine Zwangsläufigkeit eines Anstiegs vorliegt.

Insgesamt ist der Anstieg der Renten in der hier betrachteten Periode relativ gering. Im Zeitraum 1994 bis 2001 beispielsweise stieg die mittlere GRV-Rente in dieser Stichprobe immerhin von 614 auf 767 Euro, also um 21 Prozent. Die betrieblichen Renten stiegen im Median sogar – relativ betrachtet – noch stärker, nämlich von 133 auf 256 Euro, also um 92 Prozent (absolut betrachtet in beiden Fällen um rund 123 Euro). Da es sich bei unseren Analysen um Querschnittsvergleiche handelt, nicht um einen Längsschnittsverlauf, ist ein Teil dieser Zuwächse sicher auch auf Neuzugänge mit höheren Rentenanwartschaften zurückzuführen. Auch waren im Zeitraum 2003 bis 2010 Lohnsteigerungen und Inflation relativ niedrig (vgl. Abbildung 1). Dennoch kann man aber folgern, dass betriebliche Alterssicherung im individuellen ‚Alterssicherungsmix' durchschnittlich an Bedeutung gewonnen hat. Dies gilt freilich nur dort, wo auch betriebliche Alterseinkommen vorliegen – derzeit erhält noch der überwiegende Teil der Alterseinkommensbezieher allein Bezüge aus der GRV (nach diesen Daten 84 Prozent im Jahr 2010).

Hinter diesen Mittelwerten verbergen sich aber auch sonst zum Teil erhebliche Varianzen und Gruppenunterschiede. Beispielsweise liegen die Renten aus der GRV bei den Frauen deutlich niedriger (630 Euro gegenüber 1 200 Euro bei den Männern im Jahr 2010). Ähnlich stark sind die Geschlechterdifferenzen bei den betrieblichen Renten (150 gegenüber 300 Euro) und den privaten Renten (263 gegenüber 420 Euro). Und während sich die GRV-Renten bei Männern und Frauen zwischen 2003 und 2010 ungefähr im Gleichschritt entwickelten, zeigt sich bei den betrieblichen Renten der Frauen sogar ein Rückgang (von 160 auf 150 Euro), ein Anstieg ist hier allein bei den Männern erkennbar (von 270 auf 300 Euro). Bei der Interpretation der betrieblichen Renten ist allerdings deren Doppelfunktion zu berücksichtigen: Diese hatten einerseits das Ziel der Honorierung langjähriger Betriebszugehörigkeit, andererseits für die Personen mit hohen Einkommen eine Einkommensersatzfunktion angesichts der Begrenzung der GRV-Ansprüche durch die Beitragsbemessungsgrenze (die rund das Doppelte des jeweiligen durchschnittlichen Bruttoarbeitsentgeltes beträgt). Dies wird auch an den Daten des SOEP deutlich:

Die betrieblichen Renten liegen bei den ‚Hocheinkommensbeziehern' (Stichprobe G des SOEP) mit einem Median von 1 700 Euro deutlich über jenen aus der GRV (1 000 Euro), die privaten Renten liegen in etwa gleichauf (1 085 Euro). Insofern wären die Hocheinkommensbezieher derzeit stärker von möglichen Folgen einer mangelhaften Dynamisierung der Alterseinkommen im Bereich der betrieblichen und privaten Alterssicherung betroffen. Allerdings besteht gerade bei den unteren Einkommensgruppen eine höhere Notwendigkeit, die künftig geringeren GRV-Renten und gegebenenfalls geringeren Rentenanwartschaften durch bertriebliche und/oder private Vorsorge zu kompensieren, wobei allerdings im Falle der Nutzung dieser Möglichkeit das Armutsrisiko während der Rentenbezugszeit möglicherweise zunehmen würde.

4 Schlussfolgerungen

Prinzipiell ist zunächst zu konstatieren, dass die Datenlage derzeit noch nicht zufrieden stellen kann. Insbesondere bei der privaten Alterssicherung sind die Fallzahlen gering, belastbare Aussagen sind hier nicht zu erwarten. Der längerfristige Trend lässt sich auf dieser Datengrundlage daher eher mit Simulationsrechnungen bei spezifischen Modellannahmen für bestimmte Personengruppen abschätzen. Dennoch verdeutlichen die Befunde, dass der Dynamisierung im Zusammenhang mit der Vermeidung von Altersarmut eine zunehmende Bedeutung beizumessen ist. Im Falle der GRV hat die Rentenanpassung lange Zeit zu einer positiven Entwicklung der Alterseinkommen geführt. Wie an anderer Stelle ausgeführt, dürften sich dadurch erhebliche positive Effekte für die Gesellschaft insgesamt ergeben haben, beispielsweise hinsichtlich der familialen Generationenbeziehungen oder der gesellschaftliche Partizipation und dem Engagement älterer Menschen (vgl. hierzu Künemund 2009 sowie Künemund im Erscheinen). Die Leistungen der GRV wurden im Großen und Ganzen an die wirtschaftliche Gesamtentwicklung beziehungsweise die Lohnentwicklung angepasst, die Bezieher von Leistungen dieses Systems waren tendenziell also vor negativen Veränderungen der relativen Einkommensposition geschützt. Hier zeigt sich ein großer Vorteil des Umlageverfahrens: Diese Finanzierungsform kann in der Rentenbezugszeit Risiken wie Inflation absichern (vorausgesetzt die Bezugsgröße – in der Regel die Löhne – und somit die zu zahlenden Beiträge werden an die Inflation angepasst), gleichzeitig setzt es die Versicherten nur in einem begrenzten Umfang den Kapitalmarktrisiken aus. Die Wirtschaftskrisen der letzten Jahre haben die Bedeutung der Verlässlichkeit des Umlageverfahrens in der GRV nochmals sehr deutlich gemacht.

Ob die bisherige Erfolgsgeschichte des Systems der deutschen Alterssicherung auch in Zukunft Bestand hat, wird zunehmend auch von der Anpassung der Alterseinkommen in der zweiten und dritten Schicht abhängen. Diese ist nicht grundsätzlich und übergreifend gesetzlich gesichert und hängt derzeit erheblich von der gesamtwirtschaftlichen Entwicklung ab, insbesondere der Finanz- beziehungsweise Kapitalmärkte, sowie im Fall der betrieblichen Altersversorgung unter anderem vom einzelwirtschaftlichen Erfolg des Unternehmens, bei dem der Versicherte beschäftigt war. Die gegenwärtige Nichtberücksichtigung der Dynamisierung der Leistungen während der Bezugsphase angesichts der angestrebten wachsenden Bedeutung betrieblicher und privater Vorsorge birgt die Gefahr, dass das Ziel der Lebensstandardsicherung in der Altersphase verfehlt wird und es zu einem steigenden Armutsrisiko kommt. Es spricht einiges dafür, dass davon insbesondere ältere Frauen betroffen sein werden.

Literatur

Bäcker, G. (2008). Altersarmut als soziales Problem der Zukunft? *Deutsche Rentenversicherung, 63(4)*, 357–367.

Bundesmininsterium für Arbeit und Soziales (BMAS) (2011) *Regierungsdialog Rente. Informationen für die Presse*. Berlin: Bundesmininsterium für Arbeit und Soziales.

Bundesministerium für Familie, Senioren, Frauen und Jugend (BMFSFJ) (2005). *Fünfter Bericht zur Lage der älteren Generation in der Bundesrepublik Deutschland. Potenziale des Alters in Wirtschaft und Gesellschaft. Der Beitrag älterer Menschen zum Zusammenhalt der Generationen. Bericht der Sachverständigenkommission*. Berlin: Bundesministerium für Familie, Senioren, Frauen und Jugend.

Butrica, B. A. (2007). *How Economic Security Changes during Retirement* (Bd. 6). Chestnut Hill: Center for Retirement Research at Boston College.

Deutscher Bundestag (Hrsg.) (2010). *Antwort der Bundesregierung auf die Kleine Anfrage der Abgeordneten Dr. Wolfgang Strengmann-Kuhn, Katrin Göring-Eckardt, Kerstin Andreae, weiterer Abgeordneter und der Fraktion BÜNDNIS 90/DIE GRÜNEN – Einsetzung einer Regierungskommission für Konzepte gegen Altersarmut (BT-Drucksache 17/8248)*.

Deutsche Rentenversicherung Bund (Hrsg.) (2010). *Rentenzugang des Jahres 2009* [Statistik der Deutschen Rentenversicherung 178]. Berlin: Deutsche Rentenversicherung Bund.

Deutsche Rentenversicherung Bund (2011). *Rentenversicherung in Zeitreihen* [DRV-Schriften 22]. Berlin: Deutsche Rentenversicherung Bund.

Eichenhofer, E. (2008). Armutsfeste Alterssicherung als gesamtgesellschaftliche Aufgabe. *Deutsche Rentenversicherung, 39(10)*, 368 – 381.

Fachinger, U. (2011). Lebensstandardsicherung in der bundesdeutschen Regelsicherung – Zur Frage eines angemessenen Rentenniveaus. In Deutsche Rentenversicherung Bund (Hrsg.), *Dynamisierung von Alterseinkünften im Mehr-Säulen-System. Jahrestagung 2011 des Forschungsnetzwerks Alterssicherung (FNA) am 27. und 28. Januar 2011 in Berlin* (Bd. 94, S. 49–67). Bad Homburg: WDV, Gesellschaft für Medien und Kommunikation.

Fachinger, U., Himmelreicher, R. K., & Rehfeld, U. G. (2010). Mikrodaten zur Erforschung der Alterssicherung im 21. Jahrhundert. *Deutsche Rentenversicherung, 65(2)*, 173–185.

Fachinger, U., & Künemund, H. (2009). Die Auswirkungen alternativer Berechnungsmethoden auf die Höhe der Lohnersatzquote. *Deutsche Rentenversicherung, 64(5)*, 414–431.

Faik, J., & Köhler-Rama, T. (2009a). Gesetzliche Rentenversicherung: Für eine Rentenanpassung mit Sicherungsziel. *Wirtschaftsdienst Zeitschrift für Wirtschaftspolitik, 89(9)*, 601–609.

Faik, J., & Köhler-Rama, T. (2009b). *Zur Frage der Rentenanpassung: Probleme und Lösungsansätze* [FaMa-Diskussionspapier 3]. Frankfurt/Main: Neue Frankfurter Sozialforschung.

Frick, J. R., & Grabka, M. M. (2009). Gestiegene Vermögensungleichheit in Deutschland. *DIW Wochenbericht, 76(4)*, 54–67.

Gasche, M., & Kluth, S. (2011). *Auf der Suche nach der besten Rentenanpassungsformel* [MEA Discussion Paper 241]. Mannheim: Mannheim Research Institute for the Economics of Aging.

Heien, T., Kortmann, K. & Schatz, C. (2007). *Altersvorsorge in Deutschland 2005 – Alterseinkommen und Biographie. Forschungsbericht von TNS Infratest, hrsg. von der Deutschen Rentenversicherung Bund und BMAS.* [DRV-Schriften 75 und BMAS-Forschungsbericht 365]. Berlin: Deutsche Rentenversicherung Bund.

Kröger, K. (2011). Pension Adjustment and its Problems. A Critical Overview of the Measures, eExemplified on the Basis of the German Pension Scheme. *International Journal of Behavioural and Healthcare Research, 2(4),* 375–394.

Krupp, H.-J. (1981). Grundlagen einer zielorientierten und integrierten Alterssicherungspolitik. In Sozialbeirat (Hrsg.), *Langfristige Probleme der Alterssicherung in der Bundesrepublik Deutschland. Einzelgutachten* (Bd. 2, S. 95–142). Bonn: Bundesminister für Arbeit und Sozialordnung.

Künemund, H. (2009): Gibt es einen Generationenkonflikt? In N. Goldschmidt (Hrsg.), *Generationengerechtigkeit. Ordnungsökonomische Konzepte* (S. 11–33). Tübingen: Mohr Siebeck.

Künemund, H. (im Erscheinen): Ehrenamt und soziale Netze: Auslaufmodell oder tragende Säule der Gesellschaft? In K. F. Zimmermann & H. Hinte (Hrsg.), *Zeitenwende am Arbeitsmarkt – Wie der demographische Wandel die Erwerbsgesellschaft verändert.* Bonn: Bundeszentrale für politische Bildung.

Künemund, H., Fachinger, U., Kröger, K., & Schmähl, W. (2010). Die Dynamisierung von Altersrenten – Forschungsfragen und Analyseperspektiven. *Deutsche Rentenversicherung, 65(2),* 327–339.

Leiber, S. (2009). *Armutsvermeidung im Alter: Handlungsbedarf und Handlungsoptionen* [WSI-Diskussionspapier 166]. Düsseldorf: Wirtschafts- und Sozialwissenschaftliches Institut in der Hans Böckler Stiftung (WSI).

Rehfeld, U. G. (2011). Berichterstattung zur Alterssicherung und Datengrundlagen. In E. Eichenhofer, H. Rische & W. H. Schmähl (Hrsg.), *Handbuch der gesetzlichen Rentenversicherung SGB VI* (S. 307–339). Köln: Luchterhand Verlag.

Schmähl, W. (1980). Zielvorstellungen in der Diskussion über die Alterssicherung – Eine Skizze –. *Zeitschrift für Gerontologie, 13(3),* 222–246.

Schmähl, W. (2004). Paradigm Shift in German Pension Policy: Measures Aiming at a New Public-Private Mix and their Effects. In M. Rein & W. Schmähl (Hrsg.), *Rethinking the Welfare State – The Political Economy of Pension Reform* (S. 153–204). Cheltenham: Edward Elgar Publishing.

Schmähl, W. (2006). Die neue deutsche Alterssicherungspolitik und die Gefahr steigender Altersarmut. *Soziale Sicherheit, 55(12),* 397–402.

Schmähl, W. (2007). Die Einführung der Dynamischen Rente im Jahr 1957. Gründe, Ziele und Maßnahmen – zugleich Versuch einer Bilanz nach 50 Jahren. In Deutsche Rentenversicherung Bund (Hrsg.), *Die gesetzliche Rente in Deutschland – 50 Jahre Sicherheit durch Anpassungen. Jahrestagung 2007 des Forschungsnetzwerks Alterssicherung (FNA) am 25. und 26. Januar 2007 in Berlin (Erkner)* (Bd. 73, S. 9–28). Berlin: Deutsche Rentenversicherung Bund.

Schmähl, W. (2010a). Die wachsende Bedeutung der Dynamisierung von Alterseinkünften für die Lebenslage im Alter. *Wirtschaftsdienst, 90(4)*, 248–254.

Schmähl, W. (2010b). Dynamisierung von Alterseinkünften – einige grundsätzliche Anmerkungen. *Deutsche Rentenversicherung, 65(2)*, 314–326.

Schmähl, W. (2011). Politikberatung und Alterssicherung: Rentenniveau, Altersarmut und das Rentenversicherungssystem. *Vierteljahrshefte zur Wirtschaftsforschung, 80(1)*, 159–174.

Schmähl, W., & Fachinger, U. (1994). Prozeßproduzierte Daten als Grundlage für sozial- und verteilungspolitische Analysen – Einige Erfahrungen mit Daten der Rentenversicherungsträger für Längsschnittanalysen. In R. Hauser, N. Ott & G. Wagner (Hrsg.), *Mikroanalytische Grundlagen der Gesellschaftspolitik: Ergebnisse aus dem gleichnamigen Sonderforschungsbereich an den Universitäten Frankfurt und Mannheim. Band 2: Erhebungsverfahren, Analysemethoden und Mikrosimulation* (S. 179–200). Berlin: Akadamie Verlag.

Sozialbeirat (2009). *Gutachten des Sozialbeirats zum Rentenversicherungsbericht 2009 (Gutachten)*. Berlin: Sozialbeirat.

Steffen, J. (2008). *Rente und Altersarmut. Handlungsfelder zur Vermeidung finanzieller Armut im Alter*. Bremen: Arbeitnehmerkammer Bremen.

Thiede, R. (2010). Armutsfeste Altersversorgung für alle Erwerbstätigen im Umlageverfahren II. In Sozialverband VdK Nordrhein-Westfalen (Hrsg.), *„Realwirtschaft": Die Altersrenten kommen nicht aus dem Finanzkasino* (S. 103–112). Düsseldorf: Eigenverlag.

Versorgungsanstalt des Bundes und der Länder (2012). *VBL. Die Satzung. 17. Änderung*. Karlsruhe: Versorgungsanstalt des Bundes und der Länder.

Viebrok, H. (2006). Künftige Einkommenslage im Alter. In Deutsches Zentrum für Altersfragen (Hrsg.), *Einkommenssituation und Einkommensverwendung älterer Menschen* (Bd. 3, S. 151–228). Berlin: LIT Verlag.

Viebrok, H., Himmelreicher, R. K., & Schmähl, W. (2004). *Private Vorsorge statt staatlicher Rente: Wer gewinnt, wer verliert?* Münster: LIT Verlag.

Wagner, G. G., Frick, J. R., & Schupp, J. (2007). The German Socio-Economic Panel Study (SOEP) – Scope, Evolution and Enhancements. *Schmollers Jahrbuch, 127(1)*, 139–169.

Whitehouse, E. R. (2009). *Pensions, Purchasing-Power Risk, Inflation and Indexation* [OECD Social, Employment and Migration Working Paper]. Paris: OECD.

Zacher, H. F. (1991). Ziele der Alterssicherung und Formen ihrer Verwirklichung. In H. F. Zacher & C. Mager (Hrsg.), *Alterssicherung im Rechtsvergleich* (Studien aus dem Max-Planck-Institut für ausländisches und internationales Sozialrecht, Bd. 11, S. 25–113). Baden-Baden: Nomos Verlagsgesellschaft.

Zaidi, A., Frick, J. R., & Büchel, F. (2005). Income Dynamics within Retirement in Great Britain and Germany. *Ageing & Society, 25(4)*, 543–565

Die Stärkung von Marktprinzipien in Rentensystemen: Neue Altersarmut in Deutschland und den Niederlanden?

Patricia Frericks

1 Einleitung

Altersarmut schien in westeuropäischen Ländern gleichsam überwunden. Nachholbedarf wurde für verschiedene Länder für Frauen identifiziert, doch aufgrund ihrer vermehrten Arbeitsmarktpartizipation und der etwaigen Anerkennung von Kindererziehungszeiten schien das Phänomen der Altersarmut auch für zukünftige Rentnerinnen passé (Übersicht in Frericks et al. 2007). Im Hinblick auf Altersarmut sind neuere Entwicklungen bislang jedoch untererforscht. Der herausragende und international am weitesten verbreitete Trend ist die Stärkung von Marktprinzipien, gekennzeichnet vor allem durch die Einführung beziehungsweise Weiterentwicklung von marktbasierten Renten in Alterssicherungssystemen. Seit den 1990er Jahren wurde zur allgemeinen politischen Räson, das Leistungsniveau der gesetzlichen Altersabsicherungen abzusenken und institutionell durch zum Teil neue, marktbasierte Systeme zu ersetzen (Übersicht in Hyde et al. 2003). Die gesetzliche Rente allein, so die explizite politische Strategie, solle in Zukunft das Alterseinkommen nicht mehr ‚angemessen' (EC-Report 2006) sichern. Es entstanden institutionelle Mischsysteme, die verschiedene Formen gesetzlicher und marktbasierter Renten verknüpfen.

Die sozialstrukturellen Implikationen, die diese Umgestaltungen mit sich bringen, sind noch wenig analysiert. International vergleichende empirische Studien zeigen, dass die Kombination von staatlichen und marktbasierten Rentensystemen teilweise nicht so angelegt ist, dass eine ‚angemessene' Rente aufgebaut werden kann (Frericks et al. 2006 und 2008; Hill 2007; Hyde et al. 2003, Lamping & Schridde 2004). Dabei lassen die zum Teil gravierende Absenkung der gesetzlichen Rente und die unzureichende zusätzliche Alterssicherung in den neuen marktbasierten Subsystemen neue Altersarmut erwarten (Frericks 2011a, Hill 2007, Hinrichs 2005).

Dies gilt jedoch nicht für alle Mischsysteme. Daher sollen in diesem Beitrag die Ursachen für die Differenzen in der potenziellen Armutsvermeidung des jeweiligen hybriden Gesamtrentensystems analysiert und der Frage nachgegangen werden, wie sich die Stärkung von Marktprinzipien in der Alterssicherung auf zukünftige Altersarmut auswirkt. Die Analyse zeigt, dass national unterschiedliche Mischformen der Altersabsicherung Risiken hinsichtlich des Aufbaus armutsübersteigender Rentenanwartschaften unterschiedlich streuen. Es werden soziale Gruppen identifiziert, die durch die veränderte hybride Rentenabsicherung besonderen Risiken unterliegen. Die Risiken werden unter dem Gesichtspunkt betrachtet, inwieweit zum einen verschiedene soziale Risiken und zum anderen besonders risikobehaftete Ereignisse in Lebensläufen wie etwa Arbeitslosigkeit oder Familienphasen in den Mischsystemen abgesichert werden.

Nach der Darstellung der Ziele und Methoden folgen fünf Abschnitte, in denen (1) die veränderten gesetzlichen Rententeilsysteme, (2) die aus der gesetzlichen Altersabsicherung in marktbasierte Subsysteme ausgelagerten Renten, (3) die veränderten nicht-gesetzlichen Rententeilsysteme, (4) die Verknüpfung der verschiedenen Subsysteme und (5) die damit verbundenen sozialen Risiken analysiert werden. Diese Teilanalysen zeigen, dass die Einführung marktbasierter Renten nicht unbedingt zu einer Verschiebung der sozialen Risiken führt, sondern dass die konkrete Ausgestaltung des Mischsystems derlei Verschiebungen hervorrufen kann. Darum schließt dieser Beitrag mit der Darstellung einiger Eigenschaften unterschiedlich gestalteter Mischsysteme, die für das Ausmaß zukünftiger Altersarmut bestimmend sein werden.

2 Internationaler Vergleich von Mischsystemen

Die Charakteristika der Marktprinzipien und die Art und Weise, wie diese in die institutionelle Gestaltung der Altersvorsorge eingeführt wurden, werden am Beispiel Deutschlands und der Niederlande in den Blick genommen. In diesen beiden Ländern ist die Altersabsicherung traditionell sehr unterschiedlich institutionalisiert, und Marktprinzipien spielten in beiden Systemen bis in die 1990er Jahren eine nur marginale Rolle: gesetzliche Renten, die den Großteil aller Alterseinkünfte ausmachten, wurden je nach Berechtigungsgrundlage (Einwohner- bzw. Arbeitnehmerstatus) nach Sozialversicherungsprinzipien umverteilt. Seitdem jedoch entwickeln sich beide Systeme zu Mischformen der Altersabsicherung, die sich durch die wachsende Bedeutung marktbasierter Subsysteme auszeichnen. Das in beiden Ländern eindeutig definierte und institutionalisierte Niveau der für die Bevölkerung als ‚angemessen' festgelegten Renten gilt sozialpolitisch in Umkehrung auch als Maßstab für eine hinreichende Altersvorsorge – in Deutschland bekannt als der ‚Eckrentner', in den Niederlanden als ‚volledig pensioen', die bei 70 Prozent des eigenen Einkommens angesetzt ist (Details zu dem Konzept ‚angemessener' sozialer Sicherung, dessen Begrifflichkeit auf EU-Terminologie basiert (EC-Report 2006) und dessen Sicherungsniveau sich auf Marshalls Sozialrechtskonzept beruft (Marshall 1950), siehe Frericks et al. 2006 und Frericks 2011b): Wer Rentenanwartschaften unterhalb dieses oft als Zielersatzrate bezeichneten Sollwerts aufbaut, gilt als unterversichert (Bundesministerium für Arbeit und Soziales (BMAS) 2011a; Rijksoverheid 2012).

Die konkrete Ausgestaltung und Verknüpfung von gesetzlichen und marktbasierten Regelungssystemen der Altersabsicherung bestimmen, inwiefern verschiedene Risiken der Alterssicherung einem Individuum oder einem Kollektiv zugeschrieben werden und ob und in welchem Maße Umverteilung in und zwischen Generationen stattfindet. Hierdurch werden sehr verschiedene soziale Risiken beeinflusst wie die, die mit demografischem Wandel, Ausprägungen von Arbeitsmarktpartizipationen und Arbeitsmarktregulierungen, finanziellen Investitionen, historischen Umständen und biografischen Konfigurationen verbunden sind (Barr & Diamond 2008; Übersicht in Frericks 2011a). In dieser Arbeit soll erörtert werden, wie sich die Möglichkeiten, die Mischsysteme zu nutzen, für verschiedene soziale Gruppen darstellen (Buchholz et al. 2009; Hill 2007). Hierzu werden Deckungsgrad, Investitionsgarantien, die Marginalisierung einiger Bevölkerungsgruppen und die veränderte Umverteilung analysiert.

Der Vergleich von Deutschland und den Niederlanden soll zeigen, dass die Art und Weise, wie Marktprinzipien ins Rentensystem integriert und die Mischsysteme institutionell gestaltet werden, von erheblicher Bedeutung ist. Je nach nationalem Verständnis oder disziplinärer Ausrichtung wird ‚Vermarktlichung' unterschiedlich verstanden (und z. T. synonym mit Privatisierung verwendet, siehe Dixon & Kouzmin 2001; Ebbinghaus 2011; Hyde et al. 2006). In diesem Beitrag wird unter der Stärkung von Marktprinzipien, die die unabhängige Variable der Analyse darstellt, die verstärkte Verwendung von Marktprinzipien in den gesetzlichen Renten und die (explizite oder implizite) Auslagerung eines Teils der bisher von gesetzlichen Rentensystemen abgedeckten Renten hin zu mehr oder weniger profitorientierten Anbietern (Teilvermarktlichung) verstanden. Als abhängige Variable sollen Niveauunterschiede in sozialen Risiken (also höhere bzw. niedrigere Altersarmutsrisiken) untersucht werden.

Der Vergleich der deutschen und niederländischen Mischsysteme der Altersvorsorge basiert auf der Analyse von politischen Dokumenten (auf nationaler und europäischer Ebene), öffentlich zugänglichen nationalen und internationalen Dokumenten, wie dem Alterssicherungsbericht (ASIB) in Deutschland (BMAS 2008), und Daten (EUROSTAT, OECD, ISSP sowie relevanter nationaler Datenbanken). Interdisziplinäre Länder- und Politikfeldanalysen wurden zurate gezogen und Experteninterviews mit nationalen Experten geführt, um die jeweilige Funktionsweise der teilvermarktlichten Regelungssysteme zu verstehen.

3 Marktprinzipien im deutschen und im niederländischen Alterssicherungssystem

3.1 Veränderte gesetzliche Versorgung

Die beachtlichen Veränderungen in der gesetzlichen Altersabsicherung sind für den Rentenaufbau der Bevölkerung von großer Bedeutung. Während Deutschland seine beitragsfinanzierte Sozialversicherungen an Arbeitsmarktpartizipation ausrichtet, sind die niederländischen Volksrenten steuerfinanziert und bemessen sich nach der Wohndauer im Land. Dabei garantieren die Sozialversicherungsprinzipien beider Länder Ansprüche auf soziale Rechte, das heißt sie sind entgegen weitläufiger Annahmen keine ‚Auszahlungen' individueller ‚Investitionen': In den Niederlanden werden Einkommensteuereinnahmen nach Einwohnerjahren verteilt und in Deutschland Beitragszahlungen nach Entgeltpunkten, deren Höhe auf der Grundlage des durchschnittlichen Einkommens aller Arbeitnehmerinnen und Arbeitnehmer berechnet wird. In beiden gesetzlichen Altersvorsorgesystemen sind also Mechanismen eingebaut, die auf die soziale Stratifizierung abschwächend wirken. Diese Mechanismen haben jedoch an Wirkung eingebüßt, da sich die gesetzlichen Renten in beiden Ländern zunehmend an Effizienz- und Nachhaltigkeitskriterien orientieren, also an Prinzipien, die traditionell dem Markt zugeschrieben werden (im Detail siehe Frericks & Maier 2008; auch Bäcker 2010). Hierzu zählen in beiden Ländern die allgemeine Absenkung der Leistungen der Sozialversicherungen, die genauere Umrechnung geleisteter Beiträge in Rentenansprüche, die Ausweitung der notwendigen Beitragsperioden, sowie die Reduktion der abgeleiteten Anwartschaften (wie Partnerzulagen und Witwenrenten).

In den Niederlanden wurde der absolute und relative Rentenwert der Volksrenten, die einkommensteuerfinanziert sind und bei Bedarf aus allgemeinen öffentlichen Mitteln angefüllt werden, durch die 1980 vorgenommene Entkopplung der Volksrenten von der Lohnentwicklung indirekt reduziert (für den Zeitraum von 1980 bis 1998 bedeutete dies bereits eine Absenkung von 25 Prozent, Delsen 2000). In Deutschland wurde die gesetzliche Rente durch verschiedene Änderungen der Nettorentenberechnung deutlich abgesenkt (trotz der Schutzklausel, die die Eigendynamik begrenzen soll, die sich aus dem Zusammenspiel der verschiedenen Faktoren in der Anpassungsformel, insbesondere dem Nachhaltigkeitsfaktor, ergibt; siehe Übersicht zur Absenkung (BMAS 2011b) im Rentenversicherungsbericht 2011.[1] Zudem wurde sie verstärkt auf eine kontinuierliche individuelle Arbeitsmarktbiografie ausgerichtet (Abschaffung oder starke Reduzierung nicht-beitragsbezogener Anwartschaften bei Langzeitarbeitslosigkeit, für Ausbildungszeiten und Witwenrenten). Und obwohl so genannte ‚versicherungsfremde' und steuerfinanzierte Rentenanwartschaften für Arbeitsunterbrechungen aufgrund von Elternzeit oder Altenpflege eingeführt und ausgeweitet wurden, führten andere Regelungen dazu, dass sich die Berechnung gesetzlicher Renten letztendlich verstärkt an den gezahlten Beitragen ausrichtet (zum Beispiel anhand von bonus-malus Regelungen).

3.2 Ausgelagerte Teile der gesetzlichen Vorsorge

Sowohl in das deutsche als auch in das niederländische Rentensystem wurden zusätzliche marktbasierte Altersabsicherungen eingeführt beziehungsweise verstärkt ökonomisiert, um die Kürzungen in den gesetzlichen Renten zu kompensieren.

In den Niederlanden wurde der Aufbau weiterer Renten in der so genannten zweiten oder dritten Säule für den Aufbau ‚angemessener' Renten unabdingbar. Dabei haben sich die Anteile der verschiedenen Rentensäulen in den letzten 30 Jahren stark verschoben: Während 1980 etwa 90 Prozent der Rentenanwartschaften von der Volksrente getragen wurde, waren es 2004 noch 50 Prozent (Börsch-Supan 2004), das heißt etwa 50 Prozent der gegenwärtigen finanziellen Mittel zur Altersabsicherung zirkulieren in Rentenfonds und individuellen Verträgen. Dabei orientiert sich die Investitionsstrategie der in den Niederlanden sehr bedeutenden Rentenfonds seit den 1990er Jahren stark am globalen Finanzmarkt.

In Deutschland wurden Teile der beitragsfinanzierten gesetzlichen Renten explizit ausgelagert und durch ‚freiwillige private Investitionen', der so genannten Riester-Rente, ersetzt (Altersvermögensgesetz von 2001). Diese ausgelagerten

---

[1] Ich danke Herrn Nikolaus Singer von der DRV für seine unermüdliche Informations- und Diskussionsbereitschaft.

Renteninvestitionen sind Rentenpolicen oder -verträge individueller Arbeitnehmerinnen und Arbeitnehmer, die durch Versicherungen und Banken angeboten und durch öffentliche Mittel subventioniert (verschiedene Grund-, Ehegatten- und Kinderzulagen) beziehungsweise steuerlich entlastet (Beiträge sind absetzbar) werden. Um Anspruch auf die vollen Subventionen zu erhalten, müssen ‚optimale' Beiträge von zurzeit vier Prozent des Bruttoeinkommens investiert werden. Im Jahr 2001 waren 82 Prozent der Arbeitnehmerinnen und -nehmer gesetzlich rentenversichert und diese Renten deckten etwa 78 Prozent der Alterseinkünfte, wobei Altersrenten zu 85 Prozent aus gesetzlichen Renten, zu fünf Prozent aus Betriebsrenten und zu zehn Prozent aus privaten Renten finanziert wurden (Deutsche Rentenversicherung 2003). Zielsetzung der Riester-Reform, die seit 2002 umgesetzt wird, war eine Verteilungsverschiebung der Altersvorsorge hin zu 60 bis 70 Prozent aus gesetzlichen Renten und bis zu 40 Prozent aus Betriebs- oder Privatrenten (Rürup 2003). Dabei soll die Kombination ‚öffentlicher, Riester- und/oder privater Renten' im Idealfall die Kürzungen in den gesetzlichen Renten gar überkompensieren (BMAS 2008), da angenommen wurde, dass die Teilersetzung öffentlicher Renten durch marktbasierte Renten zu höheren Nettorenten führen würde (diese Einschätzung wird vom BMAS weiterhin geteilt, siehe BMAS 2011a).

3.3 Veränderte nicht-gesetzliche Versorgung

Da einige der privaten Altersabsicherungen nun einen Teil der sozialrechtlichen Rentensystemlogik ausmachen, haben sich auch die Charakteristika des neuen Marktes der Sozialversicherungsprodukte, der zurzeit Wohlfahrts- oder Semi-Markt genannt wird, stark gewandelt (Barr 2004; Frericks 2010: Nullmeier 2001; OECD 2009; Seeleib-Kaiser 2008). Wachsende öffentliche Subventionen und neue staatliche Regulierungen führen dazu, dass sich die Umverteilungskriterien und die Prinzipien der Ressourcenflüsse in der Altersvorsorge verändern.

In den Niederlanden haben neben der Volksrente zusätzliche Arbeitnehmerrenten in Form von Rentenfonds eine herausragende Rolle. Diese Betriebs- oder Sektorrenten waren bedeutenden Veränderungen unterworfen. So wurde die Verknüpfung von Beiträgen und Rentenanwartschaften verstärkt. Rentenanwartschaften aus diesen arbeitgeber- und arbeitnehmerfinanzierten Subsystemen werden vermehrt auf der Grundlage von ‚beitragsorientierter Berechnung' (defined contribution), beispielsweise dem durchschnittlichen Lebenseinkommen, statt auf der bisherigen Grundlage von ‚anwartschaftsorientierten Berechnungen' (defined benefit), meist auf Endgehaltsbasis, kalkuliert. Dabei sind jedoch die niederländischen beitragsorientierten Versicherungen eine Mischform der Verknüpfung von Beitrags- und Anwartschaftsausrichtung (Barr & Diamond 2008), da sie, vor allem seit der Finanzkrise 2001, hochgradig reguliert sind. Diese Regulierungen betreffen die relative Höhe von Investitionen im eigenen Betrieb, die Risikostreuung der Investitionen in Relation zur Mitgliederstruktur (Altersquotienten) sowie die Deckung aller gegenwärtigen und zukünftigen Rentenverpflichtungen. Wenn diese Kriterien nicht erfüllt sind, muss ein Nachjustierungsplan vorgelegt werden. Die letzte Finanzkrise hat dazu geführt, dass der Deckungsgrad durch verschiedene Maßnahmen gehoben werden soll: Zum einen wurden Rentenniveaus eingefroren, das heißt, sie richten sich nicht mehr an einer möglichen Lohnsteigerung oder Inflation aus. Zweitens hat die Mehrzahl der Rentenfonds, unter ihnen der für Angestellte des Öffentlichen Dienstes und des Gesundheitswesens, die Beitragssätze erhöht. Und drittens haben einige vornehmlich kleinere Rentenfonds die Rentenbezüge gegenwärtiger Rentnerinnen und Rentner abgesenkt (vgl. Frericks und Maier 2012), wodurch ein ‚Rentenbruch' (pensioenbreuk) entstehen kann (Rijksoverheid 2012).

So genannte private Renten werden oft vom Arbeitgeber, vom Wirtschaftssektor oder vom Rentenfonds in Kooperation mit bestimmten Versicherungsgesellschaften angeboten. Dadurch sind sie auf informeller Basis kollektiv geregelt, wodurch sie einen gewissen Schutz vor risikoreichen Produkten bieten. Die Teilnahme an diesen kollektiven Produkten ist freiwillig, und ein hoher Anteil der Niederländer (Schätzungen variieren zwischen 60 und 90 Prozent) nehmen an ihnen Teil.

In Deutschland haben Betriebsrenten eine weit unbedeutendere Rolle als in den Niederlanden, und sie werden hier auch deshalb nicht gesondert betrachtet, da sie nicht Teil der institutionalisierten Berechnungsnorm ‚angemessener' Renten sind. Die Riester-Rente hingegen macht einen Teil dieser Berechnungsnorm aus und ist, wie andere nicht-gesetzliche Zusatzrenten, einer wachsenden Anzahl Regelungen bezüglich ihrer Nutzung und ihrer Auszahlung unterworfen. Solche Regulierungen betreffen auch die Investitionen in Eigentumswohnungen, die wieder (nachdem sie kurzfristig von der Liste der besonders zu schützenden Altersabsicherungen gestrichen worden war) als sinnvolle Altersinvestition anerkannt sind. Regulierungen expliziter Renteninvestitionen haben eine Reihe zertifizierter Produkte hervorgebracht. Die Kriterien für diese Produkte sind im Altersvorsorgeverträge-Zertifizierungsgesetz (AltZertG von 2001) aufgelistet und wurden 2006 im Alterseinkünftegesetz reduziert und vereinfacht. Zurzeit umfassen sie vor allem die Garantie des Nominalwerts der Beiträge sowie die Verpflichtung, Anwartschaften als lebenslange geschlechtsneutrale Leistungen auszuzahlen. Nichtsdestotrotz haben die zahlreichen Regulierungen zu einem komplexen und unübersichtlichen Angebot verschiedener Produkte geführt, die zum Teil ‚riester-fähig' sind, also steuerliche Vergünstigungen und bestimmte Zulagen umfassen können, und zum Teil ‚hartzsicher' sind, das heißt bei Langzeitarbeitslosigkeit zur (haushaltsbasierten) Bedarfsprüfung nicht herangezogen werden. Diese Klassifizierungen umfassen jedoch nicht unbedingt dieselben Produkte, das heißt riester-fähige Produkte müssen nicht notwendigerweise hartzsicher sein und umgekehrt (vgl. Frericks 2011b).

Die bis hier analysierten gegenwärtigen Regelungen der Altersvorsorge – die veränderte gesetzliche Rentenversicherung, die auf marktbasierte Produkte teilausgelagerte gesetzliche Rente und die veränderten marktbasierten Subsysteme – zeigen, dass Marktprinzipien auf sehr verschiedene Art und Weise in die zwei nationalen Systeme integriert wurden. Diese Unterschiede werden in den Ergebnissen wieder aufgegriffen, um die verschiedenen Systeme zu charakterisieren.

3.4 Die Verknüpfung unterschiedlicher Subsysteme

Im Folgenden wird gezeigt, wie sich die Integration marktbasierter Subsysteme im niederländischen und deutschen Mischsystem unterscheiden. In den Niederlanden ist die Teilnahme an (zusätzlichen) Berufsrentensystemen verpflichtend. Ihr verpflichtender Charakter entspricht der institutionellen Gestaltung des Rentensystems: Ohne diese Rentenanwartschaften ist man nach institutioneller Rentenberechnungsnorm unterversichert. Und abgesehen von einem so genannten ‚weißen Fleck' von weniger als zehn Prozent aller Arbeitnehmerinnen und Arbeitnehmer (unter ihnen diejenigen mit unzulänglichen Arbeitsverträgen und einige wohlsituierte Selbstständige) bauen alle berufliche Rentenanwartschaften in Rentenfonds auf. Abhängig vom Sektor und von der Qualität des Angestelltenverhältnisses, die auch die Arbeitgeberbeiträge beeinflussen, haben Versicherte bessere oder schlechtere, höhere oder niedrigere Rentenfondsinvestitionen. Diese Berufsrente entspricht dabei einer kollektiven Versicherung beziehungsweise Investition, da diese Fonds vom eigenen Betrieb oder Sektor angeboten und zum Teil verwaltet werden. Niederländische Rentenfonds sind zurzeit stark (finanz-)vermarktlicht und, nach verschiedenen Phasen finanzmarktlicher Probleme, hochgradig reguliert, sodass sie trotz der gegenwärtigen Finanzmarktkrise und den notwendigen Nachjustierungen (siehe oben) noch immer recht gut dastehen.

Den freiwilligen Teil des niederländischen Rentenmischsystems bilden die so genannten Privatrenten, die weitaus weniger reguliert sind. Besondere Steueranreize wurden dabei für diejenigen geschaffen, die die 70 Prozent-Marke der Rentennorm in den zwei anderen Rentensubsystemen nicht erreichen (Rijksoverheid 2012). Diese Regelungen könnten vor allem für diejenigen von Vorteil sein, die eine kürzere Arbeitsmarktbiografie, also weniger als die obligatorischen 40 Jahre an Beitragszahlungen in die Rentenfonds (beispielsweise aufgrund von Familienphasen), oder die keine volle Volksrente (aufgrund von Migration bzw. Lebensphasen außerhalb der Niederlande) erworben haben. Tatsächlich jedoch sind sie vor allem für diejenigen mit hohem Einkommen von Vorteil und nicht für diejenigen mit begrenzten Ressourcen und Altersvorsorgelücken (pensioentekort/-gat), weshalb sie 2006 geändert und in ihrem finanziellen Ausmaß reduziert wurden (Cox 2000; Frericks et al. 2006).

In Deutschland ist der Teil, der aus der gesetzlichen Rente in die Riester-Rente ausgelagert wurde, freiwillig zu investieren, auch wenn er einen Teil der Rentenberechnungsnorm der Alterssicherung ausmacht ohne den man als unterversichert gilt. Sie kann also als Teil des sozialrechtlich institutionalisierten Systems angesehen werden. In den ersten Jahren nach ihrer Einführung wurden sehr wenige Riester-Verträge abgeschlossen, und noch immer sind gegenüber diesem notwendigen Untersystem des deutschen Rentensystems massive Investitionshemmnisse zu verzeichnen. Laut Umfragen haben bis Ende 2008 90 Prozent aller Deutschen über 18 Jahre keinen Riester-Vertrag abgeschlossen (SOEP 2009). Während Riester-Renten explizit als Teilauslagerung der gesetzlichen Renten eingeführt wurden, verrät die staatliche Zertifizierung wenig über die Vor- und Nachteile verschiedener Policen, und eine kostenfreie öffentliche Beratung, wie sie beispielsweise in Italien oder Schweden angeboten wird, um die Bürgerinnen und Bürger bei ihrer erzwungenen individuellen Investition in private Altersvorsorgesysteme dabei zu unterstützen, die für sie angemessensten Produkte zu finden, gibt es nicht (MISSOC 2009). Andere neu eingeführte zusätzliche und subventionierte Renten, wie Rürup- oder Eichel-Renten zielen auf andere Bevölkerungsgruppen ab, wie Selbstständige oder Besserverdiener. Dennoch wird investitionswilligen Kunden oft eine Kombination verschiedener ‚privater' Rentenprodukte empfohlen, was gerade unter jungen Arbeitnehmerinnen und Arbeitnehmer hohe Unsicherheit hervorruft (z. B. Eurobarometer 2007). Da Geringverdiener kaum Riester-Verträge abschlossen, wurden für sie verschiedene Subventionen und Regulierungen eingeführt wie besondere Vergünstigungen für so genannte Mini-Jobber (Einkommensgrenze 400 Euro pro Monat). Den Berechnungen von Schmähl und Kollegen (2003: 7; vgl. auch Börsch-Supan et al. 2008) zufolge müssten Geringverdiener allerdings über 30 Jahre hinweg kontinuierlich zusätzliche Beiträge von 30 Euro pro Monat zahlen, nur um die Kürzungen der Reform von 2001 auszugleichen.

3.5 Die soziale Risikoverteilung in Mischsystemen

Die Möglichkeiten, eine gegen Altersarmut sichernde Altersvorsorge aufzubauen, also nach institutioneller Definition nicht rentenunterversichert zu sein, sind nach obigen Ausführungen in Deutschland und den Niederlanden sehr unterschiedlich geartet. Hierbei bestimmt die Gestaltung der Mischsysteme mit ihren marktbasierten Subsystemen nachhaltig das Ausmaß der sozialen Absicherung der verschiedenen Sozialbürgerinnen und -bürger sowie die Anzahl der zukünftigen Rentnerinnen und Rentner dieser Länder mit ‚angemessenen' Renten und damit einhergehend die soziale Risikoverteilung im Alter. Die Unterschiede betreffen die im Folgenden weiter ausgeführten Parameter: Inklusion der Bevölkerung, Investitionsgarantien, Marginalisierung von Bevölkerungsgruppen und Umverteilungseffekte im Mischsystem.

Erstens variiert die Inklusion in beiden Ländern. Während in den Niederlanden nahezu alle Arbeitnehmerinnen und Arbeitnehmer marktbasierte Renten aufbauen, ist der Deckungsgrad in Deutschland weiterhin sehr niedrig. Die Deutschen sind zwar zunehmend davon überzeugt, dass zusätzliche Investitionen in ihre Altersvorsorge notwendig sind, von den gebotenen Instrumenten jedoch sind sie es nicht. Dafür mögen die Komplexität und die vielen Experten vorgeworfenen Interessenkonflikte ausschlaggebend sein (Bäcker 2010; DRV 2009).

Zweitens variieren Garantien für die Altersinvestitionen in den zwei Ländern. Die niederländischen Rentenfonds sind als notwendiger Bestandteil des Rentenaufbaus hoch reguliert und in ihren Investitionsmöglichkeiten staatlich überwacht. Die Marktmechanismen wurden somit verändert und die Produkte den Kriterien von Sozialversicherungen angenähert (Frericks 2010). Eine staatlich garantierte finanzielle Absicherung des Niveaus zusätzlicher Renten in der dritten Säule gibt es in den Niederlanden nicht. Dennoch sind die Investitionen zusätzlicher Renten nicht so stark individualisiert wie in Deutschland, da es der Arbeitgeber oder der Sektor ist, der zusätzlich zum Rentenfonds oft auch die Rentenprodukte der dritten Säule anbietet. In Deutschland sind bestimmte Lebenslaufrisiken teilweise abgesichert, sodass ein Teil der zertifizierten Produkte im Fall bedarfsgeprüfter Sozialbezüge nicht reduziert beziehungsweise herangezogen wird. Außerdem werden zertifizierte Produkte insbesondere für Familien mit direkten Zahlungen (also nicht nur durch Steuervergünstigungen) subventioniert. Diese Berücksichtigung von Familie entspricht dem deutschen Sozialversicherungsprinzip; für ‚private' Produkte stellt sie ein bemerkenswertes Novum dar. Die Marktrisiken jedoch variieren von Police zu Police und hängen vom individuell gewählten Produkt ab (Überblick in Frericks 2011a).

Drittens sind Bevölkerungsgruppen in den verschieden gestalteten zusätzlichen Renten andersartig marginalisiert. In den Niederlanden sind berufliche Rentenvorsorgesysteme ebenso wie subventionierte Investitionen in der dritten Säule unvorteilhaft für Geringverdiener und Teilzeitangestellte. Dieser Nachteil ergibt sich in erster Linie aus der Berechnungsgrundlage für berufliche Renten, der so genannten Franchise (siehe Frericks et al. 2006), auf deren Grundlage noch immer zahlreiche Rentenfonds Beiträge und Leistungen berechnen. Diese Berechnungsgrundlage entspricht dem Mindestlohn und nur wer Einkünfte oberhalb dieser Berechnungsgrundlage erzielt, kann zusätzliche Renten aufbauen und von Arbeitgeberbeiträgen und Steuervergünstigungen profitieren. Dadurch hat die Franchise eine stark stratifizierende Wirkung. Auch in Deutschland sind, wie oben ausgeführt, Arbeitnehmerinnen und Arbeitnehmer mit niedrigen Einkommen sowie unzureichenden (Geldmarkt-)Informationen marginalisiert.

Viertens unterscheiden sich die Umverteilungsmechanismen in den kombinierten Rentensystemen der zwei Länder. In den Niederlanden sind Mindestrenten durch die umverteilende Volksrente garantiert. Für den Aufbau angemessener Renten jedoch existieren kaum Umverteilungsmechanismen, und Renten werden in zunehmendem Maße als individuelle Vorsorge verstanden (siehe zum Beispiel die Abschaffung von Partnerzulagen in der Volksrente). Steueranreize zur privaten Vorsorge begünstigen vor allem Besserverdienende (Cox 2000), wenn auch seit 2006 weniger stark. Die deutsche institutionelle Konstellation ist, abgesehen von der bedarfsgeprüften Grundsicherung im Alter, vor allem für diejenigen vorteilhaft (das heißt in ihre Richtung umverteilend), die bereit sind zu investieren (also die besser Informierten und Verdienenden), und für nicht am Arbeitsmarkt teilnehmende Ehefrauen (Zulage), Familien (Kinderzulagen) sowie im Prinzip für Geringverdiener. Da letztere jedoch von ihrem geringen Einkommen relativ hohe Mindestbeiträge zahlen müssen, haben im Verhältnis nur sehr wenige von ihnen Riester-Verträge abgeschlossen (SOEP 2009; Börsch-Supan et al. 2008; Corneo et al. 2009). Die Teilvermarktlichung der Altersvorsorge hat also in den beiden Ländern andersartige Auswirkungen auf die Teilnahme an den notwendigen Subsystemen und auf die damit verbundene Umverteilung öffentlicher Mittel.

4 Diskussion

Die Gestaltung der Mischsysteme zur finanziellen Altersabsicherung beeinflusst, inwiefern die verschiedenen Sozialbürgerinnen und -bürger in die Lage versetzt werden, einer Unterversicherung und zukünftigen Altersarmut zu entgehen. Ein paar der evidenten Eigenschaften der Stärkung von Marktprinzipien inklusive der Integration marktbasierter Renten ins Gesamtsystem und deren Auswirkungen auf das Niveau sozialer Risiken können aus dem vorgelegten Vergleich der zwei sehr verschiedenen Mischsysteme abgeleitet werden.

Erstens zeigen beide Fälle, dass es von der konkreten Gestaltung des Gesamtrentensystems abhängt, ob marktbasierte Elemente im Rentensystem zu einem Anstieg sozialer Ungleichheit führen. Deutschlands Riester-Rente enthält, obwohl marktbasiert und ‚privat‘, starke Umverteilungselemente. In den Niederlanden sind die obligatorischen Berufsrenten hoch reguliert, und freiwillige marktbasierte Renten haben per se einen anfüllenden Charakter, bekannt unter der Bezeichnung des Kakaos auf dem Rentencappuccino (siehe Frericks et al. 2006). Somit sind die Niederländerinnen und Niederländer beim Aufbau einer ‚angemessenen‘, gegen Armut sichernden Rente (entsprechend ihrer Rentennorm und mit Ausnahme einiger Selbstständiger) von der so genannten dritten Säule unabhängig und können sie als (nicht notwendigen und bedingungslosen) Bonus verstehen.

Zweitens und daraus folgernd zeigt die Gesamtkomposition der institutionellen Konstellation zur Rahmung ‚angemessener‘ Altersabsicherung, dass Grundrenten, die keiner Bedarfsprüfung unterliegen, nicht nur dazu beitragen, marginalisierte Bevölkerungsgruppen vor Armut zu schützen. Die sehr niedrigen Altersarmutsquoten in den Niederlanden sind auch der Tatsache geschuldet, dass berufliche Renten verpflichtend sind, da das Niveau der Volksrente stark abgenommen hat. Die Zahl derer, die nur von der Volksrente abhängig sind, ist also sehr gering und wird in Zukunft weiter abnehmen (Frericks et al. 2006). Die Anzahl derer, die durch die Kombination von Volks-, Berufs- und/oder freiwilligen Renten Rechte auf eine ‚angemessene‘ Rentenvorsorgung aufbauen, ist im Vergleich mit anderen Ländern sehr hoch (Frericks & Maier 2008). In Deutschland hingegen werden Grundrenten nur an diejenigen gezahlt, die in den verschiedenen Untersystemen keine ausreichenden Rentenansprüche aufgebaut haben; sie sind also bedarfsgeprüft und dienen einzig dem aktuellen (nicht vorbeugenden) Schutz vor Armut. Gleichzeitig hat die gesetzliche (Berufs-)Rente im öffentlichen und politischen Diskurs stark an Ansehen verloren, während zahlreiche nicht nur Geringverdienende nicht oder nur unzureichend in notwendige Zusatzsysteme investieren und dementsprechend nur Renten unterhalb des angemessenen, gegen Armut sichernden Rentenniveaus aufbauen (so genannte Sparfallen, vgl. Börsch-Supan 2008; Frericks 2011a; Hinrichs 2005).

Drittens ist es die konkrete Institutionalisierung von marktbasierten Rentensubsystemen, die die Bereitschaft zu freiwilligen Altersinvestitionen beeinflusst. Die Kombination verschiedener Subsysteme zum Gesamtrentensystem ist naturgemäß sehr komplex. Die Partizipation an zusätzlichen Subsystemen wird in den Niederlanden dadurch erhöht, dass die Teilnahme an den notwendigen Bestandteilen der Rentennorm verpflichtend ist und diese hochgradig reguliert sind sowie die freiwilligen Rentenzusätze als Bonus institutionalisiert und zudem (informell) kollektiviert sind. Die hohe Anzahl freiwilliger zusätzlicher Renteninvestitionen ergibt sich also auch aus ihrer institutionellen Eigenschaft als Zusatz, also eines auch zur Grundsicherung hinzukommenden und nicht, wie in Deutschland, bei Bedarfsprüfung zu verrechnenden Teils der Altersvorsorge.

Viertens und abschließend, und unter dem Eindruck gegenwärtiger wirtschaftlicher Entwicklungen, soll auf eine fast vergessene Erkenntnis der Altersabsicherung verwiesen werden, nämlich, dass jedwede Form von Renten eine Umverteilung von Ressourcenrechten über einen sehr langen Zeitraum hinweg sind (Bäcker 2010; Barr 2002; Harvey & Maier 2004). Wenn das Grundverständnis von Alterssicherung als Absicherung gegen verschiedenartige soziale Risiken in zukünftigen Rentensystemen wieder Eingang findet, könnten umlagefinanzierte Renten als Hauptbestandteil von Rentensystemen wieder an öffentlichem und politischem Ansehen gewinnen (vgl. Barr & Diamond 2008).

Zukünftig wird sich zeigen müssen, inwiefern Instrumente der Umverteilung sozialrechtliche Leistungsansprüche umfassen oder zu Instrumenten der bedarfsgeprüften Armutsreduktion werden. Da jetzige Bürgerinnen und Bürger beziehungsweise Arbeitnehmerinnen und Arbeitnehmer nicht mehr ‚automatisch' angemessen altersversichert sind, so wie es die ehemaligen Regelungssysteme vorsahen, sondern ihre Altersvorsorge verstärkt von Marktprinzipien und von zunehmenden individuellen Aktivitäten (,activeness', siehe Frericks 2010) abhängt, ist die Erforschung von Erwerbsunterbrechungen und Investitionsverhalten inklusive der dahinterliegenden Ursachen unabdingbar. Dabei hängt der Aufbau einer gegen Armut sichernden Rente in Deutschland von der individuellen Investitionsbereitschaft, vom individuellen Geschick im Umgang mit steuerlichen Regelungen und Finanzprodukten, von der persönlichen Entscheidung für mehr oder weniger risikoreiche Produkte und natürlich von den zu Investitionszwecken zur Verfügung stehenden Ressourcen ab. Die Kritik der meisten Rentenexperten lautet dabei, dass der Zwang zur Selbstverantwortlichkeit eine Politik ist, die den

Zielen der jeweiligen wohlfahrtsstaatlichen Institutionen nicht gerecht wird (z. B. Nullmeier 2006; Barr 2002). Aus sozialstrukturanalytischer Perspektive sind die neuen Mischformen zudem eine Herausforderung, da es keine verlässlichen Statistiken darüber gibt, wer über wie viele Produkte der Subsysteme Rentenanwartschaften aufbaut und was diese Subsysteme bei der Vielzahl der Regelungen, Policen und Wertschwankungen für die Verhinderung späterer Altersarmut leisten.

Literatur

Bäcker, G. (2010). Alter. In G. Bäcker, G. Naegele, R. Bispinck, K. Hofemann & J. Neubauer (Hrsg.), *Sozialpolitik und soziale Lage in Deutschland. Bd.2: Gesundheit, Familie, Alter und Soziale Dienste* (S. 353–504). Wiesbaden: VS Verlag für Sozialwissenschaften.
Barr, N. (2004). *The Economics of the Welfare State*. Oxford: Oxford University Press.
Barr, N. (2002). *The Pension Puzzle: Prerequisites and Policy Choices in Pension Design*. Washington: International Monetary Fund.
Barr, N., & Diamond, P. (2008). *Reforming Pensions: Principles and Policy Choices*. Oxford: Oxford University Press.
Börsch-Supan, A. (2004). *Mind the Gap: The Effectiveness of Incentives to Boost Retirement Saving in Europe* [Discussion Paper no. 52-04]. Mannheim: Research Institute for the Economics of Aging.
Börsch-Supan, A., Reil-Held, A., & Schunk, D. (2008). Saving Incentives, Old Age Provision and Displacement Effects: Evidence from the Recent German Pension Reform. *Journal of Pension Economics and Finance, 7(3)*, 295–319.
Buchholz, S., Hofäcker, D., Mills, M., Blossfeld, H.-P., Kurz, K., & Hofmeister, H. (2009). Life courses in the globalization process: The development of social inequalities in modern societies. *European Sociological Review, 25(1)*, 53–71.
Bundesministerium für Arbeit und Soziales (BMAS) (2008). *Alterssicherungsbericht*. Berlin: Bundesministerium für Arbeit und Soziales.
Bundesministerium für Arbeit und Soziales (BMAS) (2011a). *Rente: Riester-Rente/Private Altersvorsorge*. Berlin: Bundesministerium für Arbeit und Soziales.
Bundesministerium für Arbeit und Soziales (Hrsg.) (2011b). *Rentenversicherungsbericht 2011*. Berlin: Deutsche Rentenversicherung Bund.
Corneo, G., Keese, M., & Schröder, C. (2009). The Riester Scheme and Private Savings: An Empirical Analysis based on the German SOEP. *Schmollers Jahrbuch, 129(2)*, 321–332.
Cox, R. H. (2000). Liberalising Trends in Welfare Reform: Inside the Dutch Miracle. *Policy and Politics, 28(1)*, 19–32.
Delsen, L. (2000). *Exit poldermodel: Sociaal-economische ontwikkelingen in Nederland*. Assen: Van Gorcum.
Dixon, J. E., & Kouzmin, A. (2001). „The Market Appropriation of Statutory Social Security: Global Experiences and Governance Issues. In J. E. Dixon & M. Hyde (Hrsg.),

The Marketization of Social Security (S. 27–41). Westport/Connecticut: Quorum Books.
Deutsche Rentenversicherung (2003). *Rentenversicherung im internationalen Vergleich*. Frankfurt/M.: Verband Deutscher Rentenversicherungsträger.
Ebbinghaus, B. (Hrsg.) (2011). *The varieties of pension governance. Pension privatization in Europe*. Oxford et al.: Oxford University Press.
EC-Report (2006). *Adequate and Sustainable Pensions. Synthesis Report 2006*. Brüssel: European Commission.
Eurobarometer (2007). *European Social Reality, Report* [Special Eurobarometer 273]. Brüssel: European Commission.
Frericks, P. (2011a). Marketising Social Protection in Europe: Two Distinct Paths and Their Impact on Social Inequalities. *International Journal of Sociology and Social Policy*, 31(5/6), 319–334.
Frericks, P. (2011b). Angemessene und nachhaltige Renten für alle? Die geschlechtsspezifische Wirkung des deutschen Rentensystems. *Vierteljahrshefte zur Wirtschaftsforschung*, 80(2), 119–132.
Frericks, P. (2010). Capitalist Welfare Societies' Trade-Off between Economic Efficiency and Social Solidarity. *European Societies*, 13(5), 719–741.
Frericks, P., & Maier, R. (2008). The Gender Pension Gap: Effects of Norms and Reform Policies. In C. Arza & M. Kohli (Hrsg.), *Pensions Reforms in Europe: Politics, Policies and Outcomes* (S. 175–195). New York: Routledge.
Frericks, P., & Maier, R. (2012). *European Capitalist Welfare Societies. The Challenge of Sustainability*. London: Palgrave Macmillan.
Frericks, P., Harvey, M., & Maier, R. (2010). The „Paradox of the Shrinking Middle": The Central Dilemma of European Social Policy. *Critical Social Policy*, 30(3), 315–336.
Frericks, P., Maier, R., & De Graaf, W. (2008). Male Norms and Female Adjustments: The Influence of Care Credits on Gender Pension Gaps in France and Germany. *European Societies*, 10(1), 97–119.
Frericks, P., Maier, R., & De Graaf, W. (2007). European Pension Reforms: Individualization, Privatization and Gender Pension Gaps. *Social Politics*, 14(2), 212–237.
Frericks, P., Maier, R., & De Graaf, W. (2006). Shifting the Pension Mix: Consequences for Dutch and Danish Women. *Social Policy and Administration*, 40(5), 475–492.
Harvey, M. & Maier, R. (2004). ‚Rights over resources'. In B. Clasquin, N. Moncel, M. Harvey & B. Friot (Hrsg.), *Wage and Welfare. New Perspectives on employment and social rights in Europe* (S. 25–48). Brüssel: Peter Lang Verlag.
Hill, M. (2007). *Pensions*. Bristol: Policy Press.
Hinrichs, K. (2005). ‚New Century – New Paradigm: Pension Reforms in Germany'. In G. Bonoli & T. Shinkawa (Hrsg.), *Ageing and Pension Reform around the World. Evidence from Eleven Countries* (S. 47–73). Cheltenham: Edward Elgar Publishing.
Hyde, M., Dixon, J., & Drover, G. (2003). Welfare Retrenchment or Collective Responsibility? The Privatisation of Public Pensions in Western Europe. *Social Policy and Society*, 2, 189–197.
Hyde, M., Dixon, J., & Drover, G. (Hrsg.) (2006). *The Privatization of Mandatory Retirement Income Protection. International perspectives*. Lewiston/New York: Edwin Mellen Press.

Lamping, W. & Schridde, H. (2004). ‚Der aktivierende Sozialstaat – ordnungs- und steuerungstheoretische Aspekte'. In S. Lütz & R. Czada (Hrsg.), *Wohlfahrtsstaat – Transformation und Perspektiven* (S. 39–65). Wiesbaden: VS Verlag für Sozialwissenschaften.

Marshall, T. H. (1950). *Citizenship and Social Class. And other essays*. London: Cambridge University Press.

MISSOC (2009). *Mutual Information System on Social Protection*. Brüssel: European Commission.

Nullmeier, F. (2001). Sozialpolitik als marktregulative Politik. *Zeitschrift für Sozialreform*, 47(6), 645–668.

OECD (2009). *Pensions at a Glance. Retirement-Income Systems in OECD countries*. OECD: Paris.

Rürup, B. (2003). *Kommission für die Nachhaltigkeit in der Finanzierung der Sozialen Sicherungssysteme. Nachhaltigkeit in der Finanzierbarkeit der sozialen Sicherungssysteme. 6. Querschnittsanalyse*. Berlin: Bundesministerium für Gesundheit und Soziale Sicherung.

Schmähl, W., Himmelreicher, R. & Viebrok, H. (2003). *Private Altersvorsorge statt gesetzlicher Rente: Wer gewinnt, wer verliert?* Bremen: Zentrum für Sozialpolitik.

Seeleib-Kaiser, M. (2008). Welfare State Transformations in Comparative Perspective: Shifting Boundaries of ‚Public' and ‚Private' Social Policy? In M. Seeleib-Kaiser (Hrsg.), *Welfare state transformations. Comparative Perspectives* (S. 1–13). Basingstoke: Palgrave Macmillan.

SOEP (2009). *Sozio-Ökonomisches Panel*. Berlin: Deutsches Institut für Wirtschaftsforschung (DIW).

Online-Quellen

Deutsche Rentenversicherung (2009). *Zu der BILD-Meldung „Jedem 2. droht Altersarmut"* (August 2009). Verfügbar unter http://www.deutsche-rentenversicherung.de/DRV/de/Inhalt/Presse/Pressemitteilung/2009/2009_8_6_raffelh_stellungnahme.html?nn=30814 [23.05.2012]

Rijksoverheid (2012), *Pensioen*. http://www.rijksoverheid.nl/onderwerpen/pensioen [20.10.2012]

Sind Selbstständige von Altersarmut bedroht? Eine Analyse des Altersvorsorge-Verhalten von Selbstständigen[1]

Michael Ziegelmeyer

1 Einführung

Seit geraumer Zeit wird in Politik und Wissenschaft diskutiert, inwieweit Armut für nicht obligatorisch abgesicherte Selbstständige im Alter zu einem Problem werden könnte (Windhövel et al. 2008; Rische 2008). Während die Pflichtversicherung einem großen Teil der Bevölkerung hilft, im Alter nicht in Armut leben zu müssen, könnte die Versicherungsfreiheit für einen großen Teil der Selbstständigen vermuten lassen, dass das Problem der zu geringen Vorsorge für das Alter und der damit verbundenen möglichen Altersarmutsrisiken weitaus größer ist. Zudem hat sich die Anzahl der Soloselbstständigen allein von 1991 auf 2005 auf 2,29 Millionen nahezu verdoppelt (Sachverständigenrat 2006). Gerade bei dieser Gruppe wird eine mangelnde finanzielle Fähigkeit zur Vorsorge vermutet. Zudem führen die immer flexibleren Erwerbsverläufe mit Wechsel in die Selbstständigkeit und aus ihr heraus zu einer Durchlöcherung der individuellen Versicherungshistorie, was die Ansprüche in den obligatorischen Versorgungswerken mindert (Schulze Buschoff 2007: 16). Zur Verhinderung oder zumindest Abschwächung von Altersarmut wird vorgeschlagen, sowohl den Pflichtversichertenkreis der gesetzlichen Rentenversicherung (GRV) auszuweiten als auch eine private Pflichtversicherung für Selbstständige einzuführen.

In der laufenden Diskussion wird das Altersarmuts-Argument oftmals pauschal herangezogen. Ein genauer Nachweis über das Ausmaß der Problematik fehlt aber bislang. Es muss daher geklärt werden, ob Selbstständige die Fähigkeit und Bereitschaft haben vorzusorgen. Abschließend müssen die direkten und indirekten Altersvorsorgemaßnahmen der Selbstständigen evaluiert werden, um

---

1 Erschienen in Schmollers Jahrbuch 130(2): 195–239; gekürzter und angepasster Beitrag.

eine valide Aussage darüber treffen zu können, wie viele von ihnen von Altersarmut bedroht sind.

Bisher stehen in den existierenden Datensätzen nur sehr lückenhaft Informationen über Selbstständige zur Verfügung. Der SAVE-Paneldatensatz (Sparen und Altersvorsorge in Deutschland) 2005–2008 ermöglicht es, die Vorsorgefähigkeit, die Vorsorgebereitschaft und das Vorsorgeniveau umfassend zu analysieren, da in SAVE detaillierte Fragen zu Einkommen, Ersparnis, Vermögen sowie zur Altersvorsorge zusammen mit einer großen Bandbreite von soziodemografischen Variablen enthalten sind. Zudem erlaubt das Panel Verhaltensänderungen über die Zeit zu beobachten und die Zeitpunktbetrachtung einer Querschnittsanalyse auf einen längeren Zeitraum des Lebenszyklus der Personen und Haushalte auszudehnen.

Der Artikel besteht aus der Analyse der Vorsorgefähigkeit, gemessen am Einkommen, der Vorsorgebereitschaft, gemessen anhand der jährlichen Ersparnis, und des Vorsorgeniveaus, gemessen durch das direkte und indirekte Altersvorsorgevermögen, von Selbstständigen mit dem SAVE-Paneldatensatz 2005–2008 in einer deskriptiven Weise und stellt damit den ersten Schritt zu einer umfassenden Evaluierung des Altersvorsorge-Verhaltens von Selbstständigen dar. Er ist wie folgt aufgebaut: Im zweiten Abschnitt werden die theoretischen Grundlagen des Sparens für das Alter erläutert, die einem ausreichenden Vermögensaufbau für das Alter entgegenstehen. Auf die bereits bestehende Literatur, die sich mit verschiedenen (Teil-)Aspekten des Altersvorsorge-Verhaltens von Selbstständigen in Deutschland beschäftigt, wird in Abschnitt 3 eingegangen. Abschnitt 4 stellt den verwendeten SAVE-Datensatz 2005–2008 vor. Die Ergebnisse werden im fünften Abschnitt dargelegt und diskutiert. Abschließend wird in Abschnitt 6 ein Resümee gezogen.

2 Theoretischer Hintergrund

Der theoretische Rahmen für das Altersvorsorgemotiv geht zurück auf die klassische Lebenszyklustheorie. Konsum- und Sparentscheidungen sind das Ergebnis eines wohl definierten intertemporalen Maximierungsproblems. Eine zentrale Annahme ist dabei die Unterstellung rationaler und vorausschauender Individuen. Geht man ferner von einer additiv separierbaren und konkaven Nutzenfunktion sowie von einem Einkommenspfad aus, der bei Renteneintritt auf null fällt oder zumindest stark sinkt, werden diese rationalen Individuen Vermögen bis zum Renteneintritt ansparen, um durch Vermögensabbau während der Rentenzeit den Konsum über die komplette Lebensspanne zu glätten.

Jedoch können diverse Gründe sowohl bei Selbstständigen wie auch bei abhängig Beschäftigten einem vor Altersarmut schützenden Vermögensaufbau im Wege stehen, die oftmals rechtfertigend für die Einführung einer Altersvorsorgepflicht(-Versicherung) herangezogen werden. So kann ein Haushalt oder ein Individuum durch negative Einkommensschocks lange Zeit geringe Einkommen haben. Dies kann zu einer vollständigen Konsumierung des Einkommens während des Erwerbslebens führen, ohne dass etwas für das Alter gespart wird. Die Folge dieser fehlenden Vorsorgefähigkeit kann darin bestehen, dass im Alter der Konsum eventuell drastisch absinkt oder der Renteneintritt verzögert wird.

Setzt man die Vorsorgefähigkeit der Haushalte durch ein ausreichendes Einkommen voraus, gibt es drei theoretisch denkbare Gründe aus denen Haushalte nicht genügend für ihr Alter vorsorgen: erstens eine (quasi-)hyperbolische Diskontierung zukünftigen Konsums, zweitens fehlendes finanzielles Wissen und drittens Trittbrettfahrerverhalten. Wohingegen die ersten beiden Gründe zu einer nicht ausreichenden Ersparnis auf individueller Ebene führen, ist der dritte Grund für einen aus gesellschaftlicher Sicht nicht ausreichenden Vermögensaufbau relevant.

3 Ausgewählte Literatur

Eine Reihe von Autoren beschäftigt sich mit der Vorsorgefähigkeit von Selbstständigen. Sowohl Merz (2006) mit einer Analyse der Einkommensteuerstatistik wie auch Kohlmeier (2009) auf Basis der Einkommens- und Verbrauchsstichprobe (EVS) 2003 und des Mikrozensus 2006 oder der Sachverständigenrat (Sachverständigenrat 2006, Ziffern 352–355) mit dem Mikrozensus 2005 kommen zu dem Schluss, dass die Einkommen der selbstständigen Haupteinkommensbezieherinnen und -bezieher deutlich ungleicher verteilt sind als die der abhängig Beschäftigten. Einem großen Teil der Selbstständigen steht ein nur geringes Einkommen zur Verfügung. Dabei handelt es sich zu einem großen Teil um Soloselbstständige, wie anhand des Mikrozensus 2005 und 2006 gezeigt wird. Fachinger (2002) weist in einer Auswertung der EVS von 1998 darauf hin, dass sich die Vorsorgefähigkeit der Selbstständigen im Durchschnitt kaum von der abhängig Beschäftigter unterscheidet. Allen diesen Analysen ist die Beurteilung gemein, dass unter Beachtung der Einschränkungen der verwendeten Datensätze die Gefahr von Altersarmut für einen nicht unerheblichen Teil der Selbstständigen besteht.

Das Vorsorgeniveau wird von Kohlmeier (2009) untersucht. Sie vergleicht die Datensätze Altersvorsorge in Deutschland (AVID) 2005, Alterssicherung in

Deutschland (ASID) 2003 und die EVS 2003 auf direkte und indirekte Maßnahmen zur Altersvorsorge. Sie konstatiert, dass ein erheblicher Teil der nicht obligatorisch abgesicherten Selbstständigen nicht ausreichend indirekt für das Alter vorsorgen dürfte, allerdings ohne die direkten Maßnahmen in die Betrachtung einbeziehen zu können. Damit deuten die Aussagen der Vorsorgefähigkeits- und Vorsorgeniveauanalyse in dieselbe Richtung. Zusammenfassend lässt sich sagen, dass ein umfassendes Bild bisher durch die eingeschränkte Datenlage nicht gezeichnet werden konnte. Der vorliegende Beitrag versucht diese Lücke mit dem SAVE-Datensatz zu schließen.

4 Der SAVE-Datensatz

Das Mannheimer Forschungsinstitut Ökonomie und Demographischer Wandel (MEA) führt seit 2001 zusammen mit TNS-Infratest die SAVE-Befragung durch (Börsch-Supan et al. 2008). Ein Schwerpunkt liegt auf dem Sparverhalten und der Vermögensbildung deutscher Haushalte. Von 2005 an erreichte die SAVE-Umfrage ein relativ stabiles Panel, mit dem kleinsten Stichprobenumfang von 2 305 befragten Haushalten im Jahr 2005 und dem größten Stichprobenumfang von 3 474 befragten Haushalten 2006. Daher wird das SAVE-Panel von 2005 bis 2008 für diese Untersuchung herangezogen. Trotz des relativ geringen Stichprobenumfangs sind die Stichprobeneigenschaften in Bezug auf die Selbstständigenpopulation der SAVE-Studie gut: Vergleicht man die Verteilungen verschiedener soziodemografischer Merkmale von SAVE 2005 und 2006 mit den zur Verfügung stehenden Scientific Use Files des Mikrozensus aus 2005 und 2006, so sind sich die Verteilungen recht ähnlich.

SAVE ermöglicht es, eine Vorsorgefähigkeits- wie auch eine Vorsorgebereitschaftsanalyse durchzuführen. Ferner sind indirekte Altersvorsorgemaßnahmen komplett abgedeckt. Auch bei der direkten Altersvorsorge liegen detaillierte Informationen über die Vermögenshöhe in der zweiten und dritten Säule vor, wohingegen erworbene Anwartschaften in der ersten Säule nur als Ja-Nein-Fragen erhoben werden.[2]

Um die Gruppe der nicht obligatorisch abgesicherten Selbstständigen mit der SAVE-Befragung zu rekonstruieren, wurden die Kategorien Freiberuflerinnen/

---

[2] Fehlende Werte im SAVE-Datensatz wurden durch ein multiples Imputationsverfahren ergänzt, um Verzerrungen durch die Nichtbeantwortung bestimmter Fragen (Item-Nonresponse) zu vermeiden (Schunk 2008; Ziegelmeyer 2009).

Freiberufler, Gewerbetreibende oder sonstige Selbstständige und mithelfende Familienangehörige zu einer – im Folgenden nur als Selbstständige bezeichneten – Gruppe zusammengefasst.³ Landwirte wurden bewusst herausgelassen, da diese, obwohl selbstständig, in der Alterssicherung der Landwirte ab einer gewissen Mindestgröße des Unternehmens pflichtversichert sind (Fachinger et al. 2004: 36 f., Fußnote 73).

Von den 857 000 Selbstständigen, die 2005 in den Freien Berufen beschäftigt waren (Institut für Freie Berufe (IFB) 2005), waren etwa 335 375, das heißt circa 39 Prozent (Kohlmeier 2009: 22), in Berufsständischen Versorgungswerken versichert. Aus diesem Grund wurden in der SAVE-Stichprobe aus der Kategorie Freiberufler all diejenigen ausgeschlossen, die angaben, voraussichtlich ein Alterseinkommen von einem Berufsständischen Versorgungswerk (BSV) zu beziehen. Auch in der Kategorie Gewerbetreibender oder sonstiger Selbstständiger besteht die Möglichkeit der Versicherung in der GRV. Laut der Statistik der Deutschen Rentenversicherung (Rentenversicherung in Zeitreihen 2008: 33) waren am Ende des Jahres 2006 etwa zehn Prozent der selbstständigen Personen in der GRV pflichtversichert. Da die meisten selbstständig Tätigen durch eine frühere Tätigkeit eine Anwartschaft in der GRV erwarten, wurde hier keine Beschränkung der Kategorie Gewerbetreibender oder sonstiger Selbstständiger vorgenommen. Der dadurch entstehende Fehler ist allerdings klein. Bei einigen Analysen ist ein Vergleich der nicht obligatorisch abgesicherten Selbstständigen mit einer Vergleichsgruppe sinnvoll. Hierfür wurden die obligatorisch in der GRV versicherten Arbeiterinnen und Arbeiter und Angestellten zu abhängig Beschäftigten zusammengefasst.

Da sowohl das Einkommen als auch die Ersparnis und das Vermögen retrospektiv für das Ende des letzten Jahres erfragt werden, muss beispielsweise die Angabe zum Berufsstand des Fragebogens 2006 mit dem Einkommen, der Ersparnis und dem Vermögen für 2006 aus dem Fragebogen 2007 gepaart werden. Dies führt allerdings dazu, dass die Stichprobengröße sinkt. Zum einen geht ein Jahr des Panels verloren, zum anderen muss der Befragte des aktuellen Jahres auch im Folgejahr befragt worden sein.

Ferner ist der Blick auf das Individuum allein zu kurz gefasst, da wichtige Ressourcen auf Haushaltsebene nicht berücksichtigt werden. Außerdem liegen verschiedene Größen wie die Ersparnis oder das Vermögen im SAVE-Datensatz nur auf Haushaltsebene vor. Ein Haushalt gilt als selbstständig tätig, wenn mindes-

---

3 In SAVE 2005 bis 2008 können die nicht obligatorisch abgesicherten Selbstständigen nur näherungsweise ermittelt werden, da keine Frage eine trennscharfe Einteilung ermöglicht.

tens 50 Prozent des Einkommens aus selbstständiger Tätigkeit erzielt werden. Ein Haushalt ist ein abhängig beschäftigter Haushalt, wenn mindestens 50 Prozent des Einkommens aus abhängiger Beschäftigung erwirtschaftet wird. Dies bedeutet, dass der Berufsstatus des Haupteinkommensbeziehenden über den Berufsstatus für den Haushalt entscheidet. Über die Jahre 2005–2007 enthält die SAVE Stichprobe auf Individualebene 783 Selbstständige und 5 205 abhängig Beschäftigte. Auf Haushaltsebene sind es 396 Haushalte mit selbstständigen Haupteinkommensbeziehenden und 2 567 Haushalte mit einem abhängig beschäftigten Haupteinkommensbeziehenden.

5 Deskriptive Analysen

5.1 Vorsorgefähigkeit

Auch wenn das Nettoeinkommen von Selbstständigen und von abhängig Beschäftigten nur eingeschränkt miteinander vergleichbar ist, weil vom Nettoeinkommen der abhängig Beschäftigten bereits Steuern und Sozialversicherungsbeiträge (Arbeitnehmer und Arbeitgeber) abgezogen wurden und bei nicht obligatorisch abgesicherten Selbstständigen nur die Steuern, hilft ein Vergleich, die später ermittelten Ergebnisse zur Vorsorgefähigkeit von Selbstständigen zu interpretieren. Um die Robustheit der Ergebnisse zu zeigen, wird der Vergleich anhand von vier verschiedenen Definitionen durchgeführt. So werden sowohl die Individualebene wie auch die Haushaltsebene untersucht. Zudem wird das Einkommen zunächst ohne Skalierung betrachtet bevor eine Äquivalenzumrechnung hinzugefügt und schließlich der Zeitraum auf bis zu drei Jahre ausgedehnt wird. Folgende Definitionen werden genutzt:

a) Monatsnettoeinkommen auf individueller Ebene im Jahr 2006,
b) Monatliches Nettoäquivalenzeinkommen auf individueller Ebene im Jahr 2006[4],
c) Monatliches Nettoäquivalenzeinkommen im Jahr 2006. Der Berufsstand der Haupteinkommensbezieherin/des Haupteinkommensbeziehers entscheidet über den Berufsstand des Haushaltes.

---

4 Das Haushaltsnettoeinkommen wird mit der Quadratwurzel der im Haushalt lebenden Personen skaliert. Diese Äquivalenzskalierung findet sich in neueren OECD-Publikationen wieder (OECD 2005).

d) Äquivalenzgewichtetes Nettodurchschnittseinkommen über die Jahre 2005 bis 2007. Dabei muss ein Haushalt mindestens zwei Jahre beobachtet werden.

Betrachtet man die Dichtefunktionen nach den vier verschiedenen Definitionen fällt auf, dass Selbstständige jeweils am unteren (linken) Ende der Verteilung eine höhere Dichte aufweisen und dies, obwohl keine Beiträge zur Sozialversicherung abgeführt wurden. Gerade dieser Bereich der Verteilung ist für die Beurteilung der Vorsorgefähigkeit entscheidend. Der Mittelwert des Monatsnettoeinkommens ist für Selbstständige aber größer (Tabelle 1), was an der ebenfalls höheren Dichte von Beobachtungen am oberen Ende der Verteilung liegt.

Im Folgenden werden anhand verschiedener Kriterien diejenigen Selbstständigen identifiziert, die aus ihrem aktuellen Nettoeinkommen nicht adäquat für das Alter vorsorgen können. Eine adäquate Vorsorge ist nach der hier gewählten Definition dann möglich, wenn das Nettoeinkommen eine bestimmte Grenze überschreitet.

Tabelle 1   Vergleich des durchschnittlichen Monatsnettoeinkommens

	Mittelwert (€)	p10 (€)	p25 (€)	p50 (€)	p75 (€)
a) Einkommen im Jahr 2006 auf Individualebene					
abh. Beschäftigte/r	1 467	450	800	1 320	1 900
Selbstständige/r	1 764	300	750	1 255	2 216
b) Einkommen im Jahr 2006 auf Individualebene unter Einbezug des Haushaltes					
abh. Beschäftigte/r	1 599	800	1 061	1 443	1 925
Selbstständige/r	1 927	750	1 118	1 533	2 252
c) Einkommen im Jahr 2006 auf Haushaltsebene					
abh. Beschäftigte/r	1 511	700	970	1 342	1 789
Selbstständige/r	2 048	707	1 000	1 732	2 350
d) Einkommen über mind. 2 Jahre auf Haushaltsebene					
abh. Beschäftigte/r	1 457	731	963	1 312	1 762
Selbstständige/r	2 112	779	1 179	1 700	2 462

Quelle: SAVE 2005–2008, eigene Berechnungen.

Eine solche Grenze bildet die absolute Armutsgrenze oder das soziokulturelle Existenzminimum, welches auf den tatsächlichen Verbrauchsausgaben basiert (absolute Armut). Für die Jahre 2005 bis 2007 beträgt das im fünften Existenzminimumbericht (2004) angegebene sächliche Existenzminimum 613 Euro pro Monat für einen Alleinstehenden. Eine andere Grenze ist die relative Armutsgrenze, die 60 Prozent des Medianeinkommens entspricht (relative Armut). Für diese Untersuchung wird das Medianeinkommen in Bezug auf die Stichprobe des jeweiligen Jahres berechnet und beschränkt sich nicht nur auf Selbstständige und abhängig Beschäftigte.

Fällt das Nettoeinkommen eines Individuums (Haushaltes) unter die relative/absolute Armutsgrenze, wird im Folgenden davon ausgegangen, dass das Nettoeinkommen des Individuums (Haushaltes) vollständig konsumiert wird. Jeder Euro des Nettoeinkommens, der über dieser Grenze liegt, wird per Annahme gespart. Dahinter steht die Idee, dass das Individuum zuerst in der Lage sein muss, seine Grundbedürfnisse zu stillen. Der Teil des Einkommens, der dann noch verbleibt, stünde zur Vorsorge für das Alter zur Verfügung. Doch welcher Betrag muss gespart werden, um das Individuum vor Altersarmut zu schützen? Definiert man den von der Grundsicherung im Alter zur Verfügung gestellten Betrag als ausreichend zum Schutz vor Altersarmut, so muss das Individuum von seinem Einkommen mindestens einen solchen Betrag sparen, dass am Ende des Erwerbslebens ausreichend Vermögen vorhanden ist, um eine Annuität in der Höhe der Grundsicherung sicherzustellen. Dieser minimale Sparbetrag wird auf die relative/absolute Armutsgrenze addiert, um somit das minimale Einkommen zu erhalten, ab welchem eine ausreichende Sparfähigkeit vorliegt, die zumindest die Grundsicherung im Alter gewährleisten kann.

Tabelle 2 gibt eine Übersicht über die relativen und absoluten Armutsgrenzen mit und ohne den minimal nötigen Sparbetrag über die Jahre 2005 bis 2007 für die Bezugsebenen a), b), c) und d), die bereits in Tabelle 1 zur Anwendung gekommen sind. Im Zeitraum 2005 bis 2007 liegen die individuellen Nettoeinkommen von etwa 27 Prozent aller Selbstständigen unter der relativen Armutsgrenze. Dieser Anteil reduziert sich auf 14 bis 15 Prozent, wenn man das äquivalenzgewichtete Einkommen auf Haushaltsebene betrachtet. Addiert man zur relativen Armutsgrenze noch die minimal nötige Ersparnis, dann erhöht sich der Anteil um etwa sechs bis sieben Prozentpunkte. Es zeigt sich, wie wichtig es ist, die Ressourcen eines Haushalts als Ganzes zu betrachten. Der Einbezug des äquivalenzgewichteten Nettoeinkommens des gesamten Haushalts führt zu einer Reduktion der nichtvorsorgefähigen Selbstständigen von etwa zwölf Prozentpunkten für das relative Armutsmaß und gar 17 Prozentpunkten für das absolute Armuts-

Tabelle 2   Vorsorgefähigkeit (2005–2007) von Selbstständigen auf Basis des monatlichen Nettoeinkommens

	relative Armut (%)	absolute Armut (%)
a) Individualebene Wie viele Selbstständige haben ein individuelles Nettoeinkommen, das nicht größer ist als		
Armutsgrenze	27,2	24,0
Armutsgrenze + min. Ersparnis	33,3	28,9
b) Individualebene unter Einbezug des Haushaltes Wie viele individuell Selbstständige haben kein äquivalenzgewichtetes Haushaltsnettoeinkommen, das größer ist als		
Armutsgrenze	14,3	6,5
Armutsgrenze + min. Ersparnis	20,7	11,4
c) Haushaltsebene Wie viele ‚selbstständige' Haushalte haben ein äquivalenzgewichtetes Haushaltsnettoeinkommen, das nicht größer ist als		
Armutsgrenze	14,9	7,1
Armutsgrenze + min. Ersparnis	21,7	11,9
d) Haushaltsebene (Betrachtung über mind. 2 Jahre) Wie viele ‚selbstständige' Haushalte haben ein äquivalenzgewichtetes Haushaltsnettoeinkommen, das nicht größer ist als		
Armutsgrenze	14,5	5,3
Armutsgrenze + min. Ersparnis	20,4	11,2

Quelle: SAVE 2005–2008, eigene Berechnungen. Durchschnittswerte für 2005–2007.

maß. Mit elf bis zwölf Prozent für die absolute Armutsgrenze mit Ersparnis und 21 bis 22 Prozent für die relative Armutsgrenze mit Ersparnis bleibt der Anteil Selbstständiger, die selbst auf Haushaltsebene keine ausreichende Vorsorgefähigkeit aufweisen, auf hohem Niveau.

Abbildung 1 Kumulative Häufigkeitsverteilung der jährlichen Ersparnis (2005–2007)

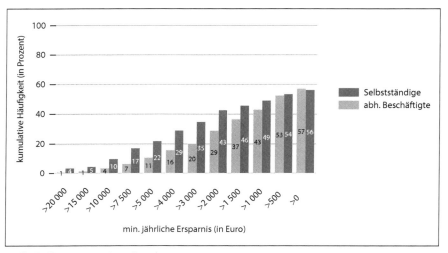

Quelle: SAVE 2005–2008, eigene Berechnungen.

5.2 Vorsorgebereitschaft

Der zweite Schritt in der Analyse beleuchtet die Bereitschaft der Individuen vorzusorgen. Diese Vorsorgebereitschaft wird anhand der Jahresersparnis gemessen und folgt der Frage, in welchem Umfang Selbstständige mehr sparen als abhängig Beschäftigte. Abbildung 1 zeigt die kumulative Häufigkeitsverteilung der jährlichen Ersparnis im Beobachtungszeitraum von 2005 bis 2007. Es fällt auf, dass etwa 43 bis 44 Prozent der abhängig Beschäftigten und der Selbstständigen auf jährlicher Basis nicht sparen oder gar entsparen. Bei allen Sparbeträgen über 1 000 Euro finden sich mehr Selbstständige, die mindestens diesen Betrag sparen. Beispielsweise legen etwa nur 16 Prozent der abhängig Beschäftigten mehr als 4 000 Euro im Jahr zurück, aber etwa 29 Prozent der Selbstständigen.

Tabelle 3 Haushaltssparquoten (2005–2007)

	2005	2006	2007	2005–2007
Durchschnitt von Haushaltssparquoten (%)				
abh. Beschäftigte	7,2	6,5	6,7	6,8
Selbstständige	10,7	8,5	9,7	9,5
t-test	**	**	**	***
Median von Haushaltssparquoten (%)				
abh. Beschäftigte	3,2	3,5	2,8	3,2
Selbstständige	5,0	2,8	3,6	3,8
Aggregierte Haushaltssparquote (%)				
abh. Beschäftigte	8,1	6,9	7,5	7,4
Selbstständige	11,5	6,4	9,8	8,2

Quelle: SAVE 2005–2008, eigene Berechnungen.
t-test H_0: $SQ_{abh.\ Beschäftigte} < SQ_{Selbstständige}$; * 10 %-Signifikanzlevel; ** 5 %-Signifikanzlevel; *** 1 %-Signifikanzlevel.
SQ = Sparquote.

5.2.1 Sparquoten über alle Einkommensgruppen

Der Bezug der Ersparnis zum Einkommen wird durch die Sparquote darstellbar. Dabei wird ein weiterer Einkommensbegriff verwendet, der außergewöhnliche Einkünfte mit einbezieht. Die Sparquote an sich kann auf verschiedene Weise errechnet werden. Ein Weg besteht darin, die Sparquoten auf Haushaltsebene zu berechnen und dann den Mittelwert oder den Median dieser Haushaltssparquoten für die jeweilige Gruppe darzustellen. Dies sind die beiden ersten in Tabelle 3 gezeigten Sparquoten. Eine weitere Möglichkeit ist die Aufsummierung der Jahresersparnis der jeweiligen Gruppe, die wiederum durch das aufsummierte Jahreseinkommen geteilt wird. Letztes wird in Tabelle 3 als aggregierte Sparquote bezeichnet.

Betrachtet man die Durchschnittswerte über die Jahre 2005 bis 2007, sparen Selbstständige in Bezug auf den Durchschnitt von Haushaltssparquoten mit 9,5 Prozent mehr als die abhängig Beschäftigten mit 6,8 Prozent. Der Unterschied von 2,7 Prozentpunkten ist signifikant zum Ein-Prozent-Niveau. Beim Median reduziert sich die Differenz auf 0,6 Prozentpunkte. Der Median der Haushalts-

Tabelle 4 Haushaltssparquoten im Panel (2005–2007)

	Durchschnitt von HaushaltsSQ (%)	Median von HaushaltsSQ (%)	aggregierte HaushaltsSQ (%)	Ersparnis <=0 (%)
mind. 2 Jahre				
abh. Beschäftigte	6,7	4,0	7,5	24,7
Selbstständige	9,0	6,4	7,5	25,0
t-test	***			
3 Jahre				
abh. Beschäftigte	7,0	4,3	7,8	20,2
Selbstständige	10,4	7,2	6,8	15,2
t-test	***			

Quelle: SAVE (2005–2008). Eigene Berechnungen.

t-test H_0: $SQ_{abh.\,Beschäftigte} < SQ_{Selbstständige}$. * 10 %-Signifikanzlevel; ** 5 %-Signifikanzlevel; *** 1 %-Signifikanzlevel. SQ = Sparquote.

sparquoten von 3,8 Prozent für die Selbstständigen zeigt durch den Vergleich zum Mittelwert eine linksschiefe Verteilung an. Die aggregierte Sparquote für die Selbstständigen liegt bei 8,2 Prozent und bei 7,4 Prozent für die abhängig Beschäftigten. Die Sparquoten für beide Gruppen mögen auf den ersten Blick niedrig erscheinen. Dies liegt daran, dass das Einkommen im Nenner außergewöhnliche Einkünfte mit einbezieht.

Bisher war die Betrachtung auf Jahresbasis beschränkt. Eine Betrachtung über mehrere Jahre ist unter Ausnutzung des Panels möglich. Tabelle 4 zeigt verschiedene Sparquoten für abhängig Beschäftigte und Selbstständige, von denen für erstere Betrachtung mindestens zwei Jahre an Beobachtungen vorhanden sind und für letztere Betrachtung alle drei Jahre. Während sich der Durchschnitt von Haushaltssparquoten der jährlichen Betrachtung in Tabelle 3 durch die Stichprobenbegrenzung bei den Panelsparquoten von 8,2 auf 6,8 Prozent reduziert, steigt im Gegensatz dazu der Median von Haushaltssparquoten von 3,8 über 6,4 auf 7,2 Prozent für die Selbstständigen an (Tabelle 4).

Für die abhängig Beschäftigten fällt der Anstieg auf lediglich 4,3 Prozent bei den Beobachtungen über alle drei Jahre weniger stark aus. Dies bedeutet, dass Haushalte, die in einem Jahr nichts oder nur sehr wenig sparen, in einem anderen

Jahr mehr sparen. Ein solches Verhalten kann optimal sein und sich aus Anschaffungen dauerhafter Konsumgüter sowie Einkommensschwankungen ergeben. Auch reduziert sich die Anzahl der Haushalte, die nicht sparen beziehungsweise entsparen, von 44 Prozent der Selbstständigen auf jährlicher Basis auf nur noch 15,2 Prozent in dem betrachteten Dreijahreszeitraum. Bei abhängig Beschäftigten reduziert sich der Anteil von etwa 43 auf 20 Prozent. An dieser Stelle besteht jedoch auch die Problematik eines Selektionsprozesses, der darauf beruht, dass nur die erfolgreichen Selbstständigen überleben und daher vermehrt über einen Zeitraum von drei Jahren als Selbstständige identifiziert werden.

Zusammenfassend ist zu konstatieren, dass ein Großteil der Selbstständigen im Durchschnitt mehr spart als die abhängig Beschäftigten, vernachlässigt man die Quasi-Ersparnis der abhängig Beschäftigten durch den Erwerb von GRV-Anwartschaften. Um eine Aussage darüber zu treffen, ob die zusätzliche Ersparnis der Selbstständigen ausreicht, die nicht erworbenen Anwartschaften in einem obligatorischen Alterssicherungssystem auszugleichen, sind Angaben über das sozialversicherungspflichtige Bruttoeinkommen nötig, die in SAVE leider nicht vorliegen.

5.2.2 Einkommensspezifische Sparquoten

Doch welche Rolle spielt die Höhe des Einkommens und wie verändert sich die Sparquote über verschiedene Einkommensklassen? In Tabelle 5 sind verschiedene Sparquoten über unterschiedliche Haushaltsnettoeinkommensklassen abgetragen. Die Sparquoten werden wie in Tabelle 4 über mindestens zwei Jahre berechnet. Für abhängig Beschäftigte erstreckt sich die Spannweite der Mediansparquote von 2,1 Prozent für die Haushaltsnettoeinkommensklasse kleiner gleich 1 000 Euro bis 8,3 Prozent in der obersten Einkommensklasse von über 4 000 Euro. Für die Selbstständigen fällt die Spannweite der Mediansparquote von 0 bis 13,5 Prozent noch stärker aus. Eine ähnliche aber weniger kontinuierliche Entwicklung ist bei dem Mittelwert der Sparquote über die Einkommensklassen hinweg zu beobachten. Auch die Anzahl der Haushalte, die nicht sparen oder gar entsparen, reduziert sich bei den Selbstständigen von 75 in der untersten Einkommensklasse auf acht Prozent in der obersten Einkommensklasse. Es fällt auf, dass bis zu einem Haushaltsnettoeinkommen von 2 000 Euro die Selbstständigen sowohl eine geringere Mediansparquote haben als auch einen größeren Anteil an Haushalten aufweisen, die keine positive Ersparnis haben. Dieses Bild dreht sich ab einem Einkommen von 2 000 Euro um und wird vor allem in der Mediansparquote deutlich.

Tabelle 5 Haushaltssparquoten über Einkommensklassen im Panel (2005–2007)

Haushalts-nettoein-kommen (€)	abhängig Beschäftigte				Selbstständige			
	Mittel-wertSQ (%)	Median-SQ (%)	Obs.in (n)	SQ <= 0 (%)	Mittel-wertSQ (%)	Median-SQ (%)	Obs.in (n)	SQ <= 0 (%)
<= 1000	6,0	2,1	45	9,6	5,1	0,0	75	6,7
1 001–1 500	4,8	2,2	34	17,2	7,7	1,3	50	10,0
1 501–2 000	6,3	3,6	25	20,7	5,2	3,1	31	13,3
2 001–2 500	6,3	4,4	24	18,8	6,2	6,0	30	16,7
2 501–3 000	6,3	4,3	16	14,7	9,5	7,0	21	15,8
3 001–4 000	8,9	6,1	16	12,0	11,7	8,3	5	17,5
> 4 000	11,9	8,3	8	6,9	12,9	13,5	8	20,0

Quelle: SAVE 2005–2008, eigene Berechnungen. SQ = Sparquote.

Diese Ergebnisse zeigen, dass Selbstständige vor allem in den unteren Einkommensklassen Schwierigkeiten haben vorzusorgen, was mit dem geringen Einkommen und der damit fehlenden Vorsorgefähigkeit einhergeht. Abmildernd wirkt die Tatsache, dass in den Einkommensklassen bis 2 000 Euro nur etwa 30 Prozent aller Selbstständigen enthalten sind, im Gegensatz zu etwa 48 Prozent der abhängig Beschäftigten.

5.3 Vorsorgeniveau

Abschließend wird das Vorsorgeniveau als Ergebnis von Vorsorgefähigkeit und Vorsorgebereitschaft der Vergangenheit betrachtet. Abbildung 2 zeigt das Vorsorgeniveau gemessen anhand des Nettogesamtvermögens eines Haushaltes mittels der kumulativen Häufigkeitsverteilung in 2006.

Während nur etwa acht Prozent der abhängig Beschäftigten ein Nettogesamtvermögen von über 400 000 Euro besitzen, haben knapp 23 Prozent der Selbstständigen mindestens ein Vermögen von über 400 000 Euro. 47 Prozent der ab-

Abbildung 2 Kumulative Häufigkeitsverteilung des Nettogesamtvermögens im Jahr 2006

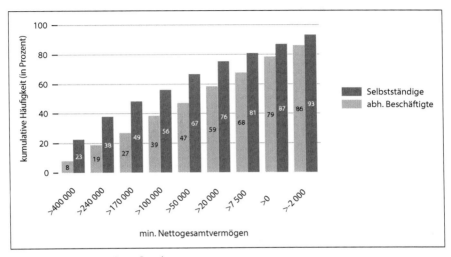

Quelle: SAVE 2006–2007, eigene Berechnungen.

hängig Beschäftigten haben ein Nettogesamtvermögen von über 50 000 Euro, wohingegen es bei den Selbstständigen 67 Prozent sind. Tabelle 6 zeigt in der letzten Zeile, dass etwa 79 Prozent der abhängig Beschäftigten und 87 Prozent der Selbstständigen ein positives Nettogesamtvermögen besitzen. Dies liegt bei einem allerdings unkonditionierten Mittelwert von etwa 470 000 Euro für Selbstständige etwa dreimal so hoch wie bei abhängig Beschäftigten mit etwa 148 000 Euro. Zusammenfassend ist festzuhalten, dass Selbstständige über die Nettogesamtvermögensverteilung hinweg ein größeres Nettogesamtvermögen besitzen als abhängig Beschäftigte.

Bei nicht obligatorisch abgesicherten Selbstständigen liegt die Vermutung nahe, dass hier ein großer Teil der Ersparnis in das Altersvorsorgevermögen fließt. Tabelle 6 spaltet das Nettogesamtvermögen in seine Einzelbestandteile auf. Die erste Zahlenspalte zeigt den unkonditionierten Mittelwert, der auch Haushalte mit einbezieht, die diese Vermögensklasse nicht besitzen. Daran anschließend folgt der Anteil derjenigen Haushalte, die diese Vermögenskategorie besitzen sowie Mittelwert und Median, die auf die Anlage in der Vermögenskategorie konditioniert sind.

Tabelle 6 Aufteilung des Nettogesamtvermögens in einzelne Vermögensklassen im Jahr 2006

	abhängig Beschäftigte				Selbstständige			
	Mittelwert^{UC} (€)	Anteil* (%)	Mittelwert^C (€)	Median^C (€)	Mittelwert^{UC} (€)	Anteil* (%)	Mittelwert^C (€)	Median^C (€)
Finanzvermögen	17 946	73,7	24 354	10 582	40 490	71,2	56 895	22 353
Nettorealvermögen (ohne BV)	94 112	50,7	190 804	150 000	207 518	66,9	315 417	179 325
Altersvorsorgevermögen	14 606	67,8	21 557	10 000	23 628	66,9	35 334	20 000
davon								
Lebensversicherung	8 818	45,2	19 507	10 000	16 076	50,9	31 570	20 000
Betriebl. Altersvorsorge	3 762	27,2	13 831	6 000	3 349	12,9	25 991	14 000
Riester/Rürup (st. gefördert)	511	27,2	1 877	1 060	248	17,2	1 444	789
private RV (nicht st. gefördert)	1 516	15,6	9 701	5 132	3 956	25,2	15 727	10 000
sonst. Schulden	5 310	31,4	16 935	10 000	7 143	29,4	24 257	12 000
Betriebsvermögen (BV)	26 623	3,3	815 621	20 000	206 000	28,2	729 815	54 000
Nettogesamtvermögen**	147 977	78,6	191 901	96 378	470 492	87,1	543 791	202 000

Quelle: SAVE 2006–2007, eigene Berechnungen.

UC = unkonditionierter Mittelwert; C = auf Besitz konditionierter Mittelwert und Median; * Besitz Vermögenskategorie; ** Die Anteilsangabe bezieht sich auf den Besitz eines positiven Nettogesamtvermögens.

Abbildung 3 Anteile der einzelnen Vermögensklassen am mittleren Nettogesamtvermögen

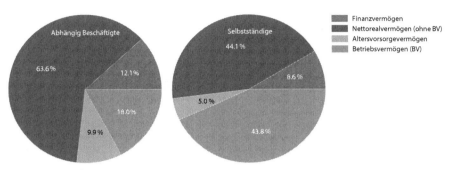

Quelle: SAVE 2006–2007, eigene Berechnungen.

Beachtenswert ist das jeweilige Altersvorsorgevermögen. Für beide Gruppen sind die Anteile der Haushalte, die Altersvorsorgevermögen halten, mit 67 bis 68 Prozent annähernd gleich. Mit einem konditionierenden Median von 20 000 Euro liegen die Selbstständigen genau 10 000 Euro über dem der abhängig Beschäftigten. Beim Mittelwert von etwa 35 000 Euro für Selbstständige ist der Unterschied leicht größer. Berechnet man für die Selbstständigen nun den Anteil des Altersvorsorgevermögens am Nettogesamtvermögen anhand des unkonditionierten Mittelwertes, so stellt das Altersvorsorgevermögen mit nur fünf Prozent einen sehr geringen Anteil am Nettogesamtvermögen dar. Dies bedeutet, dass Selbstständige nicht primär in Altersvorsorgeprodukte investieren, sondern die Altersvorsorge über ein höheres Finanz-, Nettoreal- oder/und Betriebsvermögen abdecken.

Der größte und wichtigste Teil des Vermögens von Selbstständigen mit einem Anteil von knapp über 44 Prozent im unkonditionierten Mittelwert ist das Nettorealvermögen (Abbildung 3). An zweiter Stelle kommt, obwohl für nur 28 Prozent der Selbstständigen relevant, wegen seiner hohen Beträge, das Betriebsvermögen mit knapp unter 44 Prozent. Das Finanzvermögen macht für die Selbstständigen etwa neun Prozent aus.[5] Stellt man dies den abhängig Beschäftigten gegenüber, so ist auch hier mit knapp 64 Prozent das Nettorealvermögen der wichtigste Teil. Mit 18 Prozent folgt das Betriebs- und mit zwölf Prozent das Finanzvermögen. In-

---

5 Diese Prozentzahlen addieren sich zu 100 Prozent plus des Anteils der sonstigen Schulden am Nettogesamtvermögen.

Abbildung 4 Nettogesamtvermögen über Altersklassen der Selbstständigen im Jahr 2007

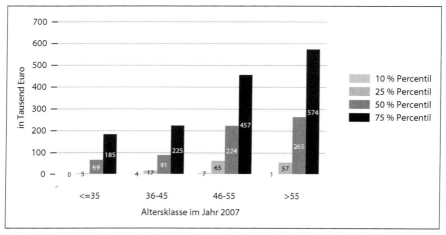

Quelle: SAVE 2005–2008, eigene Berechnungen. Selbstständige wurden über das Panel identifiziert.

teressant ist der Umstand, dass für abhängig Beschäftigte das in Altersvorsorgeprodukte angelegte Altersvorsorgevermögen mit zehn Prozent das Doppelte zum unkonditionierten Mittelwert des Nettogesamtvermögens beiträgt als für Selbstständige mit lediglich fünf Prozent.

Abbildung 4 zeigt über Altersklassen verschiedene Nettogesamtvermögensperzentile in 2007. Der Median des Nettogesamtvermögens steigt von 69 000 Euro für die Altersgruppe unter 36 Jahren bis hin zu 265 000 Euro für die über 55-Jährigen. Betrachtet man das 25-Prozent-Perzentil von 57 000 Euro zum 75-Prozent-Perzentil von 574 000 Euro für die über 55-Jährigen, so fällt die starke Ungleichverteilung des Nettogesamtvermögens auf.

An dieser Stelle wird auf eine einfache Vergleichsrechnung zurückgegriffen, um die Frage zu beantworten, inwieweit Selbstständige ohne die Berücksichtigung der Anwartschaften aus der ersten Säule in der Lage sind, aus ihrem bereits erworbenen Vermögen eine Annuität zu finanzieren, die die Grundsicherung im Alter sicherstellt. Eine solche Rechnung ist nur für die älteste Altersklasse von über 55 Jahren sinnvoll, da in diesem Fall die Möglichkeiten, das Vermögen stärker durch ein verändertes Spar- und Arbeitsverhalten zu verändern, eher begrenzt sind als für jüngere Altersklassen. Greift man auf die gleichen Annahmen zurück wie bei der Berechnung des minimalen Sparbetrages im Abschnitt 5.1, kommt man bei Männern im Alter von 65 Jahren auf einen Vermögensbedarf von 111 417 Euro, wenn eine reale Annuität von 647 Euro pro Monat bis ans Lebensende bezogen werden soll. Bei Frauen erhöht sich dieser Betrag durch die höhere Lebenserwartung auf 131 418 Euro. Dies stellt den Vermögensbedarf von Einpersonenhaushalten dar. Zweipersonenhaushalte dagegen erzielen durch das Zusammenleben gewisse Skaleneffekte. Aus diesem Grund wird der Vermögensbedarf für Männer und Frauen addiert und anschließend durch die Quadratwurzel von zwei geteilt, was einem Betrag von 171 710 Euro entspricht.

Für die Klasse der über 55-Jährigen sind insgesamt 26 Prozent der als selbstständig klassifizierten Haushalte nicht in der Lage, den Vermögensbedarf zur Abdeckung der Grundsicherung im Alter aus ihrem aktuellen Vermögen zu gewährleisten.[6] Auch eine Verzinsung des Vermögens zusammen mit einer Fortschreibung des derzeitigen Sparverhaltens reduziert diesen Prozentsatz nicht merklich.[7] Da in diese Betrachtung die Anwartschaften aus den obligatorischen Alterssicherungssystemen wie auch Verhaltensanpassungen nicht einbezogen werden können, kann dieser Prozentsatz als eine obere Grenze angesehen werden.

6 Zusammenfassung und Schlussfolgerung

Dieser Beitrag untersucht das Altersvorsorge-Verhalten von Selbstständigen mit Hilfe des SAVE-Datensatzes 2005 bis 2008. Die Komplexität des Altersvorsorge-Verhaltens lässt die Aufteilung der Untersuchung in Vorsorgefähigkeit, Vorsorgebereitschaft und Vorsorgeniveau auch aus theoretischer Sicht als sinnvoll und ratsam erscheinen.

Die Auswertungen zeigen, dass dem größten Teil der Selbstständigen ausreichende Mittel für eine entsprechende Altersvorsorge zur Verfügung stehen, sodass für diese Gruppe ausgeschlossen sein dürfte, im Alter in Armut leben zu müssen. Allerdings sind mindestens elf Prozent der Haushalte mit selbstständiger/selbstständigem Haupteinkommensbezieherin/-bezieher nicht in der Lage, aus ihrem Nettoeinkommen einen ausreichend großen Betrag zu sparen, der

---

6 Das Ergebnis ist robust in Bezug auf die Definition von Selbstständigkeit für den Haushalt. Berücksichtigt man für den Status der Selbstständigkeit nicht wie hier das Panel, sondern nur das aktuelle Jahr, sind 24 Prozent der Haushalte nicht in der Lage den errechneten Vermögensbedarf aufzubringen.

7 Da Lohnprofile für Selbstständige in Deutschland nicht vorliegen, wurde der aus drei Jahren gemittelte Sparbetrag bis zu einem Alter von 65 Jahren fortgeschrieben.

ein Alterseinkommen auf dem Niveau der Grundsicherung im Alter sicherstellt. Haushalte mit selbstständiger/selbstständigem Haupteinkommensbezieherin/ -bezieher sparen im Mittel mehr als Haushalte mit abhängig beschäftigter/beschäftigtem Haupteinkommensbezieherin/-bezieher. Alarmierend sind jedoch vor allem die geringen Sparquoten in den Haushaltsnettoeinkommensklassen bis zu 2 000 Euro. In diesen sparen sogar abhängig Beschäftigte auf geringem Niveau mehr als Selbstständige. Selbstständigen-Haushalte haben im Schnitt ein etwa dreimal so hohes Nettogesamtvermögen. Allerdings ist das Nettogesamtvermögen von Haushalten mit selbstständiger/selbstständigem Haupteinkommensbezieherin/-bezieher ungleich verteilt. Diese Ungleichverteilung führt dazu, dass etwa 26 Prozent in der Klasse der über 55-Jährigen nicht in der Lage sind, das Vermögen zur Abdeckung der Grundsicherung ab 65 Jahren aufzubringen. Diese Betrachtung klammert allerdings die in obligatorischen Altersvorsorgewerken erworbenen Anwartschaften und Verhaltensänderung aus und muss daher als obere Grenze angesehen werden.

Aus diesen Ergebnissen sollte jedoch nicht vorschnell auf ein generelles Schutzbedürfnis von Selbstständigen geschlossen werden, mit dem eine generelle Vorsorgepflicht beziehungsweise Versicherungspflicht für Selbstständige gerechtfertigt werden könnte. Dies erfordert eine wesentlich differenzierte sozialpolitische Abwägung der mit einer solchen Lösung verbundenen Nachteile. Selbst wenn man eine Versicherungspflicht als notwendig erachten würde, bedeutete dies nicht, dass diese in Form einer Einbeziehung in die GRV (Stichwort: Erwerbstätigenversicherung) erfolgen sollte. Denn hier müssen die negativen Effekte einer Ausweitung der demografieanfälligen umlagefinanzierten Rentenversicherung, und vor allem die damit verbundenen negativen Anreizeffekte für das Arbeitsangebot dieser Personengruppe berücksichtigt werden.

Literatur

Börsch-Supan, A.,Coppola, M., Essig, L., Eymann, A., & Schunk, D. (2008). *The German SAVE Study. Design and Results* [MEA Studies 06]. Mannheim: Mannheim Research Institute for the Economics of Aging.

Bundesministerium der Finanzen (BMF) (Hrsg.) (2004). Bericht über die Höhe des Existenzminimums von Erwachsenen und Kindern für das Jahr 2005 (Fünfter Existenzminimumbericht). *Monatsbericht des BMF, 02,* 89–95.

Deutscher Bundestag (Hrsg.) (2006). *Bericht über die Höhe des Existenzminimums von Erwachsenen und Kindern für das Jahr 2008 (Sechster Existenzminimumbericht) (BT-Drucksache 16/3265).*

Deutsche Rentenversicherung Bund (2008). *Rentenversicherung in Zeitreihen* [DRV-Schriften 22]. Berlin: Deutsche Rentenversicherung Bund.

Fachinger, U. (2002). *Sparfähigkeit und Vorsorge gegenüber sozialen Risiken bei Selbstständigen: Einige Informationen auf der Basis der Einkommens- und Verbrauchsstichprobe 1998.* [ZeS-Arbeitspapier 02(1)]. Bremen: Zentrum für Sozialpolitik.

Fachinger, U., Oelschläger, A., & Schmähl, W. (2004). *Alterssicherung von Selbstständigen: Bestandsaufnahme und Reformoptionen.* Berlin u.a.: LIT Verlag.

Kohlmeier, A. (2009). *Die Ausweitung des Versichertenkreises der gesetzlichen Rentenversicherung. Bestimmungsgründe und Verteilungswirkungen.* Dissertation. Darmstadt: Technische Universität Darmstadt

Merz, J. (2006). *Polarisierung der Einkommen von Selbstständigen? Zur Dynamik der Einkommensverteilung und der hohen Einkommen von Selbstständigen und abhängig Beschäftigten* [Munich Personal RePEc Archive, Paper 5743]. Lüneburg: Universität Lüneburg.

Rische, H. (2008). Weiterentwicklung der gesetzlichen Rentenversicherung zu einer Erwerbstätigenversicherung – Ansätze zur Begründung und konkreten Ausgestaltung. *RV aktuell, 55(1),* 2–10.

Sachverständigenrat zur Begutachtung der gesamtwirtschaftlichen Entwicklung (2006). *Widerstreitende Interessen – Ungenutzte Chancen. Jahresgutachten 2006/07.* Wiesbaden: Statistisches Bundesamt.

Schulze Buschoff, K. (2007). *Neue Selbstständige – Die Entwicklung in Deutschland und in anderen europäischen Ländern.* Beitrag zur DGB-Tagung zum Grünbuch der EU-Kommission. Berlin, 13. Februar 2007.

Schunk, D. (2008). A Markov Chain Monte Carlo Algorithm for Multiple Imputation in Large Surveys. *Advances in Statistical Analysis, 92(1),* 101–114.

Windhövel, K., Funke, C., & Möller, J.-C. (2008). *Fortentwicklung der gesetzlichen Rentenversicherung zu einer Erwerbstätigenversicherung. Konsequenzen bei Einkommensverteilung, Beitragssatz und Gesamtwirtschaft.* Abschlussbericht. Basel: Prognos AG.

Ziegelmeyer, M. (2009). *Documentation of the Logical Imputation Using the Panel Structure of the 2003–2008 German SAVE Survey* [MEA Discussion Paper 173]: Mannheim: Mannheim Research Institute for the Economics of Aging.

Online-Quellen

Institut für Freie Berufe (Hrsg.) (2005). *Freie Berufe 2005 im Zahlenbild. Zuwächse auf der Grundlage unterschiedlicher Entwicklungen.* Verfügbar unter: http://www.ifb.uni-erlangen.de/pdf/Info-2005-01.pdf [27.07.2009]

OECD (2005). *What are equivalence scales? OECD Social Policy Division.* Verfügbar unter: http://www.oecd.org/dataoecd/61/52/35411111.pdf [03.08.2009]

IV Erwerbsverlauf und Übergang in den Ruhestand

Einkommensungleichheiten in Westdeutschland vor und nach dem Renteneintritt

Susanne Strauß und Andreas Ebert[1]

1 Einleitung

Einkommen ist die zentrale Dimension der Partizipation in kapitalistischen Gesellschaften. Obwohl in der soziologischen Forschung zunehmend die Bedeutung anderer Formen der Teilhabe, wie Bildung oder politischer Teilhabe, diskutiert wird, bleibt das Einkommen die zentrale Ressource beim Kauf von Gütern sowie der Inanspruchnahme von Dienstleistungen. Hinzu kommt, dass Einkommen in positivem Zusammenhang mit immateriellen Gütern, wie Bildung, Gesundheit, sozialen Kontakten und Freizeitaktivitäten, steht. Einkommen umfasst neben dem Erwerbseinkommen aus abhängiger sowie selbstständiger Arbeit verschiedene Transferleistungen, wie Rentenzahlungen, Arbeitslosengeld oder Sozialleistungen. Teile der Bevölkerung erwirtschaften zusätzlich Einkommen aus Vermögen oder Eigentum, wie zum Beispiel Miete oder Kapitalanteile. Obwohl Einkommensungleichheiten ein Charakteristikum kapitalistischer Gesellschaften sind, variiert sowohl ihr Ausmaß als auch ihre Entwicklung über den Lebensverlauf hinweg. Dabei nehmen aufgrund von kumulativen Effekten die Einkommensungleichheiten zwischen Menschen mit unterschiedlichem Qualifikationsniveau über das Erwerbsleben hinweg zu (Franz 2006: 80). Vor diesem Hintergrund wird seit einigen Jahren (wieder) thematisiert, inwiefern das Risiko einer zunehmenden (relativen) Altersarmut besteht (Bäcker 2008; Goebel & Grabka 2011; Motel & Wagner 1993). Einkommensungleichheiten – und damit auch das Risiko der Altersarmut – hängen nicht nur von individuellen, sondern auch von strukturellen Merkmalen ab. Auf der Individualebene stellt der Ausbildungsabschluss

---

1 Die Arbeit an diesem Artikel wurde ermöglicht durch die finanzielle Unterstützung des Projekts zur „Alterssicherung von Menschen mit flexiblen Erwerbsbiographien in Deutschland" durch die Baden-Württemberg-Stiftung im Rahmen des Eliteprogramms für Postdoktorandinnen und Postdoktoranden.

eine Hauptdeterminante für die Erwerbsmöglichkeiten einer Person dar (Becker 1964; Becker & Chiswick 1966). Die Bedeutung von Ausbildung für das Einkommen setzt sich aufgrund der Neigung zu bildungsähnlichen Partnerschaften auch auf der Haushaltsebene fort (Becker 1993). Auf der strukturellen Ebene sind institutionelle Regelungen, wie Arbeitsmarktstrukturen und wohlfahrtsstaatliche Institutionen, zentral für den individuellen Wohlstand. Damit sind die Verteilung von Risiken, wie Arbeitslosigkeit, atypische Beschäftigung und Niedriglohnbezug, ebenso gemeint wir rentenrechtliche Regelungen, beispielsweise das Regelrentenalter (Bäcker et al. 2009).

Eine der relevantesten Statuspassagen im Lebensverlauf im Hinblick auf Einkommensungleichheiten ist der Eintritt in den Ruhestand: Während vor dem Eintritt in den Ruhestand das Haushaltseinkommen überwiegend vom Erwerbseinkommen abhängt, kennzeichnet der Eintritt in den Ruhestand einen Wechsel in dem Sinne, dass Rentenzahlungen in den meisten Haushalten zur zentralen Einkommensquelle werden.[2] Aus der Sicht der Armutsforschung ist dieser Zeitpunkt auch deshalb entscheidend, da die zu erwartende Einkommensmobilität nach der Festlegung des Rentenniveaus insgesamt gering ist und bei einer unterdurchschnittlichen Einkommensposition damit gerechnet werden muss, dass sich diese verstetigt (Goebel & Grabka 2011). Während es als gesichert gilt, dass das Ausbildungsniveau einer Person einen wichtigen Beitrag zur Erklärung von Einkommensungleichheiten im Verlauf des Erwerbslebens leistet, ist es weniger eindeutig, wie sich diese Ungleichheiten zwischen Gruppen mit unterschiedlichem Qualifikationsniveau nach dem Renteneintritt entwickeln, wenn institutionelle Regelungen zum zentralen Faktor für die Festlegung des Haushaltseinkommens werden. Um die Bedeutung dieser Regelungen für die Einkommensverteilung in Deutschland beurteilen zu können, liegt der Schwerpunkt dieser Untersuchung auf der Entwicklung der Einkommensungleichheit zwischen Personen mit unterschiedlichen Ausbildungsabschlüssen vor und nach dem Eintritt in die Rente. Um die Mittel, die einzelnen Personen zur Teilhabe an der Gesellschaft zur Verfügung stehen, analysieren zu können, wird ihr Haushaltseinkommen als die wesentliche Kategorie betrachtet, da Ressourcen für gewöhnlich innerhalb eines Haushalts aufgeteilt werden. Hierfür wird das Haushaltseinkommen einer Person (relativ zur Anzahl der erwachsenen Haushaltsmitglieder und Kinder) in-

---

2 Empirisch gibt es verschiedene Alternativen, den Zeitpunkt dieser Statuspassage zu bestimmen. Eine Möglichkeit ist das (endgültige) Ende der Erwerbstätigkeit. Da dieses – beispielsweise aufgrund von Arbeitslosigkeit am Ende des Erwerbslebens – nicht immer eindeutig zu bestimmen ist, wird in dieser Untersuchung der Beginn des Bezugs von Renteneinkommen als relevanter Statusübergang definiert.

klusive aller zur Verfügung stehenden Einkommenskomponenten, wie Erwerbseinkommen, Transferleistungen, Einkünfte aus Vermietungen und Kapitalanteile, berücksichtigt. Um konkretere Hypothesen formulieren zu können, werden im folgenden zweiten Abschnitt einige wichtige theoretische Konzepte, die Erklärungen für Einkommensungleichheit auf den verschiedenen Ebenen liefern, eingeführt. Daran anschließend werden im dritten Abschnitt Befunde der bisherigen empirischen Forschung sowie Hypothesen zur Entwicklung der Einkommensungleichheit zum Renteneintritt präsentiert, bevor im vierten Abschnitt die Daten und Methoden vorgestellt werden, die unserer eigenen empirischen Untersuchung zugrunde liegen. Schließlich werden die eigenen deskriptiven und multivariaten Ergebnisse im fünften Abschnitt vorgestellt und im sechsten Abschnitt diskutiert.

2 Theoretische Überlegungen zu Einkommensungleichheiten

In Westdeutschland stellt für die große Mehrzahl der Männer das Erwerbseinkommen für eine lange Zeit im Lebensverlauf die wichtigste Einkommensquelle dar. Vor diesem Hintergrund sind Ungleichheiten auf dem Arbeitsmarkt eine Hauptursache für Einkommensungleichheiten in der Erwerbsphase. Einen klassischen Ansatz zur Erklärung von Einkommensungleichheiten auf der Individualebene stellt die Humankapitaltheorie dar. Diese nimmt an, dass die Investition in Bildung und Arbeitserfahrung zu Unterschieden in der Produktivität führt, welche wiederum zu Ungleichheiten in der Entlohnung führen (Becker 1964; Becker & Chiswick 1966). Laut Beckers (1964) Einkommensfunktion ist das (logarithmierte) Einkommen durch Bildung in Jahren (allgemeines Humankapital) und Arbeitserfahrung (spezifisches Humankapital) determiniert. Vor diesem Hintergrund ist anzunehmen, dass der höchste Ausbildungsabschluss als zentraler bestimmender Faktor in Bezug auf das Einkommen gelten kann.

Neben diesen die Individualebene betreffenden Überlegungen ist es – vor allem im Bezug auf das Haushaltseinkommen – wesentlich, institutionelle Faktoren in die theoretischen Überlegungen mit einzubeziehen. Hier sind insbesondere wohlfahrtsstaatliche Regelungen entscheidend für die Einkommensverteilung. Von besonderer Bedeutung für unser Forschungsinteresse ist, wie das Rentensystem Einkommensungleichheiten beeinflusst. Das deutsche Alterssicherungssystem besteht aus drei ‚Säulen': (1) der Regelsicherung mit der gesetzlichen Rentenversicherung (GRV), der Beamtenversorgung, der Alterssicherung der Landwirte und den berufsständischen Versorgungseinrichtungen, (2) der betrieblichen Altersvorsorge sowie (3) der freiwilligen privaten Vorsorge. Die größte Bedeutung für die Höhe des gesamten Alterseinkommens hat in Deutschland weiterhin die gesetzliche Rentenversicherung, die 65 Prozent des Bruttoeinkommens der 65-Jährigen und Älteren ausmacht; weitere 19 Prozent entfallen auf andere Alterssicherungssysteme, zehn Prozent auf die private Altersvorsorge und sechs Prozent auf Transferleistungen beziehungsweise sonstige Einkommensquellen (Bundesministerium für Arbeit und Soziales (BMAS) 2011: 23).

Im gesetzlichen Rentensystem, das den größten Teil des Alterseinkommens ausmacht, hängt die Alterssicherung stark von der vorangegangenen Erwerbsbiografie einer Person ab, insbesondere von der Dauer der Partizipation am Arbeitsmarkt sowie der Beitragshöhe, die wiederum durch Arbeitszeit und Lohnhöhe beeinflusst wird.[3] Zwar beinhaltet das gesetzliche Rentensystem im Rahmen der so genannten ‚versicherungsfremden Leistungen' auch Elemente der sozialen Umverteilung bei Erwerbsunterbrechungen, wie etwa Arbeitslosigkeit oder Kindererziehungszeiten. Die Höhe der Gutschriften für Arbeitslosigkeit hängt jedoch von Faktoren, wie der Höhe des Entgeltes der vorangegangenen Beschäftigung und der Tatsache, ob und in welchem Umfang eine Leistung der Bundesagentur für Arbeit bezogen wurde, ab, die wiederum stark von der bisherigen erfolgreichen Arbeitsmarktteilhabe abhängig sind (Wunder 2005). Die Gutschriften für Kindererziehungszeiten können die langjährige Nichterwerbstätigkeit von Müttern nicht ausgleichen, sodass es bisher in Westdeutschland eine negative Korrelation zwischen der Zahl der Kinder und der Höhe der Rente einer Mutter gibt (Klammer 2005; Rasner 2006). Entgeltpunkte im gesetzlichen Rentensystem, die monatlich relativ zum durchschnittlichen Einkommen der sozialversicherungspflichtigen Beschäftigten berechnet werden, sind zudem durch eine Obergrenze auf das zweifache Durchschnittseinkommen aller sozialversicherungspflichtig Beschäftigten beschränkt (Wunder 2005). Überdies profitieren Hinterbliebene, insbesondere Witwen, von abgeleiteten Renten (Althammer & Pfaff 1999; Klammer 2005).

Da Personen mit niedriger beruflicher Qualifikation höheren Risiken auf dem Arbeitsmarkt, wie zum Beispiel Arbeitslosigkeit, niedrigem Einkommen und befristeten Arbeitsverträgen, ausgesetzt sind, führen Arbeitgeberwechsel, zwischen denen Phasen der Arbeitslosigkeit bestehen, zu Lücken in der Sozialversicherungsbiografie. Außerdem ist diese Personengruppe häufiger von Frühverrentung betroffen (Bender et al. 2000; Giesecke 2006; Hofäcker et al. 2006; Hradil 2001)

---

3   Ein vergleichbares System besteht auch in der Beamtenversorgung, die sich nach Dienstjahren und Besoldungsgruppen bemisst.

und hat relativ niedrige gesetzliche Renteneinkünfte im Vergleich zu Personen mit abgeschlossener Berufsausbildung oder sogar Hochschulabschluss (Strauß & Ebert 2010).

Die zwei weiteren Säulen des deutschen Rentensystems, die betriebliche und private Rente, sind von geringerer Wichtigkeit für das durchschnittliche Alterseinkommen (Bäcker 2001; BMAS 2011). Ungeachtet dessen spielen sie aber für Einkommensungleichheiten eine wichtige Rolle. Personen mit höherem Verdienst haben mehr Möglichkeiten, zusätzliche private Alterssicherung zu betreiben. Darüber hinaus sind zumindest in der Privatwirtschaft höhere Statuspositionen häufig mit zusätzlichen Leistungen, wie betrieblicher Altersvorsorge, verbunden.

Die Altersvorsorge in der gesetzlichen Rentenversicherung, die die größte Bedeutung für das gesamte Alterseinkommen hat, ist somit einerseits durch das Prinzip des Statuserhalts charakterisiert, beinhaltet jedoch gleichermaßen Mechanismen der Umverteilung. Welcher dieser Mechanismen den wichtigeren Beitrag bei der Bestimmung des Einkommens nach Renteneintritt spielt, wird kontrovers diskutiert. Im Folgenden werden drei konkurrierende Hypothesen vorgestellt, wie sich diese institutionellen Regelungen auf die Entwicklung von Einkommensungleichheiten zwischen Bildungsgruppen am Übergang in den Ruhestand auswirken.

3 Zunehmende oder abnehmende Ungleichheiten nach Renteneintritt?

Prinzipiell bestehen drei Möglichkeiten, wie sich der Einfluss des höchsten Ausbildungsabschlusses auf das Einkommen am Beginn des Rentenbezugs entwickeln kann: er kann entweder gleichbleiben, sich reduzieren oder sich erhöhen. Welcher dieser Mechanismen überwiegt, hängt hauptsächlich von den institutionellen Rahmenbedingungen ab (Pampel & Hardy 1994). Im Zuge der abnehmenden Bedeutung des Erwerbseinkommens und der zunehmenden Bedeutung von Transferleistungen hängt die Einkommensungleichheit zum Renteneintritt hauptsächlich davon ab, wie das Rentensystem die auf dem Arbeitsmarkt entstandenen Einkommensungleichheiten verstetigt, verstärkt oder reduziert.

Die im Folgenden dargestellten drei Hypothesen treffen verschiedene Annahmen darüber, wie sich das Verhältnis zwischen Ausbildung (als Indikator für den Status einer Person) und ökonomischen Errungenschaften mit zunehmendem Alter verändern (vgl. Crystal & Waehrer 1996; O'Rand & Henretta 1999; Pampel & Hardy 1994):

Die *Hypothese vom Statuserhalt* („status maintenance hypothesis") nimmt an, dass die relative Einkommensposition einer Person vor und nach dem Renteneintritt unverändert bleibt. Das Hauptargument ist hier, dass das Einkommen vor und nach Renteneintritt vom erreichten Ausbildungsniveau und dem beruflichen Status bestimmt wird. Gesetzliche Regelungen führen dazu, dass sich Einkommensungleichheiten aus Erwerbseinkünften verstetigen und so ein hohes Maß an Statuserhalt beim Übergang in den Ruhestand ermöglicht wird. Die Annahme ist dabei, dass sich zwar die Höhe ökonomischer Ressourcen nach dem Renteneintritt verändert, sich diese Veränderungen jedoch für alle Kohorten gleichermaßen vollziehen.[4]

Die *Umverteilungshypothese* („leveling hypothesis") betont die Aspekte des Rentensystems, die dazu führen, dass das Einkommen zwischen verschiedenen Ausbildungsgruppen nach dem Übergang in die Rente gleichverteilter ist als während des Erwerbslebens. Nach Erreichen des gesetzlichen Rentenalters nimmt die Bedeutung der Sozialversicherungsleistungen als Teil des Gesamteinkommens der Personen zu, während das Erwerbseinkommen an Bedeutung verliert. Da Leistungen der Sozialversicherung für gewöhnlich gleichmäßiger verteilt sind als das Erwerbseinkommen, führt dies zu einer Abnahme der Einkommensungleichheiten (Crystal & Waehrer 1996). So führen gesetzliche Regelungen einerseits aufgrund bedarfsorientierter Leistungsaspekte, die Nachteile aus früheren Lebensphasen abmildern, zur besonderen Förderung von Personen im unteren Einkommenssegment (Pampel & Hardy 1994); andererseits werden die Renteneinnahmen von Individuen mit hohem Einkommen oft durch Schwellenwerte in den gesetzlichen Rentenanwartschaften begrenzt.

Schließlich wird in der *Hypothese kumulativer Vor- beziehungsweise Nachteile* („cumulative advantage/disadvantage") angenommen, dass sich (wirtschaftliche) Nachteile aus jungen Jahren über den Lebensverlauf hinweg kumulieren (DiPrete & Eirich 2006; Merton 1973; Merton 1988). Folglich nehmen Unterschiede bezüglich des Status ebenso wie bezüglich finanzieller Ressourcen über den Lebensverlauf zu. Personen mit hohen Statuspositionen können beispielsweise ihre wirtschaftlichen Ressourcen aus frühen Lebenspassagen für Ersparnisse, Investitionen

---

4 Die Hypothese geht zunächst, ebenso wie die im Folgenden dargestellten, von einer Individualperspektive aus. Um die Frage nach Einkommensungleichheiten im Blick auf Altersarmut beantworten zu können, ist jedoch eine Erweiterung auf die Haushaltsebene notwendig, da es hier möglicherweise zu einer Relativierung durch zusätzliche Einkommen oder auch weitere ökonomisch abhängige Haushaltsmitglieder kommt. Aus diesem Grund wird in der empirischen Umsetzung das Nettohaushaltsäquivalenzeinkommen analysiert, das als Indikator für den Lebensstandard einer Person dient.

und private Alterssicherung einsetzen, um ihr Einkommen mit zunehmendem Alter zu optimieren. Somit können Benachteiligungen, die beispielsweise von einem niedrigen Ausbildungsniveau herrühren, zu einer mit dem Alter zunehmenden Verschlechterung der Position führen.

Aus der Perspektive der Hypothese vom Statuserhalt sollten beim Renteneintritt für alle Personen die Einkommen sinken, wobei zu erwarten ist, dass die relativen Einkommensverhältnisse zwischen den Gruppen erhalten bleiben. Aus der Perspektive der Umverteilungshypothese wird stattdessen angenommen, dass Personen mit einem hohen Status am Rentenübergang unter einem größeren Verlust an wirtschaftlichen Ressourcen zu leiden haben. Demgegenüber reduziert sich aus der Sicht der Hypothese kumulativer Vor- beziehungsweise Nachteile das Einkommen am stärksten bei Personen mit niedrigem Statusniveau; infolgedessen verstärkt sich das Verhältnis zwischen Statushintergrund und wirtschaftlichen Errungenschaften. Ziel unserer Untersuchung ist es herauszuarbeiten, welche dieser Hypothesen die größte Erklärungskraft im Hinblick auf der Verständnis von Einkommensmobilitäten (bezüglich des monatlichen Nettohaushaltsäquivalenzeinkommens) vor und nach dem Renteneintritt hat.

Während sich die Mehrheit der bisherigen Studien auf den Querschnittsvergleich von Gruppen vor und nach dem Renteneintritt beschränkt, nehmen Untersuchungen auf der Grundlage von Längsschnittdaten zu (z. B. Motel-Klingebiel & Engstler 2008). Allerdings sind diese Studien entweder dadurch beschränkt, dass sie nur zwei Beobachtungszeitpunkte analysieren und/oder nicht eindeutig differenzieren (können), ob sich Veränderungen durch den Beginn des Rentenbezugs (Renteneffekt) oder das fortschreitende Lebensalter (Alterseffekt) ergeben. Durch die Verwendung von Haushaltspaneldaten, die eine Zeitspanne von 20 Jahren abdecken (zehn Jahre vor und zehn Jahre nach Renteneintritt) und der expliziten Unterscheidung zwischen Alters- und Renteneffekten möchten wir einen Beitrag zu dieser Diskussion leisten.

4 Daten und Methoden

Um die oben dargestellte Forschungsfrage zu beantworten, verwenden wir Daten des deutschen Sozio-oekonomischen Panels (SOEP) aus den Jahren 1984 bis 2008 (Haisken-DeNew & Frick 2005). Das SOEP besteht aus sieben Subsamples, von denen wir die Hocheinkommensstichprobe aus unseren Analysen ausschließen. Darüber hinaus werden die Analysen auf Personen mit validen Informationen zum Haushaltseinkommen eingeschränkt. Unsere Modelle sind auf westdeutsche Männer beschränkt, genauer auf solche, die angegeben haben, im Jahr 1989 in Westdeutschland gelebt zu haben. Der Vorteil der Fokussierung auf Männer ist, dass aufgrund ihrer kontinuierlicheren Erwerbsbiografien der Zeitpunkt ihrer Verrentung durch den engeren Zusammenhang zwischen dem Ende des Erwerbslebens und dem Beginn des Rentenbezugs eindeutiger bestimmbar ist als bei Frauen (Buchholz 2006). Da Männer deutlich häufiger als Frauen die Beitragsbemessungsgrenze erreichen[5], ist davon auszugehen, dass der ausgleichende institutionelle Effekt der gesetzlichen Rentenversicherung zwischen verschiedenen Ausbildungsgruppen sich individuell stärker auswirkt als bei Frauen. Auf der Haushaltsebene wird dieser Effekt aufgrund der bereits erwähnten Neigung zu bildungshomogenen Partnerschaften (Becker 1993) noch verstärkt. Die Nichtberücksichtigung von ostdeutschen Befragten ist dadurch begründet, dass der Verrentungsprozess dort einem anderen Muster folgt als in Westdeutschland. Um die Entwicklung des Lebensstandards von Personen am Rentenübergang zu untersuchen, fokussieren wir unsere Schätzungen auf das Äquivalenzeinkommen. Das Haushaltseinkommen wird in monatlichem Nettoeinkommen in Euro (Werte von 2005) gemessen, korrigiert an dem vom Statistischen Bundesamt veröffentlichten Verbraucherpreisindex (Statistisches Bundesamt 2011). Wir verwenden die so genannte neue OECD-Skala, die das Nettohaushaltseinkommen durch einen Faktor dividiert, der die Haushaltszusammensetzung widerspiegelt.[6] Das Nettohaushaltseinkommen einer Person aus allen Quellen wird durch diesen Faktor geteilt, um die Bedürfnisunterschiede verschiedener Haushaltstypen herauszustellen. Diese Vorgehensweise ist auch entscheidend, wenn Aussagen über die relative Einkommensarmut von Menschen gemacht werden sollen, da eine niedrige individuelle Altersrente noch keine Aussage über problematische Einkommenslagen erlaubt. Diese kann beispielsweise ergänzt werden durch abgeleitete Hinterbliebenenrenten oder Einkünfte eines anderen Haushaltsmitglieds, vor allem des Partners beziehungsweise der Partnerin (Bäcker 2008).

---

5 Im Rentenzugang 2010 werden für Altersrenten westdeutscher Frauen im Durchschnitt 28,5 Versicherungsjahre bei durchschnittlich 0,705 Entgeltpunkten ausgewiesen. Westdeutsche Männer des Zugangsjahres erreichten im Durchschnitt 39,9 Versicherungsjahre und 1,031 Entgeltpunkte (Deutsche Rentenversicherung 2011: 112 ff.).
6 Der Wert 1 repräsentiert einen Singlehaushalt; eine zusätzliche Person im Alter von 14 Jahren oder älter lässt den Wert um 0,5 Punkte steigen; jedes Kind, das jünger als 14 Jahre alt ist, führt zu einem Anstieg des Wertes um 0,3 Punkte (in der alten OECD-Skala handelte es sich um 0,7 Punkte für eine zusätzliche Person im Alter von 14 oder älter und 0,5 Punkte für jüngere Kinder).

Unsere zentrale erklärende Variable ist der erste Übergang zur Rente im Alter von 55 Jahren oder älter. Für den Vergleich der Ausbildungsgruppen unterscheiden wir drei Gruppen: Befragte ohne Ausbildung, Befragte mit Berufsausbildung und Befragte mit Hochschulausbildung. Für unsere multivariaten Analysen bedienen wir uns eines Mehrebenen-Regressions-Models mit zwei Ebenen: individuelle Befragte auf der ersten Ebene und Beobachtungen über die Zeit auf der zweiten Ebene. Zusätzlich zur Konstante der normalen Regression schließen diese Modelle eine zusätzliche Zufallskonstante, die für die Varianz innerhalb der Personen über die Zeit kontrolliert, mit ein. Dieser Modellansatz erlaubt es, den Anteil der Varianz zu schätzen, der durch die Unterschiede innerhalb von Personen im Zeitverlauf erklärt wird.

5 Empirische Ergebnisse

5.1 Einkommensunterschiede vor und nach Renteneintritt – deskriptive Ergebnisse

Um einen Eindruck über die Entwicklung des Haushaltseinkommens vor und nach Renteneintritt zu bekommen, werden zunächst deskriptive Belege in Bezug auf Unterschiede zwischen den Bildungsgruppen dargestellt. Tabelle 1 zeigt, wie sich das Nettohaushaltsäquivalenzeinkommen (in Euro) im Jahr vor dem Renten-

Tabelle 1 Durchschnittliches Haushaltsnettoäquivalenzeinkommen nach Bildungsgruppen (Männer, Westdeutschland)

		Mittelwert (€)	p25 (€)	p50 (€)	p75 (€)	SD (€)	n
Keine Ausbildung	vor	1 011	711	965	1 271	429	300
	nach	1 007	737	939	1 230	397	300
Berufsausbildung	vor	1 306	853	1 193	1 565	750	1 393
	nach	1 234	866	1 144	1 467	525	1 393
Hochschulausbildung	vor	1 859	1 048	1 506	2 175	1 939	397
	nach	1 628	1 083	1 419	1 931	900	397

Quelle: SOEP 1984–2008, eigene Berechnungen.

eintritt verglichen mit dem Jahr nach dem Renteneintritt für die verschiedenen Bildungsgruppen verhält.[7]

Während das Einkommen der Gruppe der niedrig Qualifizierten vor und nach Renteneintritt weitgehend gleich bleibt, nehmen die Einkommensverluste mit der Höhe des Ausbildungsabschlusses zu. Gruppen mit niedrigem Einkommen legen in allen Bildungsgruppen (p25) an Haushaltseinkommen zu, wohingegen Gruppen mit hohem Einkommen am Rentenübergang Verluste zu verzeichnen haben (p75). Hinsichtlich der Standardabweichung wachsen diese Verluste mit zunehmendem Ausbildungsniveau. Das relative Einkommen der Niedrigeinkommensgruppe bleibt stabil und spiegelt Regelungen der gesetzlichen Alterssicherung wider. Es stellt ein Einkommensminimum für Personen mit niedrigem Ausbildungsniveau (und dadurch schlechteren Chancen auf dem Arbeitsmarkt) bereit. Darüber hinaus führen institutionelle Regelungen zu einer deutlichen Abnahme der Einkommensvariation nach Renteneintritt, besonders für Personen mit hohen Ausbildungsabschlüssen. Dementsprechend unterstützen die dargestellten deskriptiven Ergebnisse die Idee, dass institutionelle Alterssicherungsregelungen (absolut gesehen) zu größerer Gleichheit nach Renteneintritt führen und bieten somit Unterstützung für die Umverteilungshypothese.

5.2 Hypothesenüberprüfung

Um unsere Forschungsfrage im Hinblick auf die Entwicklung von Einkommensungleichheiten am Übergang in den Ruhestand beantworten zu können, werden im Folgenden die Ergebnisse unserer Mehrebenen-Modelle dargestellt, mit denen wir das monatliche Nettoäquivalenzeinkommen schätzen (Tabelle 2). Das erste Modell beschränkt sich auf eine Konstante und eine Dummy-Variable, die die Zeit vor beziehungsweise nach der Verrentung anzeigt. Während ein Mann in Westdeutschland vor der Verrentung im Mittel 1 497 Euro verdient, führt der Renteneintritt zu einem Abfall des verfügbaren monatlichen Einkommens um 93 Euro. Das zweite Modell bezieht zusätzlich zwei separate Steigungs-Koeffizienten vor und nach der Verrentung mit ein, die auf das Alter von 65 Jahren zentriert wurden. Die Koeffizienten zeigen, dass Befragte im Alter von 65 Jahren vor der Verrentung

---

7   Anders als die multivariaten Analysen sind die deskriptiven Tabellen auf zwei Zeitpunkte limitiert. Auf diese Weise wird sichergestellt, dass jede/r Befragte nur einmal in die Analysen aufgenommen ist. Allerdings ist zu beachten, dass sich die Ergebnisse hierdurch systematisch von denen der multivariaten Analysen unterscheiden, in denen längere Zeiträume vor und nach der Verrentung berücksichtigt werden (und für das Alter kontrolliert wird).

Tabelle 2 Mehrebenen-Regression für das monatliche Nettohaushaltsäquivalenzeinkommen (Männer, Westdeutschland)

	Modell 1	Modell 2	Modell 3	Modell 4
Verrentung (0/1)	−92,94***	−203,82***		
Steigungs-Koeffizient (Alter)		13,77***		
Verrentung*Alter		−9,28***		
Bildung (Ref.: Keine Ausbildung)				
Berufsausbildung			293,35***	327,11***
Hochschulbildung			1035,40***	1263,53***
Verrentung*Keine Ausbildung			−139,10***	−178,37***
Verrentung*Berufsausbildung			−79,61***	−151,26***
Verrentung*Hochschulausbildung			−102,70***	−383,67***
Alter *Keine Ausbildung				4,43
Alter*Berufsausbildung				8,87***
Alter *Hochschulausbildung				38,57***
Verrentung*Alter*Keine Ausbildung				−4,73
Verrentung*Alter*Berufsausbildung				−5,71
Verrentung*Alter*Hochschulausbildung				−31,08***
Constant	1496,83***	1607,87***	1156,64***	1194,89***
lns1_1_1_cons	6,46***	6,46***	6,34***	6,34***
Lnsig_e_cons	6,45***	6,45***	6,45***	6,45***
n	18 895	18 895	18 895	18 895
K	4	6	8	14
k_fixed	2	4	6	12
k_random	2	2	2	2
χ2	82,50	141,59	450,98	544,96

Quelle: SOEP 1984–2008, eigene Berechnungen, Signifikanz: * $p < .05$, ** $p < .01$, *** $p < .001$

1 608 Euro zur Verfügung haben; nach der Verrentung sinkt ihr Einkommen um 204 Euro. Die Berücksichtigung der zwei Steigungs-Koeffizienten im Modell kontrolliert für Veränderungen, die mit dem Alter der Personen vor und nach der Verrentung zusammenhängen und sonst fälschlicherweise dem Renteneintritt zugerechnet werden würden. Die Koeffizienten zeigen, dass Befragte vor ihrer Verrentung eine Einkommenssteigerung von 14 Euro pro Jahr verzeichnen, während sich die Steigerung nach der Verrentung auf jährliche fünf Euro verkleinert. Die Kontrolle der Steigungs-Koeffizienten zeigt also den Effekt des Übergangs in den Ruhestand nach Kontrolle für Alterseffekte.

Das dritte Modell vergleicht die Einkommensentwicklung zwischen den drei Ausbildungsgruppen. Die Konstante zeigt an, dass Personen ohne Ausbildung vor der Verrentung im Mittel 1 157 Euro verdienen. Personen mit Berufsausbildung verdienen im Durchschnitt zusätzliche 293 Euro monatlich, Personen mit Hochschulausbildung 1 035 Euro mehr als die Vergleichsgruppe der Personen ohne Ausbildung. Der Interaktionseffekt zwischen der Ausbildung und der Dummy-Variable, die für den Renteneintritt kontrolliert, zeigt, dass das Einkommen aller drei Qualifikationsgruppen beim Übergang in den Ruhestand sinkt. Personen ohne Ausbildung verlieren dabei 139 Euro, Personen mit Berufsausbildung 80 Euro und Befragte mit Hochschulausbildung verlieren 103 Euro monatlich.

Das vierte Modell beinhaltet darüber hinaus einen Interaktionseffekt zwischen den Ausbildungsgruppen und den Steigungs-Koeffizienten (vor und nach der Verrentung, zentriert zum Alter von 65 Jahren). Die Konstante zeigt an, dass eine 65-jährige Person ohne Berufsausbildung vor der Verrentung 1 195 Euro verdient. Die Haupteffekte zeigen wiederum, dass das Einkommen vor Verrentung stark von der Ausbildung abhängt: Personen mit Berufsausbildung verdienen zusätzliche 327 Euro, Befragte mit Hochschulausbildung zusätzliche 1 264 Euro im Vergleich zu Personen ohne Ausbildung.

Die Interaktionseffekte zwischen den Qualifikationsgruppen und der Verrentungs-Variablen zeigen wiederum, dass Personen mit Hochschulabschluss die größten finanziellen Einbußen beim Übergang in den Ruhestand haben (−384 Euro, verglichen mit −151 Euro für Personen mit Berufsausbildung und −178 Euro für Befragte ohne Ausbildung). Die Kontrolle für die Interaktionseffekte zwischen dem Steigungs-Koeffizienten vor der Verrentung und Ausbildung zeigt, dass vor allem Personen mit Hochschulabschluss Einkommenszuwächse von etwa 39 Euro jährlich verzeichnen (Personen mit Berufsausbildung hingegen nur etwa neun Euro pro Jahr vor der Verrentung), was die vergleichsweise hohen Verluste dieser Gruppe nach der Verrentung wiederum relativiert. Nach der Verrentung bleiben die Einkommenszuwächse der beiden niedrigen Ausbildungs-

Tabelle 3   Einkommensveränderungen vor und nach der Verrentung, Zentrierung im Alter von 65 Jahren

	Vor Verrentung (€)	Nach Verrentung (€)	Einkommensverlust (€)	Einkommensverlust (%)
Keine Ausbildung	1 195	1 017	178	14,9
Berufsausbildung	1 522	1 371	151	9,9
Hochschulausbildung	2 459	2 075	384	15,6

Quelle: SOEP 1984–2008, eigene Berechnungen.

gruppen beinahe konstant, während die Zuwächse der höchsten Ausbildungsgruppe sich auf etwa acht Euro jährlich verkleinern (vgl. Modell 4, Interaktion Verrentung*Alter*Bildungsgruppe). Eine Zusammenfassung der Einkommensunterschiede zwischen den drei Qualifikationsgruppen vor und nach der Verrentung ist (basierend auf Modell 4) in Tabelle 3 dargestellt.

Wenn der Steigungs-Koeffizient auf das Alter von 60 (statt 65) Jahren zentriert wird, was dem tatsächlichen Verrentungsalter in Deutschland näher kommt, verändern sich die Koeffzienten in verschiedener Hinsicht (Regressionsergebnisse hier nicht dargestellt): Einerseits kommt es zu deutlich niedrigeren Einkommensverlusten, wenn der Renteneintritt zu einem früheren Zeitpunkt stattfindet (−157 statt −203 für die Gesamtgruppe). Andererseits zeigt sich, dass die Unterschiede zwischen den Ausbildungsgruppen vor der Verrentung etwas kleiner sind: Befragte mit Berufsausbildung verdienen 305 Euro mehr, Hochschulabsolventen 1 093 Euro mehr als Personen ohne Ausbildung (im Vergleich zu 327 und 1 264 Euro zusätzlich bei einer Zentrierung zum Alter von 65 Jahren). Gleichzeitig sind die Einkommensverluste nach der Verrentung für alle drei Qualifikationsgruppen kleiner, insbesondere für die höchste Ausbildungsgruppe, die nur 228 Euro statt 384 Euro verliert.

Wenn das Alter zum Verrentungszeitpunkt auf 67 Jahre zentriert wird (was dem gesetzlichen Rentenalter für die jüngste Kohorte auf dem deutschen Arbeitsmarkt entspricht), verändern sich die Koeffizienten in die umgekehrte Richtung (Ergebnisse des Regressionsmodells hier nicht dargestellt). Die Einkommensunterschiede zwischen den Ausbildungsgruppen nehmen zu: Befragte mit Berufsausbildung verdienen 336 Euro mehr, Hochschulabsolventen 1 332 Euro mehr als Personen ohne Ausbildung (im Vergleich zu +327 und +1 264 Euro im Alter von

65 Jahren). Gleichzeitig nehmen Einkommensverluste nach dem Renteneintritt für alle Qualifikationsgruppen zu, vor allem für Befragte mit Hochschulabschluss, deren Einkommenseinbußen sich auf 446 Euro (statt 384 Euro) summieren.

Anders als die im vorherigen Abschnitt dargestellten deskriptiven Befunde berücksichtigen diese Ergebnisse die Einkommensentwicklung vor und nach der Verrentung über einen längeren Zeitraum; darüber hinaus kontrollieren die Modelle für die mit dem Alter assoziierte Einkommensentwicklung (Steigungs-Koeffizienten vor und nach der Verrentung) und zeigen so den ‚Netto-Effekt' der Verrentung. Tabelle 3 zeigt, dass institutionelle Regelungen tatsächlich in gewissem Maße zu einer Anpassung der Einkommen im Sinne der Umverteilungshypothese führen: In absoluten Werten beträgt der Verlust von Befragten mit Hochschulabschluss 384 Euro (bei Kontrolle für die jährlichen Einkommensveränderungen vor und nach der Verrentung, vgl. Modell 4); in relativen Werten verliert diese Gruppe 15,6 Prozent (im Vergleich zu 14,9 Prozent für die niedrigste Bildungsgruppe und 9,9 Prozent für die mittlere Bildungsgruppe). Das Verhältnis der Einkommen zwischen der niedrigsten und der höchsten Ausbildungsgruppe bleibt im Großen und Ganzen gleich: Vor der Verrentung verdienen Personen mit Berufsausbildung 127 Prozent des Einkommens der Befragten ohne Ausbildung; Hochschulabsolventen verdienen 206 Prozent mehr als die niedrigste Bildungsgruppe. Nach der Verrentung beträgt der relative Vorteil der mittleren und höchsten Bildungsgruppe im Vergleich zur niedrigsten Bildungsgruppe 135 beziehungsweise 204 Prozent. Die Unterschiede zwischen den Einkommensverhältnissen vor und nach der Verrentung sind nicht signifikant. Im Bezug auf unsere Hypothesen schließen wir folglich, dass die institutionellen Regelungen des deutschen Rentensystems im Hinblick auf die absoluten Beträge zu einer gewissen Angleichung der Einkommen im Sinne der Umverteilungshypothese führen. Gleichzeitig bleiben die relativen Differenzen zwischen den Ausbildungsgruppen vor und nach der Verrentung jedoch vergleichsweise konstant. Das heißt im Bezug auf die relativen Unterschiede – die wir als zentral für die Beantwortung unserer Forschungsfrage erachten – unterstützen unsere multivariaten Ergebnisse vor allem die Hypothese vom Statuserhalt. Die Veränderungen der Einkommensveränderungen am Übergang zum Ruhestand durch die Zentrierung der Steigungs-Koeffizienten auf das Alter von 60 beziehungsweise 67 Jahren kann in den Tabellen 4 und 5 zusammengefasst werden.

Was sich zeigt ist, dass ein früherer Verrentungszeitpunkt den Einkommensverlust aller Ausbildungsgruppen in absoluten Werten wie auch in relativen Werten kleiner macht (Tabelle 4). Obwohl die Gruppe mit Hochschulabschluss wiederum die höchsten absoluten Verluste hat, ist der größte relative Verlust in

Tabelle 4 Einkommensveränderungen vor und nach der Verrentung, Zentrierung im Alter von 60 Jahren

	Vor Verrentung (€)	Nach Verrentung (€)	Einkommensverlust (€)	Einkommensverlust (%)
Keine Ausbildung	1 173	1 018	155	13,2
Berufsausbildung	1 478	1 355	123	8,3
Hochschulausbildung	2 266	2 038	228	10,1

Quelle: SOEP 1984–2008, eigene Berechnungen.

Tabelle 5 Einkommensveränderungen vor und nach der Verrentung, Zentrierung im Alter von 67 Jahren

	Vor Verrentung (€)	Nach Verrentung (€)	Einkommensverlust (€)	Einkommensverlust (%)
Keine Ausbildung	1 204	1 016	188	15,6
Berufsausbildung	1 540	1 377	163	10,6
Hochschulausbildung	2 536	2 090	446	17,6

Quelle: SOEP 1984–2008, eigene Berechnungen.

dieser Modellspezifikation bei der niedrigsten Ausbildungsgruppe zu verzeichnen (–13,2 Prozent im Vergleich zu –8,3 Prozent in der mittleren und –10,1 Prozent in der höchsten Ausbildungsgruppe). Das Verhältnis zwischen den Qualifikationsgruppen bleibt allerdings vor und nach der Verrentung stabil: Im Vergleich zu Personen ohne Ausbildung verdienen die Befragten mit Berufsausbildung vor der Verrentung 126 Prozent mehr; nach der Verrentung sind es 133 Prozent mehr. Personen mit Hochschulabschluss verdienen vor der Verrentung 193 Prozent mehr, nach der Verrentung sind es 200 Prozent. Bei einem höheren Verrentungsalter haben die Befragten mit Hochschulabschluss mit Abstand die höchsten absoluten und relativen Einkommensverluste. Das Verhältnis zwischen den Ausbildungsgruppen vor und nach der Verrentung bleibt weitgehend stabil: Im Vergleich zu Personen ohne Ausbildung verdienen Befragte mit Berufsausbildung vor der Verrentung 128 Prozent mehr, nach dem Übergang sind es 136 Prozent mehr; Personen mit Hochschulabschluss verdienen vor der Verrentung 211 Prozent mehr, danach sind es 206 Prozent mehr.

Zusammenfassend lässt sich feststellen, dass institutionelle Regelungen am Übergang zum Ruhestand im Hinblick auf die absoluten Beträge zu einem gewissen Grad an Vereinheitlichung der Einkommen zwischen den Ausbildungsgruppen führen, wie von der Umverteilungshypothese vorhergesagt. Auch bleiben die Einkommen der niedrigsten Qualifikationsgruppe relativ stabil, was sicherlich nicht zuletzt der armutsvermeidenden Wirkung der gesetzlichen Rentenversicherung zu verdanken ist, die gerade bei Niedrigeinkommensgruppen eine große Rolle für die Sicherung des Einkommensstandards spielt. Im Hinblick auf die relativen Einkommensverluste ist der größte Unterschied zwischen dem Einkommen vor und nach der Verrentung bei einer Zentrierung auf das Alter von 65 beziehungsweise 67 Jahren für Hochschulabsolventen zu verzeichnen. Dieser Befund ist jedoch vor dem Hintergrund der vergleichsweise hohen Einkommenszuwächse dieser Gruppe in den Jahren vor der Verrentung zu relativieren. Bei der Zentrierung auf das Alter von 60 Jahren ist der relative Einkommensverlust für Personen ohne Ausbildung am größten. Diese Befunde spiegeln wider, dass Befragte mit Hochschulabschluss vergleichsweise spät in den Arbeitsmarkt eintreten, sodass eine späte Verrentung sich positiv auf ihre Einkommensakkumulation vor der Verrentung auswirkt – und folglich zu einem größeren relativen Einkommensverlust nach dem Renteneintritt führt. Die Anhebung des Rentenalters führt somit zu größeren relativen Verlusten für Menschen mit höherer Ausbildung im Vergleich zu anderen Ausbildungsgruppen. Für niedrig Qualifizierte führt die Anhebung des Rentenalters zwar ebenfalls zu einer Vergrößerung der relativen Einkommensverluste, allerdings sind die Unterschiede deutlich geringer. Dieser Befund könnte unter anderem mit der hohen Arbeitslosigkeit unter älteren Menschen ohne Ausbildung zusammenhängen, die dazu führt, dass in den letzten Jahren vor der Verrentung nur noch geringe (vor allem gesetzliche) Rentenansprüche erworben werden. Insgesamt bleiben die Einkommensunterschiede zwischen den Ausbildungsgruppen vor und nach dem Renteneintritt relativ stabil, was wiederum die Hypothese vom Statuserhalt unterstützt.

6   Diskussion

Das Ziel unserer Studie war darzustellen wie sich Einkommensungleichheiten, die vor dem Renteneintritt bestanden, nach dem Übergang in den Ruhestand weiterentwickeln. Frühere Forschung bestätigend (Motel-Klingebiel & Engstler 2008), zeigt unsere Analyse signifikante relative und absolute Einkommensverluste am Rentenübergang auf. Unsere deskriptiven Befunde, die die Einkommensverhältnisse zwischen den Ausbildungsgruppen in den Jahren direkt vor und nach der Verrentung vergleichen, unterstützen die Umverteilungshypothese insofern als sich vergleichsweise stabile Einkommen der Befragten ohne Ausbildung und sinkende Einkommen für Personen mit Hochschulabschluss zeigen. Der Nachteil dieser deskriptiven Darstellung ist jedoch, dass sie nicht für den Alterseffekt kontrolliert, sodass die Einkommensentwicklung irrtümlicherweise dem Statusübergang des Renteneintritts zugeschrieben wird. Um diese Fehldeutung zu vermeiden, liefert unser Beitrag neben diesen deskriptiven Befunden auch multivariate Auswertungen, die den Vorteil haben, dass für die Einkommensentwicklung mit dem Alter vor und nach der Verrentung kontrolliert wird. Darüber hinaus wird ein längerer Zeitraum vor und nach der Verrentung in die Analyse einbezogen. Auf der Grundlage dieser multivariaten Auswertungen schließen wir, dass alle Qualifikationsgruppen, einschließlich der Befragten ohne Ausbildung, am Übergang zum Ruhestand einen deutlichen Einkommensverlust verzeichnen. Bei einer Zentrierung zum Alter von 65 beziehungsweise 67 Jahren haben Befragte mit Hochschulabschluss die größten absoluten und relativen Verluste zu verzeichnen, wobei dieses Ergebnis an den vergleichsweise hohen Einkommenszuwächsen dieser Gruppe in den Jahren vor der Verrentung zu relativieren ist. Die Zentrierung zum Alter von 60 Jahren reduziert die relativen Einkommensverluste der Hochqualifizierten. Auch bei niedrig Qualifizierten steigen die relativen Einkommensverluste mit der Anhebung des Verrentungsalters; die Unterschiede zwischen den Modellen sind jedoch deutlich geringer. Dieser Befund ist vermutlich darauf zurückzuführen, dass der deutsche Arbeitsmarkt gerade für gering qualifizierte Ältere schlechte Erwerbsmöglichkeiten bietet. Eine Reihe von Push- und Pull-Faktoren, wie finanzielle Anreize durch generöse Frühverrentungsprogramme *(push)* oder hohe Arbeitslosigkeitsquoten *(pull)*, führen zu einem vergleichsweise frühen Ausstieg aus dem Erwerbsleben (Ebbinghausen 2006), insbesondere für gering Qualifizierte (Hofäcker et al. 2006).

Insgesamt bleibt das Verhältnis der Einkommen zwischen den Ausbildungsgruppen vor und nach der Verrentung in allen Modellspezifikationen sehr stabil. Im Hinblick auf die relative Ungleichheit unterstützen unsere Ergebnisse also die Hypothese vom Statuserhalt und verweisen auf die Bedeutung der genannten institutionellen Mechanismen im deutschen Wohlfahrtsstaat, die zu einer Verstetigung der Einkommensungleichheiten beim Übergang in den Ruhestand führen. Eine Möglichkeit Altersarmut zu vermeiden besteht demnach in der Ausweitung von Komponenten der Alterssicherung, die dem Prinzip der Umverteilung folgen. Diese sind aufgrund der politischen Entwicklungen im Bereich der Alterssicherung in den letzten Jahren, wie dem Rückbau der gesetzlichen Alterssicherung zugunsten der (staatlich geförderten) privaten Altersvorsorge, insbesondere der so genannten Riester-Rente, nicht zu erwarten. Wahrscheinlicher ist – auch angesichts demografischer Veränderungen, wie der Alterung der Erwerbsbevölkerung (Fuchs & Dörfler 2005) –, dass politisch weiterhin das Ziel der Verlängerung der Lebensarbeitszeit verfolgt wird, das zwar potenziell auch zur Armutsvermeidung bei Niedrigqualifizierten beitragen kann. Unter den gegebenen Arbeitsmarktbedingungen wirkt sich dieser Ansatz jedoch eher verstärkend auf die Einkommensunterschiede zwischen den Ausbildungsgruppen aus. Da Personen aus niedrigeren sozialen Schichten aufgrund schichtspezifischer Gesundheits- (Rose & Pevalin 2000) sowie Arbeitslosigkeitsrisiken (Layte et al. 2000) viel stärker von unfreiwilliger Verrentung betroffen sind, führt die Anhebung des Regelrentenalters zu einer weiteren Kumulation ungleicher Erwerbschancen. Solange diese schichtspezifischen Risiken fortbestehen, ist auch nicht davon auszugehen, dass die Anhebung des gesetzlichen Rentenalters zu einer Verringerung des relativen Armutsrisikos von gering qualifizierten Älteren führt.

Literatur

Althammer, J., & Pfaff, A. B. (1999). Materielle und soziale Sicherung von Frauen in der Perspektive des Lebenslaufs. *WSI Mitteilungen, 52(1)*, 32–40.

Bäcker, G. (2001). Rentenversicherung und Erwerbsbeteiligung – Zur Alterssicherung von Frauen nach der Rentenreform. In C. Barkholdt (Hrsg.), *Prekärer Übergang in den Ruhestand: Handlungsbedarf aus arbeitsmarktpolitischer, rentenrechtlicher und betrieblicher Perspektive* (S. 177–207). Wiesbaden: Westdeutscher Verlag.

Bäcker, G. (2008). Altersarmut als soziales Problem der Zukunft? *Deutsche Rentenversicherung, 63(4)*, 357–367.

Bäcker, G., Kistler, E., & Trischler, F. (2009). *Zweiter Monitoring-Bericht des Netzwerks für gerechte Rente*. Berlin: PrintNetwork pn GmbH.

Becker, G. S. (1993). *A Treatise on the Family* (Erw. Aufl.). Cambridge: Harvard University Press.

Becker, G. S. (Hrsg.) (1964). *Human Capital: A Theoretical and Empirical Analysis, with Special Reference to Education*. Chicago: University of Chicago Press.

Becker, G. S., & Chiswick, B. R. (1966). Education and the Distribution of Earnings. *American Economic Review, 56(2)*, 358–369.

Bender, S., Konietzka, D., & Sopp, P. (2000). Diskontinuität im Erwerbsverlauf und betrieblicher Kontext. *Kölner Zeitschrift für Soziologie und Sozialpsychologie, 52(3)*, 475–499.

Buchholz, S. (2006). Men's Late Careers and Career Exits in West Germany. In H.-P. Blossfeld, S. Buchholz & D. Hofäcker (Hrsg.), *Globalization, Uncertainty and Late Careers in Society* (S. 55–78). London u. a.: Routledge.

Bundesministerium für Arbeit und Soziales (BMAS) (2011). *Rentenversicherungsbericht 2011*. Berlin: Bundesministerium für Arbeit und Soziales.

Crystal, S., & Waehrer, K. (1996). Later-Life Economic Inequality in Longitudinal Perspective. *The Journals of Gerontology Series B: Psychological Sciences and Social Sciences, 51b(6)*, 307–318.

Deutsche Rentenversicherung (2011). *Rentenversicherung in Zeitreihen* [DRV-Schriften 22]. Berlin: Deutsche Rentenversicherung Bund.

DiPrete, T. A., & Eirich, G. M. (2006). Cumulative Advantage as a Mechanism for Inequality: A Review of Theoretical and Empirical Developments. *Annual Review of Sociology, 32*, 271–297.

Ebbinghausen, B. (2006). *Reforming Early Retirement in Europe, Japan and the USA*. Oxford: Oxford University Press.

Franz, W. (2006). *Arbeitsmarktökonomik*. Berlin: Springer-Verlag.

Fuchs, J., & Dörfler, K. (2005). *Projektion des Erwerbspotentials bis 2050. Annahmen und Datengrundlagen* [IAB-Kurzbericht 16]. Nürnberg: Institut für Arbeitsmarkt- und Berufsforschung.

Giesecke, J. (Hrsg.) (2006). *Arbeitsmarktflexibilisierung und Soziale Ungleichheit. Sozioökonomische Konsequenzen befristeter Beschäftigungsverhältnisse in Deutschland und Großbritannien*. Wiesbaden: VS Verlag für Sozialwissenschaften.

Goebel, J., & Grabka, M. M. (2011). Entwicklung der Altersarmut in Deutschland. *Vierteljahreshefte zur Wirtschaftsforschung, 80(2)*, 101–118.

Haisken-DeNew, J. P., & Frick, J. R. (Hrsg.) (2005). *Desktop Companion to the German Socio-Economic Panel (SOEP)*. Berlin: Deutsches Institut für Wirtschaftsforschung.

Hofäcker, D., Buchholz, S., & Blossfeld, H.-P. (2006). Late Careers in a Globalizing Gorld. A Comparison of Changes in Twelve Modern Societies. In H.-P. Blossfeld, S. Buchholz & D. Hofäcker (Hrsg.), *Globalization, Uncertainty and Late Careers in Society* (S. 353–371). London: Routledge.

Hradil, S. (Hrsg.) (2001). *Soziale Ungleichheit in Deutschland*. Wiesbaden: VS Verlag für Sozialwissenschaften.

Klammer, U. (2005). Soziale Sicherung. In S. Bothfeld, U. Klammer, C. Klenner, S. Leibner, A. Thiel & A. Ziegler (Hrsg.), *WSI FrauenDatenReport 2005* (S. 307–382). Berlin: edition sigma.

Layte, R., Levin, H., Hussain, A., & Wolbers, M. (2000). Unemployment and Cumulative Disadvantage in the Labour Market. In D. Gallie & S. Paugam (Hrsg.), *Welfare Regimes and the Experience of Unemployment in Europe* (S. 153–174). Oxford: Oxford University Press.

Merton, R. K. (1973). The Matthew effect in science. In N. W. Storer (Hrsg.), *The Sociology of Science* (S. 439–459). Chicago: University Chicago Press.

Merton, R. K. (1988). The Matthew effect in science: cumulative advantage and the symbolism of intellectual property. *Isis, 79(4)*, 606–623.

Motel-Klingebiel, A., & Engstler, H. (2008). Einkommensdynamiken beim Übergang in den Ruhestand. In H. Künemund & K. R. Schroeter (Hrsg.), *Soziale Ungleichheiten und kulturelle Unterschiede in Lebenslauf und Alter. Fakten, Prognosen und Visionen* (Bd. 15, S. 141–159). Wiesbaden: VS Verlag für Sozialwissenschaften.

Motel, A., & Wagner, M. (1993). Armut im Alter? Ergebnisse der Berliner Altersstudie zur Einkommenslage alter und sehr alter Menschen. *Zeitschrift für Soziologie, 22(6)*, 433–448.

O'Rand, A. M., & Henretta, J. C. (Hrsg.). (1999). *Age and Inequality. Diverse Pathways Through Later Life*. Boulder: Westview Press.

Pampel, F. C., & Hardy, M. (1994). Status Maintenance and Change during Old Age. *Social Forces 73(1)*, 289–314.

Rasner, A. (2007). Das Konzept der geschlechtsspezifischen Rentenlücke. In Deutsche Rentenversicherung (Hrsg.), *Erfahrungen und Perspektiven. Bericht vom dritten Workshop des Forschungsdatenzentrums de Rentenversicherung (FDZ-RV) vom 26. bis 28. Juni 2006 in Bensheim* [DRV-Schriften 55] (S. 270–284). Berlin: Deutsche Rentenversicherung Bund.

Rose, D., & Pevalin, D. J. (2000). Social Class Differences in Mortality Using the National Statistics Socio-Economic Classification – Too Little, too Soon: a Reply to Chandola. *Social Science & Medicine, 51(7)*, 1121–1127.

Strauß, S., & Ebert, A. (2010). Langfristige Konsequenzen von Erwerbsunterbrechungen auf das Lebenseinkommen – bildungs- und geschlechtsspezifische Unterschiede. In Deutsche Rentenversicherung Bund (Hrsg.), *Gesundheit, Migration und Einkommensungleichheit. Bericht vom siebten Workshop des Forschungsdatenzentrums der Rentenversicherung (FDZ-RV)* [DRV-Schriften 55] (S. 209–231). Berlin: Deutsche Rentenversicherung Bund.

Wunder, C. (2005). Arbeitslosigkeit und Alterssicherung – der Einfluss früherer Arbeitslosigkeit auf die Höhe der gesetzlichen Altersrente. *Zeitschrift für ArbeitsmarktForschung, 38(4)*, 493–509.

Online-Quellen

Statistisches Bundesamt (2011). *Verbraucherpreisindizes für Deutschland Jahresbericht 2011*. Verfügbar unter https://www.destatis.de/DE/Publikationen/Thematisch/Preise/Verbraucherpreise/VerbraucherpreisindexJahresberichtPDF_5611104.pdf?__blob=publicationFile [14. 08. 2012]

Erwerbsverläufe im Wandel – Konsequenzen und Risiken für die Alterssicherung der Babyboomer

Julia Simonson

1 Einleitung

Während die Alterseinkünfte der derzeitigen Ruheständlerinnen und Ruheständler überwiegend als ausreichend zu beurteilen sind, muss dies auf zukünftige Ruhestandskohorten nicht mehr zutreffen. Verschiedene Studien weisen darauf hin, dass für die materielle Lebenssituation der künftig Älteren angesichts sinkender Sicherungsniveaus der gesetzlichen Rentenversicherung und der sich wandelnden Erwerbs- und Familienverläufe eher eine Verschlechterung als eine Verbesserung zu erwarten ist (Geyer & Steiner 2010; Leiber 2009; Simonson et al. 2012; Steiner & Geyer 2009; Tophoven & Tisch 2011; Trischler & Kistler 2011). Die bisherigen Erwerbs- und Familienverläufe jüngerer Geburtskohorten wie der Babyboomer unterscheiden sich deutlich von jenen heutiger Ruheständler. Zu beobachten sind zunehmende Diskontinuitäten, die zu Veränderungen der künftigen Versorgungssituation im Alter führen können. Unterbrochene Erwerbskarrieren, häufigere und längere Arbeitslosigkeitsphasen und eine Ausweitung atypischer Beschäftigungen führen zu geringeren Beitragszahlungen in die gesetzliche Rentenversicherung und können dadurch das Risiko für Altersarmut steigern, insbesondere, wenn zusätzliche Vorsorgeanstrengungen unterbleiben und keine Absicherung im Haushaltskontext erfolgt.

Der vorliegende Beitrag nimmt die Kohorte der zwischen 1956 und 1965 geborenen Babyboomer in den Blick. Die Babyboomer und ihre Alterssicherung sind in mehrfacher Hinsicht interessant. Zum einen führt ihr Übergang ins Rentenalter allein schon wegen der großen Jahrgangsstärken – rund 13 Millionen Menschen zählen zu den Babyboomern – zu einer deutlichen Verschiebung des Verhältnisses von Beitragszahlerinnen und -zahlern zu Rentnerinnen und Rentnern in der gesetzlichen Rentenversicherung. Die Babyboomer sind die ersten, die überwiegend oder vollständig von der Erhöhung des Rentenalters auf 67 Jahre und von dem sinkenden Rentenniveau betroffen sein werden; sie sind aber auf der anderen

Seite auch die erste Kohorte, die in nennenswertem Umfang von der staatlichen Förderung der Zusatzvorsorge (Riester-Rente) profitieren kann. Diese Entwicklungen sowie die sich abzeichnenden Veränderungen in den Erwerbsverläufen werden voraussichtlich dazu führen, dass sich die materielle Lebenssituation der Babyboomer im Alter deutlich von denen älterer Kohorten unterscheiden wird. Dabei ist es bisher eine offene Frage, inwieweit es den Babyboomern gelingen wird, die abnehmenden Einkünfte aus der gesetzlichen Rentenversicherung durch andere Formen der Alterssicherung zu kompensieren.

Der vorliegende Beitrag greift diese Frage auf. Auf der Grundlage des Deutschen Alterssurveys (DEAS) wird untersucht, wie sich die Erwerbsverläufe der Babyboomer von denen der am Ende beziehungsweise nach dem Zweiten Weltkrieg geborenen und aufgewachsenen Geburtsjahrgänge (1944 bis 1953) unterscheiden und diskutiert, welche Implikationen und Risiken sich aus diesen Veränderungen für die zukünftige Absicherung im Alter ergeben. Schließlich wird der Frage nachgegangen, inwieweit die voraussichtlich – aufgrund veränderter Erwerbsverläufe und der genannten Absenkung des Sicherungsniveaus – sinkenden Alterseinkommen aus der gesetzlichen Rentenversicherung durch die private Altersvorsorge ausgeglichen werden können und welche Personengruppen vom Risiko einer mangelnden Absicherung im Alter betroffen sind.

2 Erwerbsverläufe und Alterssicherung der Babyboomer

Bereits seit Längerem wird die Tendenz einer zunehmenden Diskontinuität von Erwerbsverläufen diskutiert, die auch mit einer zunehmenden Inhomogenität bezüglich der Alterssicherung einhergeht. Seit dem Beginn der 1990er Jahre haben insbesondere die fortschreitende Globalisierung und die sich im Zuge der Wiedervereinigung von Ost- und Westdeutschland verändernde Arbeitsmarktsituation Impulse für die Veränderung von Erwerbsverläufen gegeben. Verläufe mit langjähriger sozialversicherungspflichtiger Vollzeitbeschäftigung sind seltener geworden und die vormals relative hohe Homogenität, die vor allem männliche Erwerbsverläufe lange Zeit aufwiesen, weicht zunehmend diskontinuierlicheren und brüchigeren Karrieren.

Empirische Studien zeigen, dass sich die Erwerbsverläufe der sich heute im mittleren Alter befindenden Babyboomer von denen älterer Kohorten unterscheiden (Kelle et al. 2012; Simonson et al. 2011b; Simonson et al. 2011a), Phasen der Arbeitslosigkeit, Arbeitsplatzwechsel und nicht reguläre Beschäftigungen wie Zeitarbeit und geringfügige Beschäftigung häufiger wurden und es zu einer Zunahme diskontinuierlicher Erwerbsverläufe mit Wechseln zwischen unterschiedlichen Beschäftigungsformen wie abhängiger und selbstständiger Beschäftigung gekommen ist (Buchholz & Blossfeld 2009; Buchholz & Grunow 2006). Insbesondere in den neuen Bundesländern scheinen die Erwerbsverläufe jüngerer Kohorten mittlerweile häufig durch Diskontinuitäten und Wechseln zwischen verschiedenen Phasen geprägt zu sein (Diewald et al. 2006; Giesecke & Verwiebe 2010). Besonders für die Berufseinstiegsphase zeichnen sich dabei zunehmende Instabilitäten ab (Blossfeld 2006; Buchholz & Blossfeld 2009).

Ergebnisse auf der Basis des Sozio-oekonomischen Panels (SOEP) lassen für die Babyboomer ebenfalls deutliche Tendenzen in Richtung Pluralisierung und zunehmender Diskontinuität erkennen, das heißt Erwerbsverläufe werden einerseits unterschiedlicher und differenzieren sich aus (Pluralisierung) und andererseits in sich instabiler mit einer zunehmenden Anzahl von Übergängen (Diskontinuität). Bei Männern ist insgesamt eine Verkürzung der bisherigen Erwerbszeiten zu beobachten, ebenso wie eine Zunahme diskontinuierlicher Verläufe mit Arbeitslosigkeitsphasen. Dabei fällt die Verkürzung der Erwerbszeiten bei Männern in Ostdeutschland deutlich stärker aus als in Westdeutschland und der Anstieg von Phasen der Arbeitslosigkeit und deren Dauer ist hier besonders ausgeprägt (Simonson et al 2011a).

Auch bei Frauen in den alten Bundesländern ist eine Zunahme diskontinuierlicher Erwerbsverläufe zu beobachten. Allerdings haben die Erwerbszeiten westdeutscher Frauen im Kohortenvergleich insgesamt zugenommen und klassische ‚Hausfrauenbiografien' sind seltener geworden. Dieser Zuwachs beruht allerdings vor allem auf Teilzeittätigkeiten (Simonson et al. 2011b). Mit Buchholz und Blossfeld (2009) kann diese Entwicklung als Ausdruck einer zunehmenden Erwerbsbeteiligung bei einer gleichzeitigen Erhöhung der Erwerbsrisiken von Frauen gesehen werden. Frauen haben zwar von der Schaffung flexibler und atypischer Beschäftigungsformen profitiert, da diese eine Kombination von Familie und Erwerbstätigkeit erlauben; gleichzeitig führen diese aber auch zu einer stärkeren Unsicherheit und zu einer Exklusion am Arbeitsmarkt (Buchholz & Blossfeld: 132 f.). Im Kohortenvergleich haben diskontinuierliche Erwerbsverläufe auch bei Frauen in den neuen Bundesländern zugenommen, wenngleich die Erwerbsverläufe ostdeutscher Frauen der Babyboomerkohorte immer noch deutlich stärker durch Vollzeiterwerbstätigkeit geprägt sind als die westdeutscher Frauen (Riedmüller & Schmalreck 2012; Simonson et al. 2011b).

Diese Entwicklungen haben nicht nur Auswirkungen auf die aktuelle Lebenssituation, sondern werden voraussichtlich auch deutliche Effekte auf die materielle Lebenssituation im Alter haben, die zu wesentlichen Teilen auf dem

Erwerbsverlauf in früheren Lebensphasen basiert. Durch die Erwerbs- und Lohnzentrierung der gesetzlichen Rentenversicherung in Deutschland spiegeln sich veränderte Erwerbsverläufe in den späteren Alterseinkommen wider, deren Höhe sich im Wesentlichen aus dem über das Erwerbsleben hinweg erzielten Arbeitsentgelt, der Beschäftigungsdauer und dem Renteneintrittsalter einer Person errechnet (Himmelreicher & Frommert 2006; Rasner 2006).

Die künftige Lebenssituation der Geburtskohorte der Babyboomer wird sich allerdings nicht nur aufgrund der veränderten Lebensläufe, sondern auch durch rentenrechtliche Änderungen von denen älterer Kohorten unterscheiden. Während das Ziel der gesetzlichen Rentenversicherung lange Zeit die weitgehende Verstetigung des Lebenseinkommensverlaufs im Alter war, erfolgte mit den seit 2001 beschlossenen Rentenreformen ein Wechsel zu einer stärkeren Orientierung am Ziel der Beitragssatzstabilisierung mit einer Unterordnung der Gewährleistung eines bestimmten Nettorentenniveaus (Rasner 2006: 270). Dies führt zu sinkenden Alterseinkünften aus der gesetzlichen Rentenversicherung und zu einer stärkeren Betonung der betrieblichen und privaten Alterssicherung.

Diese Bedeutungsverschiebung von der ersten Säule der gesetzlichen Rentenversicherung hin zu mehr Eigenverantwortung im Rahmen der zweiten und dritten Säule kann für die Alterssicherung der Babyboomer ebenso Auswirkungen haben wie die schrittweise Erhöhung des regulären Renteneintrittsalters auf 67 Jahre, die veränderte Anrechnung von Arbeitslosigkeitsphasen sowie die im Alterseinkünftegesetz festgelegte steigende nachgelagerte Besteuerung zukünftiger Renten (Himmelreicher & Frommert 2006). Durch die (im Vergleich zur vorherigen Arbeitslosenhilfe) zunächst geringeren Rentenversicherungsbeiträge beim Bezug von Arbeitslosengeld II ab 2005 und den vollständigen Wegfall der Zahlung von Rentenversicherungsbeiträgen beim Bezug von Arbeitslosengeld II ab 2011 werden längere Arbeitslosigkeitsepisoden zukünftig deutlich stärkere negative Auswirkungen auf die Rentenansprüche haben als bisher. Die Verlagerung des regulären Renteneintrittsalters auf 67 Jahre ist eine weitere Maßnahme, um die gesetzliche Rente trotz zunehmender Lebenserwartung, sinkender Geburtenraten und baldigem Eintreten der Babyboomer-Jahrgänge ins Rentenalter zu stabilisieren; sie kann allerdings für Personen, denen es nicht gelingt, bis zum Renteneintritt in der Erwerbstätigkeit zu bleiben, zu Abschlägen und damit zu einer Verringerung der Renteneinkünfte führen. Inwieweit künftige Rentnerinnen und Rentner hiervon betroffen sein werden, hängt nicht nur maßgeblich von der Entwicklung der Arbeitsfähigkeit im späteren Erwerbsalter, sondern auch von der zukünftigen Entwicklung des Arbeitsmarktes für ältere Erwerbstätige ab.

Bisher zeigt sich, dass die bis zum mittleren Alter erworbenen Rentenanwartschaften der Babyboomer nicht an das Niveau der von vorangegangenen Kohorten bis zu diesem Alter erworbenen Anwartschaften heranreichen (Tophoven & Tisch 2011). In einer Mikrosimulationsstudie kommen Steiner und Geyer (2009) zu dem Schluss, dass die Rentenzahlbeträge zukünftig insbesondere in Ostdeutschland deutlich zurückgehen werden, wobei dies sowohl Männer als auch Frauen betrifft. Für westdeutsche Männer zeigt sich dagegen nur ein leichter Rückgang des Rentenzahlbetrags, für westdeutsche Frauen sogar eine Zunahme. In eine ähnliche Richtung weisen die Projektionen der AVID („Altersvorsorge in Deutschland'; Heien et al. 2007: 40 f.). Demnach bleiben die individuellen Anwartschaften von Männern in den alten Bundesländern im Kohortenvergleich nahezu konstant, während die Anwartschaften von Frauen in den alten Bundesländern aufgrund der Zunahme sozialversicherungspflichtiger Teilzeitbeschäftigung steigen, wenn auch auf vergleichsweise geringem Niveau. In den neuen Bundesländern gehen die Anwartschaften von Männern und Frauen deutlich zurück (Heien et al. 2007: 40 f.). Die Ergebnisse des Projekts ‚Lebensläufe und Alterssicherung im Wandel' (LAW; vgl. Simonson et al. 2012) zeigen, dass die Renteneinkommen der Babyboomer voraussichtlich insbesondere bei ostdeutschen Männern unter denen vorangehender Kohorten liegen werden. Für westdeutsche Männer und ostdeutsche Frauen der Babyboomerkohorte zeigt sich dagegen nur ein leichter Rückgang der Rentenanwartschaften und die der westdeutschen Frauen bleiben im Kohortenvergleich auf niedrigem Niveau stabil (Simonson et al. 2012). Die Ergebnisse der AVID belegen darüber hinaus, dass die Alterssicherungsanwartschaften von Frauen insbesondere von Kindererziehungszeiten und den darauf folgenden Mustern des Wiedereinstiegs beeinflusst werden. Ein später oder nur über Teilzeit erfolgender Wiedereinstieg in die Erwerbstätigkeit ist mit deutlichen Einbußen bei den Rentenanwartschaften verknüpft (Bundesministerium für Familie, Senioren, Frauen und Jugend (BMFSFJ) 2011).

Während über die Anwartschaften der Babyboomer in der gesetzlichen Rentenversicherung somit mittlerweile relativ umfangreiche Erkenntnisse vorliegen, ist die Datenlage zur zweiten und dritten Säule der Alterssicherung dagegen noch als unzureichend zu bezeichnen, da nur wenige Informationen zum Stand der in der betrieblichen Altersversorgung oder der privaten Vorsorge erworbenen Anwartschaften auf individueller Ebene vorliegen. Dabei gewinnen die staatlich geförderten Formen der kapitalgedeckten Alterssicherung (Riester-Rente, Rürup-Rente, geförderte Betriebsrenten) für die Kohorte der Babyboomer an Bedeutung.

Im Rahmen der Analysen des Projekts ‚Lebensläufe und Alterssicherung im Wandel' (LAW; vgl. Simonson et al. 2012) zeigt sich, dass die Höhe der bisher von den Babyboomern angesparten Vermögen sehr unterschiedlich ausfällt. Dabei verfügen insbesondere Personen mit diskontinuierlichen Erwerbsverläufen nur über geringe Vermögen. Ergebnisse der SAVE-Studie deuten darauf hin, dass sich das Sparverhalten der Babyboomer nicht grundsätzlich von dem älterer Kohorten unterscheidet, sie aber häufiger privat für das Alter vorsorgen (Coppola 2011). Inwieweit auch zu erwartende künftige Erbschaften eine wesentliche Rolle für die Alterseinkommen der Babyboomer spielen können, ist unklar; Forschungsergebnisse zeigen, dass der überwiegende Anteil der Babyboomer keine (weiteren) Erbschaften erwartet, und es sich insbesondere in Ostdeutschland häufig nur um kleinere Beträge handelt (Motel-Klingebiel et al. 2010a). Möglich ist allerdings, dass zumindest bei den ostdeutschen Männern der Babyboomer-Kohorte – anders als bei den noch in erheblichem Maße von DDR-Erwerbsverläufen geprägten älteren Kohorten – erstmals Betriebsrenten eine nennenswerte Rolle für das Gesamteinkommen im Alter spielen werden.

3   Daten und Indikatoren

Die im Folgenden vorgestellten Analysen basieren auf den Daten des Deutschen Alterssurveys (DEAS), einer bundesweit repräsentativen Quer- und Längsschnittbefragung von Personen ab 40 Jahren in privaten Haushalten (Motel-Klingebiel et al. 2010b). Der DEAS wird seit Beginn der zweiten Projektphase im Jahr 2000 vom Deutschen Zentrum für Altersfragen (DZA) durchgeführt und aus Mitteln des Bundesministeriums für Familie, Senioren, Frauen und Jugend (BMFSFJ) gefördert.[1]

Datengrundlage für die folgenden Analysen bilden die Erhebungswellen des DEAS 1996 und 2008. Betrachtet wird zunächst die Dauer der bisherigen Erwerbstätigkeit, ohne zwischen Vollzeit- und Teilzeitbeschäftigungen beziehungsweise abhängigen und selbstständigen Tätigkeiten zu differenzieren. Ebenfalls einbezogen sind Tätigkeiten als Beamtinnen und Beamte. Die Erwerbszeiten können somit keinen direkten Aufschluss über Beitragszeiten in der gesetzlichen Rentenversicherung geben, sind aber dennoch aufschlussreich hinsichtlich der Veränderungen in den Erwerbszeiten insgesamt und der damit verbundenen ma-

---

1   Die erste Erhebungswelle wurde von der Forschungsgruppe Altern und Lebenslauf (FALL) der Freien Universität Berlin und der Forschungsgruppe Psychogerontologie der Universität Nijmegen konzipiert und durchgeführt. Seit dem Jahr 2000 hat das Deutsche Zentrum für Altersfragen (DZA) die Durchführung und Weiterentwicklung des DEAS übernommen. Die Daten des DEAS können über das Forschungsdatenzentrum am DZA (www.fdz-deas.de) bezogen werden.

ximalen Beitragszeiten aufgrund von Beschäftigung. Des Weiteren werden Erwerbsunterbrechungen betrachtet. Der DEAS erfasst Unterbrechungen zwischen zwei Berufstätigkeiten mit insgesamt mehr als sechs Monaten Dauer sowie deren Grund. Schließlich werden Angaben zur Nutzung der staatlich geförderten Altersvorsorge sowie zum Wohneigentum und Vermögen herangezogen.

Dabei werden die Babyboomer (1956–65) der zum Ende des Zweiten Weltkriegs und in der Nachkriegszeit geborenen Kohorte der 1944- bis 1953-Geborenen gegenübergestellt. Diese im Folgenden als Nachkriegskohorte bezeichneten Jahrgänge waren zum Zeitpunkt der ersten DEAS-Erhebung im Jahr 1996 zwischen 43 und 52 Jahren alt, und somit im gleichen Altersabschnitt wie die Babyboomer zum Zeitpunkt der dritten DEAS-Erhebung 2008. In Bezug auf die Frage nach sich verändernden Erwerbsdauern wird damit ein Vergleich zwischen zwei zu jeweils unterschiedlichen Zeitpunkten gleichaltrigen Kohorten ermöglicht. Da die anderen betrachteten Indikatoren 1996 noch nicht in vergleichbarer Form erhoben wurden, können für die weiteren Analysen allerdings ausschließlich die Zahlen des Jahres 2008 herangezogen werden; es werden dann die 43- bis 52-jährigen Babyboomer den im Jahr 2008 55- bis 64-jährigen Angehörigen der Nachkriegskohorte gegenübergestellt.

Aufgrund der unterschiedlichen institutionellen Rahmenbedingungen in Ost- und Westdeutschland werden die Ergebnisse für alte und neue Bundesländer getrennt betrachtet. Darüber hinaus wird zwischen Männern und Frauen differenziert, da deren Erwerbsverläufe traditionell unterschiedlichen Entwürfen folgen und daher auch hinsichtlich Alterssicherung und Altersarmut differenzielle Risiken bergen. Schließlich wird die Bildung als eine zentrale Dimension der sozialstrukturellen Position berücksichtigt, die vermittelt über unterschiedliche Arbeitsmarkt- und Einkommensmöglichkeiten differenzielle Risiken und Chancen hinsichtlich der Alterssicherung generiert. Unterschieden wird dabei zwischen Personen mit und ohne Studienabschluss.

Im Folgenden werden zunächst deskriptive Analysen zu den Veränderungen zwischen beiden Kohorten vorgestellt. Anschließend wird der Frage nachgegangen, inwieweit sinkende Renteneinkommen durch private Vorsorge (Geldvermögen und Wohneigentum sowie Formen der privaten staatlich geförderten Altersvorsorge) kompensiert werden können und anhand einer logistischen Regression untersucht, bei welchen Personengruppe das Risiko einer mangelnden privaten Absicherung im Alter besteht.

4 Ergebnisse

4.1 Erwerbsverläufe im Kohortenvergleich

Zunächst soll die Frage aufgegriffen werden, wie sich die bis zum Alter von 43 bis 52 Jahren in Erwerbstätigkeit verbrachten Zeiten zwischen den Kohorten unterscheiden. Wie in Abbildung 1 zu erkennen ist, sind die Differenzen zwischen den beiden Kohorten beträchtlich. Dargestellt ist der durchschnittliche Anteil der Erwerbsjahre an den bisherigen Lebensjahren ab dem Alter von 15 Jahren für die beiden Kohorten nach Geschlecht, Region und Bildung. Dabei lässt sich für nahezu alle Gruppen eine Abnahme der bisherigen Erwerbszeiten erkennen. Die einzige Ausnahme bilden westdeutsche Frauen ohne Studienabschluss, deren mittlere Erwerbszeiten im Kohortenvergleich ansteigen.

Besonders deutlich sinken die Erwerbszeiten im Kohortenvergleich bei Personen ohne Studienabschluss in den neuen Bundesländern, was auch auf die Auswirkungen der problematischen Arbeitsmarktlage in den Jahren nach der Wiedervereinigung zurückzuführen sein dürfte, von der weniger gut gebildete Personen in stärkerem Maße betroffen waren. Auch wenn die Angehörigen der Nachkriegskohorte ebenfalls von dieser Entwicklung getroffen wurden, so sind die Auswirkungen auf den weiteren Erwerbsverlauf bei den zum damaligen Zeitpunkt im Vergleich jüngeren Babyboomern offensichtlich deutlich stärker.

Die veränderten Erwerbsdauern können zum Teil ein Resultat verlängerter Bildungszeiten im Zuge der Bildungsexpansion sein (vgl. Reinberg et al. 1995). Wenngleich zwischen Personen mit und ohne Studienabschluss unterschieden wurde, ist nicht auszuschließen, dass es auch innerhalb der beiden Gruppen zu Veränderungen hinsichtlich der Bildungszeiten gekommen ist. Eine weitere Ursache für veränderte Erwerbsdauern können sich wandelnde Häufigkeiten und Zeiten von Erwerbsunterbrechungen sein. Dies können beispielsweise Unterbrechungen zur Weiterbildung oder Kindererziehung, aber auch aufgrund von Arbeitslosigkeit sein. Empirisch zeigt sich, dass Erwerbsunterbrechungen bei Männern und Frauen, in beiden Bildungsgruppen sowie in alten und neuen Bundesländern im Kohortenvergleich zugenommen haben (Abbildung 2). Die deutlichste Zunahme an Erwerbsunterbrechungen zeigt sich dabei bei Frauen ohne Studienabschluss in den neuen Bundesländern.

Eine besonders deutliche Veränderung lässt sich hinsichtlich der Arbeitslosigkeitsphasen feststellen (Abbildung 3). Bei allen betrachteten Gruppen ist ein Anstieg derjenigen zu beobachten, die im Rahmen ihres Erwerbsverlaufs bereits mindestens eine längere Arbeitslosigkeitsphase erlebt haben. Besonders ausge-

Abbildung 1 Durchschnittlicher Anteil der Erwerbsjahre an den Lebensjahren ab dem Alter von 15 Jahren

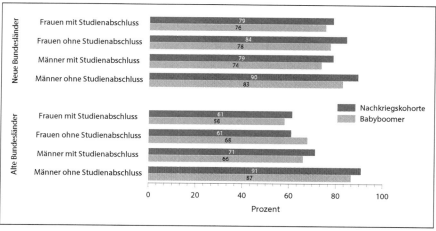

Quelle: DEAS 1996 (Nachkriegskohorte, n = 1 102), 2008 (Babyboomer, n = 1 352), jeweils im Alter zwischen 43 und 52 Jahren, gewichtet.

Abbildung 2 Erwerbsunterbrechungen von mehr als sechs Monaten

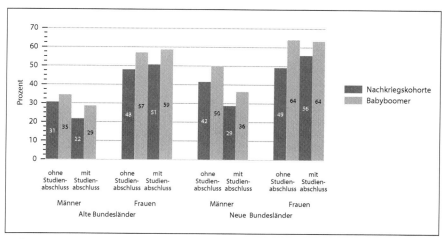

Quelle: DEAS 2008 (n = 2 692), gewichtet.

Abbildung 3 Erwerbsunterbrechungen aufgrund längerer Arbeitslosigkeit

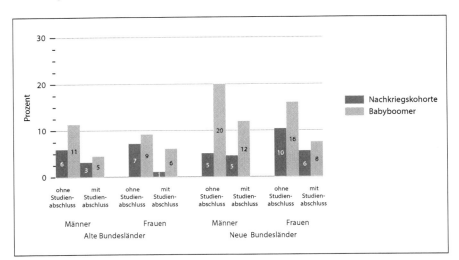

Quelle: DEAS 2008 (n = 2 692), gewichtet.

prägt ist dieser Anstieg bei Männern ohne Studienabschluss in Ostdeutschland. Zu berücksichtigen ist dabei, dass es sich sowohl hinsichtlich der Erwerbsunterbrechungen insgesamt als auch hinsichtlich der Arbeitslosigkeit bei beiden Kohorten um Angaben aus dem Jahr 2008 handelt, der Anstieg also aufgrund des zu diesem Zeitpunkt geringeren Alters der Babyboomer mit hoher Wahrscheinlichkeit noch unterschätzt wird.

Auf der Grundlage der bisherigen Befunde kann erwartet werden, dass in der Babyboomer-Kohorte die Rentenanwartschaften der Männer sowie der Frauen in den neuen Bundesländern aufgrund der verringerten Erwerbszeiten und der zunehmenden Zahl von Arbeitslosigkeitsphasen geringer ausfallen werden als die der zum Vergleich herangezogenen Nachkriegskohorte. Einzig bei Frauen ohne Studienabschluss in den alten Bundesländern ist mit einem steigenden individuellen Absicherungsniveau aufgrund längerer Erwerbszeiten zu rechnen, auch wenn hier keine längsschnittlichen Informationen über die Art der Erwerbstätigkeit, also beispielsweise über den Anteil von Teilzeittätigkeiten vorliegen und die Ergebnisse anderer Studien darauf hindeuten, dass der Anstieg der Erwerbszeiten westdeutscher Frauen überwiegend über Teilzeitbeschäftigung erfolgt ist (Simonson et al. 2011b).

4.2 Alterssicherung der Babyboomer

Zu fragen ist, inwieweit gegebenenfalls sinkende Anwartschaften in der gesetzlichen Rentenversicherung durch andere Formen der Altersvorsorge abgefedert werden können. Betrachtet man die Inanspruchnahme der staatlich geförderten privaten Altersvorsorge wie zum Beispiel der Riester-Rente, so zeigt sich, dass diese bei den 43- bis 52-jährigen Babyboomern im Jahr 2008 deutlich verbreiteter ist (Abbildung 4).[2] Während im Jahr 2008 nur 16 Prozent der 55- bis 64-Jährigen aus der Nachkriegskohorte im Rahmen staatlich geförderter Altersvorsorge privat vorsorgen, sind dies bei den Babyboomern insgesamt 38 Prozent. Dies ist insofern wenig überraschend, als dass die private Altersvorsorge im Zuge der jüngsten Rentenreformen an Bedeutung gewann und langfristige Ansparpläne insbesondere für noch jüngere Personen vorteilhaft sind. Allerdings sorgt auch bei den Babyboomern die überwiegende Mehrheit (noch) nicht im Rahmen der staatlich geförderten Altersvorsorge privat für das Alter vor, wobei die Verbreitung in den

Abbildung 4   Nutzung staatlich geförderter Altersvorsorge

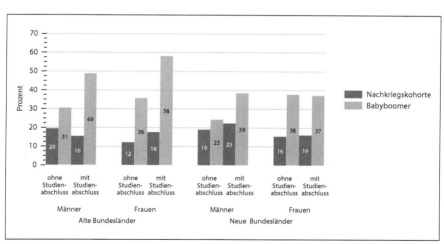

Quelle: DEAS 2008 (n = 1 811), gewichtet.

---

2   Ausgewiesen sind die Anteile derjenigen, die angeben, dass sie oder ihr/e (Ehe-)Partner/in über eine staatlich geförderte Altersvorsorge verfügen. Dabei kann es sich um eine Riester-Rente, aber auch um andere Formen der privaten staatlich geförderten Altersvorsorge handeln.

neuen Bundesländern etwas geringer ist als in den alten. Dabei sorgen bei den Babyboomern Frauen häufiger vor als Männer. Darüber hinaus gibt es einen deutlichen Unterschied zwischen den Bildungsgruppen, wobei Akademikerinnen und Akademiker deutlich häufiger in die private Altersvorsorge investieren als Personen ohne abgeschlossenes Studium.

Multivariate Modelle zeigen darüber hinaus, dass die Nutzung staatlich geförderter Altersvorsorge nicht durch die bisherige Erwerbsdauer und nur geringfügig durch das verfügbare Haushaltseinkommen beeinflusst wird und insbesondere Personen, die bereits über mittlere bis hohe Vermögen verfügen, eine solche Form der Vorsorge in Anspruch nehmen (vgl. Simonson 2012). Es scheinen also eher diejenigen Personen staatlich geförderte Altersvorsorgeformen zu nutzen, die ohnehin schon über auskömmliche Anwartschaften und private Vermögen verfügen. Inwieweit die private Altersvorsorge eine Kompensation geringer Alterseinkünfte aus der gesetzlichen Rentenversicherung bildet, bleibt somit fraglich.

Neben den im Erwerbsverlauf erworbenen Rentenanwartschaften und der staatlich geförderten privaten Altersvorsorge können auch andere Sicherungsformen wie Geldvermögen und Wohneigentum zur materiellen Absicherung im Alter beitragen. Insgesamt knapp 15 Prozent der Babyboomer verfügen allerdings im Jahr 2008 weder über eine private staatlich geförderte Altersvorsorge, noch über Wohneigentum oder nennenswertes Vermögen (ab 12 500 Euro). Da Vermögen und Wohneigentum meist im Haushaltskontext erworben werden, zeigt sich dabei weniger eine Differenzierung nach Geschlecht als nach Bildungsgruppen sowie nach alten und neuen Bundesländern mit deutlich geringeren Raten mangelnder privater Alterssicherung in den alten Bundesländern und für höher Gebildete. Von den Männern und Frauen ohne Studienabschluss in den neuen Bundesländern fallen dagegen jeweils nahezu 30 Prozent in die Risikogruppe derer, die weder über eine private staatlich geförderte Altersvorsorge, noch über Wohneigentum oder nennenswertes Vermögen verfügen.

Die regionalen und bildungsspezifischen Differenzierungen zeigen sich auch in den in Tabelle 1 dargestellten logistischen Regressionsmodellen: Die Babyboomer in den neuen Bundesländern weisen ein deutlich höheres Risiko mangelnder Absicherung (das heißt mit dem Vorhandensein weder einer privaten staatlich geförderten Altersvorsorge, noch von Wohneigentum oder größerem Vermögen) auf als Personen in den alten Bundesländern. Bei Personen mit abgeschlossenem Studium ist die Wahrscheinlichkeit für eine mangelnde private Alterssicherung stark verringert. Hinsichtlich des Familienstands ist festzustellen, dass nicht verheiratete Personen ein deutlich höheres Risiko einer mangelnden privaten Alterssicherung haben. Dies trifft in besonderem Maße auf Verwitwete zu.

Tabelle 1 Einflussfaktoren mangelnder privater Alterssicherung

	Modell 1		Modell 2	
	Exp(b)	s.e.	Exp(b)	s.e.
Alter in Jahren	0,97	(0,04)	0,98	(0,04)
Neue Bundesländer (Referenz: alte Bundesländer)	2,15***	(0,39)	1,65**	(0,33)
Männlich (Referenz: weiblich)	0,87	(0,18)	0,93	(0,20)
Familienstand (Referenz: verheiratet)				
ledig	2,70***	(0,73)	2,32***	(0,71)
geschieden	3,65***	(0,89)	3,23***	(0,84)
verwitwet	9,62***	(5,15)	7,17***	(4,23)
Bildung: Studienabschluss (Referenz: kein Studienabschluss)	0,31***	(0,09)	0,53**	(0,16)
Einkommensquartile (Referenz: 4. Quartil)[a]				
1. Quartil			6,34***	(2,30)
2. Quartil			4,11***	(1,54)
3. Quartil			2,11**	(0,78)
Erwerbsunterbrechung (Referenz: keine Erwerbsunterbrechung)			0,89	(0,21)
Arbeitslosigkeitserfahrung (Referenz: keine Arbeitslosigkeitserfahrung)			1,84*	(0,63)
Konstante	0,54	(0,93)	0,12	(0,24)
R^2 (Nagelkerke)	0,17		0,25	
n	982		982	

Quelle: DEAS 2008, nur Angehörige der Babyboomer-Kohorte; gewichtet.

Logistische Regression; abhängige Variable: mangelnde private Alterssicherung (=keine private staatlich geförderte Altersvorsorge, kein Wohneigentum und kein Vermögen von mind. 12 500 Euro), * $p < 0.1$, ** $p < 0.05$, *** $p < 0.01$; [a] Äquivalenzgewichtetes Haushaltseinkommen (OECD); DEAS 2008.

Im erweiterten Modell 2 findet sich darüber hinaus ein deutlicher Effekt des Einkommens mit einer in unteren Einkommensgruppen stark erhöhten Wahrscheinlichkeit mangelnder Absicherung. Personen mit geringem Einkommen sorgen also wesentlich seltener privat für das Alter vor. Bemerkenswert ist, dass der Bildungseffekt aus Modell 1 auch bei Einbezug des Einkommens weitgehend bestehen bleibt. Bei Personen mit Studienabschluss ist das Risiko einer mangelnden privaten Absicherung für das Alter also auch bei einem vergleichbaren Einkommen geringer als bei Personen ohne Studienabschluss. Dies kann zum einen dahingehend interpretiert werden, dass nicht nur die Frage der Verfügbarkeit von materiellen Ressourcen eine Rolle für die private Absicherung spielt, sondern auch Informationen zur Notwendigkeit der privaten Vorsorge sowie zu deren Umsetzung zur Verfügung stehen müssen. Beides dürfte bei Akademikern stärker ausgeprägt sein. Zum anderen kann davon ausgegangen werden, dass Personen mit abgeschlossenem Studium häufiger aus Herkunftsfamilien mit größerem Wohlstand stammen. Dies kann vermittelt über Erbschaften oder Schenkungen bei einigen der Babyboomer bereits in eigenes Wohneigentum oder Vermögen transferiert worden sein und führt ebenfalls zu einem geringeren Risiko mangelnder Absicherung bei höher Gebildeten.

Für bisherige Erwerbsunterbrechungen zeigt sich insgesamt kein Effekt, wohingegen bei Personen, die schon mindestens einmal ihre Erwerbstätigkeit aufgrund von Arbeitslosigkeit unterbrochen haben, ein erhöhtes Risiko mangelnder privater Absicherung zu beobachten ist. Dies deutet darauf hin, dass Personen mit brüchigeren Erwerbsverläufen ein besonders hohes Risiko mangelnder privater Absicherung für das Alter aufweisen.

Somit zeigt sich insbesondere bei denjenigen, bei denen bereits mit geringen Anwartschaften aus der gesetzlichen Rentenversicherung zu rechnen ist (Personen aus den neuen Bundesländern, ohne Absicherung über den Ehepartner bzw. die -partnerin, mit niedrigen Einkommen und Arbeitslosigkeitserfahrungen), ein erhöhtes Risiko einer mangelnden privaten Absicherung; bei diesen Personengruppen kommt es also eher zu einer Kumulation potenzieller Risikolagen als zu einem Ausgleich durch die private Alterssicherung.

5 Zusammenfassung und Ausblick

Die Alterseinkünfte aus der gesetzlichen Rentenversicherung werden für zukünftige Ruhestandskohorten angesichts sinkender Sicherungsniveaus und sich wandelnder Erwerbs- und Familienverläufe voraussichtlich geringer ausfallen als für heutige Ruheständlerinnen und Ruheständler. Zugleich gewinnt die private Altersvorsorge an Bedeutung. Der vorliegende Beitrag zeigt auf der Grundlage des Deutschen Alterssurveys (DEAS), wie sich die Erwerbsverläufe der Babyboomer von denen der nach dem Zweiten Weltkrieg geborenen und aufgewachsenen Geburtsjahrgänge unterscheiden und ob aus den Veränderungen gegebenenfalls resultierende geringere Anwartschaften in der gesetzlichen Rentenversicherung durch private Altersvorsorge kompensiert werden können.

Im Ergebnis lassen sich deutliche Unterschiede zwischen den Erwerbsverläufen beider Kohorten zeigen. So gibt es in der Kohorte der zwischen 1956 und 1965 geborenen Babyboomer insgesamt wesentlich häufiger Unterbrechungen der Erwerbstätigkeit, bei einer gleichzeitigen Abnahme der Erwerbsdauern. Der Anteil von Männern, die eine ‚Normalbiografie' mit langer Erwerbstätigkeitsphase und keinen oder nur wenigen Erwerbsunterbrechungen aufweisen, hat im Vergleich zur Nachkriegskohorte der 1944 bis 1953 Geborenen abgenommen. Diese Entwicklungen lassen für Männer der Babyboomerkohorte in den alten und noch deutlicher in den neuen Bundesländern geringere zukünftige Alterseinkünfte erwarten. Auch bei Frauen in den neuen Bundesländern werden die vormals langen Erwerbszeiten zunehmend kürzer. Allerdings ist auch ein gegenläufiger Trend zu beobachten: So hat die Erwerbstätigkeit von Frauen ohne Studienabschluss in Westdeutschland deutlich zugenommen. Hiervon können unter Umständen positive Effekte auf die individuelle Absicherung von westdeutschen Frauen im Alter ausgehen, auch wenn ihre durchschnittlichen Erwerbszeiten nach wie vor vergleichsweise kurz sind. Allerdings werden die zu erwartenden Kompensationseffekte entsprechend gering ausfallen, wenn die Erwerbsarbeit in Teilzeit ausgeführt wird, was bei Frauen zunehmend häufiger der Fall ist (vgl. Simonson et al. 2011b).

Die Nutzung staatlich geförderter Altersvorsorgeformen wie der Riester-Rente erfolgt bisher nur durch eine Teilgruppe der Babyboomer. Inwieweit diese Art der privaten Altersvorsorge eine Kompensation geringer Alterseinkünfte aus der gesetzlichen Rentenversicherung bildet, bleibt somit fraglich. Immerhin knapp ein Siebtel der Babyboomer verfügt bisher weder über eine private staatlich geförderte Altersvorsorge noch über Wohneigentum oder größere Vermögen. In dieser Risikogruppe finden sich häufig Personen aus den neuen Bundesländern, Menschen ohne Absicherung im Ehekontext, ohne Studienabschluss und mit niedrigeren Einkünften sowie mit aufgrund von Arbeitslosigkeitserfahrungen brüchigeren Erwerbsverläufen. Personen in dieser Gruppe könnten zukünftig ein erhöhtes Risiko der Altersarmut aufweisen.

Zu fragen ist darüber hinaus, welche Auswirkungen die sich gegenwärtig abzeichnenden Veränderungen von Familienverläufen und neue Haushaltskonstellationen auf die Absicherung im Alter und das Risiko der Altersarmut künftiger Ruhestandskohorten haben werden. Goebel und Grabka (2011) konnten zeigen, dass die Zusammensetzung des Haushalts einen maßgeblichen Einfluss auf das Armutsrisiko ausübt und Altersarmut derzeit verstärkt bei Alleinlebenden anzutreffen ist. Projektionen auf der Basis der AVID gehen insbesondere bei alleinstehenden Frauen von einem zukünftigen Rückgang der Alterseinkommen aus (Heien et al. 2007). Empirische Studien zeigen eine Zunahme von Wechseln zwischen unterschiedlichen Lebensformen sowie einen Rückgang der Dominanz der Ehe, welcher nicht vollständig durch die Zunahme nichtehelicher Lebensgemeinschaften kompensiert wird (Brüderl 2004; Dekker & Matthiesen 2004). Die möglichen Konsequenzen dieser Entwicklungen für die Alterssicherung sind allerdings sowohl für sich genommen als auch im Zusammenspiel mit den Veränderungen in den Erwerbsverläufen noch unzureichend erforscht.

Schließlich bleibt zu diskutieren, welche Implikationen sich aus den Veränderungen für Alterssicherung und Sozialpolitik ergeben und wie die Systeme der Alterssicherung reagieren können, um auch Personengruppen mit veränderten Erwerbsverläufen zukünftig in ausreichendem Maße absichern zu können. Sozialpolitische Instrumente, die an lange Zeiten einer sozialversicherungspflichtigen Beschäftigung anknüpfen („Zuschussrente" oder ähnliches), stellen nur für eine Teilgruppe eine Lösung dar, da viele der vom Risiko der Altersarmut betroffenen Personen die entsprechenden Anforderungen aufgrund ihrer diskontinuierlichen Erwerbsverläufe gerade nicht erfüllen.

Aufgrund der bisher unzureichenden Nutzung privater Vorsorge erscheint es auch sinnvoll, darüber nachzudenken, wie die bereits bestehende staatliche Förderung privater Alterssicherung weiterentwickelt werden kann. Werden beispielsweise die im Rahmen der privaten Vorsorge wie der Riester-Rente erworbenen Ansprüche wie bisher vollständig auf den Erhalt von Grundsicherung im Alter angerechnet, so kann dies für Personen mit geringen Einkünften und niedrigen Anwartschaften in der gesetzlichen Rentenversicherung den Anreiz, eine private Altersvorsorge aufzubauen, verringern.

Literatur

Blossfeld, H.-P. (2006). Globalisierung, wachsende Unsicherheit und die Veränderung der Chancen der jungen Generation in modernen Gesellschaften. Ausgewählte Ergebnisse des GLOBALIFE-Projekts. *Arbeit 15(1)*, 151–166.

Bundesministerium für Familie, Senioren, Frauen und Jugend (BMFSFJ) (Hrsg.) (2011). *Biografiemuster und Alterseinkommensperspektiven von Frauen*. Berlin: Bundesministerium für Familie, Senioren, Frauen und Jugend.

Brüderl, J. (2004). Die Pluralisierung partnerschaftlicher Lebensformen in Westdeutschland und Europa. *Aus Politik und Zeitgeschichte B19/2004*, 3–10.

Buchholz, S., & Blossfeld, H.-P. (2009). Beschäftigungsflexibilisierung in Deutschland – Wen betrifft sie und wie hat sie sich auf die Veränderung sozialer Inklusion/Exklusion in Deutschland ausgewirkt? In R. Stichweh & P. Windolf (Hrsg.), *Inklusion und Exklusion: Analysen zur Sozialstruktur und sozialen Ungleichheit* (S. 123–138). Wiesbaden: VS Verlag für Sozialwissenschaften.

Buchholz, S., & Grunow, D. (2006). Women's Employment in West Germany. In H.-P. Blossfeld & H. Hofmeister (Hrsg), *Globalization, Uncertainty and Women's Careers. An International Comparison* (S. 61–83). Cheltenham: Edward Elgar Publishing.

Coppola, M. (2011). Einkommens- und Vermögenssituation der Babyboomer. *Vierteljahreshefte zur Wirtschaftsforschung 80 (04/2011)*, 31–50.

Dekker, A., & Matthiesen, S. (2004). Beziehungsformen im Lebenslauf dreier Generationen. *Zeitschrift für Familienforschung 16(1)*, 38–55.

Diewald, M., Goedicke, A., & Mayer, K. U. (2006). Unusual Turbulences – Unexpected Continuities: Transformation Life Courses in Retrospective. In M. Diewald, A. Goedicke & K. U. Mayer (Hrsg.), *After the Fall of the Wall* (S. 293–317). Stanford: Stanford University Press..

Geyer, J., & Steiner, V. (2010). Künftige Renten in Deutschland: Relative Stabilität im Westen, starker Rückgang im Osten. *DIW Wochenbericht 77(11)*, 2–11.

Giesecke, J., & Verwiebe, R. (2010). Erwerbschancen und Arbeitsmarktintegration im wiedervereinigten Deutschland. In P. Krause & I. Ostner (Hrsg.), *Leben in Ost- und Westdeutschland. Eine sozialwissenschaftliche Bilanz der deutschen Einheit 1990–2010* (S. 247–275). Frankfurt u. a.: Campus Verlag.

Goebel, J., & Grabka, M. M. (2011). *Entwicklung der Altersarmut in Deutschland* [SOEPpapers on Multidisciplinary Panel Data Research 378]. Berlin: Deutsches Institut für Wirtschaftsforschung.

Heien, T., Kortmann, K. & Schatz, C. (2007). *Altersvorsorge in Deutschland 2005 – Alterseinkommen und Biographie. Forschungsbericht von TNS Infratest, hrsg. von der Deutschen Rentenversicherung Bund und BMAS*. [DRV-Schriften 75]. Berlin: Deutsche Rentenversicherung Bund.

Himmelreicher, R. K., & Frommert, D. (2006). Gibt es Hinweise auf zunehmende Ungleichheit der Alterseinkünfte und zunehmende Altersarmut? Der Einfluss von Erwerbs- und Familienbiographien auf die Rentenhöhe in Deutschland. *Vierteljahrshefte zur Wirtschaftsforschung 75(1)*, 108–130.

Kelle, N., Simonson, J., & Romeu Gordo, L. (2012). Veränderte Erwerbsverläufe von Männern in Ost- und Westdeutschland: Ein Vergleich der Babyboomer mit älteren Kohorten. *Ifo Dresden berichtet, 19(3)*, 24–29.

Leiber, S. (2009). *Armutsvermeidung im Alter: Handlungsbedarf und Handlungsoptionen* [WSI-Diskussionspapier Nr. 166]. Düsseldorf: Hans-Böckler-Stiftung.

Motel-Klingebiel, A., Simonson, J., & Romeu Gordo, L. (2010a). Materielle Sicherung. In A. Motel-Klingebiel, S. Wurm & C. Tesch-Römer (Hrsg.), *Altern im Wandel. Befunde des Deutschen Alterssurveys (DEAS)* (S. 61–89). Stuttgart: Kohlhammer Verlag.

Motel-Klingebiel, A., Wurm, S., & Tesch-Römer, C. (Hrsg.) (2010b). *Altern im Wandel. Befunde des Deutschen Alterssurveys (DEAS)*. Stuttgart: Kohlhammer Verlag.

Rasner, A. (2007). Das Konzept der geschlechtsspezifischen Rentenlücke. In Deutsche Rentenversicherung (Hrsg.), *Erfahrungen und Perspektiven. Bericht vom dritten Workshop des Forschungsdatenzentrums de Rentenversicherung (FDZ-RV) vom 26. bis 28. Juni 2006 in Bensheim* [DRV-Schriften 55] (S. 270–284). Berlin: Deutsche Rentenversicherung Bund.

Reinberg, A., Fischer, G., & Tessaring, M. (1995). Auswirkungen der Bildungsexpansion auf die Erwerbs- und Nichterwerbstätigkeit. *Mitteilungen aus der Arbeitsmarkt- und Berufsforschung 28(3)*, 300–322.

Riedmüller, B., & Schmalreck, U. (2012). *Die Lebens- und Erwerbsverläufe von Frauen im mittleren Lebensalter. Wandel und rentenpolitische Implikation. Projektbericht.* Berlin: Freie Universität Berlin.

Simonson, J. (2012). Die Erwerbsbiografien der Babyboomer – ein Risiko für Altersarmut? In H.-G. Soeffner (Hrsg.), *Transnationale Vergesellschaftung. Verhandlungen des 35. Kongresses der Deutschen Gesellschaft für Soziologie in Frankfurt am Main 2010* (CD-ROM). Wiesbaden: Springer VS.

Simonson, J., Kelle, N., Romeu Gordo, L., Grabka, M. M., Rasner, A., & Westermeier, C. (2012). Ostdeutsche Männer um 50 müssen mit geringeren Renten rechnen. *DIW Wochenbericht, 79(23)*, 3–13.

Simonson, J., Romeu Gordo, L., & Kelle, N. (2011a). *The double German transformation: Changing male employment patterns in East and West Germany.* [SOEPpapers 391]. Berlin: Deutsches Institut für Wirtschaftsforschung.

Simonson, J., Romeu Gordo, L., & Titova, N. (2011b). Changing Employment Patterns of Women in Germany: How do Baby Boomers Differ from Older Cohorts? A Comparison Using Sequence Analysis. *Advances in Life Course Research, 16(2)*, 65–82.

Steiner, V., & Geyer, J. (2009). *Erwerbsbiografien und Alterseinkommen im demografischen Wandel – eine Mikrosimulationsstudie für Deutschland* [Politikberatung kompakt 55]. Berlin: Deutsches Institut für Wirtschaftsforschung.

Tophoven, S., & Tisch, A. (2011). *The German Baby Boomers and Higher Working Age – Employment Careers and their Effect on Statutory Pension Entitlements in the Middle of the Working Life.* Vortrag auf der SLLS International Conference 2011, Bielefeld.

Trischler, F., & Kistler, E. (2011). *Gute Erwerbsbiographien. Arbeitspapier 4: Wandel im Erwerbsverlauf und Rentenanspruch. Der Einfluss des Wandels der Erwerbsverläufe auf die individuellen Anwartschaften in der gesetzlichen Rentenversicherung.* Stadtbergen: Inifes.

Altersarmut in Deutschland und Großbritannien: Die Auswirkungen der Rentenreformen seit Beginn der 1990er

Katja Möhring[1]

1 Einleitung

Seit einigen Jahren wird in Deutschland eine Debatte über die Einkommenssituation von Rentnerinnen und Rentnern geführt, bei der weniger die aktuelle Situation, sondern vielmehr ein für die Zukunft erwarteter Anstieg von Altersarmut im Mittelpunkt steht. Als Ursachen für diese prognostizierte Entwicklung werden im Wesentlichen zwei Begründungen angeführt. Erstens komme es im Zuge von Reformen wie der Stärkung privater Vorsorge und der Kürzung der gesetzlichen Rentenleistungen zu einem allgemeinen Anstieg des Risikos von Altersarmut. Zweitens seien infolge einer zunehmenden Destandardisierung von Erwerbsbiografien[2] immer weniger Menschen in der Lage, im Verlauf ihrer Erwerbsphase ausreichende Rentenanwartschaften für ein Alterseinkommen über der Armutsgrenze zu erzielen (Hinrichs 2008; Rasner & Bogedan 2008; Schmähl 2008). Die vorliegende Analyse widmet sich dem ersten Komplex und untersucht die Auswirkungen von Rentenreformen auf das individuelle Armutsrisiko im Alter in Deutschland und Großbritannien anhand von individuellen Längsschnittdaten. Dabei werden zwei europäische Länder betrachtet, die exemplarisch für die beiden in Europa vorherrschenden Typen von Alterssicherungssystemen und deren spezifische Reformwege stehen.

Länder, in denen die Alterssicherung wie in Großbritannien als Mehrsäulensystem organisiert ist, haben Kürzungen der staatlichen Rentenausgaben in ers-

---

1   Ich danke den Mitarbeitern der Abteilung Ungleichheit und soziale Integration am Wissenschaftszentrum Berlin, insbesondere Jan Paul Heisig und Ulrich Kohler, für zahlreiche hilfreiche Kommentare zu einer früheren Version des Artikels. Das vorliegende Endprodukt liegt allein in meiner Verantwortung.
2   Destandardisierung meint die Zunahme einerseits von atypischer Beschäftigung und andererseits von diskontinuierlichen Erwerbsbiografien.

ter Linie durch eine noch stärkere Betonung der privaten Altersvorsorge durchgeführt. Diese Privatisierungsstrategie wurde mit der Einführung von aufstockenden Leistungen für Personen im Niedrigeinkommensbereich verbunden. In ‚einsäuligen' Rentensystemen, die wie in Deutschland von der staatlichen Vorsorgesäule dominiert sind, wurden zunächst inkrementelle Reformen zur Eindämmung der Kosten bei der staatlichen Rente vorgenommen, beispielsweise durch Veränderungen der Rentenberechnung und des Rentenzugangs. Erst in den letzten Jahren ist auch in diesen vornehmlich als Sozialversicherung organisierten Rentensystemen ein Übergang zur stärkeren Betonung von privaten Vorsorgeelementen zu beobachten (Hinrichs & Jessoula 2012).

Großbritannien hat bereits ab Ende der 1980er Jahre die Privatisierung der Altersvorsorge und den Abbau staatlicher Rentenleistungen vorangetrieben. Heute ist die Alterssicherung in Großbritannien ein hybrides System aus staatlichen Basisleistungen zur Armutsbekämpfung und privater Vorsorge. Deutschland ist trotz eines inkrementellen Wandels in der Rentenpolitik seit Ende der 1990er Jahre nach wie vor auf die staatliche Rentensäule und die Gewährleistung eines adäquaten Alterseinkommens für Beschäftigte im Normalarbeitsverhältnis[3] ausgerichtet. Die ab Ende der 1990er Jahre durchgeführten Reformen richten sich in erster Linie auf den Abbau von Frühverrentungsmöglichkeiten.

In dieser Analyse werden die Auswirkungen der unterschiedlichen Reformstrategien auf das individuelle Armutsrisiko beim Renteneintritt[4] in beiden Ländern untersucht. Zentrale Fragen sind, erstens, wie Deutschland und Großbritannien sich bezüglich des Armutsrisikos von älteren Personen beim Renteneintritt unterscheiden und ob jeweils Veränderungen im Zeitverlauf seit Beginn der 1990er Jahre identifiziert werden können; zweitens, ob und wie die unterschiedlichen Reformwege zu Veränderungen in der Armutsgefährdung im Alter für spezifische Gruppen von älteren Personen geführt haben. Um die Wirkung der verschiedenen Rentenreformen auf das individuelle Risiko von Altersarmut seit Beginn der 1990er Jahre zu analysieren, werden die Längsschnittsdaten des deutschen Sozio-oekonomischen Panels (SOEP) und des Britischen Haushalts-Panels (BHPS) verwendet.

Im folgenden Abschnitt werden zunächst die Rentensysteme sowie die wichtigsten Rentenreformen in Deutschland und Großbritannien seit Ende der 1980er

---

3 Normalarbeitsverhältnis meint über die Erwerbsphase stetige und unbefristete Vollzeit-Erwerbstätigkeit (Hinrichs 1996).
4 Der Renteneintritt (oder Übergang in Rente) ist aus Gründen der Vergleichbarkeit der britischen und der deutschen Daten definiert als Zeitpunkt des erstmaligen Bezugs von Renteneinkommen (siehe Abschnitt 3).

Jahre dargestellt. Hier werden Hypothesen für die empirische Analyse abgeleitet. Abschnitt drei beinhaltet eine kurze Beschreibung von Datengrundlage, Operationalisierung und Methode. Die empirischen Ergebnisse zum Risiko von Armut beim Übergang in Rente in den 1990er und 2000er Jahren werden in Abschnitt vier dargestellt. Eine Zusammenfassung und Bewertung der empirischen Ergebnisse wird im letzten Abschnitt vorgenommen.

2 Rentensystem und -reformen im Ländervergleich

Mit dem Übergang in Rente findet ein Wechsel von direkt auf dem Markt erzielten Arbeitseinkommen hin zu angespartem staatlichen oder privaten Renteneinkommen statt. Dieser Wechsel stellt insofern ein Armutsrisiko dar, da nun eine Abhängigkeit von sozialstaatlichen Leistungen und/oder vorangegangener individueller Spartätigkeit besteht, die direkte Erwirtschaftung eines eigenen Einkommens aber nur noch eingeschränkt oder gar nicht mehr möglich ist. Folglich werden beim Renteneintritt die Auswirkungen von Reformmaßnahmen und langfristigen Entwicklungen im Bereich der Altersvorsorge sichtbar.

Vor dem Hintergrund der demografischen Alterung wurden in vielen europäischen Ländern Rentenreformen mit dem Ziel der Kostensenkung zur langfristigen Gewährleistung der Finanzierbarkeit des Rentensystems durchgeführt. Die umgesetzten Maßnahmen reichen von kleinen parametrischen Anpassungen bis hin zu radikalen Umstrukturierungen des Rentensystems. Je nach Ausgangskonzeption des Rentensystems unterscheiden sich die Reformwege. In mehrsäuligen Rentensystemen wie in Großbritannien wurde die Privatisierung der Altersvorsorge vergleichsweise früh vorangetrieben, in der Folgezeit aber auch zusätzliche bedarfsgeprüfte Leistungen eingeführt. In Rentensystemen die wie in Deutschland auf die staatliche Säule zentriert sind, wurden zunächst inkrementelle Reformen mit dem Ziel der langfristigen Kostensenkung durchgeführt. Erst in den letzten Jahren hat hier eine Stärkung der privaten Vorsorge hin zu einem Mehrsäulensystem stattgefunden (Hinrichs & Jessoula 2012). Dieser politische Wandel hat jedoch für die hier untersuchte gegenwärtige Rentnergeneration keine Auswirkungen. Im Folgenden werden zunächst die Rentensysteme in Deutschland und Großbritannien in Hinblick auf deren Kapazität zur Vermeidung von Armut dargestellt sowie im Anschluss die relevanten Reformen seit Ende der 1980er beschrieben.[5]

---

5 In die Analyse werden nur jene Reformmaßnahmen einbezogen, die für die Analysegruppe der Rentnerinnen und Rentner wirksam sind, die heute bereits im Ruhestand sind. Die Einführung

Der britische Wohlfahrtsstaat wird in der Regel dem liberalen Typ zugeordnet, da die residuale Rolle des Staates und die Betonung von individueller Eigenverantwortung mit einem diversifizierten System bedarfsgeprüfter staatlicher Mindestleistungen einhergeht. In einigen Aspekten, so auch dem Rentensystem, ist diese Zuordnung zum residualen liberalen Wohlfahrtsstaatstyp jedoch nicht uneingeschränkt zutreffend. So stellt Großbritannien eher einen Mischtypus dar, ein ‚halfway house' (Disney & Johnson 1998) aus liberalem Wohlfahrtsstaat sowie Elementen Bismarckscher Sozialversicherungssysteme (Spicker 2011: 67ff.). Der deutsche korporatistisch-konservative Wohlfahrtsstaat ist hingegen in den Kerninstitutionen weitestgehend nach dem Sozialversicherungsprinzip organisiert und gewährt vergleichsweise generöse Leistungen zur Absicherung der Risiken des Arbeitslebens für den Personenkreis der abhängig Beschäftigten. Sozialstaatliche Umverteilung erfolgt zum Großteil als intraindividuelle Verschiebung von Ressourcen zwischen verschiedenen Phasen des Lebensverlaufs (Esping-Andersen 1990; Hall & Soskice 2001; Leisering 2003; Mayer 2005; Whiteford 2008).

Die Rentensysteme beider Länder spiegeln diesen übergeordneten Aufbau des wohlfahrtsstaatlichen Arrangements wider. Während das deutsche staatliche Rentensystem von der einkommensbezogenen gesetzlichen Rentenversicherung (GRV) dominiert ist, existieren im britischen Rentensystem mit der Basisrente Basic State Pension (BSP) und dem einkommensbezogenen State Earnings Related Pension Scheme (SERPS) zwei Ebenen des staatlichen Rentensystems. Darüber hinaus kommt privater Altersvorsorge anders als in Deutschland eine hohe Bedeutung für die individuelle Einkommenslage im Alter zu (OECD 2011). Das Niveau der staatlichen Rentenleistungen in Großbritannien ist im europäischen Vergleich niedrig (Bridgen & Meyer 2011; Ginn 2003; Rakeet al. 2000). Tabelle 1 gibt einen vergleichenden Überblick über die Ebenen der Rentensysteme von Deutschland und Großbritannien.

Staatliche Basis- und Mindestrenten: In Deutschland gab es bis 2003 keine eigenständige Basis- oder Mindestrente (siehe Tabelle 1). Ältere Personen hatten bis dahin, sofern ihr GRV-Einkommen zur Deckung des Existenzminimums nicht ausreichte und auch ihre Kinder nicht zur Unterhaltszahlung herangezogen werden konnten, Anrecht auf die allgemeine bedarfsgeprüfte Sozialhilfe. Seit 2003 existiert mit der Grundsicherung im Alter eine eigenständige Mindestsicherung für Rentnerinnen und Rentner, die das gleiche Leistungsniveau wie die Sozialhilfe hat, aber bei der Bedarfsprüfung nicht mehr das Einkommen der Kin-

---

der Riester-Rente und die Heraufsetzung des gesetzlichen Renteneintrittsalters auf 67 Jahre in Deutschland werden sich erst beim Rentenbezug künftiger Kohorten auswirken.

Tabelle 1 Die Ebenen des deutschen und britischen Rentensystems im Vergleich

Ebene der Altersvorsorge	Großbritannien	Deutschland
Basisrente und bedarfsgeprüfte Leistungen	Basic State Pension (BSP), Minimum Income Guarantee (MIG), ab 2003 Pension Credit	Allgemeine Sozialhilfe, ab 2003 Grundsicherung im Alter
Einkommensbezogene staatliche Rente	State Earnings Related Pension Scheme (SERPS), ab 2002 State Second Pension (S2P) *Contracting-out* ↓	Gesetzliche Rentenversicherung (GRV), weitere spezifische gesetzliche Systeme (wie Beamtenversorgung)
Private und berufliche Vorsorge	Betriebliche Altersvorsorge, Private Vorsorge: Personal Pension, Stakeholder Pension	Betriebliche Altersvorsorge, ab 2002 Riester-Rente

Quelle: Eigene Darstellung nach Bridgen & Meyer (2011: 267), Ebbinghaus et al. (2011: 121) und Rake et al. (2000: 297 f.).

der einbezieht. Das Leistungsniveau der Grundsicherung im Alter lag 2009 bei durchschnittlich 637 Euro monatlich (inklusive Wohngeld für einen Single-Haushalt) und somit unter der relativen Armutsgrenze von 940 Euro im gleichen Jahr (Bäcker et al. 2011; Bundesagentur für Arbeit 2009; Eurostat 2012).[6]

Mit der Basic State Pension (BSP) existiert in Großbritannien eine staatliche Basisrente, die in Abhängigkeit von der Länge der individuellen Erwerbskarriere gezahlt wird. Die volle BSP erhalten Personen, die mindestens 90 Prozent ihres Erwerbslebens einbezahlt haben. Prozentuale Leistungen erfolgen an Personen mit geringeren Einzahlperioden, Personen mit unter 25 Prozent Einzahlungsdauer erhalten keine BSP-Leistungen (Rake et al. 2000: 315). Die maximale Leistungshöhe der BSP lag 2008 bei umgerechnet etwa 450 Euro und somit unter der relativen Armutsgrenze in Großbritannien von 946 Euro im gleichen Jahr (Eurostat 2012; OECD 2011; Zaidi et al. 2004). Darüber hinaus gibt es die allgemeine bedarfsgeprüfte Minimum Income Guarantee (MIG), deren Leistungsniveau jedoch ebenfalls gering ist (Bridgen & Meyer 2011).

Staatliche einkommensbezogene Renten: Wie beschrieben ist das deutsche Rentensystem von der gesetzlichen Rentenversicherung (GRV) dominiert; Leistungen

---

6 Zur Methodik der Armutsberechnung siehe Beschreibung in Abschnitt 3.

aus der staatlichen Rente stellen die wesentliche Einkommensquelle von älteren Personen in Deutschland dar. Bedarfsgeprüfte Leistungen sowie private Altersvorsorge spielen im Vergleich zu Großbritannien eine untergeordnete Rolle. Der Fokus der gesetzlichen Rentenversicherung in Deutschland liegt auf der finanziellen Absicherung des Ruhestands von Arbeitnehmerinnen und Arbeitnehmern in Abhängigkeit von der Beschaffenheit ihrer Erwerbs- und Einkommensbiografie. Zwar sind im GRV-System auch umverteilende Elemente enthalten, jedoch ist es insgesamt auf die Absicherung von Personen im Normalarbeitsverhältnis ausgerichtet. Selbstständige und geringfügig Beschäftigte sind nicht pflichtversichert. Personen mit instabilen Erwerbskarrieren erreichen oftmals keine existenzsichernden Rentenansprüche, dies gilt insbesondere für Frauen mit familienbedingten Erwerbsunterbrechungen (Allmendinger 1994). Durch den Ausbau von Frühverrentungsmöglichkeiten seit den 1970ern wurde die GRV über ihre Kernfunktion hinaus zunehmend auch als Mittel der Arbeitsmarktpolitik, als ‚Auffangbecken' für ältere Arbeitslose und Personen mit schlechten Beschäftigungschancen sowie als Möglichkeit für Betriebe zur frühzeitigen Ausgliederung älterer Arbeitnehmerinnen und -nehmer, genutzt (Viebrok 2001).[7]

Das britische Pendant zur GRV ist das 1978 eingeführte State Earnings Related Pension Scheme (SERPS), bei dem es sich ebenfalls um eine nach dem Sozialversicherungsprinzip organisierte staatliche Rente handelt (siehe Tabelle 1). Allerdings besteht in Großbritannien Wahlfreiheit zwischen der SERPS und privater Vorsorge: Das so genannte Contracting-out ermöglicht den Wechsel aus der staatlichen einkommensbezogenen Rente in bestimmte zugelassene private Vorsorgepläne (Ebbinghaus 2011; Disney & Johnson 1998).

Die Nettoersatzrate der staatlichen Rentenleistungen liegt in Großbritannien bei 48 Prozent und in Deutschland bei 58 Prozent des mittleren Erwerbseinkommens (OECD 2011).[8] Folglich sind in Großbritannien Personen, die allein auf die staatliche Rente angewiesen sind, in stärkerem Maße dem Risiko eines Einkommensverlusts im Alter ausgesetzt.

---

7 Zahlreiche generöse Möglichkeiten zur Frühverrentung zeugen von dieser Entwicklung: Zu nennen sind die Altersrente wegen Arbeitslosigkeit ab 60 Jahre (bis 2006, ab 1997 mit Rentenabschlägen), die Altersrente für langjährig Versicherte ab 63 Jahre (ab 1997 mit Rentenabschlägen), die Altersrente nach Altersteilzeit ab 60 Jahren (mit Rentenabschlägen) und weitere Regelungen zur Frühverrentung für spezifische Gruppen (Zähle & Möhring 2010).

8 Die Nettoersatzrate setzt die Rentenleistungen in Relation zum durchschnittlichen Arbeitsentgelt nach Steuern und Abgaben (OECD 2011).

Hypothese I: Während der Übergang in den Ruhestand in Großbritannien mit einer Erhöhung des Armutsrisikos verbunden ist, besteht in Deutschland kein negativer Effekt.

Private Vorsorge: In Deutschland stellen private und betriebliche Altersvorsorge für das Einkommen im Alter eher einen Zuverdienst als eine Notwendigkeit dar. Anders ist die Situation in Großbritannien: Durch das Prinzip des Contractingout kommt privaten und betrieblichen Rentenplänen in Großbritannien eine hohe Bedeutung zu. Somit ist zusätzliche private oder berufliche Vorsorge in Großbritannien nicht nur als Aufstockung zu verstehen, sondern wird verstärkt zur Erzielung eines lebensstandardsichernden Einkommens im Alter genutzt (Bridgen & Meyer 2011; Ginn 2003). Wie bei der Beschreibung der Reformwege erläutert wird, ist es in Großbritannien seit Ende der 1980er zu einem Ausbau der privaten Altersvorsorge gekommen. Hier liegt ein Risiko für Personen, die das Contractingout nutzen, um aus dem staatlichen SERPS auszusteigen: Durch das niedrige Niveau der staatlichen Basisrente BSP besteht für sie kein ausreichender Schutz vor Armut, wenn die Erträge aus der privaten Altersvorsorge, beispielsweise aufgrund von Finanzmarktschwankungen, zu gering ausfallen.

Hypothese II: In Großbritannien stellt private Altersvorsorge zunehmend keinen Schutz mehr vor Armut beim Übergang in den Ruhestand dar.

Reformen: Die in Deutschland und Großbritannien seit Ende der 1980er mit dem Ziel der Kostenreduzierung durchgeführten Rentenreformen folgen wie beschrieben den unterschiedlichen Ausgangskonzeptionen der Rentensysteme. In Großbritannien wurde ab Ende der 1980er Jahre die Lohnersatzfunktion der staatlichen Rente durch Kürzungen bei der einkommensbezogenen SERPS und eine Stärkung der privaten Vorsorge zurückgefahren. Mit der Rentenreform von 1986 durch die damalige Regierung von Margaret Thatcher wurde eine doppelte Strategie zur Privatisierung der Altersvorsorge verfolgt. Diese umfasste zum einen die Stärkung privater Vorsorgemöglichkeiten durch Wechselprämien und Werbekampagnen. Zum anderen fand eine Residualisierung der staatlichen einkommensbezogenen Rente SERPS durch Veränderungen bei der Berechnung der Leistungshöhe statt (Ginn et al. 2009; Taylor-Gooby 2005).[9]

---

9 So wurde als Berechnungsgrundlage für die Leistungen aus der SERPS nicht mehr das individuelle Einkommen, sondern das durchschnittliche Einkommen aller Personen herangezogen.

Mit der Rentenreform der Labour-Regierung von Tony Blair im Jahr 1998 wurde die eingeschlagene Richtung in der Rentenpolitik mit der generellen Privatisierungsstrategie weiter vorangetrieben. So erfolgte ein weiterer Umbau der staatlichen einkommensbezogenen Rente hin zu einer Basisrente mit niedrigem Leistungsniveau. Seit 2002 ersetzt die State Second Pension (S2P) die vorherige SERPS. Zwar verliert die staatliche zweite Rentensäule so tendenziell ihre Lohnersatzfunktion, jedoch wirken sich die zusätzlichen umverteilenden Elemente in der S2P positiv für Personen im unteren Einkommensbereich aus (Rake et al. 2000). Zudem wurden ab Mitte der 2000er Jahre in Großbritannien umverteilende und armutsvermeidende Elemente im Rentensystem eingeführt, die die negativen Effekte der vorangegangenen Privatisierungsreformen abmildern sollen. Hier ist insbesondere der Pension Credit zu nennen, der die beiden Komponenten Guarantee Credit und Saving Credit umfasst. Der Guarantee Credit ist eine generelle Aufstockungszahlung für Rentnerinnen und Rentner mit Niedrigeinkommen. Der Saving Credit wird als staatlicher Zuschuss an Personen ausbezahlt, die zwar über eine private Altersvorsorge verfügen, jedoch insgesamt ebenfalls kein existenzsicherndes Einkommen erzielen.

Die Reformen im Bereich der Rentenpolitik seit Ende der 1980er Jahre in Deutschland sind zum einen weniger tiefgreifend als in Großbritannien und zum anderen durch viele inkrementelle Maßnahmen geprägt. Betroffen sind in erster Linie jene Regelungen, die einen vorzeitigen Renteneintritt für ältere Personen in Arbeitslosigkeit und/oder schlechten Beschäftigungschancen ermöglichen. Somit wird die Funktion der Rentenversicherung als ‚Auffangbecken' für ältere Arbeitslose zurückgefahren. Weitere parametrische Reformen bei der Rentenberechnung bewirken eine Verringerung der GRV-Leistungen für Neurentnerinnen und -rentner. Die Reformen wirken sich insgesamt nicht in gleicher Weise für alle Rentnerinnen und Rentner aus, sondern betreffen in erster Linie spezifische Gruppen von älteren Personen. Ab 1997 wurden Rentenabschläge im Falle von Frühverrentung eingeführt sowie schrittweise die zahlreichen spezifischen Möglichkeiten zur abschlagsfreien Frühverrentung, wie die Rente nach Arbeitslosigkeit und für langjährig Versicherte, mit Rentenabschlägen belegt und zurückgefahren (Ebbinghaus et al. 2011; Zähle & Möhring 2010). Insgesamt lässt sich als Folge der Reformen deutschen Rentensystem eine Verschlechterung der Situation für am Arbeitsmarkt marginalisierte Personen, wie ältere Langzeitarbeitslose, sowie für Frührentner und -rentnerinnen, konstatieren.

Hypothese III: In Deutschland zeigt sich ein im Zeitverlauf steigendes Armutsrisiko beim Übergang in den Ruhestand für Personen, die zuvor arbeitslos waren, und bei Frühverrentung.

Während die tiefgreifenden Rentenkürzungsreformen in Großbritannien zu Beginn der 1990er Jahre einsetzten, traten in Deutschland die Maßnahmen ab Ende der 1990er in Kraft. Zu diesem Zeitpunkt wurde in Großbritannien der Einführung zusätzlicher armutsvermeidender Leistungen bereits wieder eine veränderte Richtung in der Rentenpolitik eingeschlagen. Folglich ist das Timing der Reformen in beiden Ländern gegenläufig.

Hypothese IV: Die Entwicklung des Armutsrisikos beim Übergang in den Ruhestand ist in Deutschland und Großbritannien im Zeitverlauf gegenläufig. In Großbritannien ist ein sich im Zeitverlauf abschwächendes Armutsrisikos beim Übergang in Rente zu erwarten.

3 Datengrundlage, Operationalisierung und Methode

Basis der Analyse sind Längsschnittdaten des SOEP und des BHPS. Diese Datensätze wurden ausgewählt, da erstens die Teilnehmerinnen und Teilnehmer über lange Zeiträume wiederholt befragt werden und somit die Veränderung des Armutsrisikos beim Übergang in den Ruhestand beobachtet werden kann, und zweitens beide Datensätze detaillierte Informationen über die finanzielle Lage der Haushalte und Individuen aufgeschlüsselt nach verschiedenen Einkommensquellen enthalten. Das SOEP ist eine seit 1984 jährlich durchgeführte Wiederholungsbefragung von Haushalten in Deutschland, die sich aus einzelnen repräsentativen Zufallsstichproben zusammensetzt. Die Befragung wurde im Jahr 1990 auf ostdeutsche Haushalte ausgedehnt (Wagner et al. 2007; SOEP 2010). Das BHPS ist wie das SOEP eine repräsentative Längsschnittbefragung von Haushalten, in Großbritannien werden Haushalte in England, Wales, Schottland und Nordirland einbezogen (Taylor et al. 2010).

Das deutsche Sample umfasst die Jahre 1992 bis 2009 für Ost- und Westdeutschland, das britische die Jahre 1991 bis 2006. Die Analysegruppen beinhalten jeweils Personen, für die in diesen Zeiträumen ein Rentenzugang beobachtet werden kann. Aufgrund der unterschiedlichen Erfassung des Erwerbsstatus in SOEP und BHPS ist der Übergang in Rente durch das Vorliegen eines entsprechenden Einkommens definiert. Somit sind Personen in Rente übergegangen, sobald sie erstmalig in mindestens zwei aufeinander folgenden Jahren ein staatliches oder privates Renteneinkommen beziehen. Der Analysezeitraum beginnt zwei Jahre vor und endet fünf Jahre nach dem Renteneintritt. Insgesamt können 8 085 Beobachtungen von 1 291 Befragten in Großbritannien und 15 357 Beobachtungen von 2 300 Befragten in Ost- und Westdeutschland in die Analyse einbezogen werden (‚unbalanced panel'). Zur Analyse von Periodeneffekten werden getrennte Modelle für die 1990er und die 2000er Jahre berechnet.

Die abhängige Variable der Analyse ist die Wahrscheinlichkeit des Eintretens von Armut bezogen auf das Einkommen pro Person.[10] Ein Befragter gilt als einkommensarm, wenn das jährliche äquivalenzgewichtete Haushaltseinkommen weniger als 60 Prozent des nationalen Medians beträgt. Als wichtigste individuelle Einflussfaktoren des Armutsrisikos werden der Übergang in Rente, die Einkommenszusammensetzung (durchschnittlicher Einkommensanteil von privaten Renten), der letzte Erwerbsstatus vor dem Renteneintritt und Frühverrentung (Renteneintritt vor dem jeweiligen gesetzlichen Renteneintrittsalter) einbezogen. Darüber hinaus sind der subjektive Gesundheitsstatus, die Wiederaufnahme von Erwerbstätigkeit nach dem Renteneintritt, das Vorhandensein einer Partnerin/ eines Partners im Haushalt sowie für Deutschland die regionale Zugehörigkeit zu Ost- oder Westdeutschland als individuelle Kontrollvariablen enthalten.

Das Risiko der Altersarmut wird im Folgenden zunächst deskriptiv anhand der relativen Armutsquote von älteren Personen im Vergleich zur Gesamtbevölkerung sowie der Entwicklung des Anteils von privaten Renteneinkommen im Zeitverlauf betrachtet. Im zweiten Schritt werden multivariate Fixed Effects-Panelregressionen verwendet, um die Einflussfaktoren des Auftretens von Armut beim Übergang in Rente zu untersuchen.[11] Dieser Analyseschritt zielt nicht darauf, repräsentative Aussagen über Altersarmut zu treffen, sondern die Mechanismen, die Altersarmut verursachen oder abmildern, zu beschreiben. Die Wahr-

---

10 Diese am Einkommen orientierte Definition von Armut wird in vielen Studien zur Situation älterer Personen verwendet, zuletzt beispielsweise von Bönke et al. (2012). Eine alternative Vorgehensweise zur Armutsmessung anhand von Lebensstandard findet sich bei Andreß & Hörstermann (2012).

11 Durch die Anwendung von Fixed Effects-Modellen verringert sich die Analysegruppe auf jene Personen, bei denen eine Veränderung des Armutsstatus erfolgt; somit sind jene Personen nicht in der Analyse enthalten, die kontinuierlich einkommensarm oder nicht arm sind. Zudem können auch nur solche unabhängigen Variablen in die Modelle aufgenommen werden, die Veränderungen über die Zeit beinhalten. Daher werden stabile Charakteristika als Interaktionseffekte eingeführt (Allison 2009).

scheinlichkeit des Eintretens von Einkommensarmut wird anhand von Linear Probability-Modellen geschätzt[12] (Aldrich & Nelson 1984).

4 Empirische Ergebnisse zur Armutswahrscheinlichkeit beim Übergang in den Ruhestand

4.1 Deskriptive Ergebnisse

Die Unterschiede der beiden Systeme der Alterssicherung spiegeln sich in der Einkommenssituation der älteren Bevölkerung wider, die im Folgenden anhand der Armutsrate veranschaulicht wird. Abbildung 1 zeigt die Raten von relativer Einkommensarmut in Deutschland und Großbritannien für die Gesamtbevölkerung und für Personen über 60 Jahre im Zeitverlauf 1992 bis 2006. Auffällig ist der sehr hohe Anteil von einkommensarmen älteren Personen in Großbritannien, der bis Ende der 1990er Jahre trotz eines leichten Rückgangs bei kontinuierlich über 30 Prozent liegt. Die Armutsrate ist sowohl weit über dem britischen Landesdurchschnitt als auch über der Armutsrate von älteren Personen in Deutschland. In Deutschland ist die Einkommenssituation von älteren Personen mit jener der Gesamtbevölkerung vergleichbar und liegt nur zu Beginn der 1990er Jahre bedingt durch den anfangs hohen Anteil einkommensschwacher ostdeutscher Rentnerinnen und Rentner höher. Als Ursache für das hohe Ausmaß von Altersarmut in Großbritannien ist besonders das niedrige Niveau sowohl der staatlichen Basisrente als auch der staatlichen einkommensbezogenen Rente zu nennen. Der Rückgang der Armutsquote älterer Personen in Großbritannien ab Beginn der 2000er Jahre ist vor dem Hintergrund der Einführung von zusätzlichen bedarfsgeprüften Leistungen für Rentner wie dem Pension Credit zu sehen und bestätigt Hypothese IV zum Rückgang der Altersarmut in Großbritannien in den 2000er Jahren.

Die seit Ende der 1980er politisch forcierte Expansion der privaten Altersvorsorge hat in Großbritannien erkennbare Effekte (siehe Abbildung 2). Während der Anteil von privatem Renteneinkommen in Deutschland auch unter Personen, die nicht von Armut betroffen sind, vergleichsweise niedrig ist, kommen in Großbritannien schon zu Beginn der 1990er fast 30 Prozent des Einkommens von Rentnerinnen und Rentnern aus der privaten oder beruflichen Vorsorge. Lediglich bei Personen, die von Armut betroffen sind, liegt mit unter zehn Prozent ein niedri-

---

12 Linear Probability-Modelle bereiten im Gegensatz zu herkömmlichen Logit-Modellen weniger Probleme beim Vergleich von Koeffizienten aus verschiedenen Samples (Greene 2010).

Abbildung 1 Anteil von Personen in Einkommensarmut in Deutschland und Großbritannien, Personen älter als 60 Jahre im Vergleich zur Gesamtbevölkerung

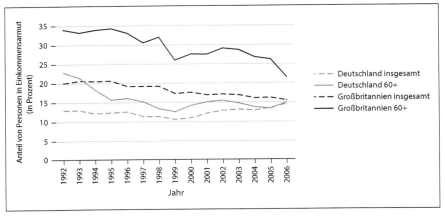

Quelle: Eigene Berechnungen mit SOEP und BHPS.
Grundlage ist das äquivalenzgewichtete Haushaltsnettoeinkommen pro Kopf; Armutsgrenze bei 60 Prozent des nationalen Medians.

ger Anteil von privatem Renteneinkommen vor. Im Verlauf der 1990er Jahre ist jedoch die Bedeutung von privaten Renten in Großbritannien auch bei Personen, deren Einkommen unter der Armutsgrenze liegt, stark gestiegen. Somit ist private Altersvorsorge nicht mehr nur eine Aufstockung der staatlichen Rentenleistungen für Personen im mittleren und oberen Einkommensbereich, sondern auch unter jenen verbreitet, die insgesamt ein nicht existenzsicherndes Renteneinkommen erzielen. Dies zeigt, dass die Privatisierungspolitik in Großbritannien auch in den unteren Einkommensgruppen zu einer verstärkten Nutzung privater Vorsorge geführt hat. Gleichzeitig wird deutlich, dass damit neue Armutsrisiken verbunden sind. Durch die Möglichkeit des Contracting-out verlieren Personen, die sich für eine private Altersvorsorge entscheiden, ihren Anspruch auf die staatliche einkommensbezogenen Rente SERPS. Sie sind im Falle eines geringen Ertrags aus der privaten Vorsorge auf die geringen Leistungen aus der BSP angewiesen und haben somit ein hohes Risiko, unter die Armutsgrenze zu fallen. Folglich ist Hypothese II nicht widerlegt, nach der private Altersvorsorge zunehmend keinen Schutz mehr vor Armut beim Übergang in den Ruhestand darstellt.

Abbildung 2 Durchschnittliche Einkommensanteile von privatem und betrieblichem Renteneinkommen in Deutschland und Großbritannien nach Armutsstatus

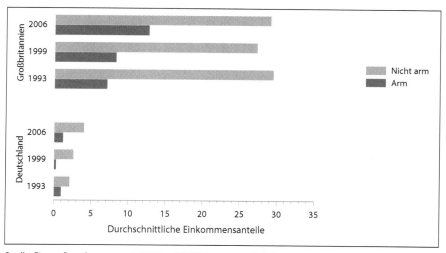

Quelle: Eigene Berechnungen mit SOEP und BHPS; bezogen auf alle Personen älter als 60 Jahre und in Rente.

4.2 Multivariate Ergebnisse

Die Ergebnisse der Fixed Effects-Modelle beziehen sich auf jene Personen, die beim Übergang in Rente dem Risiko von Einkommensarmut ausgesetzt sind. Mit der Fokussierung auf diese Gruppe wird den Einflussmechanismen von Armut beim Renteneintritt nachgegangen und analysiert, welche Faktoren einen Eintritt in Armut verursachen.

Die Gründe des Eintretens von Einkommensarmut beim Renteneintritt unterscheiden sich im Ländervergleich sowie im Zeitverlauf (siehe Tabelle 2). In Großbritannien geht in den 1990ern der mit dem Übergang in Rente verknüpfte Wechsel der Einkommensquellen mit einer signifikanten Erhöhung der Wahrscheinlichkeit von Einkommensarmut einher, wie der positive Koeffizient der Variable Rente zeigt. Hypothese I, wonach der Renteneintritt in Großbritannien ein Armutsrisiko darstellt, ist somit für diesen Zeitraum zu bestätigen: Es zeigen sich die Auswirkungen der Kürzung der staatlichen Rentenleistungen, die ab Ende der 1980er durchgeführt wurden. In den 2000er Jahren ist der Effekt hingegen nicht mehr signifikant. Folglich hat sich das Armutsrisiko beim Übergang in Rente in Großbritannien über die Zeit abgeschwächt.

Für Ostdeutschland liegt der umgekehrte Fall vor: Hier stellt der Renteneintritt eine signifikante Verringerung der Armutswahrscheinlichkeit dar. Somit wird die generöse Lohnersatzfunktion der gesetzlichen Rentenversicherung deutlich, die existenzsichernde Einkommen für Personen mit vorangegangen kontinuierlichen Erwerbsbiografien leistet. Hypothese IV zur gegenläufigen Entwicklung der Altersarmut in den beiden Ländern lässt sich somit nur für Großbritannien und Ostdeutschland bestätigen.

Für Westdeutschland ist keine eindeutige Wirkung des Renteneintritts auf das Armutsrisiko festzustellen, da die Effekte in beiden Zeitperioden nicht signifikant sind. Allerdings scheint sich die Richtung des Zusammenhangs im Zeitverlauf geändert zu haben: Während in den 1990ern der Übergang in Rente mit einer Abmilderung der Armutsgefährdung verbunden ist, ist in den letzten Jahren die umgekehrte Wirkung zu beobachten. In Ostdeutschland verringert sich mit dem Übergang in Ruhestand nach wie vor die Wahrscheinlichkeit von Einkommensarmut signifikant.

Darüber hinaus sind Geschlechterunterschiede in Deutschland und Großbritannien unterschiedlich ausgeformt. Zusammenleben in einer Partnerschaft verringert in Deutschland die Wahrscheinlichkeit von Einkommensarmut bei Frauen und erhöht sie bei Männern. Dieses Ergebnis stimmt mit vorangegangenen Studien überein und verdeutlicht, dass allein lebende Frauen eine spezifische Risikogruppe der Altersarmut in Deutschland sind (Motel-Klingebiel 2006; Goebel & Grabka 2011; Zaidi et al. 2005).

In einem zweiten Analyseschritt werden sukzessiv Interaktionseffekte zwischen individuellen Charakteristika und dem Rentenstatus in die Modelle aufgenommen, um die Bestimmungsfaktoren für Armut im Alter für spezifische Gruppen zu untersuchen (siehe Tabelle 3). Für Personen, die über einen hohen Anteil von privatem Renteneinkommen verfügen, stellt der Übergang in den Ruhestand in beiden Ländern eine signifikante Abschwächung des Armutsrisikos dar. Dies gilt für den gesamten hier betrachteten Zeitraum. Demzufolge nutzen von Armut betroffene Personen ihr angespartes privates Rentenvermögen, um ihre prekäre Lage abzumildern.

Allerdings hat sich sowohl in Großbritannien als auch in Deutschland dieser positive Effekt über die Zeit abgeschwächt, was auf eine zunehmende Verbreitung von privater Altersvorsorge auch in unteren Einkommensschichten hindeutet. Dieses Ergebnis stützt wie die deskriptiven Analysen Hypothese II.

Tabelle 2 Armutswahrscheinlichkeit und Renteneintritt in Deutschland und Großbritannien in den 1990ern und 2000ern, Fixed Effects-Modelle (Linear probability)

	Großbritannien		Deutschland	
	1990er	2000er	1990er	2000er
Rente	0,056***	0,024	−0,002	0,016
	(0,021)	(0,018)	(0,016)	(0,011)
Rente*Ostdeutschland	–	–	−0,072***	−0,060***
			(0,022)	(0,014)
Schlechter Gesundheitszustand	−0,017	0,011	0,014	−0,004
	(0,016)	(0,015)	(0,012)	(0,008)
Wiederaufnahme von Beschäftigung	−0,066***	−0,067***	−0,073***	−0,034***
	(0,022)	(0,018)	(0,016)	(0,010)
Zusammenleben in Partnerschaft	−0,110**	−0,020	0,141	0,606***
	(0,049)	(0,022)	(0,163)	(0,213)
Frau*Zusammenleben in Partnerschaft	0,066	0,011	−0,324*	−1,003***
	(0,082)	(0,029)	(0,178)	(0,279)
Konstante	0,218***	0,169***	0,106	−0,064
	(0,041)	(0,024)	(0,095)	(0,121)
$n_{Beobachtungen}$	4 190	3 895	5 493	9 864
n	601	690	750	1 550
χ^2 within	0,034	0,022	0,017	0,016

Quelle: Eigene Berechnungen mit BHPS und SOEP.

Abhängige Variable: Relative Einkommensarmut (60%-Median); Standardfehler in Klammern; * $p < .10$, ** $p < .05$, *** $p < .01$.

Tabelle 3 Interaktionseffekte zur Armutswahrscheinlichkeit beim Renteneintritt, getrennte Fixed Effects-Modelle (Linear probability) mit Interaktionseffekten

	Großbritannien		Deutschland	
	1990er	2000er	1990er	2000er
*Hoher Anteil von privatem Renteneinkommen[a]	−0,106***	−0,045**	−0,103**	−0,034**
	(0,023)	(0,023)	(0,044)	(0,017)
* Frühverrentung	0,010	0,005	0,004	0,009
	(0,027)	(0,024)	(0,023)	(0,020)
* Arbeitslosigkeit im Jahr vor dem Renteneintritt	−0,214***	−0,014	−0,053*	0,003
	(0,070)	(0,115)	(0,029)	(0,020)

Quelle: Eigene Berechnungen mit BHPS und SOEP.

Standardfehler in Klammern; * $p < .10$, ** $p < .05$, *** $p < .01$; Abhängige Variable: Relative Einkommensarmut (60%-Median); Kontrollvariablen und Fallzahlen wie in Tabelle 2; [a] Hoher Anteil bedeutet über dem 75%-Perzentil: in Großbritannien bei 45%, in Deutschland bei 20%.

Im Falle von Frühverrentung tritt in beiden Ländern keine signifikante Veränderung des Armutsrisikos ein. Folglich stellt für Frührentnerinnen und -rentner der Wechsel der Einkommensquelle weder eine Verbesserung noch eine Verschlechterung ihrer finanziellen Lage dar. Dieses Ergebnis bleibt in Deutschland trotz der ab Ende der 1990er eingeleiteten Reformmaßnahmen zur Kürzung der Leistungen für Frührentnerinnen und -rentner stabil und ist im Einklang mit den Ergebnissen von Kohler et al. (2012) zu Westdeutschland. Anders stellt sich die Situation für Personen dar, die im Jahr vor dem Rentenstieg arbeitslos sind. In den 1990er Jahren noch bedeutete für sie der Renteneintritt sowohl in Deutschland als auch in Großbritannien eine Verringerung des Armutsrisikos. In der jüngeren Vergangenheit hat sich dieser Zusammenhang allerdings in beiden Ländern stark abgeschwächt und in Deutschland sogar ins Gegenteil verkehrt. Somit können ältere Arbeitslose die Leistungen der gesetzlichen Rentenversicherung immer weniger zur Abmilderung ihrer prekären Situation nutzen. Hypothese III ist folglich in Bezug auf ältere Arbeitslose, jedoch nicht für die Situation von Frührentnerinnen und -rentnern, zu bestätigen.

5 Zusammenfassung und Bewertung der Ergebnisse

Die Analyse zu Altersarmut in Deutschland und Großbritannien hat erstens die Entwicklungen in beiden Ländern in Bezug zu den entsprechenden Reformwegen gesetzt und zweitens gruppenspezifische Einflussfaktoren des Armutsrisikos anhand von multivariaten Panelmodellen untersucht. Die empirischen Ergebnisse zeigen zum einen Unterschiede zwischen Deutschland und Großbritannien sowie zwischen den beiden deutschen Landesteilen, zum anderen aber trotz der verschiedenen institutionellen Arrangements in den beiden Ländern auch Gemeinsamkeiten. Darüber hinaus werden Veränderungen im Zeitverlauf seit Beginn der 1990er Jahre deutlich, die auf Reformentwicklungen in der Rentenpolitik zurückgeführt werden können. Insgesamt spiegeln die Ergebnisse zur Armutswahrscheinlichkeit beim Renteneintritt den institutionellen Aufbau des jeweiligen nationalen Systems der Alterssicherung sowie die eingeschlagenen Reformwege in beiden Ländern wider.

Während der Renteneintritt in Großbritannien in den 1990er Jahren mit einer signifikant erhöhten Armutswahrscheinlichkeit einhergeht, ist die Situation in Deutschland und insbesondere in Ostdeutschland entgegengesetzt, hier stellt der Übergang in den Ruhestand eher einen Ausweg aus einer prekären Einkommenslage als eine Verschärfung dieser dar. Die Situation in Großbritannien in den 1990er Jahren spiegelt die Residualisierung der staatlichen Rente wieder, die das Risiko des Einkommensverlusts beim Übergang in Ruhestand nicht ausgleicht. Lediglich Personen, die in hohem Maße privat vorgesorgt haben, sind ausreichend abgesichert. Darüber hinaus zeigt sich auch ein Kohorteneffekt der Privatisierungsreformen. Personen, die in den 1990ern in Großbritannien in Rente übergegangen sind, haben oftmals im Verlauf ihres Erwerbslebens noch nicht ausreichend privat vorgesorgt und sind somit auf die Kürzung der staatlichen Rentenleistungen nicht vorbereitet. In den letzten Jahren hat in Großbritannien der Renteneintritt seine Eigenschaft als generelles Armutsrisiko verloren, was auf die Stärkung der armutsvermeidenden Komponenten im Rentensystem zurückgeführt werden kann.

In Ostdeutschland bewirkt der Übergang in den Ruhestand im gesamten Analysezeitraum eine signifikante Verringerung der Armutswahrscheinlichkeit. Folglich erfüllt hier die GRV-Rente die Funktion, ein Alterseinkommen über der Armutsschwelle zu sichern. In Westdeutschland besteht kein signifikanter Zusammenhang zwischen der Armutswahrscheinlichkeit und dem Übergang in Rente, was der statuserhaltenden Funktion der GRV entspricht. Im Übergang von Markt- zu Renteneinkommen wird die jeweilige individuelle Einkommensposition erhalten – im positiven wie negativen Sinne. Frühverrentung hat weder in Deutschland noch in Großbritannien einen spezifischen Einfluss auf die Armutswahrscheinlichkeit beim Übergang in Ruhestand.

Für Großbritannien ist es auf der einen Seite positiv zu bewerten, dass die Armutswahrscheinlichkeit beim Übergang in Rente nach den Reformen Ende der 1990er Jahre zurückgegangen ist. Auf der anderen Seite sind diese Reformen mit einer weiteren Aushöhlung der Lohnersatzfunktion der staatlichen zweiten Rentensäule verbunden. Dies ist insbesondere vor dem Hintergrund des zunehmenden Risikos von Kapitalverlust am Finanzmarkt bei privaten Renten problematisch zu sehen. Das Beispiel Großbritannien zeigt, dass der Übergang zur Stärkung der privaten Altersvorsorge mit einer ausreichend hohen Basisrente abgesichert werden muss, um eine erhöhte Altersarmut zu vermeiden.

Bei den aktuellen ostdeutschen Rentnerkohorten ist noch ein Ausgleich von prekärer Einkommenslage im Alter durch die GRV-Leistungen möglich, da aufgrund der stabilen Erwerbskarrieren vor der Wiedervereinigung ausreichende GRV-Anwartschaften erzielt werden konnten. Vor dem Hintergrund einer Zunahme von instabilen Erwerbskarrieren und atypischer Beschäftigung wird dies zukünftig immer weniger möglich sein. Diese Entwicklung zeigt sich schon in den letzten Jahren bei Personen, die aus Arbeitslosigkeit in Rente übergehen.

Anhand des hier zugrunde liegenden Analysezeitraums können die Effekte der jüngsten Reformen in Deutschland zum Ausbau der privaten Vorsorge nicht analysiert werden. Wie Bönke et al. (2012) beschreiben, ist die gegenwärtige Rentnergeneration in Deutschland vergleichsweise gut gestellt. Allerdings lässt der Blick auf Großbritannien Rückschlüsse auf die zukünftige Entwicklung in Deutschland zu: Mit der Ausbreitung privater Vorsorge erhöht sich das Armutsrisiko in den unteren Einkommenssichten, da hier die analog stattfindenden Kürzungen bei der staatlichen Rente weniger gut kompensiert werden können. Diese Problematik wurde im Zusammenhang mit der Diskussion zur Anerkennung der Riester-Rente beim Bezug von Grundsicherung im Alter bereits aufgezeigt (Hagen & Kleinlein 2011). In Großbritannien wurde aufgrund dieser Problematik 2003 der Saving Credit eingeführt, der eine ergänzende Leistung für Niedrigeinkommensbezieher ist, jedoch lediglich an jene Personen gezahlt wird, die während ihres Erwerbslebens zusätzlich private Vorsorge betrieben haben. Auch für Deutschland ist vorstellbar, dass zukünftig vermehrt staatliche Zuschüsse notwendig werden, um die Leistungen der privaten Vorsorge bei Niedrigeinkommensbezieherinnen und -beziehern aufzustocken.

Literatur

Andreß, H.-J., & Hörstermann, K. (2012): Lebensstandard und Deprivation im Alter in Deutschland. Stand und Entwicklungsperspektiven. *Zeitschrift für Sozialreform, 58(2)*, 209–234.

Aldrich, J. H., & Nelson, F. D. (1984). *Linear Probability, Logit, and Probit Models* [Quantitative Applications in the Social Sciences 45]. Beverly Hills u. a.: Sage Publications.

Allison, P. D. (2009). *Fixed Effects Regression Models* [Quantitative Applications in the Social Sciences 160]. Los Angeles u. a.: Sage Publications.

Allmendinger, J. (1994). *Lebensverlauf und Sozialpolitik: Die Ungleichheit von Mann und Frau und ihr öffentlicher Ertrag*. Frankfurt/Main u. a.: Campus-Verlag.

Arza, C. (2008). Changing European Welfare. The New Distributional Principles of Pension Policy. In C. Arza & M. Kohli (Hrsg.), *Routledge-EUI Studies in the Political Economy of Welfare. Pension Reform in Europe* (S. 109–131). London: Routledge.

Bäcker, G., Naegele, G., Bispinck, R., Hofemann, K., & Neubauer, J. (2010). *Sozialpolitik und soziale Lage in Deutschland. Bd 1: Grundlagen, Arbeit und Einkommen* (5. Aufl.). Wiesbaden: VS Verlag für Sozialwissenschaften.

Bridgen, P., & Meyer, T. (2011). Britain: Exhausted Voluntarism – The Evolution of a Hybrid Pension Regime. In B. Ebbinghaus (Hrsg.), *The Varieties of Pension Governance: Pension Privatization in Europe* (S. 265–291). Oxford: Oxford University Press.

Bönke, T., Faik, J., & Grabka, M. (2012): Tragen ältere Menschen ein erhöhtes Armutsrisiko? Eine Dekompositions- und Mobilitätsanalyse relativer Einkommensarmut für das wiedervereinigte Deutschland. *Zeitschrift für Sozialreform, 58(2)*, 175–208.

Disney, R., & Johnson, P. (1998). The United Kingdom: A Working System of Minimum Pensions? In H. Siebert (Hrsg.), *Redesigning Social Security* (S. 207–232). Tübingen: Mohr Siebeck.

Ebbinghaus, B. (2011). Introduction: Studying Pension Privatization in Europe. In B. Ebbinghaus (Hrsg.), *The Varieties of Pension Governance: Pension Privatization in Europe* (S. 3–22). Oxford: Oxford University Press.

Ebbinghaus, B., Gronwald, M., & Wiß, T. (2011). Germany: Departing from Bismarckian Public Pensions. In B. Ebbinghaus (Hrsg.), *The Varieties of Pension Governance: Pension Privatization in Europe* (S. 119–150). Oxford: Oxford University Press.

Esping-Andersen, G. (1990). *The Three Worlds of Welfare Capitalism*. Princeton/New Jersey: Princeton University Press.

Ginn, J. (2003). *Gender, Pensions and the Lifecourse: How Pensions Need to Adapt to Changing Family Forms*. Bristol: Policy Press.

Ginn, J., Fachinger, U., & Schmähl, W. (2009). Pension Reform and the Socioeconomic Status of Older People in Britain and Germany. In G. Naegele & A. Walker (Hrsg.), *Social Policy in Ageing Societies: Britain and Germany Compared* (S. 22–45). Basingstoke: Palgrave Macmillan.

Goebel, J., & Grabka, M. M. (2011). Zur Entwicklung der Altersarmut in Deutschland. *DIW Wochenbericht, 78(25)*, 3–16.

Greene, W. (2010). Testing Hypotheses about Interaction Terms in Nonlinear Models. *Economics Letters, 107(2)*, 291–296.

Hagen, K., & Kleinlein, A. (2011). Zehn Jahre Riester-Rente: kein Grund zum Feiern. *DIW-Wochenbericht, 78(47)*, 3–14.

Hall, P. A., & Soskice, D. (2001). *Varieties of Capitalism: The Institutional Foundations of Comparative Advantage*. Oxford: Oxford University Press.

Hinrichs, K. (1996). Das Normalarbeitsverhältnis und der männliche Familienernährer als Leitbilder der Sozialpolitik. *Sozialer Fortschritt, 45(4)*, 102–107.

Hinrichs, K. (2008). Kehrt die Altersarmut zurück? Atypische Beschäftigung als Problem der Rentenpolitik. In G. Bonoli & F. Bertozzi (Hrsg.), *Les nouveaux défis de l'Etat social/Neue Herausforderungen für den Sozialstaat* (S. 19–36). Bern: Haupt Verlag.

Hinrichs, K., & Jessoula, M. (2012): Labour Market Flexibility and Pension Reforms: What Prospects for Security in Old Age? In K. Hinrichs & M. Jessoula (Hrsg.), *Labour Market Flexibility and Pension Reforms: Flexible Today, Secure Tomorrow?* (S. 1–28). Hampshire/New York: Palgrave Macmillan.

Kohler, U., Ehlert, M., Grell, B., Heisig, J. P., Radenacker, A., & Wörz, M. (2012): Verarmungsrisiken nach kritischen Lebensereignissen in Deutschland und den USA. *Kölner Zeitschrift für Soziologie und Sozialpsychologie, 64(2)*, 223–245.

Leisering, L. (2003). Government and the Life Course. In J. T. Mortimer & M. J. Shanahan (Hrsg.), *Handbook of the Life Course* (S. 205–225). Berlin: Springer-Verlag.

Mayer, K. U. (2005). Life Courses and Life Chances in a Comparative Perspective. In S. Svallfors (Hrsg.), *Studies in social inequality. Analyzing inequality. Life chances and social mobility in comparative perspective* (S. 17–55). Stanford: Stanford University Press.

Motel-Klingebiel, A. (2006). Materielle Lagen älterer Menschen – Verteilungen und Dynamiken in der zweiten Lebenshälfte. In C. Tesch-Römer, H. Engstler & S. Wurm (Hrsg.), *Altwerden in Deutschland. Sozialer Wandel und individuelle Entwicklung in der zweiten Lebenshälfte* (S. 155–230). Wiesbaden: VS Verlag für Sozialwissenschaften.

OECD (2011). *Pensions at a glance: Retirement-Income Systems in OECD and G20 countries*. Paris: OECD.

Rake, K., Falkingham, J., & Evans, M. (2000). British Pension Policy in the Twenty-first Century: a Partnership in Pensions or a Marriage to the Means Test? *Social Policy & Administration, 34(3)*, 296–317.

Rasner, A., & Bogedan, C. (2008). Arbeitsmarkt x Rentenrefom = Altersarmut? *WSI-Mitteilungen, 61(3)*, 133–138.

Schmähl, W. (2008). Privatvorsorge und Altersarmut. Soziale Sicherheit. *Zeitschrift für Arbeit und Soziales, 57(1)*, 4.

Socio-economic Panel (SOEP) (2010). *Data for the Years 1984–2009*, Version 26. Berlin: Deutsches Institut für Wirtschaftsforschung.

Spicker, P. (2011). *How Social Security Works: An Introduction to Benefits in Britain*. Bristol: Policy Press.

Taylor, M. F., Brice, J., Buck, N., & Prentice-Lane, E. (2010). *British Household Panel Survey User Manual Volume A: Introduction, Technical Report and Appendices*. Colchester: University of Essex.

Taylor-Gooby, P. (2005). UK Pension Reform: A Test Case for a Liberal Welfare State. In G. Bonoli & T. Shinkawa (Hrsg.), *Ageing and Pension Reform around the World:*

Evidence from Eleven Countries (S. 116–136). Cheltenham u. a.: Edward Elgar Publishing.

Viebrok, H. (2001). Die Bedeutung institutioneller Arrangements für den Übergang in den Ruhestand. In L. Leisering, R. Müller & K. F. Schumann (Hrsg.), *Institutionen und Lebensläufe im Wandel. Institutionelle Regulierungen von Lebensläufen* (S. 215–250). München: Juventa Verlag.

Wagner, G., Frick, J., & Schupp, J. (2007). The German Socio-Economic Panel Study (SOEP) – Scope, Evolution and Enhancements. *Schmollers Jahrbuch, 127(1)*, 139–169.

Whiteford, P. (2008). *Redistribution in OECD Welfare States* [OECD Social, Employment and Migration Working Papers]. Paris: OECD.

Zähle, T., & Möhring, K. (2010). Berufliche Übergangssequenzen in den Ruhestand. In P. Krause & I. Ostner (Hrsg.), *Leben in Ost- und Westdeutschland. Eine sozialwissenschaftliche Bilanz der deutschen Einheit 1990–2010* (S. 331–346). Frankfurt/Main: Campus Verlag.

Zaidi, A., Frick, J., & Büchel, F. (2005). Income Dynamics within Retirement in Great Britain and Germany. *Ageing & Society, 25(4)*, 543–565.

Online-Quellen

Bundesagentur für Arbeit (2009), *Analytikreport der Statistik: Analyse der Grundsicherung für Arbeitsuchende*, Verfügbar unterhttp://statistik.arbeitsagentur.de/Navigation/Statistik/Statistische-Analysen/Analytikreports/Zentral/Monatliche-Analytikreports/Analyse-Grundsicherung-Arbeitsuchende-nav.html [25. 06. 2012]

Eurostat (2012). *Armutsgefährdungsgrenze* (Quelle: SILC): Armutsrisikogrenze (60 % des medianen Äquivalenzeinkommens). Verfügbar unter http://appsso.eurostat.ec.europa.eu/nui/show.do?dataset=ilc_li01&lang=de [25. 06. 2012]

Die späte Erwerbskarriere und der Übergang in den Ruhestand im Zeichen von Globalisierung und demografischer Alterung

Karin Kurz, Sandra Buchholz, Annika Rinklake und Hans-Peter Blossfeld

1 Einleitung

Frühverrentung gehörte ab den 1970er Jahren zum Standardinstrumentarium vieler moderner Gesellschaften, die auf diese Weise versuchten, den Umbruch der Beschäftigungsstruktur zu bewältigen (Blossfeld et al. 2006; Börsch-Supan 2000; Ebbinghaus 2008; Gruber & Wise 1999; Gruber & Wise 2004; Kohli et al. 1991). Der zunehmende globale wirtschaftliche Wettbewerb führte zu einer Verstärkung des beschäftigungsstrukturellen Wandels. Diese wirtschaftlichen Herausforderungen veranlassten vor allem die Wohlfahrtsstaaten Mittel- und Südeuropas, generöse Frühverrentungsprogramme zu etablieren. Hingegen setzten die sozialdemokratisch geprägten skandinavischen Staaten ebenso wie die liberal ausgerichteten Länder USA und Großbritannien in geringerem Maße auf dieses Instrument (Hofäcker & Pollnerová 2006). Die Herausforderungen der Globalisierung und des beschäftigungsstrukturellen Wandels sind zwar geblieben, aber andere gesellschaftliche Herausforderungen sind in den letzten Jahren hinzugekommen. Insbesondere ist seit einigen Jahren mit der demografischen Alterung ein Problem auf die politische Tagesordnung moderner Gesellschaften gerückt, welches zu einer faktischen Umkehrung der bisherigen Politik des vorgezogenen Übergangs in den Ruhestand beigetragen hat. Nicht mehr Frühverrentung wird durch politische Maßnahmen gefördert, sondern die Verlängerung der Lebensarbeitszeit (Blossfeld et al. 2011). Zu fragen ist, welche Auswirkungen dieser Politikwechsel auf die älteren Beschäftigten hat: Sind alle Beschäftigten in der Lage, der neuen Forderung nach verlängerter Erwerbsarbeit zu folgen oder sind bestimmte Beschäftigtengruppen am Ende ihres Erwerbslebens verstärkt mit Arbeitslosigkeitsrisiken und beruflichen Abstiegen konfrontiert? Wie wirken sich solche beruflichen Instabilitäten auf die Renten aus? Wachsen soziale Ungleichheiten zwischen verschiedenen Gruppen von Beschäftigten beziehungsweise Rentnerinnen/Rentnern?

Mit diesen Fragen haben wir uns im Rahmen des internationalen Forschungsprojekts flexCAREER befasst. Vor dem Hintergrund der verstärkten wirtschaftlichen Globalisierungsprozesse der vergangenen Jahrzehnte sowie des demografischen Wandels untersuchten wir gemeinsam mit Forscherinnen und Forschern aus anderen Ländern für die letzten 20 bis 30 Jahre die späte Phase des Erwerbsverlaufs (etwa ab dem Alter von 50 Jahren) und den Übergang in den Ruhestand in zehn OECD-Ländern (Dänemark, Deutschland, Estland, Großbritannien, Italien, Niederlande, Schweden, Spanien, Ungarn und USA). Dabei konzentrierten wir uns zum einen auf die Untersuchung der institutionellen Rahmenbedingungen und ihres Wandels in den betreffenden Wohlfahrtsstaaten. Zum anderen stellten wir vor diesem Hintergrund eine Reihe von Fragen, die anhand von Längsschnittdaten für mehrere Geburtskohorten bearbeitet wurden. Neben den schon genannten Fragen nach der Zunahme von Instabilitäten im späten Erwerbsverlauf, den Veränderungen beim Rentenübergang sowie nach sich möglicherweise verstärkenden sozialen Ungleichheiten, wollten wir vor allem wissen, inwieweit es nach wie vor charakteristische Unterschiede in den Entwicklungen zwischen den untersuchten Ländern gibt, die sich mit den spezifischen nationalen institutionellen Rahmenbedingungen und ihrem Wandel erklären lassen.

Ziel des vorliegenden Beitrages ist es, einen Überblick über die wesentlichen theoretischen Überlegungen und empirische Befunde unseres Projektes zu geben. Detaillierte Ergebnisse sind in Blossfeld et al. (2011) veröffentlicht worden. Befunde für Deutschland und Dänemark finden sich im vorliegenden Band (vgl. die Beiträge von Rinklake und Buchholz sowie Schilling in diesem Band).

Im Folgenden gehen wir zunächst auf die Rolle von Makroprozessen (2.) und unterschiedlichen nationalen institutionellen Rahmenbedingungen ein (3.). Danach skizzieren wir das Forschungsdesign der länderspezifischen Mikrodatenanalysen (4.) und berichten die wesentlichen Ergebnisse des flexCAREER-Projekts (5.). Der Beitrag schließt mit einem zusammenfassenden Fazit (6.).

2 Die Rolle von Makroprozessen

Globalisierung ist der Begriff, der in den letzten Jahren am häufigsten zur Benennung der weltweiten wirtschaftlichen, aber auch der sozialen und kulturellen Veränderungsprozesse verwendet wurde.[1] *Wirtschaftliche* Globalisierung geht unter anderem mit einer zunehmenden Internationalisierung von Märkten, schnelleren Veränderungen auf Märkten und einer Intensivierung des wirtschaftlichen Wettbewerbs einher (Mills & Blossfeld 2005: 4 ff.). Im Zuge des globalen Wettbewerbs kam es zu einem Wandel der internationalen Arbeitsteilung, der in den Ländern West- und Osteuropas sowie Nordamerikas mit einem rasanten Abbau älterer Industrien und dem Aufbau neuer Produkt- und Dienstleistungsbranchen verknüpft war. Für die Beschäftigten in den vom Abbau betroffenen Wirtschaftsbranchen bedeutete dies ein erhöhtes Arbeitslosigkeitsrisiko oder zumindest die Notwendigkeit, ihre beruflichen Qualifikationen an neue Bedarfe anpassen zu müssen. Ältere Arbeitnehmerinnen und Arbeitnehmer stellen eine besondere Risikogruppe dar, da ihre beruflichen Qualifikationen häufig nicht mehr den Anforderungen einer gewandelten Arbeitswelt entsprechen und es für Arbeitgeberinnen und Arbeitgeber aufgrund der relativ kurzen verbleibenden Erwerbsdauer kaum Anreize gibt, in die Weiterqualifizierung dieser Beschäftigten zu investieren. Auch die in manchen Ländern verbreiteten Senioritätslöhne machen ältere Arbeitnehmerinnen und Arbeitnehmer vergleichsweise unattraktiv, da jüngere Beschäftigte billiger sind und darüber hinaus über aktuellere Qualifikationsprofile verfügen. Insgesamt werden deshalb ältere Beschäftigte im Zuge globalen Wettbewerbs tendenziell als weniger flexibel, weniger gut qualifiziert und kostenintensiv wahrgenommen (Buchholz et al. 2006; Buchholz et al. 2011). Damit einhergehend wurde seit den 1980er Jahren nicht nur von Seiten der privaten Unternehmen, sondern auch von staatlicher Seite nach Lösungen gesucht, um die Flexibilität und internationale Wettbewerbsfähigkeit von Unternehmen und Ländern zu steigern. Insbesondere in Ländern mit gutem Kündigungsschutz wurde verstärkt auf Frühverrentungsprogramme gesetzt, die auch für die Beschäftigten attraktiv waren, da mit der vorgezogenen Verrentung nur geringe Abschläge in den Rentenzahlungen verbunden waren.

Mittlerweile ist jedoch die Attraktivität von Frühverrentungsprogrammen für Regierungen vor allem aufgrund der demografischen Alterung gesunken. Der steigende Anteil Älterer in modernen Gesellschaften, mit niedrigen Fertilitätsraten, setzt die Rentensysteme unter beträchtlichen Druck, da sich ein zunehmendes Missverhältnis zwischen der Zahl der aktuell Anspruchsberechtigten und der Zahl der Beitragszahlenden herausbildet. Aber auch andere Entwicklungen haben den Druck auf die öffentlichen Kassen verstärkt, unter anderem die

---

1 Vgl. zu Diskussionen und Definitionen des Konzeptes der Globalisierung z. B. Ohmae (1990), Robertson (1992), Castells (2000), Guillén (2001).

lang anhaltende hohe Arbeitslosigkeit in manchen Ländern Europas (und die damit verbundenen Transferzahlungen) sowie der hohe Anteil der zu versorgenden Frührentnerinnen und -rentner. Auch ist das Angebot an jungen qualifizierten Arbeitskräften in manchen beruflichen Bereichen knapp geworden. Diese Entwicklungen haben in den vergangenen zehn bis 15 Jahren dazu geführt, dass Regierungen und Firmen Anstrengungen unternommen haben, ältere Arbeitskräfte wieder länger in der Erwerbsarbeit zu halten. In vielen Ländern wurden Gesetze erlassen, die die Möglichkeiten des vorgezogenen Übergangs in den Ruhestand begrenzten, die Rentenhöhe bei einem vorgezogenen Übergang kürzten, das Regelalter bei Renteneintritt erhöhten (meist gestaffelt nach verschiedenen Geburtsjahrgängen) und private Elemente in die gesetzliche Rentenversicherung einführten (Blossfeld et al. 2006; Ebbinghaus 2008; OECD 2007). Dieser Politikwechsel wurde in Europa auch durch die Lissabon-Strategie (2010) der Europäischen Union gefördert, in der explizit eine Erhöhung der Erwerbsbeteiligung Älterer sowie eine private Säule in der Alterssicherung gefordert wurden (Schrader 2010).

Es ist zu vermuten, dass ein solcher Politikwechsel zu einem Ansteigen sozialer Ungleichheiten im Alter beiträgt. Vor allem gering qualifizierte ältere Beschäftigte im sekundären Sektor haben häufiger als andere ältere Beschäftigte mit Gesundheitsproblemen zu kämpfen, sodass vorhersehbar ist, dass viele trotz höherer Altersgrenzen immer noch vergleichsweise früh aus dem Erwerbsleben ausscheiden müssen. Darüber hinaus haben sich die Arbeitsmarktchancen im sekundären Sektor insbesondere für niedrig Qualifizierte aufgrund der sektoralen Umbrüche in den untersuchten Ländern in den letzten Jahrzehnten massiv verschlechtert, sodass auch deshalb mit vorgezogenen Austritten aus dem Erwerbsleben und mit Abschlägen bei den Renten zu rechnen ist. In diesem Zusammenhang wird auch von ‚Arbeitsmarktinvalidität' gesprochen (Guillemard 1991; Kohli 1991). Daneben ist auch bei einer Stärkung der *privaten* Säule innerhalb des Rentensystems zu erwarten, dass sich soziale Ungleichheiten verschärfen.

3 Die Rolle nationaler institutioneller Rahmenbedingungen

Für das flexCAREER-Projekt haben wir Länder ausgewählt, die sich systematisch in den institutionellen Rahmenbedingungen, die für Erwerbsverläufe, Arbeitsmarktrisiken und Übergänge in die Rente relevant sind, unterscheiden. Dabei sind wir von der Annahme ausgegangen, dass nicht allein die Rentensysteme, sondern nationale *Institutionenpakete* betrachtet werden müssen, um Erwerbsverläufe und Rentenübergänge zu verstehen. Relevant erscheinen uns insbesondere die unterschiedlichen Ausgestaltungen 1. der Beschäftigungssysteme, 2. der beruflichen Bildungssysteme und des Systems lebenslangen Lernens und schließlich 3. der Wohlfahrtsregime mit den darin enthaltenen Rentensystemen (Buchholz et al. 2011).

Vereinfachend lassen sich *erstens* auf der einen Seite relativ *geschlossene Beschäftigungssysteme* mit gutem Kündigungsschutz, aber auch einer mehr oder weniger ausgeprägten Segmentation zwischen Insidern und Outsidern des Arbeitsmarktes sowie auf der anderen Seite relativ *offene Beschäftigungssysteme* mit schwachem Kündigungsschutz, mehr Fluktuation auf den Arbeitsplätzen und einer vergleichsweise geringen Segmentation zwischen Arbeitsmarktinsidern und -outsidern unterscheiden (Sørensen & Tuma 1981).² Zu den Ländern mit eher geschlossenen Beschäftigungssystemen gehören in unserer Studie Deutschland, die Niederlande, Schweden, Italien, Spanien und Ungarn, zu jenen mit eher offenen Systemen die liberal geprägten Wirtschaften der USA, Großbritanniens sowie tendenziell auch Estlands sowie Dänemarks. Dabei weist Dänemark eine Kombination von Offenheit (geringer Kündigungsschutz) und Sicherheit (hohe Sozialleistungen und aktive Arbeitsmarktpolitik) auf. In geschlossenen Beschäftigungssystemen sind ältere Erwerbstätige tendenziell besser vor Arbeitsmarktrisiken geschützt, da sie typischerweise zu den Insidern des Beschäftigungssystems gehören. Gleichzeitig förderte ihr relativ guter Schutz die Frühverrentungspraxis in diesen Ländern, da diese einen ‚sozial verträglichen' Weg darstellt, um Gruppen von Erwerbstätigen, die weniger gebraucht werden, aus der Beschäftigung auszuschließen (Buchholz et al. 2011).

Zweitens lassen sich in Bezug auf *berufliche Bildungssysteme* Länder mit sehr starker (Deutschland), starker (Niederlande, Dänemark) oder schwacher (alle übrigen Länder) beruflicher Spezifität unterscheiden. Beruflich spezifische Ausbildungen führen zu klaren Trennlinien zwischen Berufen, was Beschäftigten in diesen Berufen eine gewisse Sicherheit gibt, da der Kreis möglicher Mitbewerberinnen und Mitbewerber stark eingeengt wird. Allerdings werden dadurch auch die Möglichkeiten des Berufswechsels im Laufe des Lebens erheblich eingeschränkt (Blossfeld & Stockmann 1999; Müller & Shavit 1998). Obwohl die berufliche Ausbildung für ältere Beschäftigte normalerweise schon lange zurückliegt, ist sie gleichwohl noch relevant, da die Spezifität der Ausbildung die Möglichkei-

---

2   Eine in Grundzügen ähnliche Klassifizierung wurde von Soskice (1991; 1999) vorgeschlagen, der zwischen koordinierten und nicht koordinierten Marktökonomien unterscheidet. Soskice thematisiert dabei allerdings noch weitere institutionelle Charakteristiken, wie z. B. die Langfristigkeit der Finanzierung von Firmen sowie die Organisation der Aushandlungsprozesse zwischen Arbeitnehmern und Arbeitgebern.

ten eines Tätigkeitswechsels beeinflusst. Ebenfalls bedeutsam im Rahmen der beruflichen Bildung sind die Optionen für berufliche Weiterbildung. Im Hinblick auf diese unterscheiden sich die Länder in unserer Studie beträchtlich: Während die institutionellen Rahmenbedingungen in Deutschland, den Niederlanden, Italien und Spanien Qualifizierungsmöglichkeiten für ältere Beschäftigte nicht oder nur in geringem Umfang vorsehen, setzen die skandinavischen Länder schon seit vielen Jahren auf derartige Maßnahmen, um die Beschäftigungsfähigkeit aller – inklusive der älteren – Beschäftigten zu erhalten. Auch in Großbritannien und – mehr noch – in den USA werden Weiterqualifizierungen im gesamten Lebenslauf erwartet, allerdings wird hier entsprechend der liberalen Ideologie die Verantwortung beim Individuum gesehen, das selbst Möglichkeiten suchen und ergreifen soll, um seine Qualifikation an die Nachfrage auf dem Arbeitsmarkt anzupassen.

Drittens unterscheiden wir im Anschluss an Esping-Andersen (1990), Ferrera (1996) sowie Mills und Blossfeld (2005) zwischen liberalen, konservativen, sozialdemokratischen, fragmentierten (südeuropäischen) und postsozialistischen Wohlfahrtsregimen. Die Regime unterscheiden sich unter anderem im Grad der Dekommodifizierung sowie der Priorität, die der Vollbeschäftigung eingeräumt wird. So wirken beispielsweise Rentensysteme, die im vorliegenden Zusammenhang besonders relevant sind, in unterschiedlichem Ausmaß dekommodifizierend.

Insgesamt am besten gesichert erscheinen die älteren Beschäftigten in dem sozialdemokratischen Wohlfahrtsregime Dänemarks und Schwedens. Die Ziele Vollbeschäftigung und soziale Gleichheit haben in diesen Ländern eine sehr hohe Priorität. Durch aktive Arbeitsmarktpolitik wird versucht, Vollbeschäftigung zu erreichen. Das staatliche Rentensystem ist großzügig ausgebaut. Ein relativ später Übergang in die Rente wird jedoch erwartet. Frühverrentungen wurden zwar auch in Dänemark und Schweden eingesetzt, aber in deutlich geringerem Ausmaß und mit einer höheren Altersgrenze als zum Beispiel in Deutschland. Auch in Schweden und Dänemark gibt es in der Rentenversicherung mittlerweile neben der staatlichen auch eine private Säule, die allerdings nur einen sehr geringen Rentenanteil umfasst.

Im konservativen Wohlfahrtsregime Deutschlands und der Niederlande dominiert ebenfalls die staatliche Säule im Rentensystem; die Rentenhöhen sind allerdings stärker auf den Erhalt der während des Erwerbslebens erreichten relativen Einkommensposition ausgerichtet, wirken also weniger ungleichheitsreduzierend als in den skandinavischen Ländern. Darüber hinaus hat das Ziel der Vollbeschäftigung eine niedrigere Priorität; entsprechend ist die aktive Arbeitsmarktpolitik weniger gut ausgebaut. Die Anpassung an den wirtschaftlichen und technologischen Wandel wurde vor allem über Frühverrentungsprogramme bewältigt.

Im liberalen Wohlfahrtsregime der USA und Großbritanniens ist der Wohlfahrtsstaat vergleichsweise schwach ausgebaut, und das staatliche Rentensystem spielt nur eine untergeordnete Rolle für die Alterssicherung der Beschäftigten. Die Hauptlast liegt auf der privaten und betrieblichen Alterssicherung. Da auch andere staatliche Versicherungsformen, wie die Arbeitslosenversicherung, nur wenig Unterstützung bieten, sind ältere Erwerbstätige, die ihre Arbeit verlieren, primär auf ihre eigenen Ressourcen und Möglichkeiten angewiesen.

In den südlichen Ländern Europas ist der Wohlfahrtsstaat in vielerlei Hinsicht ähnlich schwach wie im liberalen Regime, allerdings mit einer Ausnahme, dem Rentensystem (Ferrera 1996). Vor allem in Italien sind die Renten generös, auch dann, wenn Beschäftigte vor der regulären Altersgrenze aus dem Erwerbsleben ausscheiden. Frühverrentungsprogramme wurden in großem Maßstab und mit vergleichsweise niedrigen Altersgrenzen eingeführt, um den beschäftigungsstrukturellen Wandel zu bewältigen. Das Ziel der Vollbeschäftigung bis in ein höheres Lebensalter genießt keine hohe Priorität; aktive Arbeitsmarktpolitik und Qualifizierungsmaßnahmen sind kaum existent. Eine Besonderheit in Italien und Spanien ist, dass nicht alle Beschäftigten über das öffentliche Rentensystem mit seinen Frühverrentungsoptionen abgesichert sind. Ein beträchtlicher Teil der Bevölkerung, welcher im informellen Sektor tätig oder selbstständig ist, ist auf seine eigenen oder verwandtschaftlichen Ressourcen angewiesen, um im Alter abgesichert zu sein.

Die früheren sozialistischen Länder Estland und Ungarn erfuhren seit dem Kollaps des politischen Systems Ende der 1980er Jahre grundlegende Veränderungen in ihrer wohlfahrtsstaatlichen Ausgestaltung. Vor der Transformation des politischen Systems gab es relativ intransparente Rentensysteme auf pay-as-you-go-Basis, die stark umverteilend wirkten (Fultz & Ruck 2000). Mit der Transformation kam es zu einem Einbruch der wirtschaftlichen Produktivität, einem massiven Anstieg der Arbeitslosigkeit und einem entsprechenden Rückgang der Beitragszahlenden in die Rentenkassen. Einzelne osteuropäische Länder (so auch Ungarn) führten Frühverrentungsprogramme ein, um die unmittelbaren negativen Auswirkungen der Transformation abzufedern (Fultz & Ruck 2000). Angesichts des wachsenden Missverhältnisses zwischen der sinkenden Zahl von Beitragszahlenden und der wachsenden Zahl von Rentenempfangenden haben einige osteuropäische Länder in den letzten Jahren ihre Alterssicherung reformiert. Hauptcharakteristika dieser Reformen sind der Übergang von einem umverteilenden zu einem beitragsabhängigen System, die Anhebung der Altersgrenze des regulären Rentenübergangs sowie die Reduktion der Rentenhöhe (Casey et al. 2003; Fortuny et al. 2003). Für ältere Arbeitslose sind die Möglichkeiten, wieder reguläre Arbeit zu finden, begrenzt: Die aktive Arbeitsmarktpolitik ist im Vergleich zu anderen europäischen Ländern sehr schwach ausgebaut (Riboud et al. 2002) und die Transfers an Arbeitslose wurden in den vergangenen Jahrzehnten stark reduziert (Cazes & Nesporova 2003).

Insgesamt gibt es beträchtliche Variationen in den Institutionenpaketen der untersuchten Länder, sodass sich Unterschiede in den Erwerbsverläufen von älteren Beschäftigten, im Zeitpunkt des Rentenübergangs, in den Rentenhöhen sowie in den Ungleichheitsmustern erwarten lassen. Generell gilt für alle untersuchten Länder jedoch, dass sie in den vergangenen Jahrzehnten einerseits mit den Auswirkungen des verstärkten globalen wirtschaftlichen Wettbewerbs zu kämpfen hatten und sich andererseits zunehmend Finanzierungsproblemen der Renten gegenüber sahen, die zumindest teilweise aus dem Wandel der Altersstruktur resultieren. Diese haben zu Reformen der Rentenversicherungssysteme geführt – mit einer Rücknahme von Frühverrentungsoptionen, höheren Regelaltersgrenzen beim Rentenübergang und der Stärkung (oder Einführung) einer privaten Säule der Alterssicherung.

4 Forschungsdesign der Mikrodatenanalysen

Die Forschungsstrategie im flexCAREER-Projekt besteht darin, für die einzelnen Länder zum einen die institutionellen Besonderheiten und ihre Veränderungen in den vergangenen Jahren zu analysieren und zum anderen Mikrodatenanalysen durchzuführen. Letztere beziehen sich meist auf den Zeitraum ab den 1980er Jahren; mehrere Geburtskohorten werden (in aller Regel) ab dem Alter von 50 Jahren im Hinblick auf Fragen (a) zur Destabilisierung des späten Erwerbsverlaufs, (b) zum Timing des Rentenübergangs und (c) zur Phase nach dem Rentenübergang untersucht. Abhängige Ereignisse sind für (a): das Risiko der Arbeitslosigkeit, die Chance des Wiedereinstiegs in die Erwerbstätigkeit aus Arbeitslosigkeit und das Risiko von Einkommensabstiegen, für (b): der Zeitpunkt des ersten Bezugs von Rente ohne gleichzeitige reguläre Voll- oder Teilzeiterwerbstätigkeit und für (c): die Höhe der Rente sowie die Wahrscheinlichkeit des Wiedereintritts in Erwerbsarbeit. Nicht für alle Länder konnten sämtliche Analysen durchgeführt werden, entweder weil entsprechende Informationen in den verfügbaren Daten fehlten oder weil die interessierenden Ereignisse in dem jeweiligen Land empirisch wenig relevant sind (Tabelle 1). So wird der Wiedereintritt in Erwerbstätigkeit nach dem Rentenübergang nur für die USA untersucht, da Wiedereintritte nur in diesem Land ein empirisch relevantes Phänomen darstellen. Zwar gibt es zwischen den länderspezifischen Analysen gewisse Differenzen, aber im Hinblick auf die einbezogenen Variablen konnte eine weitgehende Standardisierung erreicht werden und auch für die ausgewählten Geburtskohorten gilt, dass in fast allen Ländern Jahrgänge aus den 1930er und 1940er Jahren einbezogen wurden. Somit ist trotz gewisser Einschränkungen ein Vergleich der empirischen Befunde zwischen den verschiedenen Ländern möglich.

5 Empirische Befunde zum Wandel der späten Erwerbsphase und des Rentenübergangs innerhalb verschiedener institutioneller Rahmenbedingungen

Nach den Analysen im Rahmen des flexCAREER-Projekts ist in allen untersuchten Ländern – nach Jahrzehnten der Verkürzung – in den letzten Jahren eine Tendenz zu einer Verlängerung des Erwerbsverlaufs festzustellen. Gleichzeitig scheint es keinen generellen Trend hin zu mehr Instabilität und Unsicherheit im späten Erwerbsverlauf gegeben zu haben. Zudem ist es bislang nicht zu einem allgemeinen Absinken der Renteneinkommen über die Geburtskohorten gekommen. Allerdings ist in manchen Ländern eine Verstärkung von Ungleichheiten zwischen hoch und niedrig Qualifizierten in einzelnen Aspekten (z. B. dem Arbeitslosigkeitsrisiko) zu beobachten. Insgesamt gibt es zwischen den untersuchten Ländern im Ausmaß der Veränderungen beträchtliche Differenzen, welche stark mit den nationalen institutionellen Rahmenbedingungen kovariieren.

5.1 Konservatives Regime: Deutschland und die Niederlande

Ein relativ geschlossenes Beschäftigungssystem, vergleichsweise starke berufliche Segmentierung (aufgrund der beruflichen Ausbildungssysteme), geringe Bedeutung aktiver Arbeitsmarktpolitik sowie – bis vor kurzem – umfassende Frühverrentungsprogramme sind wichtige Kennzeichen des institutionellen Regimes der Niederlande und Deutschlands. In beiden Ländern wurden in jüngerer Zeit die Frühverrentungsprogramme sowie spezifische Regelungen der Arbeitslosenversicherung (in Deutschland) und der Erwerbsunfähigkeitsversicherung (in den Niederlanden), die einen relativ problemlosen Übergang in den vorzeitigen Ruhe-

Tabelle 1 Deskription der länderspezifischen Mikrodatenanalysen: Abhängige Variablen, analysierte historische Perioden, Altersspannen und Geburtskohorten

		Arbeitslosigkeit *			Abstiegsmobilität (Einkommen) **		
	Periode	Alter (in Jahren)	Kohorten	Fallzahl	Alter (in Jahren)	Kohorten	Fallzahl
Deutschland	1984–2007	50+	1934–51	3 108	50+	1934–51	3 108
Niederlande***	1990–2001	50–64	1939–46	1 564	50–64	1939–46	1 224
Italien	1980–2005	50–65	1930–54	2 443	–	–	–
Spanien	1981–2006	58–65	1941–48	5 726	–	–	–
Großbritannien	1991–2006	–	–	–	50+	1940–55	1 265
USA	1981–2006	50+	1931–41	4 972	50+	1931–41	4 065
Dänemark	1980–2006	50–65	1930–56	72 917	50–65	1930–56	63 611
Schweden ****	1981–2007	51–64	1931–51	47 629	52–64	1931–51	6 059
Estland*****, ******	1981–2004	50+	1940–54	902	50+	1930–54	2 335
Ungarn	1988–2003	40+	1934–48	938	–	–	–

Tabelle 1   Fortsetzung

		Übergang in die Rente			Rentenhöhe		
	Periode	Alter (in Jahren)	Kohorten	Fallzahl	Alter (in Jahren)	Kohorten	Fallzahl
Deutschland	1984–2007	50+	1934–51	3 415	50+	1934–51	1 206
Niederlande	1990–2001	50–65	1939–46	3 329	50–65	1939–46	1 000
Italien	1980–2005	50+	1930–54	2 528	–	–	–
Spanien	1981–2006	58–65	1941–48	5 726	50+	1901–54	945
Großbritannien	1991–2006	55+	1935–50	1 533	50+	1940–55	1 250
USA	1981–2006	50+	1931–41	5 094	50+	1931–41	7 139
Dänemark	1980–2006	50–69	1930–56	78 020	50+	1930–41	19 738
Schweden	1981–2007	60+	1931–47	46 147	60+	1931–47	22 248
Estland	1981–2004	50+	1930–54	2 378	–	–	–
Ungarn	1988–2003	40+	1934–48	938	50+	1929–53	913

Quelle: Kurz et al. (2011: 314).

* Der Status ‚Arbeitslosigkeit' wurde über Selbsteinschätzung der Befragten oder über Informationen aus Registerdaten bestimmt, ** Als Abstiegsmobilität wurden Einkommensabstiege von 10 % und mehr operationalisiert, *** Die Analysen zur Arbeitslosigkeit beziehen sich für die Niederlande auf alle Übergänge aus Erwerbsarbeit, **** Die Analysen zur Einkommensmobilität für Schweden beziehen sich nur auf Mobilität im Anschluss an Arbeitslosigkeit, ***** Bei den Analysen für Arbeitslosigkeit wurde die Periode von 1990 bis 2004 abgedeckt, ****** Wegen Datenrestriktionen beziehen sich die Mobilitätsanalysen auf Mobilität im Berufsstatus.

stand sicherstellten, zurückgenommen (Gesthuizen & Wolbers 2011; Rinklake & Buchholz 2011).

Im Einklang mit den Veränderungen der institutionellen Rahmenbedingungen, die auf eine Verlängerung des Erwerbslebens für die jüngeren untersuchten Geburtskohorten setzten, zeigen die empirischen Analysen für die beiden Länder zunehmend spätere Übergänge in die Rente. Allerdings findet der Rentenzugang immer noch vergleichsweise früh, das heißt vor der regulären Rentenaltersgrenze, statt (Gesthuizen & Wolbers 2011; Rinklake & Buchholz 2011). Dies deutet darauf hin, dass nicht alle Beschäftigten die erwartete längere Lebensarbeitszeit realisieren wollen oder können und möglicherweise in den letzten Berufsjahren mit beruflichen Problemen zu kämpfen haben. In der Tat zeigen die Befunde für Deutschland, dass in den jüngeren Geburtskohorten das Risiko von Einkommensabstiegen im späten Berufsverlauf zugenommen und die Chancen von Einkommenssteigerungen gesunken sind. Das Arbeitslosigkeitsrisiko ist hingegen über die Kohorten hinweg nicht gestiegen, sondern ist im Gegenteil gesunken. Die stärkere Verbreitung von Arbeitslosigkeit in den älteren Kohorten hängt damit zusammen, dass Arbeitslosigkeit ein etablierter Weg in den Vorruhestand war, welcher mittlerweile stark eingeschränkt wurde. Es gibt gleichzeitig deutliche Hinweise, dass die Ungleichheiten zwischen niedrig und hoch Qualifizierten über die Kohorten gestiegen sind: in der jüngsten Kohorte haben niedrig Qualifizierte ein überdurchschnittlich hohes Arbeitslosigkeitsrisiko; sie gehen zudem – insbesondere im Produktionsbereich – nach wie vor früher als höher Qualifizierte in Rente und müssen daher Abschläge in Kauf nehmen (Rinklake & Buchholz 2011). Vergleichbare empirische Befunde lassen sich für die Niederlande nicht finden. Allerdings ist die niederländische Studie aufgrund fehlender Daten auf die Entwicklung bis zum Jahr 2001 begrenzt, sodass mögliche Auswirkungen der Rentenreformen für die jüngeren Geburtskohorten nicht mehr abgebildet werden konnten.

5.2 Südeuropäisches (fragmentiertes) Regime: Italien und Spanien

Zentrale institutionelle Charakteristika der beiden südeuropäischen Länder Italien und Spanien sind die starke Geschlossenheit des Beschäftigungssystems mit der resultierenden Insider-/Outsider-Problematik, eine schwächere berufliche Segmentation als etwa in Deutschland, eine praktisch fehlende aktive Arbeitsmarktpolitik und ein relativ großzügiges Rentensystem, von dem allerdings ein Teil der Erwerbsbevölkerung, nämlich Selbstständige und Beschäftigte im informellen Sektor, ausgeschlossen ist. Von Frühverrentungsoptionen wurde in den letzten Jahrzehnten in großem Umfang Gebrauch gemacht. Mittlerweile wurden jedoch auch in diesen Ländern Rentenreformen mit dem Ziel der Erhöhung des Renteneintrittsalters verabschiedet; allerdings betreffen diese nur jüngere Geburtskohorten, die den Rentenübergang noch vor sich haben (Barbieri & Scherer 2011; Radl & Bernardi 2011). Deshalb waren in den durchgeführten Analysen noch keine Auswirkungen dieser Reformen zu erwarten. Gleichwohl zeigen die Ergebnisse für Spanien und Italien, dass es in den vergangenen Jahren zu einer – wenn auch geringfügigen – Erhöhung des Alters beim Rentenzugang gekommen ist (Barbieri & Scherer 2011; Radl & Bernardi 2011). Ein Rückgang der Renteneinkommen ist über die Kohorten für Italien nicht festzustellen.[3] In Bezug auf den Berufsverlauf ab dem Alter von 50 Jahren zeigt sich eine leichte Erhöhung des Arbeitslosigkeitsrisikos in Italien (Barbieri & Scherer 2011).[4] Insgesamt zeigen die empirischen Analysen, dass im südeuropäischen Regime ältere Beschäftigte immer noch relativ gut geschützt sind und derzeit noch wenig Druck in Richtung eines verlängerten Erwerbsverlaufs ausgeübt wird. Allerdings sind in Italien mit dem gestiegenen Arbeitslosigkeitsrisiko erste Anzeichen einer Verschlechterung der Situation der älteren Arbeitnehmerinnen und Arbeitnehmer erkennbar.

5.3 Liberales Regime: Großbritannien und die USA

Die Beschäftigungssysteme in den liberal geprägten Ländern sind durch eine große Offenheit und eine relativ geringe berufliche Segmentierung gekennzeichnet. Damit erhöht sich zwar das Risiko von Arbeitslosigkeit, aber im Gegenzug sollten auch die Möglichkeiten einer Wiederbeschäftigung hoch sein. Die Absicherung über die staatliche Altersversorgung ist gering und eine aktive Arbeitsmarktpolitik ist wenig entwickelt. Frühverrentungsoptionen wurden im Gegensatz zu den bisher behandelten Ländern in den vergangenen Jahrzehnten nur sehr begrenzt angeboten. Angesichts dieser institutionellen Charakteristika ist zu erwarten, dass die Erwerbsverläufe in den USA und Großbritannien vergleichsweise lang, allerdings aufgrund des geringen Schutzes gegenüber Marktrisiken auch relativ instabil sein sollten. Zudem sind durch die fehlende Abfederung von Marktmechanismen im Vergleich zu den anderen Regimen größere Ungleichheiten zwischen hoch und niedrig Qualifizierten anzunehmen. Eine offene Frage ist, ob die

---

3 Für Spanien konnten entsprechende Analysen nicht durchgeführt werden.
4 Auch für diesen Bereich liegen keine vergleichbaren Analysen für Spanien vor.

zunehmend schnelleren wirtschaftlichen Wandlungsprozesse und immer wieder auftretenden Turbulenzen an den (Finanz-)Märkten diese Unsicherheiten und Ungleichheiten weiter verschärft haben.

Die empirischen Befunde stehen weitgehend im Einklang mit unseren Erwartungen. Die Risiken von Arbeitslosigkeit[5] und Einkommensmobilität sind vergleichsweise hoch. Die Ergebnisse zeigen daneben, dass auch in den USA und Großbritannien in den letzten Jahren das Alter beim Renteneintritt leicht angestiegen ist (O'Rand & Hamil-Luker 2011; Schmelzer 2011). Für Großbritannien scheint dies primär mit den verbesserten makroökonomischen Bedingungen, die eine längere Erwerbstätigkeit erlauben, zusammenzuhängen (Schmelzer 2011). Die Analysen für die USA zeigen, dass der Zeitpunkt des Renteneintritts in jüngeren Geburtskohorten nicht nur mit den Entwicklungen am Arbeitsmarkt, sondern auch mit jenen am Aktienmarkt korreliert. Hintergrund dieses Zusammenhangs ist, dass private Firmenrenten zunehmend über Aktienfonds und ähnliche Instrumente finanziert werden und damit die Rentenhöhe erheblichen Marktschwankungen ausgesetzt sein kann (O'Rand & Hamil-Luker 2011). Unter anderem aufgrund dieser Abhängigkeit vom Aktienmarkt ist in den USA in der jüngsten untersuchten Geburtskohorte vermehrt das Phänomen des so genannten ‚unretirement' zu beobachten. Personen, die sich schon im Ruhestand befinden, kehren in eine Erwerbstätigkeit zurück, um ihre Renten aufzubessern (O'Rand & Hamil-Luker 2011). Die Rentenhöhe ist nach Schmelzer (2011) in Großbritannien über die Geburtskohorten gestiegen; in den USA haben sich die Einkommen aus staatlichen Renten reduziert, diejenigen aus privaten Firmenrenten jedoch erhöht. Im Hinblick auf die Entwicklung sozialer Ungleichheiten zwischen niedrig und hoch Qualifizierten und den Angehörigen verschiedener Berufsklassen zeigt sich nur bei einzelnen Indikatoren eine Verschärfung. So hat sich nach O'Rand und Hamil-Luker (2011) in den USA zunehmend die Schere zwischen Bildungsgruppen beim Arbeitslosigkeitsrisiko (für Männer) und beim Risiko von ‚unretirement' (für beide Geschlechter) geöffnet. Für Großbritannien zeigen die Kohortenanalysen von Schmelzer (2011) eine Vergrößerung der Ungleichheit zwischen beruflichen Klassen bei der Einkommensmobilität und der Höhe der Renteneinkommen.

---

5 Arbeitslosigkeitsrisiken wurden nur für die USA, nicht aber für Großbritannien untersucht.

5.4 Sozialdemokratisches Regime: Dänemark und Schweden

In beiden Ländern werden aktive Arbeitsmarktpolitik und zahlreiche Maßnahmen zur Sicherung der Beschäftigungsfähigkeit eingesetzt, um das Ziel der Vollbeschäftigung zu realisieren. Während das schwedische Beschäftigungssystem vergleichsweise geschlossen ist, ist das dänische System relativ offen. Das regulär vorgesehene Alter beim Rentenübergang ist seit Jahrzehnten relativ hoch und Frühverrentungsoptionen wurden nie im gleichen Ausmaß angeboten wie im konservativen und im fragmentierten Regime. Das Alterssicherungssystem ist in öffentlicher Hand; allerdings wurden in den letzten Jahren private Elemente der Altersvorsorge verstärkt (Schilling & Larsen 2011; Sjögren-Lindquist 2011). Angesichts dieses Institutionenpakets stellt sich nicht die Frage nach dem Anstieg beruflicher Unsicherheit durch eine Rücknahme von Frühverrentungsoptionen. Stattdessen ist zu fragen, inwieweit die stark auf Beschäftigungsfähigkeit setzende Strategie in Schweden und Dänemark angesichts des Wandels der Berufs- und Branchenstrukturen an ihre Grenzen stößt und Instabilitäten im Berufsverlauf sowie Ungleichheiten zwischen verschiedenen Qualifikationsgruppen zunehmen, und ob Elemente der Privatisierung der Rentensysteme zu einem Ansteigen von sozialen Ungleichheiten führen.

Die Ergebnisse der beiden Länderstudien (Schilling & Larsen 2011; Sjögren-Lindquist 2011) lassen ähnlich wie in den liberal geprägten Wohlfahrtsstaaten nach wie vor einen relativ späten Rentenübergang erkennen, der sich in den jüngsten Kohorten noch etwas erhöht hat. Jedoch sind Arbeitslosigkeit und berufliche Instabilitäten in der späten Erwerbskarriere erwartungsgemäß deutlich weniger verbreitet als im liberalen Regime. Die Wiederbeschäftigungschancen im Anschluss an Arbeitslosigkeit sind dabei relativ hoch; die aktive Arbeitsmarktpolitik in beiden Ländern scheint also erfolgreich zu sein. Allerdings kommt es durchaus zu Abstiegen im Erwerbsverlauf, wobei sich die Risiken im Kohortenverlauf nicht verändert haben. Die Rentenhöhe ist über die Geburtskohorten weder in Schweden noch in Dänemark gesunken, sondern im Gegenteil angestiegen. Allerdings lässt sich für Schweden beobachten, dass sich die Differenz in den Rentenhöhen zwischen hoch und niedrig Qualifizierten in den jüngsten Kohorten vergrößert hat, was vermutlich auf die Rentenreformen zurückzuführen ist (Sjögren-Lindquist 2011). In Bezug das Arbeitslosigkeitsrisiko lässt sich schließlich für Dänemark, nicht aber für Schweden eine leichte Verstärkung von Ungleichheiten zwischen verschiedenen Qualifikationsgruppen feststellen.

5.5 Die postsozialistischen Länder: Estland und Ungarn

Für Estland und Ungarn erwarten wir aufgrund des Systemwechsels – der Einführung von Markt- und Effizienzprinzipien – weit größere Veränderungen in den Erwerbsverläufen und Rentenübergängen als in den anderen untersuchten Ländern. Im Zuge der Transformation und der Öffnung für den globalen wirtschaftlichen Wettbewerb kam es zudem zu einem massiven Schrumpfen von Industrie- und Agrarsektor. Deshalb ist ein enormes Ansteigen von Beschäftigungsrisiken (auch) für Ältere sowie eine Zunahme vorgezogener Rentenübergänge während der Transformationsphase zu vermuten. Daneben erwarteten wir aufgrund des Wandels zu einer marktorientierten Wirtschaft auch ein Anwachsen sozialer Ungleichheiten zwischen Beschäftigtengruppen, allerdings mit charakteristischen Unterschieden zwischen den beiden untersuchten Ländern, da Estland einen stärker marktliberal geprägten politischen Kurs in Bezug auf Beschäftigungsschutz und sozialpolitische Absicherung eingeschlagen hat.

Die empirischen Befunde für Estland und Ungarn zeigen, dass in der Übergangsperiode Frühverrentungen und Arbeitslosigkeit häufig waren, wobei dieser Trend sich im Laufe der 1990er Jahre aufgrund von verbesserten makroökonomischen Bedingungen und Rentenreformen umkehrte (Täht et al. 2011; Veira-Ramos & Bukodi 2011). Während Ungarn Entlassungen von älteren Arbeitskräften zunächst mit Frühverrentungsprogrammen (später durch Erwerbsunfähigkeitsrenten) abfederte, wurden in Estland Arbeitskräfte in großem Umfang in die Arbeitslosigkeit entlassen. Auch ist in Ungarn im Gegensatz zu Estland das Risiko von beruflichen Abstiegen im späten Erwerbsverlauf sehr niedrig. In Bezug auf die Höhe der Renteneinkommen unterscheiden sich die beiden Länder ebenfalls in charakteristischer Weise: Während ein großer Anteil der Rentnerhaushalte in Estland Einkommen unter der Armutsgrenze bezieht, ist dies für Ungarn nicht der Fall. In Bezug auf die Entwicklung sozialer Ungleichheit zwischen verschiedenen beruflichen Klassen beziehungsweise unterschiedlich qualifizierten Beschäftigten kann aufgrund von Datenrestriktionen leider nur wenig gesagt werden. Die einzige relevante Analyse bezieht sich auf Arbeitslosigkeitsrisiken im späten Erwerbsverlauf. Darin zeigt sich für Ungarn, dass die sozialen Ungleichheiten über die Kohorten leicht angestiegen sind, während sie für Estland gleich geblieben sind (Täht et al. 2011; Veira-Ramos & Bukodi 2011).

6 Fazit

Ausgangspunkt unseres Forschungsprojektes war die Frage, inwieweit wirtschaftliche Globalisierung und demografische Alterung in verschiedenen OECD-Ländern zu Veränderungen im späten Erwerbsverlauf und beim Übergang in den Ruhestand geführt haben. Wir argumentierten dabei *erstens,* dass mit dem verstärkten globalen Wettbewerb, welcher Unternehmen zu schnellerer Anpassung an Marktveränderungen zwingt, auch die älteren Arbeitskräfte zu Anpassungsleistungen gezwungen werden und/oder verstärkt aus dem Erwerbsleben ausscheiden müssen. *Zweitens* stellten wir fest, dass mit der Problematisierung der Alterung der Beschäftigtenstruktur und der Belastung der Rentenkassen ein Politikwechsel stattgefunden hat, mit dem Ziel, ältere Arbeitskräfte länger in Beschäftigung zu halten, indem Frühverrentungsoptionen zurückgenommen, die Regelaltersgrenze für den Renteneintritt erhöht und teilweise die private Alterssicherung ausgebaut wurde. Durch diese Maßnahmen wird ein erhöhter Druck auf Ältere ausgeübt, länger berufstätig zu bleiben, was allerdings für manche Beschäftigte – insbesondere für jene mit niedrigen oder weniger gefragten Qualifikationen – gerade in Anbetracht des schnellen wirtschaftlichen Wandels schwierig sein dürfte. Im Ergebnis erwarteten wir also aufgrund des verschärften globalen Wettbewerbs und der Rentenreformen zum einen eine Zunahme von Unsicherheiten im späten Erwerbsverlauf über die Geburtskohorten, verbunden mit einem Aufschub des Rentenübergangs in ein höheres Lebensalter sowie eventuell einem Rückgang der Rentenhöhe, wenn Arbeitskräfte der Forderung eines späteren Renteneintritts nicht erfüllen können (oder wollen). Damit verknüpft vermuten wir zum anderen eine Verschärfung der Ungleichheiten zwischen unterschiedlich qualifizierten Beschäftigtengruppen im späten Erwerbsverlauf und im Renteneinkommen. *Drittens* nahmen wir jedoch an, dass die verschiedenartigen Ausgestaltungen der nationalen Institutionenpakete zu einer großen Variationsbreite in den postulierten Veränderungen im späten Erwerbsverlauf und beim Übergang in die Rente führen.

Die empirischen Ergebnisse unserer Länderstudien haben gezeigt, dass es in der Tat je nach institutioneller Ausgestaltung unterschiedliche Entwicklungen gibt. Am besten geschützt erscheinen nach wie vor die Beschäftigten im sozialdemokratisch geprägten Regime. Dort hatte die Rücknahme von Frühverrentungsoptionen aufgrund ihrer ohnehin geringeren Großzügigkeit und Verbreitung weniger Brisanz und baute weniger Druck für die Beschäftigten auf. Der Renteneintritt erfolgt in diesen Ländern seit Jahrzehnten schon vergleichsweise spät; es änderte sich also an diesem Punkt nur wenig. Gleichzeitig werden etwaige Beschäftigungsprobleme im späten Erwerbsverlauf durch aktive Arbeitsmarktpolitik und Weiterqualifizierungsmaßnahmen aufgefangen, die bei Arbeitslosigkeit zu einer relativ hohen Rate von Wiedereinstiegen in die Erwerbstätigkeit beitragen. Gleichwohl gibt es Anzeichen, dass auch in Dänemark und Schweden soziale Ungleichheiten (im Arbeitslosigkeitsrisiko beziehungsweise in den Renteneinkommen) etwas zugenommen haben.

Ein ganz anderes Bild ergibt sich für das konservativ geprägte Regime, das unter anderem durch eine großzügige Frühverrentungspraxis und eine Zurückhaltung bei der Weiterqualifizierung von Älteren gekennzeichnet ist. In Deutschland scheint die Rücknahme von Frühverrentungsoptionen tatsächlich zu einer größeren Verbreitung von instabilen späten Erwerbsphasen und zu einer Zunahme sozialer Ungleichheiten (beim Arbeitslosigkeitsrisiko und bei den Renteneinkommen) geführt zu haben. Leider konnten für die Niederlande – dem zweiten Vertreter des konservativen Regimes – mögliche Auswirkungen der Rentenreformen nicht untersucht werden, da Daten nur bis 2001 vorlagen.

Für die südeuropäischen Länder Spanien und Italien sind zwar aktuellere Daten verfügbar, aber die Einschränkung der Frühverrentungsoptionen betrifft jüngere Geburtskohorten, die noch nicht im Rentenalter sind. Erst zukünftige Analysen können für die genannten Länder zeigen, ob die vermutete Verschlechterung der Situation von älteren Beschäftigten tatsächlich eintritt.

Den deutlich größten Risiken und Ungleichheiten stehen Beschäftigte und Rentnerinnen und Rentner in den liberal geprägten Ländern USA und Großbritannien gegenüber. Im Kern besteht in diesem Regime das Problem einer starken Marktabhängigkeit, die nur wenig durch wohlfahrtsstaatliche Absicherungen aufgefangen wird. Dies führt in den USA sogar dazu, dass – aufgrund der Abhängigkeit privater Firmenrenten von Aktienmarktentwicklungen – Rentnerinnen und Rentner zum Teil wieder eine Erwerbsarbeit suchen müssen, da ihre Renten zu niedrig sind (‚unretirement'). Die Ungleichheiten zwischen beruflichen Klassen beziehungsweise unterschiedlich qualifizierten Beschäftigten sind bei Arbeitslosigkeitsrisiken, beruflichen Abstiegen und Aufstiegen sowie Renteneinkommen hoch und haben zum Teil über die Kohorten hinweg noch zugenommen.

Die beiden postsozialistischen Länder, Ungarn und Estland, unterscheiden sich deutlich in der Entwicklung ihrer institutionellen Arrangements nach dem Systemwechsel. Estland schlug, anders als Ungarn, einen stärker marktliberal geprägten Weg ein. Dies spiegelt sich in stärkeren Unsicherheiten und Instabilitäten im späten Erwerbsverlauf in der Phase nach der Übergangsperiode (im Verlauf der 1990er Jahre) in Estland wider. Aufgrund von Datenrestriktionen konnten Entwicklungen der sozialen Ungleichheit nur ansatzweise untersucht werden.

Als Fazit ist zunächst festzuhalten, dass sich im Zuge von globalem Wettbewerb und demografischem Wandel in den verschiedenen Ländern die Erwerbsverläufe und Rentenübergänge sowie das Ausmaß sozialer Ungleichheit nicht angeglichen haben. Erwerbsverläufe sind regimespezifisch in unterschiedlichem Ausmaß von Instabilitäten und sozialen Ungleichheiten geprägt. Staatliche Eingriffe scheinen damit sehr wohl in der Lage zu sein, Beschäftigungs- und Einkommensrisiken in modernen Gesellschaften zu steuern. Gleichzeitig ist festzuhalten, dass es in manchen Ländern – in Deutschland, aber auch in Schweden und Dänemark – einzelne mehr oder weniger starke Anzeichen für eine Verstärkung der Arbeitsmarktrisiken von Älteren und für eine Verschärfung von sozialen Ungleichheiten gibt. Diese Anzeichen sind umso bedeutsamer, als wir derzeit nur die *ersten* Auswirkungen der Rentenreformen beobachten. Erst zukünftige Studien können zeigen, in welche Richtung sich die untersuchten Gesellschaften im Hinblick auf Arbeitsmarkt- und Einkommensrisiken im Alter in den nächsten Jahren entwickeln werden.

Literatur

Barbieri, P., & Scherer, S. (2011). Retirement in Italy: Rising Social Inequalities across Generations. In H.-P. Blossfeld, S. Buchholz & K. Kurz (Hrsg.), *Aging Populations, Globalization and the Labor Market. Comparing Late Working Life and Retirement in Modern Societies* (S. 91–120). Cheltenham u. a. Edward Elgar Publishing.

Blossfeld, H.-P., & Stockmann, R. (1999). The German Dual System in Comparative Perspective. *International Journal of Sociology, 28(4)*, 3–28.

Blossfeld, H.-P., Buchholz, S., & Hofäcker, D. (Hrsg.) (2006). *Globalization, Uncertainty and Late Careers in Society*. London u. a.: Routledge.

Blossfeld, H.-P., Buchholz, S., & Kurz, K. (Hrsg.) (2011). *Aging Populations, Globalization and the Labor Market. Comparing Late Working Life and Retirement in Modern Societies*. Cheltenham: Edward Elgar Publishing.

Börsch-Supan, A. (2000). Incentive Effects of Social Security on Labor Force Participation: Evidence in Germany and across Europe. *Journal of Public Economics, 78(1-2)*, 25–50.

Buchholz, S., Hofäcker, D., & Blossfeld, H.-P. (2006). Globalization, Accelerating Economic Change and Late Careers. A Theoretical Framework. In H.-P. Blossfeld, S. Buchholz & D. Hofäcker (Hrsg.), *Globalization, Uncertainty and Late Careers in Society* (S. 1–23). London u. a.: Routledge.

Buchholz, S., Rinklake, A., Schilling, J., Kurz, K., Schmelzer, P., & Blossfeld, H.-P. (2011). Aging Populations, Globalization and the Labor Market: Comparing Late Working Life and Retirement in Modern Societies. In H.-P. Blossfeld, S. Buchholz & K. Kurz (Hrsg.), *Aging Populations, Globalization and the Labor Market. Comparing Late*

Working Life and Retirement in Modern Societies (S. 3–32). Cheltenham: Edward Elgar Publishing.

Casey, B., Oxley, H., Whitehouse, E. R., Antolín, P., Duval, R., & Leibfritz, W. (2003). *Policies for an Ageing Society: Recent Measures and Areas for Further Reform*. Paris: OECD.

Castells, M. (2000). *The Rise of the Network Society. The Information Age: Economy, Society and Culture*. Oxford: Blackwell Publishers.

Cazes, S., & Nesporova, A. (2003). *Labour Markets in Transition: Balancing Flexibility and Security in Central and Eastern Europe*. Genf: International Labour Office (ILO).

Ebbinghaus, B. (2008). Comparative Regime Analysis: Early Exit from Work in Europe, Japan, and the USA. In L. Kenworthy & A. Hicks (Hrsg.), *Methods and Substance in Macro-Comparative Analysis* (S. 260–289). Basingstoke: Palgrave Maxmillan.

Esping-Andersen, G. (1990). *The Three Worlds of Welfare Capitalism*. Princeton/New Jersey: Princeton University Press.

Ferrera, M. (1996). The „Southern Model" of Welfare in Social Europe. *Journal of European Social Policy, 6(1)*, 17–37.

Fortuny, M., Nesporova, A., & Popova, N. (2003). *Employment Promotion Policies for Older Workers in the EU Accession Countries, the Russian Federation and Ukraine*. Genf: International Labour Office (ILO).

Fultz, E., & Ruck, M. (2000). *Pension Reform in Central and Eastern Europe: An Update on the Restructuring of National Pension Schemes in Selected Countries*. Genf: International Labour Office (ILO).

Gesthuizen, M., & Wolbers, M. (2011). Late Career Instability and the Transition into Retirement of Older Workers in the Netherlands. In H.-P. Blossfeld, S. Buchholz & K. Kurz (Hrsg.), *Aging Populations, Globalization and the Labor Market. Comparing Late Working Life and Retirement in Modern Societies* (S. 65–90). Cheltenham: Edward Elgar Publishing.

Gruber, J., & Wise, D. (1999). *Social Security and Retirement around the World*. Chicago: University Press.

Gruber, J., & Wise, D. (2004). *Social Security Programs and Retirement around the World: Micro-Estimation*. Chicago: University Press.

Guillemard, A.-M. (1991). Die Destandardisierung des Lebenslaufs in den europäischen Wohlfahrtsstaaten. *Zeitschrift für Sozialreform, 37(10)*, 620–39.

Guillén, M. (2001). Is Globalization Civilizing, Destructive or Feeble? A Critique of Five Key Debates in the Social Science Literature. *Annual Review of Sociology, 27*, 235–60.

Hofäcker, D., & Pollnerová, S. (2006). Late Careers and Career Exits. An International Comparison of Trends and Institutional Background Patterns. In H.-P. Blossfeld, S. Buchholz & D. Hofäcker (Hrsg.), *Globalization, Uncertainty and Late Careers in Society* (S. 25–53). London u. a.: Routledge.

Kohli, M., Rein, M., Guillemard, A.-M., & van Gunsteren, H. (1991). *Time for Retirement: Comparative Studies of Early Exit from the Labor Force*. Cambridge u. a.: Cambridge University Press.

Kurz, K., Buchholz, S., Veira-Ramos, A., Rinklake, A., & Blossfeld, H.-P. (2011). Comparing Late Working Life and Retirement in Europe and the US: The Development of Social Inequalities in Times of Globalization and Aging Societies. In H.-P. Blossfeld,

S. Buchholz & K. Kurz (Hrsg.), *Aging Populations, Globalization and the Labor Market. Comparing Late Working Life and Retirement in Modern Societies* (S. 311–325). Cheltenham: Edward Elgar Publishing.

Mills, M., & Blossfeld, H.-P. (2005). Globalization, Uncertainty and the Early Life-Course. A Theoretical Framework. In H.-P. Blossfeld, E. Klijzing, M. Mills & K. Kurz (Hrsg.), *Globalization, Uncertainty and Youth in Society* (S. 1–24). London u. a.: Routledge.

Müller, W., & Shavit, Y. (1998). The Institutional Embeddedness of the Stratification Process. A Comparative Study of Qualifications and Occupations in Thirteen Countries. In W. Müller & Y. Shavit (Hrsg.), *From School to Work: a Comparative Study of Educational Qualifications and Occupational Destinations* (S. 1–48). Oxford: Clarendon Press.

OECD (2007). *Pensions at a Glance. Public Policies across OECD Countries.* Paris: OECD.

Ohmae, K. (1990). *The Borderless World.* New York: Harper Business.

O'Rand, A., & Hamil-Luker, J. (2011). Late Employment Careers, Transitions to Retirement and Retirement Income in the United States. In H.-P. Blossfeld, S. Buchholz & K. Kurz (Hrsg.), *Aging Populations, Globalization and the Labor Market. Comparing Late Working Life and Retirement in Modern Societies* (S. 283–307). Cheltenham u. a.: Edward Elgar Publishing.

Radl, J., & Bernardi, F. (2011). Pathways from Work to Retirement and Old Age Inequality in Spain. In H.-P. Blossfeld, S. Buchholz & K. Kurz (Hrsg.), *Aging Populations, Globalization and the Labor Market. Comparing Late Working Life and Retirement in Modern Societies* (S. 121–148). Cheltenham u. a.: Edward Elgar Publishing.

Rinklake, A., & Buchholz, S. (2011). Increasing Inequalities in Germany: Older People's Employment Lives and Income Conditions Since the Mid-1980s. In H.-P. Blossfeld, S. Buchholz & K. Kurz (Hrsg.), *Aging Populations, Globalization and the Labor Market. Comparing Late Working Life and Retirement in Modern Societies* (S. 35–64). Cheltenham u. a.: Edward Elgar Publishing.

Riboud, M., Sánchez-Páramo, C. & Silva-Jáuregui, C. (2002). ‚Does Eurosclerosis Matter? Institutional Reform and Labor Market Performance in Central and Eastern Europe' [World Bank Technical Paper 519]. Washington/D. C.: World Bank Publications.

Robertson, R. (1992). Globality, Global Culture, and Images of World Order. In H. Haferkamp & N. J. Smelser (Hrsg.), *Social Change and Modernity* (S. 395–411). Berkeley: University of California Press.

Schilling, J., & Larsen, M. (2011). How ‚Flexicure' are Older Danes? The Development of Social Inequality in Later Life since the 1980s. In H.-P. Blossfeld, S. Buchholz & K. Kurz (Hrsg.), *Aging Populations, Globalization and the Labor Market. Comparing Late Working Life and Retirement in Modern Societies* (S. 149–178). Cheltenham u. a.: Edward Elgar Publishing.

Schrader, N. (2010). Offene Koordinierung in der EU-Rentenpolitik. *Aus Politik und Zeitgeschichte, Beilage zur Wochenzeitung ‚Das Parlament', 60(18)*, 35–41.

Sjögren-Lindquist, G. (2011). Social Inequality in the Late Career and Old Age Income between 1981 and 2007: The Case of the Swedish Welfare State. In H.-P. Blossfeld, S. Buchholz & K. Kurz (Hrsg.), *Aging Populations, Globalization and the Labor Market. Comparing Late Working Life and Retirement in Modern Societies* (S. 179–208). Cheltenham u. a.: Edward Elgar Publishing.

Schmelzer, P. (2011). Income Development of Older People: Consequences of Pension Reforms and Unstable Careers in the UK. In H.-P. Blossfeld, S. Buchholz & K. Kurz (Hrsg.), *Aging Populations, Globalization and the Labor Market. Comparing Late Working Life and Retirement in Modern Societies* (S. 259–282). Cheltenham u. a.: Edward Elgar Publishing.

Sørensen, A. B. & Tuma, N. B. (1981). Labor Market Structures and Job Mobility. In: D. J. Treiman & R. V. Robinson (Hrsg.), *Research in Social Stratification and Mobility* (Bd. 1, S. 67–94). Greenwich u. a.: JAI Press.

Soskice, D. (1991). The Institutional Infrastructure for International Competitiveness: A Comparative Analysis of the UK and Germany. In A. B. Atkinson & R. Brunetta (Hrsg.), *Economics for the New Europe* (S. 25–65). London: Macmillan Academic and Professional Ltd.

Soskice, D. (1999). Divergent Production Regimes: Coordinated and Uncoordinated Market Economies in the 1980s and 1990s. In H. Kitschelt, P. Lange, G. Marks & J. D. Stephens (Hrsg.), *Continuity and Change in Contemporary Capitalism* (S. 101–134). New York: Cambridge University Press.

Täht, K., Saar, E., & Unt, M. (2011). Increasing Social Inequality in Later Life since the 1980s in Estonia. In H.-P. Blossfeld, S. Buchholz & K. Kurz (Hrsg.), *Aging Populations, Globalization and the Labor Market. Comparing Late Working Life and Retirement in Modern Societies* (S. 231–258). Cheltenham u. a.: Edward Elgar Publishing.

Veira-Ramos, A., & Bukodi, E. (2011). Late Careers in Hungary: Coping with the Transformation from a Socialist to a Market Economy. In H.-P. Blossfeld, S. Buchholz & K. Kurz (Hrsg.), *Aging Populations, Globalization and the Labor Market. Comparing Late Working Life and Retirement in Modern Societies* (S. 207–230). Cheltenham u. a.: Edward Elgar Publishing.

Die Arbeitsmarktsituation der über 50-Jährigen in Deutschland und ihre Auswirkungen auf Verrentungszeitpunkt sowie Renteneinkommen

Annika Rinklake und Sandra Buchholz

1   Einleitung

Der steigende Anteil Älterer und die Tatsache, dass eine steigende Zahl von Rentenempfangenden einer sinkenden Zahl von Beitragszahlenden gegenübersteht, stellt die Nachhaltigkeit und Finanzierbarkeit des deutschen Pensionssystems zunehmend infrage, und die Diskussion um die Erwerbsbeteiligung älterer Arbeitskräfte gewinnt an Bedeutung. Lange Zeit verließen sich politische Entscheidungsträger und Unternehmen in Deutschland auf Frührenten-Programme, um den vergleichsweise stark regulierten Arbeitsmarkt zu entlasten und die hiesigen Arbeitsmarkt- und Wirtschaftsstrukturen an beschleunigte strukturelle und technologische Veränderungen anzupassen (Buchholz 2008). Daraus ergab sich, dass die Beschäftigungsraten älterer Erwerbspersonen seit den 1970er Jahren dramatisch abnahmen und in den 1990er Jahren auf ein sehr niedriges Niveau sanken. Angesichts der demografischen Alterung und der zunehmenden Knappheit der öffentlichen Mittel in der jüngeren Vergangenheit zeigt sich in Deutschland jedoch seit einigen Jahren ein Paradigmenwechsel in der Rentenpolitik. Mit der Einführung verschiedener Reformen seit den 1990ern, versucht die Regierung nun Frühverrentung zurückzudrängen, indem sie die Kosten eines frühen Rückzugs vom Arbeitsplatz für den oder die Einzelne/n erhöht und bestehende Frühverrentungswege abschafft. Von den älteren Beschäftigten in Deutschland wird zunehmend erwartet, bis zur Erreichung des gesetzlichen Rentenalters zu arbeiten. Es stellt sich jedoch die Frage, ob alle Älteren tatsächlich in der Lage sind, diese neue Erwartung zu erfüllen, und darüber hinaus, welche Konsequenzen ein vorzeitiges Ausscheiden aus dem Erwerbsleben für das Renteneinkommen des oder der Einzelnen hat.

Der vorliegende Beitrag knüpft an diese Fragen an und untersucht, wie sich das Arbeitslosigkeitsrisiko in der späten Erwerbskarriere und der Übergang in den Ruhestand seit Mitte der 1980er Jahre in Deutschland entwickelt haben. Darüber hinaus analysieren wir die ökonomischen Auswirkungen einer etwa durch Arbeitslosigkeitsphasen gekennzeichneten späten Karriere auf das individuelle Renteneinkommen und können somit Aussagen über die Entwicklung sozialer Ungleichheiten zwischen verschiedenen Geburtskohorten in der älteren Bevölkerung treffen.

Es handelt sich hierbei um eine gekürzte Fassung der deutschen Länderstudie des international vergleichenden Projektes flexCAREER (Rinklake & Buchholz 2011; für einen Überblick über die Ergebnisse der dänischen Länderstudie siehe auch Schilling in diesem Band; für einen Überblick über die ländervergleichenden Ergebnisse siehe auch Kurz in diesem Band). Unsere Analysen basieren auf dem Sozio-oekonomischen Panel (SOEP) und berücksichtigen die Jahre 1984 bis 2007.

Im Folgenden beschreiben wir den institutionellen Rahmen in Deutschland sowie dessen Einfluss auf die späte Erwerbskarriere und den Übergang in den Ruhestand. Vor dem Hintergrund dieser theoretischen Überlegungen formulieren wir die Hypothesen für unsere Analysen. Nach einer Beschreibung der Daten und Methoden präsentieren wir die Ergebnisse unserer empirischen Untersuchungen und schließen mit einer Zusammenfassung und Diskussion unserer Befunde.

2   Institutioneller Kontext

Die international vergleichende Lebensverlaufsforschung hat in den vergangenen Jahren eindrücklich gezeigt, dass die nationale Prägung von unternehmerischen Flexibilitätsstrategien und der generelle Kontext der wohlfahrtsstaatlichen Absicherung einen starken Einfluss auf den Erwerbsverlauf des oder der Einzelnen und damit auch auf die Entwicklung der sozialen Ungleichheiten einer Gesellschaft haben (siehe bspw. Blossfeld et al. 2009, Buchholz et al. 2009, Blossfeld et al. 2011). Deshalb soll es zunächst darum gehen, das spezifische Institutionengefüge zu beschreiben, das die Rahmenbedingungen für die Ausgestaltung der individuellen Erwerbskarrieren von älteren Erwerbspersonen in Deutschland prägt.

2.1   *Wirtschaftssystem, Beschäftigungsstruktur und Bildungssystem*

In Deutschland findet sich ein so genanntes flexibel koordiniertes *Wirtschaftssystem* (Mayer 1997; Soskice 1999), welches sich durch einen eher starren Arbeitsmarkt auszeichnet, der Beschäftigungsflexibilität nur in geringem Maße zulässt. Obwohl die Rigidität des deutschen Arbeitsmarktes seit den 1980er Jahren immer wieder kritisiert wurde, ist der Grad der Deregulierung im Vergleich zu anderen Ländern relativ gering geblieben (Esping-Andersen & Regini 2000). Besonders Personen, die bereits längere Zeit beschäftigt sind, genießen einen vergleichsweise hohen gesetzlichen Beschäftigungsschutz. In der Tat haben Arbeitgeber in Deutschland nur begrenzte Möglichkeiten, ihre Belegschaftsgröße anzupassen. Eine der wenigen und zudem ‚sozial verträglichen' betrieblichen Instrumente zur Reduzierung der Belegschaft besteht in Form von Frühverrentungsprogrammen, welche seit den 1970er Jahren stark ausgebaut wurden.

Merklich verändert hat sich in Deutschland seit den 1970er Jahren die *Beschäftigungsstruktur*. Der Anteil der Beschäftigten in der Landwirtschaft ist drastisch gesunken, während der Anteil im Dienstleistungssektor kontinuierlich angestiegen ist. Der klassische Sektor der industriellen Produktion hat seit dem Ende des ‚goldenen Zeitalters' starke zyklische Schwankungen und bedeutende Rationalisierungen erfahren (Carlin 1996). Da der Anteil der älteren Beschäftigten in schrumpfenden Industrien und schwindenden Berufen vergleichsweise hoch ist und sie deshalb in hohem Maße dem ökonomischen Druck der Rationalisierungsprozesse ausgesetzt sind, ist zu erwarten, dass sich ihre Arbeitsmarktsituation in Deutschland, trotz des generell hohen Beschäftigungsschutzes, den sie genießen, beträchtlich verschlechtert hat.

Das deutsche *Bildungssystem* zeichnet sich insbesondere durch seine starke Standardisierung und Stratifizierung aus (Allmendinger 1989), was sich unter anderem in den klaren Grenzen auf dem Arbeitsmarkt entlang der verschiedenen Berufe zeigt. Berufliche Zertifikate beschränken die Einzelperson damit auf spezifische und eng begrenzte Bereiche des Arbeitsmarktes und auf klar definierte berufliche Positionen. In Zeiten des beschleunigten wirtschaftlichen Wandels und einer sich verändernden Wirtschaft sehen sich Menschen, die in Berufen ausgebildet wurden, die an Bedeutung verlieren, Schwierigkeiten bei der Suche nach adäquaten Beschäftigungsmöglichkeiten ausgesetzt.

Hinzu kommt ein Mangel an Möglichkeiten sich über den gesamten Lebenslauf hinweg weiterzubilden. Die berufliche Ausbildung ist meist auf eine kurze Phase beschränkt, es fehlen Institutionen, die lebenslanges Lernen ermöglichen (Blossfeld & Stockmann 1999). Dies erschwert es älteren Beschäftigten, sich an strukturelle Veränderungen in der Wirtschaft und an neue ‚Qualifikationsprofile' anzupassen.

2.2 Wohlfahrtsstaatliche Regelungen

Das konservative deutsche Wohlfahrtsregime lässt sich durch eine starke Transferorientierung und die Ideologie des Statuserhalts charakterisieren (Esping-Andersen 1990). Dies spiegelt sich auch in der deutschen Rentenversicherung wider, welche durch das einkommensorientierte Umlageverfahren den Erhalt des Lebensstandards sichern soll, den der oder die Einzelne während seiner Erwerbstätigkeit erreicht hat. Die gesetzliche Rentenversicherung ist für den Großteil der Erwerbstätigen verpflichtend, mit Ausnahme der Selbstständigen und Personen mit Einkommen unter der Geringfügigkeitsgrenze, die durch die Leistungen nicht per se abgedeckt werden (Antolin & Scarpetta 1998).

Der Anteil der staatlichen Rente liegt bei etwa 65 Prozent des Bruttogesamteinkommens der über 65-jährigen und stellt somit auch heute noch die wichtigste Einkommensquelle für ältere Menschen in Deutschland dar (Bundesministerium für Arbeit und Soziales 2008), obwohl private Altersvorsorge in den letzten Jahren an Bedeutung gewonnen hat.

Das gesetzlich vorgeschriebene Rentenalter im Untersuchungszeitraum liegt bei 65 Jahren für Männer und bei 60 Jahren für Frauen. Seit Anfang der 1970er Jahre ist es jedoch zunehmend unüblich geworden, bis zu diesem Alter zu arbeiten. So sank die Erwerbsbeteiligung von westdeutschen Männern zwischen 60 und 64 Jahren im Zeitraum von 1970 bis 2000 um mehr als 40 Prozentpunkte von fast 75 Prozent auf knapp über 30 Prozent (Buchholz 2008). Während aktivierende beschäftigungspolitische Maßnahmen in Deutschland vergleichsweise schwach institutionalisiert sind, wurden Frühverrentungsprogramme massiv ausgebaut, um den Arbeitsmarkt zu entlasten und um die zunehmenden Arbeitsmarktprobleme auszugleichen, denen sich gerade ältere Beschäftigten seit der Mitte der 1970er stellen mussten. So wurde mit der Einführung des flexiblen Rentenalters von 63 Jahren im Rahmen der Rentenreform von 1972 ein Ausscheiden aus der Erwerbstätigkeit bereits zwei Jahre vor Erreichen des offiziellen Rentenalters ermöglicht, und vorzeitig in Rente zu gehen war für eine lange Zeit mit nur mäßigen Rentenverlusten verbunden.

Neben dem staatlichen Rentensystem ermöglicht auch die Absicherung bei Arbeitslosigkeit (Guillemard 1991) einen früheren Rückzug aus dem Arbeitsmarkt. Über Jahre konnten Arbeitnehmerinnen und Arbeitnehmer im Alter von 57 Jahren (und vier Monaten) entlassen werden und hatten dann für die nächsten 32 Monate Anspruch auf die Unterstützung regulärer Arbeitslosenversicherungen. Häufig wurde diese Unterstützung ergänzt durch zusätzliche Kompensationszahlungen des Arbeitgebers. Nachdem diese Phase des Anspruchs auf Leistungen der Arbeitslosenversicherung im Alter von 60 Jahren endete, konnten diese älteren Erwerbspersonen eine spezielle Altersvorsorge, die für Langzeitarbeitslose konzipiert war, beziehen. In Ostdeutschland war es zwischen 1990 und 1992 möglich, diesen speziellen Weg in die Frührente bereits im Alter von 55 Jahren zu nutzen.

In der jüngeren Vergangenheit versucht die Bundesregierung, die Erwerbsbeteiligung der Älteren wieder anzuheben, um der demografischen Alterung zu begegnen und die Rentenversicherung zu entlasten. Die Reformen von 1992 und 1999 hatten das Ziel einige Wege zur Frührente zu verschließen, das gesetzliche Rentenalter anzuheben, und die Rentenabzüge in Fällen des frühen Rückzugs vom Arbeitsmarkt zu erhöhen. Ebenso zielte die Rentenreform von 2001 darauf ab, die Rentenvorteile zu reduzieren, und die Anreize für private Rentenvorsorge zu erhöhen. Die jüngsten Reformen sind weiter in diese Richtung gegangen: Die so genannten Hartz-Arbeitsmarkt-Reformen verringerten die Möglichkeiten der Frühverrentung nach Arbeitslosigkeit und die Regierung hat die schrittweise Anhebung des gesetzlichen Rentenalters auf 67 Jahre beschlossen.

3 Forschungsfragen

3.1 Zunehmender Trend hin zu instabileren späten Karrieren?

Der deutsche Arbeitsmarkt ist vergleichsweise stark reguliert und die Möglichkeiten der Arbeitgeber, Arbeitsplätze zu flexibilisieren, sind entsprechend beschränkt. Dies trifft besonders bezüglich älterer Arbeitskräfte zu, in deren Arbeitsverträgen diese Regulierungen noch nahezu flächendeckend umgesetzt sind. Stattdessen wurden in der Vergangenheit großzügige Frühverrentungsprogramme genutzt, um Personal ‚sozial verträglich' abzubauen, die Wirtschaft neu zu strukturieren und den Arbeitsmarkt zu entlasten. Daher ist davon auszugehen, dass späte Karrieren in Deutschland eher stabil sind, besonders im Vergleich zu anderen Ländern mit liberaler wohlfahrtsstaatlicher Orientierung. Wir erwarten jedoch Veränderungen über die Zeit. In der jüngeren Vergangenheit hat die Regierung zunehmend die Möglichkeiten für Frühverrentung beschränkt. Daher nehmen wir an, dass – im Vergleich mit den 1980ern und 1990er Jahren – ältere Arbeitnehmerinnen und Arbeitnehmer heute später in Rente gehen.

Trotz der Rentenreformen, die auf eine Verschiebung des Renteneintrittsalters abzielen, sind die (staatlichen) Bemühungen, die Beschäftigungsfähigkeit älterer Menschen zu verbessern, auch heute noch vergleichsweise gering. Starre Arbeitsmarktstrukturen und eine mangelnde Infrastruktur für lebenslanges Lernen konfrontieren deshalb besonders ältere Menschen, die im industriellen Sektor gearbeitet haben, mit einem hohen Risiko von (Langzeit-)Arbeitslosigkeit. Da die Rente an vorausgegangene Beitragszahlungen gekoppelt ist, nehmen wir weiter an, dass diese Instabilitäten in der späten Karriere zunehmend mit Verlusten im Renteneinkommen verbunden sind.

3.2 Wer ist von instabilen späten Karrieren betroffen?

Insgesamt erwarten wir, dass das Risiko eines vorgezogenen Arbeitsmarktaustritts stark vom Bildungsniveau und der beruflichen Position eines Individuums abhängt. Denn Arbeitgeber tendieren dazu, qualifizierte und etablierte Angestellte gegen Arbeitsmarktrisiken zu schützen, um sie an ihre Unternehmen zu binden, und damit die Produktivität, die Innovationsfähigkeit und so weiter der Firma zu sichern (Breen 1997). Zusätzlich zu der Gruppe der hochqualifizierten älteren Arbeitskräfte erwarten wir auch, dass Selbstständige später in Rente gehen, weil sie nicht im gesetzlichen Rentensystem pflichtversichert sind und ihre Anreize, beschäftigt zu bleiben eher hoch sind.

Darüber hinaus ist davon auszugehen, dass sich zwischen den unterschiedlichen Bevölkerungsgruppen in unserer Studie deutliche Ungleichheiten zeigen: Für Migrantinnen und Migranten erwarten wir einen höheren Grad der Beschäftigungsunsicherheit als für die westdeutsche Bevölkerung ohne Migrationshintergrund, da sie niedrigere Bildungsabschlüsse aufweisen und in Berufen überrepräsentiert sind, die von der wirtschaftlichen Restrukturierung stärker betroffen sind. Jedoch sollten signifikante Unterschiede zwischen Personen mit Migrationshintergrund und Westdeutschen ohne Migrationshintergrund verschwinden oder zumindest abnehmen, nachdem in den entsprechenden Modellen das Bildungsniveau oder die berufliche Position berücksichtigt wurden. Es ist weiter davon auszugehen, dass ältere Erwerbstätige in den neuen Bundesländern aufgrund der schlechteren wirtschaftlichen Bedingungen in Ostdeutschland mit einer höheren Instabilität der späten Karriere konfrontiert sind als Westdeutsche.

4 Daten und Methoden

Unsere empirischen Analysen basieren auf Daten des SOEP für die Jahre 1984 bis 2007. Das SOEP ist ein repräsentatives, jährliches Haushalts-Panel, das Informationen sowohl zu Beschäftigung und Bildungslaufbahnen, als auch zur Familien-, Haushalts- und Einkommenssituation erhebt. Seit 1990 werden auch Personen aus Haushalten in Ostdeutschland befragt.

Unsere Stichprobe zur Analyse der Stabilität der späten Karriere bezieht sich auf Personen, die im Alter von 50 Jahren erwerbstätig waren. Von dieser Definition ausgehend, umfasst unsere Ausgangsstichprobe 1 853 Männer und 1 255 Frauen, von denen 58 Prozent Westdeutsche ohne Migrationshintergrund waren, 19 Prozent Ostdeutsche ohne Migrationshintergrund und 23 Prozent Migrantinnen und Migranten, wobei die Personen mit Migrationshintergrund in unserer ausgewählten Zielgruppe bis auf wenige Ausnahmen in Westdeutschland leben. Um den Übergang in den Ruhestand zu analysieren, erweitern wir die Stichprobe und schließen auch Personen ein, die im Alter von 50 Jahren arbeitslos waren. Dieser Definition folgend basiert diese Stichprobe auf 1 993 Männern und 1 422 Frauen (55 Prozent Westdeutsche ohne Migrationshintergrund, 21 Prozent Ostdeutsche ohne Migrationshintergrund, 24 Prozent Migrantinnen und Migranten).

Um die Entwicklung zu beschreiben, vergleichen wir drei unterschiedliche Geburtskohorten (6-Jahres-Kohorten), die jeweils im Alter von 50 Jahren mit unterschiedlichen Bedingungen auf dem Arbeitsmarkt konfrontiert waren. Die späte Karriere der Personen, die zwischen 1934 und 1939 geboren wurden, wurde stark von den hohen Arbeitslosenquoten der 1990er geprägt. Die mittlere Kohorte der 1940 bis 1945 Geborenen wurde in den Jahren zwischen 1990 und 1995 50 Jahre alt. Obwohl sie ihre späte Karriere in Zeiten großer Arbeitslosigkeit antraten, konnten die Mitglieder dieser Kohorte bereits vom wirtschaftlichen Aufschwung profitieren, der in den 1990er Jahren begann. Die jüngste Kohorte der 1946 bis 1951 Geborenen begann ihre späte Erwerbskarriere zwischen 1996 und 2001, als die Arbeitslosenquote wieder sank. Jedoch ist diese Kohorte auch diejenige, die bereits am stärksten von den jüngsten Rentenreformen in Deutschland betroffen ist.

Für die Längsschnittsanalysen zur Arbeitslosigkeit und Verrentung nutzen wir multivariate Methoden der Ereignisanalyse, die es uns erlaubt die Dynamik von individuellen Übergängen angemessen abzubilden (Blossfeld & Rohwer 2002). In unseren Analysen zur Arbeitslosigkeit betrachten wir den ersten Übergang in die Arbeitslosigkeit nach Erreichen des 50. Lebensjahres. Den Renteneintritt definieren wir als den Zeitpunkt, ab dem eine Person Alterseinkommen bezieht (staatliche, betriebliche oder private Altersversorgung) und nicht mehr erwerbstätig ist. Wir schätzen logistische Regressionsmodelle, die verschiedene zeitkonstante und zeitveränderliche Kovariaten auf Jahresbasis beinhalten. Um die Einkommenssituation der Älteren und ihre Entwicklung seit Mitte der 1980er Jahre abzubilden, schätzen wir die Höhe des Alterseinkommens für die Personen, die staatliche, betriebliche oder private Altersversorgung beziehen, mittels einer linearen Regression.

5 Ergebnisse

5.1 Die Entwicklung des Arbeitslosigkeitsrisikos in der späten Karriere

Tabelle 1 zeigt die Ergebnisse für den Übergang zur ersten Arbeitslosigkeit nach Erreichen des Alters von 50 Jahren. Übergänge in Arbeitslosigkeit treten gehäuft in den Altersgruppen 55 bis 57 und 58 bis 59 Jahren auf. Wie oben beschrieben, bot das deutsche Rentensystem lange Zeit einen finanziell abgesicherten Weg in die Rente für Menschen, die arbeitslos geworden waren, nachdem sie das Alter von 57 Jahren erreicht hatten. Für sie war Arbeitslosigkeit eher eine Form der Frühverrentung als ein Arbeitsmarktrisiko im eigentlichen Sinne. Darüber hinaus ergibt sich ein ebenfalls positiv signifikanter Effekt für diejenigen, die zwischen 55 und 57 Jahren arbeitslos werden. Wie weitere Analysen gezeigt haben, kann dieser empirische Befund größtenteils auf den spezifischen und sehr beliebten Weg der Frühverrentung in Ostdeutschland unmittelbar nach der Wiedervereinigung zurückgeführt werden, der älteren Angestellten erlaubte, sogar für fünf Jahre Leistungen der Arbeitslosenversicherung in Anspruch zu nehmen statt der sonst üblichen 32 Monate.

Mit Blick auf die Entwicklung der Altersarbeitslosigkeit über die Kohorten hinweg, zeigen unsere Ergebnisse, dass die jüngste Geburtskohorte (1946 bis 1951) einem geringeren Risiko der Altersarbeitslosigkeit ausgesetzt ist als die Referenzkohorte (1934 bis 1939). Dieser Effekt bleibt auch bei Kontrolle des Bildungsniveaus und der Berufsposition signifikant. Der Weg in die Rente über Arbeitslosigkeit hat offensichtlich in der jüngeren Vergangenheit an Bedeutung verloren, was sicherlich sowohl auf die Rentenreformen als auch auf die Tatsache zurückzuführen ist, dass Deutschland in den späten 1990er Jahren einen wirtschaftlichen Aufschwung erlebte. Jedoch zeigten Kaplan-Meier-Schätzungen mit unseren Daten, dass es sich insgesamt um einen eher moderaten Rückgang handelt. Auch in der jüngsten Kohorte ist Altersarbeitslosigkeit weit verbreitet: 19 Prozent der 1946 bis 1951 Geborenen waren bis zum Alter von 58 Jahren von Arbeitslosigkeit betroffen, im Vergleich dazu waren es in der Kohorte 1934 bis 1939 24 Prozent.

Wie erwartet, spiegeln sich auch die andauernden Arbeitsmarktprobleme in Ostdeutschland in den empirischen Ergebnissen wider. Das Risiko, den Arbeitsmarkt über Arbeitslosigkeit zu verlassen, ist in den neuen Bundesländern höher als in den alten. Zudem sind auch Migrantinnen und Migranten einem höheren Risiko ausgesetzt, arbeitslos zu werden, als Westdeutsche ohne Migrationshintergrund. Bei Kontrolle der Berufsposition wurde dieser Effekt für Personen mit Migrationshintergrund jedoch abgeschwächt. Dies ist auch der Fall bei Kontrolle des Industriezweiges und der Unternehmensgröße (vgl. Rinklake & Buchholz 2011: 46 ff.). Folglich kann das erhöhte Risiko der Arbeitslosigkeit der Migrantinnen und Migranten zum Teil auf ihre Überrepräsentation unter dem gering qualifizierten Personal und in großen industriellen Unternehmen zurückgeführt werden. Diese Arbeitsmarktsegmente sind infolge des beschleunigten technologischen Wandels und der De-Industrialisierung besonders stark unter Druck geraten.

In Bezug auf den Bildungsabschluss zeigt sich, wie erwartet, dass höher Qualifizierte besser gegen Arbeitslosigkeit geschützt sind. Modell 3 zeigt, dass Personen mit mittlerer Reife/Abitur und beruflicher Ausbildung sowie mit Fachhochschul- oder Universitätsabschluss ein geringeres Risiko haben, arbeitslos zu werden als Personen mit Hauptschulabschluss. Dieses Muster spiegelt sich im Trend auch in den Modellen, die den Effekt des Treiman-Prestige oder der Berufsposition schätzen wider. Weitergehende Analysen zeigen jedoch, dass sich der Einfluss des Qualifikationsniveaus über die Kohorten hinweg verändert hat (vgl. Rinklake & Buchholz 2011: 46 ff.). Die Geringqualifizierten der jüngsten Kohorte profitieren nicht so sehr vom wirtschaftlichen Aufschwung und der abnehmenden Arbeitslosigkeit wie die höher Qualifizierten ihrer Kohorte. Schließlich zeigen die Ergebnisse auch, dass die Entwicklung der frühen und mittleren Karriere für die Stabilität der späten Karriere durchaus von Bedeutung ist. Je länger eine Person bereits vor Erreichen des 50. Lebensjahrs arbeitslos war, desto höher ist das Risiko, auch in der späten Erwerbsphase arbeitslos zu werden.

Aufgrund rigider Arbeitsmarktstrukturen und spezifischer Frühverrentungsprogramme ergeben sich darüber hinaus für ältere Menschen in Deutschland, wenn sie einmal arbeitslos waren, große Schwierigkeiten, wieder eingestellt zu werden. Weitere Analysen zum Wiedereinstieg in den Arbeitsmarkt nach der ersten Arbeitslosigkeitsphase in der späten Erwerbskarriere haben gezeigt, dass der erste Übergang zur Arbeitslosigkeit für viele Betroffene auch ein dauerhafter Ausschluss aus der Beschäftigung ist und in der Frührente endete (vgl. Rinklake & Buchholz 2011). Das hohe Risiko der Langzeitarbeitslosigkeit im Alter hat sich über die Kohorten hinweg nicht verringert, obwohl die Regierung die Kosten für die Frührente anhob.

Tabelle 1 Übergang in die erste Arbeitslosigkeitsphase in der späten Erwerbskarriere (Logistische Regression)

	1	2	3
Konstante	−3,70**	−3,27**	−3,23**
Alter			
50–54 Jahre (Ref.)	–	–	–
55–57 Jahre	0,43**	0,47**	0,47**
58–59 Jahre	0,67**	0,72**	0,73**
60–61 Jahre	0,22	0,34+	0,32+
62 Jahre und älter	−0,13	0,10	0,01
Geburtskohorte			
1934–39 (Ref.)	–	–	–
1940–45	−0,07	−0,05	−0,03
1946–51	−0,46**	−0,46**	−0,40**
Bevölkerungsgruppe			
Westdeutsche (Ref.)	–	–	–
Ostdeutsche	0,77**	0,70**	0,89**
Migrantinnen und Migranten	0,53**	0,27*	0,34**
Geschlecht			
Männer (Ref.)	–	–	–
Frauen	−0,01	0,03	−0,08
Arbeitslosigkeiterfahrung			
Jahre in Arbeitslosigkeit bis zum 50. Lebensjahr		0,26**	0,25**
Derzeitiger Erwerbsumfang			
Vollzeit (Ref.)			–
Teilzeit			−0,14
Geringfügige Beschäftigung			−0,61

Die Arbeitsmarktsituation der über 50-Jährigen in Deutschland

Tabelle 1   Fortsetzung

	1	2	3
Konstante	−3,70**	−3,27**	−3,23**
Berufsprestige			
Treiman Prestige			−0,01**
Berufsposition			
Un- und angelernte Arbeiter/innen		−0,25*	
Facharbeiter/innen (Ref.)		−	
Leitende Arbeiter/innen und Techniker/innen		0,05	
Nicht-manuelle Routinetätigkeiten		−0,44**	
Untere Dienstklasse		−0,70**	
Obere Dienstklasse		−1,04**	
Selbstständige		−1,47**	
Bildungsabschluss			
Hauptschule ohne berufliche Ausbildung			0,03
Hauptschule mit beruflicher Ausbildung (Ref.)			−
Mittlere Reife/Abitur ohne berufliche Ausbildung			−0,07
Mittlere Reife/Abitur mit beruflicher Ausbildung			−0,24*
Fachhochschul-/Universitätsabschluss			−0,77**
$n_{Ereignisse}$	670	670	670
$n_{Personen\ Gesamt}$	3 108	3 108	3 108
$n_{Personen\ zensiert}$	2 438	2 438	2 438
−2*diff (LogL)	128,66	251,12	223,08

Quelle: Rinklake & Buchholz (2011: 46ff.); eigene Berechnungen auf Basis des SOEP 1984–2007.
+ Effekte signifikant bei $p < .10$, * Effekte signifikant bei $p < .05$, ** Effekte signifikant bei $p < .01$.

5.2 Der Zeitpunkt des Übergangs in den Ruhestand

Wie erläutert wurde Frühverrentung in Deutschland genutzt, um die zunehmende wirtschaftliche Unsicherheit und die Flexibilisierungsansprüche des regulierten Arbeitsmarktes zu bewältigen. Angesichts der demografischen Alterung und der hohen finanziellen Belastung des Rentensystems hat die Regierung jedoch in den letzten Jahren Reformen eingeführt, um das Rentenalter zu heben. Tatsächlich weisen unsere Ergebnisse darauf hin, dass eine gewisse Umkehrung der Frührente bereits für die von uns untersuchten Geburtsjahrgänge sichtbar ist.

Verglichen mit der Kohorte von 1934 bis 1939 gehen die beiden jüngeren Kohorten später in Rente, und es gibt sogar einen signifikanten Unterschied zwischen diesen beiden jüngeren Kohorten, wobei diejenigen, die zwischen 1946 und 1951 geboren wurden, noch später in Rente gehen. Diese Unterschiede sind dabei nicht durch das höhere Bildungsniveau der jüngeren Kohorten zu erklären. Die Effekte bleiben auch signifikant, nachdem in den Modellen für das Bildungsniveau oder die berufliche Position kontrolliert wird. Wie jedoch zusätzliche kohortenspezifische Kaplan-Meier-Schätzungen zeigen, scheidet – auch in der jüngsten Kohorte – ein großer Teil der älteren Erwerbspersonen deutlich vor dem Erreichen des gesetzlichen Rentenalters aus dem Berufsleben aus.

Frauen mit ihrem niedrigeren gesetzlichen Rentenalter gehen früher in Rente als Männer. In den in Tabelle 2 gezeigten Modellen finden wir keine signifikanten Unterschiede zwischen Ost- und Westdeutschen ohne Migrationshintergrund. Jedoch muss angemerkt werden, dass in diesen Modellen bereits berücksichtigt wird, ob der Übergang zur Rente nach einer Phase der Arbeitslosigkeit stattfindet. Wie unsere Ergebnisse zur Arbeitslosigkeit gezeigt haben, ist das Risiko, arbeitslos zu werden, für Ostdeutsche weit höher als für Westdeutsche. Wenn Arbeitslosigkeit nicht kontrolliert wird, zeigt sich in unseren Analysen tatsächlich, dass Ostdeutsche signifikant früher in Rente gehen als Westdeutsche.

Für Personen mit Migrationshintergrund stellen wir fest, dass sie signifikant später in Rente gehen als Westdeutsche ohne Migrationshintergrund. Jedoch muss noch einmal darauf hingewiesen werden, dass wir den beruflichen Status im Alter von 50 Jahren kontrollieren, und, ob eine Person vor der Verrentung arbeitslos war oder nicht. Wenn diese Kontrollvariablen in den Modellen nicht berücksichtigt werden, verschwindet der signifikante Effekt für Migrantinnen und Migranten.

Unsicherheiten in der späten Karriere beschleunigen den Übergang in die Rente stark. Die Chancen einer Wiedereinstellung nach Arbeitslosigkeit in Deutschland sind vergleichsweise gering, Altersarbeitslosigkeit stellt einen Pfad in die (Früh-)Rente dar, selbst wenn gerade in den letzten Jahren die finanziellen Kosten angestiegen sind. Wie erwartet gehen Selbstständige eher spät in den Ruhestand. Sie sind normalerweise nicht durch das gesetzliche Rentensystem abgedeckt und ihre Anreize, berufstätig zu bleiben, sind vergleichsweise hoch. Menschen, die nur geringfügig beschäftigt sind, gehen ebenfalls vergleichsweise spät in Rente. In geringfügigen Beschäftigungsverhältnissen erhalten Beschäftigte oft keinen Rentenanspruch und es ist häufig finanzielle Notwendigkeit, berufstätig zu bleiben. Andere Faktoren, wie die berufliche Position und Qualifikation, haben eher einen geringen Einfluss auf den Zeitpunkt des Übergangs. Die Effekte waren ausschließlich für die höchsten Beschäftigungsklassen und das höchste Bildungsniveau signifikant. Dies weist darauf hin, dass die Frührente in Deutschland sehr weit verbreitet ist. Verglichen mit den oben dargestellten Ergebnissen für das Arbeitslosigkeitsrisiko, scheint der Einfluss der Qualifikation für den Renteneintritt von geringerer Bedeutung zu sein. Somit bestimmt die Qualifikation vor allem, ob ältere Menschen in Deutschland erst nach einer Phase der Arbeitslosigkeit in Rente gehen (können) oder diesen Übergang direkt aus der Erwerbstätigkeit erleben.

5.3 Alterseinkommen

Ein weiterer Aspekt unserer Fragestellung bezieht sich auf die Einkommenssituation der Rentnerinnen und Rentner und ihre Entwicklung seit Mitte der 1980er Jahre. Dazu schätzen wir die Höhe des Alterseinkommens mittels einer linearen Regression (Tabelle 3). Unsere Analysen zeigen, dass die Renten jüngerer Kohorten höher zu sein scheinen. Jedoch muss angemerkt werden, dass es unsere Daten nicht erlauben, die Erwerbseinkünfte über das gesamte Berufsleben hinweg einzubeziehen. In Deutschland determiniert der Arbeitslohn stark die Höhe der Rentenleistungen. Wenn Arbeitslöhne angestiegen sind, wirkt sich das somit direkt auf die Renten der Individuen aus. Aus anderen Quellen ist bekannt, dass die Einkommen in Deutschland durch das Wirtschaftswunder in den 1960er und frühen 1970er Jahren stark gestiegen sind. Besonders die mittlere und die jüngste Kohorte in unserer Analyse profitierten von dieser Entwicklung, da sie während dieser Periode in den Arbeitsmarkt eintraten. Umgekehrt traten diejenigen, die in den 1930er Jahren geboren wurden, nach dem Zweiten Weltkrieg in den Arbeitsmarkt ein, als die wirtschaftliche Lage weniger günstig war. Folglich begannen sie ihre Karriere mit einem geringeren Einkommen und dies wirkte sich auf ihr gesamtes Berufsleben aus (Mayer & Huinink 1990). Daraus ergibt sich auch,

Tabelle 2   Übergang in den Ruhestand (logistische Regression)

	1	2	3
Konstante	−4,21**	−3,85**	−4,34**
Alter			
50–57 Jahre (Ref.)	–	–	–
58–59 Jahre	0,67**	0,67**	0,62**
60–61 Jahre	2,92**	2,95**	2,90**
62–63 Jahre	2,46**	2,54**	2,53**
64 Jahre und älter	3,28**	3,44**	3,46**
Geburtskohorte			
1934–39 (Ref.)	–	–	–
1940–45	−0,47**	−0,44**	−0,47**
1946–51	−1,06**	−1,01**	−1,00**
Bevölkerungsgruppe			
Westdeutsche (Ref.)	–	–	–
Ostdeutsche	−0,11	−0,14	−0,10
Migrantinnen und Migranten	−0,23**	−0,40**	−0,38**
Geschlecht			
Männer (Ref.)	–	–	–
Frauen	0,21**	0,17*	0,12
Berufsposition			
Un- und angelernte Arbeiter/innen		−0,07	
Facharbeiter/innen (Ref.)		–	
Leitende Arbeiter/innen und Techniker/innen		−0,30	
Nicht-manuelle Routinetätigkeiten		−0,18	
Untere Dienstklasse		−0,46**	
Obere Dienstklasse		−0,73**	
Selbstständige		−1,22**	

Tabelle 2 Fortsetzung

	1	2	3
Konstante	−4,21**	−3,85**	−4,34**
Bildungsabschluss			
Hauptschule ohne berufliche Ausbildung			0,05
Hauptschule mit beruflicher Ausbildung (Ref.)			–
Mittlere Reife/Abitur ohne berufliche Ausbildung			−0,07
Mittlere Reife/Abitur mit beruflicher Ausbildung			−0,06
Fachhochschul-/Universitätsabschluss			−0,62**
Charakteristika der späten Erwerbskarriere			
Jahre in Arbeitslosigkeit			0,12**
Jahre in Teilzeitbeschäftigung			0,02
Jahre in geringfügiger Beschäftigung			−0,09*
Jahre in Selbstständigkeit			−0,09**
Derzeit arbeitslos	1,25**	1,15**	0,80**
Erwerbstätig im Alter von 50 Jahren	0,17	0,13	0,49**
Erwerbsstatus des Partners/der Partnerin			
Erwerbstätig (Ref.)	–	–	–
Arbeitslos	0,03	0,03	0,04
Nicht erwerbstätig	−7,80	−7,85	−7,78
$n_{Ereignisse}$	1 131	1 131	1 131
$n_{Personen\ gesamt}$	3 415	3 415	3 415
$n_{Personen\ zensiert}$	2 284	2 284	2 284
−2*diff (LogL)	2403,24	2481,51	2521,22

Quelle: Rinklake & Buchholz (2011: 56 f.); eigene Berechnungen auf Basis des SOEP 1984–2007.

* Effekte signifikant bei $p < .05$, ** Effekte signifikant bei $p < .01$.

Tabelle 3 Absolutes Renteneinkommen (Lineare Regression)

	1	2	3	4	5	6
Konstante	7,42**	6,93**	6,87**	7,64**	7.29**	8,69**
Alter						
50–57 Jahre (Ref.)	–	–	–	–	–	–
58–59 Jahre	1,98*	1,07	1,66+	1,67+	1,86*	2,14*
60–61 Jahre	1,28+	0,01	1,13+	1,40*	1,55*	2,54**
62–63 Jahre	3,69**	2,03**	3,29**	3,25**	3,39**	4,22**
64 Jahre und älter	4,25**	2,44**	3,59**	3,47**	3,67**	5,52**
Geburtskohorte						
1934–39 (Ref.)	–	–	–	–	–	–
1940–45	1,35*	0,34	0,87+	0,90+	1,08+	1,29*
1946–51	2,95**	1,14	2,56**	2,57**	3,34**	3,38**
Bevölkerungsgruppe						
Westdeutsche (Ref.)	–	–	–	–	–	–
Ostdeutsche	–2,77*	–1,42*	–2,47**	–3,90**	–3,79**	–3,79**
Migrantinnen und Migranten	–2,54**	–2,22**	–0,84	–1,45*	–1,47*	–1,65**
Geschlecht						
Männer (Ref.)	–	–	–	–	–	–
Frauen	–5,01**	–4,03**	–4,62**	–4,41**	–4,48**	–3,44**
Vorherige Berufsposition						
Un- und angelernte Arbeiter/innen			–0,16			
Facharbeiter/innen (Ref.)			–			
Leitende Arbeiter/innen und Techniker/innen			5,10**			
Nicht-manuelle Routinetätigkeiten			2,10*			
Untere Dienstklasse			4,22**			
Obere Dienstklasse			8,72**			
Selbstständige			–0,85			

Tabelle 3 Fortsetzung

	1	2	3	4	5	6
Konstante	7,42**	6,93**	6,87**	7,64**	7.29**	8,69**
Bildungsabschluss						
Hauptschule ohne berufliche Ausbildung				−1,07+	−1,09+	−1,20+
Hauptschule mit beruflicher Ausbildung (Ref.)				−	−	−
Mittlere Reife/Abitur ohne berufliche Ausbildung				−0,30	−0,14	0,13
Mittlere Reife/Abitur mit beruflicher Ausbildung				1,30+	1,41*	1,19+
Fachhochschul-/Universitätsabschluss				7,05**	7,03**	6,56**
Charakteristika der späten Erwerbskarriere						
Jahre in Arbeitslosigkeit						−0,47**
Jahre in Teilzeitbeschäftigung						−0,37**
Jahre in geringfügiger Beschäftigung						−0,59*
Jahre in Selbstständigkeit						−0,48**
Erwerbstätig im Alter von 50 Jahren	1,95*	−0,08	0,69	0,97	1,05	−0,29
Arbeitslos im Alter von 58 Jahren	−1,22+	−0,77	−0,95	−0,69	0,39	1,25
Charakteristika der späten Erwerbskarriere* Geburtskohorte						
Arbeitslos im Alter von 58 Jahren*Kohorte 1940–45					−1,26	−1,06
Arbeitslos im Alter von 58 Jahren*Kohorte 1946–51					−6,65**	−6,26*
Letztes Erwerbseinkommen			0,01**			
χ^2	0,14	0,28	0,22	0,20	0,21	0,24
Anzahl der Fälle	1 206	1 206	1 206	1 206	1 206	1 206

Quelle: Rinklake & Buchholz (2011: 60f.); eigene Berechnungen auf Basis des SOEP 1984–2007.

+ Effekte signifikant bei $p < .10$, * Effekte signifikant bei $p < .05$, ** Effekte signifikant bei $p < .01$.

dass die absoluten Renteneinkommen vieler Rentnerinnen und Rentner späterer Kohorten verglichen mit früheren Kohorten höher sind. Jedoch liegt dies besonders an den Einkommensprivilegien, die diese während ihres Berufseinstiegs und des gesamten Berufslebens genossen. Daher sollten die in unserer Tabelle aufgeführten geschätzten Koeffizienten nicht überinterpretiert werden, da sie besonders die positiven Einkommensentwicklungen auf dem deutschen Arbeitsmarkt in früheren Perioden widerspiegeln. In der Tat verschwinden die signifikanten Kohortenunterschiede in unseren Analysen, wenn wir für die unterschiedlichen Einkommenschancen unserer Kohorten als Proxyindikator das letzte Arbeitsmarkteinkommen einfließen lassen (Modell 2).

Wie oben dargestellt, ist die deutsche Wohlfahrtsideologie stark von der Idee des Statuserhalts geprägt. Folglich zeigen unsere Modelle deutlich, dass diejenigen, die bereits auf dem Arbeitsmarkt privilegiert waren (das heißt Personen, die früher in höheren Berufspositionen angestellt waren oder Personen mit höheren Qualifikationen), ebenfalls diejenigen mit höheren Renteneinkommen sind. Ungleichheiten, die aus dieser Wohlfahrtsideologie des Statuserhalts entstehen, spiegeln sich ebenso in der Tatsache wider, dass die Renten der Frauen niedriger sind als diejenigen der Männer, und darin, dass die Renteneinkommen der Ostdeutschen und der Personen mit Migrationshintergrund niedriger sind als diejenigen der Westdeutschen. Alle diese Gruppen zahlen weniger in die staatliche Rentenversicherung ein, weil sie normalerweise geringere Verdienste haben, und ihr Risiko diskontinuierlicher Erwerbsverläufe – entweder wegen Unterbrechungen zur Familienversorgung oder wegen Phasen der Arbeitslosigkeit – signifikant höher ist. Jedoch muss im Falle der Ostdeutschen bedacht werden, dass viele der Personen in unserer Studie den Großteil ihres Berufslebens im sozialistischen Regime als Doppelverdienerhaushalte erlebt haben. Das bedeutet, dass es auf Haushaltsebene in Ostdeutschland häufig zwei verfügbare Renten gibt, während meist nur eine Rente, nämlich die des Mannes, an Haushalte in Westdeutschland fließt. Was die hier untersuchten Kohorten betrifft, so waren viele Ostdeutsche in der Lage, diese individuellen Differenzen auf Haushaltsebene durch die zusätzliche Rente der Partnerin beziehungsweise des Partners zu kompensieren. Offen ist, ob dies auch für zukünftige Generationen ostdeutscher Rentnerinnen und Rentner der Fall sein wird.

Menschen, die nach Arbeitslosigkeit vom Weg der ‚vorgezogenen Frührente' Gebrauch machen, erhalten niedrigere Renten als diejenigen, die diesen nicht nutzen (Modell 1). Lange Zeit bot die deutsche Gesetzgebung starke Anreize für Individuen, diesen Arbeitslosigkeitspfad in die Rente zu nutzen. Mit den letzten Reformen wird jedoch erwartet, dass Arbeitnehmerinnnen und -nehmer ihr Berufsleben verlängern. Gelingt dies nicht, müssen sie höhere Kosten beziehungsweise Sanktionen in der Rentenhöhe in Kauf nehmen. Tatsächlich zeigen weitere Analysen, dass über die Kohorten hinweg der Weg von der Arbeitslosigkeit zur Frührente zunehmend mit Renteneinkommensverlusten verbunden ist (Modell 5). Außerdem machen sie deutlich, dass die Instabilität später Karrieren das heißt Arbeitslosigkeitsphasen, Teilzeit-Beschäftigung, Selbstständigkeit oder geringfügige Beschäftigung einen negativen Effekt auf das Renteneinkommen haben (Modell 6).

6 Schlussfolgerungen

Wie haben sich die jüngeren Rentenreformen, die eine Verlängerung der Lebensarbeitszeit erwarten lassen, auf späte Karrieren und die Alterseinkommen der untersuchten Geburtskohorten ausgewirkt? In Deutschland wurde über viele Jahre darauf gesetzt, Frühverrentung zu unterstützen, um den vergleichsweise regulierten deutschen Arbeitsmarkt zu entlasten und strukturellen Wandel zu realisieren; Frühverrentung war seit den 1970er Jahren ein ‚sozial verträgliches' Instrument für Arbeitgeber, Personalflexibilisierungen durchzusetzen und Belegschaft abzubauen. Für lange Zeit war dieses verfrühte Ausscheiden aus dem Erwerbsleben auch für Arbeitnehmerinnen und -nehmer attraktiv, da die Rentenabzüge nicht versicherungsmathematisch neutral waren. Jedoch haben die demografische Alterung und die großen finanziellen Belastungen des staatlichen Rentensystems in der jüngeren Vergangenheit zu einem Paradigmenwechsel in der deutschen Rentenpolitik geführt: So wurden Frühverrentungsmöglichkeiten eingeschränkt und ein verfrühtes Ausscheiden aus dem Erwerbsleben durch größere Renteneinbußen sanktioniert. Ob und inwieweit ältere Menschen auch tatsächlich in der Lage sind, diese neuen Anforderungen zu erfüllen, ist durchaus skeptisch zu beurteilen, da die Rentenreformen kaum von Bemühungen begleitet waren, auch die Beschäftigungschancen Älterer zu verbessern.

Unsere empirischen Analysen zeigen eine leichte Trendwende bei der Frühverrentung. So gehen die beiden jüngeren Kohorten (1940 bis 1945 und 1946 bis 1951) später in den Ruhestand als die Kohorte 1934 bis 1939. Und auch die Analysen zum Übergang in die Arbeitslosigkeit machen deutlich, dass die jüngste Kohorte ein geringeres Arbeitslosigkeitsrisiko hat, was neben wirtschaftlichen Faktoren auch damit zu erklären ist, dass im Rahmen der Rentenreformen Rentenzugangswege über Arbeitslosigkeit geschlossen wurden. Jedoch muss angemerkt werden, dass auch heute noch ein großer Teil der älteren Menschen deutlich vor Erreichen der gesetzlichen Regelaltersgrenze und auch vor Erreichen der Altersgrenze für den flexiblen Übergang in den Ruhestand aus dem Erwerbsleben ausscheidet. Darüber hinaus wurde gezeigt, dass Unsicherheiten in der späten Karriere den Übergang in die Rente beschleunigen. Altersarbeitslosigkeit stellt einen Pfad in die (Früh-)Rente dar, selbst wenn gerade in den letzten Jahren die finanziellen Kosten angestiegen sind. Insbesondere gering Qualifizierte sind stärker gefährdet, in der späten Erwerbskarriere arbeitslos zu werden. Demnach lässt sich aus unseren Analysen schließen, dass die jüngsten Reformen die sozialen Ungleichheiten unter den Älteren erhöht haben, denn anders als früher müssen sie dafür nun auch signifikante Renteneinbußen in Kauf nehmen.

Literatur

Allmendinger, J. (1989). Educational Systems and Labor Market Outcomes. *European Sociological Review, 5(3)*, 231–50.
Antolin, P. & Scarpetta, S. (1998). *Microeconometric Analysis of Retirement Decision: Germany*. [OECD Economics Department Working Paper No. 204]. Paris: OECD.
Blossfeld, H.-P., & Stockmann, R. (1999). The German Dual System in Comparative Perspective. *International Journal of Sociology, 28(4)*, 3–28.
Blossfeld, H.-P., & Rohwer, G. (2002). *Techniques of Event History Modeling*. Mahwah: Lawrence Erlbaum Associates.
Blossfeld, H.-P., Kurz, K., Buchholz, S., Bukodi, E. (Hrsg.) (2009). *Young Workers, Globalization and the Labor Market: Comparing Early Working Life in Eleven Countries*. Cheltenham u. a.: Edward Elgar Publishing.
Blossfeld, H.-P., Buchholz, S. & Kurz, K. (Hrsg.) (2011). *Aging Populations, Globalization and the Labor Market. Comparing Late Working Life and Retirement in Modern Societies*. Cheltenham: Edward Elgar Publishing.
Bundesministerium für Arbeit und Soziales (BMAS) (2008). *Ergänzender Bericht der Bundesregierung zum Rentenversicherungsbericht 2008 gemäß § 154 Abs. 2 SGB V* (Alterssicherungsbericht 2008: Berlin: Bundesministerium für Arbeit und Soziales.
Breen, R. (1997). Risk, Recommodification and Stratification. *Sociology, 31(3)*, 473–89.
Buchholz, S. (2008). *Die Flexibilisierung des Erwerbsverlaufs: Eine Analyse von Einstiegs- und Ausstiegsprozessen in Ost- und Westdeutschland*. Wiesbaden: VS Verlag für Sozialwissenschaften.
Buchholz, S., Hofäcker, D., Mills, M., Blossfeld, H.-P., Kurz, K., & Hofmeister, H. (2009). Life Courses in the Globalization Process: The Development of Social Inequalities in Modern Societies, *European Sociological Review, 25(1)*, 53–71.
Carlin, W. (1996). West German Growth and Institutions, 1945–90. In N. Crafts und G. Toniolo (Hrsg.), *Economic growth in Europe since 1945* (S. 455–97). Cambridge: Cambridge University Press.

Esping-Andersen, G. (1990). *The Three Worlds of Welfare Capitalism.* Princeton/New Jersey: Princeton University Press.

Esping-Andersen, G., & Regini, M. (Hrsg.) (2000). *Why Deregulate Labour Markets?* Oxford: Oxford University Press.

Guillemard, A.-M. (1991). Die Destandardisierung des Lebenslaufs in den europäischen Wohlfahrtsstaaten. *Zeitschrift für Sozialreform, 37(10),* 620–39.

Mayer, K. U. (1997). Notes on a Comparative Political Economy of Life Courses. In L. Mjoset (Hrsg.), *Methodological Issues in Comparative Social Science* [Comparative social research 16] (S. 203–26). Greenwich: Jai Press.

Mayer, K. U., & Huinink, J. (1990). Alters-, Perioden- und Kohorteneffekte in der Analyse von Lebensverläufen oder: Lexis ade? In K. U. Mayer (Hrsg.), *Lebensverläufe und sozialer Wandel* (S. 442–59). Opladen: Westdeutscher Verlag.

Rinklake, A., & Buchholz, S. (2011). Increasing Inequalities in Germany: Older People's Employment Lives and Income Conditions Since the Mid-1980s. In H.-P. Blossfeld, S. Buchholz & K. Kurz (Hrsg.), *Aging Populations, Globalization and the Labor Market. Comparing Late Working Life and Retirement in Modern Societies* (S. 35–64). Cheltenham u. a.: Edward Elgar Publishing.

Soskice, D. (1999). Divergent Production Regimes: Coordinated and Uncoordinated Market Economies in the 1980s and 1990s. In H. Kitschelt, P. Lange, G. Marks & J. D. Stephens (Hrsg.), *Continuity and Change in Contemporary Capitalism* (S. 101–134). Cambridge: Cambridge University Press.

Die Entwicklung der Arbeitsmarktsituation der über 50-Jährigen in Dänemark und die Auswirkungen auf den Verrentungszeitpunkt sowie das Renteneinkommen

Julia Schilling

1 Einleitung

Wenn es um die Einbindung älterer Menschen in den Arbeitsmarkt oder die Konzeption von nachhaltigen Rentensystemen geht, wird Dänemark oft als Vorbild herangezogen. Denn einerseits entwickelte sich in der dänischen Rentenpolitik ein Alterssicherungssystem, das dem von der Weltbank empfohlenen Ideal recht nahe kommt (Green-Pedersen 2007). Andererseits sind dort die Beschäftigungsquoten der 50- bis 60-Jährigen traditionell vergleichsweise hoch. Ein populäres Frühverrentungsprogramm verhindert jedoch, dass sich dieser Trend bis zum offiziellen Rentenalter von 67 Jahren fortsetzt: Die Hälfte der Däninnen und Dänen hat im Alter von 62 Jahren dem Arbeitsmarkt bereits den Rücken gekehrt. Ein Mix aus staatlicher Grundrente, betrieblicher und privater Altersvorsorge ermöglicht den meisten Einwohnerinnen und Einwohnern auch im Ruhestand noch einen soliden Lebensstandard. Durch die allmähliche Verschiebung weg von der steuerfinanzierten universalistischen Grundrente hin zu vom Arbeitseinkommen abhängigen Komponenten, insbesondere betrieblichen Renten, ist jedoch zu erwarten, dass die soziale Ungleichheit unter der älteren Bevölkerung in Zukunft steigt.

Der vorliegende Beitrag zeigt für den Zeitraum 1980 bis 2006, wie sich das Arbeitslosigkeitsrisiko und die Chance auf Wiederbeschäftigung für Däninnen und Dänen im Alter von über 50 Jahren entwickelt haben. Außerdem wird dargestellt, welche Unterschiede es zwischen verschiedenen Bevölkerungsgruppen bezüglich des Verrentungszeitpunktes gibt und wie sich persönliche und strukturelle Faktoren auf das spätere Renteneinkommen auswirken. Der Fokus liegt dabei auf den Ungleichheiten zwischen den Geschlechtern und zwischen Personen mit unterschiedlichen Qualifikationsniveaus, aber auch Charakteristika der späten Erwerbskarriere und der (letzten) Arbeitsstätte werden berücksichtigt. Es handelt sich um eine gekürzte Wiedergabe der Ergebnisse des international vergleichenden Projektes flexCAREER bezüglich der Länderstudie Dänemark (für eine ausführliche Darstellung siehe Schilling & Larsen 2011). Analog wurde bereits im Beitrag von Rinklake und Buchholz in diesem Band über die Studienergebnisse aus Deutschland berichtet, während im Beitrag von Kurz eine Zusammenfassung der theoretischen Hintergrundüberlegungen und der Schlussfolgerungen aus dem internationalen Vergleich zu finden sind.

2 Institutioneller Kontext

Wie in den meisten westlichen Staaten wird auch in Dänemark die Situation der älteren Teilnehmerinnen und Teilnehmer am Arbeitsmarkt, das heißt der etwa 50- bis 65-Jährigen, maßgeblich von der Ausgestaltung der institutionellen Rahmenbedingungen beeinflusst. Dies sind insbesondere die Regeln des Arbeitsmarktes (z. B. Beschäftigungsschutz), das Design des allgemeinen und beruflichen (Aus- und Weiter-)Bildungssystems, und die Ausgestaltung des Alterssicherungssystems im Wohlfahrtsstaat (Buchholz et al. 2011).

2.1 Der Arbeitsmarkt

Das dänische Arbeitsmarktmodell ist gekennzeichnet durch seine einzigartige Kombination von Flexibilität und Sicherheit, häufig bezeichnet als ‚goldenes Dreieck der Flexicurity' (Madsen 2005): Niedriger Beschäftigungsschutz und ein großzügiges finanzielles ‚Sicherheitsnetz' im Fall von Arbeitslosigkeit werden von einem umfassenden System aktiver Arbeitsmarktmaßnahmen flankiert. Eine Konsequenz daraus ist hohe Job-Mobilität in allen Altersgruppen, vergleichbar mit den ‚hire-and-fire'-Arbeitsmärkten in den USA oder dem Vereinigten Königreich (Auer & Cazes 2003). Einer entlassenen Dänin/einem entlassenen Dänen auf der Suche nach einer neuen Arbeitsstelle wird allerdings direkte Hilfe von öffentlicher Seite geboten, zum Beispiel in Form von Fortbildungskursen. Der Schwerpunkt der dänischen Arbeitsmarktpolitik liegt eher auf Beschäftigungssicherheit als auf Jobsicherheit.

Weitere Besonderheiten des dänischen Arbeitsmarktes sind die hohe Frauenerwerbsquote und der große öffentliche Sektor: Etwa die Hälfte aller Frauen sind Beschäftigte des Öffentlichen Dienstes, insgesamt sind mehr als ein Drittel aller Beschäftigten im öffentlichen Sektor. Der Ausbau des Wohlfahrtsstaates seit den 1960er Jahren begünstigte die Einbindung von Frauen in den Arbeitsmarkt und garantiert Dänemark seit Jahren Spitzenplätze im Europäischen Vergleich der Erwerbstätigenquoten[1] von Frauen. Seit 1997 liegt sie über 70 Prozent und erreichte im Jahr 2008 den bisherigen Höchstwert von 75,5 Prozent. Ähnliche Werte erreichten in den letzten Jahren lediglich die Schweiz sowie die anderen nordischen Länder Schweden, Norwegen, Finnland und Island (Eurostat 2012). Die starke Arbeitsmarktsegregation (vier Fünftel der Männer arbeiten in privaten Unternehmen) führt allerdings zu einer fortbestehenden Lohnlücke (Deding & Larsen 2008).

Die Ölkrise der 1970er Jahre zog auch die dänische Wirtschaft in Mitleidenschaft, sodass die Arbeitslosigkeit anstieg und Anfang der 1980er mehr als zehn Prozent betrug. Nach einem vorübergehenden Rückgang überstieg sie in den frühen 1990er Jahren sogar zwölf Prozent. In beiden Krisenperioden verfügte die dänische Regierung diverse Maßnahmen, um die Arbeitslosigkeit zu senken und weitete unter anderem die Frühverrentungsregelungen aus (siehe Abschnitt 2.3). Seit Mitte der 1990er Jahre hat sich jedoch die dänische Strategie in Richtung aktivierende Arbeitsmarktpolitik gewandelt und in den folgenden Jahren erlebte das Land ein so genanntes ‚Beschäftigungswunder'. Es bleibt jedoch Gegenstand kontroverser Diskussionen, ob dieses den verstärkten Aktivierungsmaßnahmen, ihrem Nebeneffekt des ‚Beschönigens' der Arbeitslosenzahlen oder lediglich dem wirtschaftlichen Aufschwung zu verdanken ist.

2.2 Das Bildungssystem

Das dänische Bildungssystem ist gekennzeichnet durch ausgeprägte staatliche Kontrolle und einen hohen Grad der Standardisierung (Hofäcker & Leth-Sørensen 2006). Demzufolge sind die Qualifikationen einer Bewerberin oder eines Bewerbers eindeutig in Zertifikaten belegt und die allgemeine und berufliche Aus-

---

1 Die Erwerbstätigenquote wird berechnet, indem die Zahl der erwerbstätigen Personen im Alter zwischen 20 und 64 Jahren durch die Gesamtbevölkerung derselben Altersgruppe dividiert wird. Der Indikator beruht auf der EU-Arbeitskräfteerhebung. In der Erhebung wird die gesamte in privaten Haushalten lebende Bevölkerung erfasst. Keine Berücksichtigung finden Personen, die in Anstaltshaushalten (Pensionen, Wohnheime, Krankenhäuser usw.) leben. Zur erwerbstätigen Bevölkerung zählen alle Personen, die in der Berichtswoche mindestens eine Stunde lang gegen Entgelt oder zur Erzielung eines Gewinns arbeiteten oder nicht arbeiteten, aber einen Arbeitsplatz hatten, von dem sie vorübergehend abwesend waren (Eurostat 2012).

bildung auf Arbeitsmarktbedürfnisse zugeschnitten. Ähnlich wie in Deutschland ist die berufliche Ausbildung im ‚Dualen System' organisiert, das heißt sie vereint die Vermittlung theoretischer Kenntnisse im Schulkontext mit praktischer Arbeitsanleitung in einem Betrieb. Die Hochschulausbildung bietet drei Abschlussarten an und wurde in den letzten Jahren verstärkt nachgefragt. Inzwischen erreichen mehr als die Hälfte eines Jahrgangs einen tertiären Abschluss (CIRIUS 2006). Unter den älteren Arbeitskräften ist der Anteil der Personen mit Hochschulabschluss allerdings vergleichsweise gering, der Großteil weist lediglich eine abgeschlossene Berufsausbildung auf. Ein nicht unbedeutender Teil besitzt sogar nur den niedrigsten allgemeinbildenden Schulabschluss.

Allerdings hat das Konzept des Lebenslangen Lernens eine lange Tradition in der dänischen Gesellschaft. Heute besteht ein weitreichendes Angebot an öffentlich finanzierten Aus- und Weiterbildungsmöglichkeiten, die sowohl Beschäftigten als auch Arbeitslosen zur Verfügung stehen. Obwohl die Teilnahmequoten an diesen Kursen in Dänemark mit dem bereits vorher erworbenen Bildungsstand korrelieren, übersteigen sie dennoch den entsprechenden Durchschnittswert in den übrigen EU-Mitgliedsstaaten (Europäische Kommission 2006). Durch die regelmäßige Auffrischung und Aktualisierung der Kenntnisse und Fähigkeiten werden den Beschäftigten somit die Möglichkeiten gegeben, auch nachträglich noch die Zertifikate zu erwerben, die gerade auf dem Arbeitsmarkt gefragt sind, das heißt auch die Beschäftigungschancen älterer Arbeitskräfte werden damit verbessert.

2.3 Der Wohlfahrtsstaat

Dänemark wird in der Regel zu den sozialdemokratischen, universalistischen Wohlfahrtsstaaten gezählt, deren sozialpolitische Hauptziele in der Dekommodifizierung (Marktunabhängigkeit) und der Aufrechterhaltung eines hohen Wohlfahrtsstandards durch Vollbeschäftigung bestehen (Esping-Andersen 1990). Zumindest die Arbeitsmarktpolitik weist allerdings auch liberale Elemente auf (z. B. den niedrigen Level von Beschäftigungsschutz), sodass Dänemark im internationalen Vergleich auch häufig als ‚Hybrid' bezeichnet wird (Bredgaard et al. 2005).

Für die Arbeitsmarktsituation älterer Arbeitskräfte ist zunächst die Arbeitslosenversicherung bedeutend. Obwohl sie in Dänemark grundsätzlich freiwillig ist, sind etwa 80 Prozent der Beschäftigten Mitglied einer der aktuell 28 Arbeitslosenkassen. Diese Mitgliedschaft ist auch die Voraussetzung, das beliebte Frühverrentungsangebot ‚Efterløn' in Anspruch zu nehmen. Es wurde 1979 eingeführt, um im

Zuge der Ölkrise insbesondere die Jugendarbeitslosigkeit zu reduzieren und ermöglicht Vollzeitverrentung ab dem 60. Geburtstag. Um die Beliebtheit des Programms zu mindern und damit die Arbeitsmarktbeteiligung der Däninnen und Dänen im Alter von über 60 Jahren zu erhöhen, setzte die Regierung bereits 1992 und 1999 Reformen durch, die jedoch beide wenig zur Erhöhung der Arbeitsmarktbeteiligung beitrugen (Larsen 2005).[2]

In der Wirtschaftskrise der frühen 1990er Jahre wurde versucht, die steigende Arbeitslosigkeit mit Hilfe eines Übergangsgeldes ('Overgangsydelse') für Arbeitslose zwischen 50 und 60 Jahren in den Griff zu bekommen. Es konnte seit 1992 bei Vorliegen bestimmter Voraussetzungen von Däninnen und Dänen ab 55 Jahren beantragt werden, seit 1994 sogar ab 50 Jahren. Die große Belastung für die Staatskasse und der kurz darauf einsetzende Wirtschaftsaufschwung führten jedoch schon 1996 zu einer Abschaffung dieses Programmes (die letzte Transferzahlung wurde somit 2006 geleistet).

Als Dänemark als zweites Land der Welt (nach Deutschland) im Jahr 1891 ein Alterssicherungssystem einführte, wählten die Regierenden mit Absicht ein steuerfinanziertes System an Stelle des 'Bismarck'schen' Sozialversicherungsmodells (Andersen 2008). Daher haben noch heute alle Einwohnerinnen und Einwohner, die das gesetzliche Rentenalter erreichen und für mindestens 40 Jahre in Dänemark gelebt haben, Anspruch auf die staatliche Altersrente 'Folkepension'. Im Jahr 2004 wurde das gesetzliche Rentenalter von 67 auf 65 Jahre gesenkt, aber eine Wiederanhebung auf 67 Jahre ist bereits beschlossen und soll ab 2019 umgesetzt werden. Die staatliche Altersrente wird jährlich an den allgemeinen Lohnzuwachs angeglichen und besteht aus einem Grundbetrag und einem bedarfsabhängigen Zuschlag. In den letzten Jahren hat sie sich allerdings zu einer Art Grundsicherung für Rentnerinnen und Rentner entwickelt. Seit mehr Bevölkerungsgruppen in Betriebsrenten und private Altersvorsorgepläne einzahlen, garantieren diese Zusatzrenten den Besserverdienenden die Fortführung ihres Lebensstandards auch im Alter. Mit anderen Worten, die einkommensabhängigen Betriebsrenten und die privaten Altersrenten ergänzen die vom früheren Arbeitseinkommen unabhängige staatliche Altersrente.

---

2 Eine neuere Studie weist jedoch darauf hin, dass das Programm anscheinend in den letzten Jahren weniger attraktiv wurde und die Anzahl der Teilnehmerinnen und Teilnehmer in Zukunft vermutlich sinken wird (Jørgensen 2009).

3 Hypothesen

3.1 Sozialer Wandel

Die Arbeitslosigkeit der älteren Arbeitnehmerinnen und -nehmer wird erwartungsgemäß mit der Wirtschaftsentwicklung und entsprechenden politischen Reaktionsmaßnahmen zusammenhängen, wobei die Arbeitslosigkeit im Beobachtungsfenster starken Schwankungen unterworfen war. Insbesondere in den frühen 1990er Jahren hat die Einführung des Übergangsgeldes vermutlich einen Anstieg der Arbeitslosigkeit in der Altersgruppe der 50- bis 59-Jährigen bewirkt. Denn die betroffenen Beschäftigten konnten dank dieser Zwischenlösung auf die Alternative Arbeitslosigkeit ausweichen. Dieser Mechanismus wirkte auch auf die Wiedereinstellungschancen, das heißt diese sollten ab Mitte der 1990er Jahren, nach Abschaffung der Maßnahme, sichtbar ansteigen.

Es wird jedoch keine erhebliche Änderung an der Tatsache erwartet, dass der Großteil der Däninnen und Dänen im Alter von 60 Jahren oder wenige Jahre später in Vorruhestand geht, höchstens in den allerletzten der beobachteten Jahre. Insgesamt sollte das Durchschnittsalter für den Renteneinstieg allerdings steigen, und zwar aufgrund des Zusammenspiels der Rentenreformen der letzten Jahre mit verstärkter aktiver Arbeitsmarktpolitik und dem Wirtschaftsaufschwung.

Das Einkommen der dänischen Rentnerinnen und Rentner wird mit der Zeit vermutlich steigen, wenn mehr Beschäftigte zusätzlich auf Betriebsrenten und Einkommen aus privater Altersvorsorge zurückgreifen können. Gleichzeitig sollte die staatliche Altersrente an Bedeutung verlieren, allerdings mit der Konsequenz steigender Ungleichheit in der älteren Bevölkerung und zunehmendem Fortbestand von Arbeitsmarktungleichheiten auch jenseits des Verrentungszeitpunktes.

3.2 Soziale Ungleichheit

Verglichen mit anderen westlichen Ländern ist die soziale Ungleichheit in Dänemark eher gering. Dennoch ist zu erwarten, dass die beschriebenen Trends manche Bevölkerungsgruppen mehr betreffen als andere. Wie in den meisten Ländern sind ältere Arbeitnehmerinnen und Arbeitnehmer mit niedrigeren Qualifikationsniveaus von der wirtschaftlichen Umstrukturierung vermutlich am meisten betroffen. Ihr Arbeitslosigkeitsrisiko und ihre Tendenz zur Frühverrentung sollten sich daher als vergleichsweise hoch zeigen. Die – meist weiblichen – Angestellten im Öffentlichen Dienst dagegen waren vermutlich relativ geschützt gegen die wirtschaftlichen Fluktuationen. Daher ist zu erwarten, dass die Beschäftigungssituation und das Verrentungsverhalten der Männer stärker als jene der Frauen von wirtschaftlichen Schwankungen beeinflusst werden. Außerdem schlägt die Lohnlücke zwischen den Geschlechtern stärker auf die Rentenhöhe durch, wenn die einkommensbezogenen Komponenten der Altersvorsorge an Gewicht gewinnen. In ähnlicher Weise sollten Perioden von Arbeitslosigkeit und niedrigem Einkommen das Renteneinkommen insgesamt senken, das heißt die sozialen Ungleichheiten innerhalb der älteren Bevölkerung Dänemarks nehmen vermutlich zu.

4 Daten und Methoden

Die verwendeten dänischen Daten sind Registerdaten, unter anderem aus der Integrierten Datenbank für Arbeitsmarktforschung (IDA), die die Verbindung von Personen- mit Unternehmensdaten erlaubt. Zusätzlich bestand Zugang zu Einkommensinformationen aus dem Einkommens- und Steuerverzeichnis und zu einigen Variablen über Sozialtransfers aus der Datenbank für Sozialstatistik. Das Beobachtungsfenster der Analysen erstreckt sich von 1980 bis 2006 und die genutzten Stichproben wurden generiert aus einer Fünf-Prozent-Stichprobe aller 50- bis 70-Jährigen in diesem integrierten Datensatz, die aus über 900 000 Beobachtungen von circa 78 000 Personen bestand.

Für die Analysen zum Risiko der Arbeitslosigkeit wurden alle Personen ausgewählt, die im Alter von 50 Jahren einer Beschäftigung nachgingen. Der Status der Arbeitslosigkeit war erreicht, wenn eine Person zum jährlichen Messzeitpunkt im November als arbeitslos registriert war oder an einer Aktivierungsmaßnahme teilnahm. Alle Personen, bei denen dieses Ereignis eingetreten war, bilden anschließend die Basis der Berechnungen zur Chance auf Wiederbeschäftigung. Die Ausgangsstichprobe der Analysen zum Rentenübergang umfasst schließlich alle Personen, die dem Arbeitsmarkt im Alter von 50 Jahren grundsätzlich zur Verfügung standen – das heißt nicht nur die Beschäftigten, sondern auch diejenigen in Arbeitslosigkeit, in einer Weiterbildungs- oder Rehabilitierungsmaßnahme und die Beurlaubten. Diese Personengruppe wird daraufhin betrachtet, bis sie in eine Rentenart (Invalidenrente, Übergangsgeld, Frührente oder reguläre Altersrente) eintritt. Die Höhe dieser Bezüge aus den verschiedenen Frühverrentungsmöglichkeiten variierte allerdings je nach Programm und historischer Zeit. Um die Höhe des (im Ruhestand stabilen) Renteneinkommens zu bestimmen, wird daher das Jahresgesamteinkommen im ersten Jahr nach Eintritt in die offizielle Altersrente betrachtet.³ Diese abhängige Variable ist logarithmiert und inflationsbereinigt und gibt das Bruttojahreseinkommen inklusive öffentlicher Transfers, betrieblicher und privater Renten und gegebenenfalls Arbeitseinkommen wieder.

Um die historische Entwicklung zu verfolgen, wurden die Personen in fünf Geburtskohorten eingeteilt, die entsprechend der Situation auf dem Arbeitsmarkt und auf der politischen Reformbühne zum Zeitpunkt ihres 50. Geburtstag gebildet wurden. Für die Analysen des Übergangs in Arbeitslosigkeit und Wiederbeschäftigung als auch in Rente werden logistische Regressionsmodelle verwendet, die verschiedene zeit-konstante und zeit-veränderliche Kovariaten beinhalten (Blossfeld & Rohwer 2002). Die Determinanten des Renteneinkommens werden durch OLS-Regressionen ermittelt.

5 Die späte Karriere

5.1 Das Arbeitslosigkeitsrisiko

Der dänische Arbeitsmarkt ist von hoher Mobilität und kurzer durchschnittlicher Beschäftigungsdauer gekennzeichnet. Das trifft auch für die Altersgruppe der über 50-Jährigen zu. Die Hälfte von ihnen hatte zwei und etwa ein Viertel sogar drei oder mehr Jobs zwischen dem 50. Geburtstag und dem Renteneintritt. Allerdings bringen diese häufigen Jobwechsel nicht unbedingt auch (lange) Phasen von Arbeitslosigkeit mit sich. In den ausgewerteten Daten schwankt der Anteil der Männer beziehungsweise Frauen, die mindestens einmal in der späten Karriere arbeitslos waren, je nach Geburtskohorte zwischen 22 (Männer geboren 1930–1933) und 32 Prozent (Frauen geboren 1934–1937). Da drei Viertel davon allerdings nur einmal arbeitslos waren, konzentrieren wir uns in der multivariaten Analyse, in der Einflussfaktoren auf das Arbeitslosigkeitsrisiko betrachtet werden, jeweils nur auf die erste Arbeitslosigkeitsepisode.

Als zentrales Ergebnis erscheint hier, dass fast alle Geburtskohorten ein niedrigeres Arbeitslosigkeitsrisiko haben als die Referenzkohorte der Geburtsjahrgänge 1938 bis 1943; lediglich die wenige Jahre älteren Personen (geboren 1934 bis 1937) unterscheiden sich diesbezüglich kaum von ihr (Tabelle 1). Diese beiden Gruppen

---

3   Es fließen hier nur Personen ein, die innerhalb unseres Beobachtungszeitraums als Bezieherinnen/Bezieher der offiziellen Altersrente registriert wurden – d. h. für die meisten Personen gilt das Einkommen des Jahres, in dem sie 68 Jahre alt wurden, mit Ausnahme der Personen, die länger arbeiteten oder nach 2004, d. h. nach Herabsetzung des Rentenalters auf 65 Jahre, zur Altersrentnerin/zum Altersrentner wurden.

Tabelle 1   Übergang zur ersten Arbeitslosigkeit ab dem 50. Lebensjahr (logistische Regression)

	1	2	3	4
Konstante	−3,53**	−3,48**	−3,73**	−3,71**
Geburtskohorte				
1930–33	−0,17**	−0,24**	−0,20**	−0,19**
1934–37	0,04	0,00	0,02	0,09*
1938–43 (Ref.)	–	–	–	–
1944–48	−0,35**	−0,30**	−0,31**	−0,40**
1949–56	−0,60**	−0,51**	−0,53**	−0,67**
Alter				
50–53 Jahre (Ref.)	–	–	–	–
54–58 Jahre	0,00	0,02	0,03	0,03
59–60 Jahre	−0,64**	−0,61**	−0,59**	−0,59**
61–62 Jahre	−1,11**	−1,05**	−1,05**	−1,05**
63–65 Jahre	−1,39**	−1,30**	−1,31**	−1,30**
Geschlecht				
Männer (Ref.)	–	–	–	–
Frauen	0,26**	0,24**	0,43**	0,43**
Qualifikationslevel				
Sekundarstufe I oder unbekannt, keine berufliche Ausbildung		0,17**	0,18**	0,14**
Sekundarstufe II, keine berufl. Ausbildung		−0,03	0,08	−0,25+
Sekundarstufe I und berufl. Ausbildung (Ref.)		–	–	–
kurzes Hochschulstudium (z. B. Bachelor)		−0,72**	−0,50**	−0,60**
langes Hochschulstudium (z. B. Master) oder Promotion		−1,06**	−0,79**	−0,90**

Tabelle 1 Fortsetzung

	1	2	3	4
Betriebsgröße				
1–10 Beschäftigte (Ref.)			–	–
11–50 Beschäftigte			−0,21**	−0,21**
51–500 Beschäftigte			−0,40**	−0,40**
501< Beschäftigte			−0,54**	−0,55**
Sektor/Branche				
Öffentlicher Sektor (Ref.)			–	–
Privater Sektor				
Rohstoffindustrie			0,35**	0,34**
Produzierendes Gewerbe			0,83**	0,82**
Bauwesen			0,85**	0,85**
Einzelhandel			0,60**	0,60**
Private Dienstleistungen			0,58**	0,58**
Transportwesen			0,29**	0,28**
Migrationshintergrund				0,56**
Qualifikationslevel*Kohorte 1930–1933				
Sekundarstufe I oder unbekannt, keine berufliche Ausbildung				−0,01
Sekundarstufe II, keine berufl. Ausbildung				0,29
kurzes Hochschulstudium (z. B. Bachelor)				0,00
langes Hochschulstudium (z. B. Master) oder Promotion				−0,13
Qualifikationslevel*Kohorte 1934–1937				
Sekundarstufe I oder unbekannt, keine berufliche Ausbildung				−0,12*
Sekundarstufe II, keine berufl. Ausbildung				0,36
kurzes Hochschulstudium (z. B. Bachelor)				−0,01
langes Hochschulstudium (z. B. Master) oder Promotion				−0,27

Tabelle 1   Fortsetzung

	1	2	3	4
Qualifikationslevel*Kohorte 1944–1948				
Sekundarstufe I oder unbekannt, keine berufliche Ausbildung				0,16**
Sekundarstufe II, keine berufl. Ausbildung				0,51**
kurzes Hochschulstudium (z. B. Bachelor)				0,11
langes Hochschulstudium (z. B. Master) oder Promotion				0,32*
Qualifikationslevel*Kohorte 1949–1956				
Sekundarstufe I oder unbekannt, keine berufliche Ausbildung				0,23**
Sekundarstufe II, keine berufl. Ausbildung				0,37+
kurzes Hochschulstudium (z. B. Bachelor)				0,33**
langes Hochschulstudium (z. B. Master) oder Promotion				0,16
Log likelihood ratio	1 770,02	3 132,40	4 772,68	4 976,50
$n_{Beobachtungen}$	572 353	572 353	572 353	572 353
n	72 917	72 917	72 917	72 917
$n_{Ereignisse}$	13 616	13 616	13 616	13 616

Quelle: Eigene Berechnungen auf Basis von dänischen Registerdaten 1980–2006.
Effekt signifikant bei ** $p < .01$, * $p < .05$, + $p < .10$.

traten zwischen Mitte der 1980er und Mitte der 1990er in die späte Karrierephase ein, das heißt in einer Zeit mit steigender und/oder hoher Arbeitslosigkeit. Zudem waren sie Hauptzielgruppe des Übergangsgeldes. Es bestätigt sich somit die Hypothese der Abhängigkeit des Arbeitslosigkeitsrisikos der älteren Arbeitnehmenden von der allgemeinen Wirtschaftslage und politischen Maßnahmen. Allerdings variiert dieses Risiko nicht nur zwischen Kohorten, sondern auch nach Altersgruppen. Denn für über 60-Jährige sinkt das Risiko im Vergleich zu ihren jüngeren Kollegen, vermutlich weil diese Personen eher die Möglichkeit der Frührente in Anspruch nehmen als sich arbeitslos zu melden.

Mit Blick auf die Entwicklung der Ungleichheitsmuster im Zusammenhang mit diesen Trends fällt zunächst auf, dass Frauen häufiger arbeitslos wurden als Männer.[4] Entgegen den Erwartungen sind die Frauen somit nicht besser gegen Arbeitslosigkeit geschützt, sondern ihr sogar stärker ausgesetzt. Hingegen sind niedrig Qualifizierte tatsächlich stärker von Arbeitslosigkeit betroffen als Personen, die mindestens eine abgeschlossene Berufsausbildung vorweisen können. Diese Benachteiligung wuchs offensichtlich sogar mit der Zeit, auch nachdem das Übergangsgeld, das zum Großteil von niedrig Qualifizierten in Anspruch genommen wurde, längst abgeschafft war. Letztere profitierten also nicht im gleichen Maße vom Boom der späten 1990er wie die Hochqualifizierten, das heißt die Ungleichheit zwischen beiden Gruppen hinsichtlich des Arbeitslosigkeitsrisikos in der späten Karriere hat zugenommen.

5.2 Die Chance auf Wiederbeschäftigung

Insgesamt wurden etwas mehr als die Hälfte der betrachteten ersten Arbeitslosigkeitsepisoden nach dem 50. Geburtstag durch eine neue Beschäftigung beendet, und zwar in den allermeisten Fällen (85 Prozent) innerhalb von zwei Jahren. Im Vergleich zur eben verwendeten Stichprobe zeichnet sich die nun verbliebene Sub-Stichprobe der Arbeitslosen durch durchschnittlich niedrigere Qualifikationen aus, das heißt fast die Hälfte der Personen haben gar keine oder nur eine Basisqualifikation (erste Kategorie).

Im vorherigen Abschnitt wurde beschrieben, dass die Personen, die zwischen 1934 und 1943 geboren wurden, im Vergleich zu den anderen Geburtskohorten

---

4 Die Ungleichheit tritt dabei am deutlichsten in der Referenzkohorte zutage; das entsprechende Modell mit den Interaktionseffekten Geschlecht*Kohorte konnte hier aus Platzgründen allerdings nicht wiedergegeben werden (für Details siehe Marold & Larsen 2009).

dem höchsten Arbeitslosigkeitsrisiko ausgesetzt waren; die Analysen zum Wiedereinstieg zeigen, dass jene auch die relativ schlechtesten Wiedereinstiegschancen hatten, denn die Wahrscheinlichkeit, eine neue Beschäftigung zu finden, war sowohl bei den zwischen 1930 und 1933 Geborenen als auch bei den Jüngeren (geboren ab 1944) signifikant höher (Tabelle 2). Damit sehen wir die Hypothese der Abhängigkeit von Wirtschaftszyklus und Übergangsgeld bestätigt. Aber auch die Möglichkeit der Frühverrentung und die langjährige Zahlung von Arbeitslosengeld vorher scheinen die Wiederbeschäftigungschancen der über 50-jährigen Däninnen und Dänen negativ zu beeinflussen, und zwar vermutlich in zweierlei Hinsicht: Auf der Angebotsseite sinken die Suchbemühungen, auf der Nachfrageseite der Wille, einen oft niedrig qualifizierten und noch dazu nur noch für einige wenige Jahre verfügbaren Beschäftigten einzustellen. Mit Blick auf die Ergebnisse hinsichtlich der Altersverteilung wird offensichtlich, dass die Wahrscheinlichkeit einer Wiedereinstellung insbesondere für Arbeitslose jenseits der 60 deutlich sinkt, denn die meisten Betroffenen haben hier die Möglichkeit des endgültigen Ausstiegs aus dem Erwerbsleben über ‚Efterløn'.

Die negativen Werte für Frauen zeigen außerdem, dass diese eine deutlich geringere Wahrscheinlichkeit auf Wiederbeschäftigung hatten als Männer. Insgesamt herrscht hier somit eine doppelte Geschlechterungleichheit: Frauen wurden eher arbeitslos und fanden dann aber auch schlechter wieder eine neue Arbeitsstelle. Allerdings darf man nicht vergessen, dass der Unterschied zwischen den Geschlechtern auch darauf zurückzuführen sein könnte, dass ältere Frauen womöglich häufiger als ältere Männer ‚freiwillig' arbeitslos sind.

Die Vermutung, dass niedrig Qualifizierte auch bei der Chance auf Wiederbeschäftigung benachteiligt seien, lässt sich allerdings nicht so eindeutig bestätigen. Allem Anschein nach spielte das Qualifikationsniveau keine tragende Rolle mehr für die, die in der späten Karriere arbeitslos wurden. In diesem speziellen Fall und für diese selektive Gruppe scheinen andere Faktoren ausschlaggebend. Modell 4 zeigt allerdings, dass es durchaus ein Gefälle der Wiedereinstiegschancen in Abhängigkeit vom Qualifikationslevel gibt, aber hauptsächlich für die zwischen 1938 und 1943 Geborenen; das heißt insbesondere bei angespanntem Arbeitsmarkt war ein höheres Ausbildungsniveau somit hilfreich – dieser Vorteil scheint aber für die jüngeren Kohorten zu schwinden (erkennbar am negativen Vorzeichen der Kategorie ‚kurzes Hochschulstudium' in den Interaktionseffekten mit den jüngeren Kohorten).[5]

---

5 Die fehlende Signifikanz der höchsten Qualifikationskategorie resultiert vermutlich aus der sehr geringen Fallzahl in dieser Substichprobe.

Tabelle 2 Der Übergang in die Wiederbeschäftigung aus der ersten Arbeitslosigkeit nach dem 50. Lebensjahr (logistische Regression)

	1	2	3	4
Konstante	−0,46**	−0,46	−0,40**	−0,34**
Geburtskohorte				
1930–33	0,32**	0,33**	0,33**	0,32**
1934–37	0,06	0,07	0,07	0,06
1938–43 (Ref.)	–	–	–	–
1944–48	0,32**	0,32**	0,30**	0,32**
1949–56	0,24**	0,23**	0,22**	0,24**
Alter				
50–53 Jahre (Ref.)	–	–	–	–
54–58 Jahre	−0,53**	−0,53**	−0,52**	−0,53**
59–60 Jahre	−1,93**	−1,93**	−1,92**	−1,93**
61–62 Jahre	−1,78**	−1,79**	−1,78**	−1,78**
63–65 Jahre	−1,72**	−1,73**	−1,75**	−1,72**
Geschlecht				
Männer (Ref.)	–	–	–	–
Frauen	−0,33**	−0,32**	−0,27**	−0,33**
Qualifikationslevel				
Sekundarstufe I oder unbekannt, keine berufliche Ausbildung		−0,01	−0,01	−0,13*
Sekundarstufe II, keine berufl. Ausbildung		−0,02	0,02	−0,08
Sekundarstufe I und berufl. Ausbildung (Ref.)		–	–	–
kurzes Hochschulstudium (z. B. Bachelor)		0,10*	0,12	*	0,31**
langes Hochschulstudium (z. B. Master) oder Promotion		0,03	0,06	0,22

Tabelle 2 Fortsetzung

	1	2	3	4
Betriebsgröße				
1–10 Beschäftigte (Ref.)			–	–
11–50 Beschäftigte			–0,12**	–0,13**
51–500 Beschäftigte			–0,15**	–0,15**
501< Beschäftigte			–0,38**	–0,38**
Sektor/Branche				
Öffentlicher Sektor (Ref.)			–	–
Privater Sektor				
Rohstoffindustrie			–0,19*	–0,20*
Produzierendes Gewerbe			–	–
Bauwesen			0,50**	0,49**
Einzelhandel			–0,04	–0,05
Private Dienstleistungen			–0,01	–0,01
Transportwesen			–0,01	–0,02
Migrationshintergrund				–0,35**
Qualifikationslevel*Kohorte 1930–1933				
Sekundarstufe I oder unbekannt, keine berufliche Ausbildung				0,31**
Sekundarstufe II, keine berufl. Ausbildung				0,11
kurzes Hochschulstudium (z. B. Bachelor)				–0,01
langes Hochschulstudium (z. B. Master) oder Promotion				0,23

Tabelle 2 Fortsetzung

	1	2	3	4
Qualifikationslevel*Kohorte 1934–1937				
Sekundarstufe I oder unbekannt, keine berufliche Ausbildung				0,23**
Sekundarstufe II, keine berufl. Ausbildung				0,69+
kurzes Hochschulstudium (z. B. Bachelor)				−0,19
langes Hochschulstudium (z. B. Master) oder Promotion				0,14
Qualifikationslevel*Kohorte 1944–1948				
Sekundarstufe I oder unbekannt, keine berufliche Ausbildung				0,15+
Sekundarstufe II, keine berufl. Ausbildung				0,13
kurzes Hochschulstudium (z. B. Bachelor)				−0,33*
langes Hochschulstudium (z. B. Master) oder Promotion				−0,23
Qualifikationslevel*Kohorte 1949–1956				
Sekundarstufe I oder unbekannt, keine berufliche Ausbildung				0,02
Sekundarstufe II, keine berufl. Ausbildung				−0,09
kurzes Hochschulstudium (z. B. Bachelor)				−0,31*
langes Hochschulstudium (z. B. Master) oder Promotion				−0,43
Log likelihood ratio	2 148,32	2 153,60	2 294,14	2 356,44
$n_{Beobachtungen}$	28 122	28 122	28 122	28 122
n	13 661	13 661	13 661	13 661
$n_{Ereignisse}$	7 271	7 271	7 271	7 271

Quelle: Eigene Berechnungen auf Basis von dänischen Registerdaten 1980–2006.
Effekt signifikant bei ** $p < .01$, * $p < .05$, + $p < .10$.

6 Der Verrentungszeitpunkt

Für die meisten Dänen gestaltet sich der Rückzug aus dem Arbeitsmarkt als Übergang von einer Beschäftigung zunächst in das Frührentensystem ('Efterløn') und von dort in die Altersrente (siehe Abbildung 6.1. in Schilling & Larsen 2011: 157). Allerdings gibt es auch noch andere Wege in die Rente, die sowohl im Zeitverlauf als auch über verschiedene Bevölkerungsgruppen hinweg variieren.

Die bisherigen Analysen deckten auf, dass die Referenzkohorte sowie die Geburtskohorte davor (das heißt die zwischen 1934 und 1943 Geborenen) mit den schlechtesten Arbeitsmarktbedingungen konfrontiert waren, da sie das vergleichsweise höchste Arbeitslosigkeitsrisiko und nach tatsächlichem Jobverlust zudem die geringsten Chancen auf Wiederbeschäftigung hatten. Tabelle 3 ergänzt nun, dass diese Personen auch früher in Rente gingen als ihre älteren und jüngeren Landsleute, denn deren Verrentungsneigung weist ein negatives Vorzeichen gegenüber der Referenzkohorte auf. Insbesondere unter den ab 1944 Geborenen scheint sich der Trend zum verzögerten Renteneinstieg zu verstärken.

Im früheren Verrentungszeitpunkt von Frauen schlägt sich nieder, dass diese die diversen 'Überbrückungsangebote' zur Rente mehr nutzen als Männer. Dieser Geschlechtsunterschied ändert sich kaum über die beobachteten Geburtskohorten hinweg.[6] Auch das höchste erreichte Qualifikationsniveau hat beträchtlichen Einfluss auf den Zeitpunkt des Rückzugs vom Arbeitsmarkt: Je höher die berufliche Qualifikation, desto später der Einstieg in die Rente. Der Unterschied zur Referenzgruppe wird für die am niedrigsten Qualifizierten im Zeitverlauf sogar immer stärker, das heißt das Gefälle zwischen höchstem und niedrigstem Qualifikationslevel wird steiler und bestätigt somit die Vermutung wachsender Ungleichheit zwischen den verschiedenen Bildungsgruppen.

Insgesamt ergeben die Analysen zum Verrentungszeitpunkt in Dänemark ein klares Bild, das nicht nur den weiter oben getroffenen Annahmen entspricht, sondern auch den in anderen Studien gefundenen Mustern ähnelt. Insbesondere Frauen und niedrig Qualifizierte ziehen sich relativ früh vom Arbeitsmarkt zurück, während der bevölkerungsübergreifende Trend stark von der wirtschaftlichen und politischen Situation bestimmt wird und auf eine Umkehr des Frühverrentungstrends der frühen 1990er Jahre hinweist.

---

6 Auch hier sind die detaillierten Ergebnisse der Interaktionseffekte Geschlecht*Geburtskohorte bei Marold & Larsen (2009) nachzulesen.

Tabelle 3   Der Übergang in die Rente (logistische Regression)

	1	2	3	4	5
Konstante	−4,32**	−4,29**	−4,43**	−4,43**	−4,54**
Geburtskohorte					
1930–33	−0,12**	−0,18**	−0,16**	−0,15**	−0,20**
1934–37	0,01	−0,03+	0,00	0,00	−0,04
1938–43 (Ref.)	–	–	–	–	–
1944–48	−0,66**	−0,62**	−0,66**	−0,66**	−0,72**
1949–56	−1,03**	−0,96**	−1,01**	−1,01**	−1,14**
Alter					
50–53 Jahre (Ref.)	–	–	–	–	–
54–58 Jahre	0,36**	0,36**	0,55**	0,55**	0,40**
59–60 Jahre	2,97**	3,00**	3,22**	3,22**	3,07**
61–62 Jahre	2,75**	2,81**	3,05**	3,05**	2,95**
63–65 Jahre	2,48**	2,56**	2,82**	2,82**	2,73**
66–69 Jahre	2,87**	2,96**	3,27**	3,28**	3,24**
Geschlecht					
Männer (Ref.)	–	–	–	–	–
Frauen	0,51**	0,48**	0,42**	0,42**	0,41**
Qualifikationslevel					
Sekundarstufe I oder unbekannt, keine berufliche Ausbildung		0,18**	0,19**	0,19**	0,15**
Sekundarstufe II, keine berufl. Ausbildung		−0,57**	−0,62**	−0,62**	−0,66**
Sekundarstufe I und berufl. Ausbildung (Ref.)		–	–	–	–
kurzes Hochschulstudium (z. B. Bachelor)		−0,36**	−0,42**	−0,42**	−0,34**
langes Hochschulstudium (z. B. Master) oder Promotion		−0,98**	−1,05**	−1,06**	−1,05**

Tabelle 3 Fortsetzung

	1	2	3	4	5
Betriebsgröße					
1–10 Beschäftigte (Ref.)			–	–	–
11–50 Beschäftigte			0,08**	0,08**	0,11**
51–500 Beschäftigte			0,14**	0,14**	0,21**
501< Beschäftigte			0,15**	0,15**	0,23**
Sektor/Branche					
Öffentlicher Sektor (Ref.)			–	–	–
Privater Sektor					
Rohstoffindustrie			−0,15**	−0,14**	−0,10*
Produzierendes Gewerbe			−0,23**	−0,23**	−0,11**
Bauwesen			−0,06+	−0,06+	−0,08*
Einzelhandel			−0,15**	−0,15**	−0,10**
Private Dienstleistungen			−0,25**	−0,25**	−0,21**
Transportwesen			−0,10**	−0,10**	−0,03
Migrationshintergrund				0,17**	0,03
Jahre in Arbeitslosigkeit nach 50					0,29**
Qualifikationslevel*Kohorte 1930–1933					
Sekundarstufe I oder unbekannt, keine berufliche Ausbildung					0,00
Sekundarstufe II, keine berufl. Ausbildung					−0,03
kurzes Hochschulstudium (z. B. Bachelor)					−0,03
langes Hochschulstudium (z. B. Master) oder Promotion					0,18+

Tabelle 3 Fortsetzung

	1	2	3	4	5
Qualifikationslevel*Kohorte 1934–1937					
Sekundarstufe I oder unbekannt, keine berufliche Ausbildung					−0,03
Sekundarstufe II, keine berufl. Ausbildung					−0,08
kurzes Hochschulstudium (z. B. Bachelor)					0,04
langes Hochschulstudium (z. B. Master) oder Promotion					0,20*
Qualifikationslevel*Kohorte 1944–1948					
Sekundarstufe I oder unbekannt, keine berufliche Ausbildung					0,18**
Sekundarstufe II, keine berufl. Ausbildung					−0,05
kurzes Hochschulstudium (z. B. Bachelor)					0,04
langes Hochschulstudium (z. B. Master) oder Promotion					−0,11
Qualifikationslevel*Kohorte 1949–1956					
Sekundarstufe I oder unbekannt, keine berufliche Ausbildung					0,43**
Sekundarstufe II, keine berufl. Ausbildung					0,59*
kurzes Hochschulstudium (z. B. Bachelor)					−0,07
langes Hochschulstudium (z. B. Master) oder Promotion					0,07
Log likelihood ratio	59 908,58	61 917,64	64 482,82	64 504,50	69 592,60
$n_{Beobachtungen}$	679 832	679 832	679 832	679 832	679 832
n	78 020	78 020	78 020	78 020	78 020
$n_{Ereignisse}$	34 334	34 334	34 334	34 334	34 334

Quelle: Eigene Berechnungen auf Basis von dänischen Registerdaten 1980–2006.
Effekt signifikant bei ** $p < .01$, * $p < .05$, + $p < .10$.

7 Das Renteneinkommen

Je später im Lebensverlauf der Übergang in den Ruhestand erfolgte, desto höher war in unserer Zielgruppe das spätere Renteneinkommen, insbesondere wenn der Arbeitsmarktausstieg erst nach dem 60. Geburtstag stattfand (Tabelle 4). Während sich die Einkommen von Personen, die vorher in Rente gingen, nur wenig von der Referenzaltersgruppe unterscheiden, zahlt sich dagegen für die anderen offenbar jedes Jahr finanziell aus, dass sie auch noch in ihren 60-ern gearbeitet haben.

Außerdem stieg das Einkommen der dänischen Rentnerinnen und Rentner über die Kohorten hinweg. Dies liegt aber weder am vermehrten Erwerb höherer Qualifikationen (erkennbar an den stabilen Werten nach Einführung dieser unabhängigen Variablen) noch an den allgemein steigenden Einkommen.[7] Als mögliche Erklärung kommt daher die im historischen Zeitverlauf gewachsene Inanspruchnahme von Betriebsrenten und privaten Altersvorsorgeplänen infrage. Dabei ist besonders bemerkenswert, dass die auf dem Arbeitsmarkt relativ benachteiligte Geburtskohorte 1938 bis 1941[8] ebenfalls von höheren Renten profitiert als früher geborene Däninnen und Dänen. Als Konsequenz sollten jene Bevölkerungsgruppen, die relativ lange im Arbeitsmarkt bleiben (z. B. Männer, Hochqualifizierte) auch höhere Renteneinkommen genießen, das heißt die Ungleichheiten auf dem Arbeitsmarkt sollten zu Ungleichheiten im Alter führen.

Tatsächlich haben Rentnerinnen in Dänemark niedrigere Renteneinkommen als ihre Landsmänner. Dieser Unterschied lässt sich aber vermutlich nicht nur auf den Unterschied im Verrentungszeitpunkt, sondern auch auf die Lohnlücke im Erwerbsleben zurückführen, die sich über die einkommensabhängigen Betriebs- und Privatrenten bemerkbar macht. Auch das Qualifikationsniveau hat großen Einfluss auf das Renteneinkommen, allerdings scheint sich der positive Effekt für Hochqualifizierte in der jüngsten Kohorte abzuschwächen, wie der negative und signifikante Interaktionseffekt zeigt. Es tritt außerdem ein negativer Effekt für jene zutage, die aus der Arbeitslosigkeit in Rente gingen, und zwar insbesondere für die jüngste hier betrachtete Kohorte. Die ungünstige Arbeitsmarktsituation während der späten Karriere bleibt also für diese Personen auch noch nach dem Rückzug aus dem Arbeitsleben spürbar.

---

7 Letzteres wurde bei Marold und Larsen (2009) kontrolliert.
8 Die dritte Geburtskohorte endet hier bereits mit den 1941 Geborenen, da dies der letzte Jahrgang ist, der in unserem Datensatz das Anspruchsalter auf Altersrente erreicht (siehe auch Fußnote 3).

Tabelle 4   Regression auf das Renteneinkommen (OLS-Regression)

	1	2	3	4	5
Konstante	11,64**	11,66**	11,64**	11,61**	11,64**
Renteneinstiegsalter					
50–54 Jahre	–0,05**	–0,02	–0,04*	–0,04*	–0,04+
55–56 Jahre	–0,08**	–0,06**	–0,04*	–0,06**	–0,06**
57–58 Jahre	–0,05**	–0,03*	–0,01	–0,03+	–0,03+
59–60 Jahre (Ref.)	–	–	–	–	–
61–62 Jahre	0,10**	0,07**	0,06**	0,07**	0,07**
63–65 Jahre	0,24**	0,16**	0,14**	0,17**	0,17**
66–69 Jahre	0,40**	0,29**	0,29**	0,34**	0,34**
Geburtskohorte					
1930–33 (Ref.)	–	–	–	–	–
1934–37	0,18**	0,17**	0,17**	0,19**	0,18**
1938–41	0,29**	0,26**	0,27**	0,30**	0,27**
Geschlecht					
Männer (Ref.)	–	–	–	–	–
Frauen	–0,17**	–0,15**	–0,17**	–0,17**	–0,17**
Qualifikationslevel					
Sekundarstufe I oder unbekannt, keine berufliche Ausbildung		–0,10**	–0,10**	–0,09**	–0,10**
Sekundarstufe II, keine berufl. Ausbildung		0,25**	0,27**	0,27**	0,26**
Sekundarstufe I und berufl. Ausbildung (Ref.)		–	–	–	–
kurzes Hochschulstudium (z. B. Bachelor)		0,35**	0,33**	0,37**	0,34**
langes Hochschulstudium (z. B. Master) oder Promotion		0,73**	0,71**	0,77**	0,71**

Tabelle 4 Fortsetzung

	1	2	3	4	5
Betriebsgröße					
1–10 Beschäftigte (Ref.)			–	–	–
11–50 Beschäftigte			0,03**	0,03**	0,03**
51–500 Beschäftigte			0,07**	0,08**	0,08**
501< Beschäftigte			0,12**	0,13**	0,13**
Sektor					
Privater Sektor (Ref.)			–	–	–
Öffentlicher Sektor			0,05**	0,04**	0,04**
Charakteristika der späten Karriere					
Verrentung aus Arbeitslosigkeit				–0,21**	–0,11**
Jahre in Arbeitslosigkeit nach 50			–0,03**		
Jahre in Selbstständigkeit nach 50			–0,01**	–0,01**	–0,01**
Anzahl Jobwechsel nach 50				–0,02**	–0,02**
Qualifikationslevel*Kohorte 1934–37					
Sekundarstufe I oder unbekannt, keine berufliche Ausbildung				–0,02	
Sekundarstufe II, keine berufl. Ausbildung				0,11	
kurzes Hochschulstudium (z. B. Bachelor)				0,00	
langes Hochschulstudium (z. B. Master) oder Promotion				–0,03	
Qualifikationslevel*Kohorte 1938–41					
Sekundarstufe I oder unbekannt, keine berufliche Ausbildung				–0,02	
Sekundarstufe II, keine berufl. Ausbildung				–0,15+	
kurzes Hochschulstudium (z. B. Bachelor)				–0,09**	
langes Hochschulstudium (z. B. Master) oder Promotion				–0,15**	

Tabelle 4 Fortsetzung

	1	2	3	4	5
Verrentung aus Arbeitslosigkeit*Kohorte					
1930–33 (Ref.)					–
1934–37					–0,13
1938–41					–0,20*
Log likelihood ratio	3 470,66	6 833,02	6 581,40	6 441,56	6 411,48
n	19 738	19 738	19 738	19 738	19 738

Quelle: Eigene Berechnungen auf Basis von dänischen Registerdaten 1980–2006.
Effekt signifikant bei ** $p < .01$, * $p < .05$, + $p < .10$.

Die meisten dieser Ergebnisse bestätigen die Annahme von zunehmender Ungleichheit bezüglich des Renteneinkommens aufgrund der Ausbreitung von Rentenformen außerhalb der staatlich garantierten Altersrente. Mit Hilfe von Informationen aus der Datenbank für Sozialstatistik konnte in diesem Zusammenhang sogar nachgewiesen werden, dass der Anteil der Staatsrente an allen Rentenzahlungen stetig gesunken ist (Marold & Larsen 2009).

8 Zusammenfassung und Ausblick

Dieser Beitrag stellt dar, wie sich die späte Karriere und der Übergang in den Ruhestand in Dänemark entwickelt haben. Für den Zeitraum 1980 bis 2006 wurden (1) das Risiko auf Arbeitslosigkeit nach dem 50. Lebensjahr, (2) die Chance auf Wiederbeschäftigung, (3) der Zeitpunkt des Arbeitsmarktrückzugs und (4) die Einflussfaktoren auf das Renteneinkommen untersucht.

Als zentrales Ergebnis ist die starke Abhängigkeit der Arbeitsmarktrisiken und -chancen der älteren Beschäftigten (d.h. der Arbeitnehmer ab 50 Jahren) vom Wirtschaftszyklus und von entsprechenden Reaktionen von Seiten der Arbeitsmarktpolitik zu nennen. Dies gilt auch für das Verrentungsverhalten, das insbesondere vom Übergangsgeld in den frühen 1990ern beeinflusst wurde und einen Rückzug aus dem Erwerbsleben bereits für Dänen ab 50 Jahren ermöglichte. Insbesondere die Mitglieder der Geburtskohorte 1934 bis 1943 waren von Arbeitslosigkeit, schlechten Wiederbeschäftigungschancen und daraufhin früher

Verrentung über ‚Brückensysteme' des Wohlfahrtsstaates betroffen, da ihre späte Karriere in der schlechtesten Arbeitsmarktlage der letzten 25 Jahre lag. Gleichzeitig waren sie dennoch nicht ausgenommen vom übergreifenden Trend steigender Renteneinkommen.

Zudem zeigen die vorliegenden Analysen, dass die verschiedenen Risiken und Trends nicht gleich über alle Bevölkerungsgruppen verteilt waren. Obwohl Dänemark erfolgreich in der Integration seiner Bürgerinnen in den Arbeitsmarkt war, blieben Ungleichheiten zwischen den Geschlechtern innerhalb unserer Beobachtungsperiode bestehen. Erwartungsgemäß sind außerdem die niedrig Qualifizierten benachteiligt, wobei sich ihr relatives Risiko auf Arbeitslosigkeit in der späten Karriere im Zeitverlauf sogar verstärkte. Ihre Situation wird sich vermutlich sogar weiter zuspitzen, da Arbeitslosigkeit einen zunehmend negativen Einfluss auf die weitere Arbeitsmarktkarriere und das zukünftige Einkommen vor und nach dem Eintritt in die Rente ausübt. Folglich gehen die sozialen Ungleichheiten in Dänemark zum Großteil auf die gestiegenen Arbeitslosigkeitsrisiken für bestimmte Gruppen zurück. Dabei darf jedoch nicht vergessen werden, dass die ungleiche Verteilung von Risiken und Chancen auf dem dänischen Arbeitsmarkt in Krisenzeiten besonders stark ausgeprägt war. Vor allem in der Rezession in den frühen 1990ern war es besonders abträglich, zu einer der benachteiligten Gruppen zu gehören, während einige Ungleichheiten im anschließenden Boom wieder verschwanden. Mit anderen Worten, das Konzept der Flexicurity braucht einen hinreichenden makro-ökonomischen Nährboden, um für alle Bevölkerungsgruppen angemessen zu funktionieren.

Literatur

Auer, P., & Cazes, S. (2003). The Resilience of the Long-Term Employment Relationship. P. Auer & S. Cazes (Hrsg.), *Employment Stability in an Age of Flexibility: Evidence from the Industrialized Countries* (S. 22–58). Genf: International Labor Office (ILO).

Andersen, J. G. (2008). *From People's Pension to an Equality-Oriented Multipillar System. The Silent Revolution of the Danish Pension System.* Paper presented auf der Konferenz ‚Pension Systems for the Future' des Social Research Centre of the University of Iceland and the Nordic Center of Excellence in Welfare Research, 7. Mai 2008. Aalborg University, Denmark.

Blossfeld, H.-P., & Rohwer, G. (2002). *Techniques of Event History Modeling.* Mahwah: Lawrence Erlbaum Associates.

Bredgaard, T., Larsen, F., & Madsen, P. K. (2005). *The flexible Danish labour market – a review.* [CARMA Research papers]. Aalborg: Centre for Labour Market Research (CARMA) Aalborg University.

Buchholz, S., Rinklake, A., Schilling, J., Kurz, K., Schmelzer, P., & Blossfeld, H.-P. (2011). Aging Populations, Globalization and the Labor Market: Comparing Late Working Life and Retirement in Modern Societies. In H.-P. Blossfeld, S. Buchholz & K. Kurz (Hrsg.), *Aging Populations, Globalization and the Labor Market. Comparing Late Working Life and Retirement in Modern Societies* (S. 3–32). Cheltenham: Edward Elgar Publishing.

CIRIUS (2006). *The Danish Education System*. Kopenhagen: Danish Ministry of Science, Technology and Innovation.

Deding, M., & Larsen, M. (2008). *Lønforskelle mellem mænd og kvinder 1997–2006*. Kopenhagen: The Danish National Centre for Social Research (SFI).

Esping-Andersen, G. (1990). *The Three Worlds of Welfare Capitalism*. Princeton/New Jersey: Princeton University Press.

Europäische Kommission (2006). *The Social Situation in the European Union 2005–2006. The Balance between Generations in an Ageing Europe*. Luxemburg: Office for Official publications of the European Communities.

Green-Pedersen, C. (2007). Denmark: A „World Bank" Pension System. In E. M. Immergut, K. M. Anderson & I. Schulze (Hrsg.), *The Handbook of West European Pension Politics* (S. 454–495). Oxford: Oxford University Press.

Hofäcker, D., & Leth-Sørensen, S. (2006). Late Careers and Career Exits of Older Danish Workers. In H.-P. Blossfeld, S. Buchholz & D. Hofäcker (Hrsg.), *Globalization, Uncertainty and Late Careers in Society* (S. 255–278). London u. a.: Routledge.

Jørgensen, M. (2009). *En effektmåling af efterlønsreformen af 1999. Reformens betydning for arbejdsudbuddet* [SFI-Rapport 09:22]. Kopenhagen: The Danish National Centre for Social Research (SFI).

Larsen, M. (2005). The Effect of the '92-reform of the Voluntary Early Retirement Pension Program on Retirement Age – A Natural Experiment. *Nationaløkonomisk Tidsskrift, 143 (2)*, 168–188.

Madsen, P. K. (2005). *How Can it Possibly Fly? The Paradox of a Dynamic Labour Market in a Scandinavian Welfare State* [CARMA Research papers]. Aalborg: Centre for Labour Market Research (CARMA) Aalborg University.

Marold, J. & Larsen, M. (2009). *How ‚flexicure' are older Danes? The development of social inequality in later life since the 1980s'* [flexCAREER Working Paper], Bamberg: Universität Bamberg.

Schilling, J., & Larsen, M. (2011). How ‚Flexicure' are Older Danes? The Development of Social Inequality in Later Life since the 1980s. In H.-P. Blossfeld, S. Buchholz & K. Kurz (Hrsg.), *Aging Populations, Globalization and the Labor Market. Comparing Late Working Life and Retirement in Modern Societies* (S. 149–178). Cheltenham u. a.: Edward Elgar Publishing.

Online-Quellen

Eurostat (2012). *Erwerbstätigenquote nach Geschlecht, Altersgruppe 20–64* (Tabelle t2020_10.). Verfügbar unter http://epp.eurostat.ec.europa.eu/tgm/table.do?tab=table&init=1&plugin=1&language=de&pcode=t2020_10 [26. 07. 2012]

V Forschungsmethodische und sozialpolitische Implikationen

Fortschreibung von Lebensläufen bei Alterssicherungsanalysen – Herausforderungen und Probleme

Markus M. Grabka und Anika Rasner

> „Prognosen sind schwierig, besonders wenn sie die Zukunft betreffen."

1 Einleitung

Analysen zur Einkommenslage im Alter und insbesondere zur Altersarmut stoßen auf ein weit verbreitetes öffentliches Interesse. Das Alterssicherungssystem hat sich durch Reformen der vergangenen Jahre grundlegend verändert, was zu einer größeren Unsicherheit im Hinblick auf die Höhe des zu erwartenden Einkommens beim Übergang in den Ruhestand führt und das Risiko von Altersarmut ansteigen lässt. Außerdem ist das Interesse an Analysen zur Einkommenslage im Alter dadurch begründet, dass in der sozialpolitischen Diskussion in Deutschland dem Aspekt der Lebensstandardsicherung eine große Bedeutung beigemessen wird. Dabei stellt sich für alle noch im Erwerbsleben stehenden Personen die zentrale Frage, ob ihnen auch nach dem Renteneintritt ausreichend Einkommen zur Verfügung steht, um ihren Lebensstandard zu halten. Denn mit dem Eintritt in den Ruhestand werden keine weiteren Anwartschaften auf Rentenleistungen mehr erworben, das Maximum an Leistungen aus den verschiedenen Alterssicherungssystemen ist zu diesem Zeitpunkt bereits erreicht. Die Höhe der regelmäßig bezogenen Renten ist festgelegt und ändert sich nur durch eventuelle Rentenanpassungen. Liegt bei Renteneintritt eine unterdurchschnittliche Einkommensposition vor, so ist das Risiko groß, dass solch eine Person dauerhaft dem Risiko von Altersarmut ausgesetzt ist. Altersarmut kann so zu einer dauerhaften Bedrohung für ältere Menschen werden. Veränderungen der ökonomischen Situation ergeben sich für gewöhnlich nur durch Erbschaften und Schenkungen oder durch Veränderungen der Haushaltskonstellation (unter anderem der Bezug einer Witwen-/Witwerrente bei Tod des Ehepartners).

Die weitaus größte Zahl von Untersuchungen zur Einkommenslage im Alter ist rein querschnittsorientiert und beschreibt die Situation zu einem gegebenen Zeitpunkt, in der Regel über die aktuelle Situation von Menschen im Ruhestand (vgl. z. B. Bieber & Klebula 2005; Grabka & Goebel 2011). Es liegt jedoch nur eine kleine Zahl von Untersuchungen vor, die versuchen die Einkommenslage im Alter zu prognostizieren (für eine Auswahl dieser Studie siehe Abschnitt 3 dieses Beitrags). Aus sozialpolitischer Sicht ist diese Art von Untersuchungen von besonderer Relevanz, da sie aufzeigen können, ob und bei welchen Gruppen Altersarmut zunimmt oder ob das allgemein angestrebte Ziel der Lebensstandardsicherung auch für die derzeit im Erwerbsleben befindliche Bevölkerung weiter erreicht werden kann. Daneben lassen sich mit Simulationsstudien die Einkommenslagen zukünftiger Rentnerinnen und Rentner berechnen sowie Auswirkungen von potenziellen Reformen der Alterssicherung unter anderem im Hinblick auf die Lebensstandardsicherung und die Altersarmut vornehmen. Ziel dieses Beitrags ist es, die Herausforderungen und Probleme bei der Fortschreibung von Lebensläufen im Hinblick auf die Alterssicherung zu präsentieren und vorliegende Studien mit ihren Vor- beziehungsweise Nachteilen vorzustellen.[1]

2 Eine ideale Datenbasis: Anforderungen und Probleme

2.1 Zielsetzung und Datenanforderungen

Das Ziel der Fortschreibung von Lebensläufen bei Alterssicherungsanalysen ist vorrangig die Einkommenslage nach dem Renteneintritt zu prognostizieren und eine Aussage über das Risiko von Altersarmut zu treffen. Damit kann gleichzeitig eine Datengrundlage geschaffen werden, mit der es möglich ist, Neuregelungen im Hinblick auf die Alterssicherung in ihren Auswirkungen zu analysieren. Beispielhaft kann hier die Studie von Grub (2004) angeführt werden, in der die veränderte Besteuerung von Alterseinkommen durch das Alterseinkünftegesetz untersucht wird. Doch welche Herausforderungen bestehen bei der Fortschreibung von Lebensläufen?

Drei Dimensionen spielen in der Bestimmung der Einkommenslage im Alter eine zentrale Rolle: das individuelle Lebenseinkommensprofil sowie die Erwerbs- und Familienbiografie. Die erwerbsbiografischen Angaben sollten so umfangreich

---

1 Der Begriff Fortschreibung wird in diesem Beitrag synonym für Projektion beziehungsweise Simulation verwendet.

und detailliert wie möglich sein, das heißt idealerweise die gesamte Erwerbsbiografie seit dem 15. Lebensjahr (das Jahr, in dem üblicherweise die Schulpflicht endet) widerspiegeln. Um die Komplexität der Daten in Grenzen zu halten, sind monatsgenaue Angaben zum Erwerbsverlauf zu bevorzugen, wenngleich in der gesetzlichen Rentenversicherung (GRV) auch tagesgenaue Informationen zur Erwerbstätigkeit gesammelt werden (Stegmann 2006). Der biografische Verlauf darf nicht allein auf eine Erwerbstätigkeit reduziert sein, sondern es bedarf weiterer Informationen zum Beispiel über Zeiten der Ausbildung, der Arbeitslosigkeit, der Pflege oder der Kindererziehung, da hieraus Rentenansprüche erworben werden können. Die Erwerbsbiografie muss eine Multizustandsbeschreibung erlauben, da mehrere Tätigkeiten parallel ausgeübt werden können. Neben der Beschreibung des Erwerbstyps ist auch der Umfang der ausgeübten Tätigkeit eine notwendige Information, um geringfügige Beschäftigungsverhältnisse von Teilzeit- beziehungsweise Vollzeitbeschäftigung zu unterscheiden. Idealerweise sollten die biografischen Informationen nicht allein auf die in Deutschland zurückgelegten Zeiten beschränkt sein, sondern auch Tätigkeiten im Ausland und daraus resultierende Anwartschaften an Alterssicherungssysteme im In- und Ausland erfassen.

Das individuelle biografische Einkommensprofil ist die zweite zentrale Größe für eine Fortschreibung. Die Beobachtungseinheit sollte das individuelle Einkommen auf Monatsbasis sein. Die Einkommen sollten hierbei nicht nur bis zur Beitragsbemessungsgrenze in der GRV erfasst werden, sondern auch oberhalb dieses Schwellenwertes. Vorrangig bedarf es Informationen über das sozialversicherungspflichtige Erwerbseinkommen, jedoch sollte idealerweise auch Einkommen aus einer selbstständigen Tätigkeit erfasst werden.

Drittens sind familienbiografische Angaben erforderlich, um Aussagen über das Einkommen eines Haushalts treffen zu können, da die Wohlfahrtsposition nicht nur von den individuellen Einkünften beeinflusst wird, sondern auch von der jeweiligen Haushaltskonstellation (und den Einkommen jeder Person im Haushalt). Dieser Aspekt wird aber in vorliegenden Untersuchungen zur Fortschreibung von Lebensläufen bei Alterssicherungsanalysen für gewöhnlich vernachlässigt. Familienbiografische Angaben sollten neben der Zahl und dem Geburtsjahr der Kinder auch Auskunft über Eheschließungen, Scheidungen und Verwitwung geben und darüber hinaus auch Antwort auf die Frage liefern, ob Ansprüche beziehungsweise Verpflichtungen aus einem Versorgungsausgleich bestehen, da dieser die Einkommensposition im Alter nachhaltig beeinflussen kann.

Neben diesen zentralen biografischen Größen bedarf es weiterer Informationen, um die Komplexität des Alterssicherungssystems hinreichend zu beschreiben. Neben den soziodemografischen Standardmerkmalen (Alter, Geschlecht, Region etc.) sind Indikatoren notwendig, die es ermöglichen spezielle Versorgungssysteme wie die berufsständische Versorgung der kammerfähigen freien Berufe (Ärzte, Architekten, Rechtsanwälte etc.) oder weitere Sondersysteme (kirchliche Alterssicherung, Alterssicherung der Landwirte, Knappschaft etc.) zu identifizieren und bestehende Anwartschaften zu bestimmen.

Idealerweise sollten die Daten auch Informationen über die zweite und dritte Säule der Alterssicherung enthalten, also Anwartschaften aus betrieblicher Absicherung und privater Vorsorge. Bei letzterer umfasst dies nicht nur die typischen Altersvorsorgeinstrumente wie Lebensversicherungen und private Rentenversicherungen (hier insbesondere die so genannte Riester-Rente) sondern auch weiteres privates Vermögen. Insbesondere können Selbstständige Immobilien als auch das Betriebsvermögen zur Altersvorsorge nutzen.

Die aufgeführten Anforderungen an die Datenbasis im Hinblick auf deren Informationsgehalt und Detailliertheit muss noch ergänzt werden um den Aspekt der Repräsentativität. Nicht alle Studien, die Lebensläufe fortschreiben, verwenden auch repräsentative Daten, sondern greifen zum Beispiel auf Access-Panels oder spezifische Subpopulationen zurück (vgl. Abschnitt 3). Neben der Repräsentativität muss die Datenbasis ausreichend groß sein, um Aussagen auch über spezifische Teilgruppen (freie Berufe, Handwerker, Migrationspopulation, Personen mit einer Erwerbsminderung etc.) zu ermöglichen.

Eine an diesen Erfordernissen gemessen ideale Datenbasis liegt in Deutschland nicht vor. Zwar stellt das Forschungsdatenzentrum der Deutschen Rentenversicherung Bund (FDZ-RV) detaillierte Informationen zu rentenrechtlich relevanten Tatbeständen aus der Erwerbsbiografie zur Verfügung – zum Beispiel die Scientific Use Files Versicherungskontenstichprobe oder Vollendete Versichertenleben (Stegmann 2010) – doch geben diese kein hinreichendes Bild der Anwartschaften aller Alterssicherungssysteme. Insbesondere im Bereich der betrieblichen Alterssicherung fehlt eine vergleichbare öffentlich zugängliche Datenquelle. Das Gleiche gilt für (erwerbs-)biografische Informationen von Beamten und Selbstständigen, die per Definition nicht Bestandteil der Daten des FDZ-RV sind. Darüber hinaus fehlen in den Daten familienbiografische Angaben, da diese keine unmittelbare rentenrechtliche Relevanz haben. Daher sind Methoden der Datenverknüpfung (vgl. z. B. Rasner et al. 2011) zu erwägen, um eine umfassende Datenbasis zu generieren.

Neben Mikrodaten aus Registern werden Informationen zur Alterssicherung auch über repräsentative Befragungen erhoben. Allerdings stellt sich hierbei generell das Problem der Erhebbarkeit von detaillierten Informationen zur Alterssicherung: Neben dem Recall-bias (z. B. Tampubolon 2010) bei der Erfassung von biografischen Ereignissen sind dies fehlende Antwortangaben, vollständige Verweigerung als auch schlichtes Nichtwissen über bestimmte Tatbestände (so liegt beispielsweise nur ein sehr unzureichendes Wissen von Befragten im Hinblick auf die eigene betriebliche Alterssicherung vor, vgl. Walla 2011). Beide, registergestützte und Befragungsdaten, haben ihre entsprechenden Nachteile.

2.2 Fortschreibungsmethode

Neben einer möglichst detaillierten Erfassung einer individuellen Biografie ist eine weitere Herausforderung die Wahl eines geeigneten Verfahrens, um den Lebenslauf in die Zukunft fortzuschreiben. Neben trivialen Verfahren, die eine lineare Trendextrapolation vornehmen, aber der Komplexität eines Lebenslaufs sicherlich nicht gerecht werden können, gibt es elaborierte Verfahren, die modellbasiert vorgehen. Eine Auswahl der verfügbaren Verfahren wird im Weiteren vorgestellt.

Ein simples Verschieben von beobachteten Biografien in die Zukunft (siehe Viebrok 2004) stellt kein angemessenes Verfahren dar, um Lebensläufe adäquat fortzuschreiben. Auch eine lineare Extrapolation, bei der Vergangenheitswerte grob in die Zukunft projiziert werden, wird der Komplexität der fortzuschreibenden Informationen nicht gerecht. Vielfach werden auch Musterbiografien fortgeschrieben, was einen gewissen Erkenntnisgewinn, jedoch kein repräsentatives Bild der Einkommenslage im Alter ergibt. Die am weitesten verbreitete Fortschreibungsmethode ist modellbasiert, das heißt es werden zum Beispiel regressionsbasierte Ansätze und/oder Hazardraten-Modelle (z. B. Schatz & Merz 2000) angewendet. Diese Verfahren sind umso robuster, je weniger Simulationsgrößen dargestellt werden sollen und desto größer die Zahl der Beobachtungen ist (Schatz & Merz 2000).

Bei modellbasierten Methoden werden in aller Regel nur Beobachtungseinheiten in zeitlicher Abfolge nacheinander fortgeschrieben, das heißt es werden keine zusammenhängenden Sequenzen geschätzt oder simuliert, sondern zum Beispiel jeweils ein weiteres Beobachtungsjahr. Lebensläufe setzen sich aber für gewöhnlich aus biografischen Sequenzen zusammen (Sackmann & Wingens 2001), die bei einer modellbasierten Herangehensweise nicht angemessen berücksichtigt werden können. Bei einfachen Logit-/Probitmodellen entsteht das Problem hoher Autokorrelation bei Berücksichtigung der bisher beobachteten Biografien. Eine Schätzung nur mit einer Lag-Variable des Zeitpunkts t-1 führt zu hoher State-Dependence, sodass bestimmte Zustände verstärkt in die Zukunft fortgeschrieben werden. Bei Ereignisdatenmodellen können keine Hierarchien der Abfolge von Sequenzen berücksichtigt werden, das heißt, dass Ereignisse die im Allgemeinen am Beginn eines Lebenslauf stehen (Schule, Ausbildung, Wehrdienst etc.) auch im höheren Lebensalter eintreten können. Daher bedürfen diese Fortschreibungsmodelle zusätzlicher Kalibrierungsmaßnahmen (vgl. z. B. Schatz 2010). Wird auch die Familienbiografie fortgeschrieben, so bedarf es entweder einer Hierarchisierung der zu simulierenden Personen oder einer simultanen Schätzung um eine Konsistenz der Lebensläufe eines (Ehe-)Paares zu gewährleisten. Es stellt sich dabei die grundsätzliche Problematik, ob die verschiedenen Dimensionen eines Lebenslaufs getrennt voneinander oder in konsistenter Weise simultan projiziert werden. Typischerweise werden biografische Informationen in hierarchischer Form – das heißt zum Beispiel zuerst die Erwerbs- und anschließend die Einkommensinformation – fortgeschrieben. Allerdings können beispielsweise familienbiografische Veränderungen etwa aufgrund von Scheidung oder Verwitwung Veränderungen des Erwerbsverhaltens bewirken, die sich wiederum auf die Einkommenssituation auswirken.

Der Stützzeitraum, das heißt die empirische Grundlage für die Fortschreibung von Lebensläufen, sollte möglichst umfassend und in zeitlicher Perspektive ausreichend lang sein, um die höchstmögliche Prognose-Validität zu erzielen. Gleichzeitig sind einmalige historische Ereignisse wie die Wiedervereinigung oder die Wirtschaftskrise zum Ende der 2000er Jahre problematisch. Werden Angaben, die durch diese Ereignisse geprägt wurden, als Basis für eine Fortschreibung genutzt, so setzt sich deren Einzigartigkeit und deren Folgen in die Zukunft fort. Dies gilt in besonderer Weise für Angaben aus den frühen 1990er Jahren in Ostdeutschland etwa zur hohen Arbeitslosigkeit. Die Mehrzahl der vorliegenden Studien, die eine Fortschreibung von Lebensläufen vornehmen, nutzt aber diesen problematischen Zeitabschnitt als Grundlage für Prognosen.

Der Fortschreibungszeitraum sollte nicht nur bis zur Regelaltersgrenze (künftig mit 67 Jahren), sondern idealerweise wenige Jahre darüber hinaus gewählt werden, da Personen auch über die Regelaltersgrenze hinaus einer/ihrer Beschäftigung nachgehen können, zukünftig vielleicht sogar vermehrt müssen/wollen. Außerdem können Veränderungen der Haushaltskonstellation, beispielsweise durch den Tod der Ehepartnerin oder des Ehepartners oder infolge einer Scheidung zu relevanten Veränderung der Einkommenssituation im Alter beitragen. Gemäß dem geltenden Rentenrecht in der GRV (der so genannte Zugangsfaktor) wird nicht nur ein Malus bei vorgezogenem Rentenbeginn erhoben, sondern es besteht auch die Möglichkeit den Rentenbeginn zu verzögern, was mit einem entsprechenden Bonus honoriert wird.[2] Ungeachtet dessen gilt aber: Je länger der Fortschreibungszeitraum, desto größer sind die damit verbundenen Unsicherheiten der Projektion.

Faktisch wird bei einer Fortschreibung eines Lebenslaufs nur eine Realisation einer Modellschätzung benötigt. Jedoch wird genauso wie bei der Imputation fehlender Antwortangaben die in der Fortschreibungsmethode innewohnende Unsicherheit dann nicht ausreichend berücksichtigt. In Anlehnung an die multiple Imputation (Rubin 1987) bietet es sich an, auch eine Fortschreibung von Lebensläufen multipel vorzunehmen.

Die Fortschreibung sollte dabei alle geltenden oder bereits beschlossenen rahmenrechtlichen Neuregelungen berücksichtigen. Dies betrifft zum Beispiel die Anhebung der Regelaltersgrenze, die nachgelagerte Besteuerung von Alterseinkommen als auch das sinkende Rentenniveau in der GRV. In diesem Zusammenhang sei auch auf soziodemografische Prozesse wie der sozial differenziellen Mortalität hingewiesen, da in der GRV nur eine Teilhabeäquivalenz vorliegt, die zur Folge hat, dass Bezieherinnen und Bezieher höherer Alterseinkommen aufgrund längerer Lebenserwartung im Durchschnitt eine höhere Rendite aus ihren Beitragsleistungen erzielen als Bezieherinnen und Bezieher niedriger Alterseinkünfte (Breyer & Hupfeld 2009).

Neben diesen rahmenrechtlichen Tatbeständen stellt sich die Frage der adäquaten Berücksichtigung des Zeitpunkts des Renteneintritts. Typischerweise findet sich in den vorliegenden Untersuchungen die Annahme, dass der Renteneintritt gleichzusetzen ist mit der Regelaltersgrenze, jedoch zeigen Befunde der Deutschen Rentenversicherung, dass der tatsächliche Rentenbeginn für die Mehrheit der Neurentnerinnen und -rentner in der GRV deutlich vorgezogen wird, was entsprechend dem Zugangsfaktor in der Rentenformel zu einem niedrigeren Rentenanspruch führt.[3]

Aufgrund der Komplexität der Fortschreibung von Lebensläufen ist die Setzung einer nennenswerten Zahl von impliziten wie expliziten Annahmen notwendig, die zwecks Transparenz und Nachvollziehbarkeit ausführlich dokumentiert werden sollten. Außerdem muss deutlich werden, dass sich die gesetzten Annahmen mit einem länger werdenden Fortschreibungszeitraum stärker auswir-

---

2 Mit jedem Monat, der den Rentenbeginn hinauszögert, erhält ein Versicherter der GRV einen zusätzlichen Rentenanspruch von 0,5 Prozent, bei einem um ein Jahr verschobenen Rentenbeginn beträgt der Bonus entsprechend sechs Prozent.
3 So waren im Jahr 2009 mehr als die Hälfte aller Neurentnerinnen und -rentner von Abschlägen aufgrund eines vorgezogenen Rentenbeginns betroffen, bei ostdeutschen Rentnerinnen lag dieser Wert sogar bei über 80 Prozent (Deutsche Rentenversicherung 2010).

ken. Daher bietet es sich an, entsprechende Robustheitsprüfungen bei der Fortschreibung vorzunehmen. Im Hinblick auf die Replizierbarkeit der Ergebnisse sollte ein freier Datenzugang zu den verwendeten Datenquellen – insbesondere wenn es sich um öffentlich geförderte Forschungsvorhaben handelt – selbstverständlich sein.[4]

Mit Blick auf die Modellgüte bietet sich an, das Fortschreibungsmodell auch auf den bereits vorliegenden Beobachtungszeitraum anzuwenden, das heißt ein gewisser Abschnitt des beobachteten Lebenslaufs wird gelöscht und mit dem gewählten Fortschreibungsmodell wieder aufgefüllt. Ein Vergleich zwischen projizierten und beobachteten Lebensläufen erlaubt eine Aussage über die Qualität der Fortschreibungsmethode und die gewählten Annahmen und kann gegebenenfalls für eine Verbesserung der Modellspezifikation genutzt werden.

Fasst man die verschiedenen Argumente zusammen, so ergeben sich folgende Mindestanforderungen an Datenbasis und Fortschreibungsmodell. Die Erfüllung dieser Anforderungen ist Grundlage für eine angemessene und realitätsnahe Fortschreibung von Lebensläufen für Alterssicherungsanalysen. Dies sind:

1. Eine repräsentative Datenbasis mit ausreichender Fallzahl um wichtige Teilgruppen analysieren zu können (z. B. Beamte, Selbstständige, Migrantinnen und Migranten, Erwerbsminderungsrentnerinnen und -rentner)
2. Detaillierte Informationen zur Erwerbs-, Familien- und Einkommensbiografie
3. Informationen über Anwartschaften in der ersten, zweiten und dritten Säule der Alterssicherung
4. Berücksichtigung aller relevanten Rahmenregelungen (z. B. veränderte Besteuerung von Renten, sinkendes Rentenniveau, veränderte Regelaltersgrenze), Berücksichtigung soziodemografischer Prozesse (z. B. Heirat, Scheidung, Verwitwung, Mortalität, Migration)
5. Kohärente, konsistente und methodisch angemessene Fortschreibungsmethode.

---

4 Eine Ausnahme bildet hier die Studie ‚Altersvorsorge in Deutschland (AVID)', die in der Sozialberichterstattung viel beachtet ist, für die jedoch für wissenschaftliche Zwecke kein freier Zugang besteht.

3 Vorliegende Studien mit Fortschreibungen von Biografien

Die für die politische und öffentliche Diskussion wichtigste Studie zur künftigen Einkommenslage im Alter stellt die ‚Altersvorsorge in Deutschland (AVID)' dar (Heien et al. 2007a; Heien et al. 2007b). Derzeit liegen Befunde der AVID 1996 und der AVID 2005 vor. Die Untersuchungspopulation umfasst in beiden Studien Deutsche (und deren Ehepartner soweit vorhanden) mit einem Konto bei der GRV. Die AVID 1996 setzt sich zusammen aus Personen, die zwischen 1936 und 1955 geboren wurden, in der AVID 2005 wurden nur die Jahrgänge 1942 bis 1961 ausgewählt, das heißt diejenigen, die im Jahre 2002 im Alter von 40 bis unter 60 Jahren waren. Die Zahl der Befragungspersonen beträgt bei der AVID 2005 etwa 14 000.

Die Studie hat drei zentrale Zielsetzungen: die Abschätzung, der zum Befragungszeitpunkt in der Zukunft liegenden und unbekannten Strukturen der Erwerbsbiografie, die Abschätzung der zukünftigen Anwartschaften in den verschiedenen Altersvorsorgesystemen und die Schätzung der Belastung der Alterseinkommen durch Steuern und Abgaben. Letztlich soll die AVID auch eine Datenbasis sein, um Simulationsrechnungen zu veränderten Rahmenregelungen der Alterssicherung durchzuführen. Neben Informationen aus einer schriftlichen Befragung der Untersuchungspopulation werden biografische Informationen aus den Rentenkonten der GRV genutzt, um eine umfassende Datenbasis zu erstellen. Die Informationen aus den geklärten Rentenkonten der GRV werden durch eine Verknüpfung per Sozialversicherungsnummer mit den Befragungsdaten zusammengeführt. Die Stichprobe selbst rekrutiert sich aus einem Access-Panel von TNS Infratest TPI, das heißt aus besonders befragungsbereiten Haushalten. Die Repräsentativität der Ergebnisse ist eingeschränkt, da nicht auf eine Stichprobenziehung aus dem Adressmelderegister zurückgegriffen wird.

Die AVID 2005 verwendet zur Fortschreibung von Biografien bis zum 65. Lebensjahr ein Mikrosimulationsmodell (eine Weiterentwicklung des aus der AVID 1996 verwendeten Modells AVID-PRO). Es werden insgesamt drei Variablen im Simulationsmodell fortgeschrieben: Die Erwerbssituation[5], das Einkommen und die Wochenarbeitszeit. Etwaige Verhaltensänderungen werden nicht berücksichtigt. Soziodemografische Prozesse werden nicht simuliert, das heißt alle soziode-

---

5 Die soziale Erwerbssituation beschreibt den Erwerbsstatus einer Person insofern dieser rentenrechtlich relevant ist (Stegmann 2006).

mografischen (u. a. Alter, Familienstand, Ehedauer, Zahl der Kinder) und berufsbezogenen Merkmale (u. a. berufliche Stellung, Branche, Erwerbsstatus) beziehen sich auf das Erhebungsjahr 2002. Stützzeitraum für die Projektion ist 1992 bis 2001. Damit geht der einmalige Transformationsprozess in Ostdeutschland in die Simulation ein. Die daraus folgende ungünstige Arbeitsmarksituation wird damit in die Zukunft fortgeschrieben, unabhängig davon, wie sich die Arbeitslosigkeit in der jüngsten Vergangenheit tatsächlich entwickelt hat und weiterhin entwickeln wird. Diese Setzung hat zur Folge, dass vor allem die Arbeitslosigkeit in den Erwerbsverläufen von jüngeren Kohorten überschätzt wird. Die Fokussierung auf den Erhebungszeitpunkt 2002 hat zudem zur Folge, dass rahmenrechtliche Neuregelungen, die seitdem erst vollständig wirken beziehungsweise neu eingeführt wurden, keine Berücksichtigung finden. Dies betrifft insbesondere die Abschlagsregelungen bei frühzeitigem Renteneintritt vor Erreichen der Regelaltersgrenze in der GRV, von der mehr als die Hälfte aller Neurentnerinnen und -rentner im Jahre 2009 betroffen waren, bei ostdeutschen Rentnerinnen lag dieser Wert sogar bei über 80 Prozent (Deutsche Rentenversicherung 2010).

Ein weiterer Kritikpunkt an der AVID liegt in der mangelnden Transparenz über die impliziten Annahmen, die die Basis für die Fortschreibung von Erwerbsbiografien und Einkommensverläufen darstellen. Diese Annahmen können die Ergebnisse stark beeinflussen, allerdings lässt sich deren Bedeutung anhand der Veröffentlichungen zur AVID-Studie nicht abschätzen (Steiner & Geyer 2010: 2). Eine dieser impliziten Annahmen betrifft den Übergang vom Erwerbsleben in den Ruhestand. So wird davon ausgegangen, dass die Zusammenhänge zwischen den verschiedenen Einflussfaktoren und der Zielgröße (hier die Höhe der Rentenanwartschaften), „wenn sie für das 40. bis 60. Lebensjahr statistisch gültig waren, auch ab dem 60. Lebensjahr gültig sind" (Schatz 2010: 24). Vor dem Hintergrund der oben bereits erwähnten versicherungsmathematischen Abschläge bei vorzeitigem Rentenbeginn ist diese Annahme in ihrer Gültigkeit kritisch zu hinterfragen, zudem dürften auch andere Einflussfaktoren, wie der Renteneintritt der Ehepartnerin/des Ehepartners relevante Größen zur Erklärung des eigenen Rentenbeginns sein.

Das AVID-Fortschreibungsmodell verfügt über eine sehr große Komplexität. So werden für die Fortschreibung der Erwerbssituation Hazardraten-Modelle mit Multizustands-Multiepisoden geschätzt. Diese werden getrennt für Ost- und Westdeutschland und Männer und Frauen durchgeführt. Bereits in der AVID 1996 waren bis zu 840 verschiedene Teilmodelle allein für den Erwerbsstatus zu schätzen (Schatz & Merz 2000). Aussagen über die Modellgüte der verschiedenen Schätzergebnisse liegen unseres Wissens nicht vor, verschiedene Schätzungen konvergieren zudem nicht (Schatz 2010: 42).⁶ Die Fortschreibung wird sequenziell für jedes Jahr bis zum Alter von 65 Jahren vorgenommen, eine Simulation von zusammenhängenden Sequenzen findet damit explizit nicht statt. Zwar werden alle Simulationen nicht nur einmalig, sondern im Sinne einer Monte-Carlo-Simulation hundertmal durchgeführt, dennoch muss zusätzlich eine Kalibrierung auf alle Schätzergebnisse angewendet werden, da es zu unplausiblen Realisationen bei diesem Fortschreibungsmodell kommt.⁷ Eine Fortschreibung der Familienbiografie findet explizit nicht statt, sondern es werden die soziodemografischen Informationen nur eines Stichjahres genutzt. Scheidung oder Verwitwung kommen entsprechend im Fortschreibungszeitraum nicht als biografisches Ereignis vor, obwohl diese Lebensereignisse sich nachdrücklich auf die Einkommenssituation im Alter auswirken dürften.

Zentrales Ergebnis der AVID-Studie ist, dass bei ostdeutschen Männern und Frauen ein Rückgang der durchschnittlichen Versicherungsjahre und entsprechend geringere Rentenleistungen vor allem der jüngsten Kohorten beobachtet werden. Für westdeutsche Frauen nimmt die Zahl von Versicherungsjahren in der GRV und deren Rentenleistungen dagegen leicht zu.

Als kritisch zu werten ist, dass die AVID nur Aussagen über die deutsche Wohnbevölkerung vornimmt, da Migrantinnen und Migranten in der Stichprobenziehung explizit ausgeschlossen werden. Damit wird insgesamt die Entwicklung der Einkommenssituation im Alter überschätzt, da Migrantinnen und Migranten im Durchschnitt über eine unterdurchschnittliche Einkommensposition verfügen und längere Phasen von Arbeitslosigkeit aufweisen (Frick et al. 2009). Zusätzlich werden von wissenschaftlicher Seite folgende Kritikpunkte an der AVID aufgeführt: Riedmüller und Willert (2008) weisen darauf hin, dass der Renteneintritt generell mit 65 Jahren simuliert wird, obwohl die Regelaltersgrenze sukzessive für die Untersuchungspopulation auf 67 Jahre angehoben wird. Zudem wird unabhängig von dem wahrscheinlichen Renteneintrittsjahr, nur der Rentenwert für das Jahr 2005 verwendet, um die erzielten Entgeltpunkte zu bewerten. Hierbei wird aber außer Acht gelassen, dass bereits beschlossene künftige Niveau-

---

6 Einen Hinweis auf Probleme mit der Modellspezifikation liefern Schatz und Merz selbst. Bei den Harzardraten-Modellen zur Fortschreibung der Erwerbsbiografien: „sind die meisten Übergänge so schwach besetzt, daß ein Kovariatenmodell keinerlei signifikante Ergebnisse liefern würde. Daher wurden die meisten Übergänge ohne Kovariaten, also in der Form $r_{ij} = \exp(b_{ij}0)$ geschätzt" (Schatz & Merz 2000: 13). Inwiefern solche trivialen Modelle noch einen ausreichenden Erklärungsbeitrag liefern wird nicht beantwortet.

7 Hierzu wurde in der AVID 2005 ein Modul mit dem Namen ‚Muzuqu' entwickelt (Multizustandsschätzer unter Berücksichtigung empirischer Quoten).

absenkungen in der GRV aufgrund des eingeführten Riester- und Nachhaltigkeitsfaktors in der Rentenanpassungsformel sich für die verschiedenen Jahrgänge nachteilig auswirken werden (Riedmüller & Willert 2008; Steiner & Geyer 2010). Hierzu gehört auch die Vernachlässigung der voraussichtlichen Entwicklung der Kranken- und Pflegeversicherungsbeiträge, die mutmaßlich in den kommenden Jahren auch aufgrund demografischer Veränderungen deutlich ansteigen dürften (Steiner & Geyer 2010). Im Hinblick auf die Besteuerung von Alterseinkommen ist zu kritisieren, dass in der AVID alle errechneten Bruttorenten so versteuert werden, als würden sie im Jahr 2005 ausgezahlt. Zu diesem Zeitpunkt galt ein allgemeiner Ertragsanteil von nur 50 Prozent. Die jüngste Kohorte der 1961 Geborenen, wenn sie im Jahr 2026 in Rente geht, wird aber bereits ihre Einkünfte mit einem Ertragsanteil von 86 Prozent zu versteuern haben (Riedmüller & Willert 2008).

Eine aktuelle Studie von Steiner und Geyer (2010) nutzt ein Mikrosimulationsmodell zur Abschätzung des Einflusses veränderter Erwerbsbiografien auf das Alterseinkommen. Der Fokus liegt auf den künftigen individuellen Rentenzahlbeträgen von Personen aus den Kohorten der Jahrgänge 1937 bis 1971. Datengrundlage ist die Versicherungskontenstichprobe 2005 (SUFVSKT) der GRV und das Sozio-oekonomische Panel (SOEP). Eine Besonderheit dieser Studie ist die explizite Berücksichtigung von Kohorteneffekten in den Erwerbsbiografien, die durch die Wiedervereinigung in Ostdeutschland gegeben sind. Die Simulation umfasst eine Fortschreibung des individuellen Erwerbsverlaufs, des Erwerbseinkommen und der Höhe der Entgeltpunkte in der GRV. Demografische Veränderungen wie Heirat, Geburt eines Kindes oder Tod werden durch die Methode der ‚statischen Alterung' berücksichtigt. Die Fortschreibung der Erwerbsbiografien erfolgt auf Grundlage von Tobit-Schätzungen getrennt für Männer und Frauen in Ost- und Westdeutschland. Für Männer werden nur zwei alternative Zustände geschätzt, Vollzeiterwerbstätigkeit beziehungsweise Arbeitslosigkeit, da wie die Autoren ausführen „[...] Teilzeit und Nichterwerbstätigkeit nur für die Erwerbsbiografien von Frauen quantitativ relevant sind, werden sie nur für diese berücksichtigt" (Steiner & Geyer 2010: 58). Mit dieser Vereinfachung ist der Nachweis einer Pluralisierung von Erwerbsverläufen für jüngere Kohorten nicht möglich. Die Fortschreibung der Erwerbsbiografien basiert auf einer sehr ungünstigen Arbeitsmarktentwicklung in Ostdeutschland zu Beginn der 1990er Jahre. Damit wird diese schlechte Arbeitsmarktsituation wie in der AVID in die Zukunft fortgeschrieben und führt zu negativen Effekten bei den jüngsten ostdeutschen Geburtskohorten. Im Gegensatz zu anderen Studien berücksichtigten die Autoren in ihren Simulationen veränderte Rahmenbedingungen wie die Absenkung des Rentenniveaus und die Anhebung der Regelaltersgrenze. Bei der Bevölkerungsfortschreibung wird die Annahme gesetzt, dass die Haushaltsstrukturen trotz beobachteter demografischer Veränderungen konstant bleiben. Der Trend zu mehr Einpersonenhaushalten wird somit vernachlässigt. Beamte werden aus der Simulation ausgeschlossen. Ferner findet keine Unterscheidung nach Rentenarten (wie z. B. Erwerbsminderungsrenten) statt, sondern es werden nur Altersrenten betrachtet. Im Ergebnis führt allein die Absenkung des Rentenniveaus zu einem Rückgang des Rentenzahlbetrags von rund 14 Prozent. Besonders ausgeprägt ist der Rückgang der Renten bei ostdeutschen Männern. Zudem variieren innerhalb der Geburtskohorten die Rentenansprüche erheblich nach Bildungsgruppen.[8]

Eine Projektion künftiger Altersarmut – insbesondere in Ostdeutschland – nehmen Kumpmann et al. (2010) vor. Auf Basis der Daten des SOEP und unter Verwendung des Längsschnittsdesigns der Mikrodaten werden für die im Jahre 2008 befragten 65- bis 70-Jährigen deren Antworten aus dem Erhebungsjahr 1992 herangezogen. In diesem Jahr waren die Personen zwischen 50 und 55 Jahre alt. Mit Hilfe einer Regressionsanalyse ermitteln die Autoren, welche im Jahr 1992 erhobenen biografischen Merkmale für deren Einkommenssituation 15 Jahre später relevant sind. In einem zweiten Schritt übertragen die Autoren die geschätzten Regressionskoeffizienten auf Personen, die im Jahre 2008 zwischen 50 und 55 Jahre alt waren, um damit deren künftige Einkommenslage für das Jahr 2023 vorherzusagen. Das Ergebnis dieser Projektion ist ebenfalls, dass das Armutsrisiko künftiger Rentnerinnen und Rentner verglichen mit denen von heute ansteigen wird und dies auf den Wandel der Erwerbsbiografien in der Folge der deutschen Vereinigung zurückzuführen ist. Die verwendete Methode der Projektion ist aber mit deutlichen Unsicherheiten behaftet. Zunächst fehlen erhebungsbedingt für mehr als die Hälfte der im Jahre 2008 befragten Personen Informationen aus dem Jahre 1992, da zwischen diesen beiden Jahren mehrere Zusatzstichproben im SOEP gezogen wurden. Fehlende Werte werden daher von den Autoren mit Hilfe multipler Imputation ersetzt. Jedoch werden gut zwölf Prozent aller imputierten Fälle ausgeschlossen, falls die Residuen einen Wert annehmen, der betragsmäßig über dem Fünffachen des Standardfehlers liegt (Kumpmann et al. 2010: 14). Zudem ist problematisch, dass nur ein einzelnes arbiträres Beobachtungsjahr (hier 1992) als Basis für eine Schätzung der Einkommenssituation im Alter genutzt wird und nicht mehr Informationen einfließen, die einen längeren Zeitraum der Erwerbs-

---

8   Neben den bereits genannten Kritikpunkten ist die Zusammenführung der Daten der Versichertenkontenstichprobe und des SOEP mittels Propensity Score Matching kritisch zu hinterfragen. Es stellt sich das Problem, dass keine diskriminierende Variable zur Verfügung steht um statistische Zwillinge in den beiden Datensätzen zu identifizieren.

biografie – der maßgeblich für die Alterssicherung ist – beschreiben. Außerdem ist das Stichjahr 1992 problematisch, da sich Ostdeutschland zu Beginn der 1990er Jahre in einem grundlegenden Transformationsprozess befand, bei dem individuelle Charakteristika durch strukturelle Rahmenveränderungen dominiert wurden. Ein weiterer Kritikpunkt bezieht sich auf die Übertragung von Regressionskoeffizienten auf jüngere Personen, da hier eine Konstanz der Erklärungsfaktoren und Wirkungszusammenhänge über die Zeit unterstellt wird. Veränderungen der Erwerbsbiografien insbesondere im Hinblick auf eine zunehmende Bedeutung von Phasen der Arbeitslosigkeit können somit nicht berücksichtigt werden. Veränderte Rahmenbedingungen wie die 2005 neu eingeführte nachgelagerte Besteuerung von Alterseinkünften werden ausgeklammert.

Viebrok (2004) untersucht in seiner Expertise für die Sachverständigenkommission für den Fünften Altenbericht der Bundesregierung die künftige Einkommenslage älterer Menschen mit einem Fokus auf die private Altersvorsorge. Es werden zwei Simulationen durchgeführt: einmal die Situation vor Einführung der Rentenreform 2001 und zum anderen nach der Einführung des Alterseinkünftegesetzes. Hierzu werden vier Musterbiografien von Erwerbspersonen beschrieben. Diese Biografietypen basieren auf Angaben der AVID 1996 und hierbei insbesondere auf den von der GRV geklärten Versichertenbiografien. Die Konzentration auf vier Musterbiografien muss kritisiert werden, da zum Beispiel Stegmann (2008) aufzeigen kann, dass bei einer Typisierung von Erwerbsbiografien und Versichertenverläufen in der GRV sieben verschiedene Biografietypen zu beobachten sind. Durch die Fokussierung auf vier Musterbiografien werden zudem unstete Biografien – die an Bedeutung im Allgemeinen gewonnen haben (Simonson et al. 2011a; Simonson et al. 2011b) – ausgeschlossen, obwohl diese im Hinblick auf eine prekäre Einkommenslage im Alter besondere Relevanz haben dürften. Um Vergleiche zwischen Angehörigen unterschiedlicher Geburtsjahrgänge vorzunehmen, werden die vorliegenden Biografien der Geburtsjahrgänge 1936 bis 1955 aus der AVID lediglich auf der Zeitachse verschoben (Viebrok 2004: 32). Als problematisch an diesem Vorgehen ist hervorzuheben, dass eventuelle Veränderungen von Erwerbsbiografien unterschiedlicher Geburtskohorten zum Beispiel durch die Zunahme von Arbeitslosigkeitsphasen oder auch längere Ausbildungszeiten explizit vernachlässigt werden. Zudem können damit auch Veränderungen der rechtlichen Rahmenregelungen nicht berücksichtigt werden. Eine weitere relevante Annahme in den Berechnungen von Viebrok (2004) stellt die Inanspruchnahme der privaten Altersvorsorge dar, bei der unterstellt wird, dass diese voll in dem vom Gesetzgeber intendierten Rahmen ausschöpft wird, sodass vier Prozent des Bruttoeinkommens in eine kapitalgedeckte private Altersversorgung investiert werden. Allerdings räumt der Autor selbst ein, dass die tatsächliche Vorsorgebereitschaft deutlich geringer ausfallen dürfte, da zum Beispiel mehr als die Hälfte aller Lebensversicherungen vorzeitig aufgelöst werden (Viebrok 2004: 6). Auch andere Studien weisen auf eine Nichtausschöpfung des Fördervolumens bei der staatlich geförderten Altersvorsorge hin, die zudem einen sozialen Gradienten aufweist, da obere Einkommensbezieherinnen und Einkommensbezieher eine Riester-Rente mehr als 1,6-Mal häufiger in Anspruch nehmen als Personen mit geringem Einkommen (Geyer 2011).

Eine weitere Studie, die sich mit der Fortschreibung der Alterssicherung befasst ist von Grub (2004). Diese hat zum Ziel, die veränderte Besteuerung von Alterseinkommen durch das Alterseinkünftegesetz zu analysieren. Hierbei werden wiederum nur vier idealtypische Rentner betrachtet und zudem keine Differenzierung nach dem Geschlecht, Familienstand oder Kinderzahl vorgenommen. Zudem wird unterstellt, dass alle Personen mit dem Alter von 65 Jahren in Ruhestand treten. Eine zentrale Einschränkung dieser Studie betrifft die Problematik, dass keine Befragungsdaten von real existierenden Personen zur Simulation verwendet werden, sondern dass Modellbiografien konstruiert werden. Entsprechend lassen sich nur grobe Entwicklungstendenzen zur Alterssicherung künftiger Rentnerkohorten aus diesen Ausführungen ableiten.

Eine Modellrechnung über die Alterssicherung von Landwirten wird von der Bundesregierung (2009) vorgenommen. Hierzu wird die Zahl der Renten auf Basis der Entwicklung seit 1998 bei Unternehmern, Ehegatten und mitarbeitenden Familienangehörigen getrennt nach Rentenarten (Regelaltersrenten, vorzeitigen Altersrenten, Erwerbsminderungsrenten und Renten an Hinterbliebene) fortgeschrieben. Für die Fortschreibung der Rentenhöhe wird die in der Vergangenheit beobachtete Veränderung der Durchschnittsrente rechnerisch in eine dynamische und eine strukturelle Komponente zerlegt. Während die strukturelle Komponente die individuellen Charakteristika für jede Rentenart beschreibt, die für die Höhe der Rente relevant sind, entspricht die dynamische Komponente der Veränderung des aktuellen Rentenwertes. Weitere Informationen zu den genauen Modellrechnungen, zu den verwendeten Annahmen und Operationalisierungen und der Modellgüte liegen unseres Wissens nicht vor.

Letztlich sei hier noch die Studie von Krenz und Nagl (2009) erwähnt. Die Autoren vergleichen die Verteilung der Renten der GRV von Neurentnerinnen und -rentnern der Jahre 2004–2006 mit denen, die in zwischen 2020 und 2022 in Rente gehen werden und unterscheiden hierbei nach Ost- und Westdeutschland, nach dem Geschlecht und dem Bildungsniveau. Als Datengrundlage verwenden die Autoren die IAB-Beschäftigtenstichprobe, die nur abhängig Beschäftigte erfasst. Beamte und Selbstständige werden somit ausgeschlossen, ebenso Personen, die über weniger als fünf Beitragsjahre in der GRV verfügen. Fehlende biografische Informationen werden durch Informationen aus der Versichertenkontenstichprobe 2005 der GRV ersetzt, die per Zufallsverfahren auf Grundlage von vier Variablen zugewiesen werden. Die Methode der Fortschreibung basiert auf einer simplen Anteilswertberechnung von Erwerbstätigen, Kurzzeit- und Langzeitarbeitslosen aus der IAB-Stichprobe. Zentrales Ergebnis der Studie ist, das Altersarmut – gemessen an einem Wert von weniger als 30 Entgeltpunkten in der GRV – insbesondere bei Rentnerinnen und Rentnern sowohl in West- als auch vor allem in Ostdeutschland deutlich an Bedeutung gewinnen wird. Für Rentnerinnen wird sich hingegen das Problem von Altersarmut leicht verringern.

Insgesamt wendet diese Studie nur ein simples Verfahren zur Fortschreibung von Erwerbsbiografien im Hinblick auf die Alterssicherung in der GRV an. Der Haushaltskontext bleibt genauso unberücksichtigt wie andere Alterseinkommen, um Altersarmut angemessen beschreiben zu können. Wie auch in der AVID-Studie wird auch hier unterstellt, dass alle Rentnerinnen und Rentner mit 65 Jahren in Rente gehen, die gestiegene Regelaltersgrenze für die jüngeren Kohorten wird somit vernachlässigt. Ebenso vernachlässigt bleiben das allgemein sinkende Rentenniveau in der GRV als auch die in Zukunft wirkende nachgelagerte Besteuerung von Renten. Somit kann auch diese Studie nur ein eingeschränktes Bild der Einkommenssituation im Alter liefern.

4 Fazit

Die Fortschreibung von Lebensläufen ist ein Verfahren, um Aussagen über die Einkommenslage im Ruhestand oder über das künftige Ausmaß von Altersarmut zu treffen. In Deutschland gibt es nur eine überschaubare Zahl von Arbeiten, die diese Herangehensweise nutzen. In der sozialpolitischen Diskussion genießt hierbei die Studie ‚Altersvorsorge in Deutschland (AVID)' große Aufmerksamkeit, die grundlegende Erkenntnisse zur Einkommenslage im Alter von Personen der Jahrgänge 1942 bis 1961 liefert. Versucht man die Anforderungen zu beschreiben, die mit einer Fortschreibung von Lebensläufen für Alterssicherungsanalysen verbunden sind, so lässt sich zum einen feststellen, dass es die ideale Datenbasis für diesen Untersuchungsgegenstand in Deutschland nicht gibt. Zum anderen werden auch die hier vorgestellten Mindestanforderungen an ein solches Fortschreibungsmodell nicht von den bekannten Studien erfüllt. Sei es dass die Repräsentativität nicht ausreichend ist, die Fortschreibungsmethode nicht der Komplexität der Thematik gerecht wird, oder auch dass bereits bekannte oder schon eingeführte rechtliche Rahmenregelungen nicht ausreichend berücksichtigt werden. Auch wird bislang nur die Erwerbs- und Einkommensbiografie fortgeschrieben, eine Projektion der Familienbiografie wird vernachlässigt und für gewöhnlich nur der Status zu einem gegebenen Zeitpunkt konstant gehalten. Vor allem werden die verschiedenen expliziten wie impliziten Annahmen, die mit solch komplexen Fortschreibungsmodellen verbunden sind, selten adäquat beschrieben, noch in ihrer Wirkung auf das Simulationsergebnis diskutiert. Daher liefern die vorliegenden Studien, die sich einer Fortschreibung von Lebensläufen für Alterssicherungsanalysen bedienen, nur ein eingeschränktes Bild der Einkommenslage von künftigen Kohorten in deren Ruhestand. Versucht man eine grobe Einschätzung der Relevanz dieser Defizite vorzunehmen, dann wird vermutlich die Einkommenslage künftiger Rentnerinnen und vor allem der Rentner eher etwas zu positiv prognostiziert.

Greift man eine der Herausforderungen an solche Fortschreibungsmodelle auf, so lässt sich feststellen, dass die Mehrzahl dieser Fortschreibungstechniken modellbasiert sind, das heißt es werden zum Beispiel regressionsbasierte Ansätze und/oder Hazardraten-Modelle (z. B. Schatz & Merz 2000) angewendet. Ein in der Literatur bislang noch nicht verwendetes Verfahren basiert auf der Idee mittels einer Distanzfunktion möglichst ähnliche Lebensläufe von real existierenden Lebensläufen früherer Kohorten zu identifizieren und diese als Spender für eine Fortschreibung jüngerer Kohorten zu nutzen (Westermeier et al. 2012). Als Basis zur Bestimmung der Ähnlichkeit dient der bereits beobachtete Lebenslauf, der sich aus der Erwerbs-, Familien- und Einkommensbiografie zusammensetzen kann. Dieser muss über eine gewisse Länge verfügen, um eine valide Basis für die Fortschreibung zu bilden. Die Distanz wird auf Grundlage einer aus der Clusteranalyse bekannten Methode der Mahalanobis-Distanz bestimmt (Kantor 2006). Diese Methode hat den Vorteil, dass Korrelationen zwischen den berücksichtigenden Variablen bei der Distanzbestimmung berücksichtigt werden. Ein weiterer Vorteil dieses Vorgehens besteht darin, dass zum einen neben der Erwerbs- und Einkommensbiografie auch simultan die Familienbiografie berücksichtigt werden kann, da diese nur eine weitere Information bei der Bestimmung der multidimensionalen Distanz darstellt. Damit ist gewährleistet, dass eine Konsistenz innerhalb der Biografie sichergestellt werden kann. Zudem werden Lebensläufe nicht nur jahresweise simuliert, sondern es werden gesamte Biografiesequenzen fortgeschrieben. Damit ist es grundsätzlich möglich die Heterogenität und Pluralisierung von Lebensläufen auch in einer Fortschreibung zu nutzen. Jedoch bedarf auch dieses Modell einer zusätzlichen Simulation, da rentenrechtliche Rahmenbedingungen wie die Anhebung der Regelaltersgrenze oder Veränderungen im Hinblick auf die Gewährung von Erwerbsminderungsrenten separat bearbeitet werden müssen. Dieses Modell wird im Rahmen des von der VolkswagenStiftung geförderten Projektes ‚Lebensläufe und Alterssicherung im Wandel (LAW)' entwickelt, um eine alternative Fortschreibungsmethode zu etablieren.

Literatur

Bieber, U., & Klebula, D. (2005). Erste Ergebnisse aus der Studie Alterssicherung in Deutschland 2003. *Deutsche Rentenversicherung, 60(6-7)*, 362–374.
Breyer, F., & Hupfeld, S. (2009). Neue Rentenformel – mehr Gerechtigkeit und weniger Altersarmut. *DIW Wochenbericht, 76(5)*, 82–86.
Deutscher Bundestag (Hrsg.) (2009). *Lagebericht der Bundesregierung über die Alterssicherung der Landwirte 2009 (BT-Drucksache 17/55)*.
Deutsche Rentenversicherung (2010). *Rentenversicherung in Zeitreihen* [DRV-Schriften 22]. Berlin: Deutsche Rentenversicherung Bund.
Frick, J. R., Grabka, M. M., Groh-Samberg, O., Hertel, F. R., & Tucci, I. (2009). *Alterssicherung von Personen mit Migrationshintergrund. Endbericht zum Auftrag des Bundesministeriums für Arbeit und Soziales, Projektgruppe „Soziale Sicherheit und Migration"* [Forschungsbericht Nr. 398]. Berlin: Deutsches Institut für Wirtschaftsforschung.
Geyer, J. (2011). Riester-Rente: Rezept gegen Altersarmut? *DIW Wochenbericht, 78(47)*, 16–21.
Goebel, J., & Grabka, M. M. (2011). Zur Entwicklung der Altersarmut in Deutschland. *DIW Wochenbericht, 78(25)*, 3–16.
Grub, M. (2004). *Besteuerungsreform der gesetzlichen Altersvorsorge. Eine Verteilungsanalyse des Gesetzentwurfs zum Alterseinkünftegesetz*. Forschungsgruppe Mikroanalytische Simulationsmodelle. Bonn u. a.: Fraunhofer-Institut für Angewandte Informationstechnik.
Heien, T., Kortmann, K., & Schatz, C. (2007a). *Altersvorsorge in Deutschland 2005*. Forschungsprojekt im Auftrag der Deutschen Rentenversicherung Bund und des Bundesministeriums für Arbeit und Soziales. Berlin: Deutsche Rentenversicherung Bund.
Heien, T., Kortmann, K. & Schatz, C. (2007b). *Altersvorsorge in Deutschland 2005 – Alterseinkommen und Biographie*. Forschungsbericht von TNS Infratest, hrsg. von der Deutschen Rentenversicherung Bund und BMAS. [DRV-Schriften 75 und BMAS-Forschungsbericht 365]. Berlin: Deutsche Rentenversicherung Bund.
Kantor, D.(2006). *MAHAPICK: Stata Module to Select Matching Observations Based on a Mahalanobis Distance Measure, Statistical Software Components S456703*. Boston: Boston College Department of Economics.
Krenz, S., & Nagl, W. (2009). *A Fragile Pillar: Statutory Pensions and the Risk of Old-age Poverty in Germany* [ifo Working Paper No. 76]. München: ifo Institut.

Kumpmann, I., Gühne, M., & Buscher, H. S. (2010). *Armut im Alter – Ursachenanalyse und eine Projektion für das Jahr 2023* [IWH-Diskussionspapier Nr. 8]. Halle: Institut für Wirtschaftsforschung Halle

Rasner, A., Frick, J. R., & Grabka, M. M. (2011). *Extending the Empirical Basis for Wealth Inequality Research Using Statistical Matching of Administrative and Survey Data* [SOEP Papers on Multidisciplinary Panel Data Research at DIW Berlin, No. 359]. Berlin: Deutsches Institut für Wirtschaftsforschung.

Rubin, D. B. (1987). *Multiple Imputation for Nonresponse in Surveys*. New York: J. Wiley & Sons.

Sackmann, R., & Wingens, M. (2001). Theoretische Konzepte des Lebenslaufs: Übergang, Sequenz, Verlauf. In R. Sackmann & M. Wingens (Hrsg.), *Strukturen des Lebenslaufs* (S. 17–48). München: Juventa Verlag.

Schatz, C., & Merz, J. (2000). *Die Rentenreform in der Diskussion – Ein Mikrosimulationsmodell für die Altersvorsorge in Deutschland (AVID-PRO)*. [Diskussionspapier Nr. 28 des Forschungsinstituts Freie Berufe der Universität Lüneburg]. Lüneburg: Forschungsinstitut Freie Berufe der Universität Lüneburg.

Schatz, C., Merz, J., & Kortmann, K. (2002). Künftige Alterseinkommen. Eine Mikrosimulationsstudie zur Entwicklung der Renten und Altersvorsorge in Deutschland (AVID '96). *Schmollers Jahrbuch, 122*(2), 227–260.

Schatz, C. (2010). *Altersvorsorge in Deutschland 2005. Methodenbericht. Teil II: Fortschreibung und Anwartschaftsberechnung. Infratest Sozialforschung und ASKOS*. Forschungsprojekt im Auftrag der Deutschen Rentenversicherung Bund und des Bundesministeriums für Arbeit und Soziales. München: TNS Infratest.

Simonson, J., Romeu Gordo, L., & Titova, N. (2011a). Changing Employment Patterns of Women in Germany: How do Baby Boomers Differ from Older Cohorts? A Comparison Using Sequence Analysis. *Advances in Life Course Research, 16*(2), 65–82.

Simonson, J., Romeu Gordo, L. & Kelle, N. (2011b). *The Double German Transformation: Changing Male Employment Patterns in East and West Germany* [SOEPpaper no. 391]. Berlin: Deutsches Institut für Wirtschaftsforschung.

Stegmann, M. (2006). Aufbereitung der Sondererhebung „Vollendete Versichertenleben 2004" als Scientific Use File für das FDZ-RV. *Deutsche Rentenversicherung, 61*(9-10), 537–553.

Stegmann, M. (2008). Typisierung von Versicherungsbiografien – Eine explorative Analyse auf Basis der Versicherungskontenstichprobe 2005. *Deutsche Rentenversicherung, 63*(2), 221–238.

Stegmann, M. (2010). *Benutzerhinweise Methodische Umsetzung FDZ-Biografiedatensatz – VSKT. FDZ-Biografiedatensatz aus der Versicherungskontenstichprobe (SUFVSKT2007_Fix und SUFVSKT2007_„Verlaufsmerkmal") Methodische Umsetzung des SK79 in einen anonymisierten Datensatz fester Satzlänge: Sequentielle Biografiedaten*. Berlin: Deutsche Rentenversicherung Bund.

Steiner, V., & Geyer, J. (2010). *Erwerbsbiografien und Alterseinkommen im demografischen Wandel – eine Mikrosimulationsstudie für Deutschland* [DIW Berlin: Politikberatung kompakt Nr. 55]. Berlin: Deutsches Institut für Wirtschaftsforschung.

Viebrok, H. (2006). Künftige Einkommenslage im Alter. In Deutsches Zentrum für Altersfragen (Hrsg.), *Einkommenssituation und Einkommensverwendung älterer Men-*

schen. Expertise zum Fünften Altenbericht der Bundesregierung (Bd. 3, S. 153–230). Münster: LIT Verlag.

Walla, C. (2011). Personenbefragung zur betrieblichen Altersversorgung. Ergebnisse einer Machbarkeitsstudie. *Wirtschaft und Statistik, 8*, 786–792.

Westermeier, C., Rasner, A., & Grabka, M. M. (2012): *The Prospects of the Baby Boomers – Challenges in Projecting the Lives of an Aging Cohort* [SOEPpaper Nr. 440]. Berlin: Deutsches Institut für Wirtschaftsforschung.

Online-Quellen

Riedmüller, B., & Willert, M. (2008). *Die Zukunft der Alterssicherung. Analyse und Dokumentation der Datengrundlagen aktueller Rentenpolitik. Abschlussbericht.* Gutachten im Auftrag der Hans-Böckler-Stiftung. Verfügbar unter www.boeckler.de/pdf_fof/S-2008-90-4-1.pdf [25.07.2012]

Tampubolon, G. (2010). *Recall error and recall bias in life course epidemiology.* Verfügbar unter http://mpra.ub.uni-muenchen.de/23847/1/MPRA_paper_23847.pdf [25.07.2012]

Vulnerabilitäts- und Frühwarnindikatoren zur Altersarmut unter verschiedenen Wohlfahrtsregimes

Georg P. Müller

1 Einführung und Überblick

Sozialindikatoren sind in vielen Ländern zu einem wichtigen Bestandteil des gesellschaftlichen Monitorings geworden (Habich, Noll & Zapf 1994). Sie dienen meist dazu, den aktuellen Zustand einer Gesellschaft zu beschreiben oder in evaluativer Absicht mit anderen Ländern zu vergleichen. Von ein paar Ausnahmen (z. B. Köppe 2010 oder Müller 1999) abgesehen, fehlt in den Sozialwissenschaften allerdings sehr oft der auf Daten gestützte Blick in die Zukunft: Was man in diesem Zusammenhang meist vergeblich sucht, sind *Frühwarnindikatoren*, wie sie in den ökonomischen Wissenschaften etwa in Gestalt von Konjunkturindikatoren weit verbreitet sind (z. B. OECD 2011). Solche Frühwarnindikatoren könnten in der Sozialpolitik unter anderem dazu beitragen, das Versagen von staatlichen oder privaten Wohlfahrtssystemen rechtzeitig zu antizipieren. Die ganz generell kritisierte Unzuverlässigkeit solcher Indikatoren ist nicht unbedingt ein Argument gegen diese, sondern vielmehr auch ein Ergebnis ihres Erfolgs: Gerade weil sie primär zum Zweck der Schadensverhütung oder -begrenzung konzipiert sind und entsprechende Reaktionen auslösen, erweisen sie sich nicht selten als ‚self-destroying prophecies'.

In dieser Arbeit wird versucht, über zwei aufeinander bezogene empirische Analyseschritte Frühwarnindikatoren zur Altersarmut zu konstruieren (vgl. Müller 1999). Der *erste Schritt* besteht darin, für ausgewählte Gruppen wie zum Beispiel Frauen oder Unterschichten die armutsbezogene *Vulnerabilität* durch Verrentung zu bestimmen. Darunter wird hier die Wahrscheinlichkeit verstanden, dass jemand aus einer solchen Gruppe wegen seiner Verrentung unter die Armutsschwelle fällt. Die Vulnerabilität ist von der typischen Lebenslage der jeweils betrachteten Gruppe und den institutionellen Gegebenheiten des länderspezifischen Wohlfahrtsregimes abhängig und kann aus empirischen Daten durch logistische Regression und anschließende Simulation der Verrentungsfolgen berechnet werden. In einem nachfolgenden *zweiten Schritt* wird dann aus den verfügbaren Daten anhand von Kohortenmodellen die Bevölkerungsdynamik der vulnerablen Gruppen bestimmt und anschließend zu einem gewichteten Gesamtindex verrechnet. Wächst dieser Index über die Zeit hinweg, so ist mit steigender Altersarmut im Vergleich zur jeweiligen Situation unmittelbar vor der Verrentung zu rechnen. Sinkt hingegen der Index, so sinkt in Zukunft voraussichtlich auch die relative Altersarmut.

Die vorerwähnten beiden Arbeitsschritte werden in diesem Beitrag exemplarisch auf drei Länder angewandt, die drei unterschiedliche Wohlfahrtsregimes repräsentieren:

1. Die *USA* mit einer aus der Sicht von Esping-Andersen (1990: 74) als *liberal* zu bezeichnenden Sozialpolitik, die vor allem auf private Alterssicherung abstellt;
2. *Ost-/Westdeutschland* als Beispiel für ein *konservatives*, bestehende Privilegien schützendes Wohlfahrtsregime, das zugleich auch die sozialpolitische Verantwortung der Familie betont;
3. *Schweden* als Modellfall eines Landes mit einer *sozialdemokratisch/‚sozialistisch'* umverteilenden, egalitären Sozialpolitik.

Mit der hier verwendeten Methodologie lassen sich die drei Regimes nicht nur hinsichtlich der künftigen Altersarmut sondern auch bezüglich der Vulnerabilität der verschiedenen Gruppen durch Verrentung miteinander vergleichen.

2 Vulnerabilität

2.1 Theoretische Überlegungen

Das erklärte Ziel von Sozialpolitik ist die Bekämpfung von sozialen Problemen wie zum Beispiel Arbeitslosigkeit oder Altersarmut. Im Prinzip stehen dem Wohlfahrtsstaat hierzu zwei Mittel zur Verfügung:

Erstens die Reduktion der *Wahrscheinlichkeit von biografischen Übergängen* mit negativen sozialpolitischen Folgen (Ranci 2010: 17). Dazu gehört beispielhaft die Arbeitsmarktpolitik, welche das allgemeine Risiko von Arbeitslosigkeit zu reduzieren versucht. Im Falle der Verrentung ist dieses ‚Risiko' allerdings kaum beeinflussbar, da in Europa und Nordamerika heutzutage die meisten Versicherten das gesetzliche Rentenalter erreichen.

Zweitens die Reduktion der *Wahrscheinlichkeit eines Schadens* aus einem als *gegeben* vorausgesetzten kritischen biografischen Übergang. Ein wichtiger Teil dieser Strategie sind tragfähige Sozialversicherungen, etwa gegen Arbeitslosigkeit oder Alter. Da die meisten dieser Versicherungssysteme nicht perfekt sind, gibt es oft ein residuales *Schadensrisiko*, das wir in der Einleitung als *Vulnerabilität* durch einen Statusübergang bezeichnet haben (Ranci 2010: 17; United Nations 1999: 10).

Da die Verrentungswahrscheinlichkeit für die Altersgruppe von 55 bis 75 Jahren nahezu 1 beträgt und durch den Wohlfahrtsstaat auch kaum beeinflussbar ist, wollen wir uns im Folgenden auf die Analyse der *Vulnerabilität*, das heißt der Wahrscheinlichkeit von Armut durch Verrentung konzentrieren. Aufgrund der bestehenden Literatur wird diese durch drei Faktoren beeinflusst:

1. Das *kumulierte Lebenserwerbseinkommen* einer Person (Allmendinger et al. 1991): Je höher dieses ist, desto höher ist bei vielen Rentensystemen der Pensionsanspruch der betreffenden Person. Das gilt nicht nur für Renten nach dem Kapitaldeckungsverfahren sondern wegen Beitragszeit-Erfordernissen implizit oft auch für Sicherungssysteme, die auf dem Umlageverfahren beruhen. Vulnerabel und somit durch Altersarmut gefährdet sind somit *Unterschichten* wegen der generell geringen Löhne, *Frauen* mit Erwerbsunterbrechungen und Teilzeitanstellungen, sowie *Immigrantinnen* und *Immigranten*. Durch Wanderung bedingt, sind letztere dem Rentensystem des Ziellands zum Teil erst *spät* beigetreten und können auch im Herkunftsland oft nur *relativ niedrige* Rentenansprüche geltend machen.
2. *Abweichungen von der Normalbiografie* (Leibfried et al. 1995: Kap. 1 und 5), auf welcher das jeweilige Rentensystem aufgebaut ist: Je stärker die Abweichungen einer Person oder Gruppe vom jeweils institutionalisierten Normalmodell sind, desto höher ist deren Vulnerabilität bei der Verrentung. Nimmt man an, dass heutzutage das rententechnische Normalmodell der Haushalt eines *Ehepaars* mit mindestens einem permanent arbeitenden Erwerbsträger ist, so sind *Nichtverheiratete*, insbesondere aber *Geschiedene* und *Singles*, besonders vulnerabel und durch Altersarmut bedroht.
3. Das *Wohlfahrtsregime* im Sinne von Esping-Andersen (1990: 74): Es definiert die institutionelle Ausgestaltung der Alterssicherung und verstärkt oder schwächt die Vulnerabilität der oben genannten Gruppen (Gelissen 2002: 33). *Liberale* Regimes betrachten die Alterssicherung meist als Privatangelegenheit. Bei Ressourcen-defizitären Gruppen wie Unterschichten oder oft nur Teilzeit arbeitenden Frauen verstärkt sich bei diesen Regimes die latente Vulnerabili-

tät durch Verrentung. *Konservative* Regimes betonen die sozialpolitische Verantwortung der Familie. Besonders vulnerabel sind bei diesem Modell im Allgemeinen also Gruppen, bei denen eine Kernfamilie fehlt, das heißt also die Nichtverheirateten, Singles und Geschiedenen. Schließlich verfolgen ‚*sozialistische'/sozialdemokratische* Regimes eine egalitär/universalistische Alterssicherung: Speziell vulnerable Gruppen sollte es unter solchen Wohlfahrtsregimes also eigentlich *keine* geben und die Vulnerabilität durch Verrentung sollte hier im Allgemeinen eher niedrig sein.

2.2 Methodische Aspekte

Für die meisten Menschen in Europa und Nordamerika läuft im Alter zwischen 55 und 75 Jahren ein *Quasi-Experiment* (Orr 1999: Kap. 1; Kromrey 1998: 91 ff.) ab: Der Übergang vom Erwerbs- ins Rentenalter, mit dem möglichen Effekt von Armut für die Betroffenen. Idealerweise müsste man dieses Experiment anhand von Paneldaten mit einem *Pretest-Posttest-Design* analysieren. Da entsprechende Daten meist fehlen und Armut/Nichtarmut so jeweils nur für einen einzigen Zeitpunkt bestimmbar ist, wird hier ein *1-Test-Design* (Orr 1999: 4) mit zwei Gruppen vorgeschlagen, das eine Experimentalgruppe von Verrenteten mit einer etwa gleichaltrigen Kontrollgruppe von Nicht-Verrenteten vergleicht. Um an späterer Stelle dieser Arbeit im Rahmen eines *Stresstests* den Effekt von Verrentung simulieren zu können, muss das Ergebnis des statistischen Vergleichs als Gleichung darstellbar sein. Für binäre abhängige Variablen eignet sich dafür wohl am besten die *logistische Regression* (Aldrich & Nelson 2000: 30 ff.), welche die logarithmierte Odds-Ratio

$$\ln[\ p(Arm = 1)\ /\ p(Arm = 0)\ ] \qquad (1)$$

aus den *Wahrscheinlichkeiten p(Arm = 1)* für *Armut* und *p(Arm = 0)* für *Nichtarmut* betrachtet und durch mathematische Produkte

$$\text{Verrentet * Gruppe\_i\_Mitgliedschaft, wo i = 1,2,...,n} \qquad (2)$$

aus jeweils zwei 0-1-standardisierten Binärvariablen *Gruppe_i_Mitgliedschaft* und *Verrentet* zu erklären versucht. Nach Schätzung der Parameter a, b_0, b_1, b_2, ..., b_n mittels des erwähnten Verfahrens erhält man so die Gleichung

$$\ln[\,p(Arm = 1) \,/\, p(Arm = 0)\,] =$$
$$= a + b_0 * Verrentet + b_1 * Verrentet * Gruppe\_1\_Mitgliedschaft + \ldots$$
$$\ldots + b_n * Verrentet * Gruppe\_n\_Mitgliedschaft \tag{3}$$

Aus Gleichung (3) lässt sich durch Variation des Verrentungszustands zwischen *Verrentet = 0* und *Verrentet = 1* ein sozialpolitischer *Stresstest* durchführen, durch den der Effekt einer *virtuellen* Verrentung auf die logarithmierte Odds-Ratio (1) berechnet werden kann:

$$V = \ln[\,p(Arm = 1 \,\&\, Verrentet = 1) \,/\, p(Arm = 0 \,\&\, Verrentet = 1)\,] -$$
$$-\ln[\,p(Arm = 1 \,\&\, Verrentet = 0) \,/\, p(Arm = 0 \,\&\, Verrentet = 0)\,] =$$
$$= [a + b_0 + b_1 * Gruppe\_1\_Mitgliedschaft + \ldots + b_n * Gruppe\_n\_Mitgliedschaft] - [\,a\,] =$$
$$= b_0 + b_1 * Gruppe\_1\_Mitgliedschaft + \ldots + b_n * Gruppe\_n\_Mitgliedschaft \tag{4}$$

Der daraus resultierende Ausdruck (4) entspricht der Differenz zwischen zwei mathematischen Auswertungen von Gleichung (3): Einmal für *Verrentet = 1* und das andere Mal für *Verrentet = 0*, wobei im letzteren Fall die meisten Summanden von (3) aufgrund einer Multiplikation mit *null* wegfallen. Wir werden daher den Ausdruck V im Folgenden als *operationales* Maß für die *Vulnerabilität* einer Person beim Renteneintritt verwenden. Aus definitorischen Gründen korreliert dieses Maß natürlich positiv mit jener *theoretischen* Definition von Vulnerabilität, die wir im ersten Teil dieser Arbeit gegeben haben. Die Parameter b_0, b_1, b_2, …, b_n in Gleichung (4) sind identisch mit jenen in Regressionsgleichung (3). Wegen der 0-1-Standardisierung aller beteiligten Variablen erlauben die Koeffizienten b_0, …, b_n daher Gruppenvergleiche sowohl innerhalb eines Landes als auch international zwischen unterschiedlichen Wohlfahrtsregimes. Dabei gilt: Je höher der Wert eines Koeffizienten, desto höher ist die Vulnerabilität der entsprechenden Gruppe. Ist ein solcher Parameter *negativ*, so ist die Gruppe vor Armut durch Verrentung relativ gut *geschützt*.

2.3 Vulnerabilitätsbestimmung für drei Länder: USA, Schweden und Deutschland

Im Folgenden soll die im Abschnitt 2.2 beschriebene Methode der Vulnerabilitätsmessung auf Deutschland, Schweden und die USA angewendet werden. Sie repräsentieren in der Klassifikation der Wohlfahrtsregimes durch Esping-Andersen

Tabelle 1   Schätzwerte für die Armutsquoten und Armutsgrenzen

Variable	Deutschland (konservativ)	USA (liberal)	Schweden („sozialistisch')
Median des Standard-Haushaltseinkommens	1343,50 €	2651,70 $ [= 1802,40 €]	24095,60 SEK [= 2505,90 €]
50 % des Medians = Armutsgrenze	671,80 €	1325,80 $ [= 901,10 €]	12047,80 SEK [= 1253,00 €]
Armutsquote in der Gesamtbevölkerung	11,0 %	26,1 %	8,8 %
Armutsquote der 55–75-Jährigen vor der Verrentung	8,2 %	20,1 %	3,7 %
Armutsquote der 55–75-Jährigen nach der Verrentung	6,4 %	22,0 %	11,0 %

Quelle: International Social Survey Programme (ISSP 2008) Religion III.

Fallgewichtung zur Korrektur der bevölkerungsmäßigen Übervertretung Ost-Deutschlands im deutschen ISSP-Survey: Ostdeutschland = 0.557; Westdeutschland = 1; Schweden = 1; USA = 1.

Wechselkurse zu Median und Armutsgrenze (Durchschnitt 2008): Schweden: 0,1040 €/SEK; USA: 0,6797 €/$.

Definitionen (Variablen in *Kursivschrift* beziehen sich auf ISSP 2008): Standard Haushaltseinkommen = *xx_inc* / WURZEL*(hompop)*.

(1990: 74) in typischer Weise die Eckpunkte *konservativ* (Deutschland), „*sozialistisch*' (Schweden) und *liberal* (USA). Dieses Unterfangen setzt international vergleichbare Daten voraus, die unter anderem in der Umfragewelle 2008 des *International Social Survey Programme (ISSP 2008)* zur Verfügung stehen.

Aus dem ISSP 2008 lässt sich Armut oder Nichtarmut der Befragten relativ einfach ermitteln: Aus Haushaltseinkommen und Haushaltsgröße errechnet sich nach dem international gebräuchlichen Atkinson-Verfahren (Atkinson et al. 1995: Kap. 2.3) das entsprechende *standardisierte* Einkommen eines Einpersonenhaushalts (siehe dazu auch Tabelle 1, Definitionen), indem das Haushaltseinkommen durch die Quadratwurzel der Haushaltsgröße dividiert wird. Daraus lässt sich in einem weiteren Schritt der Median aller standardisierten Haushaltseinkommen eines Landes bestimmen. 50 Prozent davon definiert nach einer gängigen statistischen Definition (Mitchell 1991: 38 ff.) die in Tabelle 1 wiedergegebenen Armutsschwellen. Die daraus abgeleitete Armutsquote der 55- bis 75-Jährigen ist vor der Verrentung in allen drei Ländern geringer als jene der Gesamtbevölkerung. Durch den Übergang in den Ruhestand steigt sie – Deutschland ausgenommen – allerdings wieder an.

Anhand der erwähnten ISSP-Befragung lassen für die meisten der im Abschnitt 2.1 genannten Gruppen mit theoretisch erhöhter Vulnerabilität auch jene binären Gruppen-Mitgliedschaften bestimmen, die nötig sind, um länderweise logistische Regressionen gemäß Gleichung

$$\ln[\,p(Arm = 1)\,/\,p(Arm = 0)\,] =$$
$$= a + b_0 * \text{Verrentet} + b_1 * \text{Verrentet} * \text{Gruppe\_1\_Mitgliedschaft} + \ldots$$
$$\ldots + b_n * \text{Verrentet} * \text{Gruppe\_n\_Mitgliedschaft} \tag{3}$$

durchführen zu können. Die Ergebnisse der Schätzungen der Koeffizienten a, b_0, b_1, b_2, …, b_n sowie die Details zur Operationalisierung der erwähnten Mitgliedschaftsvariablen finden sich in Tabelle 2. Dort zeigt sich insbesondere auch, dass das *initiale* Vollmodell mit allen Erklärungsvariablen viele *insignifikante* Regressionsparameter b_i erzeugt, die im Rahmen eines Stepwise-Regression-Verfahrens systematisch eliminiert worden sind. Das Ergebnis dieses Eliminationsprozesses sind die vereinfachten, *finalen* Modelle in Tabelle 2, die im nächsten Abschnitt weiter analysiert werden sollen.

2.4 Diskussion der Ergebnisse

Wie Tabelle 2 zeigt, haben in den *finalen* Modellen alle signifikanten Regressionskoeffizienten die gemäß Theorie zu *erwartenden* Vorzeichen. *Verheiratung* wirkt als Schutz gegen die Vulnerabilität beim Übergang in den Ruhestand, während *Single-Dasein* oder *Scheidung* diese Vulnerabilität erhöhen. Ähnliches gilt für den *Unterschichts-* und den *Immigrationsstatus,* welche beide für die Betroffenen zusätzliche Vulnerabilität zur Folge haben.

An den finalen Modellen von Tabelle 2 fällt allerdings auch auf, dass viele vermutete Beziehungen wegen Insignifikanz weggelassen werden mussten: Für die Variablen *Verrentet* und *Weiblich * Verrentet* gilt dies sogar für *alle drei* untersuchten Länder. Eine Frauendiskriminierung durch Verrentung ist für die drei untersuchten Länder statistisch offenbar nicht mehr nachweisbar. Ebenso ist auch die Variable *Verrentet* kein *un*spezifisch wirkender Faktor. Erst in Kombination mit Gruppenmitgliedschaften entfaltet sie eine spezifische Wirkung auf die jeweils analysierten Individuen.

Jeweils bloß für *ein* Land bedeutsam sind gemäß Tabelle 2 die Variablen *Unterschicht*Verrentet, Immigriert*Verrentet* und *Single*Verrentet*. Dass ein *Unterschichtsstatus* einzig in den wirtschaftsliberalen USA ein Vulnerabilitätsproblem darstellt, ist nicht so erstaunlich: Konservative (Deutschland) oder sozialdemokratisch/‚sozialistische' (Schweden) Wohlfahrtsstaaten bewahren oder verbessern im Verrentungsfall die Lage der weniger Privilegierten. *Immigration* stellt im sozialdemokratischen Schweden mit einer universalistischen Sozialpolitik keinen sozialen Nachteil dar, wohl aber im konservativen Deutschland und in den wirtschaftsliberalen USA aufgrund regimespezifisch begrenzter Möglichkeiten bei verspätetem Rentensystemeintritt und niedrigem Einkommen Rentenkapital zu akkumulieren. Da es für die USA bezüglich Immigrationsstatus keine geeigneten Daten gibt, präsentiert sich in Tabelle 2 Deutschland als einziges der drei Länder mit einer erhöhen Vulnerabilität für Immigrantinnen und Immigranten. Schließlich sind *Singles* unter konservativen und liberalen Regimes mindestens zum Teil privilegiert, weil sie brutto über ein relativ hohes Pro-Kopf-Haushaltseinkommen verfügen. Dieser Vorteil verkehrt sich in sozialdemokratischen Ländern vermutlich durch höhere Besteuerung in einen Nachteil, der dazu führt, dass gemäß Tabelle 2 Singles zwar in Schweden, aber nicht in Deutschland und in den USA, durch Verrentung relativ vulnerabel sind.

Die verbleibenden Interaktionen *Verheiratet*Verrentet* und *Geschieden*Verrentet* sind zwar in zwei von drei Ländern jeweils statistisch signifikant. Für das jeweils verbleibende dritte Land ist für diese Variablen indessen kein Effekt nachweisbar, und zwar ohne dass die Gründe hierfür wirklich klar wären. Das Wohlfahrtsregime scheidet an dieser Stelle als Erklärungsfaktor aus. Denkbar sind Multikollinearitätseffekte aufgrund der definitionsbedingten starken Korrelationen zwischen *Verheiratet, Geschieden* und *Single*, die durch das hier verwendete Verfahren der Stepwise-Regression automatisch zur Elimination von jeweils mindestens einer dieser Variablen führen.

3 Frühwarnindikatoren

3.1 *Methodologische Aspekte*

In Abschnitt 2.2 haben wir die Vulnerabilität V eines Individuums mit *bekannten* Gruppenmitgliedschaften wie folgt als Veränderung der Armut durch Verrentung definiert:

Tabelle 2 Logistische Regressionskoeffizienten zur Altersarmut

Variable	Deutschland (konservativ)		USA (liberal)		Schweden (‚sozialistisch')	
	Initial	Final	Initial	Final	Initial	Final
Weiblich*Verrentet	[0,261]	-.-	[0,557]	-.-	[0,568]	-.-
Verheiratet*Verrentet	[-0,864]	-1,056*	[-0,882]	-0,823*	[5,785]	-.-
Geschieden*Verrentet	[0,711]	-.-	1,237*	1,243**	[8,590]	2,735***
Single*Verrentet	[0,389]	-.-	[-1,405]	-.-	[7,161]	1,174*
Unterschicht*Verrentet	[-0,037]	-.-	3,247**	2,666*	[0,837]	-.-
Immigriert*Verrentet	[1,667]	1,704*	-.-	-.-	[1,424]	-.-
Verrentet	[-0,062]	-.-	[-0,271]	-.-	[-6,048]	-.-
Konstante	-2,411***	-2,252***	-1,380***	-1,397***	-3,471***	-3,071***
Nagelkerkes R^2	[0,057]	0,046*	0,094**	0,080***	0,168**	0,117***
$n_{Beobachtungen}$	381	384	316	316	317	351

Quelle: International Social Survey Programme (ISSP 2008).

Signifikanzen (einseitig): *** $p < .001$, ** $p < .01$, * $p < .05$, [ ] n. s., -.- = Nicht verwendet, nicht vorhanden.

Stichproben: Personen im Alters-Intervall 55–75 (Grenzen mit eingeschlossen).

Methode: Binäre logistische Regression.

Abhängige Variable (Variablen in *Kursivschrift* beziehen sich auf ISSP 2008): Arm = 1, falls das standardisierte Haushaltseinkommen *xx_inc* / WURZEL*(hompop)* unterhalb der Armutsgrenze von Tabelle 1 ist; Arm = 0, sonst.

Unabhängige Variablen (Variablen in *Kursivschrift* beziehen sich auf ISSP 2008): Weiblich = 1, falls *sex* = 2; Weiblich = 0, sonst. Verheiratet = 1, falls *marital* = 1; Verheiratet = 0, sonst. Geschieden = 1, falls *marital* = 3 oder *marital* = 4; Geschieden = 0, sonst. Unterschicht = 1, falls *educyrs* ≤ 8; Unterschicht = 0, sonst. Immigriert = 0, falls *ethnic* = Staatsbürger/in des betr. Landes; Immigriert = 1, sonst; für USA wegen fehlender Daten: Immigriert = -.-. Verrentet = 1, falls *wrkst* = 7; Verrentet = 0, sonst.

Fallgewichtung: Schweden = 1; USA = 1; Westdeutschland = 1; Ostdeutschland = 0.557.

$$V = \ln[\ p(\text{Arm} = 1\ \&\ \text{Verrentet} = 1)\ /\ p(\text{Arm} = 0\ \&\ \text{Verrentet} = 1)\ ] -$$
$$-\ln[\ p(\text{Arm} = 1\ \&\ \text{Verrentet} = 0)\ /\ p(\text{Arm} = 0\ \&\ \text{Verrentet} = 0)\ ] =$$
$$= b_0 + b_1 * \text{Gruppe\_1\_Mitgliedschaft} + \ldots + b_n * \text{Gruppe\_n\_Mitgliedschaft} \qquad (4)$$

Wegen der 0-1-Standardisierung der Binärvariablen *Gruppe_i_Mitgliedschaft* lässt sich daraus sehr einfach der statistische *Erwartungswert E(V)* der Vulnerabilität eines zufällig ausgewählten Individuums mit bloß *statistischen* Gruppen-Mitgliedschaften herleiten:

$$E(V) =$$
$$= E[b_0 + b_1 * \text{Gruppe\_1\_Mitgliedschaft} + \ldots + b_n * \text{Gruppe\_n\_Mitgliedschaft}\,] =$$
$$= b_0 + b_1 * E[\,\text{Gruppe\_1\_Mitgliedschaft}\,] + \ldots + b_n * E[\,\text{Gruppe\_n\_Mitgliedschaft}\,] =$$
$$= b_0 + b_1 * \%\_\text{Gruppe\_1\_Mitgliedschaft}\,/100 + \ldots + b_n * \%\_\text{Gruppe\_n\_Mitgliedschaft}\,/100 \quad (5)$$

wobei *%_Gruppe_i_Mitgliedschaft* der prozentuale Anteil der Bevölkerung ist, der zur Gruppe i gehört und gerade dem Erwartungswert der 0-1-Variablen zur Mitgliedschaft in dieser Gruppe entspricht. Da sich der *Erwartungswert* E(V) auf ein *repräsentatives* Gesellschaftsmitglied mit Vulnerabilität

$$V =$$
$$\ln[\ p(\text{Arm} = 1\ \&\ \text{Verrentet} = 1)\ /\ p(\text{Arm} = 0\ \&\ \text{Verrentet} = 1)\ ] -$$
$$\ln[\ p(\text{Arm} = 1\ \&\ \text{Verrentet} = 0)\ /\ p(\text{Arm} = 0\ \&\ \text{Verrentet} = 0)\ ] =$$
$$\ln[\ (p(\text{Arm} = 1\ \&\ \text{Verrentet} = 1)\ /\ p(\text{Arm} = 0\ \&\ \text{Verrentet} = 1))\ /$$
$$/\ (p(\text{Arm} = 1\ \&\ \text{Verrentet} = 0)\ /\ p(\text{Arm} = 0\ \&\ \text{Verrentet} = 0))\ ] \qquad (6)$$

(siehe Gleichung (4)) bezieht, drängt sich zur Vereinfachung und besseren Interpretierbarkeit der logarithmierten Odds-Ratios eine *exponentielle* Transformation der beiden Gleichungen (5) und (6) auf. Dadurch entsteht aus Gleichung (5) ein neuer gesamtgesellschaftlicher *Vulnerabilitätsindex*

$$\text{V\_Index} = \exp[\ E(V)\ ] =$$
$$= \exp[b_0 + b_1 * \%\_\text{Gruppe\_1\_Mitgliedschaft}\,/\,100 + \ldots$$
$$\ldots + b_n * \%\_\text{Gruppe\_n\_Mitgliedschaft}\,/\,100\,] \qquad (7)$$

Beträgt der Wert dieses V_Index für einen vorgegebenen historischen Zeitpunkt genau *eins*, so kann man durch die erwähnte Exponentiation von Gleichung (6) zeigen, dass sich für das *repräsentative* Individuum der betreffenden Gesellschaft bei der Verrentung bezüglich Armutsrisiko *nichts* ändert, weil auch die entsprechende Odds-Ratio gleich *eins* ist. Ist dagegen der V_Index *kleiner als eins*, so lässt sich anhand von Gleichung (6) nachweisen, dass die Armut beim Übergang in den Ruhestand *abnimmt*. Analog verweist V_Index > 1 auf eine durch Verrentung *wachsende* Armut. Aus statistischen Gründen gelten diese Interpretationen allerdings nur dann, wenn die einzelnen Gruppenmitgliedschaften einer Person relativ *unkorreliert* sind.

Der gesamtgesellschaftliche V_Index verändert sich natürlich im Verlaufe der Zeit, weil die Gruppengrößen in der Regel ja nicht stabil sind (siehe Gleichung (7)). Verfügt man über prognostische Informationen zur Veränderung der erwähnten Gruppengrößen, so kann man daraus Schlüsse zur Veränderung des V_Index ziehen. Hierzu gibt es zwei relativ naheliegende Methoden zur Prognose von Gruppengrößen:

Lineare Trendextrapolation von historischen Daten zu den relativen Gruppengrößen (Bruckmann 1976). Da es die ISSP-Umfragen seit 1985, das heißt also schon relativ lange gibt, erscheint diese Methode prinzipiell als gangbar. Allerdings gilt auch hier das Standardargument gegen die Trendextrapolationsmethode: Es ist nicht sicher, ob sich die Vergangenheit in der Zukunft wiederholen wird. Außerdem können Änderungen im ISSP-Umfrage-Design die intertemporale Vergleichbarkeit der Daten beeinträchtigen.

Die *Kohortenfortschreibungsmethode* (Glenn 2005): Sie beruht auf der Idee, dass die künftigen Neurentnerinnen und Neurentner zum Zeitpunkt der Datenerhebung als jüngere Alterskohorten bereits leben und in ihrer biografischen Situation weitgehend stabilisiert sind. Die Attribute dieser jüngeren Kohorten, etwa bezüglich Gruppenmitgliedschaften, können daher in die Zukunft fortgeschrieben und so für Prognosezwecke verwendet werden. Die Eigenschaften der zurzeit 40- bis 49-jährigen Alterskohorte C entspricht im *Lexisdiagramm* in Abbildung 1 voraussichtlich den Eigenschaften jener Personengruppe C, die in circa 20 Jahren als 60- bis 69-Jährige in den Ruhestand treten werden. Analoges gilt für die heute 50- bis 59-Jährigen in Alterskohorte B, die in etwa zehn Jahren als Gruppe B verrentet werden. Selbstverständlich versagen Prognosen nach der Kohortenfortschreibungsmethode immer dann, wenn sich Eigenschaften von Kohorten durch Alterungsprozesse verändern. Man kann dieses Risiko durch Beschränkung auf kurz- bis mittelfristige Prognose-Horizonte allerdings stark reduzieren.

Aufgrund der höheren Zuverlässigkeit verwenden wir in dieser Arbeit die Kohortenfortschreibungsmethode. Das *intergenerationelle* Wachstum einer vulnerablen Gruppe wird damit zum *partiellen* Frühwarnindikator, welcher der künftig wachsenden Altersarmut vorausläuft. Man kann diese partiellen Indikatoren zu einem *summarischen* Frühwarnindikator bündeln, indem man V_Index kohor-

Abbildung 1   Lexisdiagramm zur Fortschreibung von Kohorteneigenschaften

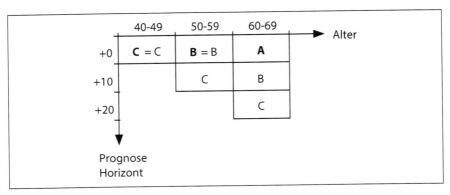

Quelle: Eigene Darstellung.

tenspezifisch berechnet. Ist V_Index für die jüngeren Kohorten höher als für die älteren, so wächst in Zukunft die Altersarmut in einer Gesellschaft *relativ* zur Armutsquote unmittelbar *vor der Verrentung* (siehe Gleichung (6)). Sinkt der Wert von V_Index von Kohorte zu Kohorte, so ist dies eine Entwicklung, welche der künftigen Dynamik der *relativen* Altersarmut *vorausläuft* und deren voraussichtliche Reduktion ankündigt.

3.2 Länderspezifische Prognosen

Die nachfolgenden drei Tabellen 3a bis 3c enthalten für jene Gruppen, die in einem Land gemäß Tabelle 2 auf statistisch *signifikante* Weise durch Verrentung vulnerabel sind, Informationen dazu, wie sich deren relative Größe für drei sukzessive 10-Jahres-Kohorten verändert hat. Die Zahlen in diesen Tabellen zeigen fast ausnahmslos die von Beck (1995: Kap. 5) postulierte Individualisierungstendenz: Der Anteil der *Verheirateten* stagniert oder sinkt (Tabellen 3a, 3b), während der Anteil der *Singles* (Tabelle 3c) ebenso wie jener der *Geschiedenen* (Tabellen 3b, 3c) tendenziell wächst. Die einzige Ausnahme hierzu sind die in etwa 20 Jahren wieder abnehmenden Scheidungsziffern der Schweden (Tabelle 3c), die allerdings auch auf Probleme bei der Datenerhebung zurückzuführen sein könnten. Alles in allem kann man die erwähnten demografischen Variablen als *vorauslaufende Indikatoren* einer künftig *wachsenden Altersarmut* betrachten. Ganz

Tabelle 3a   Deutschland: Dynamik der vulnerablen Gruppen und des Vulnerabilitätsindex (V_Index)

Prognose-Horizont:	+0 Jahre (ca. 2008)		+10 Jahre (ca. 2018)		+20 Jahre (ca. 2028)
%_Verheiratet: West	74,5 %	>>	73,5 %	>>	71,7 %
%_Immigriert: West	2,7 %	<<	9,7 %	<<	13,5 %
V_Index: West	0,48	<<	0,54	<<	0,59
%_Verheiratet: Ost	80,2 %	>>	75,0 %	>>	69,7 %
%_Immigriert: Ost	2,1 %	<<	2,2 %	>>	1,8 %
V_Index: Ost	0,44	<<	0,47	<<	0,49

Quelle: International Social Survey Programme (ISSP 2008).

V_Index = exp [1.70 * %_Immigriert / 100 – 1.06 * %_Verheiratet / 100] (Koeffizienten gemäß Tabelle 2). Übrige Variablendefinitionen: Siehe Text.

Tabelle 3b   USA: Dynamik der vulnerablen Gruppen und des Vulnerabilitätsindex (V_Index)

Prognose-Horizont:	+0 Jahre (ca. 2008)		+10 Jahre (ca. 2018)		+20 Jahre (ca. 2028)
%_Verheiratet	58,0 %	<<	58,8 %	>>	52,2 %
%_Geschieden	23,3 %	<<	23,7 %	<<	27,3 %
%_Unterschicht	4,0 %	>>	3,5 %	>>	2,0 %
V_Index	0,92	>>	0,91	<<	0,96

Quelle: International Social Survey Programme (ISSP 2008).

V_Index = exp [1.24 * %_Geschieden / 100 + 2.67 * %_Unterschicht / 100 – 0.82 * %_Verheiratet / 100] (Koeffizienten gemäß Tabelle 2). Übrige Variablendefinitionen: Siehe Text.

Tabelle 3c Schweden: Dynamik der vulnerablen Gruppen
und des Vulnerabilitätsindex (V_Index)

Prognose-Horizont:	+0 Jahre (ca. 2008)		+10 Jahre (ca. 2018)		+20 Jahre (ca. 2028)
%_Geschieden	7,6 %	<<	15,3 %	>>	6,9 %
%_Single	23,3 %	<<	33,3 %	<<	40,3 %
V_Index	1,62	<<	2,25	>>	1,94

Quelle: International Social Survey Programme (ISSP 2008).
V_Index = exp [2.74 * %_Geschieden / 100 + 1.17 * %_Single / 100] (Koeffizienten gemäß Tabelle 2).
Übrige Variablendefinitionen: Siehe Text.

ähnlich wirkt offenbar auch die durch die Globalisierung ausgelöste *Immigration*. Sie zeigt für Westdeutschland das Anwachsen und für Ostdeutschland die Stagnation der ausländischen Bevölkerung, welche in Tabelle 2 als besonders vulnerabel identifiziert worden ist. Allerdings gibt es auch Prozesse, welche das Wachstum der Altersarmut bremsen könnten: Massenbildung lässt offensichtlich die schlecht qualifizierten, vulnerablen *Unterschichten* allmählich verschwinden. Dieser Prozess ist in unserer empirischen Analyse allerdings nur für die wirtschaftsliberalen USA (Tabelle 3b) relevant.

Da sich die qualitativen Prognoseresultate auf der Grundlage der Teilindikatoren also teilweise widersprechen, lohnt es sich, den resümierenden *V_Index* zu analysieren, der ebenfalls für drei sukzessive Kohorten berechnet worden ist und so die Vulnerabilität eines repräsentativen Kohortenmitglieds beschreibt. Ganz *generell* steigt der Wert des V_Index für alle untersuchten Länder in den nächsten 20 Jahren an, was – bezogen auf die Situation unmittelbar *vor* der Verrentung – auf eine wachsende *relative* Altersarmut hinweist. Dieser Prozess verläuft allerdings nicht immer kontinuierlich: In den USA sinkt der Wert von V_Index gemäß Tabelle 3b in den ersten zehn Jahren zunächst ganz leicht und steigt erst dann wirklich an. In Schweden (Tabelle 3c) wächst der V_Index zunächst stark und sinkt anschließend in etwa 20 Jahren auf ein Niveau, das deutlich höher als das Ausgangsniveau ist und somit den generellen Trend zu *wachsenden Armutsrisiken* bestätigt.

Die tendenziell wachsenden Werte des V_Index deuten nun allerdings nicht auf ein *absolutes* Versagen der Rentensysteme. Es fällt vielmehr auf, dass für den Prognose-Horizont *+0 Jahre* sowohl für Deutschland als auch für die USA der

V_Index < 1 ist. Verrentung ist in diesen Ländern also ein biografischer Übergang, welcher zurzeit eher *armutsreduzierend* als armutsverstärkend ist. Gemäß den Tabellen 3a und 3b dürfte diese Feststellung noch einige Zeit ihre Gültigkeit behalten, weil der V_Index in den USA, in West- und in Ost-Deutschland auch bei einem Prognose-Horizont von *+20 Jahren* den Wert 1 nie überschreitet.

Anders sieht die Situation allerdings für *Schweden* aus: Gemäß Tabelle 1 sind die Armutsraten in der Gruppe der 55- bis 75-Jährigen in diesem Land vor der Verrentung bemerkenswert niedrig und steigen dann allerdings durch die Verrentung von 3,7 Prozent auf 11,0 Prozent an. Der V_Index-Wert von 1,62 >1 für den Prognose-Horizont *+0 Jahre* (siehe Tabelle 3c) widerspiegelt diesen Sachverhalt sehr deutlich. In Zukunft dürfte sich die Situation gemäß den Werten des V_Index in Tabelle 3c weiter verschlechtern und zwar aufgrund des Anwachsens der Gruppe der *Singles,* welche durch das vermutlich am Kollektiv orientierte Konzept des schwedischen Wohlfahrtsstaats offenbar nicht so richtig abgesichert ist.

4   Zusammenfassung und Kritik

Das Ziel dieser Arbeit bestand darin, Frühwarnindikatoren zur Altersarmut durch Verrentung zu konstruieren, um dadurch ein allfälliges Versagen der staatlichen oder privaten Wohlfahrtssysteme rechtzeitig antizipieren zu können. Zu diesem Zweck haben wir die Altersarmut vor und nach dem Verrentungszeitpunkt durch logistische Regression zu erklären versucht, sodass die Vulnerabilität durch Verrentung für unterschiedliche gesellschaftliche Gruppen wie Frauen, Singles etc. bestimmt werden konnte. Dabei hat sich gezeigt, dass alle statistisch signifikanten Regressionskoeffizienten zwar das theoretisch erwartete Vorzeichen haben, viele andere aber nicht signifikant sind. Die aus statistischer Sicht vulnerablen Gruppen scheinen zudem von Land zu Land zu variieren, wobei diese Variation nur teilweise durch das jeweilige Wohlfahrtsregime erklärt werden kann. Für die unerklärte Restvarianz sind wohl weitere wohlfahrtsstaatlich-institutionelle Faktoren verantwortlich, welche einzelne Gruppen mehr oder weniger stark privilegieren oder diskriminieren.

Trotz der beschränkten Zahl der statistisch vulnerablen Gruppen konnte für jedes Land ein V_Index für die Vulnerabilität eines repräsentativen Mitglieds einer Geburtskohorte gebildet werden. Wie schon erwähnt, beruht diese Indexkonstruktion auf der Annahme, dass die verschiedenen Gruppenmitgliedschaften des betrachteten Individuums nicht allzu stark miteinander korreliert sind. Diese Vereinfachung ließe sich durch *Mikrosimulation* (Gilbert & Troitzsch 2002: 53ff.)

der Verrentungseffekte auf die *einzelnen* Mitglieder einer Kohorte zwar korrigieren. Wie der auf dieser Methode basierende Sammelband von Meyer, Bridgen und Riedmüller (2007) zeigt, ist der Aufwand hierzu aber groß und in seinen Ergebnissen nicht immer ganz nachvollziehbar, sodass für diese Arbeit eine vereinfachende und analytisch transparente Lösung gewählt worden ist.

Um den erwähnten V_Index als vorauslaufenden Frühwarnindikator verwenden zu können, haben wir hier intertemporale Geburtskohorten- und V_Index-Vergleiche angestellt. Solche intertemporalen Vergleiche sind allerdings aus zwei Gründen etwas problematisch: Einerseits wird vorausgesetzt, dass sich die wohlfahrtsstaatlich-institutionellen Rahmenbedingungen und die daraus resultierende Vulnerabilität der untersuchen Gruppen in näherer Zukunft nur wenig ändern werden. Verletzungen dieser Annahme sind allerdings tolerabel, wenn man nur die generelle *Veränderungstendenz* des V_Index betrachtet. Andererseits sind die für die Prognosen wichtigen Kohorteneffekte unter Umständen durch empirisch schwer separierbare Alterungseffekte verzerrt. Im vorliegenden Fall lässt sich die verwendete Kohortenfortschreibungsmethode allerdings rechtfertigen, weil die Prognose-Horizonte eher kurz sind und die aus den Kohortenvergleichen abgeleiteten Veränderungen der relativen Gruppengrößen theoretisch und empirisch als sinnvoll erscheinen.

Akzeptiert man den V_Index trotz dieser kleineren methodischen Mängel als Prognosewerkzeug, so zeigt sich für die nächsten 20 Jahre ein genereller Trend zu wachsender *relativer* Altersarmut. Dies gilt nicht nur für Deutschland – wie Hauser (2009) vorausgesagt hat – sondern auch für Schweden und die USA. Für die nächsten 20 Jahre bedeutet das jedoch keinesfalls immer ein Versagen der Alterssicherung: In den USA und in Deutschland gilt stets V_Index < 1, sodass der Übergang in den Ruhestand für ein repräsentatives Gesellschaftsmitglied jeweils eher armutsreduzierend als armutsverstärkend wirkt. Einzig für Schweden ist V_Index > 1, weil hier offenbar der Wohlfahrtsstaat eine wachsende Zahl von Singles und Geschiedenen bei der Verrentung nicht mehr vor Altersarmut zu schützen vermag.

Literatur

Aldrich, J. H., & Nelson, F. D. (2000). *Linear Probability, Logit, and Probit Models.* Newbury Park: Sage Publications.
Allmendinger, J., Brückner, H., & Brückner, E. (1991). Arbeitsleben und Lebensarbeitsentlohnung: Zur Entstehung von finanzieller Ungleichheit im Alter. In K. U. Mayer,

J. Allmendinger & J. Huinink (Hrsg.), *Vom Regen in die Traufe: Frauen zwischen Beruf und Familie* (S. 423–459). Frankfurt/Main: Campus Verlag.

Atkinson A., Rainwater L., & Smeeding T. (1995). *Income Distribution in OECD Countries: Evidence from the Luxembourg Income Study* [OECD Social Policy Studies 18]. Paris: OECD.

Beck, U. (1995). *Risikogesellschaft: Auf dem Weg in eine andere Moderne.* Frankfurt/Main: Suhrkamp Verlag.

Bruckmann, G. (1976). Trendextrapolation. In G. Bruckmann (Hrsg.), *Langfristige Prognosen* (S. 45–71). Würzburg: Physica-Verlag.

Esping-Andersen, G. (1990). *The Three Worlds of Welfare Capitalism.* Princeton/New Jersey: Princeton University Press.

Gelissen, J. (2002). Worlds of Welfare, Worlds of Consent? Leiden: Brill.

Gilbert, N., & Troitzsch, K. G. (2002). *Simulation for the Social Scientist.* Buckingham: Open University Press.

Glenn, N. D. (2005). *Cohort Analysis.* Thousand Oaks: Sage Publications.

Habich, R., Noll, H.-H., & Zapf, W. (1994). *Soziale Indikatoren und Sozialberichterstattung.* Bern: Bundesamt für Statistik.

Hauser, R. (2009). Neue Armut im Alter. *Wirtschaftsdienst, 89(4),* 248–256.

Köppe, O. (2010). „Vorboten" der Altersarmut? In H. J. Dahme & N. Wohlfahrt (Hrsg.), *Systemanalyse als politische Reformstrategie* (S. 241–255). Wiesbaden: VS Verlag für Sozialwissenschaften.

Kromrey, H. (1998). *Empirische Sozialforschung.* Opladen: Leske & Budrich Verlag.

Leibfried, S., et al. (1995). *Zeit der Armut: Lebensläufe im Sozialstaat.* Frankfurt/Main: Suhrkamp Verlag.

Meyer, T., Bridgen P., & Riedmüller, B. (Hrsg.) (2007). *Private Pensions versus Social Inclusion?* Cheltenham: Edward Elgar Publishing.

Mitchell, D. (1991). *Income Transfers in Ten Welfare States.* Aldershot: Avebury.

Müller, G. (1999). Frühindikatoren zum Sozialpolitischen Handlungsbedarf. Das Beispiel der Altersarmut in der Schweiz. In P. Flora, H.-H. Noll (Hrsg.), *Sozialberichterstattung und Sozialstaatsbeobachtung* (S. 169–192). Frankfurt/Main: Campus Verlag.

OECD (2011). *Economic Outlook.* Paris: OECD.

Orr, L. L. (1999). *Social Experiments: Evaluating Public Programs with Experimental Methods.* Thousand Oaks: Sage Publications.

Ranci, C. (2010). Social Vulnerability in Europe. In C. Ranci (Hrsg.), *Social Vulnerability in Europe: The New Configuration of Social Risks* (S. 3–24). Houndmills: Palgrave.

United Nations: Department of Economic and Social Affairs (1999). *Vulnerability and Poverty in a Global Economy.* New York: United Nations Publications.

Online-Quellen

ISSP (2008). *Module „Religion III" of the International Social Survey Programme.* Verfügbar unter http://www.gesis.org/issp [04.11.2011]

Bekämpfung von Altersarmut: Das 30-30-Modell im Vergleich zu anderen aktuellen Vorschlägen

Richard Hauser

1 Einführung

Bereits im Jahr 2006 hatte Schmähl auf die Gefahr langfristig steigender Altersarmut im Gefolge der Rentenreform 2004 hingewiesen (Schmähl 2006). Später warnte dann auch der Sachverständigenrat zur Begutachtung der gesamtwirtschaftlichen Entwicklung in mehreren Jahresgutachten (SVR JG)[1] vor zunehmender Altersarmut, die bei den nunmehr geltenden Regelungen für die gesetzliche Rentenversicherung zu befürchten sei.

Auf internationaler Ebene hat die OECD gezeigt, dass die in den einzelnen Ländern gewährten Grundrenten ('basic pensions'), Mindestrenten ('minimum retirement benefits') und einkommensüberprüften sozialhilfeähnlichen Leistungen für Rentenbezieherinnen und -bezieher ein sehr unterschiedliches Niveau erreichen. Im Verhältnis zum durchschnittlichen nationalen Bruttolohn schwankt die hierdurch erreichte Absicherung für Niedrigverdienende im Alter zwischen 34 und 16 Prozent. Deutschland liegt dabei mit 18 Prozent am unteren Ende der Skala (OECD 2009: 65). Dies hängt mit der starken Betonung des Äquivalenzprinzips im deutschen Alterssicherungssystem zusammen; infolgedessen gibt es keine Mindestrenten, sondern als letztes Auffangnetz nur die bedarfsorientierte Grundsicherung im Alter und bei Erwerbsminderung gemäß SGB XII.

Mit einer Status-quo-Modellrechnung zeigt die OECD, dass sich die in den Mitgliedsländern seit Mitte der 1990er Jahre durchgeführten Rentenreformen ganz unterschiedlich für Bezieherinnen und Bezieher niedriger Lohneinkommen auswirken werden (OECD 2007: 67–68). In Deutschland, wo Schritt für Schritt eine proportionale Senkung des Rentenniveaus stattfinden wird, sinkt das rela-

---

1 SVR JG 2007/08: 192–197, SVR JG 2008/09, Tz. 646–661 und SVR JG 2011/12: 312–326.

tive Nettorentenniveau[2] für Niedrigverdienende schließlich von 39,7 auf 32,6 Prozent, das heißt um etwa 17 Prozent. Auch in den meisten anderen OECD-Ländern wird das Nettorentenniveau in dieser Gruppe abnehmen. Einen besonders starken Rückgang werden Mexiko, Polen und Portugal erfahren. Dagegen ist es Finnland, Frankreich und Korea trotz der generell vorgenommenen Rentenkürzungen gelungen, die Position der Niedrigverdienenden zu schützen.

Rentenniveausenkungen sind aber nicht der einzige Grund für eine künftig steigende Altersarmut. Zahl und Dauer der Erwerbsunterbrechungen von Müttern haben zwar abgenommen, bilden aber immer noch ein Problem für die Akkumulation von individuellen Rentenansprüchen. Außerdem werden in allen Ländern längere Unterbrechungen der Erwerbskarrieren infolge von Arbeitslosigkeit (Kumpmann et al. 2010) ebenso wie die in den letzten Jahrzehnten eingetretene Spreizung der Lohnstruktur (vgl. OECD 2008) die Alterseinkommen von Niedrigverdienern beeinträchtigen. Dies ist insbesondere in jenen Ländern zu erwarten, die keine in das Alterssicherungssystem integrierten Mindestleistungen aufweisen. Hierzu gehört auch Deutschland.

Diese Warnungen haben zu mehreren Reformvorschlägen geführt, über die gegenwärtig diskutiert wird. Dabei kann man radikale systemändernde Reformvorschläge und gemäßigte systemmodifizierende Reformvorschläge unterscheiden. Systemändernde Reformvorschläge zielen auf eine Umgestaltung des gesamten Systems der Alterssicherung, während systemmodifizierende Vorschläge lediglich Korrekturen am bestehenden System vornehmen wollen. Im Folgenden werden systemändernde Reformvorschläge nur kurz skizziert. Als Beispiel wird der Vorschlag der Katholischen Arbeitnehmer-Bewegung zur Einführung eines zweistufigen Alterssicherungssystems herangezogen. Das Schwergewicht der Analyse liegt aber auf vier systemmodifizierenden Reformvorschlägen: Erstens auf der Einbeziehung aller bisher nicht pflichtversicherten Selbstständigen in die gesetzliche Rentenversicherung; zweitens auf der Fortführung der Rente nach Mindesteinkommen, drittens auf den neuen Vorschlägen der Bundesministerin für Arbeit und Soziales, Ursula von der Leyen (CDU), und viertens auf dem von mir vorgeschlagenen 30-30-Modell, das die Einführung einer Rente nach Mindestversicherungszeiten vorsieht.

Vorweg ist noch zu erläutern, was im Folgenden unter Vermeidung von Armut verstanden werden soll. Hier wird diese Zielsetzung dahingehend interpre-

---

2   Das Nettorentenniveau („net relative pension level') ist für einen in Vollzeit Tätigen mit 50 Prozent des Durchschnittslohns (Arbeitsbeginn mit 20 Jahren im Jahr 2004, Renteneintritt mit 67 Jahren) definiert als Nettorente im Verhältnis zum durchschnittlichen nationalen Bruttolohn.

tiert, dass vermieden werden soll, dass Personen gezwungen sind, die bedarfsorientierte Grundsicherung im Alter und bei Erwerbsminderung (SGB XII) in Anspruch zu nehmen, um im Alter oder bei vorzeitiger Erwerbsunfähigkeit das gesetzlich festgelegte soziokulturelle Existenzminimum zu erreichen.[3] Alle Überlegungen über einen weiter gefassten Armutsbegriff (vgl. Hauser 2008) und über die angemessene Höhe der Mindestsicherungsleistungen würden den Rahmen dieses Beitrags überschreiten.

2   Systemändernde Vorschläge zur Vermeidung von Armut im Alter

Radikale Lösungen zur grundlegenden Umgestaltung des gesamten Systems der sozialen Sicherung werden von mehreren Seiten vorgeschlagen. Ich nenne hier die Vorschläge für ein unbedingtes Grundeinkommen oder für ein Bürgergeld, das eine Form der seit langem diskutierten Negativen Einkommensteuer darstellt (vgl. Strengmann-Kuhn 2005 sowie Hauser 1996). Derartige grundlegende Umgestaltungen würden auch die Alterssicherung einschließen, und – bei angemessener Höhe – Armut im Alter verhüten. Hierauf werde ich aber nicht weiter eingehen, da eine solch tiefgreifende institutionelle Umgestaltung eine Fülle von völlig ungeklärten Auswirkungen zeigen würde.

Als Beispiel für eine auf die Alterssicherung beschränkte systemändernde Umgestaltung der gesetzlichen Rentenversicherung gehe ich kurz auf den Vorschlag der Katholischen Arbeitnehmer-Bewegung Deutschlands (KAB) aus dem Jahr 2007 ein.[4] Dieser Vorschlag wurde in einem Gutachten des ifo-Instituts durchgerechnet und vom Max Planck-Institut für ausländisches und internationales Sozialrecht rechtlich geprüft (Werding et al. 2007). Ich beschränke mich hier auf jenen begrenzten Vorschlag, der nur eine Umgestaltung der gesetzlichen Rentenversicherung ohne Beeinträchtigung der Beamtenversorgung, der berufsständischen Versorgungswerke und der Landwirtschaftlichen Alterssicherung vorsieht.

Das Rentenmodell der katholischen Verbände zielt auf ein zweistufiges System einer Pflichtversicherung für das Alter:

---

3   Am Jahresende 2009 nahmen 364 027 jüngere Personen im Alter von 18 bis 64 Jahren und 399 837 ältere Menschen im Alter ab 65 Jahren Leistungen der Bedarfsorientierten Grundsicherung in Anspruch. Vgl. Statistische Ämter des Bundes und der Länder (2011).

4   Eine weitere systemändernde Umgestaltung bestünde in der Einführung einer degressiven Rentenformel, wie sie in den USA verwendet wird. Hierauf gehe ich nicht weiter ein (vgl. Meinhardt 2011).

1. Das Teilsystem der ersten Stufe gewährt eine universell ausgestaltete, einheitliche Sockelrente in Höhe des Regelsatzes der bedarfsorientierten Grundsicherung für alle Bürger über 65 Jahren, also circa 364 Euro pro Monat (im Jahr 2008). Die Finanzierung erfolgt durch einen Beitrag aller Bürgerinnen und Bürger (einschließlich der Beamtinnen/Beamten und der Selbstständigen) bis zum 65. Lebensjahr mit einem einheitlichen proportionalen Beitragssatz von 5,3 Prozent, bezogen auf das gesamte positive individuelle Einkommen (abzüglich der Freibeträge). Es gilt aber eine Beitragsbemessungsgrenze. Außerdem soll ein Teil der Bundesmittel, die bisher an die gesetzliche Rentenversicherung geflossen sind, in das Budget der ersten Stufe zur Finanzierung der Sockelrente umgeleitet werden.
2. Das Teilsystem der zweiten Stufe besteht aus einer an der individuellen Erwerbsbeteiligung und am Erwerbseinkommen orientierten Arbeitnehmer-Pflichtversicherung, die sich an den gegenwärtig gültigen Regelungen der gesetzlichen Rentenversicherung orientiert, aber nach einer langen Übergangsfrist zu Renten führt, die um etwa ein Drittel niedriger wären. Die Finanzierung würde weiterhin durch abgesenkte Arbeitnehmer- und Arbeitgeberbeiträge auf das Erwerbseinkommen von 14,6 Prozent, gekappt an einer Beitragsbemessungsgrenze, sowie durch einen Teil des bisherigen Staatszuschusses erfolgen. Es gäbe ein verpflichtendes laufendes Ehegattensplitting für die durch Beitragszahlung erworbenen Ansprüche. Die individuellen, aber reduzierten Rentenleistungen würden wie bisher nach dem Teilhabeäquivalenzprinzip ermittelt.

Der Aufbau dieses zweistufigen Systems soll schrittweise mit sehr langen Übergangsfristen von mindestens 50 Jahren erfolgen. Ein Bestandsschutz erworbener Ansprüche ist vorgesehen. Der Anspruch auf die Sockelrente und auf die neue Arbeitnehmerrente wird allmählich aufgebaut, während sich gleichzeitig das Niveau der Renten der bisherigen gesetzlichen Rentenversicherung immer mehr reduziert, da die Zahl der möglichen Beitragsjahre nach altem System mit fortschreitender Zeit immer kleiner wird. Die Dynamisierung wird beibehalten. Nach vollständiger Umstellung entfällt wegen des Ehegattensplittings die abgeleitete Hinterbliebenensicherung. Die Beiträge für beide Teilsysteme werden sofort nach Einführung nach den neuen Regeln erhoben. Für die Übergangszeit ist ein Finanzausgleich zwischen den beiden Teilsystemen geplant, da zunächst die Beiträge für die zweite Stufe nicht zur Zahlung der noch laufenden alten Renten ausreichen; erst nach vollständiger Umstellung sollen die beiden Teilsysteme unabhängig voneinander funktionieren.

Hier kann ich nur auf einige Probleme dieses zweistufigen Systems mit einer auf die Arbeitnehmerinnen und Arbeitnehmer beschränkten Pflichtversicherung eingehen. Dabei wird nur die Lage nach vollständiger Umstellung betrachtet. Die Ausweitung auf alle Erwerbstätigen einschließlich aller Selbstständigen und Beamtinnen und Beamten, die vielfältige zusätzliche Probleme aufwürfe, sowie die Übergangsfragen werden nicht kommentiert.

Wegen der alleinigen Beitragszahlung der Bürgerinnen und Bürger für die Sockelrente und der Senkung der Arbeitnehmer- und Arbeitgeberbeitragssätze zur Arbeitnehmerrente würden die Arbeitgeber einseitig entlastet. Selbst bei gleicher Gesamtrente würden also die Bürgerinnen/Bürger beziehungsweise Arbeitnehmerinnen/Arbeitnehmer eine höhere Beitragslast tragen. Der Wegfall der Hinterbliebenensicherung würde bei Ehepaaren mit größeren Altersunterschieden trotz des Ehegattensplittings zu schwer lösbaren Problemen führen, während das Postulat der Individualisierung erfüllt wäre. Selbst wenn im Durchschnitt die Rentenhöhe gleich bliebe, so ergäben sich in der Summe höhere Renten im unteren Bereich und niedrigere Renten im oberen Bereich. Trotzdem würde das neue System Armut im Alter selbst nach vollständiger Umstellung nicht generell beseitigen, da die Sockelrente nur etwa halb so hoch wäre wie der Mindestsicherungsanspruch. Es müsste daher eine beachtliche Arbeitnehmerrente der zweiten Stufe hinzukommen, wenn Armut im Alter vermieden werden soll. Diese Arbeitnehmerrente müsste infolge des abgesenkten aktuellen Rentenwerts auf mindestens 20 bis 22 Entgeltpunkten basieren. Für viele alleinstehende Sockelrentenbezieherinnen und -bezieher würde das nicht zu erreichen sein. Infolge des vorgesehenen Ehegattensplittings kann dieses Problem bei nicht dauerhaft in Vollzeit beschäftigten Ehegattinnen/-gatten noch größer sein. Ein zusätzliches Problem entstünde bei Zuwanderung von Personen, die bereits im mittleren oder höheren Lebensalter sind. Will man keinen Zuwanderungssog in das bundesdeutsche Sicherungssystem auslösen, so müsste die Sockelrente pro rata temporis der Anwesenheit im Land gekürzt werden. Gleiches geschieht implizit bei den Arbeitnehmerrenten der zweiten Stufe. Beides vermindert zusätzlich die armutsvermeidende Wirkung des neuen Systems.

Selbstverständlich könnte die Sockelrente doppelt so hoch gestaltet werden, um allein zur Vermeidung von Altersarmut auszureichen. Aber dies würde auch einen etwa doppelt so hohen Beitragssatz für die erste Stufe erfordern. Dies wäre nur schwer zu vertreten, wenn man bedenkt, dass die hierdurch erzeugte Belastung aller Einkommen aller Bürgerinnen und Bürger wegen der Beitragsbemessungsgrenze degressiv wirkt, während generell eine progressive Gestaltung von Steuertarifen anerkannt wird. Außerdem müsste in diesem Fall die zweite Stufe der Arbeitnehmer-Pflichtversicherung, die sich voll am Äquivalenzprinzip orientiert, viel stärker zurückgefahren werden. Es ergäbe sich überdies eine noch viel stärkere Verschiebung der Beitragslast von den Arbeitgebern zu den Arbeitnehmerinnen und Arbeitnehmern.

Um den Effekt einer degressiven Abgabenbelastung für eine armutsvermeidende Sockelrente zu vermeiden, könnte man den alten Vorschlag von Miegel (1981) und Biedenkopf (1985) aufgreifen und statt der beitragsfinanzierten Sockelrente eine aus allgemeinen Steuermitteln finanzierte Grundrente in ausreichender Höhe als erste Stufe einführen. Dies würde zu vielen andersartigen Auswirkungen führen, die in dem Gutachten für die katholischen Verbände nicht durchgerechnet wurden.

Ohne weiter auf Einzelheiten einzugehen, kann man feststellen, dass eine derart radikale Systemänderung nur bei entsprechender Gestaltung der Sockelrente und mit sehr hohem Finanzaufwand nach Ablauf einer sehr langen Übergangsfrist Armut im Alter generell verhüten könnte. Dabei muss noch offen bleiben, ob ein solches Alterssicherungssystem unter Berücksichtigung und Abwägung aller Zielsetzungen eines Alterssicherungssystems überhaupt wünschenswert wäre. Dies spricht dafür, sich auf kleinere und in ihren Auswirkungen leichter überschaubare Reformschritte zu konzentrieren.

3 Systemmodifizierende Reformvorschläge zur Vermeidung von Altersarmut im Rahmen der Gesetzlichen Rentenversicherung

3.1 *Einbeziehung aller Selbstständigen in die gesetzliche Rentenversicherung*

Die Zahl der in Deutschland tätigen Selbstständigen wird auf zwei bis drei Millionen geschätzt (SVR JG 2006/07). Ein Teil dieser Selbstständigen ist weder durch ausreichende Eigenvorsorge noch durch eine Pflichtversicherung gegen Armut im Alter geschützt. Besonders problematisch scheint die Lage bei den so genannten Solo-Selbstständigen zu sein. Der Aufbau eines ausreichenden Altersvorsorgevermögens gelingt nicht allen versicherungsfreien Selbstständigen. Selbst bei versicherungspflichtigen Selbstständigen ist nicht gesichert, dass sie ausreichend hohe Rentenanwartschaften aufbauen beziehungsweise zu niedrige Anwartschaften durch Vermögensbildung ergänzen. Eine Schätzung im Rahmen eines Gutachtens für den Dritten Armuts- und Reichtumsbericht der Bundesregierung ergab, dass etwa 15 Prozent aller Selbstständigen kein Altersvorsorgevermögen oder Rentenanwartschaften akkumuliert haben, die dem Rentenanspruch eines pflichtversichert Beschäftigten gleichen Lebensalters entsprechen würden.[5] Daher wird eine Einbeziehung aller nicht pflichtversicherten Selbstständigen in die gesetzliche Rentenversicherung vorgeschlagen (SVR, JG 2007/08, Tz. 287). Grundsätzlich ist davon auszugehen, dass dabei das Äquivalenzprinzip weitgehend eingehalten, das heißt, ein adäquater Arbeitnehmer- und Arbeitgeberbeitrag erhoben wird. Zu überlegen ist auch, ob bei einer Einbeziehung der bisher versicherungsfreien Selbstständigen lediglich das Risiko ‚Alter' oder ob auch die anderen von der gesetzlichen Rentenversicherung abgedeckten Risiken, also vorzeitige Erwerbsunfähigkeit, Rehabilitationsbedarf, Hinterbliebenenversorgung, abgesichert werden sollen. Die Schwierigkeiten, die bei einer Einbeziehung der bisher versicherungsfreien Selbstständigen in die gesetzliche Rentenversicherung zu bewältigen wären, wurden von Fachinger und Frankus (2011) und anderen ausführlich diskutiert. Unabhängig davon, wie diese Schwierigkeiten gelöst werden, scheint jedoch sicher, dass von einer solchen systemmodifizierenden Reform nur auf lange Sicht, das heißt nur bei den jungen Jahrgängen der Selbstständigen, Altersarmut verringert oder ganz verhindert werden kann. Ältere bisher versicherungsfreie Selbstständige würden von derartigen Reformen nicht mehr voll erreicht. Es würde sich also um eine auf die lange Sicht zielende Reformmaßnahme handeln, die die in den kommenden zwei Jahrzehnten auftretende Zunahme der Altersarmut innerhalb dieser Gruppe nicht verhindern könnte. Um wenigstens bei den heute schon pflichtversicherten Selbstständigen[6] eine Verbesserung zu erreichen, bedarf es anderer, kurzfristig wirksamer, systemmodifizierender Reformen.

3.2 Fortführung der Rente nach Mindesteinkommen für langjährig Versicherte

Unter einer ‚Rente nach Mindesteinkommen' versteht man die seit der Rentenreform 1972 bestehende Regelung, wonach niedrige Pflichtbeiträge unter bestimmten Voraussetzungen auf 75 Prozent des Beitragswertes für ein Durchschnittsentgelt angehoben werden (vgl. Bundesministerium für Arbeit und Soziales (BMAS)

---

5 Siehe Tabelle 100 in Becker et al. (2008: 256 f.). Die Gruppe der Selbstständigen ohne ein dem Lebensalter entsprechendes Vorsorgevermögen umfasst sowohl nicht pflichtversicherte als auch ungenügend versicherte Personen. Dies waren im Jahr 2003 etwa 350 000 Selbstständige (SVR, JG 2011/12).

6 Der Sachverständigenrat schätzt die Zahl der pflichtversicherten Selbstständigen auf etwa 300 000 (SVR, JG 2011/12).

2010, Tz. 6/290). Durch das Rentenreformgesetz 1992 wurde diese Regelung auf Pflichtbeitragszeiten bis 1992 erweitert. Sind mindestens 35 Jahre mit rentenrechtlichen Zeiten (einschließlich Berücksichtigungszeiten) vorhanden und ergibt sich aus den Kalendermonaten mit vollwertigen Pflichtbeiträgen ein Durchschnittswert, der geringer ist als der Wert einer Beitragszahlung in Höhe von 75 Prozent des jeweiligen Durchschnittsentgelts, so werden Pflichtbeitragszeiten auf das 1,5-fache, höchstens aber auf monatlich 0,0625 Entgeltpunkte, angehoben. Diese Anhebung bewirkt, dass lange Beitragszeiten mit niedrigen Entgelten in Abweichung vom Äquivalenzprinzip zu höheren Renten führen, die insbesondere Frauen zugutekommen. Einer der systemmodifizierenden Reformvorschläge zur Verhinderung von Altersarmut besteht nun darin, diese gegenwärtig nur auf Beitragszeiten vor 1992 anwendbare Regelung zu ‚entfristen', das heißt, in Zukunft auf alle rentenrechtlichen Zeiten anzuwenden, sofern die 35-Jahres-Bedingung erfüllt ist. Dies müsste rückwirkend auch für jene rentenrechtlichen Zeiten gelten, die zwischen 1992 und 2010 entstanden sind. Akzeptiert man diese Abweichung vom Äquivalenzprinzip unter Bezugnahme auf das Prinzip des sozialen Ausgleichs, so ist nach den Kosten und nach der Wirksamkeit einer solchen Maßnahme zur Vermeidung von Altersarmut zu fragen. Über die bereits jetzt von der Versichertengemeinschaft getragenen Kosten liegen keine Informationen vor. Aber es kann mit Sicherheit gesagt werden, dass eine solche Maßnahme eher zu einer Begünstigung mit der Gießkanne als zu einer zielgenauen Vermeidung von Altersarmut mit möglichst geringem Mitteleinsatz führen würde. Einerseits würden Personen begünstigt, die trotzdem unter der Armutsgrenze bleiben würden, sodass sie letztlich nicht besser gestellt wären; wegen der Anrechnung der Renteneinkommen würden sich lediglich Einsparungen bei der bedarfsorientierten Grundsicherung ergeben. Andererseits würden auch Personen begünstigt, deren Rente selbst ohne diese Begünstigung oberhalb der Armutsgrenze läge. Ein armutsvermeidender Effekt würde durch eine solche Reform also höchstens bei einem Teil der Begünstigten erreicht. Überdies würde bei der in den nächsten Jahrzehnten zu erwartenden Senkung des Rentenniveaus die Aufwertung der Beiträge für immer weniger Personen ausreichen, um Altersarmut zu vermeiden.

3.3 Der neue Vorschlag der Bundesministerin für Arbeit und Soziales

Die Bundesministerin für Arbeit und Soziales, Ursula von der Leyen (CDU), hat vor kurzem eine Skizze einer geplanten Reform zur Bekämpfung von Altersarmut vorgelegt (BMAS 2012). Die vorgeschlagenen Maßnahmen betreffen

- eine stufenweise Ausdehnung der Zurechnungszeit, die bei der Berechnung von Erwerbsminderungsrenten angesetzt werden soll; im Gleichschritt mit dem Hinausschieben der Rentenaltersgrenze soll das Endjahr für die Berechnung auf das 62. Lebensjahr erhöht werden;
- eine Erhöhung der Hinzuverdienstgrenzen bei vorzeitigem Rentenbezug in Anlehnung an das frühere Arbeitseinkommen; nach Überschreiten der regulären Rentenaltersgrenze ist auch bisher schon unbeschränkter Hinzuverdienst ohne Rentenkürzung zulässig;
- die Einführung einer teils aus Steuermitteln, teils aus Beitragseinnahmen finanzierten Zuschussrente für langjährig Versicherte, die eine zu niedrige Bruttorente auf 850 Euro pro Monat aufstockt. Diese Zuschussrente soll ab 2013 gewährt werden, wenn 40 Jahre Versicherungszeit, davon 30 Jahre Pflichtbeitragszeiten, sowie ab 2019 fünf Jahre Sparbeiträge für eine Riester-Rente oder eine betriebliche Zusatzrente nachgewiesen werden. Es soll eine Einkommensanrechnung stattfinden, aber eigene Altersvorsorgerenten sind dabei ausgenommen. Es wird geschätzt, dass anfänglich 52 000 Begünstigte eine Zuschussrente erhalten können; diese Zahl soll bis 2030 auf 1,4 Millionen steigen. Im Zeitablauf sollen die Voraussetzungen für den Bezug einer Zuschussrente weiter verschärft werden; die erforderliche Zahl der Versicherungsjahre soll ab 2023 auf 45 steigen, von denen 35 Jahre Beitragszeiten (einschließlich Kindererziehungszeiten bis zum zehnten Lebensjahr und Pflegezeiten) sein müssen. Auch die geforderten Zeiten privater Altersvorsorge sollen bis auf 35 Jahre ansteigen. Da es sich bisher nur um einen Ministeriumsvorschlag handelt, der noch bei einer Ressortabstimmung und in der parlamentarischen Beratung verändert werden kann, muss auch die Würdigung vorläufig bleiben.

Diese Vorschläge stellen ein Minimalprogramm dar, das die Armut im Alter bei den gegenwärtigen Rentenbezieherinnen und Rentenbeziehern nur geringfügig reduzieren würde. Es würde vor allem bei künftigen Rentnerinnen und Rentnern wirksam werden. Die Erhöhung der Hinzuverdienstgrenzen wird nicht viel zur Vermeidung von Altersarmut beitragen; allenfalls stellt sie einen Anreiz dar, vorgezogene Renten verstärkt in Anspruch nehmen. Die schrittweise Verlängerung der Zurechnungszeit kann einige Erwerbsgeminderte von der Notwendigkeit einer Inanspruchnahme der bedarfsorientierten Grundsicherung im Alter und bei Erwerbsminderung befreien. Inwieweit aber Erwerbsgeminderte einen Anspruch auf eine Zuschussrente erhalten werden, hängt davon ab, ob die Zurechnungszeiten als Versicherungszeiten für die Zuschussrente anerkannt werden.

Die Hürden für die Gewährung einer Zuschussrente sind viel zu hoch angesetzt, sodass auch nach Einschätzung des Ministeriums anfänglich nur eine geringe Anzahl der gegenwärtigen Rentnerinnen und Rentner begünstigt würde. Problematisch sind mehrere Punkte: Erstens, die geplante, nicht genau spezifizierte Einkommensanrechnung, zweitens, die offenbar nicht einbezogenen Zeiten von Arbeitslosigkeit oder zumindest von Langzeitarbeitslosigkeit, drittens, dass nach einer Übergangszeit langjähriges zusätzliches Altersvorsorgesparen verlangt wird. Auch künftig werden viele Geringverdienende nicht in der Lage sein, die Bedingung einer derart langen Ansparperiode zu erfüllen. Immerhin weist dieser Vorschlag aber auf einen Paradigmenwechsel hin: Es soll nicht mehr allein auf die *relative Höhe der geleisteten Beiträge*, sondern vor allem auf die *Dauer der Mitgliedschaft* in der gesetzlichen Rentenversicherung ankommen; außerdem soll die Zuschussrente grundsätzlich die individuelle Rente aufbessern, wenn es auch Einkommensanrechnungsvorschriften geben soll. Damit nähert sich dieser Vorschlag den institutionellen Regelungen über Mindestrenten an, die in vielen europäischen Ländern gelten.

Ein Vorschlag, der ausschließlich auf Mindestversicherungszeiten aufbaut und lediglich eine Anrechnung eigener anderer Renten vorsieht, würde wesentlich niedrigere Hürden aufstellen. Ein solcher Vorschlag wird im Folgenden präsentiert.

3.4 Das 30-30-Modell zur Bekämpfung von Altersarmut von langjährig Versicherten

Altersarmut von langjährig Pflichtversicherten kann dadurch effizient vermieden werden, dass – ähnlich wie bei der Rente nach Mindesteinkommen – das Prinzip der Teilhabeäquivalenz am unteren Rand durch das Prinzip des sozialen Ausgleichs ersetzt wird.[7] Das im Folgenden erläuterte so genannte 30-30-Modell zielt darauf ab, alle auf spezielle Tatbestände oder Gruppen gerichteten, auf dem Prinzip des sozialen Ausgleichs basierenden Regelungen zu ‚überwölben', um – bei Aufrechterhaltung aller dieser Regelungen – zu garantieren, dass langjährig Versicherte eine eigene Rente erhalten, die ausreicht, um die Inanspruchnahme der Grundsicherung im Alter und bei Erwerbsminderung unnötig zu machen. Vor-

---

[7] Für Einzelheiten zu weiteren Regelungen in der gesetzlichen Rentenversicherung, die nach dem Prinzip des sozialen Ausgleichs Abweichungen vom versicherungstechnischen Äquivalenzprinzip vorsehen, vgl. Bundesministerium für Arbeit und Soziales (2010), Tz. 6/242-6/323.

gesehen ist lediglich eine unterschiedlich hohe Aufstockung der eigenen Rente auf ein armutsfestes Niveau. Im Folgenden wird das 30-30-Modell mit seinen einzelnen Elementen dargestellt (für weitere Einzelheiten vgl. Hauser 2009).

3.4.1 Rente nach Mindestversicherungszeiten

Eine Rente nach Mindestversicherungszeiten wird durch die gesetzliche Rentenversicherung (GRV) gewährt,

- wenn der/die Pflichtversicherte bei Erreichen der Regelaltersgrenze mindestens 30 Jahre Pflichtbeiträge gezahlt hat oder andere rentenrechtliche Zeiten aufweist,
- wenn die Summe seiner/ihrer Entgeltpunkte unter 30 liegt,
- und wenn auch unter Hinzurechnung anderer eigener Renten und von Hinterbliebenenrenten keine Gesamtrente entsteht, die mindestens der Höhe einer Rente der gesetzlichen Rentenversicherung auf der Basis von 30 Entgeltpunkten entspricht.

Sind diese Bedingungen erfüllt, so wird die Rente um einen Betrag aufgestockt, der der Differenz zu einer auf Basis von 30 Entgeltpunkten berechneten Rente entspricht. Sie liegt damit gegenwärtig und mindestens in den nächsten zehn Jahren oberhalb des individuellen Anspruchs auf die Leistung der bedarfsorientierten Grundsicherung im Alter und bei Erwerbsminderung. Da sich der Mindestbedarf bei nahezu gleichem Preisniveau – mit Ausnahme der Wohnkosten – nicht mehr zwischen West und Ost unterscheidet, wäre es angemessen, auch für ostdeutsche Rentnerinnen und Rentner die Rente nach Mindestversicherungszeiten bis zur vollständigen Angleichung der beiden Rentenwerte mit dem westdeutschen aktuellen Rentenwert zu berechnen.

Im Jahr 2008 betrug der durchschnittliche Anspruch von Alleinstehenden in der bedarfsorientierten Grundsicherung im Alter und bei Erwerbsminderung 617 Euro pro Monat (voll Erwerbsgeminderte) beziehungsweise 657 Euro pro Monat (Alte), wobei infolge unterschiedlicher Unterkunftskosten eine größere Wertespanne um diesen Durchschnitt besteht (Statistisches Bundesamt et. al 2011: 270). Außerdem werden die Beiträge für Kranken- und Pflegeversicherung übernommen. Eine Bruttorente, die auf 30 Entgeltpunkten beruht, betrug beim aktuellen Rentenwert von 27,20 Euro (2010) in Westdeutschland 816 Euro pro Monat und nach Abzug der Beiträge zur Kranken- und Pflegeversicherung netto circa

750 Euro pro Monat. In den neuen Bundesländern sind die vergleichbaren Werte 24,13 Euro, 723,90 Euro und circa 665 Euro.

Da wegen des relativ sinkenden Rentenniveaus immer mehr Entgeltpunkte erforderlich sein werden, um die Leistungen der bedarfsorientierten Grundsicherung zu übertreffen, sollte eine begrenzte zusätzliche Dynamisierung vorgesehen werden. Dies könnte dadurch geschehen, dass die Berechnungsbasis der Rente nach Mindestversicherungszeiten im Gleichschritt mit der Erhöhung der Regelaltersgrenze bis auf 32 Entgeltpunkte erhöht wird.

3.4.2 Rentenrechtliche Zeiten zur Erfüllung der 30-Jahres-Bedingung

Als rentenrechtliche Zeiten, die zur Erfüllung der Bedingung der Mindestversicherungszeiten dienen können, sollten gelten:

- Zeiten, in denen Pflichtbeiträge auf Basis des beitragspflichtigen Einkommens an die gesetzliche Rentenversicherung gezahlt wurden;
- Kindererziehungszeiten;
- Pflegezeiten ab dem 1. 4. 1995 gemäß SGB XI § 14;
- Anrechnungszeiten (insbesondere Zeiten von Krankheit, Rehabilitation, Mutterschaft, Ausbildung sowie des Bezugs von Arbeitslosengeld I und Arbeitslosengeld II und von anderen Lohnersatzleistungen);
- Ersatzzeiten;
- Zurechnungszeiten bei vorzeitiger Erwerbsunfähigkeit beziehungsweise Zeiten des Bezugs einer Erwerbsminderungsrente bis zum Erreichen der Regelaltersgrenze.

Zeiten einer einzigen geringfügigen Beschäftigung gelten nicht als Beitragszeiten. Zur Vermeidung von Umgehungsverhalten sollte dies auch gelten, wenn eine Zuzahlung geleistet wurde. Wurden mehrere geringfügige Beschäftigungen gleichzeitig ausgeübt, so zählen diese Zeiten als Pflichtbeitragszeiten, falls entsprechende Beiträge gezahlt wurden.

3.4.3 Anrechnung anderer Einkommen des Versicherten

Auf die Rente nach Mindestversicherungszeiten werden nur angerechnet:

- eigene Renten aus anderen Pflichtversicherungssystemen (z. B. Unfallrenten) und aus anderen Altersversorgungswerken (z. B. Beamtenversorgung);
- Hinterbliebenenrenten zu 100 Prozent.

Nicht angerechnet werden:

- andere Einkommen und Vermögen des/der Versicherten, wie beispielsweise Riester-Renten, Betriebsrenten, Zusatzversorgung im Öffentlichen Dienst, Miet- und Zinseinnahmen, Grundvermögen, Geldvermögen.

3.4.4 Umfang der begünstigten Gruppe

Das 30-30-Modell würde für Neurentnerinnen/-rentner und Bestandsrentnerinnen/-rentner eingeführt. Wie groß wäre nun die Gruppe von Personen über 64 Jahren, die von der Einführung des 30-30-Modells begünstigt würde? Dies ist wegen der genannten Anrechnungsvorschriften ohne eine detaillierte statistische Analyse der gesamten Alterseinkommen nicht genau festzustellen. Jedoch kann eine Obergrenze bestimmt werden: Beim Rentenbestand vom 31.12.2007 ergäbe sich – wenn man gleich hohe Renten nach Mindestversicherungszeiten für Ost und West unterstellt – eine Verbesserung der Einkommenslage für maximal 2 232 000 Rentnerinnen und Rentner.[8] Diese Zahl umfasst sowohl die Renten wegen Alters als auch wegen verminderter Erwerbsfähigkeit. In den alten Bundesländern wären maximal circa 403 000 Männer und 1 260 000 Frauen und in den neuen Bundesländern maximal circa 74 000 Männern und 495 000 Frauen begünstigt. Da bei diesen Zahlen noch nicht berücksichtigt ist, dass es Anrechnungen anderer eigener Renteneinkommen und von Hinterbliebenenrenten geben würde, läge die tatsächliche Zahl der Begünstigten deutlich niedriger. Bei 20,24 Millionen Rentnerinnen und Rentner (Stand 1.7.2007; Deutsche Ren-

---

8 Diese Angaben beruhen auf Angaben der Deutschen Rentenversicherung (2008: 40 ff.) sowie auf einer Sonderauswertung zur genaueren Abgrenzung der Beitragszeiten- und Entgeltpunkteklassen. Hierfür danke ich der Deutschen Rentenversicherung Bund und deren für Statistik zuständigen damaligen Leiter, Herrn Rehfeld.

tenversicherung 2008) betrüge der Anteil der Begünstigten also maximal 8 bis 8,5 Prozent.

3.4.5 Die Finanzierung des 30-30-Modells

Ermittelt man die Gesamtkosten für die Aufstockung der neuen Rente nach Mindestversicherungszeiten aufgrund der Obergrenze für den begünstigten Bestand an Rentnerinnen und Rentnern am Jahresende 2007, so ergeben sich maximal 6,412 Milliarden Euro pro Jahr; das sind gut 2,7 Prozent der gesamten Rentenausgaben der gesetzlichen Rentenversicherung von 237 Milliarden Euro.[9] Diese Zahl dürfte wegen der verschiedenen Anrechnungsvorschriften um Einiges zu hoch liegen. Außerdem wären von diesem Betrag noch die Einsparungen bei den Begünstigten, die bisher die Grundsicherung im Alter und bei Erwerbsminderung bezogen haben, abzuziehen, sodass eine solche Reform gegenwärtig zu einer Ausgabenerhöhung für den gesamten Staatssektor von höchstens fünf Milliarden Euro führen würde.[10]

Da es sich um eine umverteilende Leistung handelt, sollte die Finanzierung der durch das 30-30-Modell vorgesehenen Aufstockungsbeträge aus Steuermitteln in Form eines Bundeszuschusses erfolgen. Die Höhe dieses Bundeszuschusses kann von der gesetzlichen Rentenversicherung jährlich genau berechnet werden. Ein Teil der Zusatzausgaben würde wiederum zu Einsparungen bei der aus Steuermitteln finanzierten bedarfsorientierten Grundsicherung im Alter und bei Erwerbsminderung führen. Davon wäre auch der Bund wieder begünstigt, da er ab 2014 einen Teil dieser Ausgaben übernehmen wird.

In Zukunft würden die Ausgaben für die Aufstockungsbeträge der Rente nach Mindestversicherungszeiten deutlich ansteigen. Bei der Würdigung dieser künftigen zusätzlichen Rentenausgaben ist aber zu berücksichtigen, dass gleichzeitig ein wesentlicher Teil der künftigen Aufwendungen für die Grundsicherung im Alter und bei Erwerbsminderung entfiele, sodass die zusätzlichen Nettoausgaben des gesamten Staatssektors weitaus weniger zunehmen würden.

---

9 Eigene Berechnung auf Basis der Sonderauswertung der Deutschen Rentenversicherung Bund.
10 Bei Nettogesamtausgaben der Grundsicherung im Alter und bei Erwerbsminderung von 3,5 Milliarden Euro (2008) kann man diese Einsparungen auf knapp 1 Milliarde Euro schätzen (vgl. Haustein & Dorn 2009: 80). Von 2007 bis 2008 ist die Anzahl der Bezieherinnen und Bezieher dieser Grundsicherungsleistung von 733 000 auf 768 000 gestiegen.

3.4.6 Würdigung des 30-30-Modells

Das 30-30-Modell würde sofort nach Einführung bei Bestands- und Neurentnerinnen und -rentnern mit langjähriger Versicherungszeit Altersarmut verhindern. Es würde eine ergänzende Funktion bei der Ausgestaltung der gesetzlichen Pflichtalterssicherung erhalten. Diese ergänzende Funktion wird besonders deutlich, wenn man bedenkt, dass beispielsweise ein Arbeitnehmer, der während eines vollen Berufslebens von 45 Jahren bei dem von den Gewerkschaften geforderten Mindestlohn von 8,50 Euro pro Stunde lediglich 24,3 Entgeltpunkte erreichen würde und daher bei fehlendem sonstigem Einkommen bereits nach gegenwärtiger Rechtslage im Alter auf eine Aufstockung durch die Grundsicherung angewiesen wäre. Mit der bereits gesetzlich vorgesehenen Senkung des Rentenniveaus wird sich diese Relation noch weiter verschlechtern. Kommt es überdies zu Unterbrechungen der Erwerbstätigkeit durch Arbeitslosigkeit oder andere Risiken, so wäre die Zahl der angesammelten Entgeltpunkte noch geringer. Die ergänzende Funktion der Rente nach Mindestversicherungszeiten gewinnt noch größeres Gewicht, wenn man bedenkt, dass zurzeit für viele Arbeitnehmerinnen und Arbeitnehmer Stundenlöhne gezahlt werden, die weit unter 8,50 Euro liegen und dass ein großer Teil dieser gering qualifizierten Arbeitskräfte dieses unterste Lohnniveau lebenslang nicht verlassen wird. Dies bedeutet, dass diese Arbeitskräfte bei der gegenwärtigen Lohnstruktur in der gesetzlichen Rentenversicherung bei strikter Anwendung des Prinzips der Teilhabeäquivalenz keine ausreichenden Alterssicherungsansprüche aufbauen könnten.

Das 30-30-Modell würde auch einen gegenwärtig bestehenden sozialpolitischen Widerspruch beseitigen. Einerseits erwartet man seit der Rentenreform 2004, dass Pflichtversicherte ihr nicht mehr zur Lebensstandardsicherung ausreichendes Renteneinkommen durch den Abschluss eines Riester-Sparvertrags und langjähriges Ansparen ausgleichen. Mit dieser Erwartung wird auch für alle Pflichtversicherten eine infolge des Riester-Faktors reduzierte Rentenanpassung begründet. Andererseits werden aber bei langjährig Pflichtversicherten mit dauerhaft niedrigem Arbeitseinkommen oder längeren Perioden von Arbeitslosigkeit, die sich tatsächlich langjährig am Riester-Sparen beteiligt haben, die gezahlten Riester-Renten auf die Grundsicherungsleistung angerechnet, sodass ihre Ansparleistung nutzlos war. Bei einer Rente nach Mindestversicherungszeiten wäre dieser Widerspruch zumindest für die langjährig Versicherten beseitigt.

Das 30-30-Modell würde die Altersarmut deutlich reduzieren, aber nicht vollständig beseitigen; denn Personen, die die Bedingung einer langjährigen Beitragszahlung beziehungsweise von anderweitig erworbenen rentenrechtlichen Zeiten im Umfang von mindestens 30 Jahren nicht erfüllen und die insgesamt weniger als circa 27 Entgeltpunkte angesammelt haben, würden weiterhin eine zu geringe Rente erhalten, die es – bei fehlendem sonstigem eigenem Einkommen und nicht ausreichendem Einkommen des Ehepartners – nötig machte, zusätzlich aufstockende Grundsicherung im Alter und bei Erwerbsminderung zu beziehen.[11] Ein solches Ergebnis muss bei einer auf die langjährigen Beitragszahlerinnen und -zahler beschränkten Reform hingenommen werden; denn die Fälle mit kürzeren Pflichtbeitragszeiten oder anderweitig fehlenden rentenrechtlichen Zeiten müssen – bei einer prinzipiell möglichen Erwerbszeit von 45 bis 50 Jahren – als atypisch eingestuft werden.

Das Prinzip der Teilhabeäquivalenz spielt also für die Gewährung einer Rente nach Mindestversicherungszeiten indirekt weiterhin eine wichtige Rolle. Auch eine Gleichbehandlung von Männern und Frauen wird mit einer Rente nach Mindestbeitragszeiten auf der Ebene der Existenzminimumsicherung erreicht. Da Renten wegen verminderter Erwerbsfähigkeit durch die Berücksichtigung der Zurechnungszeit ebenfalls in diese Mindestrentenregelung einbezogen sind, wird auch in diesen Fällen das Armutsproblem gelöst.[12] Eine Rente nach Mindestversicherungszeiten ist auch praktisch immun gegen eine ungerechtfertigte Ausnützung durch kurzzeitige Zuwanderung, weil die Hürden für die Inanspruchnahme zu hoch sind.[13] Die relativ geringen Mittel, die zu ihrer Finanzierung aufzubringen wären, würden zielgenau zur Vermeidung von Armut in Alter eingesetzt. Das 30-30-Modell ist daher aus meiner Sicht ein ernst zu nehmender Kandidat für eine systemmodifizierende Reform der gesetzlichen Alterssicherung in Deutschland.

4 Resümee

Die Altersarmut wird in den kommenden Jahren kontinuierlich zunehmen, wenn das Alterssicherungssystem nicht reformiert wird. Die Haupteinflussfaktoren liegen auf zwei Ebenen: Auf der individuellen Ebene sind es die Zunahme der Un-

---

11 Die Zahl der erforderlichen Entgeltpunkte wird infolge der Rentenreform 2004 bis zum Jahr 2019 nochmals um etwa 2,5 Punkte ansteigen.
12 Weitere Vorschläge zu einer armutsvermeidenden Erhöhung von Erwerbsminderungsrenten werden von Köhler-Rama et al. (2010) diskutiert.
13 Es bedarf noch der europarechtlichen Prüfung, welche im Heimatland verbrachten Versicherungszeiten bei einer Zuwanderung von EU-Bürgerinnen und -Bürgern nach Deutschland angerechnet werden müssten und welche Regelungen gegebenenfalls gegen unerwünschte Umgehungshandlungen vorgesehen werden könnten.

terbrechungen in den Erwerbskarrieren mit Phasen der Langzeitarbeitslosigkeit; die zwar geringer werdenden, aber immer noch häufigen Erwerbsunterbrechungen zugunsten der Kindererziehung und Pflege, die überwiegend Frauen treffen; der zunehmende Anteil von Geschiedenen, die sich die akkumulierten Altersrentenansprüche teilen müssen, aber keine Hinterbliebenenversorgung mehr erwarten können; der zunehmende Anteil von Alleinerziehenden, die zumindest phasenweise keiner Vollzeiterwerbstätigkeit nachgehen können; der steigende Anteil von Selbstständigen, insbesondere von Solo-Selbstständigen, deren private Altersvorsorge nicht ausreichend ist. Diese Veränderungen haben Spuren in den individuellen Erwerbs- und Rentenanwartschaftsbiografien vieler Mitglieder der Babyboom-Generation hinterlassen, die bei Renteneintritt in Form geringerer Renten sichtbar werden. Auf gesamtwirtschaftlicher und institutioneller Ebene sind es die Spreizung der Lohnstruktur mit einem größer werdenden Niedriglohnsektor, in dem Geringqualifizierte lebenslang tätig sein werden; die weiterhin hohe Arbeitslosenquote mit einem steigenden Anteil von Langzeitarbeitslosen; und schließlich die verschiedenen Rentenreformen, die sowohl zu einer Einschränkung individueller Rentenansprüche (verringerte Anrechnung von Ausbildungszeiten, reduzierte Anrechnung von Zeiten der Arbeitslosigkeit) als auch zu einer kontinuierlichen relativen Senkung des Rentenniveaus und zu einer nachgelagerten Besteuerung der Renten geführt haben beziehungsweise führen werden.

Große systemändernde Reformen des Alterssicherungssystems scheinen äußerst unwahrscheinlich. Dagegen werden verschiedene Optionen für systemmodifizierende Reformen diskutiert. Dabei sind bereits auf kurze Sicht wirksame und erst auf lange Sicht wirkende Reformoptionen zu unterscheiden. Wenn man sich auf Reformen konzentriert, die erst auf lange Sicht Armut von Neurentnerinnen und -rentnern vermeiden werden, dann bedeutet dies, dass die in der Übergangszeit bei dieser Gruppe zustande kommende und die gesamte weitere Altersphase anhaltende Armut hingenommen wird und von der bedarfsorientierten Grundsicherung aufgefangen werden muss. Gleiches gilt natürlich auch für alle, die bereits Rente beziehen. Die Pläne für die Einbeziehung aller Selbstständigen in eine Versicherungspflicht sind hier ein Beispiel. Auch die Verlängerung der Zurechnungszeit bei Erwerbsminderungsrenten setzt nur ganz allmählich ein und wird zur Verringerung der Altersarmut bei den bereits im Rentenalter befindlichen Erwerbsgeminderten nichts mehr bewirken. Auch der Vorschlag für eine Zuschussrente, der hohe und im Zeitablauf noch zunehmende Hürden vorsieht, wird auf kurze Sicht keine wesentliche Verringerung der Altersarmut bewirken. Wenn man für die gegenwärtig bereits armen Rentenbezieherinnen und -bezieher sowie die Neurentnerinnen und -rentner der kommenden Dekade noch eine Verbesserung erreichen will, dann kommt nur eine Rentenaufstockung infrage, die gezielt auf langjährig Versicherte ausgerichtet ist. Hierfür bietet es sich an, genügend lange rentenrechtliche Zeiten als alleinige Voraussetzung festzulegen und diese Aufstockung ohne Anrechnung anderer Einkommen und ohne Einbeziehung der Einkommen der Ehepartnerin/des Ehepartners auszugestalten. Auf diesen Überlegungen basiert das geschilderte 30-30-Modell, das für jede und jeden langjährig Versicherte/n eine individuelle Rente in Höhe von 30 Entgeltpunkten garantieren würde. Im Gegensatz zur geplanten Zuschussrente würde auch kein bestimmter Zeitraum des Riester-Sparens zur Vorausssetzung gemacht werden. Denn die gesetzliche Rentenversicherung sollte zumindest für langjährig Pflichtversicherte das soziokulturelle Existenzminimum im Alter bedingungslos sichern. Sonst wird sie die Anerkennung bei immer breiter werdenden Schichten verlieren.

Literatur

Biedenkopf, K. H. (1985). *Die neue Sicht der Dinge: Plädoyer für eine freiheitliche Wirtschafts- und Sozialordnung*. München: Piper Verlag.

Bundesministerium für Arbeit und Soziales (BMAS) (2010). *Übersicht über das Sozialrecht* (7. Aufl.). Nürnberg: BW Bildung und Wissen.

Deutsche Rentenversicherung (2008). *Rentenversicherung in Zahlen 2008*. Berlin: Deutsche Rentenversicherung Bund.

Becker, I., Grabka, M., Hauser, R. & Westerheide, P. (2008). *Gutachten: Integrierte Analyse der Einkommens- und Vermögensverteilung*. Bonn: Bundesministerium für Arbeit und Soziales.

Fachinger, U., & Frankus, A. (2011). *Sozialpolitische Probleme bei der Eingliederung von Selbstständigen in die gesetzliche Rentenversicherung* [WISO-Diskurs]. Bonn: Friedrich-Ebert-Stiftung.

Hauser, R. (1996). *Ziele und Möglichkeiten einer sozialen Grundsicherung*. Baden-Baden: Nomos-Verlagsgesellschaft.

Hauser, R. (2008). Das Maß der Armut: Armutsgrenzen im sozialstaatlichen Kontext. Der sozialstatistische Diskurs. In E.-U. Huster, J. Boeckh & H. Mogge-Grotjahn (Hrsg.), *Handbuch Armut und Soziale Ausgrenzung* (S. 94–117). Wiesbaden: VS Verlag für Sozialwissenschaften.

Hauser, R. (2009). Das 30-30-Modell zur Bekämpfung gegenwärtiger und künftiger Altersarmut. *Soziale Sicherheit, 58(7-8)*, 264–269.

Haustein, T., & Dorn, M. (2009). Ergebnisse der Sozialhilfestatistik 2007. *Wirtschaft und Statistik,1*, 68–83.

Köhler-Rama, T., Lohmann, A., & Viebrok, H. (2010). Vorschläge zu einer Leistungsverbesserung bei Erwerbsminderungsrenten aus der gesetzlichen Rentenversicherung. *Zeitschrift für Sozialreform, 56(1)*, 59–83.

Kumpmann, I., Gühne, M., & Buscher, H. S. (2010). *Armut im Alter – Ursachenanalyse und eine Projektion für das Jahr 2023* [IWH-Diskussionspapier Nr. 8]. Halle: Institut für Wirtschaftsforschung Halle.

Meinhardt, V. (2011). *Konzepte zur Beseitigung von Altersarmut* [WISO Diskurs]. Bonn: Friedrich-Ebert-Stiftung.

Miegel, M. (1981). *Sicherheit im Alter. Plädoyer für die Weiterentwicklung des Rentensystems. Mit einer Vorrede von Kurt Biedenkopf.* Stuttgart: Verlag Bonn Aktuell.

OECD (2009). *Pensions at a Glance 2009. Retirement-Income Systems in OECD Countries.* OECD: Paris.

Sachverständigenrat zur Begutachtung der gesamtwirtschaftlichen Entwicklung (2007). *Das Erreichte nicht verspielen. Jahresgutachten 2007/08.* Wiesbaden: Statistisches Bundesamt.

Sachverständigenrat zur Begutachtung der gesamtwirtschaftlichen Entwicklung (2008). *Die Finanzkrise meistern – Wachstumskräfte stärken. Jahresgutachten 2008/09.* Wiesbaden: Statistisches Bundesamt.

Sachverständigenrat zur Begutachtung der gesamtwirtschaftlichen Entwicklung (2011). *Verantwortung für Europa wahrnehmen. Jahresgutachten 2011/12.* Wiesbaden: Statistisches Bundesamt.

Schmähl, W. (2006). Die neue deutsche Alterssicherungspolitik und die Gefahr steigender Altersarmut. *Soziale Sicherheit, 55(12)*, 397–402.

Statistische Ämter des Bundes und der Länder (2011). *Soziale Mindestsicherung in Deutschland 2009.* Wiesbaden: Statistische Ämter des Bundes und der Länder.

Statistisches Bundesamt, & Wissenschaftszentrum Berlin für Sozialforschung (WZB) (2011). *Datenreport 2011. Ein Sozialbericht für die Bundesrepublik Deutschland* (Bd. I und II). Bonn: Bundeszentrale für politische Bildung.

Strengmann-Kuhn, W. (Hrsg.) (2005). *Das Prinzip Bürgerversicherung. Die Zukunft im Sozialstaat.* Wiesbaden: VS Verlag für Sozialwissenschaften.

Werding, M., Hofmann, H., & Reinhard, H.-J. (2007). *Das Rentenmodell der katholischen Verbände. Studie im Auftrag des Ministeriums für Arbeit, Gesundheit und Soziales des Landes Nordrhein-Westfalen, der Katholischen Arbeitnehmer-Bewegung Deutschlands und des Familienbundes der Katholiken.* München: ifo Institut für Wirtschaftsforschung.

Online-Quellen

(BMAS) (2012). *Das Rentenpaket.* Verfügbar unter http://www.bmas.de/SharedDocs/Downloads/DE/PDF-Pressemitteilungen/rentendialog-gesamt-pdf.pdf?__blob=publicationFile [25.07.2012]

VI Herausforderungen und Schlussfolgerungen

Altersarmut als Herausforderung für die Lebenslaufpolitik

Gerhard Naegele, Elke Olbermann und Britta Bertermann

1 Einleitung

Vor dem Hintergrund relevanter Veränderungen auf dem Arbeitsmarkt sowie eines strukturellen Paradigmenwechsels in der Alterssicherungspolitik zeichnet sich ab, dass Armut im Alter zukünftig wieder stärker in Erscheinung treten wird. In den letzten Jahren ist bereits ein kontinuierlicher Anstieg der Armutsquoten bei der älteren Bevölkerung zu verzeichnen, und es spricht einiges dafür, dass sich dieser Trend verstärkt fortsetzen wird. Dies verweist auf die Notwendigkeit, geeignete Gegenmaßnahmen zu entwickeln und stellt die Sozialpolitik vor besondere Herausforderungen. Dabei gilt es, die komplexen lebenslaufbezogenen Verursachungsfaktoren und -zusammenhänge von Altersarmut angemessen zu berücksichtigen. Eine wirkungsvolle und nachhaltige altersarmutsvermeidende Sozialpolitik darf daher nicht nur auf die Lebenslage der von Armut im Alter Betroffenen zielen, sondern muss auch prekäre Lebensverhältnisse und -ereignisse in früheren Lebensphasen, die zu Armut im Alter führen können, in den Blick nehmen. Insofern kann Armut im Alter als eine Herausforderung für eine *soziale Lebenslaufpolitik* verstanden werden.

Ziel des vorliegenden Beitrages ist es, ausgehend von einer lebenslauforientierten Betrachtung von Altersarmut darauf bezogene Ansatzpunkte für sozialpolitische Gestaltungserfordernisse und -möglichkeiten aufzuzeigen. Zunächst werden alte und neue Risikofaktoren und -konstellationen, die im Lebenslauf auftreten und zur Entstehung von materieller und immaterieller Unterversorgung im Alter beitragen können, systematisiert. Es folgt eine kurze Darstellung grundlegender Zielorientierungen und Zusammenhänge von Sozialpolitik und Lebenslaufpolitik. Anschließend werden am Beispiel ausgewählter Sozialpolitikbereiche der konzeptionelle Entwicklungsstand und die bisherige Umsetzungspraxis einer sozialen Lebenslaufpolitik skizziert und hinsichtlich ihrer Relevanz zur Vermeidung von Armut im Alter erörtert. Dabei wird der Schwerpunkt auf präventive Gestaltungsoptionen gelegt.

2 Altersarmut und soziale Risiken im Lebenslauf

Altersarmut kann zwar auch durch Ereignisse im (hohen) Alter verursacht werden (z. B. bei stationärer Pflege). Sie ist jedoch mehrheitlich das Resultat von für die finanzielle Lage im Alter relevanten Rahmenbedingungen und Ereignissen in früheren Lebensphasen, deren Wirkungen langfristig und kumulativ sind. In diesem Beitrag geht es insbesondere um erwerbsbiografische Wirkmechanismen und solche im Kontext der Vereinbarkeit von Familie und Beruf, die beide überwiegend Frauen betreffen. Unberücksichtigt bleiben hier die ebenfalls häufig Altersarmut (mit-)bedingenden sicherungsmäßigen Folgen von Trennung und Scheidung, insbesondere in den Fällen von gleichzeitiger Kindererziehung (Bäcker et al. 2010, Bd. II).

Einer in der Sozialpolitik gängigen Einteilung folgend lassen sich zwei große Gruppen sozialer Risiken unterscheiden: (1) *Arbeitnehmerrisiken* und (2) *allgemeine Lebensrisiken* (Bäcker et al. 2010, Bd. I).

(1): Zur ersten Gruppe zählen jene sozialen Risiken und Probleme, die sich auf die Grundstruktur der Marktökonomie zurückführen lassen und dabei häufig als so genannte ‚Standardrisiken des Erwerbslebens' (wie z. B. Arbeitslosigkeit, Arbeitsunfall, arbeitsbedingte Erkrankungen und Invalidität, neuerdings Formen ‚prekärer' Beschäftigung) bezeichnet werden. Sie stellen sich zwar insbesondere abhängig Beschäftigten, betreffen aber zunehmend auch (‚kleinere') Selbstständige. Mit Blick auf Altersarmut sind dies zum Beispiel vorzeitige arbeitsbedingte Minderung der Erwerbsfähigkeit, Langfristarbeitslosigkeit, längere/dauerhafte Phasen von Beschäftigung im Niedriglohnsektor (‚working poor'), längerfristige/ dauerhafte Teilzeitbeschäftigung beziehungsweise andere Formen längerfristiger/ dauerhafter prekärer Beschäftigung wie Mini-/Midijobs, befristete Arbeit, Leiharbeit, Scheinselbstständigkeit sowie – häufig erzwungene – Frühverrentungen, neuerdings unter Inkaufnahme von Abschlägen.

(2): Zur zweiten Gruppe zählen solche sozialen Risiken und Probleme, die sich unabhängig von den konkreten Arbeits- und Beschäftigungsbedingungen ergeben und im Grundsatz jeden betreffen können. Mit Blick auf Altersarmut sind dies unter anderem chronische Erkrankung, Pflegebedürftigkeit oder familiäre Sorgearbeit, die erhebliche Beeinträchtigungen der materiellen Lage zur Folge haben und zudem mit Arbeitnehmerrisiken zusammentreffen können (z. B. Vereinbarkeitsproblematik aufgrund der Gleichzeitigkeit von Kindererziehung, Elternpflege und Beruf, vgl. Reichert 2010). Im Kontext der Armutsentstehung können zudem etwa Migrationsbedingungen und die Folgen der deutschen Einigung von Relevanz sein.

Für beide Risikogruppen gilt, dass sie über den weiteren Lebensverlauf verteilt zu ‚Folgerisiken' und/oder späteren Sicherungslücken führen können. Die Empirie belegt eine Vielzahl von Beispielen derartiger *Risikokarrieren* oder *Risikoketten* (Solga 2009). So hat längere Teilzeitbeschäftigung aufgrund von familienbedingter Unterbrechung bei Frauen oftmals prekäre Beschäftigungsverhältnisse, in jedem Fall aber Renteneinbußen zur Folge (Falk 2008). Dies gilt auch für das Risiko Arbeitslosigkeit. Des Weiteren lassen sich viele chronische Krankheiten bei Erwachsenen, die zur vorzeitigen Minderung der Erwerbsfähigkeit führen können, auf Gesundheitsrisiken in Kindheit und Jugend zurückführen (z. B. Erhardt et al. 2008). Nicht selten sind auch ‚Kombinationsrisiken', das heißt das gruppenwie einzelfallbezogene Zusammentreffen von Arbeitnehmer- mit allgemeinen Lebensrisiken. Dies gilt insbesondere für die ‚alten' und ‚neuen' sozialen Risiken im Umfeld von Beruf und Familie. So belegt die Empirie in wachsender Zahl Altersarmut aufgrund von Trennung/Scheidung, bei Alleinerziehenden oder längerfristig pflegenden Angehörigen.

In Deutschland wurde die Diskussion um soziale Sicherungslücken im Lebenslauf zunächst vor dem Hintergrund der ‚Modernisierung' der traditionellen *Arbeitnehmerrisiken* („vom Arbeitsmarkt ‚erzwungene' Individualisierung") begonnen (Klammer & Tillmann 2001: 11; Klammer 2010). In den Blick gerieten dabei vor allem die Langfristfolgen von Diskontinuitäten in der Erwerbsbiografie, ‚schlechten' Übergängen zwischen einzelnen Beschäftigungsformen sowie zunehmender Destandardisierung des Normalarbeitsverhältnisses und Prekarisierung (Bäcker et al. 2010, Bd. II).

Neuere Sekundäranalysen der IAB-Beschäftigtenstichprobe (Stichprobe des Instituts für Arbeitsmarkt und Berufsforschung) zeigen im Kohortenvergleich (1929–1931, 1939–1941, 1949–1951 und 1959–1961), dass jüngere Kohorten stärker von der Zunahme diskontinuierlicher Erwerbsverläufe betroffen sind als die älteren Kohorten. Zwar haben Männer wie Frauen gleichermaßen – allerdings aus unterschiedlichen Gründen – mit erwerbsbiografischen Diskontinuitäten zu tun. Jedoch gelingt – trotz erschwerter Arbeitsmarktbedingungen – den Männern häufiger und schneller eine Rückkehr in das Erwerbsleben. Zudem sind es nach wie vor die Frauen, die ihren Erwerbsverlauf für die Familienphase unterbrechen und versuchen, Beruf und Familie miteinander zu verbinden, das heißt trotz Geburtenrückgang und steigender Erwerbsbeteiligung gibt es bei Frauen eine häufigere Diskontinuität in ihren Erwerbsbiografien (Müller 2008).

Grundsätzlich ist festzustellen, dass das Auftreten sowohl von Arbeitnehmer- wie allgemeiner Lebensrisiken keineswegs zufällig erfolgt, sondern häufig durch bestimmte sozialstrukturelle Mechanismen und Merkmale (neben Geschlecht insbesondere sozioökonomischer Status und/oder Migrationshintergrund) bedingt wird. Für Deutschland typisch sind zusätzlich auch Langzeitwirkungen der Transformationsprozesse auf dem ostdeutschen Arbeitsmarkt und des Strukturwandels in ‚alten' Industrieregionen wie dem Ruhrgebiet. Entsprechend sind die Armutsrisiken gruppentypisch wie regional sehr ungleich verteilt.

3 Sozialpolitik und Lebenslaufpolitik

Sozialpolitik reagiert im Rahmen ihrer traditionellen *Schutzfunktion* auf soziale Risiken und Probleme und zielt dabei auf die Vermeidung und Überwindung von sozialen Ungleichheiten. In einer weitergehenden Zielperspektive sollte sozialpolitisches Handeln stets in der *Gesellschaftsgestaltungsfunktion* von Sozialpolitik eingebunden sein, das heißt mit ihren Maßnahmen auch auf die gezielte Gestaltung und Verteilung der Lebenslagen ausgerichtet sein (Preller 1962). Damit würde Sozialpolitik im Zuge des allgemeinen politischen, sozialen und demografischen Wandels selbst zu einem eigenständigen Gestaltungs- und Steuerungsinstrument der Wandlungsprozesse werden und ganz entscheidend zur Weiterentwicklung und Modernisierung der Gesellschaft beitragen (Bäcker et al. 2010, Bd. I).

Veränderte Lebensläufe und Erwerbsbiografien sind heute zu wichtigen Bezugspunkten von Sozialpolitik geworden. Vor diesem Hintergrund bietet es sich an, eine *soziale Lebenslaufpolitik* (Naegele 2010) zu begründen. Ziele einer sozialen Lebenslaufpolitik sind:

1. Ausgehend vom *Risikoabsicherungsauftrag* von Sozialpolitik (‚Schutzfunktion'): Aufgreifen, Bearbeiten und Absichern von sozialen Risiken in den Lebensläufen und Erwerbsbiografien der Menschen mit einer explizit auf spätere Lebensphasen bezogenen präventiven Orientierung. Aus der Perspektive der Altersarmutsvermeidung ist *strategisches* Ziel somit die Bekämpfung und Überwindung von armuts(mit)bestimmenden Risiken und Problemen in früheren Stadien der Lebensläufe mit längerfristigen Wirkungen für das Alter.

2. Ausgehend von dem *Gestaltungsauftrag* von Sozialpolitik („Gestaltungsfunktion"): Optionen für eine selbst- und mitverantwortliche sowie aus sozialpolitischer Sicht möglichst risiko- und problemfreie Gestaltung der eigenen Lebensläufe und Erwerbsbiografien zur Verfügung zu stellen und Menschen aller Altersgruppen und in allen Lebensphasen darin zu befähigen und zu unterstützen, diese zu erkennen und auch zu nutzen. Ziel ist somit die Hilfestellung bei der Gestaltung der eigenen Lebensläufe und Erwerbsbiografien durch Bereitstellung von sozial abgesicherten ‚integrierten' Optionen, das heißt durch entsprechende *Kombinationen* von Zeit, Einkommen und Arbeit (Naegele et al. 2003).

Damit soll unter anderem die bislang in vielen Ländern (auch in Deutschland) vorherrschende, an typischen Lebensereignissen (‚life-events') festgemachte Orientierung von sozialpolitischen Maßnahmen am tradierten Phasenmodell des Lebenslaufs (z. B. Mutterschutz, Elternzeit, neuerdings Pflegezeit bedingte Freistellung) ergänzt werden um eine die Wahl und Ausgestaltung von Lebensläufen/Erwerbsbiografien erleichternde beziehungsweise ermöglichende Sozialpolitik. Es geht also um „eine Entkoppelung von Ereignis und zeitlichen Optionen", das heißt, der/die Einzelne soll selbst über „Zeit und Dauer der Arbeitszeitreduzierung entscheiden können" (Wotschak 2007: 243). Aus der Perspektive der Armutsvermeidung wäre hier ein zusätzliches strategisches Ziel die Förderung und Absicherung der Mitverantwortung und Mitwirkung des und der Einzelnen in allen Stadien des Lebenslaufs für die beziehungsweise an der Qualität seiner künftigen Alterssicherung durch Bereitstellung vielfältiger ‚integrierter' Sicherungsoptionen jenseits typischer life-events (z. B. beruflicher Statuswechsel, Vorbereitung auf eine neue Karriere) (Naegele et al. 2003; Naegele 2010).

In einer neuen, berufliche wie außerberufliche Lebenswelten strategisch einbeziehenden Zielbestimmung benennt und konkretisiert Klammer (2006, 2010) vier strategische Anknüpfungspunkte einer (sozialen) Lebenslaufpolitik:

- Unterstützung von Kontinuität, insbesondere von kontinuierlicher Arbeitsmarktpartizipation durch externe wie betriebsinterne Maßnahmen wie z. B. lebenslanges Lernen;
- Unterstützung von Diskontinuität, insbesondere zur Förderung der individuellen Anpassung von Arbeitszeit an sich lebensphasentypisch verschiebende persönliche Bedürfnisse, z. B. Kindererziehung, Elternpflege, Umschulung; auch hier lassen sich externe wie betriebsinterne Maßnahmen unterscheiden;

- Unterstützung von Übergängen, insbesondere Förderung von Statusübergängen, z. B. aus Phasen der (Weiter-)Bildung, der Haushaltstätigkeit oder der Arbeitslosigkeit in die Erwerbstätigkeit und vice versa, Übergänge zwischen Voll- und Teilzeitjobs oder zwischen unterschiedlichen Erwerbsformen, Jobwechsel, Übergänge in die nachberufliche Lebensphase;
- Neuausrichtung der kollektiven monetären Unterstützungssysteme, insbesondere durch Freistellung von der Verpflichtung zur Erwerbsarbeit durch Bereitstellung monetärer Transfers.

4 Handlungsfelder einer sozialen Lebenslaufpolitik zur Vermeidung und Bekämpfung von Altersarmut

Wenn im Folgenden relevante Handlungsfelder einer sozialen Lebenslaufpolitik mit dem Ziel der präventiven Vermeidung von Altersarmut skizziert werden, dann ist damit gemeint, die soziale Lebenslaufpolitik vor allem auf solche Risiken zu beziehen, denen ein besonders starker Einfluss für die Entstehung späterer Altersarmut zugewiesen werden kann. Dies kann grundsätzlich auf zwei Ebenen erfolgen:

Zum einen durch eine präventive Bekämpfung solcher, spätere Altersarmut (mit)verursachenden Faktoren, die vor der Rente auftreten, also auf den Arbeitsmärkten, bei beruflichem und/oder betrieblichem Statuswechsel, beim Zugang zu ausreichenden Löhnen und Gehältern, zu Maßnahmen der Gesundheitsförderung und des Gesundheitsschutzes, beim Zugang zur die Beschäftigungsfähigkeit sichernder Bildung und Qualifizierung oder zur Unterstützung von Familien bei typischen Vereinbarkeitskonflikten (*exogene* Faktoren; Bäcker 2011).

Andererseits lassen sich die entsprechenden Wirkungen solcher typischen, zur Altersarmut führenden Diskontinuitäten und Einkommenslücken in den Erwerbsbiografien auch durch kompensatorische Maßnahmen entschärfen beziehungsweise ganz vermeiden. Dies kann entweder präventiv und punktuell, das heißt life-event bezogen, oder nachträglich erfolgen, so vor allem bei der Ausgestaltung der Leistungsstrukturen der Alterssicherungssysteme (*endogene* Faktoren; Bäcker 2011). Hierzu gehören neben der gesetzlichen Alterssicherung auch die betriebliche und private Vorsorge, wobei diese die gesetzliche Rentenversicherung ergänzenden Systeme nachweislich nicht oder nur wenig zur Vermeidung von Armutslagen im Alter beitragen (vgl. z. B. Frommert & Himmelreicher in diesem Band).

4.1 Einkommens- und Alterssicherungspolitik

In Deutschland ist die Alterssicherung ganz wesentlich an Erwerbsarbeit gebunden (Versicherungs-, Äquivalenzprinzip). Lange Zugehörigkeitsdauern, Vollzeitbeschäftigung und (mindestens) (Lebens-)Durchschnittseinkommen sind ganz wesentliche Voraussetzungen zur Armutsvermeidung (Bäcker et al. 2010, Bd. II). Lebenslauforientierung bei der Absicherung von Einkommensrisiken während des Erwerbslebens mit präventivem Altersarmutsvermeidungsziel bedeutet hier, möglichst Kontinuität im Einkommensfluss in Dauer und Höhe sicherzustellen, die vor allem bei ‚riskanten' Diskontinuitäten und/oder Phasen von Niedrigverdienst bedroht ist (Klammer 2006; 2010). Eine in diesem Sinne final orientierte Einkommenssicherungspolitik gibt es hierzulande nur punktuell (z. B. Kurzarbeitergeld, Elterngeld) und zudem nur auf bestimmte life-events bezogen. Auch gibt es für verschiedene Anlässe und/oder Lebensereignisse unterschiedliche Sicherungsqualitäten. Während z. B. die gesetzliche Krankenversicherung bei Krankheit nach der Lohnfortzahlung Krankengeld in Höhe von bis zu 90 Prozent des Nettoeinkommens zahlt, zielt die 2012 eingeführte Pflegezeit vollständig auf Kostenneutralität, ‚Hartz IV' bei Langfristarbeitslosigkeit wiederum auf eine Absicherung auf dem Niveau des Existenzminimums (Grundsicherungsniveau), zudem gekoppelt an die Bedürftigkeitsprüfung.

Demgegenüber ist es Ziel einer auf exogene armutsbestimmende Faktoren abhebenden lebenslauforientierten Einkommenssicherungspolitik, die Ausgestaltung der Einkommenserzielungspraxis auf den Arbeitsmärkten selbst zu beeinflussen, um schon in der Phase der Primäreinkommenserzielung (spätere) Armutsrisiken zu verhindern beziehungsweise zu minimieren. Dazu gehören u. a. gesetzliche/tarifvertragliche Mindestlöhne, die Einschränkung von (Schein-)Selbstständigkeit, die Aufhebung von Mini- und Midijobs oder die Angleichung der Löhne und Gehälter bei Leiharbeit (‚equal pay'). Derartige Politikkonzepte sind zurzeit aber politisch nicht konsensfähig.

In der eigentlichen Alterssicherungspolitik der gesetzlichen Rentenversicherung (GRV) gibt es eine Reihe von solidarischen Elementen zur nachträglichen (kompensatorischen) rentenrechtlichen Besserstellung bestimmter, die finanzielle Lage im Alter sonst reduzierender Ereignisse im Lebenslauf (*endogene* Faktoren). Zu erwähnen sind die Zurechnungszeit (auf 60 Jahre) bei der Erwerbsminderungsrente, die rentenrechtliche Anerkennung von Kindererziehungs- und Pflegezeiten, für bestimmte Fälle von Arbeitslosigkeit deren (allerdings bei Hartz IV-Empfängern deutlich zu geringe) Absicherung in der GRV oder die Rente nach Mindesteinkommen für Versicherungszeiten vor 1992. Aus der Perspektive der

Lebenslaufpolitik ließen sich daran weitere Reformoptionen anknüpfen, um die GRV ‚armutsfester' auszugestalten, so zum Beispiel die rentenrechtliche Höherbewertung von langfristiger Niedrigentlohnung und/oder Teilzeitbeschäftigung, höhere GRV-Beiträge für Langfristarbeitslose, Verlängerung der Rente nach Mindesteinkommen für Versicherungszeiten nach 1992, Verlängerung der Zurechnungszeiten bei der Erwerbsminderungsrente (vgl. dazu das DGB-Sofortprogramm gegen Altersarmut; Deutscher Gewerkschaftsbund 2011).

In Deutschland ist Armutsvermeidung nun aber kein genuines Ziel der Alterssicherungspolitik. Auch wären die Alterssicherungssysteme angesichts der Zunahme der hier relevanten alten und neuen Arbeitnehmer- und allgemeinen Lebensrisiken wohl dauerhaft damit überfordert. Demgegenüber steht das Modell einer steuerfinanzierten *Grund- und Bürgerrente*, die das bisherige lohn- und beitragsbezogene (Äquivalenzprinzip) Rentenversicherungssystem aufgibt und stattdessen allen Bürgerinnen und Bürgern einen pauschalen, vorleistungsunabhängigen Alterssicherungsanspruch in Höhe des sozial-kulturellen Existenzminimums garantiert (Bäcker et al. 2010, Bd. II).

Aktuell sind zur Absicherung von riskanten (erwerbs-)biografischen Diskontinuitäten und Lücken insbesondere zwei sozialpolitische Sicherungskonzepte in der Diskussion:

Zum einen das Konzept der *Flexicurity* (Klammer & Tillmann 2001), das gleichgewichtig die Flexibilität des Arbeitsmarktes und die soziale Sicherheit fördern will. Seit 2007 bestehen auf EU-Ebene zwar gemeinsame Grundsätze für ein *Flexicurity-Konzept*, deren Weiterentwicklung und Umsetzung für Deutschland (z. B. im Rahmen der Offenen Methode der Koordinierung – OMK) steht jedoch noch aus (Keller & Seifert 2008).

Damit ist ein sozialpolitisches Sicherungskonzept gemeint, das auf die Absicherung der Risiken bei erwerbsbiografisch bedingten Diskontinuitäten und Lücken sowie auf eine „neue Balance zwischen Flexibilität und Sicherheit" zielt (Klammer 2004; Klammer & Tillmann 2001: 15) und dabei zugleich nicht mehr allein der simplen Logik „Mehr (an sich wünschenswerte) Flexibilität erfordert ein Mehr an Sicherheit" (Klammer & Tillmann 2001: 16) folgt. Ziel ist unter anderem die monetäre Absicherung von bestimmten riskanten Formen der Flexibilität bereits im Verlauf des Erwerbslebens anstelle der bisherigen Fokussierung sozialpolitischer Leistungen auf die kompensatorische/nachträgliche monetäre Lebensstandardsicherung bei phasentypischen Einkommensverlusten und -ausfällen.

Zum anderen die *Erwerbstätigenversicherung*. Sie reagiert unter anderem auf die im Zuge der Entnormalisierung von Arbeitsverhältnissen und/oder des Strukturwandels der Arbeit wachsende Zahl von Erwerbstätigen mit (zeitweilig wie dauerhafter) fehlender und/oder unzureichender Alterssicherung. Ziel ist es, die dadurch bedingten Sicherungsrisiken der Betroffenen durch pflichtweisen Einbezug in ein erweitertes Sicherungssystem, nämlich die *Erwerbstätigenversicherung*, zu minimieren.

Explizit anvisiert sind unter anderem die rund vier Millionen Selbstständige beziehungsweise arbeitnehmerähnliche Selbstständige mit zum Teil ganz erheblichen Einkommens- wie Sicherungsdisparitäten (Rische 2008), aber auch die Gruppe der geringfügig Beschäftigten. Für Letztere wären jedoch besondere Leistungskonditionen in Verbindung mit mindestsichernden Elementen erforderlich (Döring 2008).

4.2 Arbeitsmarktpolitik

Unter der Perspektive der präventiven Armutsvermeidung meint Lebenslauforientierung hier die Förderung von erwerbsbiografischer Kontinuität zur Verstetigung des Einkommensflusses und damit der Alterssicherungsansprüche auf den Arbeitsmärkten (z. B. durch die Vermeidung von Arbeitslosigkeit) sowie die Flankierung ‚kritischer' erwerbsbiografischer Statusübergänge durch arbeitsmarktpolitische Maßnahmen. Sowohl im ‚Instrumentenkasten' der bundesdeutschen Arbeitsmarktpolitik als auch in vielen Tarifverträgen ist dieses Ziel durchaus präsent (z. B. Kurzarbeitergeld, Arbeitsvermittlung, Wiedereingliederungsbeihilfen für Arbeitslose, Einarbeitungszuschüsse, tarifvertragliche Bestandsschutzregelungen). Die Maßnahmen gelten aber in Teilen als unzureichend, werden häufig nicht vollständig ausgeschöpft, sind nicht immer flächendeckend verbreitet und erreichen die eigentlichen Problemgruppen, die das höchste Altersarmutsrisiko tragen (z. B. Erwerbspersonen mit geringer Qualifikation, Menschen mit Behinderungen oder mit Migrationshintergrund), häufig nur unzureichend (Bäcker et al. 2010, Bd. I).

Am meisten ausgereift ist die Idee einer *lebenslaufbezogenen Arbeitsmarktpolitik* im Konzept der *Beschäftigungsversicherung*. Diese zielt über die heutige aktive Arbeitsmarktpolitik hinaus auf drei weitere Funktionen:

> [...] erstens einen öffentlich geförderten Arbeitsmarktausgleich, der über die Arbeitsmarktvermittlung hinaus auch Arbeitsmarktdienstleistungen anbietet, die nicht nur in Arbeit vermitteln, sondern auf der Angebotsseite auch die Nachhaltigkeit von Erwerbskarrieren fördern und auf der Nachfrageseite die Personalpolitik insbesondere der Klein- und Mittelbetriebe unterstützen; zweitens Beschäftigungsförderung, die durch Weiterbildung, Lohnergänzungen oder verschiedene Formen der Übergangs-

beschäftigung eine Arbeitsplätze schaffende oder erhaltende makroökonomische Beschäftigungspolitik flankiert; drittens Arbeitslebenspolitik, die auf der Grundlage *persönlicher Entwicklungskonten* (PEK) und ergänzender privater oder kollektivvertraglicher Zusatzsicherungen (wie Weiterbildungsfonds, Langzeit- oder Lernkonten) riskante Übergänge innerhalb der Arbeitswelt sowie zwischen Arbeits- und Lebenswelt absichert (Schmid 2008: 32 f.).

Zu den Kernelementen dieses Konzeptes zählen die *persönlichen Entwicklungskonten* (PEK). Sie finanzieren sich aus einem Teil der individuellen Beiträge zur Arbeitslosenversicherung, aus Steuermitteln und gegebenenfalls aus tarifvertraglichen Zusatzleistungen. Ihre Inanspruchnahme bleibt der individuellen Entscheidung überlassen. Die persönlichen Entwicklungskonten sollen insbesondere der Finanzierung des Erhalts oder der Verbesserung der Beschäftigungsfähigkeit dienen.

4.3 Familien- und Genderpolitik

Hier ist die Armutsvermeidungsperspektive weniger deutlich ausgeprägt, wenngleich implizit vorhanden. In der aktuellen Familien- und Genderpolitik meint Lebenslauforientierung die Unterstützung einer langen und kontinuierlichen Erwerbsbiografie beider Partner auch im Falle familiärer Sorgearbeit (Bundesministerium für Familie, Senioren, Frauen und Jugend (BMFSFJ) 2005). Zuvor wurde lange Zeit das *Familienernährermodell* favorisiert, abgesichert durch eine traditionell einseitige Orientierung der Familienpolitik auf Geldleistungen. Seit kurzem findet ein Paradigmenwechsel hin zur Familienpolitik als Infrastrukturpolitik statt, die durch verschiedene Arbeitszeitregelungen (z. B. zur Elternzeit, Gestaltung von Teilzeitarbeit oder Freistellungsregelungen bei Krankheit der Kinder beziehungsweise neuerdings bei Pflegebedürftigkeit eines Angehörigen) ergänzt wird (Bäcker et al. 2010, Bd. II). Davon profitieren die heute von Armut betroffenen Älteren aber nicht mehr.

Zudem erscheint beispielsweise dem Siebten Familienbericht eine bessere Vereinbarkeitspolitik allein durch Infrastrukturmaßnahmen als zu wenig nachhaltig, weil dadurch im Kern die Struktur des traditionellen Modells der Familie auf der Basis zweier getrennter Sphären, nämlich der häuslichen und der beruflichen, erhalten bleibt. Plädiert wird für den Ersatz der Kumulation von Lebensaufgaben in einer sehr kurzen Lebensphase durch ein neues *altersintegriertes Lebenslaufmodell* (BMFSFJ 2005). Dazu ist eine sozialstaatliche Flankierung von Lebensläufen erforderlich, welche die klassische Dreiteilung [...] überwindet. Es gilt, die Verteilung von Lebensaufgaben im Biografieverlauf eines tendenziell längeren Lebens so zu organisieren, dass es nicht in bestimmten Phasen zur völligen Überlastung und Überforderung kommt, wohingegen andere Lebensphasen bei guter Gesundheit ohne gesellschaftliche Teilhabe als reine Freizeit organisiert werden (Meier-Gräwe 2007: 7).

Es geht somit um die (lebens-)arbeitszeitliche Flankierung einer neuen Familienpolitik. „Das klassische altersdifferenzierte Lebenslaufmodell [...] ist zu ersetzen durch ein neues altersintegriertes Lebenslaufmodell" (Meier-Gräwe 2007: 7). Ziel ist die bessere Parallelisierung/Synchronisierung von Arbeitszeit, Bildungszeit und Familien-/freier Zeit über den gesamten Lebenslauf und damit die Überwindung der strikten Trennung dieser Bereiche, wie dies bereits die beiden US-amerikanischen Gerontologen Matilda White Riley und John W. Riley in den 1990er Jahren gefordert haben (Riley & Riley 1992).

4.4 Lebenslanges Lernen und Bildungspolitik

Unter Lebenslaufgesichtspunkten geht es hier vor allem um die Förderung von kontinuierlichem, das heißt, lebenslangem Lernen – bei berufsbezogenen wie privaten Zielen gleichermaßen (BMFSFJ 2006) – unter anderem mit den altersarmutsrelevanten Zielen, die Beschäftigungschancen zu erhöhen und die Folgewirkungen von (qualifikations- und bildungsbedingten) Lebensrisiken zu bewältigen. Für Deutschland gilt, dass institutionalisiertes lebenslanges Lernen beziehungsweise institutionalisierte Erwachsenenbildung im Vergleich zu anderen EU-Mitgliedsländern traditionell stark vernachlässigt sind. Bosch (2010: 352) spricht von der „Frontlastigkeit des deutschen Bildungssystems". Fehlende oder unzureichende Schul- und Bildungsabschlüsse lassen sich hierzulande nur schwer in späteren Phasen nachholen, berufsbezogene Fort- und Weiterbildung findet überwiegend betriebsbezogen statt – im europäischen Vergleich zudem auf einem deutlich geringeren Niveau – und nicht selten auch noch nach dem Muster des ‚Matthäus-Prinzips' („Wer hat, dem wird gegeben"). Ältere Arbeitnehmer werden zwar zunehmend häufiger einbezogen, dies ist jedoch keineswegs die Regel (Ehlers 2010). Eine Alter(n)sbildung mit dem Ziel, ältere Menschen selbst darin zu befähigen, typische Herausforderungen und Aufgaben in der Lebensphase Alter zu gestalten und dabei auch über individuelles Handeln zu Altersarmut führenden typischen Altersrisiken entgegenzuwirken beziehungsweise diese zu entschärfen (z. B. individuelle Gesundheitsförderung und -prävention, Nutzung von neuen Technologien zur Förderung selbstständiger Lebensführung, Aufbau von Sozialkapital- beziehungsweise von Support-Strukturen), befindet sich gerade erst in den Anfängen (Bubolz-Lutz et al. 2011).

Gefordert ist eine bildungspolitische Doppelstrategie für Jüngere und für Erwachsene gleichermaßen. Dazu wird vor allem eine neue Finanzierung der Erwachsenenbildung benötigt, wie sie zum Beispiel von der Expertenkommission ‚Finanzierung lebenslangen Lernens' vorgeschlagen worden ist (Bosch 2010). Auch die Fünfte Bundesaltenberichtskommission plädiert für eine staatliche Erwachsenenbildungsförderung sowie für den Ausbau der betrieblichen Weiterbildung (BMFSFJ 2006). In der Diskussion sind Modelle des Bildungssparens, Bildungsschecks, Lernzeitkonten, Fondmodelle oder öffentliche Förderungen durch die Bundesagentur für Arbeit (Keller & Seifert 2008). Lernzeitkonten haben zwar theoretisch ein beachtliches Potenzial, um Arbeits- und Beschäftigungsfähigkeit über den Lebenslauf zu fördern und damit Altersarmut verursachende Risiken – wie unter anderem Arbeitslosigkeit und prekäre Beschäftigung – zu mindern, sind aber bislang noch zu voraussetzungsvoll, insbesondere was die Verfügungsrechte betrifft, um echte Breitenwirkung erzielen zu können.

4.5 Gesundheitspolitik

In der Gesundheitspolitik ist ein expliziter, auf die Vermeidung von Altersarmut gerichteter Lebenslaufbezug bislang am wenigsten eingeführt und kann hier auch – je nach Kontext – Verschiedenes meinen. Naheliegend ist der Bezug zu Gesundheitsförderung und Prävention durch explizite Ausrichtung auf lebenslauftypische Risikofaktoren. Speziell der betrieblichen Gesundheitspolitik kommt hier eine hohe Bedeutung zu. Im Bereich der gesundheitlichen Versorgung der Bevölkerung besteht ein expliziter Lebenslaufbezug vor allem in der Sicherstellung von Kontinuität (‚Nahtlosigkeit') in Behandlungsverläufen und -prozessen. Letzteres gilt insbesondere auch für die Rehabilitation. Es gilt, den Grundsatz ‚Reha vor Rente' flächendeckend umzusetzen. Allerdings bedarf es dazu einer deutlichen Anhebung des Reha-Budgets, schon um den demografisch bedingt stark steigenden Reha-Bedarf zu decken (Friedrich-Ebert-Stiftung 2009).

Wenn sich Gesundheit und Krankheit in den verschiedenen Lebensphasen zu einem guten Teil als Folge einer Akkumulation von günstigen Entwicklungen wie auch von Risiken und Benachteiligungen in der vorherigen ‚Gesundheitsbiografie' beschreiben lassen, dann muss die gesundheitliche Versorgung der Bevölkerung sowohl die Lebenslaufperspektive als auch die sozial ungleiche Verteilung von Gesundheitschancen und -potenzialen beachten (Kümpers & Rosenbrock 2010). Typisch für das deutsche Gesundheitssystem ist die strukturelle Unterentwicklung von Prävention und Gesundheitsförderung (Walter & Schneider 2008). Dabei gibt es weniger Bedarf an weiterer Wissensgenerierung als vielmehr an dessen praktisch-politischer Umsetzung. Einzubeziehen sind dabei objektive Lebensbedingungen (‚Verhältnisprävention') als auch das individuelle Gesundheitsverhalten (‚Verhaltensprävention'), die beide prinzipiell beeinflussbar sind. Besonderer Handlungsbedarf besteht bei Menschen in sozial problematischen Lebenslagen mit zugleich hohem Armutsrisiko. Als vor allem bei diesen Gruppen Erfolg versprechend haben sich Angebote der Gesundheitsförderung erwiesen, die in ihrer konkreten Lebenswelt – so insbesondere in Stadtteilen, Wohnquartieren, vertrauten Einrichtungen in der Kommune – und an den jeweiligen Lebensbedingungen ansetzen (Settingansatz) (Walter & Schneider 2008).

5 Fazit und Ausblick

Angesichts des sich abzeichnenden künftig wieder steigenden Armutsrisikos älterer Menschen ergeben sich vielfältige politische Gestaltungserfordernisse. Die bestehenden Ansätze und Überlegungen zur Verminderung und Bewältigung der Altersarmut sind ähnlich komplex wie die Problematik selbst. Dieser Beitrag plädiert deshalb für eine umfassende soziale Lebenslaufpolitik, die sowohl in präventiver als auch in kompensatorischer Weise versucht, auf Lebenslagen und Lebensläufe Einfluss zu nehmen, um Armutsrisiken zu senken und Armut zu bekämpfen.

Eine derartige, am gesamten Lebenslauf orientierte Sozialpolitik integriert die für das Thema Armut relevanten Handlungsfelder. Zielführend wäre eine bessere Abstimmung einzelner politischer Maßnahmen, zu denen insbesondere die Absicherung von einkommensbezogenen Risiken, die Förderung von Kontinuität im Erwerbsverlauf, die Ausweitung lebenslangen und lebensumspannenden Lernens, eine bessere Vereinbarkeit von Familie, Beruf und Sorgearbeit sowie präventive Gesundheitsförderung gehören. Wie die Beschreibung des aktuellen Entwicklungsstandes der sozialen Lebenslaufpolitik in Deutschland gezeigt hat, wird dies hierzulande aktuell noch viel zu wenig realisiert. Die Umsetzungspraxis verdeutlicht die bestehenden Defizite und den daraus resultierenden politischen Handlungsbedarf. Dabei gilt es auch, dem Individuum notwendige Gestaltungsräume und -perspektiven zu eröffnen, um Armutsrisiken und prekären Lebenslagen entgegenwirken zu können. Dazu bedarf es aber flankierender sozialpolitischer Rahmenbedingungen, die dem oder der Einzelnen sozialstaatlich abgesicherte Handlungsoptionen, insbesondere auch während früherer Lebensphasen, bieten.

Literatur

Bäcker, G., Naegele, G., Bispinck, R., Hofemann, K., & Neugebauer, J. (2010). *Sozialpolitik und soziale Lage* (5. Aufl., Bd. I und II). Wiesbaden: VS Verlag für Sozialwissenschaften.

Bäcker, G. (2011). Altersarmut – ein Zukunftsproblem. *Informationsdienst Altersfragen, 38(2)*, 3–10.

Bosch, G. (2010). Lernen im Erwerbsverlauf – Von der klassischen Jugendorientierung zu lebenslangem Lernen. In G. Naegele (Hrsg.), *Soziale Lebenslaufpolitik* (S. 352–370). Wiesbaden: VS Verlag für Sozialwissenschaften.

Bubolz-Lutz, E., Gösken, E., Kricheldorff, C., & Schramek, R. (2010): *Geragogik – Das Lehrbuch*. Stuttgart: Kohlhammer Verlag.

Bundesministerium für Familie, Senioren, Frauen und Jugend (BMFSFJ) (2005). *Siebter Bericht zur Lage der Familien: Familie zwischen Flexibilität und Verlässlichkeit*. Berlin: Bundesministerium für Familie, Senioren, Frauen und Jugend.

Bundesministerium für Familie, Senioren, Frauen und Jugend (BMFSFJ) (2006). *Fünfter Bericht zur Lage der älteren Generation in der Bundesrepublik Deutschland: Potenziale des Alters in Wirtschaft und Gesellschaft. Der Beitrag älterer Menschen zum Zusammenhalt der Generationen*. Berlin: Bundesministerium für Familie, Senioren, Frauen und Jugend.

Deutscher Gewerkschaftsbund (2011). DGB – Sofortprogramm gegen Altersarmut. *Soziale Sicherheit, 9*, 285–290.

Döring, D. (2008). Versicherungspflichtregelung in der Gesetzlichen Rentenversicherung GRV und Erwerbstätigkeit. In Friedrich-Ebert-Stiftung (Hrsg.), *Erwerbstätigenversicherung – ein kleiner Schritt in die richtige Richtung* (S. 9–15), Bonn: Friedrich-Ebert-Stiftung.

Ehlers, A. (2010). Bildung im Alter – (k)ein politisches Thema? In G. Naegele (Hrsg.), *Soziale Lebenslaufpolitik* (S. 601–618). Wiesbaden: VS Verlag für Sozialwissenschaften.

Erhardt, M., Wille, N., & Ravens-Sieberer, U. (2008). In die Wiege gelegt? Gesundheit im Kindes- und Jugendalter als Beginn einer lebenslangen Problematik. In U. Bauer, U. W. Bittlingmayer & M. Richter (Hrsg.), *Health Inequalities. Determinanten und Mechanismen gesundheitlicher Ungleichheit* (S. 331–358). Wiesbaden: VS Verlag für Sozialwissenschaften.

Falk, J. (2008). Ausgewählte Verteilungsbefunde für die Bundesrepublik Deutschland unter besonderer Berücksichtigung der Einkommenslage der älteren Bevölkerung. *Deutsche Rentenversicherung, 63(1)*, 22–39.

Friedrich-Ebert-Stiftung (FES) (Hrsg.) (2009). *Zukunft des Gesundheitssystems – Solidarisch finanzierte Versorgungssysteme für eine alternde Gesellschaft*. Bonn: Friedrich-Ebert-Stiftung.

Keller, B., & Seifert, H. (2008). *Flexicurity: Ein europäisches Konzept und seine nationale Umsetzung.* Expertise für die Friedrich-Ebert-Stiftung. Bonn: Friedrich-Ebert-Stiftung.

Klammer, U. (2004). Flexicurity in a Life-course Perspective. *Transfer, 10(2),* 282–299.

Klammer, U. (2006). Der demografische Wandel als Herausforderung für die Gestaltung einer lebensbegleitenden Sozialpolitik. In Ministerium für Generationen, Familie, Frauen und Integration des Landes Nordrhein-Westfalen (Hrsg.), *Demografischer Wandel. Die Stadt, die Frauen und die Zukunft* (S. 187–202). Düsseldorf: Ministerium für Generationen, Familie, Frauen und Integration des Landes Nordrhein-Westfalen.

Klammer, U. (2010). Flexibilität und Sicherheit im individuellen (Erwerbs-)Lebensverlauf – Zentrale Ergebnisse und politische Empfehlungen aus der Lebenslaufforschung der European Foundation. In G. Naegele (Hrsg.), *Soziale Lebenslaufpolitik* (S. 675–710). Wiesbaden: VS Verlag für Sozialwissenschaften.

Klammer, U., & Tillmann, K. (2001). *Flexicurity: Soziale Sicherung und Flexibilisierung der Arbeits- und Lebensverhältnisse.* Forschungsprojekt im Auftrag des Ministeriums für Arbeit und Soziales, Qualifikation und Technologie des Landes Nordrhein-Westfalen. Gemeinsame WSI-MASQT-Publikation. Düsseldorf: Wirtschafts- und Sozialwissenschaftliches Institut.

Kümpers, S., & Rosenbrock, R. (2010). Gesundheitspolitik für ältere und alte Menschen. In G. Naegele (Hrsg.), *Soziale Lebenslaufpolitik* (S. 281–308). Wiesbaden: VS Verlag für Sozialwissenschaften.

Meier-Gräwe, U. (2007). Familien- und Bildungspolitik im vorsorgenden Sozialstaat – Normative Leitlinien und politische Zielsetzungen. In Friedrich-Ebert-Stiftung (Hrsg.), *Zukunft des Sozialstaats – Bildungs- und Familienpolitik* (S. 5–11). Bonn: Friedrich-Ebert-Stiftung.

Müller, D. (2008). Der Traum einer kontinuierlichen Beschäftigung – Erwerbsunterbrechungen bei Männern und Frauen. In M. Szydlik (Hrsg.), *Flexibilisierung. Folgen für Arbeit und Familie* (S. 47–67). Wiesbaden: VS Verlag für Sozialwissenschaften.

Naegele, G. (Hrsg.). (2010). *Soziale Lebenslaufpolitik.* Wiesbaden: VS Verlag für Sozialwissenschaften.

Naegele, G., Barkholdt, C., de Vroom, B., Goul Andersen, J., & Krämer, K. (2003), *A new organization of time over working life.* Dublin: European Foundation for the Improvement of living and working conditions.

Preller, L. (1962). *Sozialpolitik. Theoretische Ortung.* Tübingen: J.C.B. Mohr.

Reichert, M. (2010). Pflege – ein lebensbegleitendes Thema? In G. Naegele (Hrsg.), *Soziale Lebenslaufpolitik* (S. 309–332). Wiesbaden: VS Verlag für Sozialwissenschaften.

Riley, M., & Riley, J. W. (1992). Individuelles und gesellschaftliches Potential des Alterns. In P. B. Baltes & J. Mittelstraß (Hrsg.), *Zukunft des Alterns und gesellschaftliche Entwicklung* (S. 437–460). Berlin u. a: Verlag De Gruyter.

Rische, H. (2008). Weiterentwicklung der gesetzlichen Rentenversicherung zu einer Erwerbstätigenversicherung – Ansätze zur Begründung und konkreten Ausgestaltung. *RVaktuell, 55(1),* 2–10.

Schmid, G. (2008). *Von der Arbeitslosen- zur Beschäftigungsversicherung. Wege zu einer neuen Balance individueller Verantwortung und Solidarität durch eine lebenslauf-*

orientierte Arbeitsmarktpolitik. Gutachten für die Friedrich-Ebert-Stiftung. Bonn: Friedrich-Ebert-Stiftung.

Solga, H. (2009). Biografische Sollbruchstellen, Übergänge im Lebensverlauf bergen Chancen und Risiken. *WZB-Mitteilungen, 123*, 6–7.

Walter, U., & Schneider, N. (2008). Gesundheitsförderung und Prävention im Alter. Realität und professionelle Anforderungen. In G. Hensen & P. Hensen (Hrsg.), *Gesundheitswesen und Sozialstaat. Gesundheitsförderung zwischen Anspruch und Wirklichkeit* (S. 287–300). Wiesbaden: VS Verlag für Sozialwissenschaften.

Wotschak P. (2007). Lebenslaufpolitik in den Niederlanden: Gesetzliche Regelungen zum Ansparen längerer Freistellungen. In E. Hildebrandt (Hrsg.), *Lebenslaufpolitik im Betrieb. Optionen zur Gestaltung der Lebensarbeitszeit durch Langzeitkonten* (S. 241–258). Berlin: edition sigma.

Altersarmut und die Lebensphase Alter

Andreas Motel-Klingebiel und Claudia Vogel

1 Einführung

In Deutschland wie auch in den meisten westlichen Industrieländern haben sich die Lebensverläufe und die Lebensphase Alter in den zurückliegenden Dekaden in vielerlei Hinsicht verändert. Während die Lebensverläufe vielfältiger und inhomogener wurden, wurde das höhere Alter zunehmend als Chance und Potenzial begriffen, wobei seine negativen Aspekte in den Hintergrund traten oder ausgeblendet wurden. Die Bilanz dieses Wandels fällt bislang zumeist positiv aus, doch deuten nicht zuletzt die Beiträge in diesem Band eine Umkehr an. Während die materiellen Bedingungen des höheren Lebensalters bisher einen der Grundpfeiler für die positiven Veränderungen des Alters darstellten und der Dritte Altenbericht der Bundesregierung im Jahr 2001 entsprechend konstatierte, dass „höhere materielle Ressourcen [...] eine bedeutende Voraussetzung für die Erweiterung des Aktivitätsradius und Interessenspektrums [bilden]" (Deutscher Bundestag 2001: 53), werden sie sich künftig verschlechtern und ausdifferenzieren. In der Folge wird Altersarmut möglicherweise im Gegensatz zur jüngeren Vergangenheit (wieder) zur Lebensrealität vieler älterer Menschen, sofern keine wirksame sozialpolitische Gegensteuerung erfolgt. Diese ist bislang allerdings nicht in Sicht.

Wie umfangreich die mit der Umkehr einhergehende Veränderung aber sein wird, ist umstritten. Konsens besteht jedoch weithin, dass der Trend zur beständigen Verbesserung der materiellen Bedingungen des Alters gebrochen sein dürfte. Unterstellt werden kann auch, dass sinkende Ressourcen entsprechend negativ auf das Leben im Alter wirken. Von Bedeutung ist dabei weniger, in welchem Umfang die Armutsquoten möglicherweise ansteigen werden, vielmehr interessiert, welche Bevölkerungsgruppen überproportional betroffen sein werden, wie groß der Abstand zwischen den Alterseinkommen und der Armutsschwelle jeweils tatsächlich sein wird und welche individuellen wie gesellschaftlichen Konsequenzen der Anstieg von Altersarmut nach sich ziehen wird. Die gesellschaftliche Diskussion über die Rückkehr der Altersarmut und die genannten Fragen ist in den letzten beiden Jahren entbrannt, nachdem noch vor kurzem die mangelnde Thematisierung auch in der Alter(n)sforschung beklagt werden musste (Vogel & Motel-Klingebiel 2010). Das Thema steht inzwischen auch auf der politischen Agenda und benötigt in zunehmendem Maße die Beachtung durch die politikorientierte gesellschaftswissenschaftliche Forschung.

2 Altern, Alter und Armut

2.1 Altersarmut in der Alternsforschung

Das höhere Alter, so die gängige gerontologische Auffassung, ist eine gestaltbare Lebensphase, die für Individuen wie für die Gesellschaft mit Herausforderungen und Chancen verbunden ist. Es sind insbesondere die Chancen auf ein selbstständiges und selbstverantwortliches Leben nach dem Ausscheiden aus dem Beruf, die von Politik und Alternsforschung über lange Zeit sehr gern in den Blick genommen wurden. Die abgesicherte ‚späte Freiheit' im Ruhestand wurde als Gegenleistung für ein langes Arbeitsleben in Aussicht gestellt. Dies auch jenen, die während dieser Zeit kaum eigenes Vermögen ansparen oder andere Anwartschaften erwerben konnten. Verbunden mit der sozialstaatlichen Absicherung haben sich im Verlauf der zweiten Hälfte des vergangenen Jahrhunderts die materiellen Lebensumstände, Gesundheit und gesellschaftliche Beteiligung der Älteren merklich verbessert. Diese Entwicklung basiert neben den Fortschritten im Bereich der medizinischen Versorgung und dem Wandel der Lebensstile auf einer zunehmend umfassenden sozialen und materiellen Sicherung. Inzwischen gehen jedoch Prognosen und Fortschreibungen der materiellen Situation im Alter von einem Absinken und einer Ausdifferenzierung materieller Ressourcen in späten Lebensphasen aus. Blickt man auf die Rentenreformdiskussionen der vergangenen Jahrzehnte, so zeigt sich, dass dies von den Akteuren letztlich billigend in Kauf genommen wurde. Was sich heute als wachsende Armutsrisiken im Alter beschreiben lässt, ist also zumindest teilweise direktes oder indirektes Ergebnis politischen Handelns in den vergangenen Jahrzehnten und könnte die Lebensphase Alter in der bislang bekannten Form des sicheren Ruhestands in Frage stellen.

Neben den Wirkungen der Rentenreformen resultieren die wachsenden Risiken im Alter aber auch aus dem Wandel der Lebensverläufe. Die Erwerbs- und Familienverläufe der heute auf den Ruhestand zustrebenden Geburtskohorten der

1950er und 1960er Jahre zeigen sich heute pluraler und unstetiger als dies noch bei den Kriegs- und Nachkriegskohorten der Fall ist. Sie weichen in zunehmendem Maße in vielerlei Hinsicht von jenem Normalmodell ab, auf das die Regelungen der sozialen Sicherung, insbesondere der gesetzlichen Rentenversicherung, ausgerichtet sind und das sie ihrerseits normativ befördern. In der Folge sinken neben dem Sicherungsniveau der gesetzlichen Alterssicherung auch die erworbenen Anwartschaften deutlich ab. Die Kompensation durch private Vorsorge – öffentlich gefördert oder nicht – ist zugleich unvollständig und gelingt insbesondere denjenigen effektiv, die bereits ohnehin über eine hinreichende Absicherung verfügen. Entsprechend stellt sich die Frage nach hinreichender oder unzureichender materieller Sicherheit im Alter mit neuer Dringlichkeit.

Trotz der langjährigen Fokussierung der Forschung auf Chancen und Potenziale des Alters hat der Blick auf die armen Alten in der Alternswissenschaft eine lange Tradition, gelten doch gerade die sozialpolitischen Interventionen zu ihrer Überwindung oder zumindest Beschränkung als Meilenstein für die Genese des modernen Alters, die seine institutionelle Abgrenzung und -sicherung voraussetzt. Als ein Produkt der Etablierung sozialer Sicherung entstand die Lebensphase Alter als Ruhestand letztlich in den vergangen beiden Jahrhunderten. Die Entwicklung der späten Lebensphase lässt sich als Wandel vom knappen Gut über die sozialstaatliche Zielgröße und die goldene Lebensphase zum neuen gesellschaftlichen Problemfall beschreiben. Folgen wir Eric Hobsbawms historischer Meta-Beschreibung dieser Zeitrechnung (Hobsbawm 1998), so finden wir nach Ende des ‚langen 19. Jahrhunderts' das ‚kurze 20. Jahrhundert': das ‚Katastrophenzeitalter' (1914 bis 1945) mit zwei Weltkriegen, Diktaturen und Weltwirtschaftskrisen, den Umbruch in das ‚Goldene Zeitalter' (1945 bis Mitte der 1970er Jahre) mit Wiederaufbau, Wachstum und Wohlstand – aber auch mit der großen Systemkonfrontation –, und den ‚Erdrutsch' mit Krisen auf beiden Seiten im Systemdualismus bis zu dessen Auflösung, der letztlich bis heute nicht zum Stillstand gekommen ist.

Diese historische Entwicklung korrespondiert sehr eng mit der sozialstaatlichen sowie mit der Dynamik des gesellschaftlichen Konstrukts Alter und seiner Diskussion: In den Großphasen der Hobsbawmschen Geschichtsskizze kam es in Deutschland bis in die 1990er Jahre hinein zur Etablierung und zum Ausbau der sozialen Sicherungssysteme. Im Zuge dessen bildete sich die Lebensphase als eigenständiger Abschnitt im Vergesellschaftungsprogramm des Lebenslaufs und in den individuellen Lebensverläufen aus (Kohli 1985). Nach der Ausweitung der Rentenversicherung auf Ostdeutschland und der Einrichtung der Pflegeversicherung als umlagefinanziertem System in der ersten Hälfte der 1990er Jahre erfolgte allerdings die Trendwende: Die sukzessive Ausweitung endet. Seit den 1990er Jahren dominieren die sozialstaatlichen Rückbau-, Konflikt- und Krisendiskurse des Alters, gepaart mit den aufkommenden Diskursen um Eigenverantwortlichkeit, private Vorsorge und Aktivierung der Älteren – das höhere Alter tritt als neues Problem auf.

Die Gerontologie ist in diesem Zeitraum von einer durchaus bemerkenswerten Beharrlichkeit geprägt: Noch in den 1980er Jahren wird Alter (oder die Lebenssituationen weiter Teile der älteren Bevölkerung) wie in den frühen Phasen der sozialen Gerontologie häufig als soziales Problem diskutiert, während die Lebensbedingungen sich bereits seit langem zumindest im Mittel stetig verbessert haben und weiter verbessern. Diese Sichtweise wird jedoch spätestens seit dem Beginn der 1990er Jahre vom Blick auf die Chancen und Potenziale des ‚gelingenden‘ und ‚glücklichen‘ Alters in der psychologischen oder die ‚gebenden‘, ‚produktiven‘ und ‚integrierten‘ Alten in der soziologischen Betrachtung des Alters abgelöst, verbunden mit der beginnenden politischen Durchsetzung eines neuen Aktivitätsparadigmas des Alters (van Dyk 2009; Tesch-Römer 2012). Währenddessen verschlechtern sich die Bedingungen des Alterns allerdings bereits wieder zusehends. Denn mit dem Ausgang des ‚Goldenen Zeitalters‘ und den sinkenden Wohlstandszuwächsen (noch nicht aber des Wohlstands selber) wandelt sich langfristig die Sichtweise auf die soziale Sicherung und den mit ihr verbundenen gesellschaftlichen Wandel. Probleme der Effizienz und Finanzierbarkeit im neuen globalisierten Wettbewerb treten zutage. Und mit sinkenden Verteilungsspielräumen brechen Verteilungskonflikte auf. In der Folge kehren sich auch die sozialstaatlichen Diskurse des Alterns um. Alter gerät zum Problem und zur sozialen Streitfrage, wenn sinkende materielle Ressourcen im Ruhestand, steigende Bedarfe nach Hilfe- und Unterstützungsleistungen und die Frage nach der gerechten Verteilung knapper Ressourcen zwischen den Altersgruppen auf die Agenda gesetzt werden.

2.2 Lebensverlauf und Alter in der Armutsforschung

Aufgrund geringer und regelmäßig sinkender Prävalenzen wurde das Thema Altersarmut in den vergangenen Jahrzehnten in der Armutsforschung vernachlässigt. Dies hat sich inzwischen grundlegend geändert, wie auch die Beiträge in diesem Band zeigen. Zuvor stand die wachsende Kinderarmut im Vordergrund der wissenschaftlichen Armutsdiskussionen. Altersarmut galt weithin als überwunden, obwohl weiterhin relevante Teilgruppen in bedeutendem Maße von verschiedenen Aspekten unzureichender Ressourcenlagen betroffen waren und auch darüber hinaus über eine geringe Lebensqualität verfügten.

Aus der Sicht des Lebensverlaufs umfasst das höhere Alter die letzten Phasen einer Ereignis- und Positionssequenz über den Lebenslauf als institutionalisiertem Programm. Armut im Alter ist wie andere Lebenssituationen auch als ein Ergebnis individueller Entwicklung im jeweiligen institutionellen Kontext zu verstehen. Genau anders herum lässt sich die Situation aus Sicht der Alterssicherung darstellen: Die Veränderungen individueller Verläufe sind so als exogenes Risiko zu beschreiben, während die Veränderungen der Alterssicherungssysteme selber ein endogenes Risiko darstellen. Die Trennung beruht auf einer statischen Sichtweise und ist letztlich willkürlich, denn beide sind langfristig eng miteinander verbunden. Die zunehmende Thematisierung von Armut im Zusammenhang mit der Lebenslaufperspektive rückte in den 1990er Jahren mit der wachsenden Verfügbarkeit von Kohorten- und Längsschnittsdaten in den Vordergrund. Abgesehen von der zwischenzeitlichen Konjunktur der dynamischen Armutsforschung erlangte das Thema der Altersarmut außerhalb der Alter(n)sforschung damals aber keine besondere Bedeutung. Dies änderte sich im Verlauf der 2000er Jahre erst langsam (Grabka & Krause 2005), auch wenn die Armuts- und Reichtumsberichte der Bundesregierung (Bundesministerium für Arbeit und Sozialordnung 2001; Bundesministerium für Gesundheit und Soziale Sicherung; 2005, Bundesministerium für Arbeit und Soziales 2008) aus angesichts geringerer Betroffenheit durchaus nachvollziehbaren Gründen andere Bevölkerungsgruppen weitaus stärker in den Blick nahmen.

Mehr als das interessierten in der Forschung die Ungleichheitsdynamiken über den Lebensverlauf. Dabei wurden und werden häufig vier Hypothesen diskutiert, die sich mit der Veränderung sozialer Ungleichheit über den Lebensverlauf befassen: Kontinuität, Angleichung, Differenzierung und Altersbedingtheit sozialer Ungleichheit im späten Lebenslauf (Dannefer 2003; Ferraro et al. 2009; Motel-Klingebiel et al. 2004; Kohli et al. 2000). Die Kontinuitätshypothese lässt erwarten, dass soziale Ungleichheit innerhalb einer bestimmten Geburtskohorte über den späten Lebenslauf stabil bleibt. Ihr steht zunächst die Angleichungshypothese der Homogenisierung oder Destrukturierung, also der Nivellierung sozialer Ungleichheit, gegenüber, welche die Standardisierung sozialer Positionen aufgrund in späteren Lebensphasen zunehmender Bedeutung institutioneller Regelungen zum Inhalt hat. Dagegen postuliert die Differenzierungshypothese, dass sich Ungleichheiten aufgrund der stetigen Wirkungen vorlaufender Begünstigungen und Benachteiligungen und ihres Zusammenspiels im späten Lebenslauf weiter verschärfen würden (Dannefer 2003; Ferraro, Shippee & Schafer 2009; O'Rand

2003). Die Formulierung der Hypothese der Altersbedingtheit nimmt schließlich einen Wechsel der Ursachen für Ungleichheiten im Lebenslauf an. Sozialpolitisch von Interesse ist dabei die Wirkung sozialstaatlicher Institutionen und des sozialen Wandels, auf den Sozialpolitik Einfluss zu nehmen versucht. Insgesamt verweist diese Betrachtung auf die Bedeutung des Lebensverlaufs und der in den verschiedenen Lebensphasen gültigen institutionellen Regelungen. In Verbindung mit dem sozialen Wandel bewirken die Entwicklungen der institutionellen Rahmungen auch einen Wandel von Verbreitung, Verteilung, Ursachen und Bedeutungen prekärer Lagen verschiedener Altersgruppen wie beispielsweise wachsender oder sich vermindernder Armutsrisiken.

Den Zusammenhang von Armut, Lebensverlauf und sozialem Wandel nehmen die Beiträge dieses Bandes aus verschiedenen Blickrichtungen auf und in der Zusammenschau ergibt sich ein komplexes Bild ihrer Wechselwirkungen. Allerdings werfen sie auch die Frage nach den verwendeten Armutsbegriffen, -konzeptionen und -messungen und ihrer Angemessenheit für die alters- und kohortendifferenzierte Analyse auf. Möglicherweise verstellt die Beschränkung auf die Bestimmung von Armut als Einkommensarmut im Sinne eines zu geringen Alterseinkommens den Blick auf Lebenslauf- und Kohortendynamiken oder auch auf die Bedeutung unzureichender Versorgung und somit auf die Spezifika der Armut im Alter. Möglicherweise bilden die Standardindikatoren von Armut und Deprivation die Situation Älterer verzerrt ab (O'Reilly 2002). Verfügbare begriffliche oder konzeptionelle Alternativen wie soziale Deprivation oder der Capabilities-Ansatz bieten hier letztlich für das Alter auch keine Lösung, da auch sie Vorannahmen zur Dynamik über den Lebenslauf oder im sozialen Wandel machen, die die Analysen beschränken. So stehen die Verwirklichungschancen, die Sen in den Mittelpunkt seines Konzeptes rückt (Sen 1983; Sen 1985; Sen 1999; Townsend 1985; Clark 2005; Robeyns 2000), in Lebensverlaufs- und Entwicklungsperspektive auch unter dem Eindruck des Alternsprozesses selbst, wobei das Konzept diese Dopplung von Dynamiken an sich nicht zu berücksichtigen scheint. Allenfalls eine vollständig multidimensionale Bestimmung der Armut (Bourguignon & Chakravarty 2003) oder zumindest der Bezug auf das Lebensstandardkonzept (Andreß & Hörstermann 2012) bieten hier konzeptionelle Vorteile, sind aber empirisch nur schwer umfassend realisierbar. Allerdings stellt die Verfügbarkeit hinreichender Einkommen eine zentrale sozialpolitische Stellschraube dar, auf die die Reformvorhaben der Alterssicherung im Wesentlichen zielen, sodass die Konzentration auf die Einkommensseite gerechtfertigt scheinen mag. Sie ist aber zu ergänzen durch eine lebensweltliche Betrachtung und die Analyse anderer Komponenten, wie dem hinreichenden oder unzureichenden Konsum.

3 Trends der Altersarmut

Im Jahr 2010 sind laut Mikrozensus knapp 15 Prozent der Gesamtbevölkerung in Deutschland, aber lediglich 12 Prozent der Personen im Alter von 65 und mehr Jahren von Einkommensarmut betroffen. Sie verfügen also nach Einbezug aller Transferleistungen über weniger als 60 Prozent des Median-Einkommens der Gesamtbevölkerung, das unter Verwendung der modifizierten OECD-Skala berechnet wird. Mit etwa 18 beziehungsweise 23 Prozent liegt die Betroffenheit bei den unter 18-Jährigen beziehungsweise 18- bis 25-Jährigen merklich höher. Jedoch ist bekannt, dass sich Alterseinkommen und -armut durch eine vergleichsweise hohe zeitliche Stabilität auszeichnen (Wagner & Motel 1998). Das Armutsrisiko von Frauen im Alter von 65 und mehr Jahren liegt etwa im Bundesdurchschnitt, während sich insbesondere die Lage der älteren Männer merklich günstiger darstellt (Statistisches Bundesamt 2012b). Historisch betrachtet hat sich die zahlenmäßige Bedeutung der Alterseinkommensarmut in Deutschland seit den 1950er Jahren rückläufig entwickelt (Grabka & Krause 2005) und etwa zur Jahrtausendwende bei rund zehn Prozent ihren Tiefstand erreicht. Seitdem scheint allerdings eine Trendwende hinsichtlich Betroffenheit und Dauer eingesetzt zu haben (Bönke et al. 2012), die mit einem generellen Trend zur Erwartung sinkender Lebensstandards im Alter korrespondiert (Motel-Klingebiel et al. 2010).

Es sind insbesondere die heute älteren Erwerbstätigen, die steigende Armutsrisiken in der Lebensphase Alter zu tragen haben. Ebenfalls steigend ist die Armutsbetroffenheit nur unter den jungen Erwachsenen, die sich in Ausbildung und am Übergang in das Erwerbsleben befinden (Statistisches Bundesamt & Wissenschaftszentrum Berlin für Sozialforschung 2011). Im internationalen Vergleich zeigt sich, dass der Anteil von Einkommensarmut betroffener Personen in Deutschland knapp unterhalb des EU-Durchschnitts von gut 16 Prozent (2010) lag (Eurostat 2012). Besonders weit verbreitet ist die Altersarmut nach wie vor in Südeuropa, beispielsweise in Portugal, Spanien und Italien, aber auch in angelsächsischen (z. B. Irland und Großbritannien) und osteuropäischen Ländern wie Lettland (Hauser 2008: 127; EuroStat 2012).

Exemplarisch lässt sich die Gefahr der Rückkehr der Altersarmut in Deutschland auch am Anstieg der Zahl von Personen beschreiben, die Grundsicherung im Alter erhalten (Deutscher Bundestag 2011). Während bei Einführung dieser sozialstaatlichen Leistung im Jahr 2003 lediglich 257 734 Personen im Alter von 65 und mehr Jahren Grundsicherung bezogen, sind es laut Statistischem Bundesamt im Jahr 2011 bereits 436 210 Personen (Statistisches Bundesamt 2012a). Der Anstieg ist allerdings nicht allein auf die steigende Zahl der Personen im Alter von 65 und mehr Jahren zurückzuführen, sondern muss auch als Hinweis auf die steigende Zahl von Bedürftigen in dieser Altersgruppe interpretiert werden (Becker 2012).

Neben dem Anstieg von Kosten in den Bereichen Wohnen, Pflege und Gesundheit wird der Grund für die steigende Zahl von Bedürftigen in mangelnden Alterseinkommen, insbesondere aufgrund sinkender GRV-Renten gesehen. Bereits heute erhalten Neurentnerinnen und -rentner deutlich geringere Beträge als Bestandsrentnerinnen und -rentner (Goebel & Grabka 2011: 4). Die Ursachen sinkender Alterseinkommen werden im vorliegenden Band ausführlich diskutiert – teils mit durchaus kontroversen Ergebnissen. Sicher scheint, dass für zukünftige Kohorten von sinkenden Sicherungsniveaus in der gesetzlichen Rente auszugehen ist – sie wird absolut und in Relation zu betrieblicher und vor allem privater Alterssicherung an Relevanz verlieren (vgl. Bäcker & Schmitz in diesem Band). Dies hat mehrere Ursachen: Neben Änderungen in den rechtlichen Rahmenbedingungen, die vor dem Hintergrund des demografischen Wandels mit dem Ziel der Nachhaltigkeit der Finanzierung der GRV vorgenommen wurden, spielen auch veränderte Erwerbs- und Familienbiografien und der Wandel von Arbeitsmarktbedingungen über den Lebensverlauf eine Rolle (vgl. z. B. die Beiträge von Simonson sowie Kurz et al. in diesem Band). Diese führen – in sozial differenzierter Weise – zu durchschnittlich geringeren Anwartschaften und zu einer Lücke zwischen dem Einkommen, das zur Aufrechterhaltung des Lebensstandards benötigt würde und dem faktischen Alterseinkommen. Dabei werden soziale Ungleichheiten im Alter zukünftig stärker konturiert; zum Beispiel Unterschiede zwischen Männern und Frauen sowie zwischen Ost- und Westdeutschland (vgl. Frommert & Himmelreicher in diesem Band).

Zugleich verfügen die höheren Altersgruppen heute im Durchschnitt über Vermögen in nie zuvor erreichter Höhe, die in Zeiten wirtschaftlichen Wohlstands und politischer Stabilität akkumuliert wurden und an die nachfolgenden Generationen verschenkt oder vererbt werden. Das Deutsche Institut für Altersvorsorge schätzt beispielsweise, dass zwischen 2011 und 2020 jährlich immerhin 260 Milliarden Euro an privaten Vermögen übertragen werden (Braun et al. 2011). Davon, so Braun et al., werden schätzungsweise rund zwei Drittel direkt an die nächste Generation vererbt (2011: 21). Vergleicht man die geschätzten Vermögenstransfers mit den Ausgaben der gesetzlichen Rentenversicherung von rund 250 Milliarden Euro im Jahr 2010 (Bundesministerium für Arbeit und Soziales 2011: 26) – zeigt sich ein erhebliches Kompensationspotenzial der privaten Vermögenstransfers, auch wenn bei weitem nicht alle Erbschaften Privathaushalten zufließen. Allerdings werden diese Erbschaften kaum dazu beitragen, Altersarmut zu vermeiden, da diejenigen mit den höchsten Bedarfen die geringsten Chancen haben, eine Erbschaft in ausreichender Höhe zu erhalten (Vogel, Künemund & Fachinger 2010).

4 Neue alte Problemgruppen und die Lebensphase Alter

Es ist also mit einem weiteren Anstieg der Armutsquoten und der Ausweitung der Armutslücken bei Älteren aus einer Reihe von Gründen zu rechnen, wobei keinesfalls alle sozialen Gruppen gleichermaßen davon betroffen sein werden. Unter den Personengruppen mit künftig erhöhtem Altersarmutsrisiko sind zum eine solche, die bereits heute höhere Risiken aufweisen, wie zum Beispiel Menschen mit Migrationshintergrund, Langzeitarbeitslose, Geringqualifizierte, teilzeitbeschäftigte und/oder geschiedene Frauen. Zum anderen entstehen im sozialen Wandel neue Risikogruppen, die zu den armutsgefährdeten Älteren der Zukunft zählen werden, wie beispielsweise Selbstständige ohne ausreichende private Altersvorsorge. Diese Personen verfügen häufig über lediglich geringe Anwartschaften in der gesetzlichen Rentenversicherung und es gelingt ihnen nicht, diese durch zusätzliche Alterssicherungskomponenten zu ergänzen. Insbesondere bei Arbeitslosen und Teilzeitbeschäftigten, ebenso wie bei prekär Selbstständigen, ist auch die Möglichkeit, in der zweiten, betrieblichen Säule vorzusorgen eingeschränkt, da diese Option von kontinuierlicher Erwerbsbeteiligung, erzieltem Einkommen, Branche sowie Betriebszugehörigkeit abhängt. Auch bei älteren Menschen mit Migrationshintergrund (Baykara-Krumme et al. 2012), von denen in Deutschland in den kommenden Jahren mehr und mehr das Rentenalter erreichen, scheint es wenig wahrscheinlich, dass sie sinkende Anwartschaften in der gesetzlichen Rentenversicherung durch private Vorsorge kompensieren können (Tucci & Yıldız 2012; Burkert et al. 2012); insbesondere dann nicht, wenn sie nicht ihr gesamtes Erwerbsleben in Deutschland verbracht haben (Fuhr 2012). Aufgrund der Häufung weiblicher Erwerbstätigkeit in Tätigkeitsformen und Branchen ohne ausgebaute betriebliche Alterssicherung und der häufigen Erwerbsunterbrechungen aufgrund von Familienarbeit gilt dies in ähnlicher Weise für alternde Frauen. Eine Kompensation sinkender Sicherungsniveaus in der GRV – sei es durch Erbschaften und private Vermögen, oder durch betriebliche und private Altersvorsorge – gelingt, wenn überhaupt, nur sozial selektiv und wäre zur Armutsvermeidung insbesondere bei denen notwendig, die die geringsten Aussichten hierauf haben.

Generell ist ein Mangel an aktuellen Studien zur Altersarmut, zur Verteilung materieller Ressourcen und zum Lebensstandard im Rahmen eines umfassenderen Lebensqualitätskonzepts festzuhalten. Dabei kann nicht allein auf jüngere Alte kurz vor und nach dem Übergang in den Ruhestand, auf die Einkommenslage – insbesondere die Einkünfte aus der ersten Säule der Alterssicherung –, und auf die Individualebene Bezug genommen werden. Denn die Altersphase hat sich auf mehrere Jahrzehnte ausgedehnt und in dieser Phase lässt sich eine erhebliche Dynamik von Lebenssituationen und Bedürfnissen vorfinden, die Analysen zumeist unzureichend abbilden. Ressourcenlagen haben sich vervielfältigt und insbesondere private Vorsorge und Vermögen haben eine erhebliche Bedeutung erlangt. Alter ist, wie andere Lebensphasen auch, sozialstrukturell nicht homogen, so dass verschiedene Teilgruppen gesondert zu betrachten sind, die sich nicht allein durch ihre Armutsbetroffenheit, sondern insbesondere auch durch spezifische Zusammenhänge mit früheren Lebensphasen und Dynamiken in der Lebensphase Alter auszeichnen.

So waren und sind Frauen absolut wie relativ stärker von Armut im Alter betroffen als Männer. Häufig wurde angenommen, dass sich die hierfür ausschlaggebende Gender Pension Gap (Rasner 2007) zukünftig aufgrund der in Westdeutschland zunehmenden Erwerbsbeteiligung der Frauen und in Ostdeutschland aufgrund von Verlusten der Männer schließen werde. Neuere Projektionen deuten aber darauf hin, dass sich diese Hoffnungen möglicherweise nicht erfüllen werden, da sich abgesehen von der weiter bestehenden Gender Pay Gap (Deutscher Bundestag 2010) die zusätzliche Erwerbstätigkeit oft in Teilzeit und als geringfügige Beschäftigung abspielt, die keine hinreichenden Anwartschaften in der GRV generieren und zumindest individuell auch kaum zusätzliche private Vorsorge ermöglichen (Simonson et al. 2011).

Der Haushalts- und Partnerschaftskontext ist ein entscheidender Bezugsrahmen für die Lebenssituationen im Alter. In Projektionen lassen sich verbundene Lebensverläufe aber nur schwer abbilden beziehungsweise ihr verknüpfter Verlauf vorhersagen, sodass wesentliche Abschätzungen sich allein auf die Individualebene beziehen. Da diese Kontexte aber auch unter dem Eindruck sozialen Wandels stehen, können künftige Lagen nicht korrekt abgeschätzt werden. Forschungsbedarf besteht also insbesondere darin, die Altersvorsorge und Projektionen materieller Lagen auf der Partnerschaftsebene zu beschreiben und hier typische Konstellationen zu identifizieren.

Es wird auch kaum untersucht, welche Dynamik die Armut im Alter bereithält, wahrscheinlich, weil die Veränderungen der Alterseinkommen über die Zeit des Rentenbezugs aufgrund des Alterssicherungssystems bislang als gering eingeschätzt wurde. Veränderung ergeben sich demnach meist aufgrund von Lebensereignissen wie der Verwitwung oder dem Zusammenziehen mit Angehörigen im Falle einsetzenden Hilfe- und Unterstützungsbedarfs (Wagner & Motel 1998). Zum einen sind Einkommen aus der privaten Alterssicherung zumeist nicht (hinreichend) dynamisiert, doch ihre Bedeutung für die Haushalte Älterer nimmt zu, sodass sukzessive relative Abstiege zu vermuten sind (vgl. Künemund et al. in diesem Band). Es ist zu überlegen, wie die Regelungen für kapitalgedeckte Vorsorgeprodukte aussehen – sind diese tatsächlich demografiefest und inflationssicher? Und für welche Gruppen besteht die Gefahr, selbst bei zu Rentenbeginn ausreichendem Gesamtalterseinkommen während der Lebensphase Alter in Armut abzurutschen? Auch die Bedeutung der Bedarfsentwicklung im späten Alternsverlauf sollte nicht unterschätzt werden, denn mit sich verschlechternder Gesundheit sind oftmals höhere Mobilitäts- und Gesundheitskosten verbunden, die zumindest teilweise und in wachsendem Maße auch von den privaten Haushalten zu tragen sind. Entsprechend ist zu untersuchen, wo und wann das Risiko besteht, durch steigende Kosten noch im späteren Lebensverlauf zu verarmen.

Außerdem sollten steigende Anteile von Personen, die im Alter aus verschiedenen Gründen einer Erwerbstätigkeit nachgehen, auch eine zunehmende Bedeutung der Dynamiken der Erwerbseinkommen in späten Lebensphasen nach sich ziehen. Einerseits erscheint es auch im Alter möglich, Armut durch die Aufnahme einer Erwerbsarbeit nach Erreichen der Regelaltersgrenze für den Renteneintritt oder einer späten Selbstständigkeit hinter sich zu lassen. Andererseits, und dies ist empirisch sicherlich das überwiegende Muster, ist es auch möglich, erst im Verlauf der Rentenbezugsdauer in Armut abzugleiten. Auch hier sind weitere Analysen notwendig, die aufgrund der unzureichenden Abdeckung später Lebensphasen in den Surveys und erst recht in den prozessproduzierten Daten bislang nur bedingt durchführbar sind.

Neben der Frage nach der angemessenen Darstellung wirtschaftlicher Mangellagen ist auch jene nach der Bedeutung von Altersarmut für die Lebenssituation im sozialen Wandel insgesamt von der Alter(n)s- und Armutsforschung weithin unbeantwortet. Es ist aber offensichtlich, dass Einkommensarmut nicht nur materiellen Mangel bedeutet, sondern auch mit mangelnden Partizipations- und Integrationschancen einhergehen kann und daher einen Verlust an Lebensqualität darstellt. Was ein Anstieg der Altersarmut hinsichtlich sozialer Teilhabe und freiwilligem Engagement, bezüglich der Solidarität zwischen familialen und gesellschaftlichen Generationen und bezüglich Gesundheit und Pflege tatsächlich bedeutet, wird jedoch nach wie vor kaum thematisiert und ist noch nicht breit erforscht (zu den wenigen Ausnahmen gehören Kümpers & Falk sowie Zander & Heusinger in diesem Band). Insgesamt liegen bezüglich der Konsequenzen der Altersarmut kaum Befunde für Deutschland vor, die etwa den behaupteten Zusammenhang zwischen Isolation und Armut aufzeigen. Aus der Forschung zur gesundheitlichen Ungleichheit ist zumindest bekannt, dass Arme häufiger krank sind und früher sterben (Oppolzer, 1986; Richter & Hurrelmann 2006; Snyder & Evans, 2002; Wilhelmson, Allebeck, Berg, & Steen, 2002).

Über alle Altersgruppen hinweg hat Böhnke (2009) die Entwicklung von subjektivem Wohlbefinden und kultureller, politischer und ehrenamtlicher Partizipation nach Verarmung untersucht. Dabei kann sie anhand von Analysen des SOEP zeigen, dass das Leben in Armut zu erheblichen Einbußen des subjektiven Wohlbefinden führt und rückläufige gesellschaftliche Partizipation nach sich zieht: „Wer verarmt, büßt an Lebenszufriedenheit ein, fühlt sich weniger gesund und nimmt Abstand von ehrenamtlichem Engagement sowie kulturellen Aktivitäten." (Böhnke 2009: 32). Finanzieller Mangel kann somit auch nicht durch soziale Aktivität kompensiert werden, die womöglich jenseits des sozio-ökonomischen Status soziale Anerkennung und Wohlbefinden ermöglichen könnte. Obwohl Böhnke in ihrer Untersuchung nicht speziell auf die Lebensphase Alter Bezug nimmt, lässt sich aus der aufgezeigten Kumulation von Benachteiligungen auf eine Verschärfung der Problemlage im Alter schließen. Zudem scheint es einen moderierenden Effekt des Wohlstands im gesellschaftlichen Kontext zu geben. Denn Böhnke (2008) kann im internationalen Vergleich nachzeichnen, dass die negativen Konsequenzen der Armut für die Betroffenen umso stärker zu sein scheinen, je geringer die allgemeine Armutsbetroffenheit ausgeprägt ist. Möglicherweise gilt dies entsprechend auch für kleinere sozialräumliche Kontexte von Regionen und Nachbarschaften und deren Wandel über die Zeit, die ebenfalls einen starken Einfluss auf die Wahrnehmung des Lebensstandards und seiner Sicherheit ausüben (Motel-Klingebiel, Simonson, & Huxhold 2011). Mutmaßlich lassen sich die Ergebnisse auch auf die Armut im Alter anwenden.

Die künftige Entwicklung der Altersarmut und ihre Einbettung in Lebensverläufe und Lebenssituationen können letztlich nur empirisch beobachtet werden. Sie wird die Sozialberichterstattung wie auch die wissenschaftliche Forschung in den kommenden Jahren nachhaltig beschäftigen. Grundlage hierfür ist neben einer kontinuierlichen Einkommensmessung die Verfügbarkeit von Daten zu Vermögensentwicklung und Altersvorsorge, die auch sozialwissenschaftlich relevante Informationen etwa zum gesamten Lebenskontext und seiner Entwicklung bereitstellen. Trotz der im Band vorgestellten Fülle von Befunden auf Basis der verschiedenen aktuell verfügbaren Datenquellen der amtlichen Statistik und den sozialwissenschaftlichen Primärerhebungen (AVID, DEAS, EU-SILC, EVS, SAVE, SOEP, Mikrozensus etc.) bleibt die Aussagekraft der Befunde letztlich aufgrund der jeweiligen Nachteile der Datenquellen beschränkt. Das SOEP (Wagner et al.

2008) liefert insbesondere für biografisch späte Situationen und Verläufe nur unzureichende Informationen. Der DEAS (Motel-Klingebiel et al. 2010) kann hier aufgrund seiner bislang noch nicht ausreichend engen zeitlichen Taktung nicht hinreichend sein, bietet aber die notwendige altersspezifische Verknüpfung von Lebensbereichen. Ausnehmend unbefriedigend ist die Datenlage auch zu Anwartschaften aus betrieblicher und privater Altersvorsorge. Dies ist insofern besonders problematisch, dass tatsächlich nicht belastbar abgeschätzt werden kann (insbesondere nicht von Anbietern und Nachfragern dieser Produkte), ob die künftig resultierenden Auszahlungen zur Kompensation der Rentenlücke ausreichen werden (vgl. Thiede in diesem Band). Dabei sind insbesondere die Anforderungen an Daten zur Berechnung von Fortschreibungen, um künftige Armutsgefährdungen abzuschätzen, besonders hoch (vgl. Grabka & Rasner in diesem Band).

Aus einer alter(n)swissenschaftlichen Blickrichtung erweist sich aber auch als wesentlich die Frage nach der Zukunft der Lebensphase Alter selbst. Denn die Rückkehr der Altersarmut als prägende Lebenssituation der Älteren oder als dominantes Moment gesellschaftlicher Bilder vom Altern würde dem Konstrukt einer gut gesicherten Lebensphase jenseits des Erwerbslebens seine Basis teilweise entziehen. Insbesondere das in den Bildern vom Alter so präsente dritte Lebensalter als Fluchtpunkt vieler Lebensplanungen im mittleren Erwerbsalter, geprägt von Gesundheit, Aktivität und Integration sowie materieller Absicherung, geriete in Schieflage, wobei die fehlenden materiellen Ressourcen auch andere Aspekte in Mitleidenschaft ziehen könnten. Es kann also erwartet werden, dass sich die Lebensphase Alter, zu deren Leitidee untrennbar auch die zunehmend umfassende Absicherung sowie das Versprechen auf das gute Leben nach Ende der Erwerbsphase gehört, durch die Vermehrung von Armutsrisiken deutlich wandeln wird. Hieraus ergeben sich neue Herausforderungen nicht nur für die Individuen und die gesellschaftliche Integration, sondern insbesondere für die Alter(n)ssozialberichterstattung und die Alter(n)sforschung, diesen Wandel zu erfassen, zu verstehen und zu interpretieren.

5   Einige Schlussfolgerungen

Armut im Alter hat weitreichende Konsequenzen. Sie bedeutet soziale Ausgrenzung und birgt gesundheitliche und soziale Risiken. Und die Armutsrisiken werden im Alter künftig weiter zunehmen. Es scheint daher offensichtlich, dass die Zugangswege zu ausreichenden Alterseinkommen im Lebensverlauf geebnet werden müssten, um Einkommensarmut im Alter zu verhindern und dass eine Verbesserung der materiellen Lage derjenigen anzustreben ist, die im Erwebsleben nicht erfolgreich waren, ausreichend Alterssicherungsansprüche zu erwerben. Wie dies erreicht werden kann, bleibt wissenschaftlich wie politisch zu diskutieren (vgl. zur Diskussion der Reformoptionen Bäcker & Schmitz sowie Hauser in diesem Band). Und diese Diskussionen werden uns in Abhängigkeit von der tatsächlichen künftigen Entwicklung mit wachsenden Armutsrisiken im demografischen Umbruch noch Jahrzehnte begleiten.

Die sinkenden Sicherungsniveaus in der Alterssicherung und auch die Veränderungen der Lebensläufe sind ein Ergebnis des Wandels von Erwerbstätigkeit und sozialer Sicherung. Und dieser Wandel ist zu gewissen Teilen ein Resultat politischer Steuerung. Am Beispiel der schrittweisen Anhebung der Regelaltersgrenze für den Renteneintritt auf 67 Jahren ab der Kohorte der 1964 Geborenen wird dies deutlich. Bei der Ausweitung des Niedriglohnsektors, der zunehmenden Verbreitung atypischer Beschäftigung oder der Absenkung des Rentenniveaus handelt es sich ebenfalls um politisch angestoßene Veränderungen der Rahmenbedingungen der Lebensverläufe derjenigen, die derzeit oder künftig in den Ruhestand übergehen. Hinter ihnen steht nicht zuletzt ein Wandel gesellschaftspolitischer Vorstellungen vom Lebenslauf und von der gerechten beziehungsweise effizienten Verteilung gesellschaftlicher Ressourcen. Die Verteilung zwischen den Geschlechtern, sozialen Schichten, Migrantinnen/Migranten und Autochthonen oder Regionen und die Sicherungs- wie die Integrationsfunktion der Umverteilung ist in den Hintergrund getreten. Hingegen sind Verteilungen zwischen Altersgruppen oder Generationen in den letzten beiden Jahrzehnten im Vordergrund der gesellschaftlichen Diskussion zu finden, die aber nicht zuletzt auf die Reduktion von Umverteilung zugunsten der Erwerbseinkommen beziehungsweise Arbeitskosten abzielt. Insofern drängt sich nach der Betrachtung aktueller Debatten die Frage auf, ob die inzwischen aufgeflammte Diskussion um das ‚wie' der Sicherung gegen Armut im Alter überhaupt den Kern der notwendigen Debatte treffen kann. Möglicherweise sind eher grundsätzlich die gegenwärtigen und künftigen Sicherungsziele für die Lebensphase Alter zu erörtern. Nachdem zu Beginn der 2000er Jahre das bisherige Ziel der Lebensstandardsicherung durch die GRV aufgegeben, das Scheitern der staatlich geförderten privaten Sicherung für dieses Ziel zumindest billigend in Kauf genommen und damit der Weg zur Rückkehr der Altersarmut geebnet wurde, fehlt eine explizite Formulierung solcher Ziele beziehungsweise eine gesellschaftliche Diskussion dazu. Aus den Perspektiven von Alternssoziologie und Lebens(ver)lauforschung sind zudem die Folgen für die institutionalisierte Dreiteilung des Lebenslaufs, die Legitimität der Umverteilung in der Alterssicherung und insbesondere für das Alter als Lebensphase zu untersuchen. Die gegenwärtigen Rentenreformpakete und Rentendialoge sowie die damit auch verbundene neue Aufmerksamkeit für das Thema bieten der Forschung hierzu eine regelrechte Steilvorlage.

Literatur

Andreß, H.-J., & Hörstermann, K. (2012). Lebensstandard und Deprivation im Alter in Deutschland. Stand und Entwicklungsperspektiven. *Zeitschrift für Sozialreform, 58(2),* 209–234.

Baykara-Krumme, H., Motel-Klingebiel, A., & Schimany, P. (Hrsg.) (2012). *Viele Welten des Alterns. Ältere Migranten im alternden Deutschland.* Wiesbaden: Springer VS.

Becker, I. (2012). Finanzielle Mindestsicherung und Bedürftigkeit im Alter. *Zeitschrift für Sozialreform, 58(2),* 123–148.

Böhnke, P. (2009). *Abwärtsmobilität und ihre Folgen: Die Entwicklung von Wohlbefinden und Partizipation nach Verarmung* [WZB Discussion Paper]. Berlin: Wissenschaftszentrum Berlin für Sozialforschung.

Bönke, T., Faik, J., & Grabka, M. (2012). Tragen ältere Menschen ein erhöhtes Armutsrisiko? Eine Dekompositions- und Mobilitätsanalyse relativer Einkommensarmut für das wiedervereinigte Deutschland. *Zeitschrift für Sozialreform, 58(2),* 175–208.

Bourguignon, F., & Chakravarty, S. R. (2003). The Measurement of Multidimensional Poverty. *Journal of Economic Inequality, 1(1),* 25–49.

Braun, R., Pfeiffer, U. & Thomschke, L. (2011). *Erben in Deutschland – Volumen, Verteilung und Verwendung.* Köln: Deutsches Institut für Altersvorsorge.

Bundesministerium für Arbeit und Soziales (2008). *Lebenslagen in Deutschland. Der 3. Armuts- und Reichtumsbericht der Bundesregierung.* Berlin: Bundesministerium für Arbeit und Soziales.

Bundesministerium für Arbeit und Soziales (2011). *Rentenversicherungsbericht 2011.* Berlin: Bundesministerium für Arbeit und Soziales.

Bundesministerium für Arbeit und Sozialordnung (2001). *Lebenslagen in Deutschland. Der erste Armuts- und Reichtumsbericht der Bundesregierung.* Berlin: Bundesministerium für Arbeit und Sozialordnung.

Bundesministerium für Gesundheit und Soziale Sicherung (2005). *Lebenslagen in Deutschland. Der 2. Armuts- und Reichtumsbericht der Bundesregierung.* Berlin: Bundesministerium für Gesundheit und Soziale Sicherung.

Burkert, C., Hochfellner, D., & Wurdack, A. (2012). Ältere Migrantinnen und Migranten am Arbeitsmarkt. In H. Baykara-Krumme, A. Motel-Klingebiel & P. Schimany (2012), *Viele Welten des Alterns. Ältere Migranten im alternden Deutschland* (S. 77–100). Wiebaden: Springer VS.

Clark, D. A. (2005). *The Capability Approach: Its Development, Critiques and Recent Advances.* Oxford: Global Poverty Research Group.

Dannefer, D. (2003). Cumulative Advantage/Disadvantage and the Life Course. Cross-fertilizing Age and Social Science Theory. *The Journals of Gerontology Series B: Psychological Sciences and Social Sciences, 58B,* S327–337.

Deutscher Bundestag (Hrsg.) (2010). *Zweiter Erfahrungsbericht der Bundesregierung zum Bundesgleichstellungsgesetz. Unterrichtung durch die Bundesregierung (BT-Drucksache 17/4307)*.

Deutscher Bundestag (Hrsg.) (2001). *Dritter Bericht zur Lage der älteren Generation in der Bundesrepublik Deutschland: Alter und Gesellschaft und Stellungnahme der Bundesregierung (BT-Drucksache 14/5130)*.

Deutscher Bundestag (Hrsg.) (2011). *Grundsicherung im Alter und bei Erwerbsminderung – Antwort der Bundesregierung auf eine kleine Anfrage der Abgeordneten Matthias W. Birkwald, Klaus Ernst, Diana Golze, weiterer Abgeordneter und der Fraktion DIE LINKE (BT-Drucksache 17/6275)*.

Ferraro, K. F., Shippee, T. P., & Schafer, M. H. (2009). Cumulative Inequality Theory for Research on Aging and the Life Course. In V. Bengtson, M. Silverstein, N. Putney & D. Gans (Hrsg.), *Handbook of Theories of Aging* (S. 413–433). New York: Springer Verlag.

Fuhr, G. (2012). Armutsgefährdung von Menschen mit Migrationshintergrund. *Wirtschaft und Statistik, 7*, 549–562.

Goebel, J., & Grabka, M. M. (2011). Zur Entwicklung der Altersarmut in Deutschland. *DIW Wochenbericht, 78(25)*, 3–16.

Grabka, M. M. & Krause, P. (2005). Einkommen und Armut von Familien und älteren Menschen. *DIW Wochenbericht, 72(34)*, 155–162.

Hauser, R. (2008) Altersarmut in der Europäischen Union. *WSI-Mitteilungen, 61(3)*, 125–132.

Hobsbawm, E. (1998). *Das Zeitalter der Extreme. Weltgeschichte des 20. Jahrhunderts*. München: dtv.

Kohli, M. (1985). Die Institutionalisierung des Lebenslaufs – Historische Befunde und theoretische Argumente. *Kölner Zeitschrift für Soziologie und Sozialpsychologie, 37(1)*, 1–29.

Kohli, M., Künemund, H., Motel, A. & Szydlik, M. (2000). Soziale Ungleichheit. In M. Kohli & H. Künemund (Hrsg.), *Die zweite Lebenshälfte* (S. 318–336). Opladen: Leske & Budrich.

Motel-Klingebiel, A., Kondratowitz, H.-J. v., & Tesch-Römer, C. (2004). Social Inequality in the Later Life: Cross-National Comparison of Quality of Life. *European Journal of Ageing, 1(1)*, 6–14.

Motel-Klingebiel, A., Simonson, J., & Huxhold, O. (2011). *Dynamics of Social Contexts and Changes in Individual Expectations on Aging and Later Life in Times of Welfare State Reforms and Economic Crises*. Presentation at the 64. Annual Meeting of the Gerontological Society of America, Boston.

Motel-Klingebiel, A., Simonson, J., & Romeu Gordo, L. (2010). Materielle Sicherung. In A. Motel-Klingebiel, S. Wurm & C. Tesch-Römer (Hrsg.), *Altern im Wandel* (S. 61–89). Stuttgart: Kohlhammer Verlag.

Motel-Klingebiel, A., Wurm, S., & Tesch-Römer, C. (Hrsg.). (2010). *Altern im Wandel: Befunde des Deutschen Alterssurveys (DEAS)*. Stuttgart: Kohlhammer Verlag.

Oppolzer, A. (1986). *Wenn Du arm bist, musst Du früher sterben. Soziale Unterschiede in Gesundheit und Sterblichkeit*. Hamburg: VSA-Verlag.

O'Rand, A. M. (2003). Cumulative Advantage Theory in Life Course Research. *Annual Review of Gerontology and Geriatrics, 22*, 14–30.

O'Reilly, D. (2002). Standard Indicators of Deprivation. Do they Disadvantage Older People? *Age and Ageing, 31(3)*, 197–202.

Rasner, A. (2007). Das Konzept der geschlechtsspezifischen Rentenlücke. In Deutsche Rentenversicherung (Hrsg.), *Erfahrungen und Perspektiven. Bericht vom dritten Workshop des Forschungsdatenzentrums de Rentenversicherung (FDZ-RV) vom 26. bis 28. Juni 2006 in Bensheim* [DRV-Schriften 55] (S. 270–284). Berlin: Deutsche Rentenversicherung Bund.

Richter, M., & Hurrelmann, K. (2006). Gesundheitliche Ungleichheit: Ausgangsfragen und Herausforderungen. In M. Richter & K. Hurrelmann (Hrsg.), *Gesundheitliche Ungleichheit* (S. 13–33). Wiesbaden: VS Verlag für Sozialwissenschaften.

Robeyns, I. (2000). *An unworkable idea or a promising alternative? Sen's capability approach re-examined* [Discussions Paper Series (DPS) 00.30]. Leuven: Catholic University Leuven.

Sen, A. (1983). Poor, Relatively Speaking. *Oxford Economic Papers, 35(2)*, 153–169.

Sen, A. (1985). A Sociological Approach to the Measurement of Poverty – A Reply to Professor Peter Townsend. *Oxford Economic Papers, 37(4)*, 669–676.

Sen, A. (1999). *Commodities and Capabilities*. Oxford: Oxford University Press.

Simonson, J., Romeu Gordo, L., & Titova, N. (2011). Changing employment patterns of women in Germany: How do baby boomers differ from older cohorts? A comparison using sequence analysis. *Advances in Life Course Research 16(2)*, 65–82.

Snyder, S. E., & Evans, W. N. (2002). *The Impact of Income on Mortality: Evidence from the Social Security Notch* [NBER working paper No. 9197]. Cambridge/MA: National Bureau of Economic Research.

Statistisches Bundesamt & Wissenschaftszentrum Berlin für Sozialforschung (2011). *Datenreport 2011. Ein Sozialbericht für die Bundesrepublik Deutschland*. Bonn: Bundeszentrale für politische Bildung.

Tesch-Römer, C. (2012). *Active Ageing and Quality of Life in Old Age*. New York u. a.: United Nations.

Townsend, P. (1985). A Sociological Approach to the Measurement of Poverty: A Rejoinder to Professor Amartya Sen. *Oxford Economic Papers, 37(4)*, 187–209.

Tucci, I., & Yıldız, S. (2012). Das Alterseinkommen von Migrantinnen und Migranten: zur Erklärungskraft von Bildungs- und Erwerbsbiografien. In H. Baykara-Krumme, A. Motel-Klingebiel & P. Schimany (2012), *Viele Welten des Alterns. Ältere Migranten im alternden Deutschland* (S. 101–126). Wiebaden: Springer VS.

van Dyk, S., & Lessenich, S. (2009). Ambivalenzen der (De-)Aktivierung: Altwerden im flexiblen Kapitalismus. *WSI-Mitteilungen, 62(10)*, 540–546.

Vogel, C., & Motel-Klingebiel, A. (2010). *Altern im sozialen Wandel: Rückkehr der Altersarmut?* Symposium beim 35. Kongress der Deutschen Gesellschaft für Soziologie Transnationale Vergesellschaftungen, 11.–15. Oktober 2010, Frankfurt/Main.

Vogel, C., Künemund, K., & Fachinger, U. (2010). Diskussion: Die Relevanz von Erbschaften für die Alterssicherung. In C. Vogel, H. Künemund & U. Fachinger (Hrsg.), *Die Relevanz von Erbschaften für die Alterssicherung* [DRV-Schriften Band 90] (S. 102–107). Berlin: Deutsche Rentenversicherung Bund.

Wagner, G. G., Göbel, J., Krause, P., Pischner, R., & Sieber, I. (2008). Das Sozio-oekonomische Panel (SOEP): multidisziplinäres Haushaltspanel und Kohortenstudie für Deutschland – Eine Einführung (für neue Datennutzer) mit einem Ausblick (für erfahrene Anwender). AStA Witschafts- und Sozialwissenschaftliches Archiv 2(4), 301–328.

Wagner, M., & Motel, A. (1998). Income Dynamics in Old Age in Germany. In L. Leisering & R. Walker (Eds.), The Dynamics of Modern Society. Poverty, policy and welfare (S. 125–142). Bristol: Policy Press.

Wagner, M., & Motel, A. (1998). Income Dynamics in Old Age in Germany. In L. Leisering & R. Walker (Hrsg.), The Dynamics of Modern Society. Poverty, policy and welfare (S. 125–142). Bristol: Policy Press.

Wilhelmson, K., Allebeck, P., Berg, S., & Steen, B. (2002). Mortality in three different cohorts of 70-year olds: The impact of social factors and health. Aging Clinical and Experimental Research, 14(2), 143–151.

Online-Quellen

CDU, CSU, & FDP (2009). Wachstum, Bildung, Zusammenhalt. Der Koalitionsvertrag zwischen CDU, CSU und FDP. Verfügbar unter http://www.cdu.de/doc/pdfc/091026-koalitionsvertrag-cducsu-fdp.pdf [28.08.2012]

Eurostat (2012). Quote der von Armut bedrohten Personen nach Armutsgefährdungsgrenze, Alter und Geschlecht (Quelle: EU-SILC, ilc_li02). Verfügbar unter http://appsso.eurostat.ec.europa.eu [30.8.2012]

Statistisches Bundesamt (2012a). Grundsicherung im Alter und bei Erwerbsminderung – Empfängerinnen und Empfänger. Verfügbar unter https://www.destatis.de/DE/ZahlenFakten/GesellschaftStaat/Soziales/Sozialleistungen/Sozialhilfe/Grundsicherung/Tabellen/AltersgruppeninProzenZeitreihe.html [26.10.2012]

Statistisches Bundesamt (2012b). Sozialberichterstattung der amtlichen Statistik. Bundesrepublik Deutschland: Armutsgefährdungsquote nach soziodemografischen Merkmalen. Verfügbar unter http://www.amtliche-sozialberichterstattung.de/Tabellen/tabelleA110de_bund.html [30.08.2012]

Abkürzungsverzeichnis

AltZertG	Gesetz über die Zertifizierung von Altersvorsorge- und Basisrentenverträgen
AVID	Studie ‚Altersvorsorge in Deutschland'
AVmG	Altersvermögensgesetz
BaFin	Bundesanstalt für Finanzdienstleistungsaufsicht
BAV	Betriebliche Altersvorsorge
BeamtVG	Gesetz über die Versorgung der Beamten und Richter des Bundes
BetrAVG	Gesetz zur Verbesserung der betrieblichen Altersversorgung
BGBl	Bundesgesetzblatt
BHPS	British Household Panel Survey
BMAS	Bundesministerium für Arbeit und Soziales
BMBF	Bundesministerium für Bildung und Forschung
BMF	Bundesministerium der Finanzen
BMFSFJ	Bundesministerium für Familie, Senioren, Frauen und Jugend
BSHG	Bundessozialhilfegesetz
BSV	Berufsständisches Versorgungswerk
BZST	Bundeszentralamt für Steuern
DEAS	Deutscher Alterssurvey
DIW	Deutsches Institut für Wirtschaftsforschung
EVS	Einkommens- und Verbrauchsstichprobe
FDZ-RV	Forschungsdatenzentrum der Deutschen Rentenversicherung Bund
EStG	Einkommensteuergesetz
GESIS	GESIS – Leibniz-Institut für Sozialwissenschaften e. V.
GRV	Gesetzliche Rentenversicherung
IAB	Institut für Arbeitsmarkt- und Berufsforschung
IDA	Integrierten Datenbank für Arbeitsmarktforschung
IFB	Institut für Freie Berufe
IGF	Institut für Gerontologische Forschung e. V.
ILO	International Labour Organisation
IWH	Institut für Wirtschaftsforschung Halle
LAW	Projekt ‚Lebensläufe und Alterssicherung im Wandel'

MEA	Munich Center for the Economics of Aging (bis 2011: Mannheim Research Institute for the Economics of Aging)
OECD	Organisation for Economic Co-operation and Development
ÖPNV	Öffentlicher Personennahverkehr
PAV	Private Altersvorsorge
PD	Pflegedienst
PSVaG	Pensions-Sicherungs-Verein
SAVE	Datensatz ‚Sparen und Altersvorsorge in Deutschland'
SGB	Sozialgesetzbuch
SOEP	Sozio-oekonomisches Panel
VAG	Versicherungsaufsichtsgesetz
WZB	Wissenschaftszentrum Berlin für Sozialforschung
ZfA	Zentrale Zulagenstelle für Altersvermögen

Autorenverzeichnis

Gerhard Bäcker, Prof. Dr., Dipl.-Vw., Fellow am Institut Arbeit und Qualifikation der Universität Duisburg-Essen. Forschungsschwerpunkte: Arbeitsmarkt, Armut und Ausgrenzung, Alterssicherung und Generationenbeziehungen, ökonomische Grundlagen und Finanzierung des Sozialstaates.

Britta Bertermann, Dipl.-Päd., wissenschaftliche Mitarbeiterin am Institut für Gerontologie an der TU Dortmund. Forschungsschwerpunkte: Intergenerativer Wissenstransfer, Altersbildung, bürgerschaftliches Engagement im Alter, Altersarmut.

Hans-Peter Blossfeld, Prof., Dr. rer. pol. Dr. h. c., Professor of Sociology am European University Institute (EUI) in Florenz (Italien). Forschungsschwerpunkte: Bildungssoziologie, Sozialstrukturanalyse, Globalisierungsforschung, Arbeitsmarktforschung, Familiensoziologie, Bevölkerungssoziologie, Soziologie des internationalen Vergleichs, Statistik und Methoden der empirischen Sozialforschung.

Ingo Bode, Prof. Dr., Institut für Sozialwesen an der Universität Kassel. Forschungsschwerpunkte: Politische Soziologie des Wohlfahrtsstaats im internationalen Vergleich, Organisationsforschung für das Sozial- und Gesundheitswesen.

Sandra Buchholz, Dr. rer. pol., Professorin an der Universität Bamberg, Lehrstuhl für Soziologie 1. Forschungsinteressen und -schwerpunkte: Lebensverlaufsforschung, internationaler Vergleich von Bildungssystemen, Arbeitsmärkten und Wohlfahrtsregimen, Auswirkungen nationaler Institutionen auf soziale Ungleichheitsstrukturen, quantitative Forschungsmethoden, insbes. Ereignisanalyse.

Andreas Ebert, M. A., wissenschaftlicher Mitarbeiter am Institut für Soziologie an der Universität Tübingen. Forschungsschwerpunkte: Ältere auf dem Arbeitsmarkt, Verrentung, Lebensstilforschung.

Uwe Fachinger, Prof. Dr., Fachgebiet Ökonomie und Demographischer Wandel, Institut für Gerontologie, Universität Vechta. Forschungsschwerpunkte: Ökonomische Analyse der Sozial- und Verteilungspolitik, Grundsatzfragen der Gestaltung sozialer Sicherungssysteme, Auswirkungen des erwerbsstrukturellen und demografischen Wandels auf Systeme der sozialen Sicherung, Struktur und Entwicklung der gesundheitlichen und pflegerischen Versorgung.

Katrin Falk, M. A. Politikwissenschaft und Soziologie. Forschungsschwerpunkte: Versorgungsforschung, Sozialraumanalyse, Soziale Gerontologie, lokale Altenhilfe- und Pflegepolitik

Patricia Frericks, Dr. (PhD), wissenschaftliche Assistentin am Institut für Soziologie und Co-Leiterin des Forschungsschwerpunktes „Konstellationenwandel der wohlfahrtsstaatlichen Institutionen" des Centrums für Globalisierung und Governance (CGG) an der Universität Hamburg. Forschungsschwerpunkte: Wohlfahrtsstaatsvergleich, Institutioneller Wandel, Nachhaltigkeit von Sozialmodellen, Social Citizenship, Soziologie der Sozialreformen.

Dina Frommert, M. A., Referentin im Geschäftsbereich Forschung und Entwicklung der Deutschen Rentenversicherung Bund. Forschungsschwerpunkte: Empirische Sozialforschung, Wandel der Erwerbsverläufe, Zusammenspiel der Alterssicherungssysteme.

Markus M. Grabka, Dr., wissenschaftlicher Mitarbeiter im sozio-oekonomischen Panel (SOEP) am Deutschen Institut für Wirtschaftsforschung. Forschungsschwerpunkte: Einkommens- und Vermögensverteilung, Soziale Ungleichheit, Gesundheitsökonomie, Alterssicherung

Richard Hauser, Prof. em., Dr. oec.publ., Diplom-Vw., Goethe-Universität Frankfurt am Main. Forschungsschwerpunkte: Alterssicherung, Familienpolitik, Armut, Einkommens- und Vermögensverteilung, Systeme der sozialen Sicherheit im internationalen Vergleich.

Josefine Heusinger, Prof. Dr., Dipl.-Soz., Hochschule Magdeburg-Stendal, Vorstand des Institut für Gerontologische Forschung e. V., Berlin. Forschungsschwerpunkte: Soziale Ungleichheit, Versorgungsforschung, Soziale Gerontologie, Gesundheitsförderung

Ralf K. Himmelreicher, PD Dr. rer. pol. habil., Privatdozent am Institut für Soziologie der Freien Universität Berlin und Referent im Forschungsdatenzentrum der

Rentenversicherung (FDZ-RV) in Berlin. Forschungsschwerpunkte: Quantitative Wirtschafts- und Sozialforschung, Sozialstrukturanalyse, Altersvorsorge und -einkünfte in vergleichender Perspektive, Soziale Ungleichheit und Gesundheit.

Susanne Kümpers, Prof. Dr. MPH, Dipl.-Päd., Professorin für qualitative Gesundheitsforschung, soziale Ungleichheit und Public-Health-Strategien im Fachbereich Pflege und Gesundheit an der Hochschule Fulda. Forschungsschwerpunkte: Soziale und gesundheitliche Ungleichheit im Alter, Altern im Sozialraum, vergleichende Gesundheits- und Pflegepolitik.

Harald Künemund, Prof. Dr., Fachgebiet Empirische Alternsforschung und Forschungsmethoden, Institut für Gerontologie, Universität Vechta. Forschungsschwerpunkte: Familiale und gesellschaftliche Generationenbeziehungen, gesellschaftliche Partizipation und Engagement, soziale Beziehungen, neue Technologien und Lebensqualität im Alter, Methoden der empirischen Sozialforschung.

Karin Kurz, Prof. Dr., Institut für Soziologie an der Georg-August-Universität Göttingen. Forschungsschwerpunkte: Lebensläufe und soziale Ungleichheit im internationalen Vergleich, Bildung, Arbeitsmarkt, Familie.

Elma P. Laguna, M. A Demographie, Projektmitarbeiterin, Fachgebiet Empirische Alternsforschung und Forschungsmethoden, Institut für Gerontologie, Universität Vechta. Forschungsschwerpunkte: Migration und Familie, intergenerationelle Beziehungen, Bevölkerung und Entwicklung.

Brigitte L. Loose, Dipl. Soz., Hauptreferentin der Deutschen Rentenversicherung Bund im Geschäftsbereich Forschung und Entwicklung. Forschungsschwerpunkte: Soziale Sicherung, Frauenalterssicherung, Altersarmut.

Katja Möhring, Dipl. Soz.-Wiss., Doktorandin im Graduiertenkolleg SOCLIFE und wissenschaftliche Mitarbeiterin am Seminar für Sozialpolitik der Universität zu Köln. Forschungsschwerpunkte: Lebenslauf- und Arbeitsmarktsoziologie, Sozialpolitik, Soziale Ungleichheit, Einkommen im Alter, statistische Methoden.

Andreas Motel-Klingebiel, PD Dr. phil., Dipl.-Soz., Leiter des Arbeitsbereichs Forschung und stellvertretender Institutsleiter am Deutschen Zentrum für Altersfragen. Forschungsschwerpunkte: Soziale Sicherung, Lebensqualität und Ungleichheit, familiale Generationenbeziehungen, materielle Lagen älterer Menschen.

Georg P. Müller, Dr. phil., Lehr- und Forschungsrat an der Faculté des Sciences Economiques et Sociales der Université de Fribourg (Schweiz). Forschungsschwerpunkte: Sozialindikatoren, mathematische Modellierung sozialer Prozesse, Methoden der empirischen Sozialforschung.

Gerhard Naegele, Prof., Dr. rer. pol., Direktor des Instituts für Gerontologie an der TU Dortmund und Inhaber des Lehrstuhls für Soziale Gerontologie der TU Dortmund. Forschungsschwerpunkte: Soziale Gerontologie, Sozialpolitik, Soziale Dienste, Lebenslaufforschung, Politikberatung.

Heinz-Herbert Noll, Dr., Dipl.-Soz., Leiter des Zentrums für Sozialindikatorenforschung am GESIS – Leibniz-Institut für Sozialwissenschaften. Forschungsschwerpunkte: Soziale Indikatoren und Sozialberichterstattung, Lebensqualität, empirische Analysen der sozio-ökonomischen Ungleichheit und Armut sowie Tendenzen des sozialen Wandels insbesondere auch im internationalen Vergleich.

Elke Olbermann, Dr. phil., Dipl.-Soz., wissenschaftliche Geschäftsführerin am Institut für Gerontologie an der TU Dortmund. Forschungsschwerpunkte: Lebenslagenforschung, Alter(n) und Migration, bürgerschaftliches Engagement im Alter, Demografischer Wandel und kommunale Gestaltungsaufgaben.

Anika Rasner, Dr. rer. oec, MPP, wissenschaftliche Mitarbeiterin im sozio-oekonomischen Panel (SOEP) am Deutschen Institut für Wirtschaftsforschung. Forschungsschwerpunkte: Soziale Sicherung, Ungleichheit, Alterssicherung von Frauen, Methoden der empirischen Sozialforschung.

Annika Rinklake, Dipl.-Soz., wissenschaftliche Mitarbeiterin am Staatsinstitut für Familienforschung der Universität Bamberg. Forschungsschwerpunkte: Lebensverlaufsforschung, insbesondere Erwerbsverläufe, innerfamiliale Arbeitsteilung.

Sylke Sallmon, Dr., Leiterin der Arbeitsgruppe Sozialstatistisches Berichtswesen der Senatsverwaltung für Gesundheit, Umwelt und Verbraucherschutz (Berlin). Forschungsschwerpunkte: Soziale Mindestsicherung, Soziale Lage Älterer, kleinräumige Differenzierung sozialer Ungleichheit.

Autorenverzeichnis

Julia Schilling, Dipl.-Soz., wissenschaftliche Mitarbeiterin im Nationalen Bildungspanel (NEPS) an der Otto-Friedrich-Universität Bamberg. Forschungsschwerpunkte: Bildungsverläufe, Soziale Ungleichheit, Verrentungsprozesse im internationalen Vergleich.

Winfried Schmähl, Prof. Dr. rer. pol., Zentrum für Sozialpolitik an der Universität Bremen. Forschungsschwerpunkte: Ökonomische Fragen sozialer Sicherung, Einkommensentwicklung im Lebenslauf, Einkommensverteilung und -umverteilung, Geschichte der deutschen Alterssicherungspolitik.

Jutta Schmitz, M. A. Sozialpolitik, wissenschaftliche Mitarbeiterin am Institut Arbeit und Qualifikation der Universität Duisburg-Essen. Forschungsschwerpunkte: Arbeitsmarkt, Armut und Ausgrenzung, Alterssicherung und Erwerbsarbeit im Ruhestand, Lebensverläufe im Sozialstaat.

Julia Simonson, Dr., Dipl.-Soz., Wissenschaftliche Mitarbeitern am Deutschen Zentrum für Altersfragen. Forschungsschwerpunkte: Lebensverläufe im sozialen Wandel, Alterssicherung und materielle Lebenssituation Älterer, Freiwilliges Engagement und Partizipation, Methoden der empirischen Sozialforschung.

Susanne Strauß, Dr., Akademische Rätin auf Zeit am Institut für Soziologie an der Universität Tübingen. Forschungsschwerpunkte: Geschlechterungleichheiten im Erwerbsverlauf, Alterssicherung, unbezahlte Arbeit, wie Pflege von Angehörigen und ehrenamtliches Engagement.

Reinhold Thiede, Dr., Dipl.-Vw., Leiter des Geschäftsbereichs Forschung und Entwicklung der Deutschen Rentenversicherung Bund. Forschungsschwerpunkte: Entwicklungsfragen der Alterssicherung und Soziale Sicherung.

Katharina Unger, Dipl.-Vw., wissenschaftliche Mitarbeiterin, Fachgebiet Ökonomie und Demographischer Wandel, Institut für Gerontologie, Universität Vechta. Forschungsschwerpunkte: Grundsatzfragen der Gestaltung sozialer Sicherungssysteme, Entwicklung der materiellen Situation im Alter.

Claudia Vogel, Dr. phil., M. A. Soziologie, wissenschaftliche Mitarbeiterin am Deutschen Zentrum für Altersfragen. Forschungsschwerpunkte: Generationenbeziehungen, soziale Ungleichheit, Einkommen und Vermögen älterer Menschen, Partizipation und Engagement, Migration, Forschungsmethoden.

Stefan Weick, Dr. rer. soc., Dipl.-Soz., Wissenschaftlicher Angestellter am Zentrum für Sozialindikatorenforschung (ZSi) von GESIS – Leibnitz Institut für Sozialwissenschaften in Mannheim. Forschungsschwerpunkte: Sozialindikatorenforschung, sozioökonomische Ungleichheit, Armut und subjektives Wohlbefinden.

Felix Wilke, M. A., Dipl.Soz., wissenschaftlicher Mitarbeiter im Fachbereich Humanwissenschaften an der Universität Kassel. Forschungsschwerpunkte: Geldsoziologie, Spar- und Vorsorgeforschung, Soziologie der Sozialpolitik, aktuelles Drittmittelprojekt: ‚Orientierungssuche bei der privaten Altersvorsorge'.

Michael Zander, Dipl-Psych., Doktorand an der FU Berlin, freiberuflicher Wissenschaftler und Autor. Forschungsschwerpunkte: Gerontologie, Disability Studies, Kritische Psychologie.

Michael Ziegelmeyer, Dr. rer. pol., Dipl.-Vw., Forschungsabteilung der Luxemburger Zentralbank. Forschungsschwerpunkte: Sparverhalten, Rentensystem, Vermögen privater Haushalte.

Printed by Amazon Italia Logistica S.r.l.
Torrazza Piemonte (TO), Italy